新工科·普通高等教育 电气工程/自动化 系列教材

工程控制原理

（经典部分）

章 云 编著

本书配有以下教学资源：电子课件、教学大纲和自测题（包括答案）等。

设置【自测题】的目的：

★ 培养工程问题具有"多解"的工程思维；

★ 考虑到学生期末考试及日后考研复习，需要一部分客观习题及配套答案作为参考。

所配套【自测题】的特点：

★ 是对本教材各知识点的综合与深入，覆盖面广；

★ 每道题均附有详细的解答过程，有效帮助学生自我测评。

机械工业出版社

本书较全面地介绍了工程控制系统一般性原理与方法，旨在强化"建模、分析、设计、实现"这一完整的工程逻辑链的训练，提升解决复杂工程问题的能力。本书分为6章：第1章为引论，以日常实例与简明推导阐述反馈调节原理，引出新颖的控制思维方式；第2章为数学模型，阐述微分方程建模的基本原理，给出数学建模的一般步骤；第3章为时域分析法，重点解决"不求响应，只根据模型参数分析系统性能"这一科学问题；第4章为频域分析法，实现用开环稳态信息分析闭环瞬态性能；第5章为控制器设计，深化工程限制因素的影响；第6章为控制系统的主要实现形式——计算机控制与离散系统。

本书每章均有配套的习题，习题的内容注重知识点的消化，通过引入更多工程化内容，引导学生将理论与工程结合，切实理解原理知识。

本书可作为普通高等院校电气工程、自动化等专业以及其他相关专业的教材，也可作为从事自动控制的各专业工程技术人员的参考书。

本书配有以下教学资源：授课课件、讲课视频、教学大纲、自测题和答案等，欢迎选用本书作教材的教师登录 www.cmpedu.com 注册下载，或发邮件至 jinacmp@163.com 索取。

图书在版编目（CIP）数据

工程控制原理. 经典部分/章云编著. —北京：机械工业出版社，2022.3
（2025.3重印）

新工科·普通高等教育电气工程. 自动化系列教材

ISBN 978-7-111-60815-8

Ⅰ.①工… Ⅱ.①章… Ⅲ.①工程控制论-高等学校-教材 Ⅳ.①TB114.2

中国版本图书馆 CIP 数据核字（2022）第 025166 号

机械工业出版社（北京市百万庄大街 22 号 邮政编码 100037）
策划编辑：吉 玲 责任编辑：吉 玲
责任校对：张晓蓉 王明欣 封面设计：张 静
责任印制：张 博
北京雁林吉兆印刷有限公司印刷
2025 年 3 月第 1 版第 4 次印刷
184mm×260mm·27.5 印张·754 千字
标准书号：ISBN 978-7-111-60815-8
定价：79.00 元

电话服务 网络服务
客服电话：010-88361066 机 工 官 网：www.cmpbook.com
010-88379833 机 工 官 博：weibo.com/cmp1952
010-68326294 金 书 网：www.golden-book.com
封底无防伪标均为盗版 机工教育服务网：www.cmpedu.com

前　言

自动控制技术已广泛应用于装备制造、石油化工、交通运输、日用家电等众多行业，成为推动工业文明不断升级的基础支撑技术。控制论的思想也渗透到了众多学科领域，包括人文社科领域。因此，对控制系统原理与工程设计方法的掌握成为电气工程、自动化等专业以及其他相关专业人才的基本素养。

自从维纳的《控制论》、钱学森的《工程控制论》出版以来，开发了许多类似《自动控制原理》的教材，培养了无数的自动化专门人才，推动了自动控制技术的应用与发展。通过几十年的实践，"自动控制原理"成为电气工程、自动化等专业以及其他相关专业的经典必修课程。然而，随着自动控制技术不断发展以及新时代对人才素质需求的变化，近些年来师生们对"自动控制原理"课程教学中的一些困惑也趋明显。

困惑之一："自动控制原理"似乎只是一门数学应用课？既然是"原理"，讲述的就是共性的一般方法；要描述共性的方法，一定需要用数学语言与工具。问题是把"原理"讲成"数学"，还是用"数学"来讲"原理"？

困惑之二："自动控制原理"与后续的"自动控制系统""过程控制系统""计算机控制系统"课程是何关系？既然"原理"是共性的，在"自动控制原理"课程中呈现的描述、分析与设计的方法与后续课程如何关联？若后续课程不回应"自动控制原理"课程的共性方法，"自动控制原理"课程的生命力何在？若后续课程只是"自动控制原理"课程的实例应用，它们的存在性何在？

困惑之三：新的控制理论与控制技术层出不穷，而《自动控制原理》是经典的控制内容，二者是否冲突？任何一个学科的知识体系，其基础理论与前沿发展总是要被审视与协调的两个方面，在知识爆炸年代更需要及时与慎重对待。若只是不断把新知识堆砌进来，那将是没完没了的；若只是将旧知识简单裁掉，学生素质发展的根基可能不牢。

鉴于这些困惑，结合近些年的教学科研实践，作者深深感觉到"自动控制原理"源于工程也应回归工程，首先要体现它的工程属性。为了强化工程属性，一般想到增加工程实例，这是一条路径；若不将个案的工程实例与一般性的工程原理融为一体，只能起到对某些知识点的解读，工程思维方式难以建立起来，这门课的原理属性也会打折扣。从这个角度看，增加工程实例，不在于多也不在于追求工程的复杂性，而在于抽出（简化出）工程实例的主干，讲清一般原理及其在工程中的体现。工程分析方法是多样的，还要引导注重同一工程实例在不同方法下的异同比较。另外，原理属性的课既要传承经典又要渗入前沿，在知识爆炸年代更是一件两难之事。原理属性的课应提供解决问题的一般思想与方法，且这些思想与方法仍然贯穿在目前多数实际工程中，否则欠缺工程指导的现实意义。虽然知识爆炸，但是原理属性课也不应包罗万象，应关注"问题来源——为何是这个问题""方案做法——怎样解决这个问题""分析评估——付出什么代价"等，形成一个有机的"知识链"而不是分散的"知识点"，从中渗透出一般性的思想与方法才能有效地植入到学生头脑之中。

鉴于上述思考，本书试图在以下几个方面进行一些调整，以适应新时代的要求：

一是强化工程意识的养成。作为专业基础课，激发学生的工程意识是应有之义。让学生牢记研究系统实际上是在研究系统中的变量，要明晰系统中有哪些变量及变量之间是什么关系，不可只盯住推导中的符号，而忘记符号背后的工程含义——量程、量纲、可否测量、可否操作等，在工程层面上熟悉被控对象是实施自动控制的基点。通过一本书达到工程意识的养成不现实，但希望起到点化的作用。

二是强化工程思维的训练。工程思维的一个基本特征是"综合性"，实际系统变化无穷，任何理论分析不可能面面俱到，需做合理简化，否则一事无成。因此，理论分析结果表面上有很大适用范围，实则会因理论分析源头的简化因素限制其范围，需要通过现代的计算机仿真手段弥补理论分析的不足。即使是理论分析，问题的解也是"多解"而不是"唯一解"。同一个系统可以有多个模型来描述，同一个问题可以有多种解决方案，同一方案可以有不同的实现参数等。只在"点"上成立的工程方案一定是脆弱的，也不可能实施。工程思维还应具有"逻辑性"，知晓问题来源，明晰方案要点，评估性价之比，以启迪学生建立全面系统、无因不果、有得有失的工程逻辑观。

三是催生解决复杂工程问题的能力。重视工程属性，易陷进经验依赖，忽视理论指导。解决复杂工程问题，首先能用数学工具将工程问题抽象为科学问题；然后用数学工具以及专业领域知识分析科学问题，形成多个工程解决方案；最后将多个工程方案返回工程实际，多方评估形成可实施方案。至此完成一轮描述、分析、设计、评估、实施的研发过程，根据实施效果，可能还需要多次迭代上述研发过程。因此，熟练使用数学工具，以普适理论指导工程实践，是解决复杂工程问题能力的重要基础。

鉴于此，以《工程控制原理》为名，分为经典、现代等部分，本书只涉及经典部分。尽管有所思有所行，仍恐管窥之见。希冀本书能作为电气工程、自动化等专业的教材，以及其他相关专业学生与工程师们的参考书，读者能感受到一些新的启发，则足哉，幸哉。错漏之处，敬请广大读者指正。

在本书成稿过程中，东南大学戴先中教授、南京理工大学吴晓蓓教授、中国地质大学（武汉）陈鑫教授、广东工业大学蔡述庭教授给予了真知灼见，虽努力斧正，仍感未完全达其要领，在此向他们致以诚挚谢意。本书所有仿真图与其他插图由博士生陈子韬和袁君提供，对他们的付出表示衷心感谢。

作者

目 录 Contents

第 1 章

引 论

用人造机器替人类自动地完成各种各样的任务，一直是人类对自身解放、日益文明的追求。为此，首先需要获得比人类自身力量更强大的动力。早期，利用牲畜的力量，或者通过水车、风车等设施简单地利用自然界的力量，这一切都难以形成高效的生产力。直到19世纪蒸汽机的出现，才为人类提供了切实可行的动力，催生了工业革命。但是，只有动力不行，不能对动力实施人类预设的控制，再强大的动力也无用武之地。因而，自动控制技术应运而生。

对动力的控制，实际上是对动力产生的动作进行控制，也就是所谓的运动控制系统。运动控制系统是最早的一类自动控制系统，也是目前应用最为广泛的自动控制系统。从蒸汽机的控制，到内燃机、喷气发动机、涡喷发动机、火箭发动机以及电气化时代后的各类电动机的控制，诞生了火车、汽车、轮船、飞机、火箭以及形形色色的加工装备。期间，自动控制技术不断地延伸到采矿、选矿、冶炼、石化等流程工业，形成过程控制系统。至今，无论是运动控制系统，还是过程控制系统，或者它们各种变形升级或组合的控制系统，已经全面覆盖了各类产业，并且日益走进平常人家。自动控制系统不但广泛地替代着人类的四肢，随着计算机的出现，信息化时代的来临，还正在逐步取代人脑，引燃一场智能化的革命。

自动控制技术如此广泛的应用，存在共性的基本原理吗？它解决问题的思维方式有何不同？这些问题是本书涉及的主要内容，本章试图通过简明的实例给出一个引子与缩影。

1.1 控制系统及其变量

人类有别于地球上其他的生命，在于能认识世界找到规律，并按规律改造世界，又反过来服务于人类。人类了解五彩缤纷的世界，总是将它分解成无数不同规模、不同类型的系统来探究。当我们说在描述、分析、研究一个系统，实质上就是在研究这个系统中的一组变量及其变化规律。换句话说，一个系统的性能就等价于这组变量的变化轨迹呈现出来的性能。因此，选择一组合适的变量，并时刻意识到这些变量的量纲、变化范围以及之间的关联关系，是研究一个系统及其性能的重要前提，更是一个工程师最基本的工程素养。

1.1.1 被控量与控制量

一个系统可以有众多的变量，选取哪些变量来描述这个系统不是一成不变的，会和所研究的任务有关。

自动控制系统是为了完成某种控制任务的系统，也简称控制系统。具体点说，就是在没有人的直接参与下，通过增加人造装置(控制器等)，可使得被控对象的某个(组)变量自动地按照预设的规律运行的系统。

如图1-1-1所示，控制系统可由两大部分组成：客观实在的被控对象；主观设计的控制器。由于自动控制系统的关注重点在于控制任务能否自动完成，因此被控对象输出端的被控量(输出量)y与输入端的控制量(输入量)u是描述控制系统的两类最重要的变量。

通常，被控量 y 可以从控制任务中显式确定。例如，"将电动机的转速控制到期望值"，显然被控量是转速。但是，也存在一些控制任务不能直接给出被控量的情况，这时就需要将控制任务分解转化。例如，

图 1-1-1　控制系统简图

对于人们常用的洗衣机，若控制任务是"将脏衣服自动洗干净"，被控量的选择就不一目了然了。由于洗净度这个变量难以定量测量，因此，被控量还得间接选择洗衣机里电动机的转速。这时，需要把"将脏衣服自动洗干净"这个控制任务分解转化到多个阶段，并给出每个阶段电动机转速是多少、正转还是反转以及需要的运行时间等。

相较于被控量 y，控制量 u 往往不能从控制任务中显式得到。控制量的选择必须遵循一条基本原则，即控制量的变化一定要能引起被控量变化，或者说控制量与被控量一定存在"因果"关系，即 $y=f(u)$。这样，才能通过改变 u 达到控制 y 的目的。值得注意的是，满足这条基本原则的变量 u 常常不是唯一的。因此，需要工程师十分熟悉被控对象的结构与工作原理，并同步考虑工程的可实现与易实现性，从中选择合适的变量作为控制量，而不是看成"一道应用数学题中应该事先给出的量"。

1.1.2　变量选择实例

直流电动机是常用的动力部件，对它的转速进行控制形成了直流调速系统。直流调速系统的控制任务可以简述为"将直流电动机的转速 n 控制到期望值 n^*"。显然，被控量 y 是转速 n。如何选择控制量 u？它应该与被控量存在"因果"关系。

直流电动机由定子和转子两部分组成，如图 1-1-2a 所示。给定子绕组（也称为励磁绕组）上通直流电，将产生励磁电流 i_f，由物理学的奥斯特"电生磁"现象和毕奥萨伐尔定律知，在励磁电流 i_f 的周围将形成一个磁场（通量）Φ；给转子绕组（也称为电枢绕组）上通直流电，将产生电枢电流 I_a，由物理学的安倍力定律知，转子绕组在磁场 Φ 和电枢电流 I_a 的相互作用下将产生电磁力，该电磁力绕转轴形成电磁转矩 $M_e = c_\phi \Phi I_a$，从而形成旋转运动。可以看出，电枢电流 I_a 越大，电磁转矩 M_e 越大；磁场 Φ 越强，电磁转矩 M_e 越大；c_ϕ 是相应的比例系数。

如图 1-1-2b、c 所示，如果定子绕组的励磁电流 i_f 改变，将引起磁场通量 Φ 的变化，导致转子的电磁转矩发生变化，从而改变电动机的角加速度，进而改变转速 n；如果转子绕组的电枢电压 U 改变，将引起转子电枢电流 I_a 的变化，同样将导致电磁转矩 M_e 发生变化，从而改变电动机的转速 n。

因此，控制量 u 可以选择励磁电流 i_f，也可以选择电枢电压 U。由于励磁电流过大时容易引起磁场饱和，所以，在实际工程中更多的是选择电枢电压，可以有更大的线性调速范围，也容易工程实现。

前面采用了框图这个描述分析手段。当两个变量具有"因果"关系时，才可用框图衔接起来描述。框图可以是一个输入一个输出，也可以是多个输入一个输出或者多个输入多个输出。每个框图可以代表一个环节（子系统），也可以代表一个系统。框图直观地刻画了变量之间的关联关系，是控制系统一个重要的描述分析工具。

值得注意的是，尽管控制系统的研究比较关注被控量与控制量这两个变量，但为了能够很好地建立与分析二者之间的关联关系，还要引入一系列辅助的中间变量，如上面的磁通量 Φ、电枢电流 I_a、电磁转矩 M_e 等，这一切都需要十分熟悉被控对象的工作原理。

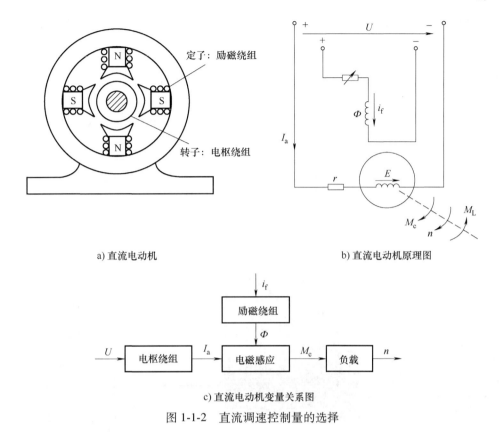

a) 直流电动机　　　　　　　　　　　　　b) 直流电动机原理图

c) 直流电动机变量关系图

图 1-1-2　直流调速控制量的选择

1.2　控制问题的常规求解与局限

在确定了被控对象的被控量与控制量后，就可以来设计控制器以实现控制任务。下面通过两个实例来说明：控制问题如何描述，常规思路下如何求解与实现。

1.2.1　问题描述与求解

先以（微小型）直流调速系统为例，"将直流电动机的转速 n 控制到期望值 n^*"。为了实现这个任务，首先要确定被控对象的被控量与控制量。根据前面的分析，被控量为转速 n，控制量选择为电枢电压 U。在此基础上，要建立被控量与控制量的"因果"关系。根据电机学，可以假定直流电动机转速 n 与电枢电压 U 成正比，即

$$n = f(U) = \alpha^* U \tag{1-2-1}$$

式中，α^* 是比例系数。

这样，控制问题"将直流电动机的转速 n 控制到期望值 n^*"的描述为：已知被控对象的被控量为转速 n，控制量为电枢电压 U，且二者满足式（1-2-1）。求解（设计）控制律 U^*，使得 $n = f(U^*) = n^*$，且控制律 U^* 能工程实现。

如果被控对象的被控量与控制量满足式（1-2-1），那么

$$U = f^{-1}(n) = \frac{1}{\alpha^*} n \tag{1-2-2}$$

将输出的期望值 n^* 代入上式，有

$$U^* = f^{-1}(n^*) = \frac{1}{\alpha^*} n^* \qquad (1\text{-}2\text{-}3)$$

式(1-2-3)给出了一个控制器方案，如图 1-2-1a 所示。图 1-2-1b 给出了一个物理实现的示意图。电位器旋转盘上的刻度代表 n^*，其刻度的划分与 α^* 有关，以确保电位器的输出电压 U 与刻度值 n^* 满足式(1-2-3)。这样，旋转电位器到指定的刻度 n^*，直流电动机的实际转速将有 $n = n^*$。

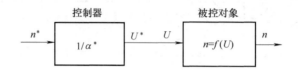

a) 直流调速求逆控制的原理方案

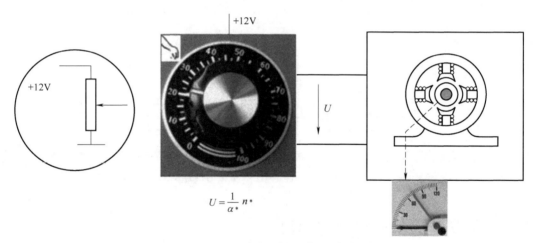

$$U = \frac{1}{\alpha^*} n^*$$

b) 直流调速求逆控制的实现方案

图 1-2-1　直流调速的求逆控制与实现

前述控制器设计采用求"逆函数"的路径，这是一个容易想到且直观的常规求解思路。如果被控量与控制量的关系明确，逆函数存在，对应的控制器是可以得到的。

下面再看一个热水锅炉液位控制问题，如图 1-2-2 所示，"将锅炉液位高度 h 控制到期望值 h^*"。显见，被控量就是液位高度 h。影响液位高度有两个量，一个是进水流量 Q_{in}，通过进水阀门开度 θ 增加，使得液位高度 h 增加；另一个是出水流量 Q_{out}，将使得液位高度 h 减小。由于出水流量 Q_{out} 受制于用户用水情况，实际上是一个扰动量，因此控制量只好选择进水阀门开度 θ。

如果热水锅炉近似为一个圆柱体，底面积为 S，则在 t 时刻的"微分"时段 Δt 上，容器中进水流量 Q_{in} 与锅炉中液体量的增加值 ΔV 分别为

$$Q_{in} = k_\theta \theta \qquad (1\text{-}2\text{-}4)$$

$$\Delta V = S\Delta h = (Q_{in} - Q_{out})\Delta t \qquad (1\text{-}2\text{-}5)$$

式中，k_θ 是比例系数；Δh 是液位高度的增加值。式(1-2-5)两边除以 Δt，有

$$S\frac{\Delta h}{\Delta t} = Q_{in} - Q_{out} = k_\theta \theta - Q_{out}$$

取极限 $\Delta t \to 0$ 有

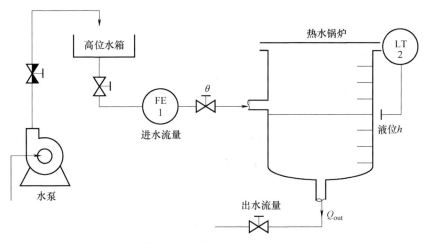

图 1-2-2　热水锅炉液位控制

$$S \frac{\mathrm{d}h}{\mathrm{d}t} = k_\theta \theta - Q_{\mathrm{out}}$$

进一步整形有

$$\frac{\mathrm{d}h}{\mathrm{d}t} = \alpha\theta + \eta Q_{\mathrm{out}} \tag{1-2-6}$$

式中，$\alpha = \dfrac{k_\theta}{S}$，$\eta = -\dfrac{1}{S}$。

式(1-2-6)给出了被控量 h 与控制量 θ 的"因果"关系。与式(1-2-1)比较有两点不同：一是式(1-2-6)是微分方程，不是像式(1-2-1)一样的代数方程；二是存在两种输入量，控制输入量 θ 与扰动输入量 Q_{out}。

综上分析，控制问题"将锅炉液位高度 h 控制到期望值 h^*"的描述为：已知被控对象的被控量为液位高度 h，控制量为进水阀门开度 θ，且二者满足式(1-2-6)。求解(设计)控制率 θ^*，使得 $h = f(\theta^*) = h^*$，且控制律 θ^* 能工程实现。

沿着求"逆函数"的思路，由式(1-2-6)有

$$h(t) = f(\theta) = h(t_0) + \int_{t_0}^{t} \alpha\theta(t)\,\mathrm{d}t + \int_{t_0}^{t} \eta Q_{\mathrm{out}}(t)\,\mathrm{d}t = h^* \tag{1-2-7}$$

尽管给出了问题二的数学描述，但由式(1-2-7)直接求解控制律 $\theta^*(t)$ 会遇到两个方面的约束，一是积分函数求逆相对困难，二是含有不能确定的扰动量 Q_{out}。因此，对于锅炉液位高度 h 的控制问题，常规方法失效。

1.2.2　常规"逆函数"求解的局限性

采用求"逆函数"的思路设计控制器，尽管简明直接，但是从上述第二个例子看出，会存在局限。下面从几个方面来分析。

1. 逆函数不存在时，无法实施

尽管可以给出被控量与控制量的"因果"关系式 $y = f(u)$，但逆函数 $f^{-1}(y)$ 不存在，无法得到控制器；若逆函数 $f^{-1}(y)$ 很复杂，得到的控制器也会受到工程实现上的限制而无法采用。

2. 存在建模不确定时，难以实施

当被控对象复杂时，可以确定被控量 y 与控制量 u 存在"因果"关系，但难以写出具体关系

式，或其中部分环节给不出具体关系式，这种情况称为被控对象存在建模不确定性。由于写不出 $y=f(u)$ 的关系式，当然无法用 $u=f^{-1}(y)$ 来设计控制器。

3. 难以克服建模误差

从工程实践知，尽管可以建立被控量与控制量的关系，但要准确建立它们之间的关系往往是困难的，难免会存在建模（参数）误差。以第一个例子来分析，如果实际被控对象为

$$n=f(U)=(\alpha^*+\Delta\alpha)U \tag{1-2-8}$$

与模型式（1-2-1）存在误差 $\Delta\alpha$，而控制器是按模型式（1-2-1）设计的，则运行结果将是

$$n=f(U)\mid_{U=U^*}=(\alpha^*+\Delta\alpha)U\mid_{U=U^*}=(\alpha^*+\Delta\alpha)\frac{1}{\alpha^*}n^*$$

进一步有

$$\frac{n}{n^*}=\frac{\alpha^*+\Delta\alpha}{\alpha^*}=1+\frac{\Delta\alpha}{\alpha^*} \tag{1-2-9}$$

可见，建模误差 $\dfrac{\Delta\alpha}{\alpha^*}$ 完整地出现在最后的控制结果中。对于要求精度高的控制系统，这种控制器难以胜任。

1.3 反馈调节原理

控制问题常规求解路径遇到了难以逾越的局限，需要另辟蹊径。反思人类自身解决此类问题，易于反掌。对于第一个例子，装一个转速表，见图 1-2-1b，人眼盯住转速表，若转速不在期望值上，则旋转电位器使其升压或降压，便可调整转速到期望值上。同样的道理，对于第二个例子，见图 1-2-2，人眼盯住刻度尺，若液位高度不在期望值上，则旋转阀门便可调整液位高度到期望值上。在整个过程中，人脑中并无被控量 y 与控制量 u 的关系式 $y=f(u)$，也没有实施逆运算 $u=f^{-1}(y)$，但却很好地完成了控制任务。这给我们启示，可否用工程可实现的办法实现这个人工控制过程？若可以，则极方便地解决了自动控制问题。

1.3.1 系统架构与工作原理

归纳人工控制过程，大致有如下三步：

1）通过人眼时刻关注被控量的状况；

2）将被控量的实际值与期望值比较；

3）根据比较的误差形成控制量决策。

要实现上述步骤，最重要的是被控量一定要可实时测量，所以传感器与检测技术是实现自动控制的一个基础性的技术。仍以（微小型）直流调速系统为例，如图 1-3-1 所示。

假定经转速传感器将转速 n 转换成电压信号 n_u，即

$$n_u=\beta n \tag{1-3-1}$$

式中，β 是传感器的转换系数。

再将转速的期望值 n^* 等效成电压信号 n_u^*，即

$$n_u^*=\beta_0 n^* \tag{1-3-2}$$

式中，β_0 是等效系数。由于 β_0 是人为设计的，可选 $\beta_0=\beta$。

利用运算放大器组成比例减法器进行比较，有

$$U=k(n_u^*-n_u)=ke,\quad k=R_2/R_1,\quad e=(n_u^*-n_u) \tag{1-3-3}$$

式中，e 是控制偏差，k 是控制器的比例系数。式（1-3-3）给出了控制量如何取值，称为控制律，这是最简单也是最常用的比例控制律。

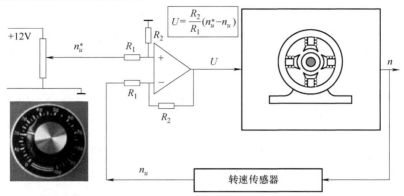

a) 直流电动机反馈调速控制原理图

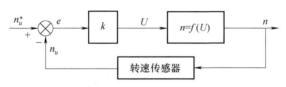

b) 直流电动机反馈调速控制框图

图 1-3-1　直流电动机反馈调速控制

图 1-3-1b 的控制方式与图 1-2-1a 的控制方式不同在于，前者通过传感器将输出信息反馈到了控制器端，这种控制方式称为反馈控制；后者没有将输出信息引入到控制器中，称为前馈控制。

在式（1-3-1）~式（1-3-3）构成的反馈控制设计下，被控对象的输出将怎样变化？将式（1-3-3）代入式（1-2-1）有

$$n = f(U) = \alpha^* U = \alpha^* k(n_u^* - n_u) = \alpha^* k(\beta_0 n^* - \beta n)$$

将上式移项合并有

$$n = \frac{k\alpha^* \beta_0}{1 + k\alpha^* \beta} n^*$$

若 $k\alpha^* \beta \gg 1$，有

$$\frac{n}{n^*} = \frac{k\alpha^* \beta_0}{1 + k\alpha^* \beta} \approx \frac{k\alpha^* \beta_0}{k\alpha^* \beta} = \frac{\beta_0}{\beta} = 1$$

如果存在建模误差，即

$$n = f(U) = (\alpha^* + \Delta\alpha)U = f^*(U) + \Delta f$$

按照前面同样的推导有

$$\frac{n}{n^*} = \frac{k(\alpha^* + \Delta\alpha)\beta_0}{1 + k(\alpha^* + \Delta\alpha)\beta} \approx \frac{k(\alpha^* + \Delta\alpha)\beta_0}{k(\alpha^* + \Delta\alpha)\beta} = \frac{\beta_0}{\beta} = 1 \qquad (1\text{-}3\text{-}4a)$$

可见，采取反馈控制方式，克服了建模误差的影响，若传感器具有良好的线性度和精度，只要选取 $\beta_0 = \beta$，便可实现高精度的控制。

若考虑传感器的精度，令 $\beta=\beta^*+\Delta\beta$，$\beta^*$ 是传感器的标称值，设计 $\beta_0=\beta^*$，由式(1-3-4a)可得

$$\frac{n}{n^*}=\frac{\beta_0}{\beta}=\frac{\beta^*}{\beta^*+\Delta\beta}=1-\frac{\Delta\beta}{\beta} \tag{1-3-4b}$$

一般情况下，容易做到传感器精度远高于被控对象的精度，即 $|\Delta\beta/\beta|\ll|\Delta\alpha/\alpha^*|$，与式(1-2-9)比较，即使存在传感器误差，最后控制系统的精度是由传感器的精度所决定的，其控制精度也得到了极大提高。

式(1-3-4a)存在的前提是 $k\alpha^*\beta\gg1$。由于 k 为控制器的比例系数，是人为设计的参数，是容易满足的。特别是，由式(1-3-3)知，控制器设计非常简单，就是一个比例运算，无需进行被控对象的逆函数运算。

前述的直流调速系统采用的是代数方程描述，若被控对象是微分方程描述的，还能采用上述方法吗？下面，以锅炉液位高度控制系统为例来分析，如图1-3-2所示。

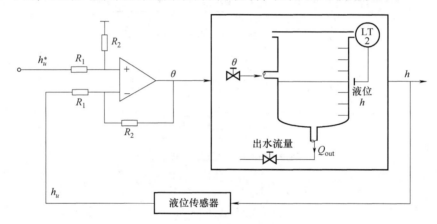

a) 液位高度反馈控制原理图

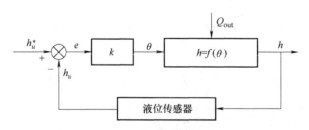

b) 液位高度反馈控制框图

图1-3-2　液位高度反馈控制

同样的道理，假定经液位传感器将液面高度 h 转换成电压信号 h_u，即

$$h_u=\beta h \tag{1-3-5}$$

式中，β 是传感器的转换系数。

再将高度的期望值 h^* 等效成电压信号 h_u^*，即

$$h_u^*=\beta_0 h^* \tag{1-3-6}$$

式中，β_0 是等效系数，取 $\beta_0=\beta$。

利用运算放大器组成比例减法器进行比较，有

$$\theta=k(h_u^*-h_u)=ke,\ k=R_2/R_1,\ e=(h_u^*-h_u) \tag{1-3-7}$$

式中，e 是控制偏差，k 是控制器的比例系数。

在式(1-3-5)~式(1-3-7)的设计实现下，可推出图1-3-2所示的液位高度反馈控制的输出。将式(1-3-7)代入式(1-2-6)有

$$\frac{\mathrm{d}h}{\mathrm{d}t} = k\alpha(h_u^* - h_u) + \eta Q_{\mathrm{out}} = k\alpha(\beta_0 h^* - \beta h) + \eta Q_{\mathrm{out}}$$

将上式移项合并有

$$\frac{\mathrm{d}h(t)}{\mathrm{d}t} + k\alpha\beta h(t) = k\alpha\beta_0 h^* + \eta Q_{\mathrm{out}} \qquad (1\text{-}3\text{-}8)$$

式(1-3-8)是一个一阶微分方程。根据微分方程理论，它的解由通解 $h_0(t)$ 与特解 $h_s(t)$ 组成(微分方程的求解公式是本书的基本数学工具，学生应事先预习)。其通解 $h_0(t)$ 是如下齐次方程的解：

$$\frac{\mathrm{d}h_0(t)}{\mathrm{d}t} + k\alpha\beta h_0(t) = 0$$

显见，$h_0(t) = ce^{\lambda t} = ce^{-k\alpha\beta t}$，$\lambda = -k\alpha\beta$ 是特征方程 $\lambda + k\alpha\beta = 0$ 的特征根。

不失一般性，取期望值 h^* 为给定的常数，扰动量 Q_{out} 也为常数(但不知具体值)。不难验证 $h_s(t) = \dfrac{\beta_0}{\beta}h^* + \dfrac{\eta}{k\alpha\beta}Q_{\mathrm{out}}$ 是式(1-3-8)的一个特解。因此，式(1-3-8)的解为

$$h(t) = h_0(t) + h_s(t) = ce^{-k\alpha\beta t} + \frac{\beta_0}{\beta}h^* + \frac{\eta}{k\alpha\beta}Q_{\mathrm{out}} \qquad (1\text{-}3\text{-}9)$$

从前面推导可看出：

1) 只要设计控制器参数 k 足够大，使得 $k\alpha\beta \gg 1$，$ce^{-k\alpha\beta t}$ 就会很快衰减掉，即存在一个很短的时间 t_s，便使得 $ce^{-k\alpha\beta t} \approx 0(t > t_s)$；另外，扰动的影响由 ηQ_{out} 衰减到 $\dfrac{\eta}{k\alpha\beta}Q_{\mathrm{out}} \approx 0$，则

$$\frac{h(t)}{h^*} \approx \frac{\beta_0}{\beta} = 1 \quad (t > t_s) \qquad (1\text{-}3\text{-}10)$$

即在很短时间 t_s 之后，液位高度 $h(t)$ 就可到达期望值 h^*，实现了控制目的。

2) 对于微分方程描述的系统，控制器式(1-3-7)仍是简单的比例控制，无需进行被控对象的逆函数运算，最终仍有式(1-3-10)的结果。

3) 哪怕是被控对象模型式(1-2-6)中参数 $\alpha = \alpha^* + \Delta\alpha$ 不准，存在建模误差，其影响也在通解 $h_0(t) = ce^{-k(\alpha^* + \Delta\alpha)\beta t}$ 中很快衰减掉，不影响控制系统的精度；另外，即使存在扰动输入 Q_{out}，其影响也被衰减到原来的 $1/(k\alpha\beta)$。

4) 即使存在传感器误差，同样的道理，比较式(1-3-10)与式(1-3-4)知，由于采取了经传感器的反馈控制方式，最后控制系统的精度也将由传感器的精度所决定。

前面两个实例表明，通过反馈控制方式可以很好地复现"人工控制过程"，尽管这两个实例简单，但其原理具有普遍性。要说明的是，图1-3-1a和图1-3-2a都是通过运算放大器，既实现比较运算又实现比例放大运算，这只是一个工程性的示意，在实际工程中送入被控对象的执行量往往需要一定的功率，因此其比例放大控制要采用其他的方式来实现。

一般反馈控制系统架构如图1-3-3a所示。u 是被控对象的输入，也称为控制输入；y 是被控对象的输出，也是整个控制系统的输出；y_u^* 是期望输出，也称为给定输入；d 表示系统的扰动输入，像前面锅炉液位控制的 $Q_{\mathrm{out}} = d$。图中，通过传感器形成了一个反馈环路，即 $e_u \rightarrow u \rightarrow y \rightarrow y_u \rightarrow e_u$，这种由一个量出发又返回到这个量的通路称为闭环回路；若传感器未连上控制器，反馈环路没有形成，即 $e_u \rightarrow u \rightarrow y \rightarrow y_u$，将这种未闭合的闭环回路称为开环回路；由给定或扰动等输入到系统输出的通路，如 $y_u^* \rightarrow e_u \rightarrow u \rightarrow y$，由于变量的传递方向都是前向的，将这类通路称为前向通道或前馈通道。

不失一般性，见图 1-3-3b，假定被控对象的被控量 y 与控制量 u 的具体关系式 $y=f(u,d)$ 不知道，但其关系满足：控制量 $u>0$，被控量 y 将增大；控制量 $u<0$，被控量 y 将减小。通过传感器将被控量的实时状况从输出侧"反馈"到输入侧，得到控制偏差 e。

控制问题可描述为：

1）已知被控对象的被控量为 y，控制量为 u；

2）期望输出为 y^*，控制偏差为 $e=y^*-y$；

3）设计控制器 $u=u(y,y^*)=u(e)$，使得 $y \to y^*$。

控制器的设计步骤如下：

1）被控量由传感器实时测量，转换为电量信号 $y_u=\beta y$；

2）取被控量的期望值为等效电量信号 $y_u^*=\beta_0 y^*$；

3）控制器取为比例控制，即 $u=ke_u=k(y_u^*-y_u)=k(\beta_0 y^*-\beta y)$，不失一般性，见图 1-3-3b，取 $K=k\beta$，$\beta_0=\beta=1$，有

$$u=u(e)=K(y^*-y)=ke \qquad (1\text{-}3\text{-}11)$$

在式（1-3-11）的控制下，一般系统的反馈调节工作原理如下：

1）若初始 $y<y^*$，则 $e=y^*-y>0$，控制量 $u>0$，进而被控量 y 增大；若 y 仍低过 y^*，将持续这个过程，直到控制偏差逐步收敛 $e\to0$（收敛到 0 是理想状态，实际上总会存在收敛误差，下同），如图 1-3-4a 带点实线所示。

2）若初始 $y>y^*$，则 $e=y^*-y<0$，控制量 $u<0$，进而被控量 y 减小；若 y 仍高过 y^*，将持续这个过程，直到控制偏差逐步收敛 $e\to0$，如图 1-3-4a 带点虚线所示。

3）若在接近期望值 y^* 时，调节过度穿过了期望值（此时，$y=y^*$，但 $\dot{y}\neq0$），就会出现图 1-3-4b 所示的情形，称为超调现象。不要紧，只要控制偏差存在，就会始终调整控制量，使得超调逐步减小，控制偏差逐步收敛 $e\to0$，最后达到 $y\to y^*$。

总之，反馈调节的思想带来了实现自动控制新颖的有效路径。需要控制哪个变量，就增加传感器实时测量这个变量，并通过反馈与它的期望值进行比较形成控制

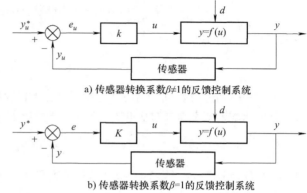

a) 传感器转换系数 $\beta\neq1$ 的反馈控制系统

b) 传感器转换系数 $\beta=1$ 的反馈控制系统

图 1-3-3　反馈控制系统

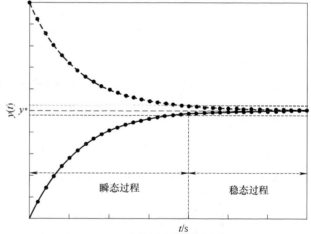

a) 无超调反馈调节响应

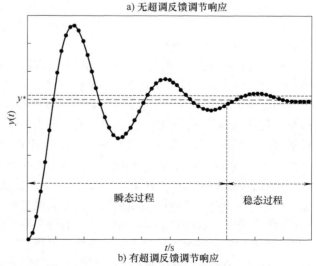

b) 有超调反馈调节响应

图 1-3-4　反馈调节响应

偏差，再根据这个偏差进行调节，偏差不趋于 0 调节不终止，最终让这个变量达到期望值。这就是反馈调节原理。通过增加传感器的代价换取了常规求逆进行控制带来的局限，且无需人的参与。

1.3.2　反馈调节的优缺点

"反馈调节"是自动控制的核心本质。下面分析它的优缺点。

1. 可以忍受模型残差

从式(1-3-4)和式(1-3-10)的推导过程中明显感觉到，由于反馈回路的存在，位于前向通道上的被控对象建模误差被抑制了，将被控对象的建模精度转移到了传感器的精度上。在工程实际中，选择高精度的传感器远比改善被控对象的精度要容易，特别是有时候被控对象是不允许改变的。

由于传感器的精度容易达到，为了聚焦研究反馈调节系统本身的性能，本书后续讨论在未特别说明时，均采用图 1-3-3b 所示的结构，暂时忽略传感器精度的影响（相当于 $\beta_0 = \beta = 1$，$\Delta\beta = 0$）。

2. 控制器简单、通用

由式(1-3-3)、式(1-3-7)和式(1-3-11)可知，采用"反馈比较"+"偏差调节"，其控制器极其简单，无需知晓被控对象的具体关系式 $y = f(u)$，也无需进行逆运算 $u = f^{-1}(y)$，甚至可以简单到就是一个比例控制律，即 $u = u(e) = ke$。而且，直流电动机的转速控制可以采用比例控制律，锅炉液位控制也可以采用比例控制律，使得控制器具有通用性。

总之，由于反馈调节原理的存在，可以采用简单的控制器控制复杂的系统，这是一个重要的具有极大工程实际意义的思想，贯穿整个控制理论与技术之中。反观用"逆函数"设计控制器的思路，它是一种"精确配准"的逆向设计方式，得到的控制器往往结构复杂。

在控制器的实现上，对控制器参数的准确性要求不高。一方面，从前面推导可看出，控制器的比例系数 k 不要求很准确，只要它足够大即可，这就为工程中调试控制器参数带来了方便；另一方面，控制系统的精度是由调节机制和传感器精度决定的，控制偏差 e 不趋于 0，系统始终处在调节中，迫使趋向期望值。

另外，如果采用数字式传感器，控制器就可以用计算机实现，将数字量 y^*、y 输入计算机，计算 $e = y^* - y$，再做控制律 $u = u(e)$ 的运算即可。因此，可用计算机作为控制器的通用载体（硬件），这样的话，只需关注控制律算法（软件）即可，提高了开发效率。

3. 期望值（轨迹）未知不影响控制器设计

反馈调节表明，通过"反馈比较"+"偏差调节"，能够迫使偏差 $e \to 0$。因此，在设计时按偏差 e 构造控制律 $u = u(e)$ 即可。尽管在 $e = y^* - y$ 中 y^* 不知道，但不要紧，只要在实际运行时，通过传感器或其他技术手段得到 y^*，再跟输出端传感器得到的 y 一起输入到控制器，便可计算出 $e = y^* - y$。例如，无人驾驶系统，根据目的地位置以及通过车载雷达等传感设备将路面情况采集便可形成指令轨迹 y^*，实时送入控制器中即可。

4. 具有良好的抗扰性

若存在外部扰动 d，像锅炉液位控制系统的出水流量，会使被控量偏离期望值，但是由于反馈的存在，会自动地修改控制量，力图使得控制偏差 $e \to 0$，从而大幅度地抑制扰动给输出带来的影响。

除了外部扰动外，被控对象在运行的过程中，参数会发生变化，相当于一种内部扰动。例如，电动机长期运行会发热，导致其中电阻、电感等参数发生变化。这些参数的变化，同样会带来被控量偏离期望值。若没有反馈调节，即没有传感器实时盯住被控量，控制器将无法知晓被控量已变化，因而偏离误差也无法修补；若存在反馈调节，由于被控量的偏离将导致控制偏差 e 出现，只要控制偏差 e 不趋于 0，一定会持续修正控制量 u，直到 $y \to y^*$，因而由被控对象参数变化带来的被控量偏离也将被修正回去。

总之，只要是位于输出端传感器之前（前向通道上）的原因（被控对象的建模误差、参数变化、外部扰动等）引起被控量偏离期望值，都会产生控制偏差 e，而反馈调节的存在总是力图迫使控制偏差 $e \to 0$，使得控制量 u 自动地修正，达到被控量 y 回到期望值 y^* 的目标。另外，这个调节过程是自动进行的，无需人的干预。

5. 稳定性是反馈调节最致命的弱点

反馈调节带来许多优点，但一定存在弱点。由图 1-3-4 所示的反馈调节工作过程看，一是被控量的输出一定需要一段调节时间才能达到期望值，二是如果调节过程出现图 1-3-5 所示不收敛的情况，反馈调节走向了反面，反而使得系统性能崩溃，这时称系统不稳定，这是反馈调节需要克服的问题。

因此，系统的稳定性是反馈调节必须确保的。只要系统稳定，控制偏差 e 就会收敛，系统输出总能跟上期望值；系统出现不稳定，控制偏差 e 不会收敛，系统输出将发散，控制任务将无法完成。

另外，前面的推导要求控制参数 k 要足够大，将会导致控制量 $u = ke$ 很大。在实际工程中，过大的控制量是不允许的，这也是反馈调节实现高性能控制时要考虑的，这一点在理论分析时往往容易忽视，需要高度重视。

综上所述，对于任何一个控制系统，只要保证系统稳定，无论期望值（轨迹）y^* 怎样，对被控量 y 进行实时测量并实施"反馈比较"与"偏差调节"，总能实现控制偏差收敛，最后达到 $y \to y^*$，完成控制任务，这就是反馈调节的精髓，从技术的角度很好地解决了自动控制问题。后续章节就是要从理论上定量地回答，怎样的系统能稳定收敛以及收敛的快慢和收敛的精度等问题。

反馈调节原理带来了一种新颖的思维方式。通过对被控量 y 的实时测量，替代了需要知晓的被控量 y 与控制量 u 之间的"因果"关系 $f(u)$；又经反馈将 y 的实时测量值嵌入到了控制器 $u = u(e) = u(y^*, y)$ 中，避开了逆运算 $f^{-1}(y)$。从而，以一种简单又极具通用性的系统架构解决了各种复杂的自动控制问题。

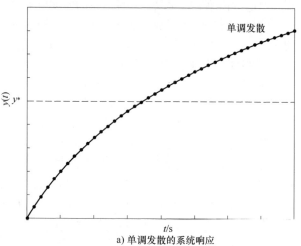

a) 单调发散的系统响应

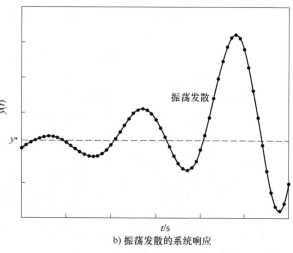

b) 振荡发散的系统响应

图 1-3-5　不稳定的系统响应

被控对象的控制量为"因"，被控量为"果"；由于反馈，又将被控量的"果"转化为控制量的"因"。所以，自动控制系统是一个"因—果—因""否定之否定""螺旋式调节发展"的系统。与传统学科只考虑"因"与"果"的"前馈"思维方式相比，"反馈"思想有着本质上的差异，因而带来许多不可比拟的优势。

1.4　控制理论与技术发展概况

反馈调节原理是控制理论与技术的核心。它的形成经历了一个漫长过程，目前还在不断发展。下面对它的概况做一个简要梳理，也是本书后续章节要展开的主线内容。

1.4.1 经典控制理论

1. 自动控制技术的开端

目前，人们普遍认为最早的反馈控制器是瓦特(James Watt)在 1788 年应用于蒸汽(发动)机的飞球式调速器(governor)，如图 1-4-1a 所示。尽管在此之前，科学家惠更斯(Christiaan Huygens)和胡克(Robert Hooke)都曾钻研过用离心力控制速度这个问题，也设计了类似的飞球式

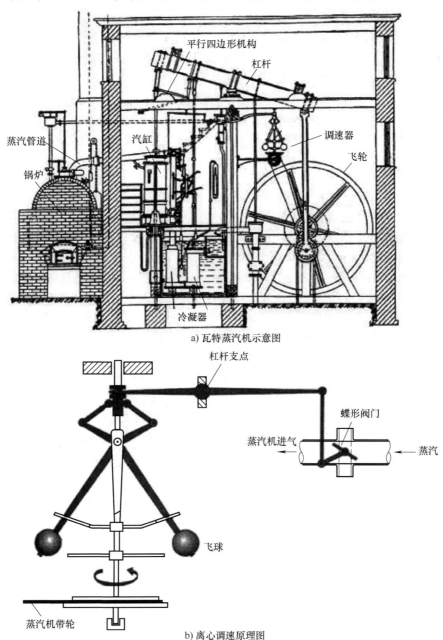

a) 瓦特蒸汽机示意图

b) 离心调速原理图

图 1-4-1 飞球式调速器的工作原理

调速器；在蒸汽机之前，飞球式调速器也已经在风车上应用。但是，随后因为瓦特对早期纽科门蒸汽机（Newcomen steam engine）进行了一系列重大改进，如将冷凝器与汽缸分离、采用连续旋转运动的曲柄传动系统、引入平行运动连杆机构与飞球式调速器，极大提高了蒸汽机的效率、安全性以及运行平稳性，才使得飞球式调速器真正具有工程价值且影响广泛。

飞球式调速器的工作原理并不复杂，如图 1-4-1b 所示，通过带轮与蒸汽机转轴相连，感知蒸汽机的实际转速。若实际转速偏高，飞球的离心力变大，将被向上甩开，再带动杠杆机构关小蒸汽阀门，进而降低蒸汽机的转速；若实际转速偏低，飞球的离心力变小，将会下垂收缩，再带动杠杆机构开大蒸汽阀门，进而提升蒸汽机的转速。

上述飞球式调速器的工作原理可用图 1-4-2 示意，可见是一个典型的反馈控制系统。通过带轮、飞球与杠杆机构，既实现对蒸汽机实际转速的检测又实现对蒸汽量的控制，这是一个集检测与控制于一体的机械式反馈控制器，是自动控制技术的开端。

2. 时域分析

瓦特蒸汽机极大地推动了工业革命，在大量的应用过程中，也出现了不少新问题，如负载变化下稳态误差大、转速波动大、会出现转轴的颤振等。这就提出能否对蒸汽机的调速系统进行理论分析，找出问题原因，再针对性地改进。

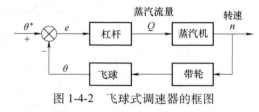

图 1-4-2　飞球式调速器的框图

上述问题本质上都与系统稳定性关联。1868 年，英国学者麦克斯韦（J. C. Maxwell）系统地分析了几类调速器并给出了稳定性条件，被认为是第一个系统地分析反馈控制系统的理论研究，自动控制理论开始萌芽。

要分析系统的稳定性，必须首先解决如何描述一个系统，建立起系统变量间的数学模型，尽管在反馈控制器 $u=u(e)$ 中，无需直接代入被控对象的函数关系式 $f(u)$。麦克斯韦的分析表明，蒸汽机调速系统的动态关系可用微分方程描述，且它的稳定性与这个微分方程解轨迹的稳定性是一致的。

实际上，对于运动系统，其工作机理不外乎就是在某些力（转矩）作用下产生和维持运动的速度（转速），它们之间关系要符合各种运动学定律，经消元合并推导后，系统输出与输入满足如下形式的微分方程：

$$y^{(n)}+a_{n-1}y^{(n-1)}+\cdots+a_1 y^{(1)}+a_0 y=b_m u^{(m)}+b_{m-1}u^{(m-1)}+\cdots+b_1 u^{(1)}+b_0 u \quad (m<n) \quad (1\text{-}4\text{-}1)$$

式中，n 称为系统的阶数；二组系数 $\{a_i\}$、$\{b_j\}$ 由系统内部参数决定。

根据微分方程理论知，式（1-4-1）的解由通解 $y_0(t)$ 和特解 $y_s(t)$ 组成，即

$$y(t)=y_0(t)+y_s(t) \quad (1\text{-}4\text{-}2a)$$

其中通解为

$$y_0(t)=\sum_{i=1}^{n} c_i \mathrm{e}^{\lambda_i t} \quad (1\text{-}4\text{-}2b)$$

上式中 $\lambda_i(i=1,2,\cdots,n)$ 是如下特征方程的根（可能是复根）：

$$\lambda^n+a_{n-1}\lambda^{n-1}+\cdots+a_1\lambda+a_0=0 \quad (1\text{-}4\text{-}3)$$

根据式（1-4-2）可以绘制出响应曲线，从响应曲线上便可分析系统的性能。其中，希望通解 $y_0(t)$ 尽快收敛到 0，即 $y_0(t)=\sum_{i=1}^{n} c_i \mathrm{e}^{\lambda_i t} \to 0$，否则系统将不会稳定，这个收敛过程称为瞬态过程或瞬态响应，尽管它很短但至关重要，决定了反馈调节能否真正起作用；在通解 $y_0(t)$ 收敛后，系统响应由特解 $y_s(t)$ 决定，反映了系统稳态情况，收敛后的过程称为稳态过程或稳态响应，决定了反馈调节后稳态输出的精度。

求解系统响应总是一件困难的事。实际上，判断系统的稳定性可以不求解其响应，由式(1-4-2b)知，系统输出响应是否收敛稳定取决于通解$y_0(t)$是否衰减到0，而后者只取决于特征根$\lambda_i(i=1,2,\cdots,n)$。由式(1-4-3)知，特征根只与系数$a_i(i=0,1,2,\cdots,n-1)$有关，因此，若能找到稳定性与这些系数的关系，即稳定性判据，将会给控制系统的分析与设计带来极大便利。1877年，英国学者劳斯(E. J. Routh)得到只需依据系数$\{a_i\}$的四则运算便可判断微分方程稳定性的判据；1895年，德国学者赫尔维茨(Adolf Hurwitz)也独立地推出了类似的判据。

将系统性能归结到微分方程解轨迹上面来分析，是从时域的角度观察系统表现，具有直观性。前面的分析表明，系统性能很大程度上取决于为时并不长的瞬态过程(通解)，从理论上找到了控制问题的深层根源，且给出了适合工程应用的分析工具，即无需求解响应只需根据系统参数便可分析系统稳定性以及其他性能的判据与方法。

1948年，美国学者艾文思(W. R. Evans)进一步提出了一种求(通解)特征根的简单方法，称为根轨迹法。这种方法不需要直接求解特征方程，而是通过作图将特征方程的根与系统某一参数的全部数值关系表示出来。根轨迹法十分直观，利用系统的根轨迹可以分析结构和参数已知的闭环系统的稳定性和瞬态响应特性，还可分析参数变化对系统性能的影响，成为控制系统时域分析中一个重要的分析与设计工具，得到了广泛的应用。

3. 频域分析

第一次世界大战后，远距离通话成为一个迫切需求，电子管放大器、晶体管放大器的相继出现使其成为可能。距离的增加，传输电能损耗也增加，需要采用多级串联的放大器，但放大器个数越多，因非线性以及噪声造成的失真也越大。因此，在1920年前后，放大器品质问题成为远距离通话一大技术瓶颈。

1927年，美国Bell实验室的工程师布莱克(Harold Stephen Black)发明了负反馈放大器，"反馈(feedback)"一词才被正式使用，尽管反馈调节的思想早在瓦特应用飞球式调速器时就已出现。由反馈调节原理知，只要各种扰动因素包含在反馈环里前向通道上，如参数不确定、扰动干扰等，都会被反馈抑制。因此，Black放大器一定能很好地提升放大器品质，见图1-4-3(Black的手稿)的推导。

放大器的失真是一个稳态性的指标。分析稳态过程最好是周期信号，便于实验观察。正弦信号是最简单的连续周期信号。在输入端接入可调频率的正弦信号，在输出端观察不同频率下其幅值是否放大或衰减、相位是否变动、波形是否畸变失真等，若在很宽的频率范围都能做到不失真，这个放大器就具有良好的品质。然而，在频率提升的过程，会发生自激振荡(蜂鸣)现象，这表

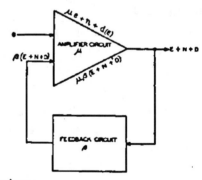

图 1-4-3　Black 负反馈放大器的工作原理

明放大器处在不稳定状态。引入反馈是为了减小失真，而反馈又会带来不稳定，这是反馈的代价，必须予以克服。

前面时域分析表明，系统的稳定性是与瞬态过程相关。而对放大器失真的研究是建立在对稳态过程的分析上。这就提出了一个新问题，能否利用频域的稳态信息来分析与瞬态关联的系统稳定性？

1928 年，美国学者奈奎斯特（Nyquist）在对 Black 负反馈放大器深入分析之下，在频域上建立了一个与已有工作完全不同的稳定性判据，该判据可以利用频域稳态信息指导如何调整系统参数确保系统稳定。

1940 年，美国学者伯德（Bode）进一步提出了利用频域的对数频率特性图、幅值裕度、相位裕度等相对稳定性概念来设计负反馈放大器的方法，并指出了系统增益与带宽的极限关系。

尽管前面的分析方法是针对放大器展开的，但由图 1-3-3b 可看出，反馈控制系统最理想的目标就是使得 $y=y^*$，实际上可等效为从给定输入 y^* 到系统输出 y 的一个比例为 1 的放大器。因而，上述方法完全适用于各种反馈控制系统的分析。

从系统正弦输入和输出的幅值与频率、相位与频率的关系来分析反馈控制系统的性能，谓之频域分析，是一种间接的分析方法，是建立在傅里叶变换上的工程常用的谱分析方法。一方面，利用稳态信息分析瞬态性能（稳定性等）是一个充满想象力的方法，其思路另辟蹊径、殊途同归，具有普适性；二方面，奈奎斯特稳定判据、伯德相对稳定性分析都可用图形进行，便于工程师运用；再一方面，周期性的稳态信号十分便于通用示波器等普通仪器的测量，十分有利于实验研究。因此，频域分析在工程上得到广泛应用。

4. PID 控制

19 世纪后半叶至 20 世纪初，随着反馈控制器用于不同的工程领域，如船舶的自动转向，火力发电的锅炉控制，化工过程的温度，压力与流量控制等，对控制器的设计提出了新的挑战。这些控制对象相对复杂，具有明显的非线性和不确定性，仅仅采用以往的比例控制律存在困难，需要设计复杂一些的控制律。

1922 年，俄裔美国工程师尼尔克斯（Nicholas Minorsky）针对船舶的自动转向问题，推导出了现在称为 PID 控制器的三项控制器，就是以系统偏差的"比例+积分+微分"三项线性反馈之和形成控制律，即

$$u(t)=ke(t)+\frac{1}{T}\int_{t_0}^{t}e(t)\mathrm{d}t+\tau\frac{\mathrm{d}}{\mathrm{d}t}e(t) \tag{1-4-4}$$

PID 控制器是迄今为止应用最广泛的一种控制器。2017 年，国际自动控制联合会（IFAC）的工业委员会对工业技术现状进行了调查，PID 控制与其他十几种控制方法相比，获得了百分之百的好评，如图 1-4-4 所示，是一个有强大生命力的控制方法。

PID 控制器相较于比例控制器复杂，但仍是一个结构简单的控制器，只有三个可调参数。尽管 PID 控制器可调参数不多，由于广泛地应用于各种控制领域，被控对象千差万别，出现了众多的调参公式。目前，PID 参数的设计与整定仍未完全解决，还在不断地改进中。

5. 《控制论》与《工程控制论》

反馈是自动机器的核心思想。事实上，反馈是一切动物（包括人类）的基本行为方式。例如，人的行走，尽管腿部系统没有任何问题，但人眼不能实时观察行走目标，或者大脑不能处理腿部行走轨迹与目标的位置差时，人的行走很难到达目标。1940 年，美国学者维纳（N. Wiener）在为美国国防部改进火炮控制系统期间，参与了在哈佛大学定期举办的有物理学家、计算机科学家、神经生理学家、心理学家、社会学家等参加的科学方法讨论会，讨论了类似人的行走的种种动物

TABLE 1 A list of the survey results in order of Industry impact as perceived by the committee members.

Rank and Technology	High-Impact Ratings	Low-or No-Impact Ratings
PID control	100%	0%
Model predictive control	78%	9%
System identification	61%	9%
Process data analytics	61%	17%
Soft sensing	52%	22%
Fault detection and identification	50%	18%
Decentralized and/or coordinated control	48%	30%
Intelligent control	35%	30%
Discrete-event systems	23%	32%
Nonlinear control	22%	35%
Adaptive control	17%	43%
Robust control	13%	43%
Hybrid dynamical systems	13%	43%

图 1-4-4　PID 控制器应用情况对比

行为，敏锐地发现自动机器与生物神经系统具有某种相似性，促使他进一步思考有关反馈、信息、控制、输入、输出、自我平衡、预测和滤波等问题。

"人是一个控制和通信的系统，自动机器也是一个控制和通信的系统。"是维纳研究的基本思想。尽管一般系统具有物质、能量和信息三个要素，维纳并不追究系统是用什么物质构造的，也不关心能量是如何转换的，只把它们作为系统工作的必要前提，与传统科学关注物质结构和能量转换完全不同，他只是着眼于信息方面，研究系统的行为方式，参见图 1-3-3 的描述，深入阐释了具有普适性的反馈机制，揭示了动物和机器在行为方式方面的一般规律，于 1948 年出版了《Cybernetics》这本划时代的专著，我国将其翻译为《控制论》。

Cybernetics 是源自著名的法国学者安培（A. M. Ampere）曾经给关于国务管理科学取的一个名字，意味着"社会控制"。维纳借用此名作为专著书名，试图建立关于动物和机器共性的科学。事实上，它的作用更像是一部哲学，是一种新的世界观和方法论，其思想不断融入到不同的学科之中。

《Cybernetics》发表后，吸引了工程、数学、生物、心理，甚至社会、哲学、政治等众多领域的极大关注，受其新思想的影响，我国伟大的科学家钱学森以其在火箭发动机与控制领域的工作为背景，从拉普拉斯（Laplace）变换开始将时域与频域两个方向上最核心的工作进行凝练，系统地揭示了《Cybernetics》对自动化、航空、航天、电子通信等学科的意义和影响，于 1954 年形成并出版了自动控制领域不朽的经典著作《工程控制论》。至此，经典控制理论主体框架得已落成。

1960 年 9 月，IFAC 第一届世界代表大会在莫斯科举行。维纳出席了本届大会，受到英雄般的接待。钱学森未能出席，为表示对钱学森的敬意，与会代表齐声朗诵钱学森《工程控制论》序言中的名句："Therefore, the justification of establishing engerneering cybernetics as an engineering science lies in the possibility that looking at things in broad outline and an organized way often leads to fruitful new avenues of approach to old problems and gives new, unexpected vistas."（建立这门工程技术科学，能赋予人们更宽阔、更缜密的眼光去观察老问题，为解决新问题开辟意想不到的新前景。）

《工程控制论》是钱学森在科学领域中哲学思想和技术才华的集中表现。一位美国专栏作家这样评论："工程师偏重于实践，解决具体问题，不善于上升到理论高度；数学家则擅长理论分析，却不善于从一般到个别去解决实际问题。钱学森则集中两个优势于一身，高超地将两只轮子装到一辆战车上，碾出了工程控制论研究的一条新途径……"。《工程控制论》的开创性工作被世界公认为自动化控制技术的理论基础。

6. 计算机控制

控制器设计完毕，需要解决如何实现它。控制器的实现载体，早期有机械式的，如飞球式调速器；后有通过电子管、晶体管构成的电子电路；进一步，发展到大规模集成电路芯片构成的电子电路。这些实现方式都是模拟方式，在实现精度、参数调整、抗电子噪声、通用性等方面都存在一些不足。

控制器的实现本质上就是控制律的运算。由于模拟/数字（A/D）转换、数字/模拟（D/A）转换等技术广泛应用，控制律的运算完全可由计算机（含各种微处理器板卡）来完成。因此，计算机控制系统成为通用的控制系统，如图1-4-5所示。

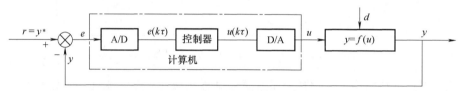

图1-4-5　计算机控制系统结构图

计算机只运算数字量，它的实现方式是数字方式，弥补了模拟方式在实现精度、参数调整、抗电子噪声、通用性等方面的不足。然而，由于被控对象常常是模拟方式的，要实现计算机控制，必须建立信号采样、保持、恢复的相关理论方法，形成离散系统控制理论，才能使数字方式的控制器与模拟方式的被控对象的结合达到期望设计的要求。

1928年，美国学者奈奎斯特研究了采样过程所应遵循的规律，给出了采样频率与信号频谱之间的关系。1948年，信息论的创始人美国学者香农（C. E. Shannon）对这一结论加以明确地说明并正式作为定理引用，因此在许多文献中称其为香农采样定理。以采样定理为基础，将连续系统离散化，形成离散系统；借助z变换等数学工具，将连续系统中的各种理论与方法引入到离散系统中，形成了离散系统的时域、频域分析与设计方法。

随着计算机（含各种微处理器板卡）日益普及，计算能力不断提升，体积越来越小，几乎现在所有的控制系统都采用计算机控制方式，使得控制器的硬件设计愈发简单而通用，控制领域的工程师只需关注控制器的软件设计。

1.4.2　现代控制理论

经典控制理论主要针对单输入单输出系统，这是工程控制原理的经典内容。然而，随着20世纪60年代航天航宇需求的增长，提出了许多需要同时对多个变量进行控制的问题，如火箭和宇航器的导航、跟踪和着陆过程中的高精度、低消耗控制等。由反馈调节原理知，可以针对每个待控制的变量，构造相应的单输入单输出系统，通过多个单输入单输出系统来实现多变量控制问题。可以想见，当这些控制变量之间的耦合不强时，可以有很好的控制效果，也有不少实际的控制系统就是采用这个方案。但是，当这些控制变量之间的耦合很强时，或者对多变量控制性能提出很高要求时，多变量之间的耦合效应就不能被忽视，简单地拆分为多个单输入单输出系统来设计其控制难以奏效，需要发展现代控制理论。

1. 状态空间理论

系统的性能一定是以其中的变量为载体来反映的。任何系统都会有一组最少的独立变量，它的变化规律完全决定了系统的性能，也决定了其他变量的表现，称之为状态变量。

1959 年前后，美国学者贝尔曼（Bellman）、卡尔曼（Kallman）等在解决航天航宇相关问题中，提出了状态空间描述法，将原来变量之间需要用高阶微分方程（组）描述的，参见式（1-4-1），转化为用状态变量的一阶微分方程组来描述，即

$$\begin{pmatrix} \dot{x}_1 \\ \vdots \\ \dot{x}_n \end{pmatrix} = \begin{pmatrix} a_{11} & \cdots & a_{1n} \\ \vdots & & \vdots \\ a_{n1} & \cdots & a_{nn} \end{pmatrix} \begin{pmatrix} x_1 \\ \vdots \\ x_n \end{pmatrix} + \begin{pmatrix} b_{11} & \cdots & b_{1m} \\ \vdots & & \vdots \\ b_{n1} & \cdots & b_{nm} \end{pmatrix} \begin{pmatrix} u_1 \\ \vdots \\ u_m \end{pmatrix} \quad (1\text{-}4\text{-}5\text{a})$$

$$\begin{pmatrix} y_1 \\ \vdots \\ y_p \end{pmatrix} = \begin{pmatrix} c_{11} & \cdots & c_{1n} \\ \vdots & & \vdots \\ c_{p1} & \cdots & c_{pn} \end{pmatrix} \begin{pmatrix} x_1 \\ \vdots \\ x_n \end{pmatrix} \quad (1\text{-}4\text{-}5\text{b})$$

式中，有 m 个输入变量，则 $\boldsymbol{u} = (u_1 \quad \cdots \quad u_m)^{\mathrm{T}}$；$p$ 个输出变量，则 $\boldsymbol{y} = (y_1 \quad \cdots \quad y_p)^{\mathrm{T}}$；除了输入、输出变量外，还有 n 个状态变量，则 $\boldsymbol{x} = (x_1 \quad \cdots \quad x_n)^{\mathrm{T}}$；矩阵 $\boldsymbol{A} = (a_{ij})$、$\boldsymbol{B} = (b_{ij})$、$\boldsymbol{C} = (c_{ij})$。

采用了状态空间描述，使得多变量之间的耦合关系通过矩阵的非对角元素清晰地表示出来，系统的性能由常系数矩阵 $\{\boldsymbol{A}, \boldsymbol{B}, \boldsymbol{C}\}$ 所决定，便于利用线性代数中的各种数学工具进行分析。

经典控制理论只关注单输入单输出系统，只有一条输入与输出通道，通过输出响应可以较好地反映系统性能。多变量系统存在多条输入与输出通道，仅仅通过输出响应还难以反映系统交叉耦合的内部变量间的性能，特别是系统中哪些状态是可以通过控制器达到的？哪些状态是可以通过输出端传感器观测的？这都是在设计高性能的多变量系统控制器之前需要弄清楚的。为此，除了系统的稳定性分析外，卡尔曼特别给出了系统状态的能控性和能观性定义，使得状态空间理论更加注重系统内部的结构分析，形成了一个基于能控、能观结构分解的重要分析方法。

基于对系统内部结构特征分析的基础上，形成了一种新的控制结构——状态反馈，如图 1-4-6 所示。可以证明，状态反馈比输出反馈可以更好地配置系统期望性能，它的调节机制与输出反馈是一致的，代价是所有状态变量（一般情况下，$n>p$）都要通过传感器进行实时测量。由于将所有状态变量的信息都用于控制器中，可以想见，控制效果应该是更为完美的。

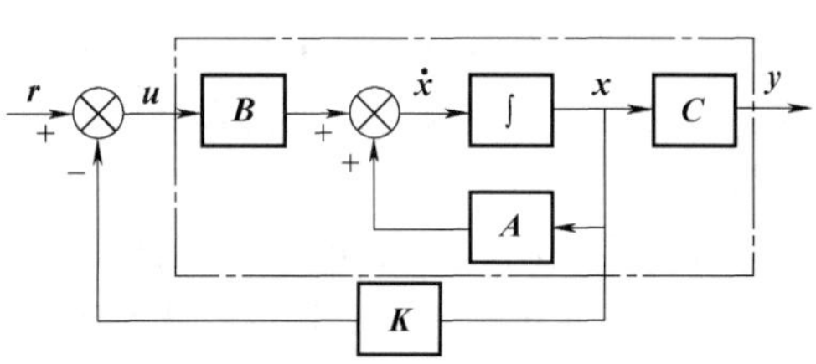

图 1-4-6 状态反馈

2. 最优控制理论

在航天航宇的许多控制问题中，都有性能最优的要求，如以最短时间实现导弹拦截、以最少燃耗完成变轨任务等，这就提出了如何描述最优性能和求解最优控制器的问题。

将状态空间描述式（1-4-5）更一般化，可写为

$$\dot{\boldsymbol{x}} = \boldsymbol{f}(\boldsymbol{x}, \boldsymbol{u}, t) \quad (1\text{-}4\text{-}6\text{a})$$

$$\boldsymbol{y} = \boldsymbol{g}(\boldsymbol{x}, \boldsymbol{u}, t) \quad (1\text{-}4\text{-}6\text{b})$$

若

$$\boldsymbol{f}(\boldsymbol{x}, \boldsymbol{u}, t) = \boldsymbol{A}\boldsymbol{x} + \boldsymbol{B}\boldsymbol{u} \quad (1\text{-}4\text{-}7\text{a})$$

$$\boldsymbol{g}(\boldsymbol{x}, \boldsymbol{u}, t) = \boldsymbol{C}\boldsymbol{x} + \boldsymbol{D}\boldsymbol{u} \quad (1\text{-}4\text{-}7\text{b})$$

式（1-4-6）退化为式（1-4-5）。式（1-4-6）是被控对象最一般的数学模型，既可描述定常线性系统，

也可描述非线性、时变的系统。

如果对系统的状态和控制量提出最优性能要求，例如，期望在最短时间内将系统初始状态 $\boldsymbol{x}(t_0)$ 转移到末端状态 $\boldsymbol{x}(t_f)$，对应为最短时间控制问题，可将性能要求转为如下性能指标函数：

$$J = \int_{t_0}^{t_f} \mathrm{d}t = t_f - t_0 = \min \tag{1-4-8a}$$

对于最少燃耗控制问题，由于输入量常常反映燃料消耗，可取性能指标函数为

$$J = \int_{t_0}^{t_f} \sum_{i=1}^{m} |u_i(t)| \, \mathrm{d}t = \min \tag{1-4-8b}$$

一般情况下，性能指标函数为

$$J = \varphi(\boldsymbol{x}(t_f), t_f) + \int_{t_0}^{t_f} L(\boldsymbol{x}(t), \boldsymbol{u}(t), t) \, \mathrm{d}t \tag{1-4-8c}$$

那么，最优控制问题为：求控制律 $\boldsymbol{u}$，使其在式（1-4-6）的约束下，式（1-4-8c）的性能指标取最小值或最大值。

仔细观察，最优控制问题与带约束的多元函数极值问题很接近。不同的是，多元函数极值解是一个参数点，而最优控制要给出的解是一个函数（控制律），一般为 $\boldsymbol{u} = \boldsymbol{u}(\boldsymbol{x}(t))$；另外，约束条件不全是代数方程，还有微分方程，见式（1-4-6a）。针对这些不同，众多学者寻找求解方法。在 1956—1958 年期间，苏联学者庞特里亚金等在古典变分法的基础上提出的最大值原理和美国学者贝尔曼提出的动态规划法，做出了最优控制开创性的工作，使得航天航宇取得突破性进展。

最优控制理论不仅仅是给出某种性能下的最优解，更重要是给出控制器设计的一个新思想。以往理论下的控制器设计有两个步骤，即先给出控制器的结构（如输出比例反馈、PID、状态比例反馈等），再设计其中的参数。最优控制理论是直接求解出控制器的结构与参数，即 $\boldsymbol{u} = \boldsymbol{u}(\boldsymbol{x}(t))$，使得控制器设计的盲目性减少了。

然而，利弊总是相互存在的。最优控制理论对被控对象的数学模型（约束条件）准确度要求较高；另外，在工程设计中，常体现的性能要求是系统稳定性、稳态精度、瞬态过程时间等，如何将它们嵌入到性能指标函数式（1-4-8c）中是不直观的。鉴于此，采用其它理论决定控制器的结构，再结合最优控制的思想得到最佳参数，形成了参数优化控制，很好地利用了不同理论方法的优势。

在状态空间描述、能控与能观分解分析、状态反馈与状态观测、最优控制的基础上，同时在新的控制需求的拉动下，还进一步拓展出了自适应控制、鲁棒控制、神经网络控制等新的控制理论与方法。

3. 多变量频域分析

基于状态空间的分析，特别是最优控制理论的发展，形成了较完备的理论体系，在航天航宇等领域得到广泛应用。这套理论体系本质上是基于时域的分析，比较依赖于被控对象数学模型的准确度，使得在难以建立被控对象准确数学模型的情形下，如流程工业中的控制问题，其应用受到制约。频域分析对数学模型准确度的依赖性较弱，且便于工程师进行实验研究。因此，将单变量的频域分析推广到多变量系统是有意义的。

由于多变量系统存在耦合影响，体现在描述矩阵中非对角元素非 0，即使是线性系统，其正弦响应的幅值与相位也呈现很强的非线性耦合关系，使得单变量的频域分析法难以推广到多变量系统中。但是，许多工程系统尽管存在耦合，但具备对角优势，即使不具备对角优势，经过适当的补偿修正后可转为对角优势。矩阵分析理论表明，对角优势的多变量系统可视同多个单变

量系统，从而打通了将单变量的频域分析推广到多变量系统之路。

1970 年前后，英国学者罗森布洛克（H. H. Rosenbrock）率先引入对角优势的概念，并借助计算机辅助设计提出了逆奈奎斯特阵列法，将经典的单变量频域分析法拓展到多变量领域。与此同期，英国学者欧文斯（D. H. Owens）和麦克法伦（G. J. MacFarlane）也相继提出了序列回差方法、并矢展开方法和特征轨迹方法，共同奠定了现代频域法理论基础。

4. 多项式矩阵理论

尽管控制系统各有各的复杂，也都会存在各种非线性的影响，但理论分析不可能面面俱到，否则无从下手。所以，经典的时域分析法、频域分析法，现代的状态空间理论、最优控制理论等，都是以线性系统为主要研究对象。因此，建立线性系统的统一理论框架是有必要的。

若将式（1-4-1）两边取拉普拉斯变换，有

$$(s^n+a_{n-1}s^{n-1}+\cdots+a_1s+a_0)y=(b_ms^m+b_{m-1}s^{m-1}+\cdots+b_1s+b_0)u \tag{1-4-9a}$$

$$G(s)=\frac{y}{u}=\frac{b_ms^m+b_{m-1}s^{m-1}+\cdots+b_1s+b_0}{s^n+a_{n-1}s^{n-1}+\cdots+a_1s+a_0} \tag{1-4-9b}$$

式中，$G(s)$ 称为传递函数，表示通过 $G(s)$ 将输入 u 传递到输出 y。对于多变量系统将是传递函数矩阵。

在现代频域法建立过程中，罗森布洛克就注意到了传递函数或传递函数矩阵是连接时域分析与频域分析的重要桥梁，建立了传递函数矩阵与状态空间描述的转换关系。

实际上，式（1-4-9a）中 s 既可以看成是拉普拉斯算子，也可以看成是微分算子 $\frac{d}{dt}$。将 s 看成是微分算子 $\frac{d}{dt}$，式（1-4-9a）给出了单变量系统一个多项式描述。如果是多变量系统，对应的是多项式矩阵描述。将式（1-4-5）写成微分算子 s 的形式再移项有

$$(sI-A)x=Bu \tag{1-4-10a}$$

$$y=Cx \tag{1-4-10b}$$

可见，状态空间描述只是 s 的一次多项式矩阵描述，是多项式矩阵描述的一个特例。

多项式矩阵描述较之状态空间描述更具一般性，且可将数学中多项式因式分解、互质以及多项式矩阵等价变换等工具引入其中，为线性系统的理论分析构筑了一个统一规范框架。1986 年，美国学者凯尔斯（Kailath）将前人的工作进行系统整理，出版了《线性系统》这本专著。回顾近百年的控制理论与技术发展，尽管被控对象因各种非线性、不确定性变得越来越复杂，但线性系统理论仍起着核心作用。正如凯尔斯在书中预言：它是那样的基本和如此的深刻，所以毫无疑问，在今后一个可预见的长时间内，线性系统仍将是人们继续研究的对象。

5. 系统性能限制与可控能力

反馈调节原理表明，只要系统稳定，输出总能跟上期望输入，似乎反馈控制无所不能。事实上不尽然，有的系统为了保证反馈调节稳定，需要控制器产生巨大的控制量，这在工程上是不可实现的；有的系统存在控制器使其稳定，但要再达到其他极致的瞬态性能，控制器将无解；有的系统在参数不变情况下设计的控制性能尚可，而参数一旦变化性能就会急剧下降，等等。这一切表明，对于给定的被控对象，到底其性能能控制到什么程度是一个值得特别关注的重要问题，这就是系统的可控能力问题。

系统的可控能力似乎与被控对象和控制器都有关。实际上，当被控对象确定后，系统最终能达到的性能已被确定下来，意味着系统可控的程度已被确定下来。换句话说，"好"的被控对象，整个控制系统的性能可以做到"佳"；"差"的被控对象，整个控制系统的性能难以做到"佳"。就

像一辆破旧的二手车，只是更换（新算法）控制板，就奢望变成一辆高档车一样，是绝不可能的事。

因此，对于给定的被控对象，如何描述和分析它的可控能力是值得关注的事。只有对系统可控能力全面掌握下，才可清楚哪些性能可做到，哪些性能不可为。可做到的，设计控制器才有意义；不可为的，只能改造被控对象才能为。状态空间理论给出了状态能控性、能观性的定义以及分析方法，但在工程应用中还存在一些局限，需要进一步拓展深化，这是当前控制理论亟待解决的问题。

本章小结

归纳本章的内容于一点，就是给出了解决控制问题的一个新颖方式，即反馈调节方式，大致呈现了反馈调节方式的技术实现框架与理论分析框架的雏形。

（1）基于反馈调节的技术实现

1）实时检测。反馈调节有三个关键点，实时检测是反馈调节的第一个关键点，需要控制什么量，先经传感器实时检测这个量。这样做的本质是以技术手段得到了被控量 y 与控制量 u 的关系 $y=f(u)$，尽管关系式 $f(u)$ 不知道，但 y 与 $f(u)$ 是相等的，当所有的 y 被实时检测后，意味着完全掌握了被控对象 $f(u)$ 所包含的信息。

2）形成偏差。将实测的被控量 y 与其期望（轨迹）$r=y^*$ 比较形成偏差是反馈调节的第二个关键点。若系统的期望（轨迹）r 是事先预知的，如期望转速到多少、期望温度到多少，这种情况下容易形成偏差。若系统的期望（轨迹）r 是事先未知的，如红外制导型的导弹，可以增加红外感知传感器实时盯住飞行目标的红外源，得到导弹的期望（轨迹）r 便可形成偏差。

3）偏差调节。这是反馈调节的第三个关键点，以偏差构造控制律。由于采取逐步调节使得偏差收敛到 0 的策略，不强求瞬间"配准"使得偏差为 0，这就可以用简单的控制律实现复杂的控制任务，如采用最简单的比例控制律 $u=k(r-y)$ 实现控制任务。其中的缘由，一方面在控制律中含有 y，潜在地融入了被控对象 $f(u)$ 的信息，做到有的放矢；另一方面又无需在控制律中用逆函数 $f^{-1}(y)$ 进行精确"配准"的运算，可以结构简单。

反馈调节的优势在于：尽管任何在输出（传感器）y 之前（反馈环的前向通道）的不利因素，如 $f(u)$ 不准确或参数变化、外部扰动等，都将引起 y 偏离期望（轨迹）r，而最终由于偏差收敛到 0，又使得 y 回到期望（轨迹）r 上，自动地抑制了这些不利因素的影响，这是反馈调节的一个显著优势；另外，反馈调节不是通过瞬间"配准"使得偏差到 0，允许有一个调节过程，这样就使得控制器结构可以简单通用，甚至简单到只需比例控制律，以简单的控制器实现对复杂系统的控制是反馈调节的一个潜在优势。

反馈调节的缺陷在于：首先，反馈调节系统必须确保系统稳定，否则偏差不会收敛，前述的各种优势荡然无存；再者，偏差收敛要尽可能到 0，才能高精度地完成控制任务，这也需要性能优良且十分可靠的传感器作为基础；另外，反馈调节系统一定会存在一个调节过程，希望这个调节过程尽量要短，可以想见，调节越快，输出的波动会越大，这将是一个矛盾。所以，要实现高性能的反馈调节还需要进行深入的理论研究，确保控制系统做到"稳、准、快"。

（2）考虑工程限制因素的理论分析

1）数学模型。要对控制系统进行理论分析，首先要对控制系统进行数学描述，即建立数学模型，参见式（1-2-1）、式（1-2-6）。理论分析难以面面俱到，为了便于理论分析常常选取线性代数方程或常微分方程这类线性化模型，这是理论分析的源头。

2）理论分析。借助数学工具进行理论推导，参见本章1.2与1.3节的推导，可以挖掘系统的奥秘，启迪设计的思路，使得控制器的设计是在理论分析的指导下进行的。从控制理论与技术发展概况以及后面的章节看到，微分方程、拉普拉斯变换、傅里叶变换、z变换、矩阵分析等数学工具是控制系统理论分析中重要的数学工具，以此将形成时域分析、频域分析、离散系统分析、状态空间分析、多变量频域分析等理论方法。因此，是否能够熟练运用各种数学工具决定理论分析的成败。

3）模型残差。任何一个数学模型都是对实际系统的近似，尽管数学语言是精准的。例如，直流调速系统的数学模型式（1-2-1），没有考虑磁通饱和、存在齿隙等非线性因素，也没有考虑电枢电阻随温升改变等时变因素。因此，任何系统的线性化模型，都存在各种工程因素导致的模型残差，使得理论分析在源头就存在偏离。因而，对于任何基于线性化模型的理论分析的结果，都要回头检视引起理论分析源头偏离的各种工程因素是否在允许的范围内，尽管反馈调节机制允许一定程度的模型残差的存在。

4）变量值域。对系统进行分析是以变量为载体的。尽管控制理论的基本思维方式，不关注系统是用什么物质构造的，也不关心能量是如何转换的，只是着眼于各变量的信息方面，但是任何一个理论方案最终都要在工程上实现，因此，在理论分析的整个过程中，时刻关注变量的物理含义与控制理论的基本思维方式是不矛盾的，而是一个基本的工程素养。更为重要的是，任何一个理论方案可否工程实现，往往受制于各变量的变化是否超出可取值范围（值域），超出值域的设计方案不具备工程意义。这一点是很容易忽视的，因为在理论分析时，特别是采取线性化模型进行分析时，常常不自觉地假定各变量可在整个实数域上取值。

5）方案多样性。任何工程问题的解决方案都不应该是唯一的。一方面，可以用不同的理论方法进行分析与设计；另一方面，即使同一个理论方法，其设计参数也会是一个范围。因此，在理论分析形成结果之后，还要综合模型残差、变量值域等工程限制因素，选定最佳的设计方案。

6）非技术因素。控制技术造福于人类通过各种各样的产品，产品能否被接受需要考虑技术实现的经济性，经济性指标常常是取舍技术方案重要的考量因素。控制技术造福于人类也不能与人类文明发展相悖，需要符合工程伦理、社会认同，这是实施任何技术方案的先决条件。

总之，模型残差、变量值域、方案多样性、非技术因素等内容在本章没有专门提及，但都是重要的工程问题，需要在理论分析之后进行多种情况的（计算机）仿真验证，将忽视或简化的工程因素尽可能地引入到仿真模型中，以弥补理论分析不能事事俱全的不足，提升解决复杂工程问题的能力。

习题

1.1　人类的许多行为都具有典型的反馈调节机制。以手端桌上茶杯为例，请以框图说明有哪些变量参与其中以及调节机制。若是蒙住眼睛，其行为有何变化，请给出对比说明。

1.2　日常生活不乏控制系统的实例，试寻找下面实例中的被控量、控制量以及中间变量，给出变量取值范围与量纲，并以框图形式描述控制原理。

1）电风扇调速；　　　　　　2）台灯照度调整；
3）电饭煲温度控制；　　　　4）空调温度控制。

1.3　分析一款洗衣机的控制原理，说明其是怎样把"脏衣服洗干净"这个控制任务完成的。

1.4 Drebbel(1572—1633)是荷兰发明家，他发明了一个孵化小鸡的培育箱，如习题 1.4 图所示，通过控制炉温来给培育箱加热。培育箱是双层的，中间有水，把热量均匀地传递给内层，温度传感器是一个内部装有酒精和水银的容器。试分析其控制原理并画出框图。

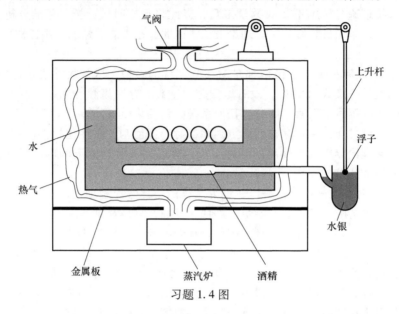

习题 1.4 图

1.5 物价调整机制是经济领域一个重要的市场调节机制，试以反馈调节机制予以阐述。

▶ 第 2 章

数 学 模 型

反馈调节原理是自动控制最基本的共性原理，只要被控量可实时测量，经反馈与期望形成偏差，便可引导控制器做出正确的控制决策。这种新颖的思维方式为解决复杂控制任务开辟了新天地。

但是，真正要实施反馈调节原理，必须先要分析系统的稳定性，确保系统响应是收敛的；还要分析系统响应的其他特征，判断所有的控制性能要求能否达到。为了分析系统的性能，离不开获取系统各变量的运行数据与轨迹，这通常需要在实际系统或其物理模型上进行。这种常规分析方法，一方面，耗物耗时；另一方面，在系统复杂时还难以精确构造用于实验的物理模型。由此，提出了不用物理模型而用数学模型，即用数学的方法来建立系统的模型并在其上进行分析研究与仿真验证的新路径。

本章将从代数方程建模方法入手，再拓展到更具一般意义的微分方程建模方法。在此基础上，针对具有普遍理论意义的线性定常系统，给出传递函数与框图建模方法。

2.1 代数方程与静态模型

一般意义上，模型总是与有形的实体关联着。而数学模型是一个无实体的模型，这是一个有创意的想法。下面，以物理模型类比，引出数学模型，接着探讨用代数方程建立数学模型的一般方法。

2.1.1 系统与模型

1. 物理模型

当实际系统规模不大时，可在其上直接获取数据进行分析。但是，很多情况是不允许直接在实际系统上进行频繁测量的，这时就要建立实际系统的物理模型。例如，要研究电力系统的稳定性，是不能直接在其上进行的，否则，一旦失误损失巨大。一个电力系统由多个发电站、升压变电站、远距离传输线、降压配电站、用电负荷等组成，形成了一个电力网络，如图 2-1-1 所示。

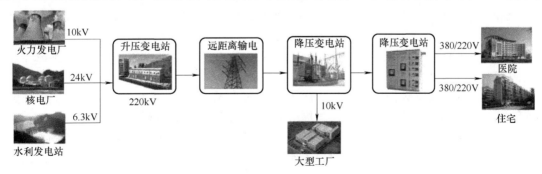

a) 电力系统的实物示意图

图 2-1-1　电力系统的实物示意与电气原理图

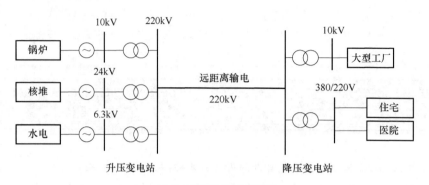

b) 电力系统的电气原理图

图 2-1-1　电力系统的实物示意与电气原理图（续）

为了模拟电力系统的运行，就要按功率等级、电压等级进行比例缩小，建立一个物理仿真模型，即用小型的发电机代替发电站，用升压变压器代替升压变电站，用降压变压器代替降压配电站，用各种可控的阻性、感性、容性等负载模拟各种用电负荷，如图 2-1-2 所示。

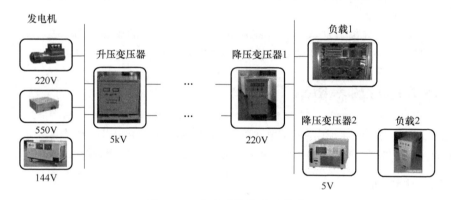

图 2-1-2　电力系统的物理仿真

在物理仿真模型中安排各种测量设备，就能实时获取各测试点的数据与轨迹。由于是按各物理量的比例缩小得到的模型，那么在其中测得的数据与轨迹按相应的反比例可换算回到原系统上。

从物理仿真的实现看，需要注意下面几点：

1）如果原系统是线性系统，在按比例缩小的物理模型上进行数据分析是有意义的，完全可按反比例换算回到原系统上。如果原系统是非线性系统，按比例缩小的物理模型只能反映原系统线性化的部分，要么就要经过非线性映射回去。

2）物理模型只是原系统的一种近似逼近。要更真实反映原系统，需要将更多的细节在物理模型中体现，这会耗物耗时，付出较大成本。

3）在缩小的物理模型上测试数据，需要保证足够的精度，才能在换算回原系统上保证数据还有意义。这样就对测量设备和测量环境提出了相当高的要求，这也要增加实验成本。

综上，在物理模型上分析原系统的性能，尽管有不足，仍是一个十分有意义的方法，得到了广泛应用。实际上，无论用什么方法对原系统进行了理论分析，都希望在正式实际应用之前，能在其物理模型上验证。

2. 数学模型

从物理模型的建造与分析看，实体呈现不是目的，而是要得到其中各物理量的数据或轨迹。

静心细想可知，无论是物理模型中的物理量还是实际系统中的物理量，一定要满足客观的物理定律，在测量设备上输出的数据或轨迹，一定与这些物理定律的解轨迹是一致的；否则，要么物理模型有问题，要么测量设备有问题，要么物理定律用错了。

对于上述电力系统的例子，简单地说，发电机送出的电压与电流应符合电磁感应原理、升降压变压器的一二次电压应与绕组匝数比有关、线路传输与用电负荷必须满足基尔霍夫定律等，每一个实体部分都可以用数学语言（表达式）描述。这样，联立每一部分的数学表达式，便建立起了它的数学模型，求解这个数学模型便可得到各物理量的解轨迹。

表 2-1-1 说明了物理模型与数学模型的关系。首先，分析一个系统，实质上是分析这个系统中的变量，或者说变量的变化规律，这是物理模型与数学模型共同的出发点与落脚点。其次，模型的主体，即变量间的关系，对于物理模型是有形的，通过实体构成；对于数学模型是无形的，通过相关的定律、定理、原理等关系式构成，这二者是完全等价的。最后，获取数据与轨迹的手段，对于物理模型是通过精密的测量设备，对于数学模型是通过方程求解。

表 2-1-1　物理模型与数学模型

项　　目	物 理 模 型	数 学 模 型
关注的焦点	变量及其变化规律	变量及其变化规律
变量间关系 （模型主体）	通过与实际系统相似的实体构成	通过各种物理、化学、数学、经济学等的定理、定律、原理构成
数据与轨迹	通过测量设备	通过方程的求解

总之，任何客观系统中的变量都要满足客观规律，客观规律都可以用数学表达式描述，将这些数学表达式联立起来就是系统的数学模型。因此，用数学的方法是可以建立系统的模型的且具有以下特点：

1）数学模型是一种无实体的模型，消除了各种实物的成本；另外，也不存在各种不安全的因素，可在更广泛的场合上运用。

2）数学模型的数据精度取决于计算精度，对于目前的计算机来说几乎不存在问题。另外，现在已有许多成熟的计算机仿真平台，如 MATLAB，提供了十分方便的求解运算工具。

3）建立数学模型十分简便，只需找到待研究系统中的变量，再找到这些变量之间的关系式便可。当然，真正做到这两步，需要十分熟悉研究对象领域的知识，这是《工程控制原理》不能替代的。

4）值得注意的是，数学模型与物理模型一样，也是对原系统的一种近似逼近。实际上，要把实际系统所有细节全部考虑是困难的，一方面，描述的变量数会过于庞大；另一方面，有关细节的数学表达式可能非常繁杂甚至难以写出。因此，用数学方法进行建模，是需要事先给出合理假设，以某种简约的方式描述。

5）数学模型既可作为实验仿真模型也可作为理论分析模型，许多理论推导就从此出发，讨论出各种实现方案后，又在其上进行仿真验证。当然，在数学模型上仿真验证后，还要在物理模型以及实际系统上验证，这样才能在工程实际上予以实施。

2.1.2　静态模型

任何系统都可建立数学模型。对于控制系统的模型，一般由两大部分组成，即被控对象与控制器。被控对象是客观实体；控制器需主观设计。控制系统的建模首先是被控对象的建模，被控对象的数学模型应忠于它的客观实体；而控制器是根据期望控制性能要求所进行的设计，它的数学模型是主观设计的结果。本章所讨论的对控制系统进行建模实际上就是对它的被控对象进行建模，对于控制器的设计在后续章节讨论。

静态模型是不显含时间变量的数学模型，是一类常见的数学模型，常以代数方程描述，反映系统变量之间的主体关系。静态模型不关心变量值跳变带来的动态变化，例如，当系统输入从一个值跳变到另一个值时，系统输出也从一个值立即跳变到另一个值。

1. 直流调速系统静态模型

下面以图 1-1-2 直流调速系统为例，给出数学建模的一般步骤。

（1）寻找变量

对一个系统建模，就是对这个系统中的变量建模。因此，首先要回答系统有哪些变量？直流调速系统的被控对象是直流电动机，如图 1-1-2a 所示，它由哪些变量组成？

可以想见，与"电"有关的部分不外乎是各类电流、电压等电量，如励磁电流 i_f、电枢电压 U、电枢电流 I_a、反电动势 E 等；与"机"有关的部分不外乎是运动方面的变量，如转速 n、角加速度 β、电磁转矩 M_e 等。除此之外，还要从工作原理分析到"电与机"耦合的变量，如反电动势 E、电磁转矩 M_e 等；还要考虑到反映外部负载的变量，如负载转矩 M_L 等。

对于控制系统，在寻找到的变量中，还需要确定哪个变量是被控量（输出量），哪个变量是控制量（输入量）。由于直流调速系统的控制任务是将转速控制到期望值，应将转速 n 作为被控量。如何选取控制量？理论上讲，系统中的变量都存在相互关联关系（孤立的变量没有研究意义），都跟转速 n 有关，都可作为控制量。但从工程可实现上看，电枢电流 I_a、反电动势 E、电磁转矩 M_e 等嵌入在系统内部，不便施行控制输入；励磁电流 i_f、电枢电压 U 相对容易实现，作为控制输入更为现实。由于采用电枢电压 U 有较宽的控制范围，更易实现，因此直流调速系统更多采用电枢电压 U 作为控制输入量。

（2）合理假设

数学模型只是对系统的一种近似，不可能也不需要把系统的所有细节都描述出来。为了能更好地找到相匹配的定律，需要对系统进行合理假设，以突出系统的主体特性。

对于直流电动机，假设电枢电阻不随温升变化、电枢电感太小忽略、励磁磁场均匀，特别是，电磁转矩与负载转矩相等，系统处于稳态运行状态。

（3）寻找关系

数学模型的落脚点是找到变量间的关系式。根据前面对变量的分析和直流电动机的工作原理，对于励磁绕组，由于假设励磁磁场均匀，根据电流产生磁场的毕奥萨伐尔定律，恒定电流会产生恒定磁场，有

$$\Phi = c_f i_f \tag{2-1-1a}$$

式中，Φ 是励磁通量，c_f 是励磁绕组系数。

对于电枢绕组，由于假设电枢电阻不随温升变化、电枢电感太小可以忽略，根据欧姆定律，有

$$U = rI_a + E \tag{2-1-1b}$$

式中，r 是电枢绕组的直流电阻。

对于"电与机"的耦合部分，根据法拉第电磁感应定律和安培力定律，有

$$E = c_e \Phi n \tag{2-1-1c}$$

$$M_e = c_\phi \Phi I_a \tag{2-1-1d}$$

式中，c_e 是反电动势系数，c_ϕ 是转矩系数。

对于机械运动，按照牛顿定律，有

$$M_e - M_L = J\beta \tag{2-1-1e}$$

式中，J 是转动惯量，β 是角加速度。

按假设"电磁转矩与负载转矩始终相等"，当电枢电压 $U(t)=U(t_0)$ 时，系统立即进入稳态运行，即

$$M_e - M_L = 0 \quad \Rightarrow \quad \beta = \frac{2\pi}{60}\frac{n(t)-n(t_0)}{t-t_0} = 0 \qquad (2\text{-}1\text{-}2)$$

（4）联立消元

为了得到系统输入与输出的关系，需要将上述关系式联立起来消去中间变量。将式（2-1-2）代入式（2-1-1d）有 $M_e = c_\phi \Phi I_a = M_L$，则

$$I_a = \frac{M_L}{c_\phi \Phi} \qquad (2\text{-}1\text{-}3)$$

再将式（2-1-3）、式（2-1-1c）代入式（2-1-1b）有 $U = r\dfrac{M_L}{c_\phi \Phi} + c_e \Phi n$，则

$$n = \frac{1}{c_e \Phi}U - \frac{r}{c_\phi \Phi c_e \Phi}M_L \qquad (2\text{-}1\text{-}4)$$

这便得到直流调速系统的静态模型。可见：

1）系统中每个环节变量间的关系式都是代数方程，参见式（2-1-1）和式（2-1-2），都没有显含时间变量 t。经联立消元后的式（2-1-4）还是代数方程，代数方程中的变量值一定是同步变化的，只要电枢电压 U 或负载转矩 M_L 有变化，转速 n 就会立刻改变。因此，静态模型都是以代数方程来描述的。

2）直流调速系统的静态模型有两个输入一个输出，电枢电压 U 是控制输入，负载转矩 M_L 是外部扰动输入，转速 n 是系统输出，式（2-1-4）反映了 n 与 U、M_L 的主体关系。

3）若不考虑外部扰动输入的影响，即 $M_L = 0$，式（2-1-4）就退化为式（1-2-1），其中 $\alpha^* = \dfrac{1}{c_e \Phi}$。

所以，静态模型尽管简单，但在各种理论分析中是经常采用的一种模型。

2. 系统建模一般步骤

归纳直流调速系统建模的过程，系统建模可从以下方面着手。

（1）寻找变量

任何一个系统总是由一系列的变量构成并通过它们来反映系统的状况。研究一个系统，必须首先了解它的工作原理，才能较全面地找出表达它的变量，这是一个基本的工程素养；同时，还要知晓变量大致的变化范围与量纲、可否在线测量等，这也是一个基本的工程素养。一般对于"电类"系统，关注电流、电压等变量；对于"运动类"系统，关注位移、（角）速度、（角）加速度、力(转矩)等变量；对于"过程类"系统，关注液位、流量、压力、温度等变量。

对于复杂的系统，要学会将其分解成几个子系统(环节)，然后逐一分析各子系统，这样就能更好地全面地分析系统的工作机理，找出表达系统的变量来。

对于控制系统，一般情况下可以根据控制的任务确定出被控量 y。控制量 u 需要在系统其他变量 $\{x_1, x_2, \cdots, x_m\}$ 中确定，需要从三个方面来考虑：一是，要与被控量有关联关系，控制量的变化要导致被控量跟着变化；二是，要分析它们变化的灵敏度(增益)与可控变化范围，即 $\eta_i = \dfrac{\Delta y}{\Delta x_i}$，$y \in [c_i, d_i]$，$x_i \in [a_i, b_i]$，$(i=1,2,\cdots,m)$，若希望控制量的微小变化产生大的被控量变化，就选择灵敏度高的变量为控制量，否则反向选择，另外，总是尽量选择可使被控范围大的变量为控制量；三是，要考虑工程易实现问题，许多实际系统往往受制于此，不得不选择其中某个变量为控制量。

（2）合理假设

寻找变量的目的，是要通过这些变量间的数学关系"等价"真实的系统。事实上，任何实际

系统都含有无尽的细节，包罗万象。因此，任何一种模型（物理模型或数学模型）对实际系统的表达都是一种近似逼近，这就需要做出合理假设。像上面直流调速系统的例子，假设电枢电阻不随温升变化、电枢电感太小忽略、励磁磁场均匀、电磁转矩与负载转矩相等。

怎样给出好的合理假设？基本原则是，保留系统的主要因素（主干），简化系统的次要因素（细节）。当然，与研究的任务和对系统性能的要求相关。例如，如果要求直流调速系统用于超高精密的场合，就可能要考虑温升的变化，不能假设电枢电阻不变，这时系统就会是一个时变系统；还可能要考虑定子齿隙的存在，不能假设励磁磁场均匀，这样将会是非线性系统。一般规律是，假设越少越接近实际系统，但数学模型越复杂；假设越多对系统抽象越多（细节砍得越多），但数学模型越简约。

（3）寻找关系

如果在系统变量中寻找出被控量 y、控制量 u 以及 m 个其他中间变量 $\{x_1, x_2, \cdots, x_m\}$，剩下的任务就是在合理的假设下，在被控对象领域的知识中寻找相关的定理、定律、原理，列写出它们之间的关系式：

$$F_j(y, x_1, \cdots, x_m, u) = 0 \quad (j = 1, 2, \cdots, p) \tag{2-1-5}$$

一般情况下，若有 m 个中间变量，需要有 $m+1$ 个方程，即 $p = m+1$。在列写每个方程式时，要审视它存在的条件是否满足，这是一个良好的思考习惯，需要有深厚的数学、物理、化学、经济学等学科的理论基础知识，简言之，一个优秀的控制工程师要十分熟悉被控对象领域的知识。

在上述三大步骤的基础上，对于式（2-1-5）的方程组，采用合适的数学工具，消去中间变量，便可得到被控量 y 与控制量 u 的关系 $y = f(u)$。另外，下面几点值得注意：

1）如果是线性定常系统，有

$$y = f(u) = \alpha u \tag{2-1-6}$$

式中，α 是比例系数。

如果系统除了控制输入量 u 外，还有扰动输入量 d，按照前述步骤的推导，最后的数学模型为 $y = f(u, d)$。对于线性定常系统，有

$$y = f(u, d) = \alpha u + q d \tag{2-1-7}$$

式中，α、q 是比例系数。对比直流调速系统例子中的式（2-1-4）知，$u = U$，$d = M_L$，$\alpha = \dfrac{1}{c_e \Phi}$，$q = -\dfrac{r}{c_\phi \Phi c_e \Phi}$。

2）前述建模步骤实际上需要多次的循环修改。寻找变量不一定能一次找全，合理假设不一定能一次给准，寻找关系不一定能一次找够。因此，需要根据设计任务与要求，不断重复上述步骤，才能建立合适的数学模型。

3）前述步骤潜在地要求每个表达式（2-1-5）都有对应的定理、定律、原理等数学关系式可用，这对许多系统是没有问题的。但是，确实有一部分系统，像不少的化工过程，化学反应十分复杂，能确认系统中的变量有相互关系，却很难写出它们之间的表达式。这时，运用前述步骤建模将遇到困难。为了克服这个困难，发展了系统辨识理论与技术，即通过获取变量的数据来拟合变量间的关系。在第 3 章的扩展讨论中会谈及这个问题，有兴趣的读者，也可阅读其他相关书籍。

2.2 微分方程与动态模型

静态模型隐含假定了当系统输入跳变时系统输出也立刻跳变到既定值上，实际上，这一点对于实际工程系统是做不到的，由于系统能量总是有限的，系统输出只能渐变地过渡到既定值

上。当然，这个过渡过程时间一般较短，所以常常忽略它以静态模型来描述。

从另一个角度看，静态模型采用代数方程描述，这隐含地假定了所有方程要在整个时间轴上任何时间处都成立。而这些代数方程来自于变量间各种客观规律的关系式（定律、定理、原理等），这就要求这些客观规律关系式要在整个时间轴上任何时间处都成立。实际工程系统总是处在复杂的变化之中，这个要求过于勉强，这就需要找到更一般形式的数学模型。

2.2.1 动态模型

动态模型是显含时间变量的数学模型，是更一般形式的数学模型，常以微分方程描述。动态模型考虑了系统变量取值变化的动态建立过程，可以更精细地反映系统输入与输出的关系。下面通过实例给出动态模型的一般建模方法，并讨论与静态模型之间的关系。

1. 直流调速系统一阶动态模型

仍然以直流调速系统的例子来说明动态模型的建模原理与步骤。

（1）寻找变量

这个过程与前述一样。被控量 $y=n$，控制输入量 $u=U$，扰动输入量 $d=M_L$，中间变量有 $\{i_f, I_a, E, M_e, \beta\}$。

（2）合理假设

在前面建模假设中，不考虑电枢绕组直流电阻随温升变化、电枢电感太小可以忽略、励磁磁场均匀，这些假设具有一定的合理性，但是要求电磁转矩 M_e 与负载转矩 M_L 在整个时间轴上始终相等，这个假设是不太合理的。

一方面，外部负载转矩 M_L 不一定是恒定的，它的变化是独立的，不依赖于电磁转矩 M_e，要求 $M_e=M_L$ 有些强人所难；另一方面，即使负载转矩 M_L 是恒定的，若 $M_e=M_L$，由式（2-1-3）知电枢电流 I_a 不能变化，而转速 n 不可能立即处于稳态，总有一个上升或下降的变化过程，依据式（2-1-1b）和式（2-1-1c），就不能要求电枢电流 I_a 恒定，引起矛盾。所以，要求电磁转矩 M_e 与负载转矩 M_L 始终相等的假设是不合理的。

（3）寻找关系

在前两步的准备工作下，寻找变量间的关系与建立静态模型的一样。由于假设电枢电阻不随温升变化、电枢电感太小忽略、励磁磁场均匀，式（2-1-1）继续成立，为方便比较起见，重写如下：

$$\Phi = c_f i_f \tag{2-2-1a}$$

$$U = rI_a + E \tag{2-2-1b}$$

$$E = c_e \Phi n \tag{2-2-1c}$$

$$M_e = c_\phi \Phi I_a \tag{2-2-1d}$$

$$M_e - M_L = J\beta \tag{2-2-1e}$$

上述式子应该会在整个时间轴上都成立。

由于假设 $M_e - M_L = 0$ 不再成立，角加速度 $\beta \neq 0$，式（2-1-2）将不再成立，式（2-1-3）也就不能成立。为了修补这一点，需要给出角加速度 β 与转速 n 间的准确关系。

显见，当 M_e 与 M_L 不再恒等时，角加速度 $\beta = \beta(t)$ 将随时间变化，式（2-1-2）不能在整个时间轴上成立。但是，在任意时刻 t 的"微分"段 Δt 上，应该有

$$\beta(t) \approx \frac{2\pi}{60} \frac{n(t+\Delta t) - n(t)}{\Delta t} \tag{2-2-2a}$$

若取 $\Delta t \to 0$，一定有

$$\beta(t) = \frac{2\pi}{60}\frac{dn}{dt} = \frac{2\pi}{60}\dot{n} \qquad (2\text{-}2\text{-}2b)$$

这样，通过微分建立起了角加速度 β 与转速 n 之间的准确关系。换句话说，不能在整个时间轴上成立的关系式，但可在"微分"的尺度上成立，这就是微积分的核心理念。

（4）联立消元

根据前面建立起来的关系式进行联立消元。将式（2-2-2b）代入式（2-2-1e）有 $M_e - M_L = J_n\dot{n}$，则

$$M_e = M_L + J_n\dot{n} \qquad (2\text{-}2\text{-}3a)$$

$$J_n = \frac{2\pi}{60}J, \quad J = \frac{GD^2}{4g} \qquad (2\text{-}2\text{-}3b)$$

式中，g 是重力加速度，GD^2 是惯性矩（等效飞轮惯量）。

将式（2-2-3a）代入式（2-2-1d），有 $M_e = c_\phi\varPhi I_a = M_L + J_n\dot{n}$，则

$$I_a = \frac{M_L}{c_\phi\varPhi} + \frac{J_n}{c_\phi\varPhi}\dot{n} \qquad (2\text{-}2\text{-}4)$$

再将式（2-2-4）、式（2-2-1c）代入式（2-2-1b），有

$$\frac{rJ_n}{c_\phi\varPhi}\dot{n} + c_e\varPhi n = U - \frac{r}{c_\phi\varPhi}M_L \qquad (2\text{-}2\text{-}5a)$$

写成规范形式，有

$$\dot{n} + a_0 n = b_0 U + b_{d0}M_L \qquad (2\text{-}2\text{-}5b)$$

式中，$a_0 = \dfrac{c_e\varPhi c_\phi\varPhi}{rJ_n}$；$b_0 = \dfrac{c_\phi\varPhi}{rJ_n}$；$b_{d0} = \dfrac{-1}{J_n}$。这便得到直流调速系统的一阶动态模型。可见：

1）系统变量间的关系式除了有代数方程外还有微分方程，参见式（2-2-2b），经联立消元后的式（2-2-5b）也是微分方程。在微分方程中，存在显含时间的变量元素，即转速的导数 $\dot{n}$，因此，式（2-2-5b）不再是静态模型而是动态模型。

2）直流调速系统的动态模型仍然是两个输入一个输出，电枢电压 U 是控制输入，负载转矩 M_L 是外部扰动输入，转速 n 是系统输出，式（2-2-5b）仍然反映了 n 与 U、M_L 的关系，后面的分析将表明，是更精细地反映了它们之间的关系。

3）求解微分方程式（2-2-5b）不如求解代数方程式（2-1-4）便捷，因此，用动态模型分析输入与输出之间的主体变化关系不如静态模型直观简便。

2. 微分方程建模原理

归纳前面的建模过程可看出，系统建模不外乎，一是找到其中的变量，二是找到变量之间应满足的各种定律、定理、原理的表达式。由于描述世界客观规律的定律、定理、原理常常是在某种恒定条件（如恒力、恒温、恒压等）下得到的，对于变化的实际工程系统，要求在整个时间轴上都满足恒定条件是困难的，导致不能直接使用这些定律、定理、原理。如果将时间轴分成无数个"微分"段 Δt，只要 Δt 足够小，在其上可假定各种恒定条件均成立，因而在"微分"段 Δt 上各种定律、定理、原理的表达式均可使用，然后再求 $\Delta t \rightarrow 0$ 的极限便可得到实际系统的描述。这就是微分方程建立动态模型的基本原理。

形象地说，用代数方程建立静态模型，隐含着每个关系式要在整个时间轴上成立，如图 2-2-1a 所示；用微分方程建立动态模型，意味着每个关系式只需要在"微分"段 Δt 上成立便可，如图 2-2-1b 所示。代数方程在整个时间轴上都成立，一定在"微分"段 Δt 上也成立，因此，代数方程（静态模型）一定是微分方程（动态模型）的特例。由于可在"微分"段 Δt 上列写各种定律、定理、原理的表达式，因此，无论多么复杂的工程系统，一定可用微分方程建模。

微分方程建模具有普适性，但需要注意下面几点：

1）动态模型不一定要求所有关系式都只能在 Δt 上成立。实际上，大部分关系式仍在整个时间轴上成立（参见式（2-2-1a~2-2-1e）），只有一个或少数几个要限制在 Δt 上成立。当然，在整个时间轴上成立的关系式一定在时间"微分"段 Δt 上也成立。

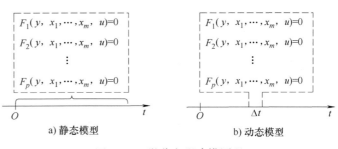

图 2-2-1　微分方程建模原理

2）前面给出的微分方程建模，只是在时间坐标轴上进行"微分"（Δt），这对绝大部分的实际系统是足够的。但也还有一些情况需要在空间坐标轴上进行"微分"。例如，如果考虑电动机定子励磁磁场不是均匀分布时，需要在空间坐标轴上进行"微分"（常规坐标系 $\Delta x, \Delta y, \Delta z$；极坐标系 $\Delta\rho, \Delta\theta, \Delta\alpha$），在空间的"微分"小段上可认为磁场是均匀的。这样，就会要采用偏微分方程来描述，这时的系统也称为分布式系统。

3）为了强化理解微分方程建模的原理过程，前面叙述都是先考虑 Δt，再考虑 $\Delta t \to 0$。实际上，若熟练掌握了这个建模原理，可以直接写出微分或（偏）导数的表达式，如加速度用 $a = \dot{v}$、速度用 $v = \dot{s}$ 等，直接代入关系式中。

总之，微分方程就是"微分"段上的代数方程，无论多么复杂的系统都可以在任意时刻任意空间位置上建立起它的（偏）微分方程来。微分方程成为建立复杂系统数学模型的最基本的工具。

3. 直流调速系统二阶动态模型

对于直流调速系统，若再减少一个假设，即电枢电感 L 不能忽略，上面推导的直流调速系统一阶动态模型就需要修改。

直流调速系统的变量选择还是与前面一致。由于假设"电枢电感太小忽略"不成立，导致式（2-2-1b）需要修改，需要增加电感上的电压。根据电路有关定律，可直接用导数写出直流调速系统各部分的表达式：

$$\Phi = c_f i_f \tag{2-2-6a}$$

$$U = rI_a + L\dot{I}_a + E \tag{2-2-6b}$$

$$E = c_e \Phi n \tag{2-2-6c}$$

$$M_e = c_\phi \Phi I_a \tag{2-2-6d}$$

$$M_e - M_L = J_n \dot{n} \tag{2-2-6e}$$

注意，式（2-2-6b）发生了变化，增加了电感上的电压 $L\dot{I}_a$。其他关系式维持不变。

将式（2-2-6e）代入式（2-2-6d）可得 $M_e = c_\phi \Phi I_a = M_L + J_n \dot{n}$，则

$$I_a = \frac{1}{c_\phi \Phi} M_L + \frac{J_n}{c_\phi \Phi} \dot{n} \tag{2-2-7}$$

将式（2-2-7）、式（2-2-6c）代入式（2-2-6b）可得

$$U = r\left(\frac{1}{c_\phi \Phi} M_L + \frac{J_n}{c_\phi \Phi}\dot{n}\right) + L\left(\frac{1}{c_\phi \Phi}\dot{M}_L + \frac{J_n}{c_\phi \Phi}\ddot{n}\right) + c_e \Phi n \tag{2-2-8a}$$

参见式（2-2-5），将上式写成规范形式便得到直流调速系统二阶动态模型：

$$\ddot{n} + \bar{a}_1 \dot{n} + \bar{a}_0 n = \bar{b}_0 U + \bar{b}_{d1}\dot{M}_L + \bar{b}_{d0} M_L \tag{2-2-8b}$$

式中，$\bar{a}_1 = r/L$，$\bar{a}_0 = \bar{a}_1 a_0$，$\bar{b}_0 = \bar{a}_1 b_0$，$\bar{b}_{d1} = -1/J_n$，$\bar{b}_{d0} = \bar{a}_1 b_{d0}$。

可见，同一个系统可用不同的模型来描述。随着假设的减少，描述系统的微分方程阶数在增加，数学模型变复杂。既然是同一个系统的数学描述，这些模型之间应该存在相应的关联关系。

4. 静态模型与动态模型的关系

式（2-1-4）是代数方程或零阶微分方程，是直流调速系统的静态模型；式（2-2-5）是一阶微分方程，式（2-2-8）是二阶微分方程，这两个都是直流调速系统的动态模型。它们之间有什么关系？

从微分方程理论知，常微分方程式（2-2-5b）的解由通解 $n_0(t)$ 和特解 $n_s(t)$ 组成，即 $n(t)=n_0(t)+n_s(t)$。

式（2-2-5b）的特征方程为 $\lambda+a_0=0$，只有一个特征根 $\lambda=-a_0<0$，所以通解为 $n_0(t)=ce^{\lambda t}$。令 U 和 M_L 为常数，取

$$n_s(t)=\frac{b_0}{a_0}U+\frac{b_{d0}}{a_0}M_L \tag{2-2-9}$$

那么，$\dot{n}_s(t)=0$，$n_s(t)$ 一定是式（2-2-5b）的一个特解。故有

$$n(t)=ce^{\lambda t}+\frac{1}{c_e\Phi}U-\frac{r}{c_\phi c_e\Phi}M_L \tag{2-2-10}$$

由式（2-2-10）可见，尽管控制输入 U、扰动输入 M_L 为常数，但是被控输出 $n=n(t)$ 却是时间的函数，这就是把微分方程称为动态模型的缘由。特别是，当 $t\to\infty$ 时，由于 $\lambda<0$，有

$$\lim_{t\to\infty}n_0(t)=\lim_{t\to\infty}ce^{\lambda t}=0 \tag{2-2-11a}$$

则

$$\lim_{t\to\infty}n(t)=n_s(t)=\frac{1}{c_e\Phi}U-\frac{r}{c_\phi c_e\Phi}M_L \tag{2-2-11b}$$

与式（2-1-4）比较，式（2-2-11b）正好是直流调速系统的静态模型。这就表明，静态模型是动态模型的特殊情况，动态模型更具一般性。另外，当 $t\to\infty$ 时，系统将趋于稳态，所以静态模型也称为稳态模型。

对于直流调速系二阶动态模型式（2-2-8b），同样可推出式（2-2-11）的结论。另外，由式（2-2-8a）可看出，若电感 $L=0$，二阶动态模型式（2-2-8a）将退化为一阶动态模型式（2-2-5a）。

综上所述，一个系统既可以用二阶动态模型、一阶动态模型描述，也可以用零阶静态模型描述；零阶模型是一阶模型的特例，一阶模型是二阶模型的特例；模型的阶数越高，描述系统的细节越多（假设越少），描述方程也越复杂。因此，一个系统的数学模型应该不追求它的复杂性而追求它的合理性。根据控制任务的要求对系统做出合理假设，这是一个需要不断积淀且重要的工程素养。

另外，反过来对于一个高阶模型描述的系统，在分析它的性能时，也常常采用它的降阶模型进行。可以推知，它的降阶模型刻画了系统的主要性能；随着模型阶数的增加，只是丰富了系统的细节性能。当然，对于不能忽视的系统细节，就必须采用高阶模型进行描述和分析。

5. 线性定常系统与常微分方程

世界上一切系统可分为线性系统与非线性系统。线性系统是指满足叠加原理的系统，即若输入 $u=u_1$ 和 $u=u_2$ 时，输出分别为 $y=y_1$ 和 $y=y_2$，那么，当输入 $u=k_1u_1+k_2u_2$ 时，一定有输出 $y=k_1y_1+k_2y_2$，如图 2-2-2 所示，这样的系统谓之线性系统。根据这个定义，式（2-1-6）、式（2-1-7）描述的系统一定是线性系统。

不是线性系统的系统均为非线性系统。描述线性系统的微分方程一般是线性常微分方程，它的求解有规范的数学工具；描述非线性系统的是非线性微分方程，它的求解是困难的。由反馈调节原理知，反馈控制对被控对象建模误差有一定的自抑制能力，因此，对于反馈控制系统的分

析与设计，可以不强求有高准确性的数学模型。所以，在工程实践中，常常对非线性系统在某种工况条件下进行线性化，得到它的线性化模型，使得对非线性系统的后续分析与设计变得简便。

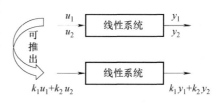

图 2-2-2 线性系统的定义

另外，系统中的参数不随时间变化的，称为定常系统，否则称为时变系统。线性定常系统是工程中最常见的系统，它的许多研究结果可推广到非线性或时变系统中，在理论研究上具有普遍意义。因此，许多控制理论的研究对象都是线性定常系统。

前面的讨论表明，任何系统总可以用（偏）微分方程描述。对于线性系统，若参数不随时间变化，总是可以用常微分方程来描述，它的一般形式为

$$y^{(n)}+a_{n-1}y^{(n-1)}+\cdots+a_1y^{(1)}+a_0y$$
$$=b_mu^{(m)}+b_{m-1}u^{(m-1)}+\cdots+b_1u^{(1)}+b_0u \quad (m\leqslant n) \tag{2-2-12}$$

式中，n 是常微分方程的阶数，也称为系统的阶数。

容易证明，常微分方程式（2-2-12）描述的系统一定是线性系统。令

$$y_1^{(n)}+a_{n-1}y_1^{(n-1)}+\cdots+a_1y_1^{(1)}+a_0y_1=b_mu_1^{(m)}+b_{m-1}u_1^{(m-1)}+\cdots+b_1u_1^{(1)}+b_0u_1$$
$$y_2^{(n)}+a_{n-1}y_2^{(n-1)}+\cdots+a_1y_2^{(1)}+a_0y_2=b_mu_2^{(m)}+b_{m-1}u_2^{(m-1)}+\cdots+b_1u_2^{(1)}+b_0u_2$$

那么，一定有

$$(k_1y_1+k_2y_2)^{(n)}+a_{n-1}(k_1y_1+k_2y_2)^{(n-1)}+\cdots+a_1(k_1y_1+k_2y_2)^{(1)}+a_0(k_1y_1+k_2y_2)$$
$$=k_1(y_1^{(n)}+a_{n-1}y_1^{(n-1)}+\cdots+a_1y_1^{(1)}+a_0y_1)+k_2(y_2^{(n)}+a_{n-1}y_2^{(n-1)}+\cdots+a_1y_2^{(1)}+a_0y_2)$$
$$=k_1(b_mu_1^{(m)}+b_{m-1}u_1^{(m-1)}+\cdots+b_1u_1^{(1)}+b_0u_1)+k_2(b_mu_2^{(m)}+b_{m-1}u_2^{(m-1)}+\cdots+b_1u_2^{(1)}+b_0u_2)$$
$$=b_m(k_1u_1+k_2u_2)^{(m)}+b_{m-1}(k_1u_1+k_2u_2)^{(m-1)}+\cdots+b_1(k_1u_1+k_2u_2)^{(1)}+b_0(k_1u_1+k_2u_2)$$

即

$$u_1\rightarrow y_1,\quad u_2\rightarrow y_2\Rightarrow(k_1u_1+k_2u_2)\rightarrow(k_1y_1+k_2y_2)$$

另外，式（2-2-12）中的系数 $\{a_i,b_j\}$，若是常数，系统是定常系统；若是时间的函数，即 $a_i=a_i(t)$、$b_j=b_j(t)$，系统是时变系统；若含有 y、u 以及其导数，即 $a_i=a_i(y,u,y^{(k)},u^{(k)})$、$b_j=b_j(y,u,y^{(k)},u^{(k)})$，系统不再是线性系统，而是非线性系统。

如果系统除了控制输入量 u 外，还有扰动输入量 d，按照前述步骤的推导，式（2-2-12）可推广为

$$y^{(n)}+a_{n-1}y^{(n-1)}+\cdots+a_1y^{(1)}+a_0y=b_mu^{(m)}+b_{m-1}u^{(m-1)}+\cdots+b_1u^{(1)}+b_0u+$$
$$b_{dl}d^{(l)}+b_{d(l-1)}d^{(l-1)}+\cdots+b_{d1}d^{(1)}+b_{d0}d \quad (m,l\leqslant n) \tag{2-2-13a}$$

在式（2-2-13a）中，若 u、d 为常数输入，u、d 的各阶导数将均为 0，当系统进入稳态后，稳态解 $y_s=\lim\limits_{t\to\infty}y(t)$ 不再随时间变化，其各阶导数也将为 0。此时，式（2-2-13a）将变为

$$a_0y_s=b_0u+b_{d0}d$$

若 $a_0\neq0$，一定有

$$y_s=\alpha u+qd,\quad \alpha=b_0/a_0,\quad q=b_{d0}/a_0 \tag{2-2-13b}$$

与式（2-1-7）比较，正好是线性定常系统的静态模型。

综上，以常微分方程描述的线性定常系统是对工程实际系统一个很好的抽象描述，成为控制理论研究的一个重要出发点，也是本书的研究重点。

2.2.2 建模实例

下面再通过几个实例，进一步了解建模的一般方法步骤：寻找变量、合理假设、寻找关系。

在这三大步骤中，"寻找关系"需要十分熟悉被控对象领域的知识，不了解被控对象就无法找到变量间的关系。另外，实际系统常常带有非线性环节，为了便于后续的分析与设计，常常需要对非线性环节进行线性化。

1. 直流伺服系统

工业机器人目前在工厂应用越来越广泛。图 2-2-3 是一个五轴机器人，由 5 个关节组成，分别由 5 个(伺服)电动机驱动。需注意的是，每个电动机不需要旋转多圈只在一圈内运动，每个关节需要控制的是转角不是转速。如果(伺服)电动机都采用直流电动机，这类系统称为直流伺服系统。每个关节的控制结构类似，可简化为"伺服电动机+减速器"。下面以关节 4 来说明，其减速器由行星齿轮、伞齿轮组等组成，一方面完成减速，另一方面实现转向。

（1）寻找变量

直流电动机的变量有：励磁电流 i_f、电枢电压 U、电枢电流 I_a、反电动势 E、转速 n、角加速度 β、负载转矩 M_L。

减速器的变量有：末端转速 n_1、末端转角 θ。

被控量为末端转角 θ，控制量为电枢电压 U。

（2）合理假设

对直流电动机，假设电枢电阻不随温升变化、励磁磁场均匀；对减速器，假设无咬合间隙。

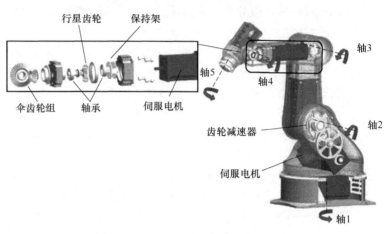

图 2-2-3　工业机器人与直流伺服系统

（3）寻找关系

直流电动机的关系式与式(2-2-6)一样。对于减速器，有

$$\frac{n}{n_1} = k_1 \qquad (2\text{-}2\text{-}14)$$

式中，k_1 是减速比。末端转速 n_1 与末端转角 θ 有如下关系：

$$n_1 = \dot{\theta} \qquad (2\text{-}2\text{-}15)$$

（4）联立消元

由式(2-2-8)知：

$$\ddot{n} + \frac{r}{L}\dot{n} + \frac{c_e\Phi c_\phi\Phi}{LJ_n}n = \frac{c_\phi\Phi}{LJ_n}U - \frac{r}{LJ_n}M_L - \frac{1}{J_n}\dot{M}_L$$

将式(2-2-14)、式(2-2-15)代入上式有

$$k_1\left(\ddot{n}_1 + \frac{r}{L}\dot{n}_1 + \frac{c_e\Phi c_\phi\Phi}{LJ_n}n_1\right) = \frac{c_\phi\Phi}{LJ_n}U - \frac{r}{LJ_n}M_L - \frac{1}{J_n}\dot{M}_L$$

$$\dddot{\theta} + \frac{r}{L}\ddot{\theta} + \frac{c_e\Phi c_\phi\Phi}{LJ_n}\dot{\theta} = \frac{c_\phi\Phi}{k_1LJ_n}U - \frac{r}{k_1LJ_n}M_L - \frac{1}{k_1J_n}\dot{M}_L \qquad (2\text{-}2\text{-}16)$$

可见，直流伺服系统是一个三阶系统。

式(2-2-16)实际上给出了其中第 i 个关节的数学模型，即 $\theta_i = f_i(U_i, M_{Li})$。若再考虑各关节角

度 θ_i 在空间坐标下的关系,将各关节的数学模型联立起来便可得到整个机器人的数学模型。

2. 倒立摆系统

倒立摆系统如图 2-2-4 所示,通过对小车施加力 F,使小车上的倒立摆保持垂直的状态。

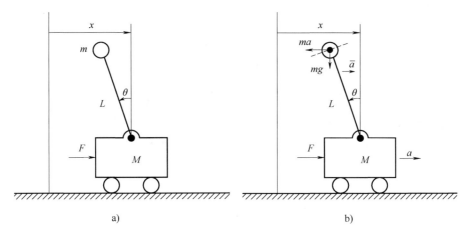

图 2-2-4 倒立摆

(1)寻找变量

对于小车,只有水平方向的运动,变量有外部施加的力 F、小车的位移 x、加速度 $a=\ddot{x}$。对于摆杆,一是随小车做水平运动,变量有末端球的位移 $\bar{x}$、加速度 $\bar{a}=\ddot{\bar{x}}$;二是末端球在小车上做旋转运动,变量有转角 θ、角加速度 $\beta=\ddot{\theta}$。

根据控制任务要求,被控量为转角 θ,控制量为外部施加的力 F。

(2)合理假设

对于小车,假设运行在光滑表面忽略地面摩擦,不考虑外部风力,小车为刚性体、质量为 M;对于摆杆,假设杆的长度为 L,其质量忽略不计,末端小球的质量为 m。

(3)寻找关系

在外力 F 的作用下,小车和摆杆末端的球都会产生水平方向的运动,以地面为参照物,根据牛顿定律有

$$F = Ma + m\bar{a} = M\ddot{x} + m\ddot{\bar{x}} \tag{2-2-17a}$$

$$\bar{x} = x - L\sin\theta \tag{2-2-17b}$$

对于末端小球,在重力 mg 的作用下会产生旋转运动,以小车为参照物,根据旋转运动的牛顿定律有

$$mgL\sin\theta + m\ddot{x}L\cos\theta = J\beta = J\ddot{\theta} \tag{2-2-18}$$

式中,$J = mL^2$ 是转动惯量;$m\ddot{x}$ 是坐标系不同带来的一个虚拟力。

(4)联立消元

由式(2-2-17)可得 $F = M\ddot{x} + m(x - L\sin\theta)''$,从而 $(M+m)\ddot{x} - mL(\sin\theta)'' = F$,则

$$(M+m)\ddot{x} - mL\cos\theta\ddot{\theta} + mL\sin\theta\dot{\theta}^2 = F \tag{2-2-19}$$

由式(2-2-18)可得

$$\ddot{x} = \frac{L}{\cos\theta}\ddot{\theta} - g\frac{\sin\theta}{\cos\theta} \tag{2-2-20}$$

将式(2-2-20)代入式(2-2-19)再合并同类项,有

$$\left(\frac{L(M+m)}{\cos\theta}-mL\cos\theta\right)\ddot{\theta}+mL\sin\theta\dot{\theta}^2-g(M+m)\tan\theta=F \qquad (2\text{-}2\text{-}21)$$

式（2-2-21）是被控量 θ 与外力 F 之间的数学模型。显见，它是非线性微分方程。

（5）线性化

第一，确定系统运行的标定（额定）工况。标定工况是系统运行的一种稳态工况，是系统设计最关心的一种工况。从倒立摆的工作过程知，它的期望输出为 $\theta^*=0$，在稳态时，它对时间的导数项为 0，即 $\dot{\theta}\,|_{\theta=\theta^*}=0$，$\ddot{\theta}\,|_{\theta=\theta^*}=0$，由式（2-2-21）可推出期望输入为

$$F^*=F\,|_{\theta=0}=\left(\frac{L(M+m)}{\cos\theta}-mL\cos\theta\right)\ddot{\theta}+mL\sin\theta\dot{\theta}^2-g(M+m)\tan\theta\,\bigg|_{\theta=0}=0$$

所以，标定工况为 $\{F^*,\theta^*\}=\{0,0\}$。

第二，以标定工况的增量为新的被控量与控制量。将被控量取为

$$y=\Delta\theta=\theta-\theta^*=\theta \qquad (2\text{-}2\text{-}22\text{a})$$

同样，将控制量取为

$$u=\Delta F=F-F^*=F \qquad (2\text{-}2\text{-}22\text{b})$$

第三，将所有非线性环节在标定工况 $\{F^*,\theta^*\}=\{0,0\}$ 处进行泰勒展开，取其线性部分。由式（2-2-17）、式（2-2-18）知，非线性都是由三角函数 $\sin\theta$、$\cos\theta$ 造成的，将它们在 $\theta=\theta^*=0$ 处进行泰勒展开，有

$$\begin{cases} \sin\theta=\theta-\dfrac{\theta^3}{3!}+\dfrac{\theta^5}{5!}-\cdots\approx\theta \\[2mm] \cos\theta=1-\dfrac{\theta^2}{2!}+\dfrac{\theta^4}{4!}-\cdots\approx1 \end{cases} \qquad (2\text{-}2\text{-}23)$$

第四，将线性化后的方程式（2-2-23）代入式（2-2-17）、式（2-2-18），再联立求解。即

$$F=M\ddot{x}+m\ddot{\bar{x}} \qquad (2\text{-}2\text{-}24\text{a})$$

$$\bar{x}=x-L\theta \qquad (2\text{-}2\text{-}24\text{b})$$

$$mgL\theta+m\ddot{x}L=J\beta=mL^2\ddot{\theta} \qquad (2\text{-}2\text{-}25)$$

由式（2-2-24）可得

$$F=M\ddot{x}+m(\ddot{x}-L\ddot{\theta}) \qquad (2\text{-}2\text{-}26)$$

由式（2-2-25）可得

$$g\theta+\ddot{x}=L\ddot{\theta} \qquad (2\text{-}2\text{-}27)$$

将式（2-2-27）代入式（2-2-26）有

$$ML\ddot{\theta}-(M+m)g\theta=F \qquad (2\text{-}2\text{-}28\text{a})$$

则

$$\ddot{\theta}-\frac{(M+m)g}{ML}\theta=\frac{1}{ML}F \qquad (2\text{-}2\text{-}28\text{b})$$

式（2-2-28）就是被控量 θ 与外力 F 之间线性化后的数学模型。

下面几点值得注意：

1）非线性系统线性化主要有两个步骤：确定标定工况，由于它是一种稳态工况，相应的变量对时间的导数应该为 0；在标定工况处，对非线性环节进行泰勒展开取其线性部分。

2）线性化的模型中被控量与控制量一般都是取增量形式，如式（2-2-22）所示。式（2-2-28）好像不是增量形式，是由于标定工况在原点，即 $\{F^*,\theta^*\}=\{0,0\}$。

3）一般控制系统只有一个稳态工况。若有多个稳态工况，则需取不同的稳态工况作为标定

工况，分别建立各自的线性化模型。这样的系统称为多模型系统。

4）线性化的模型是在标定工况处进行泰勒展开取其线性部分而得来的，理论上讲，它只在标定工况附近成立。将式（2-2-21）与式（2-2-28a）相减有如下残差模型：

$$\delta_2\ddot{\theta}+\delta_0\theta=0 \tag{2-2-29a}$$

$$\delta_2=\left(\frac{L(M+m)}{\cos\theta}-mL\cos\theta\right)-ML \tag{2-2-29b}$$

$$\delta_0=\frac{mL\sin\theta\dot{\theta}^2-g(M+m)\tan\theta}{\theta}+(M+m)g \tag{2-2-29c}$$

可见，$\lim\limits_{\theta\to\theta^*}\delta_2=0$，$\lim\limits_{\theta\to\theta^*}\delta_0=0$，在标定工况附近，模型残差的影响接近于 0。

另外，反馈调节原理表明，反馈控制对被控对象的数学模型误差有着内生的抑制能力。因此，线性化模型在控制系统的分析与设计中具有工程应用意义，且简单便于分析与设计，在工程上得到了广泛应用。

5）一般系统只关注一个被控输出量，对于倒立摆系统还可以将小车的位移 x 作为另一个输出量。将式（2-2-28）代入式（2-2-27），并联立起来，有

$$\ddot{x}=\frac{mg}{M}\theta+\frac{1}{M}F \tag{2-2-30a}$$

$$\ddot{\theta}=\frac{(M+m)g}{ML}\theta+\frac{1}{ML}F \tag{2-2-30b}$$

式（2-2-30）表明，一个控制量 F 可以同时控制摆杆的转角 θ 和小车的位移 x；小车的位移 x 会受到转角 θ 的耦合影响，而转角 θ 不受位移 x 的耦合影响，由控制量 F 独立控制。以式（2-2-30）描述的倒立摆是一个单输入双输出的系统，在《工程控制原理》（现代部分）中将看到这会为倒立摆的控制器设计带来便利。

3. 磁悬浮球系统

磁悬浮球系统是通过产生与重力相反的电磁力，使得磁性物体（铁球）悬浮在空中，其原理如图 2-2-5 所示。

（1）寻找变量

由磁悬浮原理知，系统可分解为两个部分，一个是产生电磁力的线圈，它的变量有线圈端电压 U、线圈电流 I 等，参量有线圈电阻 r、线圈电感 $L=L(x)$、线圈的匝数 N 等，要注意的是，线圈电感 $L(x)$ 会随着铁球的（间隙）位置 x 发生变化；另一个是运动的铁球，它的变量有位移 x、加速度 $\ddot{x}$、电磁力 F 等，参量有铁球质量 m 等。

被控量选为位移 x，控制量选为线圈端电压 U。

（2）合理假设

假设线圈与铁球之间的磁路没有漏磁是理想磁路，铁球是理想导磁体。

（3）寻找关系

由于是理想磁路，线圈与铁球间磁路中的磁阻 R 为

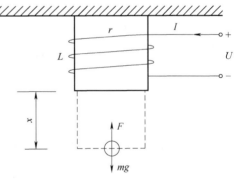
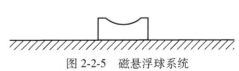

图 2-2-5　磁悬浮球系统

$$R=\frac{2x}{\mu_0S} \tag{2-2-31a}$$

式中，μ_0 是空气磁导率，S 是线圈的截面积。线圈产生的磁通 Φ 为

$$\varPhi = \frac{NI}{R} \tag{2-2-31b}$$

线圈与铁球形成的电感 $L(x)$ 为

$$L(x) = L_0 + N\frac{\varPhi}{I} = L_0 + \frac{\mu_0 SN^2}{2x} = L_0 + \frac{\alpha}{x} \tag{2-2-31c}$$

式中，$\alpha = \dfrac{\mu_0 SN^2}{2}$，$L_0$ 是空线圈（没有铁球）的电感。

磁场能量 W 与间隙位移 x 的关系为

$$W = W(x) = \frac{1}{2}L(x)I^2 \tag{2-2-31d}$$

电磁力 F 与间隙位移 x 和线圈电流 I 的关系为

$$F = -\frac{\partial W}{\partial x} = \frac{\mu_0 SN^2}{4}\frac{I^2}{x^2} = \frac{\alpha}{2}\frac{I^2}{x^2} = F(x,I) \tag{2-2-32a}$$

注意式中用到了对空间坐标的偏微分。

根据欧姆定律有

$$U = rI + \frac{\mathrm{d}}{\mathrm{d}t}(L(x)I) = rI + \frac{\partial L(x)}{\partial x}\frac{\mathrm{d}x}{\mathrm{d}t}I + L(x)\frac{\mathrm{d}I}{\mathrm{d}t}$$

$$= rI - \alpha x^{-2}\dot{x}I + L(x)\dot{I} = U(x,\dot{x},I,\dot{I}) \tag{2-2-32b}$$

根据牛顿第二定律有

$$mg - F = m\ddot{x} \tag{2-2-32c}$$

式（2-2-32）构成了磁悬浮球系统的数学模型。

（4）线性化

式（2-2-32）中存在非线性函数，需要对其进行线性化。为此，先要确定系统的标定工况，即铁球处于稳态的悬浮状态 $\{x_0, F_0, I_0, U_0\}$，此时它们对时间的导数项为 0，即

$$\begin{cases} \ddot{x}\mid_{x=x_0} = 0 \\ \dot{x}\mid_{x=x_0} = 0 \\ \dot{I}\mid_{I=I_0} = 0 \end{cases} \tag{2-2-33}$$

代入式（2-2-32a）、式（2-2-32b）、式（2-2-32c）有

$$F_0 = \frac{1}{2}\alpha x_0^{-2}I_0^2, \quad U_0 = rI_0, \quad mg - F_0 = 0$$

令 $\Delta x = x - x_0$，$\Delta F = F - F_0$，$\Delta I = I - I_0$，$\Delta U = U - U_0$，在标定工况 $\{x_0, F_0, I_0, U_0\}$ 处对式（2-2-32a）进行泰勒展开，有

$$F(x,I) = F(x,I)\mid_{\substack{x=x_0 \\ I=I_0}} + \frac{\partial F(x,I)}{\partial x}\bigg|_{\substack{x=x_0 \\ I=I_0}}\Delta x + \frac{\partial F(x,I)}{\partial I}\bigg|_{\substack{x=x_0 \\ I=I_0}}\Delta I + \cdots$$

$$= F_0 + (-\alpha x^{-3}I^2)\mid_{\substack{x=x_0 \\ I=I_0}}\Delta x + (\alpha x^{-2}I)\mid_{\substack{x=x_0 \\ I=I_0}}\Delta I + \cdots$$

$$\approx F_0 - \alpha x_0^{-3}I_0^2\Delta x + \alpha x_0^{-2}I_0\Delta I$$

则

$$\Delta F = -\alpha x_0^{-3}I_0^2\Delta x + \alpha x_0^{-2}I_0\Delta I = -2\frac{mg}{x_0}\Delta x + 2\frac{mg}{I_0}\Delta I \tag{2-2-34}$$

式中用到 $mg=F_0=\dfrac{1}{2}\alpha x_0^{-2}I_0^2$。同理，有

$$U(x,\dot{x},I,\dot{I})=U_0+\left.\frac{\partial U}{\partial x}\right|_{\substack{x=x_0\\ \dot{x}=0\\ I=I_0\\ i=0}}\Delta x+\left.\frac{\partial U}{\partial \dot{x}}\right|_{\substack{x=x_0\\ \dot{x}=0\\ I=I_0\\ i=0}}\Delta \dot{x}+\left.\frac{\partial U}{\partial I}\right|_{\substack{x=x_0\\ \dot{x}=0\\ I=I_0\\ i=0}}\Delta I+\left.\frac{\partial U}{\partial \dot{I}}\right|_{\substack{x=x_0\\ \dot{x}=0\\ I=I_0\\ i=0}}\Delta \dot{I}+\cdots$$

$$=U_0+\left.\left(2\alpha x^{-3}\dot{x}I+\frac{\partial L(x)}{\partial x}\dot{i}\right)\right|_{\substack{x=x_0\\ \dot{x}=0\\ I=I_0\\ i=0}}\Delta x+\left.(-\alpha x^{-2}I)\right|_{\substack{x=x_0\\ \dot{x}=0\\ I=I_0\\ i=0}}\Delta\dot{x}+\left.(r-\alpha x^{-2}\dot{x})\right|_{\substack{x=x_0\\ \dot{x}=0\\ I=I_0\\ i=0}}\Delta I+\left.L(x)\right|_{\substack{x=x_0\\ \dot{x}=0\\ I=I_0\\ i=0}}\Delta\dot{I}+\cdots$$

$$\approx U_0-\alpha x_0^{-2}I_0\Delta\dot{x}+r\Delta I+L(x_0)\Delta\dot{I}$$

则

$$\Delta U=-\alpha x_0^{-2}I_0\Delta\dot{x}+r\Delta I+L(x_0)\Delta\dot{I}=-2\frac{mg}{I_0}\Delta\dot{x}+r\Delta I+L(x_0)\Delta\dot{I}\tag{2-2-35}$$

由式(2-2-32c)可得 $mg-(F_0+\Delta F)=m(x_0+\Delta x)''$，则

$$\Delta F=-m\Delta\ddot{x}\tag{2-2-36}$$

在前面的推导中要注意的是，式(2-2-32a)和式(2-2-32b)是多元函数，要采用多元函数的泰勒展开式进行线性化。另外，在 $U(x,\dot{x},I,\dot{I})$ 的展开中用到了式(2-2-33)。

（5）联立消元

将式(2-2-36)代入式(2-2-34)有

$$-m\Delta\ddot{x}=-2\frac{mg}{x_0}\Delta x+2\frac{mg}{I_0}\Delta I$$

则

$$\Delta I=-\frac{I_0}{2g}\Delta\ddot{x}+\frac{I_0}{x_0}\Delta x$$

将上式代入式(2-2-35)有

$$\Delta U=-2\frac{mg}{I_0}\Delta\dot{x}+r\left(-\frac{I_0}{2g}\Delta\ddot{x}+\frac{I_0}{x_0}\Delta x\right)+L(x_0)\left(-\frac{I_0}{2g}\Delta\ddot{x}+\frac{I_0}{x_0}\Delta x\right)'$$

$$=-\frac{I_0}{2g}L(x_0)\Delta\dddot{x}-\frac{rI_0}{2g}\Delta\ddot{x}-\left(2\frac{mg}{I_0}-\frac{I_0}{x_0}L(x_0)\right)\Delta\dot{x}+\frac{rI_0}{x_0}\Delta x\tag{2-2-37a}$$

令输出 $y=-\Delta x$、输入 $u=\Delta U$，将上式写成规范形式有

$$\dddot{y}+\frac{r}{L(x_0)}\ddot{y}+\left(\frac{4mg^2}{I_0^2L(x_0)}-\frac{2g}{x_0}\right)\dot{y}-\frac{2rg}{x_0L(x_0)}y=\frac{2g}{I_0L(x_0)}u\tag{2-2-37b}$$

式(2-2-37)就是磁悬浮球系统的线性化模型。

4. 单容水槽系统

前面讨论的都是运动控制系统，下面给出两个过程控制系统的建模实例。许多过程控制系统都涉及液位的控制，如锅炉汽包液位、反应釜中液位等，这些液位控制都可等效为图 2-2-6a 所示的单容水槽系统。

（1）寻找变量

显见，水槽的液位高度 h 通过进水调节阀的阀门开度 θ 进行控制，θ 越大，进水流量 Q_{in} 越大，液位高度 h 将会增加；出水一般有两种方式，出水阀门开度 θ_{out} 恒定或者出水流量 Q_{out} 恒定，θ_{out} 或者 Q_{out} 越大，液位高度 h 将会减少。

另外，进水流量 Q_{in} 除了与进水阀门开度 θ 有关外，还取决于调节阀两端的压差 Δp；液位高

度 h 还与柱形容器的横截面积 S 以及流体的密度 ρ 有关。

（2）合理假设

假定出水阀门开度 θ_{out} 恒定，忽略进水管道长度 l 带来的滞后影响；假定流体是理想的，即流体不可压缩，不考虑流体的粘性，那么，理想流体中任意两点的压强 p、流速 v、高度 h 一定满足贝努力方程，即

$$p_1+\frac{1}{2}\rho v_1^2+\rho gh_1=p_2+\frac{1}{2}\rho v_2^2+\rho gh_2 \quad (2\text{-}2\text{-}38)$$

（3）寻找关系

先考虑进水调节阀，不失一般性，假定它可等效为图 2-2-6b，其中 s_1、p_1、v_1 分别是进水阀门前的截面积、压强、流速，s_2、p_2、v_2 分别是阀门处的截面积、压强、流速，定义 $\theta=\dfrac{s_2}{s_1}$ 为阀门开度。

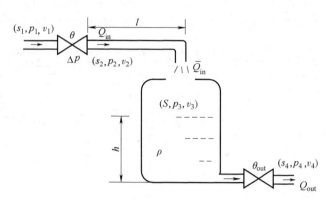

a) 单容水槽系统

b) 调节阀

图 2-2-6　单容水槽系统与调节阀

根据贝努力方程式（2-2-38），考虑两端流体高度一致，有

$$p_1+\frac{1}{2}\rho v_1^2=p_2+\frac{1}{2}\rho v_2^2 \quad (2\text{-}2\text{-}39\text{a})$$

以及单位时间两端流量相等，即

$$Q_1=s_1v_1=Q_2=s_2v_2 \quad (2\text{-}2\text{-}39\text{b})$$

将式（2-2-39b）代入式（2-2-39a），有

$$p_1+\frac{1}{2}\rho\left(\frac{s_2}{s_1}\right)^2v_2^2=p_2+\frac{1}{2}\rho v_2^2$$

进而有

$$\frac{1}{2}\rho(1-\theta^2)v_2^2=p_1-p_2=\Delta p$$

则

$$v_2=\frac{\sqrt{2}}{\sqrt{1-\theta^2}}\sqrt{\frac{\Delta p}{\rho}}=\frac{\sqrt{2}}{\sqrt{\xi}}\sqrt{\frac{\Delta p}{\rho}}$$

式中，$\xi=1-\theta^2$。

经过调节阀后的进水流量为

$$Q_{\text{in}}=Q_2=s_2v_2=s_1\theta\frac{\sqrt{2}}{\sqrt{\xi}}\sqrt{\frac{\Delta p}{\rho}}=C\sqrt{\frac{\Delta p}{\rho}}\times\theta=k_{\text{in}}\theta \quad (2\text{-}2\text{-}40)$$

则

$$C=\frac{\sqrt{2}s_1}{\sqrt{\xi}}, \quad k_{\text{in}}=C\sqrt{\frac{\Delta p}{\rho}}=\frac{\sqrt{2}s_1}{\sqrt{1-\theta^2}}\sqrt{\frac{\Delta p}{\rho}}$$

式中，C 是调节阀流量系数。可见，进水流量 Q_{in} 与调节阀开度 θ 成正比，要注意的是其比例 k_{in}

与阀门的压差 Δp 和开度 θ 都有关，在建模精度要求不高时，可以假定为常数，如式(1-2-4)的处理。

再考虑出水阀门的流量 Q_{out}。设液面处的横截面积、压强、流速分别为 S、p_3、v_3，出水阀门处的阀门横截面积、压强、流速分别为 s_4、p_4、v_4，根据贝努力方程式(2-2-38)，有

$$p_3+\frac{1}{2}\rho v_3^2+\rho gh=p_4+\frac{1}{2}\rho v_4^2 \tag{2-2-41a}$$

以及单位时间液面下降流量与阀门流出流量相等，且两处压强相等(为大气压强)，即

$$\begin{cases} Q_{out}=s_4 v_4=Sv_3 \\ p_3=p_4 \end{cases} \tag{2-2-41b}$$

将式(2-2-41b)代入式(2-2-41a)，有

$$\frac{1}{2}\rho\left(\frac{s_4}{S}\right)^2 v_4^2+\rho gh=\frac{1}{2}\rho v_4^2$$

则

$$v_4=\frac{\sqrt{2gh}}{\sqrt{1-\left(\frac{s_4}{S}\right)^2}}\approx\sqrt{2gh} \quad (s_4\ll S)$$

所以出水流量为

$$Q_{out}=s_4\sqrt{2gh}=k_{out}\sqrt{h} \tag{2-2-42}$$

式中，比例系数 $k_{out}=s_4\sqrt{2g}$。

最后，建立进水流量、出水流量与液面高度之间的关系。在 Δt 的时间段上，液面的高度变化为 Δh，柱形容器的水量变化为

$$\Delta h\times S=(Q_{in}-Q_{out})\Delta t \tag{2-2-43a}$$

当 $\Delta t\to 0$ 时，有

$$S\dot{h}=Q_{in}-Q_{out} \tag{2-2-43b}$$

将式(2-2-40)、式(2-2-42)代入上式，有

$$S\dot{h}+k_{out}\sqrt{h}=k_{in}\theta \tag{2-2-44}$$

式(2-2-44)便是单容水槽系统的数学模型。

(4) 线性化

式(2-2-44)是一个非线性微分方程，一是由出水流量 $Q_{out}=k_{out}\sqrt{h}$ 带来的，二是由进水流量 $Q_{in}=k_{in}\theta$ 中的比例系数 k_{in} 导致的。下面对其线性化。

假定标定工况为 $\{h^*,\theta^*\}$，在标定工况处同样满足式(2-2-44)，即

$$S\dot{h}^*+k_{out}\sqrt{h^*}=k_{in}^*\theta^* \tag{2-2-45}$$

分别将式(2-2-42)、式(2-2-40)在 $\{h^*,\theta^*\}$ 处进行泰勒展开，有

$$Q_{out}=k_{out}\sqrt{h}=k_{out}\left[\sqrt{h^*}+\frac{1}{2}(\sqrt{h})'\Big|_{h=h^*}(h-h^*)+\cdots\right]$$

$$\approx k_{out}\sqrt{h^*}+\frac{k_{out}}{4}\frac{1}{\sqrt{h^*}}(h-h^*) \tag{2-2-46a}$$

$$Q_{in}=k_{in}\theta=k_{in}^*\theta^*+\frac{1}{2}(k_{in}\theta)'\Big|_{\theta=\theta^*}(\theta-\theta^*)+\cdots$$

$$= k_{in}^{*}\theta^{*} + \frac{1}{2}\left(\frac{\sqrt{2}s_{1}}{\sqrt{1-\theta^{2}}}\sqrt{\frac{\Delta p}{\rho}}\times\theta\right)'\Bigg|_{\theta=\theta^{*}}(\theta-\theta^{*})+\cdots$$

$$= k_{in}^{*}\theta^{*} + \frac{\sqrt{2}s_{1}}{2}\sqrt{\frac{\Delta p}{\rho}}(1-\theta^{*2})^{-\frac{3}{2}}(\theta-\theta^{*})+\cdots$$

$$\approx k_{in}^{*}\theta^{*} + \frac{1}{2}\frac{k_{in}^{*}}{(1-\theta^{*2})}(\theta-\theta^{*}) \qquad (2\text{-}2\text{-}46b)$$

将式(2-2-46)代入式(2-2-44)并减去式(2-2-45)，有

$$S(\dot{h}-\dot{h}^{*}) + \frac{k_{out}}{4}\frac{1}{\sqrt{h^{*}}}(h-h^{*}) = \frac{1}{2}\frac{k_{in}^{*}}{(1-\theta^{*2})}(\theta-\theta^{*}) \qquad (2\text{-}2\text{-}47a)$$

取 $y=h-h^{*}$，$u=\theta-\theta^{*}$，$a_{0}=\dfrac{k_{out}}{4S\sqrt{h^{*}}}$，$b_{0}=\dfrac{k_{in}^{*}}{2S(1-\theta^{*2})}$，则式(2-2-47a)可写成如下规范形式：

$$\dot{y} + a_{0}y = b_{0}u \qquad (2\text{-}2\text{-}47b)$$

式(2-2-47)就是在出水阀门开度恒定情况下的单容水槽系统线性化模型。

（5）出水流量恒定的数学模型

前面是按出水阀门开度恒定进行的推导。若在出水处装有一个可控流量的泵，通过这个泵使出水以流量恒定方式流出，这时式(2-2-42)不再成立。

由式(2-2-43b)和式(2-2-40)有

$$S\dot{h} = Q_{in} - Q_{out} = k_{in}\theta - Q_{out} \qquad (2\text{-}2\text{-}48)$$

同理，对式(2-2-48)在 $\{h^{*},\theta^{*}\}$ 处进行线性化，有

$$S(\dot{h}-\dot{h}^{*}) = \frac{1}{2}\frac{k_{in}^{*}}{(1-\theta^{*2})}(\theta-\theta^{*}) + Q_{out} - Q_{out}^{*} \qquad (2\text{-}2\text{-}49a)$$

取 $y=h-h^{*}$，$u=\theta-\theta^{*}$，$d=Q_{out}-Q_{out}^{*}$，$b_{0}=k_{in}^{*}/2S(1-\theta^{*2})$，$b_{d0}=1/S$，则式(2-2-49a)可写成如下规范形式：

$$\dot{y} = b_{0}u + b_{d0}d \qquad (2\text{-}2\text{-}49b)$$

式中，d 是扰动输入。若出水流量恒定，则 $d=0$；若出水流量不能保证恒定，则 $d\neq0$，将形成对系统的一个外部扰动。

式(2-2-49b)与式(1-2-6)是一致的，二者与式(2-2-47b)比较，相差的是系数 $a_{0}=0$（假定外部扰动 $d=0$）。

（6）考虑进水管道带来纯延迟的影响

若考虑液体经过进水阀门后还需通过一段管道才能到达容器，将会带来一个纯延迟的影响。设进水阀门的流量为 $Q_{in}(t)$，到达容器时的流量为 $\overline{Q}_{in}(t)$，则有

$$\overline{Q}_{in}(t) = Q_{in}(t-\tau) = k_{in}\theta(t-\tau) \qquad (2\text{-}2\text{-}50a)$$

式中，τ 是纯延迟时间。若进水管道中流速 v_{2} 不变，纯延迟时间 τ 为

$$\tau = \frac{l}{v_{2}} \qquad (2\text{-}2\text{-}50b)$$

可见，管道越长，纯延迟时间越大；若流速不稳，纯延迟时间还会是一个变数。

在考虑进水管道带来纯延迟的影响时，式(2-2-43b)需改造为

$$S\dot{h} = \overline{Q}_{in} - Q_{out} = Q_{in}(t-\tau) - Q_{out}(t) \qquad (2\text{-}2\text{-}51a)$$

线性化模型式(2-2-47b)和式(2-2-49b)需分别改造为

$$\dot{y}+a_0 y = b_0 u(t-\tau) \tag{2-2-51b}$$

$$\dot{y}=b_0 u(t-\tau)+b_{d0}d \tag{2-2-51c}$$

在石化、冶金等许多过程控制系统中，常常需要在较长管道或容器中完成工艺过程，因此，纯延迟现象是常发生的。所以，在过程控制系统中的数学模型常需要考虑纯延迟环节。

5. 过热器系统

过热器系统是蒸汽锅炉中的一个主要被控对象。给水在汽包中通过炉膛加热后形成蒸汽，蒸汽通过过热器在烟道中吸取烟的余热继续升温形成过热蒸汽，如图 2-2-7a 所示。

（1）寻找变量

（二级）过热器管道一般较长，其中单根受热管的示意图如图 2-2-7b 所示。管道内蒸汽温度 T 与蒸汽的焓 i 密切关联；蒸汽焓 i 的变化与金属管壁的温度 T_c 以及蒸汽流量 Q_w 有关；金属管壁的温度 T_c 取决于烟道提供的烟气流量 Q_c。

（2）合理假设

在整个管内不考虑蒸汽的压缩；高温烟气流量沿管长均匀分布；忽略沿管壁轴向的热传导。

（3）寻找关系

参见图 2-2-7b，由于蒸汽焓 $i=i(x,t)$ 不仅随时间变化还与管中的位置有关，在 t 时刻和管中 x 处，取一个微小变化时间 Δt 和一段微小管长 Δx，在这个微小时间与微小位置段上，蒸汽热量的增加量等于通过金属管壁传导进来的热量减去蒸汽流量带走的热量，其热量平衡方程为

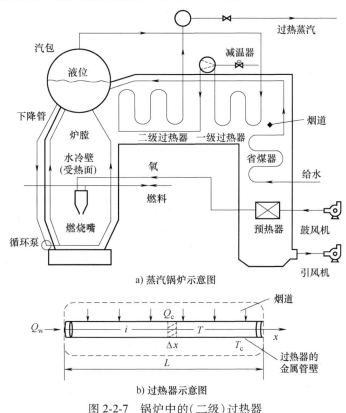

a) 蒸汽锅炉示意图

b) 过热器示意图

图 2-2-7 锅炉中的（二级）过热器

$$\rho \Delta V \frac{\Delta i}{\Delta t}=\alpha \Delta \sigma (T_c-T)-Q_w \frac{\Delta i}{\Delta x}\Delta x,\ \Delta V=V\frac{\Delta x}{L},\ \Delta \sigma=\sigma \frac{\Delta x}{L} \tag{2-2-52a}$$

式中，ρ 是蒸汽的密度；V 是管的体积；ΔV 是微小段的体积；α 是金属管壁的传热系数；σ 是整个管壁的表面积；$\Delta \sigma$ 是微小段的表面积。

由于蒸汽焓沿管道长度分布 $i=i(x,t)$，蒸汽温度与蒸汽焓密切相关，也同样沿管道长度分布，即 $T=T(x,t)$，且它们之间的增量满足

$$\Delta i = C_w \Delta T \tag{2-2-52b}$$

式中，C_w 是蒸汽比定压热容。将式（2-2-52b）代入式（2-2-52a），有

$$\rho V \frac{\Delta x}{L}C_w \frac{\Delta T}{\Delta t}+Q_w C_w \frac{\Delta T}{\Delta x}\Delta x=\frac{\alpha \sigma}{L}\Delta x(T_c-T)$$

令 $\Delta x \to 0$，$\Delta t \to 0$，有

$$\tau_w \frac{\partial T(x,t)}{\partial t} + L\zeta \frac{\partial T(x,t)}{\partial x} = T_c(t) - T(x,t) \tag{2-2-52c}$$

式中，$\tau_w = \rho V C_w / \alpha\sigma$，$\zeta = Q_w C_w / \alpha\sigma$。注意，式(2-2-52c)是偏微分方程。

同理，金属管壁的热量平衡方程为

$$\Delta m C_c \frac{\Delta T_c}{\Delta t} = \Delta Q_{c0} - \alpha\Delta\sigma(T_c - T), \quad \Delta m = m_c \frac{\Delta x}{L}, \quad \Delta Q_{c0} = Q_c \frac{\Delta x}{L} \tag{2-2-53a}$$

式中，m_c 是整个管的质量；Δm 是微小段上的质量；C_c 是金属管壁的比热容；Q_c 是总的烟气流量；ΔQ_{c0} 是微小段上的烟气流量。令 $\Delta t \to 0$，有

$$\tau_c \frac{\mathrm{d}T_c(t)}{\mathrm{d}t} = \frac{1}{\alpha\sigma}Q_c(t) + T(x,t) - T_c(t) \tag{2-2-53b}$$

式中，$\tau_c = m_c C_c / \alpha\sigma$。式(2-2-52c)和式(2-2-53b)组成了过热器系统的数学模型。

假定系统已处于标定工况 $\{T^*(x,t), T_c^*(t), Q_c^*(t)\}$，即

$$\tau_w \frac{\partial T^*(x,t)}{\partial t} + L\zeta \frac{\partial T^*(x,t)}{\partial x} = T_c^*(t) - T^*(x,t)$$

$$\tau_c \frac{\mathrm{d}T_c^*(t)}{\mathrm{d}t} = \frac{1}{\alpha\sigma}Q_c^*(t) + T^*(x,t) - T_c^*(t)$$

将式(2-2-52c)、式(2-2-53b)分别与上面二式相减，可得到如下增量形式的过热器系统的数学模型：

$$\tau_w \frac{\partial\Delta T(x,t)}{\partial t} + L\zeta \frac{\partial\Delta T(x,t)}{\partial x} = \Delta T_c(t) - \Delta T(x,t) \tag{2-2-54a}$$

$$\tau_c \frac{\mathrm{d}\Delta T_c(t)}{\mathrm{d}t} = \Delta Q_c(t) + \Delta T(x,t) - \Delta T_c(t) \tag{2-2-54b}$$

式中，$\Delta T(x,t) = T(x,t) - T^*(x,t)$；$\Delta T_c(t) = T_c(t) - T_c^*(t)$；$\Delta Q_c(t) = \frac{1}{\alpha\sigma}(Q_c(t) - Q_c^*(t))$。

从前面的实例可看出：

1）用数学方法对系统建模，关键是找到系统中的变量、给出合理的假设、列写各环节的表达式。做到这一点，需要有深厚的数、理、化等学科的基础知识，换句话说，就是要对被控对象的领域知识十分熟悉。当然，给出合理的假设十分关键，这需要不断积淀的工程经验。

2）若某个环节的表达式不能在整个时间轴上或整个空间轴上成立，就要采用"微分"的工具。当然，习惯了便可以直接写出相应的(偏)导数表达式。例如，对于运动系统，加速度 $a = \dot{v} = \ddot{x}$，角加速度 $\beta = \dot{\omega} = \ddot{\theta}$；对于电学系统，电感电压 $U = L\dot{I}$，电容电流 $I = C\dot{U}$。

3）若某个环节的表达式含有非线性项，可在系统标定工况处进行泰勒展开，取其线性部分。标定工况是系统运行的一种稳态工况，相应变量对时间的导数为 0。但要注意，线性化模型与实际系统一定存在模型残差，在理论分析之后一定要仔细对待模型残差的影响。

前面的实例表明，泰勒展开是处理非线性的一个重要数学工具。由微积分理论知，只要是足够光滑的函数都可以使用，若只取线性部分，只需函数存在二阶导数即可，这对于大部分的实际工程系统都是可以满足的。对于周期性系统，可用傅里叶展开取其线性部分。

4）在实际工程中，若被控对象的一些变量不能等效为一个"点"考虑，如过热器系统中的蒸汽温度 $T = T(x,t)$，就需要考虑它的空间分布，这时就要引入偏微分方程来描述，这样的系统称为"分布式系统"。若被控对象所有变量都可以等效为一个"点"来考虑，就不需要采用偏微分方程来描述，这样的系统称为"集中式系统"，前面大部分实例都是这类系统，它的变量只随着时间变化，与空间分布无关。

2.3 传递函数与框图

前面的讨论表明，运用好"微分"的思想，建立系统的常微分方程模型并不困难，与代数方程建模几乎一样。但是，常微分方程的求解远远难过代数方程的求解。拉普拉斯变换(简称拉氏变换)是工程中常用的一种积分变换，它不仅给出了求解常微分方程的一个便利途径，而且演化出了工程上更直观的数学模型形式——传递函数与框图。

2.3.1 拉氏变换与传递函数

拉氏变换是一种在实变量函数与复变量函数之间的函数变换。在经典控制理论中，引入拉氏变换有两个优点，一是可以定义系统的传递函数，并以此代替常微分方程，使得对系统的描述更直观；二是把常微分方程转化为容易求解的代数方程，从而使系统分析与设计更简便，这一点留到第 3 章讨论。

1. 拉氏变换及性质

拉氏变换是一种积分变换，将时域函数 $f(t)\,(t \geq 0)$ 转换为复域函数 $F(s)$，即

$$F(s) = \int_0^\infty f(t)\,\mathrm{e}^{-st}\mathrm{d}t \tag{2-3-1}$$

式中，$s = \sigma + \mathrm{j}\omega$ 是复数，也称为拉氏算子。

相对应地，若已知拉氏变换 $F(s)$ 求函数 $f(t)$，称为拉普拉斯反变换(简称拉氏反变换)，定义如下：

$$f(t) = \frac{1}{2\pi\mathrm{j}} \int_{\sigma-\mathrm{j}\infty}^{\sigma+\mathrm{j}\infty} F(s)\,\mathrm{e}^{st}\mathrm{d}s \tag{2-3-2}$$

式(2-3-1)和式(2-3-2)的两个积分式称为拉氏变换对。$F(s)$ 叫作 $f(t)$ 的拉氏变换，也称象函数，记为 $F(s) = \mathscr{L}[f(t)]$；$f(t)$ 叫作 $F(s)$ 的拉氏反变换，也称原函数，记为 $f(t) = \mathscr{L}^{-1}[F(s)]$。

由积分变换理论知，只要函数 $f(t)$ 是分段连续函数且在 t 充分大后满足 $|f(t)| \leq M\mathrm{e}^{\sigma t}$($M$、$\sigma$ 都是实常数)，式(2-3-1)和式(2-3-2)的积分一定存在，且在半平面 $\mathrm{Re}(s) > \sigma$ 上，$F(s)$ 为解析函数。实际系统中的函数基本都满足这个存在条件，所以拉氏变换、拉氏反变换得到了广泛应用，成为研究自动控制原理的基本数学工具。

拉氏变换的主要性质：

1) 线性性。设 $F_1(s) = \mathscr{L}[f_1(t)]$，$F_2(s) = \mathscr{L}[f_2(t)]$，$a$ 和 b 为常数，则有

$$\mathscr{L}[af_1(t) + bf_2(t)] = a\mathscr{L}[f_1(t)] + b\mathscr{L}[f_2(t)] = aF_1(s) + bF_2(s) \tag{2-3-3a}$$

2) 微分性。设 $F(s) = \mathscr{L}[f(t)]$，则有

$$\mathscr{L}\left[\frac{\mathrm{d}f(t)}{\mathrm{d}t}\right] = sF(s) - f(0) \tag{2-3-3b}$$

3) 积分性。设 $F(s) = \mathscr{L}[f(t)]$，则有

$$\mathscr{L}\left[\int_{-\infty}^{t} f(\tau)\,\mathrm{d}\tau\right] = \frac{1}{s}F(s) + \frac{1}{s}\int_{-\infty}^{0} f(\tau)\,\mathrm{d}\tau \tag{2-3-3c}$$

4) 初值性。若 $\mathscr{L}[f(t)] = F(s)$，且 $\lim\limits_{s \to \infty} sF(s)$ 存在，则函数 $f(t)$ 的初值为

$$f(0_+) = \lim_{t \to 0_+} f(t) = \lim_{s \to \infty} sF(s) \tag{2-3-3d}$$

5) 终值性。若 $\mathscr{L}[f(t)] = F(s)$，且 $\lim\limits_{t \to \infty} f(t)$ 存在，则函数 $f(t)$ 的终值为

$$\lim_{t \to \infty} f(t) = \lim_{s \to 0} sF(s) \tag{2-3-3e}$$

6）延迟性。设 $F(s) = \mathscr{L}[f(t)]$，则有

$$\mathscr{L}[f(t-\tau)] = e^{-\tau s} F(s) \tag{2-3-3f}$$

7）位移性。设 $F(s) = \mathscr{L}[f(t)]$，则有

$$\mathscr{L}[e^{at} f(t)] = F(s-a) \tag{2-3-3g}$$

8）卷积性。设 $F_1(s) = \mathscr{L}[f_1(t)]$，$F_2(s) = \mathscr{L}[f_2(t)]$，则有

$$F_1(s) F_2(s) = \mathscr{L}[f_1(t) * f_2(t)] = \mathscr{L}\left[\int_0^\infty f_1(t-\tau) f_2(\tau) \mathrm{d}\tau\right] \tag{2-3-3h}$$

2. 传递函数

根据拉氏变换的微分性，有

$$\mathscr{L}[y^{(1)}(t)] = sy(s) - y_0$$

$$\mathscr{L}[y^{(2)}(t)] = s\mathscr{L}[y^{(1)}(t)] - y_0^{(1)} = s^2 y(s) - sy_0 - y_0^{(1)}$$

不难递推出 $y(t)$ 的 k 阶导数 $y^{(k)}(t)$ 的拉氏变换为

$$\mathscr{L}[y^{(k)}(t)] = s^k y(s) - \sum_{r=0}^{k-1} s^{n-r-1} y_0^{(r)} \tag{2-3-4a}$$

式中，$y(s)$ 是 $y(t)$ 的拉氏变换，初始值 $y_0^{(r)} = y^{(r)}(t)\big|_{t=0}$。若所有初始值都为 0，有

$$\mathscr{L}[y^{(k)}(t)] = s^k y(s) \tag{2-3-4b}$$

注意，以小写字母 $y(s)$ 记 $y(t)$ 的拉氏变换。

对式(2-2-12)的微分方程，两边取拉氏变换，并令输入与输出各阶导数的初始值为 0，有

$$\mathscr{L}[y^{(n)} + a_{n-1} y^{(n-1)} + \cdots + a_1 y^{(1)} + a_0 y] = \mathscr{L}[b_m u^{(m)} + b_{m-1} u^{(m-1)} + \cdots + b_1 u^{(1)} + b_0 u]$$

$$\mathscr{L}[y^{(n)}] + a_{n-1} \mathscr{L}[y^{(n-1)}] + \cdots + a_1 \mathscr{L}[y^{(1)}] + a_0 \mathscr{L}[y]$$

$$= b_m \mathscr{L}[u^{(m)}] + b_{m-1} \mathscr{L}[u^{(m-1)}] + \cdots + b_1 \mathscr{L}[u^{(1)}] + b_0 \mathscr{L}[u]$$

$$s^n y(s) + a_{n-1} s^{n-1} y(s) + \cdots + a_1 s y(s) + a_0 y(s)$$

$$= b_m s^m u(s) + b_{m-1} s^{m-1} u(s) + \cdots + b_1 s u(s) + b_0 u(s)$$

式中用到了拉氏变换的线性性与式(2-3-4b)。可见，等式左边每项出现了公共的 $y(s)$，等式右边每项出现了公共的 $u(s)$，这是拉氏变换的一大优点。提取公共项，有

$$(s^n + a_{n-1} s^{n-1} + \cdots + a_1 s + a_0) y(s)$$

$$= (b_m s^m + b_{m-1} s^{m-1} + \cdots + b_1 s + b_0) u(s) \quad (m \leq n) \tag{2-3-5}$$

上式与微分方程式(2-2-12)的形式相似。若将 $y(s)$ 换为 $y(t)$、$u(s)$ 换为 $u(t)$、拉氏算子 s 换为微分算子 $s = \dfrac{\mathrm{d}}{\mathrm{d}t}$，式(2-3-5)就转化为了式(2-2-12)。

式(2-3-5)除了保留与微分方程的形似外，更重要的是它又回归到了代数方程，令

$$G(s) = \frac{y(s)}{u(s)} = \frac{b_m s^m + b_{m-1} s^{m-1} + \cdots + b_1 s + b_0}{s^n + a_{n-1} s^{n-1} + \cdots + a_1 s + a_0} \quad (m \leq n) \tag{2-3-6a}$$

则

$$y(s) = G(s) u(s) \tag{2-3-6b}$$

式中，$G(s)$ 是在零初始条件下，系统输出量的拉氏变换 $y(s)$ 与输入量的拉氏变换 $u(s)$ 之比，称为系统的传递函数，表明系统输出 $y(s)$ 是系统输入 $u(s)$ 经 $G(s)$ 传递而来的。

传递函数模型式(2-3-6b)具有以下显著优点：

1）从形式上看，系统输出 $y(s)$ 与输入 $u(s)$ 转化成了最简单的"比例"关系，传递函数 $G(s)$

就是这个"比例增益"，这将为后续的系统分析与设计带来便利。

2）式（2-3-6b）可用图 2-3-1a 所示的框图来描述。可见，框图不仅具有直观的示意性，且具有可运算性，即"方框"外部的输出与输入 $\{y(s),u(s)\}$ 与"方框"内部的传递函数 $G(s)$ 一定满足式（2-3-6b）。但从图 2-3-1b 看，若用微分方程来描述"方框"内部，则不具备可运算性。基于传递函数的框图这种可运算性在后面框图建模得到充分体现。

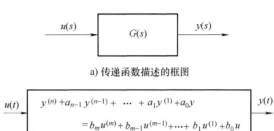

a) 传递函数描述的框图

b) 微分方程描述的框图

图 2-3-1　框图和传递函数的等价关系

3）由式（2-3-6a）可看出，传递函数 $G(s)$ 不含 $\{y(s),u(s)\}$，只与系统内部参数 $\{a_{n-1},a_{n-2},\cdots,a_0\}$、$\{b_m,b_{m-1},\cdots,b_0\}$ 有关，将系统（外部的）输入与输出剥离到了 $G(s)$ 之外。因此，研究"系统"本身的性质只需研究 $G(s)$ 的性质即可，简言之，"系统"就是 $G(s)$，也常常这样称呼"系统 $G(s)$"。

4）若将式（2-3-5）写成

$$(s^n+a_{n-1}s^{n-1}+\cdots+a_1s+a_0)y=(b_ms^m+b_{m-1}s^{m-1}+\cdots+b_1s+b_0)u$$

式中，y 既可表示 $y(s)$ 也可表示 $y(t)$，s 既可是拉氏算子也可是微分算子，则上式既可以是传递函数的描述形式也可以是微分方程的描述形式。这种便利性，在后面的章节中常常采用。

5）尽管前面给出的传递函数是以被控对象的输入与输出拉氏变换之比进行定义的，事实上，对于任意可用常微分方程描述的环节（子系统）、系统等，都可有同样的传递函数定义。

3. 扰动输入下的传递函数

当系统除了控制输入外，还存在扰动输入，同样可以采用传递函数来描述。对式（2-2-13a）两边取拉氏变换，并令所有的初始条件为 0，有

$$a(s)y(s)=b(s)u(s)+b_d(s)d(s) \tag{2-3-7a}$$

式中

$$a(s)=s^n+a_{n-1}s^{n-1}+\cdots+a_1s+a_0 \tag{2-3-7b}$$

$$b(s)=b_ms^m+b_{m-1}s^{m-1}+\cdots+b_1s+b_0 \tag{2-3-7c}$$

$$b_d(s)=b_{dl}s^l+b_{d(l-1)}s^{l-1}+\cdots+b_{d1}s+b_{d0} \tag{2-3-7d}$$

或者

$$y(s)=G(s)u(s)+G_d(s)d(s) \tag{2-3-8a}$$

式中

$$G(s)=\left.\frac{y(s)}{u(s)}\right|_{d=0}=\frac{b_ms^m+b_{m-1}s^{m-1}+\cdots+b_1s+b_0}{s^n+a_{n-1}s^{n-1}+\cdots+a_1s+a_0}=\frac{b(s)}{a(s)}\quad(m\leqslant n) \tag{2-3-8b}$$

$$G_d(s)=\left.\frac{y(s)}{d(s)}\right|_{u=0}=\frac{b_{dl}s^l+b_{d(l-1)}s^{l-1}+\cdots+b_{d1}s+b_{d0}}{s^n+a_{n-1}s^{n-1}+\cdots+a_1s+a_0}=\frac{b_d(s)}{a(s)}\quad(l\leqslant n) \tag{2-3-8c}$$

图 2-3-2 是式（2-3-8）的框图描述，其中"＋"号表示相加（后面在不引起混淆时也略写）。

进一步分析知，采用传递函数更具灵活性。对于图 2-3-2 的被控对象，更一般的描述应为

$$y(s)=G(s)u(s)+G_d(s)d(s)=\frac{b_0(s)}{a_0(s)}u(s)+\frac{b_1(s)}{a_1(s)}d(s) \tag{2-3-9a}$$

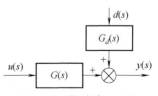

图 2-3-2　扰动输入下的传递函数

式(2-3-9a)两边同时乘以 $a_0(s)a_1(s)$，可写成类似微分方程的形式：

$$a_0(s)a_1(s)y(s) = a_1(s)b_0(s)u(s) + a_0(s)b_1(s)d(s) \tag{2-3-9b}$$

将式(2-3-9b)与式(2-3-7a)比较，有

$$a(s) = a_0(s)a_1(s), \ b(s) = a_1(s)b_0(s), \ b_d(s) = a_0(s)b_1(s)$$

进而有

$$G(s) = \frac{b(s)}{a(s)} = \frac{b_0(s)a_1(s)}{a_0(s)a_1(s)} = \frac{b_0(s)}{a_0(s)}, \ G_d(s) = \frac{b_d(s)}{a(s)} = \frac{a_0(s)b_1(s)}{a_0(s)a_1(s)} = \frac{b_1(s)}{a_1(s)}$$

可见，式(2-3-9a)是式(2-3-8a)约尽公因子后的结果。

值得注意的是，系统的阶数是其微分方程的阶数，若系统只有一个输入，其传递函数分母多项式的阶数与微分方程的阶数一致。当系统中有多个输入时，尽管不同输入的传递函数分母多项式不一定相同，但它们的最小公倍式可以作为它们的公共分母多项式，因此，它们最小公倍式的阶数就是系统的阶数。

4. 与传递函数相关的几个概念

对于线性定常系统，传递函数 $G(s)$ 一定是有理分式，见式(2-3-8)。对其分子与分母多项式进行因式分解，可写为

$$G(s) = \frac{b(s)}{a(s)} = k_p \frac{(s-z_1)\cdots(s-z_m)}{(s-p_1)\cdots(s-p_n)} \tag{2-3-10}$$

式中，p_i 是 n 阶分母多项式方程 $a(s) = 0$ 的根，共有 n 个；z_i 是 m 阶分子多项式方程 $b(s) = 0$ 的根，共有 m 个。

（1）传递函数的零极点

若 $G(s_i) = \infty$，称 s_i 是 $G(s)$ 的极点。显见，$a(s) = 0$ 的根 $p_i(i = 1, 2, \cdots, n)$ 就是 $G(s)$ 的极点。

若 $G(s_i) = 0$，称 s_i 是 $G(s)$ 的零点。显见，$b(s) = 0$ 的根 $z_i(i = 1, 2, \cdots, m)$ 一定是 $G(s)$ 的零点，也称为有限零点；若 $m < n$，还有 $n - m$ 个无限零点，即 $G(\infty) = 0$。未特别说明的话，只讨论有限零点。

$G(s)$ 的极（零）点可能是实数根，也可能是复数根。若是复数根，一定是共轭成对出现的，即 $p_i = \sigma_i \pm j\omega_i (z_i = \sigma_i \pm j\omega_i)$。

显见，$G(s)$ 的极点 $\{p_i\}$ 与其分母多项式 $a(s)$ 的系数 $\{a_i\}$ 有着一一对应关系，$G(s)$ 的零点 $\{z_i\}$ 与其分子多项式 $b(s)$ 的系数 $\{b_i\}$ 有着一一对应关系。因此，$G(s)$ 的极（零）点完全反映了系统的特性，这一点在第3章时域分析中将得到充分展示。

（2）传递函数表示的静态模型与动态模型

在式(2-3-8a)中取 $s = 0$，有

$$y = G(0)u + G_d(0)d = \frac{b_0}{a_0}u + \frac{b_{d0}}{a_0}d$$

与式(2-2-13b)比较知，$G(0)$、$G_d(0)$ 描述了系统的静态关系，即 $G(s)\big|_{s=0}$、$G_d(s)\big|_{s=0}$ 是系统模型的静态部分，也称为系统的静态增益；$G(s)\big|_{s\neq0}$、$G_d(s)\big|_{s\neq0}$ 是系统模型的动态部分，也称为系统的动态增益。

（3）传递函数的物理可实现性

若 $m > n$，有 $\lim\limits_{s\to\infty} G(s) = \infty$，即系统动态增益会为 ∞，称 $G(s)$ 是物理不可实现的。此时，$G(s)$ 为非真分式。

若 $m \leqslant n$，有 $\lim\limits_{s\to\infty} G(s) = C$，即系统除在有限个极点处之外，动态增益均为有限值，称 $G(s)$ 是物理可实现的。此时，$G(s)$ 为真分式。若 $m < n$，C 一定为0，$G(s)$ 为严格真分式。对于实际工程

系统总是假定它是真分式，即物理可实现。

综上，传递函数与微分方程是等价的数学模型，而传递函数的表示更为简洁，将系统输入与输出化为一个"比例增益"关系，其静态部分与动态部分也一目了然，因而，在工程实际中成为最常用的数学模型。

5. 几个实例

（1）直流调速系统

对于零阶模型式（2-1-4），两边取拉氏变换，有

$$n(s) = G_0(s)U(s) + G_{d0}(s)M_L(s) = \frac{1}{c_e\Phi}U(s) - \frac{r}{c_\phi\Phi c_e\Phi}M_L(s)$$

则

$$\begin{cases} G_0(s) = \frac{1}{c_e\Phi} \\ G_{d0}(s) = -\frac{r}{c_\phi\Phi c_e\Phi} \end{cases} \tag{2-3-11}$$

可见，静态模型的传递函数 $G_0(s)$ 和 $G_{d0}(s)$ 都是比例常数。

对于一阶模型式（2-2-5b），两边取拉氏变换，并令初始条件为 0，有 $(s+a_0)n(s) = b_0U(s) + b_{d0}M_L(s)$，写成传递函数形式为

$$n(s) = G_1(s)U(s) + G_{d1}(s)M_L(s) \tag{2-3-12a}$$

则

$$\begin{cases} G_1(s) = \frac{b_0}{s+a_0} \\ G_{d1}(s) = \frac{b_{d0}}{s+a_0} \end{cases} \tag{2-3-12b}$$

可见，一阶动态模型的传递函数 $G_1(s)$ 和 $G_{d1}(s)$ 有共同的分母，都是一阶多项式，只有 1 个极点 $p_1 = -a_0$，它们的静态部分为

$$\begin{cases} G_1(0) = \frac{b_0}{a_0} = \frac{1}{c_e\Phi} \\ G_{d1}(0) = \frac{b_{d0}}{a_0} = -\frac{r}{c_e\Phi c_\phi\Phi} \end{cases} \tag{2-3-12c}$$

对于二阶模型式（2-2-8b），两边取拉氏变换，并令初始条件为 0，有 $(s^2+\overline{a}_1 s+\overline{a}_0)n(s) = \overline{b}_0U(s) + (\overline{b}_{d1}s+\overline{b}_{d0})M_L(s)$，写成传递函数形式为

$$n(s) = G_2(s)U(s) + G_{d2}(s)M_L(s) \tag{2-3-13a}$$

则

$$\begin{cases} G_2(s) = \frac{\overline{b}_0}{s^2+\overline{a}_1 s+\overline{a}_0} \\ G_{d2}(s) = \frac{\overline{b}_{d1}s+\overline{b}_{d0}}{s^2+\overline{a}_1 s+\overline{a}_0} \end{cases} \tag{2-3-13b}$$

可见，二阶动态模型的传递函数 $G_2(s)$、$G_{d2}(s)$ 也有共同的分母，都是二阶多项式，有两个极点

$p_{1,2} = \dfrac{-\overline{a}_1 \pm \sqrt{\overline{a}_1^2 - 4\overline{a}_0}}{2}$，它们的静态部分为

$$\begin{cases} G_2(0) = \dfrac{\overline{b}_0}{\overline{a}_0} = \dfrac{b_0}{a_0} = \dfrac{1}{c_e \varPhi} \\[4mm] G_{d1}(0) = \dfrac{\overline{b}_{d0}}{\overline{a}_0} = \dfrac{b_{d0}}{a_0} = -\dfrac{r}{c_e \varPhi c_\phi \varPhi} \end{cases} \tag{2-3-13c}$$

比较式（2-3-11）、式（2-3-12c）和式（2-3-13c）有

$$\begin{cases} G_2(0) = G_1(0) = G_0(s) \\ G_{d2}(0) = G_{d1}(0) = G_{d0}(s) \end{cases} \tag{2-3-14}$$

可见，在一阶或二阶动态模型中，命 $s=0$，都得到零阶静态模型 $G_0(s)$ 和 $G_{d0}(s)$。由拉氏变换的终值性知，$s=0$ 相当于 $t \to \infty$，因此 $G_1(0)$ 和 $G_{d1}(0)$、$G_2(0)$ 和 $G_{d2}(0)$ 反映了系统稳态情况，应该与静态模型一致。换句话说，静态模型一定是系统的共性模型或基础模型。

（2）倒立摆系统

对式（2-2-28b）两边取拉氏变换，并令初始条件为 0，有

$$(s^2 + a_0)\theta(s) = b_0 F(s)$$

式中，$a_0 = -\dfrac{(M+m)g}{ML}$，$b_0 = \dfrac{1}{ML}$。上式写成传递函数形式为

$$\theta(s) = G_\theta(s)F(s) \tag{2-3-15a}$$

则

$$G_\theta(s) = \frac{b_0}{s^2 + a_0} = \frac{k_g}{\left(\dfrac{s}{-p_1} + 1\right)\left(\dfrac{s}{-p_2} + 1\right)} \tag{2-3-15b}$$

可见，静态增益 $k_g = G_\theta(0)$，传递函数 $G_\theta(s)$ 有 2 个极点 $p_{1,2} = \pm\sqrt{-a_0}$。

对式（2-2-30a）两边取拉氏变换，并令初始条件为 0，有

$$s^2 x(s) = \frac{mg}{M}\theta(s) + \frac{1}{M}F(s) = \frac{mg}{M}G_\theta(s)F(s) + \frac{1}{M}F(s)$$

进而有

$$x(s) = \frac{1}{s^2}\frac{mgG_\theta(s) + 1}{M}F(s) = G_x(s)F(s) \tag{2-3-16a}$$

则

$$G_x(s) = \frac{1}{M}\frac{s^2 + a_0 + mgb_0}{s^2(s^2 + a_0)} = \frac{k_s}{s^2}\frac{\left(\dfrac{s}{-z_1} + 1\right)\left(\dfrac{s}{-z_2} + 1\right)}{\left(\dfrac{s}{-p_1} + 1\right)\left(\dfrac{s}{-p_2} + 1\right)} \tag{2-3-16b}$$

可见，倒立摆系统以位移 x 为输出，对应的传递函数 $G_x(s)$ 是一个四阶系统，有 4 个极点，即 $p_{1,2} = \pm\sqrt{-a_0}$，$p_{3,4} = 0$，前两个与传递函数 $G_\theta(s)$ 一样，再增加了两个在原点处的极点。另外，还有两个零点，即 $z_{1,2} = \pm\sqrt{-a_0 - mgb_0}$。

在传递函数 $G_x(s)$ 中出现了特殊的极点，即位于原点处的极点。由拉氏变换的微分性和积分

性知，算子 s 相当于进行了一次微分，而算子 $\dfrac{1}{s}$ 相当于进行了一次积分。具有原点为极点的传递函数一般形式如下：

$$G(s)=\frac{1}{s^v}G_s(s)=\frac{k_s}{s^v}\frac{\left(\dfrac{s}{-z_1}+1\right)\cdots\left(\dfrac{s}{-z_m}+1\right)}{\left(\dfrac{s}{-p_1}+1\right)\cdots\left(\dfrac{s}{-p_{n-v}}+1\right)} \tag{2-3-17}$$

称 $G(s)$ 为 v 型积分传递函数，或 v 型系统。0 型系统也就是无积分因子的系统。

由于 $G_x(s)$ 为 2 型积分传递函数，导致 $G_x(0)=\infty$，静态增益不是有限值，意味着输入为 0 也可以有输出。从物理意义上讲，输入量外力 $F=0$ 仍然可以有输出量位移 $x\neq0$（只要速度不为 0），意味着增益为 ∞。但是，加速度一定为 0，即 $\ddot{x}=0$。因此，若以加速度 $\ddot{x}$ 作为输出量，拉氏变换为 $s^2x(s)$，则有

$$\left.\frac{s^2x(s)}{F(s)}\right|_{s=0}=s^2G_x(s)\bigm|_{s=0}=k_s \tag{2-3-18}$$

式（2-3-18）表明，对于式（2-3-17）的 $v(v\neq0)$ 型积分系统，以 $G(0)$ 来描述系统的静态模型缺乏实质意义。若以 $y^{(v)}(t)$ 为输出，建立它与输入 $u(t)$ 之间的静态模型是有意义的，即

$$\left.\frac{s^vy(s)}{u(s)}\right|_{s=0}=s^vG(s)\bigm|_{s=0}=s^v\frac{G_s(s)}{s^v}\biggm|_{s=0}=G_s(0)=k_s \tag{2-3-19}$$

倒立摆系统实际上是一个非线性系统，见式（2-2-21），令 $\mathscr{L}[\theta(t)]=\theta(s)$，$\mathscr{L}[\cos(\theta(t))]=L_1(\theta(s))$，$\mathscr{L}[\sin(\theta(t))]=L_2(\theta(s))$，$\mathscr{L}[\tan(\theta(t))]=L_3(\theta(s))$，其中 $L_i(\theta(s))(i=1,2,3)$ 都是复杂非线性函数。

对式（2-2-21）两边取拉氏变换，并令初始条件为 0，根据拉氏变换的卷积性有

$$\left[\frac{L(M+m)}{L_1(\theta(s))}-mLL_1(\theta(s))\right]*(s^2\theta(s))+mLL_2(\theta(s))*(s\theta(s))*(s\theta(s))-$$
$$g(M+m)L_3[\theta(s)]=F(s) \tag{2-3-20}$$

式中，运算符"$*$"为卷积。

可见，式（2-3-20）中既有非线性函数，又有卷积运算，很难从式中推得输出 $\theta(s)$ 与输入 $F(s)$ 之间的传递关系。因此，传递函数直接用于非线性系统是困难的，需要先对非线性系统线性化再求取传递函数。

（3）磁悬浮球系统

对式（2-2-37b）两边取拉氏变换，并令初始条件为 0，有

$$\left[s^3+\frac{r}{L(x_0)}s^2+\left(\frac{4mg^2}{I_0^2L(x_0)}-\frac{2g}{x_0}\right)s-\frac{2rg}{x_0L(x_0)}\right]y(s)=\frac{2g}{I_0L(x_0)}u(s)$$

则传递函数为

$$G(s)=\frac{\dfrac{2g}{I_0L(x_0)}}{s^3+\dfrac{r}{L(x_0)}s^2+\left(\dfrac{4mg^2}{I_0^2L(x_0)}-\dfrac{2g}{x_0}\right)s-\dfrac{2rg}{x_0L(x_0)}} \tag{2-3-21a}$$

这是一个三阶系统，有 3 个极点，会有两种情况：3 个实数极点 p_1、p_2、p_3；1 个实数极点 p_1，1 对共轭复数极点 $p_{2,3}=\sigma_2\pm\mathrm{j}\omega_2$。上式可写为

$$G(s) = \frac{k_g}{(s-p_1)(s-p_2)(s-p_3)} \tag{2-3-21b}$$

或者

$$G(s) = \frac{k_g}{(s-p_1)(s-\sigma_2-j\omega_2)(s-\sigma_2+j\omega_2)} \tag{2-3-21c}$$

（4）考虑纯延迟的单容水槽系统

若 $u(t)$ 的拉氏变换为 $u(s)$，根据拉氏变换的延迟性，参见式（2-3-3f），$u(t-\tau)$ 的拉氏变换为 $u(s)e^{-\tau s}$。

对式（2-2-51b）两边取拉氏变换，并令初始条件为 0，有

$$(s+a_0)y(s) = b_0 e^{-\tau s}u(s)$$

则传递函数为

$$G(s) = \frac{b_0}{s+a_0}e^{-\tau s} \tag{2-3-22a}$$

在传递函数中出现了纯延迟环节 $e^{-\tau s}$。由于 $e^{-\tau s}$ 是超越函数，不是有理分式，实际上是一个非线性环节，为了分析方便，可将其近似为一个有理分式，即

$$e^{-\tau s} = \frac{1}{e^{\tau s}} = \frac{1}{1+\tau s+\frac{1}{2}(\tau s)^2+\cdots} \approx \frac{1}{1+\tau s} \tag{2-3-22b}$$

将其代入式（2-3-22a），有

$$G(s) \approx \frac{b_0}{s+a_0}\frac{1}{1+\tau s} \tag{2-3-22c}$$

（5）"分布式"的过热器系统

令 $\Delta T = \Delta T(x,t)$ 对时间 t 的拉氏变换为 $\Delta T(x,s)$，$\Delta T_c(t)$ 的拉氏变换为 $\Delta T_c(s)$，$\Delta Q_c(t)$ 的拉氏变换为 $\Delta Q_c(s)$，分别对式（2-2-54a）和式（2-2-54b）两边取拉氏变换，并令初始条件为 0，有

$$\tau_w s\Delta T(x,s)+L\zeta\frac{\partial\Delta T(x,s)}{\partial x} = \Delta T_c(s)-\Delta T(x,s) \tag{2-3-23a}$$

$$\tau_c s\Delta T_c(s) = \Delta Q_c(s)+\Delta T(x,s)-\Delta T_c(s) \tag{2-3-23b}$$

由式（2-3-23b）可得

$$\Delta T_c(s) = \frac{1}{\tau_c s+1}\Delta Q_c(s)+\frac{1}{\tau_c s+1}\Delta T(x,s)$$

将上式代入式（2-3-23a）有

$$\tau_w s\Delta T(x,s)+L\zeta\frac{\partial\Delta T(x,s)}{\partial x} = \frac{1}{\tau_c s+1}\Delta Q_c(s)-\frac{\tau_c s}{\tau_c s+1}\Delta T(x,s)$$

进而有

$$L\zeta\frac{\partial\Delta T(x,s)}{\partial x}+\frac{\tau_w\tau_c s^2+(\tau_w+\tau_c)s}{\tau_c s+1}\Delta T(x,s) = \frac{1}{\tau_c s+1}\Delta Q_c(s) \tag{2-3-24}$$

前面推导只消除了时间 t 的微分因素，对于空间 x 的微分因素还未消除，式（2-3-24）还是微分方程，不能直接得到传递函数。这就是"分布式系统"相较于"集中式系统"带来的困难。

由于（二级）过热器控制系统关心的是出口的蒸汽温度（变化），只需研究 $x=L$ 处的 $\Delta T(L,s)$ 变化情况即可，这时可通过求解微分方程式（2-3-24）得到传递函数。

先假定烟气流量不变，即 $\Delta Q_c(s)=0$，选择过热器入口的 $\Delta T(0,s)$ 作为控制输入（通过减温

器来调节这个输入），见图 2-2-7a。此时，式（2-3-24）变为

$$L\zeta \frac{\partial \Delta T(x,s)}{\partial x} + \frac{\tau_w \tau_c s^2 + (\tau_w + \tau_c)s}{\tau_c s + 1} \Delta T(x,s) = 0 \tag{2-3-25}$$

根据微分方程理论知，其解与下面的特征方程及特征根有关，即

$$L\zeta\lambda + \frac{\tau_w \tau_c s^2 + (\tau_w + \tau_c)s}{\tau_c s + 1} = 0, \quad \lambda = -\frac{\tau_w \tau_c s^2 + (\tau_w + \tau_c)s}{L\zeta(\tau_c s + 1)} = -\frac{1}{L}\left[\tau s + \frac{\tau_c s}{\zeta(\tau_c s + 1)}\right]$$

式中，$\tau = \dfrac{\tau_w}{\zeta} = \dfrac{\rho V C_w}{\alpha\sigma} \Big/ \dfrac{Q_w C_w}{\alpha\sigma} = \dfrac{\rho V}{Q_w}$，其解为

$$\Delta T(x,s) = c e^{-\lambda x}, c = \Delta T(0,s) \tag{2-3-26}$$

因此，出口的蒸汽温度（变化）$\Delta T(L,s)$ 为

$$\Delta T(L,s) = \Delta T(x,s)\,\big|_{x=L} = \Delta T(0,s)\,\mathrm{e}^{\lambda L} \tag{2-3-27a}$$

出口与入口蒸汽温度（变化）的传递函数为

$$G_T(s) = \frac{\Delta T(L,s)}{\Delta T(0,s)} = \mathrm{e}^{\lambda L} = \mathrm{e}^{-\frac{\tau_c s}{\zeta(\tau_c s + 1)}}\,\mathrm{e}^{-\tau s} \tag{2-3-27b}$$

则

$$G_{T1}(s) = \mathrm{e}^{-\frac{\tau_c s}{\zeta(\tau_c s + 1)}}, \quad G_{T2}(s) = \mathrm{e}^{-\tau s}$$

式中，τ 是蒸汽从入口到出口的延迟时间，τ_c 是金属管壁传导的延迟时间。传递函数 $G_T(s)$ 由两部分组成：反映金属管壁传导过程的 $G_{T1}(s)$ 和反映过热器管道蒸汽加热过程的 $G_{T2}(s)$。

由于 $G_{T1}(s)$ 是一个复杂超越函数，为了后面分析方便，希望用一个有理分式逼近它，令

$$G_{T1}(s) = \mathrm{e}^{-\frac{\tau_c s}{\zeta(\tau_c s + 1)}} \approx \frac{k}{(1+Ts)^n} \tag{2-3-28}$$

下面讨论对参数 $\{k, n, T\}$ 的确定。

分别对 $\mathrm{e}^{-\frac{\tau_c s}{\zeta(\tau_c s + 1)}}$ 和 $\dfrac{k}{(1+Ts)^n}$ 在 $s=0$ 处进行泰勒展开有

$$\mathrm{e}^{-\frac{\tau_c s}{\zeta(\tau_c s + 1)}} = 1 - \frac{\tau_c}{\zeta}s + \frac{\tau_c^2}{\zeta^2}(1+2\zeta)s^2 + \cdots \tag{2-3-29a}$$

$$\frac{k}{(1+Ts)^n} = k - knTs + kn(n+1)T^2 s^2 + \cdots \tag{2-3-29b}$$

比较前面 3 项的系数，可得

$$\begin{cases} k = 1 \\ n = \dfrac{1}{2\zeta} \\ T = 2\tau_c \end{cases} \tag{2-3-29c}$$

那么，式（2-3-27b）可近似为

$$G_T(s) \approx \frac{k}{(1+Ts)^n}\mathrm{e}^{-\tau s} \tag{2-3-30a}$$

若 τ 不大时，也可参照式（2-3-22b），将 $\mathrm{e}^{-\tau s}$ 再用有理分式逼近，即

$$G_T(s) \approx \frac{k}{(1+Ts)^n}\frac{1}{1+\tau s} \tag{2-3-30b}$$

再假定烟气流量（变化）$\Delta Q_c(s) \neq 0$，而 $\Delta T(0,s) = 0$。根据微分方程理论知，式（2-3-24）的解

由通解 $\Delta T_0(x,s)$ 和特解 $\Delta T^*(x,s)$ 组成。通解为

$$\Delta T_0(x,s) = ce^{\lambda x} \tag{2-3-31a}$$

取

$$\Delta T^*(x,s) = \frac{1}{\tau_w \tau_c s^2 + (\tau_w + \tau_c)s} \Delta Q_c(s) \tag{2-3-31b}$$

代入式（2-3-24）验证知，$\Delta T^*(x,s)$ 是一个特解。注意，$\dfrac{\partial \Delta T^*(x,s)}{\partial x} = 0$。

从而，式（2-3-24）的解为

$$\Delta T(x,s) = \Delta T_0(x,s) + \Delta T^*(x,s)$$

$$= ce^{\lambda x} + \frac{1}{\tau_w \tau_c s^2 + (\tau_w + \tau_c)s} \Delta Q_c(s) \tag{2-3-31c}$$

考虑到 $x = 0$ 的初始条件，$\Delta T(0,s) = 0$，有

$$\Delta T(0,s) = c + \frac{1}{\tau_w \tau_c s^2 + (\tau_w + \tau_c)s} \Delta Q_c(s) = 0$$

则

$$c = -\frac{1}{\tau_w \tau_c s^2 + (\tau_w + \tau_c)s} \Delta Q_c(s)$$

代入式（2-3-31c）有

$$\Delta T(x,s) = \frac{1}{\tau_w \tau_c s^2 + (\tau_w + \tau_c)s}(1 - e^{\lambda x}) \Delta Q_c(s) \tag{2-3-31d}$$

令 $x = L$，出口蒸汽温度（变化）$\Delta T(L,s)$ 与烟气流量（变化）$\Delta Q_c(s)$ 的传递函数为

$$G_Q(s) = \frac{\Delta T(L,s)}{\Delta Q_c(s)} = \frac{1}{\tau_w \tau_c s^2 + (\tau_w + \tau_c)s}(1 - e^{\lambda L})$$

$$= \frac{1}{\tau_w \tau_c s^2 + (\tau_w + \tau_c)s}(1 - G_T(s)) \tag{2-3-32}$$

综上，采用传递函数描述系统，可以代数的形式进行运算，相较于微分方程的运算要简便直观；传递函数 $G(s)$ 里面不再含有系统的输入与输出，真正描述了"系统"本身。另外，对于许多过程控制系统，常常出现纯延迟环节，使得传递函数不是有理分式，是一个超越函数，同样可以利用泰勒展开式对传递函数 $G(s)$ 进行线性化，与微分方程线性化不同的是，要将传递函数化为有理分式。

2.3.2 框图与化简

对于线性定常系统，传递函数是一个简明又直观的描述形式。前面建立系统的传递函数，需要先建立系统各变量间的关系式，再联立消元得到输出与输入之间的高阶微分方程，最后两边取拉氏变换得到传递函数。这个推导过程有些烦琐也不直观。实际上，变量间的每个关系式都可用传递函数来描述，借助框图的直观性与可运算性，便可建立系统的模型。

1. 一个实例

下面以二阶直流调速系统为例来讲解采用框图进行建模的方法。

（1）建立各环节的传递函数

式（2-2-6b~2-2-6e）给出了二阶直流调速系统变量间的关系式，每个关系式可看作一个环节，对应了它的传递函数。对式（2-2-6b~2-2-6e）两边进行拉氏变换，并令初始条件为0，有

$$I_a(s) = \frac{1}{Ls+r}U(s) - \frac{1}{Ls+r}E(s) = G_1(s)U(s) - G_2(s)E(s) \qquad (2\text{-}3\text{-}33a)$$

$$E(s) = c_e\Phi n(s) = G_3(s)n(s) \qquad (2\text{-}3\text{-}33b)$$

$$M_e(s) = c_\phi\Phi I_a(s) = G_4(s)I_a(s) \qquad (2\text{-}3\text{-}33c)$$

$$n(s) = \frac{1}{J_n s}M_e(s) - \frac{1}{J_n s}M_L(s) = G_5(s)M_e(s) - G_6(s)M_L(s) \qquad (2\text{-}3\text{-}33d)$$

式中，$G_i(s)(i=1,2,3,4,5,6)$ 是各环节对应的传递函数。

（2）画出各环节的框图

将式（2-3-33a ～ 2-3-33d）分别以框图描述，分别对应图 2-3-3c、d、a、b。

图 2-3-3 中的"$\otimes$"称为比较点，表示对两个以上信号进行加减运算，其运算符号标注于比较点旁边，"+"表示相加，"–"表示相减，而"+"有时省略不写。

（3）将相同的变量用线连起来

将图 2-3-3 中各环节相同变量用信号线相连，可得图 2-3-4。

对图 2-3-4 进行整形得到图 2-3-5 所示的直流调速系统框图模型。

可以看出，框图模型将系统分解成了多个环节，不仅十分直观，而且将中间变量也给予了描述，使得系统的工作机理得到充分展示，特别是可以方便地分析中间变量的变化轨迹并判断是否会超限，这一点在后续的计算机仿真研究中将呈现出优势。

由图 2-3-1 知，由于采用传递函数表示框图，使得框图具备可运算性。如果建立了系统框图模型，只要分别列出各环节的传递函数关系式，再将其联立消元便可得到整个系统的传递函数 $G(s)$。

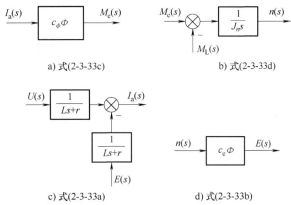

a) 式(2-3-33c)　　　b) 式(2-3-33d)

c) 式(2-3-33a)　　　d) 式(2-3-33b)

图 2-3-3　直流调速系统各环节框图

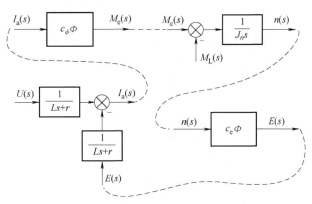

图 2-3-4　直流调速系统各环节相连

框图中的连线需要标明方向，代表变量信号的走向，这一点要高度重视。框图模型将系统分解成了多个环节，这些环节可能与系统具体的物理组成部分有对应，也可能不存在对应。因为，框图实质上是依据系统变量信号的流向对系统分解，不是简单的物理分解。鉴于此，也称框图为信号流图。

框图模型表明系统不外乎是由一些典型环节组成，若先分析典型环节的性能再推广至整个系统，会使问题的研究变得简单，这是后面时域分析和频域分析常采用的路径。常用的典型环节有：

零阶比例环节，即

$$G_i(s) = k_i \qquad (2\text{-}3\text{-}34a)$$

一阶积分环节，即

$$G_i(s) = \frac{1}{s} \qquad (2\text{-}3\text{-}34b)$$

一阶微分环节，即

$$G_i(s) = s \quad (2\text{-}3\text{-}34c)$$

一阶惯性环节，即

$$G_i(s) = \frac{1}{T_i s + 1} \quad (2\text{-}3\text{-}34d)$$

一阶拟微分环节，即

$$G_i(s) = \tau_i s + 1 \quad (2\text{-}3\text{-}34e)$$

二阶振荡环节，即

$$G_i(s) = \frac{1}{\rho_i s^2 + \mu_i s + 1} \quad (2\text{-}3\text{-}34f)$$

二阶拟微分环节，即

$$G_i(s) = \eta_i s^2 + v_i s + 1 \quad (2\text{-}3\text{-}34g)$$

可以想见，对于三阶及以上环节总可以分解为一阶或二阶环节相乘。不失一般性，一个系统的传递函数可以分解为这些典型环节的连乘，即

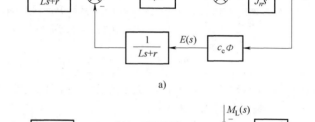

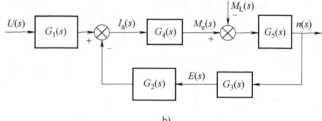

图 2-3-5　直流调速系统框图模型

$$G(s) = \frac{k_g}{s^v} \cdot \frac{\prod\limits_{i=1}^{m_1}(\tau_i s + 1)\prod\limits_{i=1}^{m_2}(\eta_i s^2 + v_i s + 1)}{\prod\limits_{i=1}^{n_1}(T_i s + 1)\prod\limits_{i=1}^{n_2}(\rho_i s^2 + \mu_i s + 1)} \quad (2\text{-}3\text{-}35)$$

式中，v 为正整数表示有纯积分环节，v 为负整数表示有纯微分环节。

另外，典型环节的分解思想还带来了系统建模的一个新路径。当系统或系统中某个部分的变量间的关系式难以写出时，可以假定它是一个典型环节或几个典型环节的连乘，然后再通过其他手段确定这些典型环节中的参数即可。

2. 框图化简

一个系统的框图无论怎样复杂，都是由串联、并联、反馈等基本形式组合而成的。下面讨论这些基本形式的等效变换。

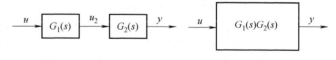

a) 串联　　　　　　　b) 串联的等效

图 2-3-6　框图串联及等效变换

（1）串联　图 2-3-6a 是两个传递函数的串联，各自的关系为

$$u_2(s) = G_1(s)u(s), \quad y(s) = G_2(s)u_2(s)$$

可推出：

$$y(s) = G_1(s)G_2(s)u(s) = G(s)u(s)$$

所以等效传递函数为 $G(s) = G_1(s)G_2(s)$，如图 2-3-6b 所示。

（2）并联　图 2-3-7a 是两个传递函数的并联，各自的关系为

$$y_1(s) = G_1(s)u(s), \quad y_2(s) = G_2(s)u(s)$$

可推出

a) 并联　　　　　　　b) 并联的等效

图 2-3-7　框图并联及等效变换

$$y(s) = y_1(s) + y_2(s) = [G_1(s) + G_2(s)]u(s) = G(s)u(s)$$

所以等效传递函数为 $G(s) = G_1(s) + G_2(s)$，如图 2-3-7b 所示。

（3）反馈　图 2-3-8a 是一个典型的反馈，各自的关系为

$$y(s)=G(s)e(s)，e(s)=u(s)-F(s)y(s)$$

消去中间变量 $e(s)$，有

$$y(s)=G(s)[u(s)-F(s)y(s)]，y(s)=\frac{G(s)}{1+G(s)F(s)}u(s)$$

所以等效传递函数为 $\Phi(s)=\dfrac{y(s)}{u(s)}=\dfrac{G(s)}{1+G(s)F(s)}$，如图 2-3-8b 所示。

上面介绍了串联、并联、反馈三种基本组合形式的等效变换。等效原则就是保持变换前后输入与输出的关系不变。对于复杂系统的框图，除了这三种基本组合形式外，还需要考虑移动框图中的比较点或引出点的位置，才能方便得到系统输入与输出的传递函数。表 2-3-1 给出了移动比较点或引出点的等效变换。

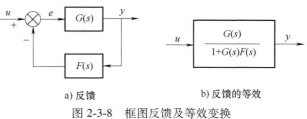

a) 反馈　　　　　　　b) 反馈的等效

图 2-3-8　框图反馈及等效变换

表 2-3-1　移动比较点或引出点的等效变换

移动类型	框 图 等 效	公 式 计 算
比较点后移		$Y(s)=G(s)[R(s)\pm Q(s)]$ $=G(s)R(s)\pm G(s)Q(s)$
比较点前移		$Y(s)=R(s)G(s)\pm Q(s)$ $=G(s)\left[R(s)\pm\dfrac{Q(s)}{G(s)}\right]$
引出点后移		$R(s)=G(s)\dfrac{1}{G(s)}R(s)$ $Y(s)=G(s)R(s)$
引出点前移		$Y(s)=G(s)R(s)$

根据上述等效原则，可对图 2-3-5b 所示的直流调速系统框图模型进行化简。先令 $M_L=0$，则化简过程如图 2-3-9 所示。

将式（2-3-33）中各环节的传递函数 $G_i(s)$ 代入图 2-3-9，可得系统输出 $n(s)$ 与控制输入 $U(s)$ 的传递函数为

$$G(s)=\frac{n(s)}{U(s)}\bigg|_{M_L=0}=\frac{G_1(s)G_4(s)G_5(s)}{1+G_2(s)G_3(s)G_4(s)G_5(s)}=\frac{c_\phi\Phi}{LJ_ns^2+rJ_ns+c_ec_\phi\Phi^2} \tag{2-3-36}$$

与式（2-3-13b）是一致的。

同理，令 $U=0$，则化简过程如图 2-3-10 所示。

将式（2-3-33）中各环节的传递函数 $G_i(s)$ 代入图 2-3-10 给出的公式中，$u_{\max=1.5}$，可得系统输出 $n(s)$ 与扰动输入 $M_L(s)$ 的传递函数为

$$G_d(s) = \frac{n(s)}{M_L(s)}\bigg|_{U=0} = \frac{-G_5(s)}{1+G_2(s)G_3(s)G_4(s)G_5(s)}$$

$$= \frac{-Ls-r}{LJ_n s^2 + rJ_n s + c_e c_\phi \Phi^2} \qquad (2\text{-}3\text{-}37)$$

与式（2-3-13b）是一致的。在框图化简的过程中，要特别注意比较点处的正负号。

3. 梅森增益公式

采用上述框图的简化方法，可以将复杂的系统经过框图的逐步简化，最终求出系统的传递函数，但当系统前向通道及反馈通道较多时，框图的简化步骤就会较多，简化过程也会变得非常复杂。在工程上常常可以应用梅森（Mason）增益公式（梅森公式）直接求取系统的传递函数，而不需要进行复杂的框图简化步骤。

由式（2-3-36）可看出，$G(s)$ 的分子只与输入 $U(s)$ 到输出 $n(s)$ 的前馈通道上的环节有关，分母只与反馈环路上的环节有关。同样，$G_d(s)$ 的分子只与输入 $M_L(s)$ 到输出 $n(s)$ 的前馈通道上的环节有关，分母只与反馈环路上的环节有关。这个规律可以推广到多个前馈通道和反馈回路的框图上，这就是下面的梅森公式：

$$G(s) = \frac{y(s)}{u(s)} = \frac{\sum_{k=1}^{n} P_k(s)\Delta_k(s)}{\Delta(s)} \qquad (2\text{-}3\text{-}38\text{a})$$

式中，

1）$P_k(s)$ 是从输入 $u(s)$ 到输出 $y(s)$ 第 k 条前馈通道的等效传递函数。

2）$\Delta(s)$ 是特征传递函数，即

$$\Delta(s) = 1 - \sum L_i(s) + \sum L_i(s)L_j(s) - \sum L_i(s)L_j(s)L_k(s) + \cdots \qquad (2\text{-}3\text{-}38\text{b})$$

其中，$\{L_i(s)\}$ 为所有反馈回路的等效传递函数；$\sum L_i(s)$ 为所有反馈回路等效传递函数之和；$\sum L_i(s)L_j(s)$ 为所有两两互不接触的反馈回路等效传递函数之和；$\sum L_i(s)L_j(s)L_k(s)$ 为所有三个互不接触的反馈回路等效传递函数之和，以此类推。

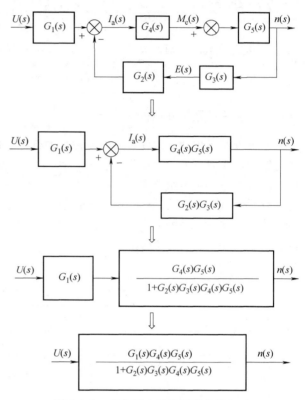

图 2-3-9　直流调速系统框图化简（一）

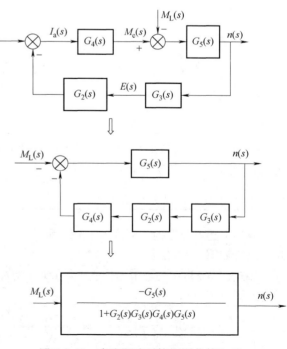

图 2-3-10　直流调速系统框图化简（二）

3）$\Delta_k(s)$ 是特征传递函数 $\Delta(s)$ 中的第 k 个余因子，即去除第 k 条前馈通道上的环节后，再按式（2-3-38b）计算的部分。

梅森公式的证明可参考有关文献。下面通过几个实例来说明它的应用。

例 2-3-1 求图 2-3-5b 所示框图的等效传递函数。

1）先令 $M_L(s)=0$，可见控制输入 $U(s)$ 到输出 $n(s)$ 只有 1 条前馈通道，即

$$P_1(s)=G_1(s)G_4(s)G_5(s)$$

也只有 1 条反馈回路，即

$$L_1(s)=-G_2(s)G_3(s)G_4(s)G_5(s)$$

则

$$\Delta(s)=1-L_1(s)=1+G_2(s)G_3(s)G_4(s)G_5(s)$$

显见，取消 $P_1(s)$ 上的环节后将没有任何反馈回路存在，故对应 $P_1(s)$ 的余子式为 $\Delta_1(s)=1$。所以

$$G(s)=\frac{n(s)}{U(s)}\bigg|_{M_L(s)=0}=\frac{P_1(s)\Delta_1(s)}{\Delta(s)}=\frac{G_1(s)G_4(s)G_5(s)}{1+G_2(s)G_3(s)G_4(s)G_5(s)} \qquad (2\text{-}3\text{-}39)$$

与框图化简式（2-3-36）一致。

2）再令 $U(s)=0$，可见扰动输入 $M_L(s)$ 到输出 $n(s)$ 只有 1 条前馈通道，即

$$P_{d1}(s)=-G_5(s)$$

反馈回路是一样的，即

$$L_{d1}(s)=-G_2(s)G_3(s)G_4(s)G_5(s)$$

则

$$\Delta_d(s)=1-L_1(s)=1+G_2(s)G_3(s)G_4(s)G_5(s)$$

显见，取消 $P_{d1}(s)$ 上的环节后同样将没有任何反馈回路存在，故对应 $P_{d1}(s)$ 的余子式为 $\Delta_{d1}(s)=1$。所以

$$G_d(s)=\frac{n(s)}{M_L(s)}\bigg|_{U(s)=0}=\frac{P_{d1}(s)\Delta_{d1}(s)}{\Delta_d(s)}=\frac{-G_5(s)}{1+G_2(s)G_3(s)G_4(s)G_5(s)} \qquad (2\text{-}3\text{-}40)$$

与框图化简式（2-3-37）一致。

例 2-3-2 试用梅森公式和框图化简方法求系统（见图 2-3-11）等效传递函数。

1）用梅森公式。从输入 $u(s)$ 到输出 $y(s)$ 有 2 条前馈通道，即

$P_1(s)=G_1(s)G_2(s)G_3(s)$，$P_2(s)=G_4(s)$

有 3 条反馈回路，即

$$L_1(s)=-G_1(s)H_1(s)$$

$$L_2(s)=-G_2(s)H_2(s)$$

$$L_3(s)=-G_3(s)H_3(s)$$

其中，$L_1(s)$ 与 $L_3(s)$ 互不接触。所以

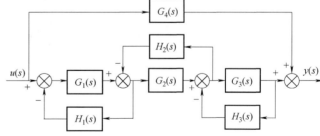

图 2-3-11　梅森公式与框图化简

$$\Delta(s)=1-(L_1(s)+L_2(s)+L_3(s))+L_1(s)L_3(s)$$
$$=1+G_1(s)H_1(s)+G_2(s)H_2(s)+G_3(s)H_3(s)+G_1(s)H_1(s)G_3(s)H_3(s)$$

取消 $P_1(s)$ 后所有反馈回路都不存在，取消 $P_2(s)$ 后所有反馈回路仍然存在，所以它们的余子式为 $\Delta_1(s)=1$，$\Delta_2(s)=\Delta(s)$。系统等效传递函数为

$$G(s)=\frac{y(s)}{u(s)}=\frac{P_1(s)\Delta_1(s)+P_2(s)\Delta_2(s)}{\Delta(s)}=P_2(s)+\frac{P_1(s)}{\Delta(s)}$$

$$= G_4 + \cfrac{G_1 G_2 G_3}{1 + G_1 H_1 + G_2 H_2 + G_3 H_3 + G_1 H_1 G_3 H_3} \qquad (2\text{-}3\text{-}41)$$

2）采用框图化简的方法。先将 $G_3(s)$ 之前的引出点向后移，如图 2-3-12a 所示；再把 $G_1(s)$ 之后的比较点向前移，如图 2-3-12b 所示。

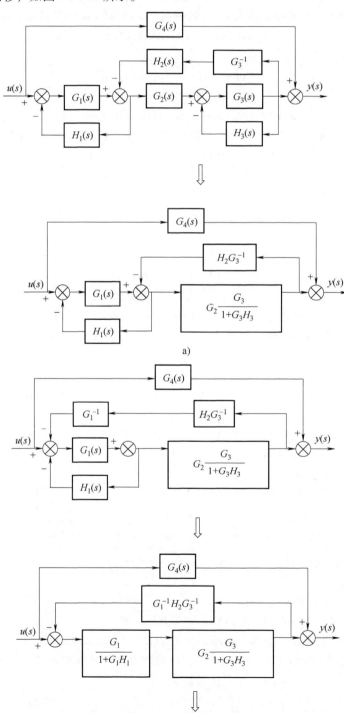

图 2-3-12　例 2-3-2 的框图化简

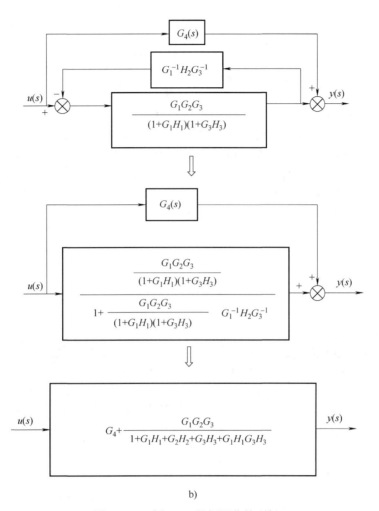

b)

图 2-3-12　例 2-3-2 的框图化简（续）

可见，与用梅森公式得到的结果一样。

2.3.3　典型系统结构

前面多个建模实例，都是针对被控对象。一个完整的控制系统，还需包含控制器。不同的控制方式，将形成不同的控制系统结构。

1. 基础反馈控制系统

图 2-3-13a 是最常见的控制结构，其中，$G(s)$ 是被控对象模型；y 是被控输出；u 是控制输入；$G_d(s)$ 是扰动模型；d 是扰动输入。它们满足

$$y(s) = G(s)u(s) + G_d(s)d(s) \tag{2-3-42a}$$

控制器由两部分组成 $K(s) = \{C(s), F(s)\}$，满足

$$u(s) = C(s)e_F(s) = C(s)r_F(s) - C(s)F(s)y(s) \tag{2-3-42b}$$

式中，r_F 是给定输入。可见，控制器是两个输入 $\{r_F, y\}$ 一个输出 $\{u\}$ 的结构。

将式（2-3-42b）代入式（2-3-42a）有

$$y(s) = \Phi(s)r_F(s) + \Phi_d(s)d(s) \tag{2-3-42c}$$

式中，

$$\Phi(s) = \frac{y(s)}{r_F(s)}\bigg|_{d=0} = \frac{C(s)G(s)}{1+C(s)G(s)F(s)} \qquad (2\text{-}3\text{-}42d)$$

$$\Phi_d(s) = \frac{y(s)}{d(s)}\bigg|_{r_F=0} = \frac{G_d(s)}{1+C(s)G(s)F(s)} \qquad (2\text{-}3\text{-}42e)$$

1）$\Phi(s)$ 称为给定输入 r_F 与输出 y 的闭环传递函数；

2）$Q_0(s) = C(s)G(s)$ 称为给定输入 r_F 到输出 y 的前向通道传递函数；

3）$Q(s) = Q_0(s)F(s)$ 是断开反馈后环路通道上的传递函数，称为开环传递函数；

4）$\Phi_d(s)$ 称为扰动输入 d 与输出 y 的扰动闭环传递函数。

图 2-3-13b 是图 2-3-13a 的等效框图，此时的反馈为单位反馈，若以 r 作为新的给定输入，即

$$r(s) = F^{-1}(s)r_F(s) \qquad (2\text{-}3\text{-}43a)$$

或者

$$r_F(s) = F(s)r(s) \qquad (2\text{-}3\text{-}43b)$$

令 $K(s) = F(s)C(s)$，可化为图 2-3-13c 所示的基础控制结构形式。

对于图 2-3-13c，开环传递函数为

$$Q(s) = K(s)G(s) \qquad (2\text{-}3\text{-}44a)$$

闭环传递函数为

$$\Phi(s) = \frac{K(s)G(s)}{1+K(s)G(s)} = \frac{Q(s)}{1+Q(s)} \qquad (2\text{-}3\text{-}44b)$$

$$\Phi_d(s) = \frac{G_d(s)}{1+K(s)G(s)} = \frac{G_d(s)}{1+Q(s)} \qquad (2\text{-}3\text{-}44c)$$

则

$$y = \Phi(s)r + \Phi_d(s)d \qquad (2\text{-}3\text{-}44d)$$

可见，图 2-3-13c 所示基础控制结构的开环与闭环传递函数有着更简洁的关系。图 2-3-13c 与图 2-3-13a 是等效的，其差别仅在给定输入，参见式(2-3-43)。因此，不失一般性常常以基础控制结构进行研究，且常取控制器为最简单的比例控制，即 $K(s) = k$。

另外，给定输入 $r(t)$ 常用来反映期望输出 $y^*(t)$，它们的拉氏变换表示为

$$r(s) = R(s)y^*(s) \qquad (2\text{-}3\text{-}45a)$$

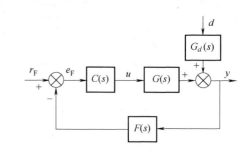

a) 非单位反馈的控制结构

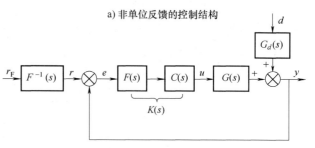

b) 非单位反馈的等效结构

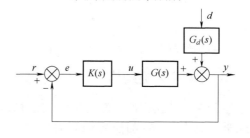

c) 单位反馈的控制结构

图 2-3-13　基础控制结构

式中，$R(s)$ 是它们之间的传递函数。缺省情况下，总是假定给定输入与期望输出是一致的，即取 $R(s) = 1$，从而有

$$r(s) = y^*(s) \qquad (2\text{-}3\text{-}45b)$$

或者

$$r(t) = y^*(t) \qquad (2\text{-}3\text{-}45c)$$

若期望输出 $y^*(t) = C$ 为常值，系统称为调节系统；若期望输出 $y^*(t)$ 不为常值，系统称为随动

系统或跟踪系统。

由式(2-3-44)知，无论是调节系统还是随动系统，若要很好实现控制任务，一般都希望 $K(s)G(s) \gg 1$，即开环增益很大，这样 $\Phi(s) \to 1$、$\Phi_d(s) \to 0$，从而达到 $y(t) \to r(t) = y^*(t)$。

2. 带扰动前馈的反馈系统

若开环增益 $K(s)G(s) \gg 1$，反馈控制是可以很好抑制扰动影响的。但是，在有些工程实际中，开环增益不允许太大，而扰动变化又很大，仅靠反馈结构的抑制就不够了。如果此时扰动是可测量的，则可施加扰动前馈来更好地抑制扰动的影响，如图 2-3-14 所示。

控制器为

$$u(s) = K(s)(r(s) - y(s)) + K_d(s)d(s) \quad (2-3-46)$$

是三个输入 $\{r, y, d\}$ 一个输出 $\{u\}$ 的结构。此时，闭环传递函数为

$$\begin{cases} \Phi(s) = \dfrac{K(s)G(s)}{1+K(s)G(s)} \\ \Phi_d(s) = \dfrac{G(s)K_d(s)+G_d(s)}{1+K(s)G(s)} \end{cases} \quad (2-3-47)$$

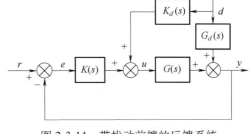

图 2-3-14　带扰动前馈的反馈系统

若能设计 $K_d(s)$ 满足 $G(s)K_d(s) + G_d(s) = 0$，将完全抑制扰动的影响。

3. 带给定前馈的反馈系统

同样的道理，在实际工程中，若开环增益不允许太大，则 $\Phi(s) \to 1$ 以及 $y \to r$ 都会受到影响，这时可以增加给定前馈控制，如图 2-3-15 所示。此时，控制器为

$$u(s) = K(s)(r(s) - y(s)) + K_r(s)r(s) \quad (2-3-48)$$

是两个输入 $\{r, y\}$ 一个输出 $\{u\}$ 的结构。闭环传递函数为

$$\begin{cases} \Phi(s) = \dfrac{K(s)G(s)+K_r(s)G(s)}{1+K(s)G(s)} \\ \Phi_d(s) = \dfrac{G_d(s)}{1+K(s)G(s)} \end{cases} \quad (2-3-49)$$

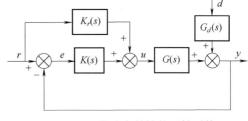

图 2-3-15　带给定前馈的反馈系统

由于多了前馈控制 $K_r(s)$，增加了控制器设计的自由度，若能设计 $K_r(s)$ 满足 $K_r(s)G(s) = 1$，就一定有 $\Phi(s) = 1$，从而 $y(t) = r(t)(\forall t)$，闭环系统将具有完美的性能。

4. 双回路控制系统

对于图 2-3-13c 所示的单回路控制结构，外部扰动的输入点在系统输出端。理论上讲，这样外部扰动的影响可通过系统输出端传感器较快地反映出来，再通过输出反馈及时地调整控制量，可以得到较好的抑制效果。但是，在不少的实际系统中，外部扰动的输入点常常在被控对象中间，且扰动强度大、变化幅度大，如图 2-3-16a 所示。由于受被控对象中 $G_1(s)$ 的约束，外部扰动的影响在系统输出端传感器上不能及时反映出来，这种情况下通过输出反馈产生的抑制效果变差。由于中间变量 $\tilde{y}$ 可快速感知扰动的变化，通过增加一个内反馈回路改善对扰动 d 的抑制效果，外反馈回路就可以更多地关注对给定 r 的跟踪，从而大幅提高整个系统的控制性能。为此，提出了图 2-3-16b 所示的双回路控制结构。

另外，有的工程系统不仅仅对系统输出变量 y 提出控制要求，也会同时对某个中间变量 $\tilde{y}$ 提出控制要求，如运动控制系统，除了希望电动机转速快速平稳到达给定值外，还希望在这个过程

中的某个阶段电磁转矩（或者电枢电流）处于最大可用值。这时，仅仅采用转速反馈回路，可以自动调节输出变量转速到给定值，但难以同时保证中间变量电磁转矩（或者电枢电流）达到所需性能，因此，可采用图 2-3-16b 所示的双回路控制结构，增加一个电磁转矩（或者电枢电流）的内反馈回路来调节。

双回路控制结构较单回路控制结构，增加了更多的控制器设计自由度，为复杂对象的控制提供了可能。当然，采用双回路控制结构的前提是中间变量 $\tilde{y}$ 可实时测量，需要增加一个传感器。

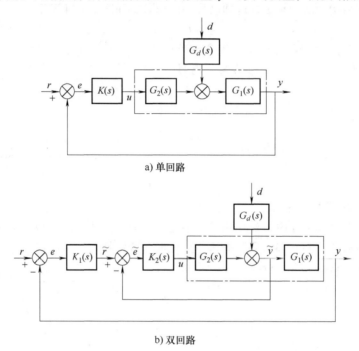

a) 单回路

b) 双回路

图 2-3-16　双回路控制系统

本章小结

归纳本章的内容可知，一个实际工程系统可以用数学模型来描述；同一个系统可以用多个数学模型描述，可以是零阶的静态模型，也可以是一阶、二阶等动态模型；静态模型描述了系统变量间的主体关系，动态模型丰富了系统变量间的细节描述，动态模型包含了静态模型，它的稳态形式就是静态模型；实际工程系统总会存在非线性因素，可以在标定工况下对其线性化。因此，线性定常的数学模型是理论分析最基础最重要的模型。

1）建立系统数学模型主要有三大步骤：寻找变量、合理假设、寻找关系。合理假设需要不断积淀工程经验。同一个系统在不同的假设下，可以有不同的数学模型，但它们应该有同样的静态（稳态）模型。要很好地建立系统的数学模型，必须深入掌握被控对象领域的知识，这是控制领域工程师应有的知识储备，不了解被控对象，就无从谈论对它的控制。

2）微分方程建模是最通用最基础的，代数方程是微分方程的一个特殊形式。通过对时间轴或者空间坐标轴"微分"，在该"微分"段上，几乎可以应用所有相关的物理、化学、数学、经济学、社会学等定律、定理、原理，再令"微分"趋于零便得到（偏）微分方程。通俗地讲，（偏）微分方程就是"微分"段上的代数方程。因此，无论多么复杂变化的系统，一定可用(偏)微分方程建模。

3）传递函数与微分方程一一对应，传递函数建模使系统从输入与输出中分离出来，使得传递函数就是"系统"本身，研究系统的性能，只需研究它的传递函数即可。另外，从形式上看，传递函数是代数意义下的有理分式，因此，传递函数的运算相较于(偏)微分方程运算要容易，因而更受工程师们喜爱。

4）框图建模则使系统变量之间的关系更清晰、运算更简便。框图模型将复杂系统分解成了典型环节的组合，使得对于复杂问题的研究可聚焦于简单的典型环节上，特别是可以方便地分析中间变量的变化轨迹并判断是否会超限。

5）理论上讲，任何系统都存在不同程度的非线性，考虑反馈调节原理允许系统模型存在误差，为了简化控制系统的分析与设计，常常将非线性模型在标定工况处进行线性化。线性化的主要数学工具就是泰勒展开式，取展开式的线性部分。若是周期性系统，可用傅里叶展开取其线性部分。要注意的是，对于传递函数的线性化是要将其化为有理分式。

总之，尽管实际工程系统存在各种各样的非线性因素，但理论分析不可能面面俱到，否则可能一事无成。因此，基于线性化模型的理论分析是最基础的，着重解决实际工程问题的主要矛盾(方面)，将具有重要的工程指导意义，但始终要牢记任何线性化模型都是对实际系统的一种近似，其理论分析的结果都要回归实际系统的源头，通过多种仿真实验，追溯在合理假设中忽略的因素或简化的因素是否可接受，这是工程意识和工程思维方式的养成。

习题

2.1 典型的晶体管稳压电源如习题 2.1 图所示，确定被控量与控制量、扰动量，画出框图，建立其数学模型，并分析哪些因素会影响线性化模型的参数。

2.2 建立习题 2.2 图 a 中电压 U 与电流 I、习题 2.2 图 b 中力 F 与位移 x 的数学模型。比较两个模型的异同，从中能拓展出什么？

2.3 对于图 2-2-4 所示的倒立摆，取 $q = \begin{pmatrix} x \\ \theta \end{pmatrix}$，

试证明其数学模型可写为

$$M(q)\ddot{q} + C(q,\dot{q}) + K(q) = B(q)u$$

式中，$M(q)$ 为系统惯性矩阵，$C(q,\dot{q})$ 代表科里奥利(Coriolis)力或阻尼力，$K(q)$ 代表势能引起的力，$u = F$ 是外部的力。将上式在标定工况下线性化，并与习题 2.2 的结果对比，二者有哪些相似处？

2.4 建立适当坐标系，列出习题 2.4 图三轴机器人的数学模型，可否写成习题 2.3 的形式？建立标定工况并线性化。

2.5 对于图 2-2-5 所示的磁悬浮球系

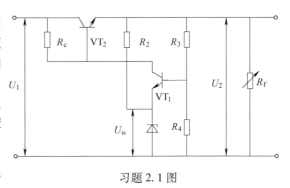

习题 2.1 图

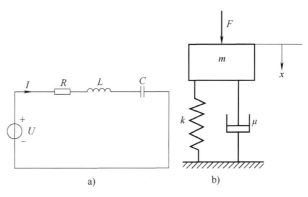

a)

b)

习题 2.2 图

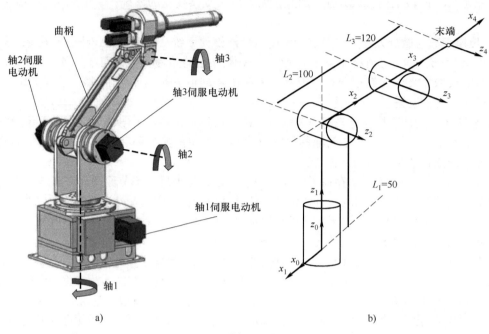

a)   b)

习题 2.4 图

统，式(2-2-37)是其数学模型。要使用该数学模型，需确定模型中的参数。试设计线圈电感大小、匝数等参数，给出模型参数的理论计算公式，并讨论哪些因素会导致模型参数误差，确定模型参数的误差范围。

2.6   建立习题 2.6 图所示的多容水槽的数学模型。

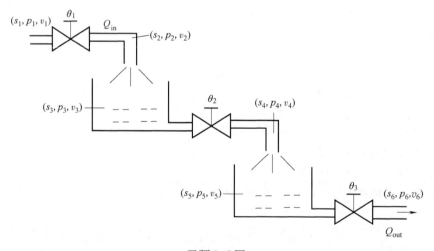

习题 2.6 图

2.7   在一个相对独立的人数为 N 的区域发生传染病，试建立传染病的传播模型。

2.8   求习题 2.1～习题 2.7 的传递函数。

2.9 RC 电路如习题 2.9 图所示，其中 U_1、U_2 分别为电路的输入电压和输出电压，请建立系统的框图模型，并求出其传递函数。

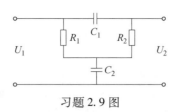

习题 2.9 图

2.10 应用框图等效化简和 Mason 公式，求习题 2.10 图所示框图的传递函数 $\dfrac{y(s)}{r(s)}$。

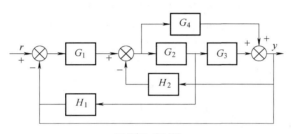

习题 2.10 图

2.11 试通过求解直流调速系统二阶动态模型，建立它与静态模型的关系。

2.12 Buck 电路如习题 2.12 图所示，u_{dc} 模拟光伏装置的输出，Z_d 是负载阻抗，开关管 S 以周期 T 循环工作，每个周期的导通占空比为 $\mu = \tau / T$，τ 是导通时间，希望输出电压 u_c 稳定。简述其工作原理并建立系统的数学模型。

（提示：对周期函数采用傅里叶展开进行线性化；将模型残差视作内部扰动；注意控制输入的选择以及有多个扰动输入的存在。）

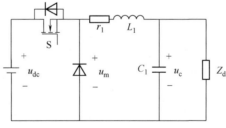

习题 2.12 图

第 3 章

时域分析法

第 2 章给出了建立系统数学模型的多种方法。建模的目的是为了分析系统的性能。若能获取系统输出响应的时间轨迹，系统的性能便一目了然。建立在时间轨迹上的分析法是时域分析法。

系统的数学模型有微分方程、传递函数、框图等，但其本质或最基础的是微分方程。实际上，系统输出响应的时间轨迹就对应微分方程的解轨迹。因此，时域分析法的基点是求解微分方程。

由微积分理论知，常微分方程的解取决于它的特征根，而特征根只与微分方程的系数有关。这就意味着可以不求解微分方程，只分析系统参数（微分方程系数）之间的关系便可获得系统的性能。因此，时域分析法力图构造基于系统参数的系统性能分析工具。

另外，系统的性能通过典型性能指标来描述。建立典型性能指标与系统参数的关系，是时域分析法的重点，也是第 5 章控制器设计的基础。

3.1 系统响应与时域性能指标

理论分析以数学模型为出发点。由第 2 章的讨论知，非线性系统可在标定工况下线性化，而线性化模型具有叠加性，会使得理论分析变得简明。因此，线性定常的数学模型，即常微分方程或有理分式的传递函数成为一类最基础最重要的理论分析模型。当然，基于线性化模型的理论分析结果能否运用到实际工程系统中，还要进一步考虑模型残差、变量值域等工程限制因素带来的影响。

3.1.1 系统响应的通用解法

不失一般性，以图 2-3-13c 所示的基础控制结构作为本章的研究对象，参见图 3-1-1，y 是被控输出，u 是控制输入，r 是给定输入，d 是扰动输入，n 是测量噪声输入。在系统分析时常将控制器 $K(s)$ 与被控对象 $G(s)$ 合二为一，以开环传递函数 $Q(s)$ 作为广义的对象，令

$$Q(s) = K(s)G(s) = k_{qp} \frac{\prod_{j=1}^{m}(s-z_j)}{\prod_{i=1}^{n}(s-p_i)} \quad (m \leqslant n) \quad (3\text{-}1\text{-}1)$$

式中，p_i 是开环极点，z_j 是开环零点。

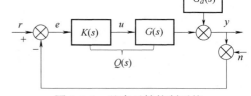

图 3-1-1　基本反馈控制系统

要分析闭环系统的性能，需要给出闭环系统输出与输入的关系，即闭环传递函数，本章后续的分析都建立在这个基础之上。依据图 3-1-1，闭环系统中变量有如下关系：

$$y(s) = Q(s)e(s) + G_d(s)d(s), \quad e(s) = r(s) - y(s) - n(s)$$

可推出

$$y(s) = \frac{Q(s)}{1+Q(s)}r(s) + \frac{G_d(s)}{1+Q(s)}d(s) - \frac{Q(s)}{1+Q(s)}n(s)$$

$$= \Phi(s)r(s) + \Phi_d(s)d(s) + \Phi_n(s)n(s) \tag{3-1-2a}$$

式中，$\Phi(s) = \dfrac{Q(s)}{1+Q(s)}$、$\Phi_d(s) = \dfrac{G_d(s)}{1+Q(s)}$、$\Phi_n(s) = -\dfrac{Q(s)}{1+Q(s)}$，分别是给定输入、扰动输入、噪声输入下的闭环传递函数。

由式(3-1-2a)可看出，闭环系统输出满足叠加原理。不失一般性，输出响应的求解只需考虑 $r \neq 0$、$d = 0$、$n = 0$ 的情况，其他情况的求解方法是类似的。此时闭环传递函数 $\Phi(s)$ 为

$$\Phi(s) = \frac{Q(s)}{1+Q(s)} = \frac{k_{qp} \prod\limits_{j=1}^{m}(s-z_j)}{\prod\limits_{i=1}^{n}(s-p_i) + k_{qp}\prod\limits_{j=1}^{m}(s-z_j)}$$

$$= \frac{\beta(s)}{\alpha(s)} = \frac{\beta_m s^m + \beta_{m-1}s^{m-1} + \cdots + \beta_0}{s^n + \alpha_{n-1}s^{n-1} + \cdots + \alpha_0} = k_{\phi p}\frac{\prod\limits_{j=1}^{m}(s-\bar{z}_j)}{\prod\limits_{i=1}^{n}(s-\bar{p}_i)} \tag{3-1-2b}$$

式中，$\bar{p}_i$ 是闭环极点；$\bar{z}_j = z_j$ 是闭环零点，也就是开环零点。式(3-1-2a)的公共分母构成闭环极点方程，即

$$1 + Q(s) = 0 \tag{3-1-3a}$$

或者

$$\alpha(s) = s^n + \alpha_{n-1}s^{n-1} + \cdots + \alpha_0 = \prod_{i=1}^{n}(s-\bar{p}_i) = 0 \tag{3-1-3b}$$

1. 基于微分方程的通解与特解法

由式(3-1-2b)可推出闭环系统输出与给定输入有如下关系：

$$(s^n + \alpha_{n-1}s^{n-1} + \cdots + \alpha_0)y(s) = (\beta_m s^m + \beta_{m-1}s^{m-1} + \cdots + \beta_0)r(s)$$

转为微分方程有

$$\begin{cases} y^{(n)}(t) + \alpha_{n-1}y^{(n-1)}(t) + \cdots + \alpha_0 y(t) = \beta_m r^{(m)}(t) + \beta_{m-1}r^{(m-1)}(t) + \cdots + \beta_0 r(t) \\ y^{(k)}(t_0) = y_0^{(k)} \quad (k = 0, 1, \cdots, n-1) \\ r^{(k)}(t_0) = r_0^{(k)} \quad (k = 0, 1, \cdots, m-1) \end{cases} \tag{3-1-4}$$

式中，$y_0^{(k)}$、$r_0^{(k)}$ 是初始条件。

可以想见，式(3-1-4)的解轨迹就是闭环系统输出的响应轨迹。根据微分方程理论知，式(3-1-4)的特征方程就是式(3-1-3)所示的闭环极点方程，其特征根就是闭环极点。不失一般性，假定 n 个闭环极点 $\bar{p}_i$ 互不相同，那么，式(3-1-4)的解 $y(t)$ 一定由通解 $y_0(t)$ 和特解 $y_s(t)$ 组成，即

$$y_0(t) = \sum_{i=1}^{n} c_i e^{\bar{p}_i t} \tag{3-1-5a}$$

$$y(t) = y_0(t) + y_s(t) = \sum_{i=1}^{n} c_i e^{\bar{p}_i t} + y_s(t) \tag{3-1-5b}$$

式中，系数 c_i 由初始条件决定。若给定输入为常数，即 $r(t) = r_0$，则特解也为常数，即

$$y_s(t) = y_{s0} \tag{3-1-5c}$$

这是由于常数的各阶导数均为 0。若特解 $y_s(t)$ 为常数，有 $y_s^{(k)}(t) = 0(k = 1, 2, \cdots, n)$，将其代入式(3-1-4)有

$$\alpha_0 y_s(t) = \beta_0 r_0$$

则

$$y_s(t) = y_{s0} = \frac{\beta_0}{\alpha_0} r_0 \tag{3-1-5d}$$

便验证了式(3-1-5c)的结论是对的。

综上所述，有如下结论：

1）$y(t)$由通解$y_0(t)$和特解$y_s(t)$组成，称为系统（输出）响应。

2）通解$y_0(t)$称为系统（输出）瞬态响应，它与闭环极点$\bar{p}_i$密切相关，以指数形式出现，即$c_i e^{\bar{p}_i t}(i=1,2,\cdots,n)$。将$e^{\bar{p}_i t}$称为模态，$c_i$是模态的系数（与初始条件有关），每个指数形式为一个瞬态响应分量，系统瞬态响应有且只有n个分量。

3）特解$y_s(t)$称为系统（输出）稳态响应，它与给定输入$r(t)$密切相关。由式(3-1-5c)知，$r(t)$是常数，$y_s(t)$也是常数。该结论还可进一步推广，即$r(t)$是t的多项式，$y_s(t)$也是t的多项式；$r(t)$是正弦函数，$y_s(t)$也是正弦函数，等等。总之，$y_s(t)$与$r(t)$有相同的函数形态，但两者函数中的系数不一定相同，参见式(3-1-5d)，若$\alpha_0 \neq \beta_0$，则$y_{s0} \neq r_0$。

另外，式(3-1-5b)给出的系统响应隐含着在$t \geq t_0$时有效，一般取$t_0 = 0$，未有特别说明时，均按此处理。下面通过两个简单实例进一步观察系统响应的特征。

例 3-1-1 若系统的开环传递函数为

$$Q(s) = k_c \frac{k_{gp}}{s+a} = \frac{k_q}{Ts+1}, \quad k_q = \frac{k_c k_{gp}}{a}, \quad T = \frac{1}{a}$$

闭环传递函数为

$$\Phi(s) = \frac{Q(s)}{1+Q(s)} = \frac{k_q}{Ts+1+k_q} = k_\phi \frac{1}{\bar{T}s+1}, \quad \bar{T} = \frac{T}{1+k_q}, \quad k_\phi = \frac{k_q}{1+k_q} \tag{3-1-6a}$$

取$r(t) = r_0$，$y_0 = y(t)\big|_{t=0} = 0$，分析闭环系统输出响应。

1）先得到闭环系统的微分方程。由$(\bar{T}s+1)y(s) = k_\phi r(s)$得

$$\bar{T}\dot{y} + y = k_\phi r \tag{3-1-6b}$$

2）求闭环极点。闭环极点方程为$\bar{T}s+1 = 0$，闭环极点只有一个，即$\bar{p}_1 = -1/\bar{T}$。

3）求通解与特解。通解为$y_0(t) = c_1 e^{\bar{p}_1 t} = c_1 e^{-t/\bar{T}}$。考虑到$r(t) = r_0$是一个常数，特解也将是一个常数，取$y_s(t) = k_\phi r(t) = k_\phi r_0$，代入式(3-1-6b)验证便知。则闭环系统输出响应为

$$y(t) = y_0(t) + y_s(t) = c_1 e^{-t/\bar{T}} + k_\phi r_0$$

其中系数满足如下初始条件：

$$y_0 = c_1 + k_\phi r_0 = 0, \quad c_1 = -k_\phi r_0$$

那么，闭环系统输出瞬态响应、输出稳态响应以及输出响应为

$$\begin{cases} y_0(t) = -k_\phi r_0 e^{-t/\bar{T}} \\ y_s(t) = k_\phi r_0 \end{cases} \tag{3-1-7a}$$

$$y(t) = k_\phi r_0 (1 - e^{-t/\bar{T}}) \tag{3-1-7b}$$

4）取$r_0 = 1$，$k_q = 99$，$T = \{10s, 100s, 500s\}$，闭环系统参数$k_\phi = 0.99$、$\bar{T} = \{0.1s, 1s, 5s\}$，不同参数下的闭环极点、响应曲线分别如图3-1-2a、b所示。

可以看出：

1）对于通解$y_0(t) = -k_\phi r_0 e^{-t/\bar{T}}$，由于闭环极点$\bar{p}_1 = -1/\bar{T} < 0$，$y_0(t)$将以指数形式衰减到0，可以认为它只在短时间影响系统输出，这是称通解为瞬态响应的缘由。

2) 对于特解 $y_s(t) = k_\phi r_0$，正好是 $y(t)$ 在 $t \to \infty$ 时的结果，表征系统稳态的情况，这也是称特解为稳态响应的缘由。

3) 瞬态响应的目标是尽快衰减到 0，不要影响稳态响应，其衰减速度取决于闭环极点，对于一阶系统也就是 $\overline{T}$ 的大小，$\overline{T}$ 称为（闭环）惯性时间常数。

4) 稳态响应的目标是希望与给定输入一致，若 $y_s(t) = r(t)$，表明可以无误差地完成控制任务。若 $k_q \gg 1$，参见式(3-1-6a)，则稳态响应 $y_s(t) = k_\phi r_0 = r_0 k_q / (1 + k_q) \approx r_0$，与给定输入 $r(t) = r_0$ 基本一致。

5) 对于本例的一阶系统，由于只有一个闭环极点 $\overline{p}_1$，而且是一个小于 0 的实数极点，所以系统瞬态响应模态 $e^{-t/\overline{T}}$ 是单调（衰减）模态，使得系统输出响应曲线呈单调增长形态，只是不断逼近稳态值（特解），永远不会超过稳态值。

例 3-1-2 对于图 3-1-1 所示系统，若开环传递函数为

$$Q(s) = k_c \frac{k_{gp}}{(s+a_1)(s+a_2)}$$

闭环传递函数为

$$\Phi(s) = \frac{Q(s)}{1+Q(s)} = \frac{k_{qp}}{s^2 + (a_1+a_2)s + a_1 a_2 + k_{qp}}$$

$$= k_\phi \frac{\omega_n^2}{s^2 + 2\xi\omega_n s + \omega_n^2} \qquad (3\text{-}1\text{-}8a)$$

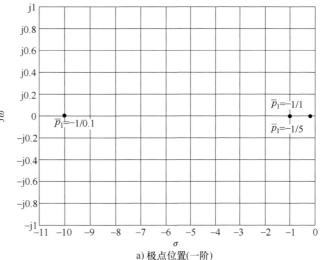

a) 极点位置（一阶）

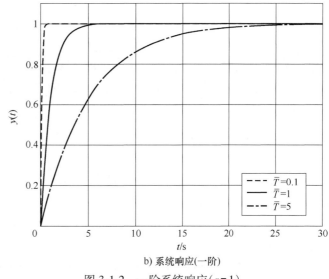

b) 系统响应（一阶）

图 3-1-2　一阶系统响应($r=1$)

式中，$k_{qp} = k_c k_{gp}$，$k_\phi = \dfrac{k_{qp}}{a_1 a_2 + k_{qp}}$，$\omega_n = \sqrt{a_1 a_2 + k_{qp}}$，$2\xi\omega_n = a_1 + a_2$。

取 $r(t) = r_0$，$y_0 = y(t)\big|_{t=0} = 0$，$\dot{y}_0 = \dot{y}(t)\big|_{t=0} = 0$，分析闭环系统输出响应。

1) 先得到微分方程。由 $(s^2 + 2\xi\omega_n s + \omega_n^2)y(s) = k_\phi \omega_n^2 r(s)$ 得

$$\ddot{y} + 2\xi\omega_n \dot{y} + \omega_n^2 y = k_\phi \omega_n^2 r \qquad (3\text{-}1\text{-}8b)$$

2) 求闭环极点。闭环极点方程为 $s^2 + 2\xi\omega_n s + \omega_n^2 = 0$，闭环极点有两个，即

$$\overline{p}_{1,2} = \begin{cases} -\xi\omega_n \pm \omega_n\sqrt{\xi^2-1} & \xi \geq 1 \\ -\xi\omega_n \pm j\omega_n\sqrt{1-\xi^2} & 0 \leq \xi < 1 \end{cases}$$

式中，ω_n 是自然振荡频率，ξ 是阻尼比。ξ 在不同范围取值，闭环极点会是一对实数极点或是一对共轭复数极点，后面将看到对应的系统输出响应会有不同的形态。

3) 求通解与特解。两个极点互不相同，通解为

$$y_0(t) = c_1 e^{\bar{p}_1 t} + c_2 e^{\bar{p}_2 t} \tag{3-1-9a}$$

同理，考虑到 $r(t) = r_0$，可验证

$$y_s(t) = k_\phi r(t) = k_\phi r_0 \tag{3-1-9b}$$

是式（3-1-8b）的一个特解，则闭环系统输出响应为

$$y(t) = y_0(t) + y_s(t) = c_1 e^{\bar{p}_1 t} + c_2 e^{\bar{p}_2 t} + k_\phi r_0 \tag{3-1-9c}$$

其中系数满足如下初始条件：

$$y_0 = c_1 + c_2 + k_\phi r_0 = 0, \quad \dot{y}_0 = c_1 \bar{p}_1 + c_2 \bar{p}_2 = 0$$

解之有

$$\begin{cases} c_1 = k_\phi r_0 \dfrac{\bar{p}_2}{\bar{p}_1 - \bar{p}_2} \\[4mm] c_2 = -k_\phi r_0 \dfrac{\bar{p}_1}{\bar{p}_1 - \bar{p}_2} \end{cases} \tag{3-1-9d}$$

① 若 $\xi \geqslant 1$，令

$$\begin{cases} \bar{T}_1 = -\dfrac{1}{\bar{p}_1} = \dfrac{1}{\xi\omega_n - \omega_n\sqrt{\xi^2-1}} > 0 \\[4mm] \bar{T}_2 = -\dfrac{1}{\bar{p}_2} = \dfrac{1}{\xi\omega_n + \omega_n\sqrt{\xi^2-1}} > 0 \\[4mm] \eta = \dfrac{\bar{p}_2}{\bar{p}_1} = \dfrac{\bar{T}_1}{\bar{T}_2} = \dfrac{\xi\omega_n + \omega_n\sqrt{\xi^2-1}}{\xi\omega_n - \omega_n\sqrt{\xi^2-1}} > 1 \end{cases} \tag{3-1-10a}$$

则式（3-1-9d）可化为

$$\begin{cases} c_1 = k_\phi r_0 \dfrac{\bar{p}_2}{\bar{p}_1 - \bar{p}_2} = -k_\phi r_0 \dfrac{\bar{T}_1}{\bar{T}_1 - \bar{T}_2} = -k_\phi r_0 \dfrac{\eta}{\eta-1} \\[4mm] c_2 = -k_\phi r_0 \dfrac{\bar{p}_1}{\bar{p}_1 - \bar{p}_2} = k_\phi r_0 \dfrac{\bar{T}_2}{\bar{T}_1 - \bar{T}_2} = k_\phi r_0 \dfrac{1}{\eta-1} \end{cases} \tag{3-1-10b}$$

此时，根据式（3-1-9）可得闭环系统输出瞬态响应、输出稳态响应以及输出响应分别为

$$\begin{cases} y_0(t) = -k_\phi r_0 \left(\dfrac{\eta}{\eta-1} e^{-\frac{t}{\bar{T}_1}} - \dfrac{1}{\eta-1} e^{-\frac{t}{\bar{T}_2}} \right) \\[4mm] y_s(t) = k_\phi r_0 \end{cases} \tag{3-1-11a}$$

$$y(t) = y_0(t) + y_s(t) = k_\phi r_0 \left(1 - \dfrac{\eta}{\eta-1} e^{-\frac{t}{\bar{T}_1}} + \dfrac{1}{\eta-1} e^{-\frac{t}{\bar{T}_2}} \right) \tag{3-1-11b}$$

② 若 $0 < \xi < 1$，由于闭环极点是一对共轭复数极点，式（3-1-9c）的系数与指数将是复数形式，为了便于后续分析，需要进一步转换为实数形式。参见图 3-1-3a，令

$$\begin{cases} \xi = \cos\beta \\[2mm] \bar{p}_{1,2} = -\xi\omega_n \pm j\omega_n\sqrt{1-\xi^2} = \sigma_d \pm j\omega_d = \omega_n e^{\pm j(\pi-\beta)} \\[2mm] c = \omega_n/\omega_d = 1/\sqrt{1-\xi^2} = 1/\sin\beta \end{cases} \tag{3-1-12a}$$

式中，β 称为阻尼角，$\omega_d = \omega_n\sqrt{1-\xi^2}$ 称为阻尼振荡频率，$\sigma_d = -\xi\omega_n$ 是闭环极点的实部。此时，

式(3-1-9d)可化为

$$\begin{cases} c_1 = k_\phi r_0 \dfrac{\overline{p}_2}{p_1 - \overline{p}_2} = k_\phi r_0 \dfrac{\sigma_d - j\omega_d}{j2\omega_d} = |c_1| e^{j\left(-\frac{3\pi}{2}+\beta\right)} = |c_1| e^{j\left(\frac{\pi}{2}+\beta\right)} \\[4mm] c_2 = -k_\phi r_0 \dfrac{\overline{p}_1}{p_1 - \overline{p}_2} = -k_\phi r_0 \dfrac{\sigma_d + j\omega_d}{j2\omega_d} = |c_1| e^{-j\left(\frac{\pi}{2}+\beta\right)} \end{cases} \tag{3-1-12b}$$

式中，$|c_1| = k_\phi r_0 \dfrac{\sqrt{\sigma_d^2 + \omega_d^2}}{2\omega_d} = \dfrac{k_\phi r_0 \omega_n}{2\omega_d} = \dfrac{k_\phi r_0 c}{2}$。将 c_1、c_2 代入式(3-1-9c)，有

$$\begin{aligned} y(t) &= c_1 e^{\overline{p}_1 t} + c_2 e^{\overline{p}_2 t} + k_\phi r_0 = |c_1| \left[e^{j\left(\frac{\pi}{2}+\beta\right)} e^{(\sigma_d + j\omega_d)t} + e^{-j\left(\frac{\pi}{2}+\beta\right)} e^{(\sigma_d - j\omega_d)t} \right] + k_\phi r_0 \\ &= |c_1| e^{\sigma_d t} \left[e^{j\left(\omega_d t + \frac{\pi}{2}+\beta\right)} + e^{-j\left(\omega_d t + \frac{\pi}{2}+\beta\right)} \right] + k_\phi r_0 \\ &= 2|c_1| e^{\sigma_d t} \cos\left(\omega_d t + \frac{\pi}{2}+\beta\right) + k_\phi r_0 = -2|c_1| e^{\sigma_d t} \sin(\omega_d t + \beta) + k_\phi r_0 \\ &= k_\phi r_0 \left[1 - c e^{\sigma_d t} \sin(\omega_d t + \beta) \right] \end{aligned} \tag{3-1-13a}$$

对应的瞬态响应和稳态响应为

$$\begin{cases} y_0(t) = -k_\phi r_0 c e^{\sigma_d t} \sin(\omega_d t + \beta) \\ y_s(t) = k_\phi r_0 \end{cases} \tag{3-1-13b}$$

前面的推导用到了欧拉公式 $e^{j\theta} = \cos\theta + j\sin\theta$，这是一个常用的恒等式。可看出，由于闭环极点 $\overline{p}_1$ 与 $\overline{p}_2$ 是共轭的，所以对应的系数 c_1 与 c_2 也是共轭的，正因为它们的共轭性，才能将复数形式转换为实数形式。

③ 若 $\xi = 0$，$\sigma_d = -\xi\omega_n = 0$，$\omega_d = \omega_n\sqrt{1-\xi^2} = \omega_n$，$\beta = \arccos\xi = \dfrac{\pi}{2}$，式(3-1-13)化为

$$y(t) = k_\phi r_0 \left[1 - \sin\left(\omega_n t + \frac{\pi}{2}\right) \right] \tag{3-1-14a}$$

$$\begin{cases} y_0(t) = -k_\phi r_0 \sin\left(\omega_n t + \dfrac{\pi}{2}\right) \\ y_s(t) = k_\phi r_0 \end{cases} \tag{3-1-14b}$$

4) 取 $r_0 = 1$、$k_q = 1$、$a_1 = 0$、$a_2 = \{0.2, 0.6, 1.4, 2.4, 0\}$，得到闭环系统参数 $k_\phi = 1$、$\omega_n = 1\text{rad/s}$、$\xi = \{0.1, 0.3, 0.7, 1.2, 0\}$，对应的输出响应曲线如图 3-1-3b、c、d 所示。

可以看出：

1) 与一阶系统响应一样，二阶系统响应也可分为对应通解 $y_0(t)$ 的瞬态响应和对应特解 $y_s(t)$ 的稳态响应。而且，不同的阻尼比 ξ，瞬态响应不一样，但稳态响应是一样的（$y_s(t) = k_\phi r_0$）。这进一步说明了，瞬态响应与闭环极点密切关联，闭环极点不一样瞬态响应就会不一样；稳态响应与输入密切关联，输入函数不变，稳态响应的函数形态不会变化。

2) 若 $0 < \xi < 1$，二阶系统有一对共轭复数极点，即 $\overline{p}_{1,2} = \sigma_d \pm j\omega_d$，参见式(3-1-13b)，系统瞬态响应呈振荡（衰减）模态 $e^{\sigma_d t}\sin(\omega_d t + \beta)$，其幅值（衰减）由闭环极点的实部 σ_d 决定，振荡频率由闭环极点的虚部，即阻尼振荡频率 ω_d 决定。而系统输出响应会出现超调现象（超过稳态值），参见图 3-1-3b，这类系统称为欠阻尼系统。一般情况下，阻尼比靠近 0，振荡激烈；阻尼比靠近 1，振荡平缓。

3) 若 $\xi = 0$，闭环极点为一对虚根，即 $\overline{p}_{1,2} = \pm j\omega_n$，实部为 0，通解 $y_0(t)$ 是一个不衰减的正弦函数，闭环系统输出响应呈等幅振荡，参见式(3-1-14)和图 3-1-3d。此时系统称为无阻尼系统。

没有阻尼下的振荡为自然振荡，这是 ω_n 称为自然振荡频率的由来。

4）若 $\xi \geqslant 1$，闭环极点是一对实数极点且实部均小于 0，通解 $y_0(t)$ 将指数衰减，不出现振荡，闭环系统输出响应呈现为单调增长形态，参见式(3-1-11)和图3-1-3c，与一阶系统输出响应类似。此时系统称为过阻尼系统，$\xi = 1$ 时，也称为临界阻尼系统。进一步，将式(3-1-11a)与式(3-1-7a)比较知，二者的瞬态响应形式是一样的，只是二阶过阻尼系统有两个实数极点，从而有两个相同形式的单调模态 $\{e^{-\frac{t}{T_1}}, e^{-\frac{t}{T_2}}\}$ 而已。

前面两个例子尽管简单，但发掘了式(3-1-4)所示的一般 n 阶闭环系统输出响应的本质规律，归纳起来有如下的"2-2-1"特点：

1）闭环系统输出响应 $y(t)$ 由两部分组成，参见式(3-1-5b)，即由通解 $y_0(t)$ 的瞬态响应和特解 $y_s(t)$ 的稳态响应组成。

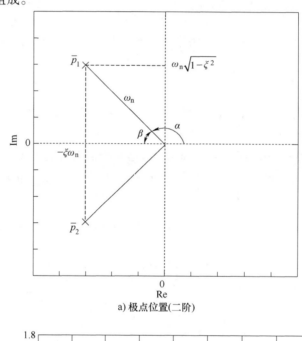

a) 极点位置(二阶)

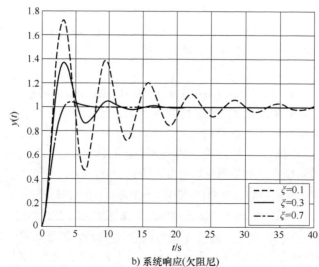

b) 系统响应(欠阻尼)

图 3-1-3　二阶系统响应($r=1$)

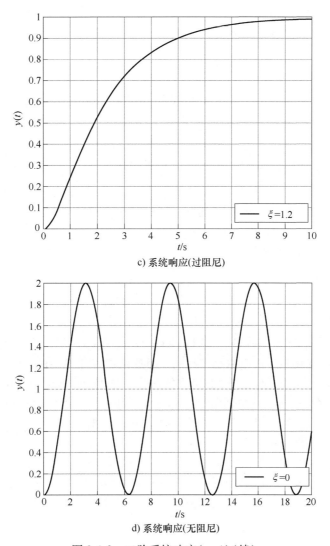

c) 系统响应(过阻尼)

d) 系统响应(无阻尼)

图 3-1-3　二阶系统响应($r=1$)(续)

2）瞬态响应 $y_0(t)$ 由两种基本模态组成，参见式（3-1-5a），若是实数极点，即 $\bar{p}_i=\sigma_i(\sigma_i=-1/\bar{T}_i)$，对应的 $c_i\mathrm{e}^{\bar{p}_i t}=c_i\mathrm{e}^{-1/\bar{T}_i}$ 是单调模态；若是共轭复数极点，即 $\{\bar{p}_j,\bar{p}_j^*\}=\sigma_j\pm\mathrm{j}\omega_j$，对应的 $c_j\mathrm{e}^{\bar{p}_j t}+c_j^*\mathrm{e}^{\bar{p}_j^* t}=-2\mid c_j\mid\mathrm{e}^{\sigma_j t}\sin(\omega_j t+\beta_j)$ 是振荡模态。一阶系统、二阶过阻尼系统只含有单调模态，因为它们只有实数极点；二阶欠阻尼系统只含有振荡模态，因为它只有一对共轭复数极点。进一步可知，若闭环极点的实部 σ_i 小于 0，对应的模态是衰减的；若实部 σ_i 大于 0，对应的模态是发散的；若实部 σ_i 等于 0，对应的模态是恒值或等幅振荡的。

3）一个与给定输入 $r(t)$ 密切相关的稳态响应 $y_s(t)$，参见式（3-1-5c），$y_s(t)$ 与 $r(t)$ 保持有同样的函数形态，且 $y_s(t)$ 与 $r(t)$ 之差反映了系统控制任务完成的精度情况（$t\to\infty$）。

根据上述规律，不失一般性，令 $r(t)=r_0$，无需推导可以直接写出一般 n 阶闭环系统输出响应，即

1）求出所有闭环极点，将实数极点归为一类，$\bar{p}_i=\sigma_i(i=1,2,\cdots,n_1)$；将共轭复数极点归为

一类，$\{\bar{p}_j, \bar{p}_j^*\} = \sigma_j \pm j\omega_j = -\xi_j\omega_{nj} \pm j\omega_{nj}\sqrt{1-\xi_j^2}$ $(j=1,2,\cdots,n_2)$，其中 $n_1 + 2n_2 = n$。

2）式（3-1-5b）所示的闭环系统输出响应可写为

$$y(t) = \sum_{i=1}^{n_1} c_{1i}e^{\bar{p}_i t} + \sum_{j=1}^{n_2} (c_{2j}e^{\bar{p}_j t} + c_{2j}^* e^{\bar{p}_j^* t}) + c_0 r_0$$

$$= \sum_{i=1}^{n_1} c_{1i}e^{\sigma_i t} - \sum_{j=1}^{n_2} 2\,|c_{2j}|\,e^{\sigma_j t}\sin(\omega_j t + \beta_j) + c_0 r_0 \qquad (3\text{-}1\text{-}15a)$$

或者

$$y(t) = \sum_{i=1}^{n_1} c_{1i}e^{-\frac{t}{\bar{T}_i}} - \sum_{j=1}^{n_2} 2\,|c_{2j}|\,e^{-\xi_j\omega_{nj}t}\sin(\omega_{nj}\sqrt{1-\xi_j^2}\,t + \beta_j) + c_0 r_0 \qquad (3\text{-}1\text{-}15b)$$

式中，待定系数 $\{c_{1i}\}$、$\{c_{2j},\beta_j\}$ 通过初始条件便可得到，c_0 由特解决定，参见式（3-1-5d）。

从前面的讨论看出，基于微分方程"通解+特解"法是求解一般 n 阶闭环系统输出响应的通用方法，且系统输出响应的形态由两种基本模态决定，意味着系统的性能将由模态参量决定。由式（3-1-15）知，单调模态的参量是闭环极点的实部 $\{\sigma_i = -1/\bar{T}_i\}$，$\bar{T}_i$ 是惯性时间常数；振荡模态的参量是闭环极点的实部与虚部 $\{\sigma_j = -\xi_j\omega_{nj}, \omega_j = \omega_{nj}\sqrt{1-\xi_j^2}\}$，$\xi_j$ 是阻尼比，ω_{nj} 是自然振荡频率。因此，从闭环极点方程（3-1-3）求出闭环极点，进一步得到模态参量是一件重要的事。

要补充说明的是响应模态中系数与参量的量纲。参见式（3-1-15b），对于单调模态，其系数 c_{1i} 的量纲与输出量 y 的量纲是一致的，惯性时间常数 $\bar{T}_i$ 的量纲是秒（s）；对于振荡模态，其系数 $|c_{2j}|$ 的量纲同样与输出量 y 的量纲是一致的，阻尼比 ξ_j 是无量纲的，而自然振荡频率 ω_{nj} 的量纲，从指数部分来看是 1/秒（1/s），从正弦部分来看是弧度/秒（rad/s）。由于弧度（rad）是弧长与半径之比，是无量纲的，从量纲的角度讲，rad = 1，因此，量纲 1/s 与 rad/s 是等价的。在不引起混淆的情况下，后面自然振荡频率 ω_{nj} 的量纲均以 rad/s 描述。

2. 基于拉氏变换的部分分式法

拉氏变换是求解微分方程的一个高效工具，基于拉氏变换的部分分式法可同时求出通解与特解。不失一般性，令闭环传递函数 $\Phi(s)$ 是真分式，其闭环极点有 n_1 个不同的实数极点（$\bar{p}_i = \sigma_i$ $(i=1,2,\cdots,n_1)$），有 n_2 对不同的共轭复数极点（$\{\bar{p}_j, p_j^*\} = \sigma_j \pm j\omega_j$ $(j=1,2,\cdots,n_2)$），$n = n_1 + 2n_2$。闭环传递函数为

$$\Phi(s) = k_{\phi p}\frac{\prod_{j=1}^{m}(s-\bar{z}_j)}{\prod_{i=1}^{n}(s-\bar{p}_i)} = k_{\phi p}\frac{\prod_{j=1}^{m}(s-\bar{z}_j)}{\prod_{i=1}^{n_1}(s-\bar{p}_i)\prod_{j=1}^{n_2}(s-\bar{p}_j)(s-\bar{p}_j^*)} \qquad (3\text{-}1\text{-}16a)$$

令给定输入 $r(t) = r_0 = 1$，$r(s) = \dfrac{1}{s}$，初始条件为 0（本书未有特别说明的，均做此假定），有

$$y(s) = \Phi(s)r(s) = \Phi(s)\times\frac{1}{s} = k_{\phi p}\frac{\prod_{j=1}^{m}(s-\bar{z}_j)}{\prod_{i=1}^{n_1}(s-\bar{p}_i)\prod_{j=1}^{n_2}(s-\bar{p}_j)(s-\bar{p}_j^*)}\frac{1}{s}$$

$$= \sum_{i=1}^{n_1}\frac{c_{1i}}{s-\bar{p}_i} + \sum_{j=1}^{n_2}\left(\frac{c_{2j}}{s-\bar{p}_j} + \frac{c_{2j}^*}{s-\bar{p}_j^*}\right) + \frac{c_0}{s} \qquad (3\text{-}1\text{-}16b)$$

式（3-1-16b）是 $y(s)$ 的部分分式展开式，$\{c_{1i}, c_{2j}, c_{2j}^*, c_0\}$ 是待定系数。仔细观察，可将上面的部分分式展开式归为两部分：对应通解（与闭环极点有关）的瞬态部分 $y_0(s)$ 和对应特解（与给定输入

有关)的稳态部分 $y_s(s)$，即

$$
\begin{cases}
y_0(s) = \sum_{i=1}^{n_1} \dfrac{c_{1i}}{s-\overline{p}_i} + \sum_{j=1}^{n_2} \left(\dfrac{c_{2j}}{s-\overline{p}_j} + \dfrac{c_{2j}^*}{s-\overline{p}_j^*} \right) \\[2mm]
y_s(s) = \dfrac{c_0}{s}
\end{cases}
\tag{3-1-16c}
$$

为了保证式(3-1-16b)两边相等，部分分式的系数 $\{c_{1i}, c_{2j}, c_{2j}^*, c_0\}$ 满足

$$
c_{1i} = \Phi(s)r(s)(s-\overline{p}_i) \big|_{s=\overline{p}_i} \qquad (i=1,2,\cdots,n_1) \tag{3-1-17a}
$$

$$
c_{2j} = \Phi(s)r(s)(s-\overline{p}_j) \big|_{s=\overline{p}_j} = |c_{2j}| e^{j\varphi_j} \qquad (j=1,2,\cdots,n_2) \tag{3-1-17b}
$$

$$
c_{2j}^* = \Phi(s)r(s)(s-\overline{p}_j^*) \big|_{s=\overline{p}_j^*} = |c_{2j}| e^{-j\varphi_j} \qquad (j=1,2,\cdots,n_2) \tag{3-1-17c}
$$

$$
c_0 = \Phi(s)r(s)s \big|_{s=0} \tag{3-1-17d}
$$

下面简要推导上面的系数公式，以式(3-1-17a)为例，其余的推导是类似的。对式(3-1-16b)两边同时乘以 $(s-\overline{p}_i)$，有

$$
\Phi(s)r(s)(s-\overline{p}_i) = c_{1i} + \left[\sum_{\substack{l=1 \\ l\neq i}}^{n_1} \dfrac{c_{1l}}{s-\overline{p}_l} + \sum_{j=1}^{n_2} \left(\dfrac{c_{2j}}{s-\overline{p}_j} + \dfrac{c_{2j}^*}{s-\overline{p}_j^*} \right) + \dfrac{c_0}{s} \right](s-\overline{p}_i)
$$

再对上式两边命 $s=\overline{p}_i$ 便得到式(3-1-17a)。

注意，$\overline{p}_i$ 是实数极点，c_{1i} 一定是实数；$\overline{p}_j$ 是复数极点，c_{2j} 一定是复数；$\overline{p}_j^*$ 与 $\overline{p}_j$ 共轭，c_{2j}^* 也正好与 c_{2j} 共轭。另外，式(3-1-16b)右边的部分分式之和一定是严格真分式，所以当 $\Phi(s)r(s)$ 不是严格真分式时，应先做分解，再对严格真分式部分进行部分分式分解。

对式(3-1-16b)求拉氏反变换有

$$
\begin{aligned}
y(t) &= \sum_{i=1}^{n_1} c_{1i}e^{\sigma_i t} + \sum_{j=1}^{n_2} \left(c_{2j}e^{(\sigma_j+j\omega_j)t} + c_{2j}^* e^{(\sigma_j-j\omega_j)t} \right) + c_0 \\
&= \sum_{i=1}^{n_1} c_{1i}e^{\sigma_i t} + \sum_{j=1}^{n_2} |c_{2j}| e^{\sigma_j t} \left(e^{j(\omega_j t+\varphi_j)} + e^{-j(\omega_j t+\varphi_j)} \right) + c_0 \\
&= \sum_{i=1}^{n_1} c_{1i}e^{\sigma_i t} + \sum_{j=1}^{n_2} 2|c_{2j}| e^{\sigma_j t}\cos(\omega_j t+\varphi_j) + c_0 \\
&= \sum_{i=1}^{n_1} c_{1i}e^{\sigma_i t} + \sum_{j=1}^{n_2} 2|c_{2j}| e^{\sigma_j t}\sin(\omega_j t+\theta_j) + c_0
\end{aligned}
\tag{3-1-18a}
$$

式中，$\theta_j = \dfrac{\pi}{2}+\varphi_j$。通解与特解分别为

$$
\begin{cases}
y_0(t) = \sum_{i=1}^{n_1} c_{1i}e^{\sigma_i t} + \sum_{j=1}^{n_2} 2|c_{2j}| e^{\sigma_j t}\sin(\omega_j t+\theta_j) \\[2mm]
y_s(t) = c_0
\end{cases}
\tag{3-1-18b}
$$

式(3-1-16)、式(3-1-17)给出了另一个求解一般 n 阶闭环系统输出响应的通用方法——基于拉氏变换的部分分式法，可同时求出通解与特解，其结果与式(3-1-15)是一致的。注意，式中 $\theta_j = \pi+\beta_j$，$r_0 = 1$，而且同样满足"2-2-1"的特点：

1) 部分分式展开式可分为两部分，参见式(3-1-16b)、式(3-1-16c)，分别对应瞬态响应和稳态响应。

2) 瞬态响应部分分式的分母由所有闭环极点组成，而闭环极点可分为两种基本模态：对应实数极点的单调模态 $e^{\sigma_i t}$ 和对应共轭复数极点的振荡模态 $e^{\sigma_j t}\sin(\omega_j t+\theta_j)$。

3）稳态响应部分分式只与输入信号拉氏变换 $r(s)$ 相关，因此，二者的分母一致，经拉氏反变换后，二者有相同的函数形态。尽管上面推导是以 $r(s)=1/s$ 进行的，但结果可推广到其他有理分式的 $r(s)$，即使 $r(s)$ 有重根，结论也同样存在，只是系数式（3-1-17d）需要扩充修改。

另外，基于拉氏变换的部分分式法还有如下特点：

1）式（3-1-18）中的系数 $\{c_{1i}\}$、$\{c_{2j},\theta_j\}$、c_0 不需通过初试条件求，直接通过式（3-1-17）便可得到。由于式（3-1-17）是有规律的定量关系，为后续的理论分析提供了便利。

2）经部分分式展开后，极点（含 $r(s)$ 分母对应的极点）都被保留下来，零点都归入到各项系数中。因此，部分分式法将闭环极点与零点对输出响应的关系展露出来，即闭环极点决定了瞬态响应的模态形式，闭环零点影响着模态的系数。注意，除自身之外的闭环极点对模态的系数也有影响。

前面的推导假定了系统初始条件为 0，若不为 0，$y(s)$ 中将含有与初始条件有关的项 $\psi_0(s)=\dfrac{\beta_0(s)}{\alpha(s)}$，即

$$y(s)=y_r(s)+y_\psi(s)=\varPhi(s)r(s)+\psi_0(s)=\frac{\beta(s)}{\alpha(s)}r(s)+\frac{\beta_0(s)}{\alpha(s)} \tag{3-1-19}$$

分别用部分分式法求解 $y_r(s)=\varPhi(s)r(s)=\dfrac{\beta(s)}{\alpha(s)}r(s)$ 和 $y_\psi(s)=\psi_0(s)=\dfrac{\beta_0(s)}{\alpha(s)}$，然后叠加就得到初始条件不为 0 时的系统输出响应。

例 3-1-3 若闭环传递函数 $\varPhi(s)=\dfrac{1}{\overline{T}_3 s+1}\dfrac{\omega_n^2}{s^2+2\xi\omega_n s+\omega_n^2}$，$\overline{T}_3=0.5\text{s}$，$\xi=0.5$，$\omega_n=1\text{rad/s}$，$r(t)=1$，初始条件均为 0，分析闭环系统输出响应。

1）求闭环极点：

由 $(\overline{T}_3 s+1)(s^2+2\xi\omega_n s+\omega_n^2)=(0.5s+1)(s^2+s+1)=0$，得闭环极点分别为 $\overline{p}_{1,2}=-\dfrac{1}{2}\pm\text{j}\dfrac{\sqrt{3}}{2}$、$\overline{p}_3=-2$。

2）按式（3-1-17）求相应的系数：

$$y(s)=\varPhi(s)r(s)=\frac{c_{11}}{s-\overline{p}_3}+\frac{c_{21}}{s-\overline{p}_1}+\frac{c_{21}^*}{s-\overline{p}_2}+\frac{c_0}{s}$$

$$c_{11}=\varPhi(s)r(s)(s-\overline{p}_3)\Big|_{s=\overline{p}_3}=\frac{1}{0.5s+1}\frac{1}{s^2+s+1}\frac{1}{s}(s+2)\Big|_{s=-2}=-\frac{1}{3}$$

$$c_{21}=\varPhi(s)r(s)(s-\overline{p}_1)\Big|_{s=\overline{p}_1}=\frac{1}{0.5s+1}\frac{1}{s^2+s+1}\frac{1}{s}\left(s+\frac{1}{2}-\text{j}\frac{\sqrt{3}}{2}\right)\Big|_{s=-\frac{1}{2}+\text{j}\frac{\sqrt{3}}{2}}$$

$$=\frac{-1+\text{j}\sqrt{3}}{3}=\frac{2}{3}\text{e}^{\text{j}\frac{2\pi}{3}}$$

$$c_{21}^*=\varPhi(s)r(s)(s-\overline{p}_2)\Big|_{s=\overline{p}_2}=\frac{2}{3}\text{e}^{-\text{j}\frac{2\pi}{3}}$$

$$c_0=\varPhi(s)r(s)s\Big|_{s=0}=\varPhi(0)=1$$

3）按式（3-1-18）可得到闭环系统输出响应：

$$y(t)=-\frac{1}{3}\text{e}^{-2t}+\frac{4}{3}\text{e}^{-0.5t}\cos\left(\frac{\sqrt{3}}{2}t+\frac{2\pi}{3}\right)+1=-\frac{1}{3}\text{e}^{-2t}-\frac{4}{3}\text{e}^{-0.5t}\sin\left(\frac{\sqrt{3}}{2}t+\frac{\pi}{6}\right)+1$$

则输出响应曲线如图 3-1-4 所示。

由例 3-1-3 可看出，采取部分分式法求解输出响应是便捷的。从响应曲线看，与二阶欠阻尼

系统输出响应接近。这是由于 e^{-2t} 比 $e^{-0.5t}$ 衰减快得多，所以模态 $e^{-0.5t}\sin\left(\dfrac{\sqrt{3}}{2}t+\dfrac{\pi}{6}\right)$ 起了主要作用。

若 $r\neq 0$、$d\neq 0$、$n\neq 0$ 时，可分别先求出给定输入 r 下的输出响应 $y_r(t)$、扰动输入 d 下的输出响应 $y_d(t)$、噪声输入 n 下的输出响应 $y_n(t)$，再将三者叠加即可，即 $y(t)=y_r(t)+y_d(t)+y_n(t)$。

例 3-1-4 参见图 3-1-1，若 $Q(s)=\dfrac{k}{s(s+1)}$，$G_d(s)=\dfrac{1}{s+1}$，$r(t)=1$，$d(t)=1$，$n(t)=0$，分析系统输出响应。

1）求 $r(t)=1$、$d(t)=0$、$n(t)=0$ 下的系统响应 $y_r(t)$：

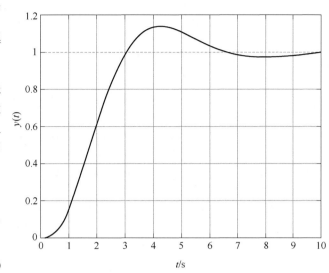

图 3-1-4 三阶系统响应（$r=1$）

由 $\Phi(s)=\dfrac{Q(s)}{1+Q(s)}=\dfrac{k}{s^2+s+k}$，得

$$y_r(s)=\Phi(s)r(s)=\frac{k}{s^2+s+k}\frac{1}{s}=\frac{c_1}{s+\dfrac{1}{2}-j\dfrac{\sqrt{4k-1}}{2}}+\frac{c_1^*}{s+\dfrac{1}{2}+j\dfrac{\sqrt{4k-1}}{2}}+\frac{c_0}{s}$$

式中，取 $k>\dfrac{1}{4}$、$\sigma_d=-\dfrac{1}{2}$、$\omega_d=\dfrac{\sqrt{4k-1}}{2}$、$\beta=\arctan\sqrt{4k-1}$，按照式（3-1-17）的系数公式有

$$c_1=\Phi(s)r(s)\left(s+\frac{1}{2}-j\frac{\sqrt{4k-1}}{2}\right)\Bigg|_{s=-\frac{1}{2}+j\frac{\sqrt{4k-1}}{2}}=\mid c_1\mid e^{j\varphi}$$

$$c_0=\Phi(s)r(s)s\mid_{s=0}=\Phi(0)=1$$

式中，$\mid c_1\mid=\dfrac{\sqrt{k}}{\sqrt{4k-1}}$，$\varphi=-\left(\dfrac{3\pi}{2}-\beta\right)$，$\theta=\dfrac{\pi}{2}+\varphi=-(\pi-\beta)$。

则

$$y_r(t)=2\mid c_1\mid e^{\sigma_d t}\sin(\omega_d t+\theta)+c_0$$
$$=-\frac{2\sqrt{k}}{\sqrt{4k-1}}e^{-0.5t}\sin\left(\frac{\sqrt{4k-1}}{2}t+\beta\right)+1$$

2）求 $d(t)=1$、$r(t)=0$、$n(t)=0$ 下的系统响应 $y_d(t)$：

$$\Phi_d(s)=\frac{G_d(s)}{1+Q(s)}=\frac{s}{s^2+s+k} \tag{3-1-20a}$$

$$y_d(s)=\Phi_d(s)d(s)=\frac{s}{s^2+s+k}\frac{1}{s}=\frac{s}{k}\frac{k}{s^2+s+k}\frac{1}{s}=\frac{1}{k}sy_r(s) \tag{3-1-20b}$$

对于式（3-1-20a），可以采用部分分式法来求系统响应，也可采用式（3-1-20b）的方法来求响应，即对 $y_r(t)$ 求导，有

$$y_d(t)=\frac{1}{k}\dot{y}_r(t)=\frac{1}{k}2\mid c_1\mid[\sigma_d e^{\sigma_d t}\sin(\omega_d t+\beta)+\omega_d e^{\sigma_d t}\cos(\omega_d t+\beta)]$$

$$= \frac{1}{k} 2 \mid c_1 \mid \sqrt{\sigma_d^2 + \omega_d^2} \, e^{\sigma_d t} \left[\frac{\sigma_d}{\sqrt{\sigma_d^2 + \omega_d^2}} \sin(\omega_d t + \beta) + \frac{\omega_d}{\sqrt{\sigma_d^2 + \omega_d^2}} \cos(\omega_d t + \beta) \right]$$

$$= \frac{1}{k} 2 \mid c_1 \mid \sqrt{\sigma_d^2 + \omega_d^2} \, e^{\sigma_d t} \left[-\cos\beta \sin(\omega_d t + \beta) + \sin\beta \cos(\omega_d t + \beta) \right]$$

$$= \frac{1}{k} 2 \mid c_1 \mid \sqrt{\sigma_d^2 + \omega_d^2} \, e^{\sigma_d t} \sin(\omega_d t + \beta - \beta)$$

$$= \frac{2}{\sqrt{4k-1}} e^{-0.5t} \sin\left(\frac{\sqrt{4k-1}}{2} t \right) \tag{3-1-20c}$$

3）$r(t) = 1$、$d(t) = 1$、$n(t) = 0$ 下的系统响应 $y(t)$：

根据线性叠加原理，有

$$y(t) = y_r(t) + y_d(t) = 1 - \frac{2\sqrt{k}}{\sqrt{4k-1}} e^{-0.5t} \sin\left(\frac{\sqrt{4k-1}}{2} t + \beta \right) +$$

$$\frac{2}{\sqrt{4k-1}} e^{-0.5t} \sin\left(\frac{\sqrt{4k-1}}{2} t \right)$$

系统输出 $y_r(t)$、$y_d(t)$、$y(t)$ 的响应曲线如图 3-1-5 所示。可见，$y(t)$ 与 $y_r(t)$ 基本一致，$y_d(t)$ 的影响被反馈调节抑制了。

3. 基于脉冲响应的卷积法

下面介绍另一种求解系统输出响应的一般方法，即利用拉氏变换卷积性求输出响应的方法。

令输入为脉冲信号，$r(t) = \delta(t)$，其拉氏变换 $r(s) = 1$，$y(s) = \Phi(s) r(s)$ 的时域响应为

$$y(t) = \phi(t) = \mathscr{L}^{-1} [\Phi(s) r(s)]$$
$$= \mathscr{L}^{-1} [\Phi(s)] \quad (t \geq 0)$$

式中，$\phi(t) = \mathscr{L}^{-1} [\Phi(s)]$ 称为系统 $\Phi(s)$ 的脉冲响应函数。

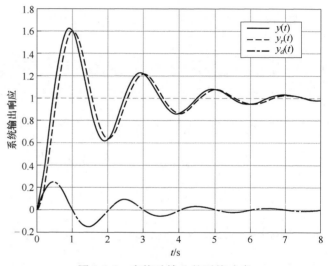

图 3-1-5　有扰动输入的系统响应

注意，在实际工程中，$\phi(t) = 0 \, (t < 0)$；另外，$\phi(t)$ 尽管是输出响应函数，实际上是 $\Phi(s)$ 自身的拉氏反变换，反映的就是系统本身。

那么，根据拉氏变换的卷积性（式(2-3-3h)），对于一般的输入 $r(t)$ 有

$$y(t) = \int_0^{\infty} \phi(t-\tau) r(\tau) \, d\tau = \int_0^t \phi(t-\tau) r(\tau) \, d\tau \tag{3-1-21}$$

式(3-1-21)是求解一般 n 阶闭环系统输出响应的方法，在连续系统离散化以及其他理论分析中常常使用。

例 3-1-5　用卷积的方法再做例 3-1-1。

由于 $\Phi(s) = k_\phi \dfrac{1}{Ts+1}$，脉冲响应函数为 $\phi(t) = \mathscr{L}^{-1} [\Phi(s)] = \dfrac{k_\phi}{T} e^{-t/T} \, (t \geq 0)$。

当输入 $r(t) = r_0$ 时，根据式(3-1-21)有

$$y(t)=\int_0^t \phi(t-\tau)r(\tau)\mathrm{d}\tau=\int_0^t \frac{k_\phi r_0}{\overline{T}}\mathrm{e}^{-(t-\tau)/\overline{T}}\mathrm{d}\tau=k_\phi r_0\int_0^t \mathrm{e}^{-t/\overline{T}}\mathrm{e}^{\tau/\overline{T}}\mathrm{d}\frac{\tau}{\overline{T}}$$

$$=k_\phi r_0\mathrm{e}^{-t/\overline{T}}(\mathrm{e}^{\tau/\overline{T}}\big|_0^t)=k_\phi r_0\mathrm{e}^{-t/\overline{T}}(\mathrm{e}^{t/\overline{T}}-1)=k_\phi r_0(1-\mathrm{e}^{-t/\overline{T}})$$

可见，与式(3-1-7b)一样。

从前面的讨论可进一步推知，由于线性定常系统中任何两个量$\{y,x\}$(不一定是输入与输出)之间的关系可用常微分方程或代数方程描述，它们的拉氏变换一定满足乘积关系 $y(s)=G(s)x(s)$，因此，在时域它们一定满足卷积关系 $y(t)=g(t)*x(t)$。若是代数方程，时域上的卷积就退化为普通的乘积。换言之，一定存在某个脉冲响应函数 $g(t)$，使得具有线性性的两个量一定满足卷积关系；反之，满足卷积关系的两个量一定具有线性性。因此，卷积运算是线性系统一种普遍使用的运算。

总之，前面给出了3种求解一般 n 阶闭环系统响应的通用方法，即基于微分方程的“通解+特解”法、基于拉氏变换的部分分式法、基于脉冲响应的卷积法。尽管这些方法是以闭环系统来推导的，但这些求解方法都可以推广到任意以微分方程或传递函数描述的典型环节、被控对象、开环系统等的响应分析中。

3.1.2 时域性能指标

前面给出了系统输出响应的一般求解方法，但这只是手段或桥梁，目的是要分析出系统的性能，且最终过渡到不求解系统响应就能分析系统性能。

为此，首先要回答如何刻画系统的性能，不能只是定性地描述响应曲线的形状，还需要定量地表达性能的特征。因此，需要建立典型的性能指标。再者，由于不同的输入会有不同的输出响应曲线，还需要回答用什么样的输入下的输出响应来分析系统的性能？另外，有些系统在运行之前，其输入信号事先无法确知，如导弹的拦截目标轨迹以及大部分的扰动输入等，因此，为了进行系统性能的分析比较，需要确定一些典型的输入信号。

1. 模型的标准化

由于不同系统的输入与输出取值范围不一样，同一个系统的输入与输出在不同量纲下取值范围也不一样，例如，有的直流电动机输入(电枢电压)是0~36V，有的是0~440V；输出(转速)有的是0~750r/min，有的是0~1510r/min。因此，为了便于系统性能的分析或控制方法优缺点的比较，常常对系统模型进行标准化处理。

不失一般性，令系统模型为

$$y(s)=\Phi(s)r(s)+\Phi_d(s)d(s),\ \Phi(s)=\frac{\beta(s)}{\alpha(s)},\ \Phi_d(s)=\frac{\beta_d(s)}{\alpha(s)} \tag{3-1-22a}$$

化为微分算子的形式为

$$\alpha(s)y=\beta(s)r+\beta_d(s)d \tag{3-1-22b}$$

令它的标定(额定)工况为$\{y^*,r^*,d^*\}$，取如下新的变量：

$$\begin{cases}\hat{y}=\dfrac{y}{y^*}\\ \hat{r}=\dfrac{r}{r^*}\\ \hat{d}=\dfrac{d}{d^*}\end{cases} \tag{3-1-23a}$$

代入式(3-1-22b)有

$$\hat{\alpha}(s)\hat{y}=\hat{\beta}(s)\hat{r}+\hat{\beta}_d(s)\hat{d} \tag{3-1-23b}$$

则

$$\begin{cases} \hat{\alpha}(s)=\alpha(s)y^* \\ \hat{\beta}(s)=\beta(s)r^* \\ \hat{\beta}_d(s)=\beta_d(s)d^* \end{cases} \tag{3-1-23c}$$

再转为传递函数的形式为

$$\hat{y}(s)=\hat{\Phi}(s)\hat{r}(s)+\hat{\Phi}_d(s)\hat{d}(s), \quad \hat{\Phi}(s)=\Phi(s)\frac{r^*}{y^*}, \quad \hat{\Phi}_d(s)=\Phi_d(s)\frac{d^*}{y^*} \tag{3-1-23d}$$

可见，式(3-1-22a)与式(3-1-23d)形式完全一样，前后的传递函数只相差一个比值；新变量取值标准化了，都是反映原变量与标定工况值的倍数关系；"1"成为了新变量的共同基准值，十分便于比较。这种标准化称为比值标准化。

由于标定工况同样满足式(3-1-22b)，即

$$\alpha(s)y^*=\beta(s)r^*+\beta_d(s)d^* \tag{3-1-24a}$$

还可采用与标定工况的差分量作为新的变量，即取

$$\begin{cases} \hat{y}=y-y^* \\ \hat{r}=r-r^* \\ \hat{d}=d-d^* \end{cases} \tag{3-1-24b}$$

将式(3-1-22b)与式(3-1-24a)相减有

$$\alpha(s)\hat{y}=\beta(s)\hat{r}+\beta_d(s)\hat{d} \tag{3-1-24c}$$

转为传递函数的形式为

$$\hat{y}(s)=\Phi(s)\hat{r}(s)+\Phi_d(s)\hat{d}(s) \tag{3-1-24d}$$

式(3-1-24d)也是一种模型标准化，非线性系统线性化的模型常常采用这种方式，跟踪某条轨迹的系统也常常转化为这种方式。这种标准化将变量的取值集中到标定工况的邻域内；"0"成为了新变量的共同基准值，十分便于比较。这种标准化称为差值标准化。

上面两种标准化的方法也同样可运用于描述被控对象、典型环节等数学模型中。

2. 典型输入信号

对系统模型进行式(3-1-23)或式(3-1-24)的标准化处理后，可采用一些典型的标准信号作为输入信号进行系统分析。图3-1-6所示为常用的典型输入信号，分别是（单位）脉冲信号、（单位）阶跃信号、（单位）斜坡信号、（单位）加速度信号、（单位）正弦信号，即

$$r_0(t)=\delta(t)=\begin{cases} \infty & t=0 \\ 0 & t\neq 0 \end{cases}, \quad \int_{-\infty}^{+\infty}\delta(t)\,\mathrm{d}t=1, \quad r_0(s)=1$$

$$r_1(t)=I(t)=\begin{cases} 1 & t\geq 0 \\ 0 & t<0 \end{cases}, \quad r_1(s)=\frac{1}{s}$$

$$r_2(t)=t, \qquad r_2(s)=\frac{1}{s^2}$$

$$r_3(t)=\frac{1}{2}t^2, \quad r_3(s)=\frac{1}{s^3}$$

$$r_4(t)=\sin\omega t, \quad r_4(s)=\frac{\omega}{s^2+\omega^2}$$

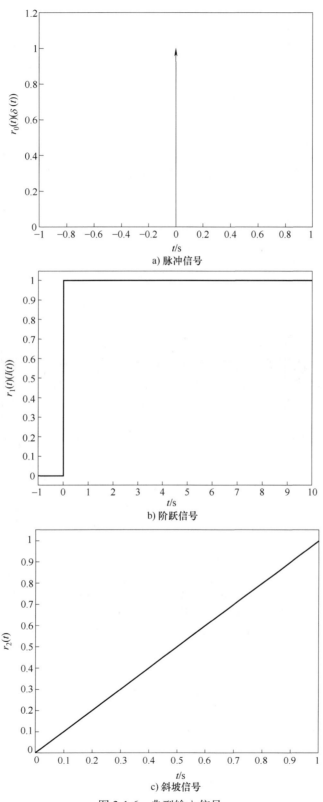

a) 脉冲信号

b) 阶跃信号

c) 斜坡信号

图 3-1-6　典型输入信号

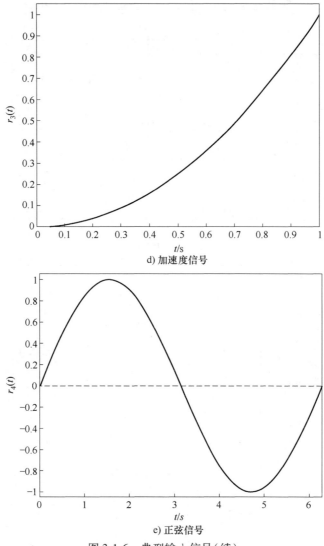

d) 加速度信号

e) 正弦信号

图 3-1-6　典型输入信号（续）

（单位）脉冲输入会在 $t=0$ 的时刻，激发出一个偏离标定工况的输出，然后输入立刻消失，因此，脉冲输入适合于式（3-1-24）差值标准化的模型分析，看系统状态最后能否回到"0"的基准值上；（单位）阶跃输入一般模拟输入恒定的情况，适合于式（3-1-23）比值标准化的模型分析，看系统状态最后能否回到"1"的基准值上；斜坡输入一般模拟跟踪随时间匀速变化的信号；加速度输入一般模拟跟踪急速变化的信号。

不失一般性，令系统的初始条件均为 0，若系统输入为脉冲信号，即 $r=r_0(t)=\delta(t)$，对应的系统输出为

$$y_0(s)=\Phi(s)r_0(s)=\Phi(s) \qquad\qquad (3\text{-}1\text{-}25a)$$

若系统输入为阶跃信号，即 $r=r_1(t)=I(t)$，对应的系统输出为

$$y_1(s)=\Phi(s)r_1(s)=\Phi(s)\frac{1}{s} \qquad\qquad (3\text{-}1\text{-}25b)$$

若系统输入为斜坡信号，即 $r=r_2(t)=t$，对应的系统输出为

$$y_2(s) = \Phi(s)r_2(s) = \Phi(s)\frac{1}{s^2} \tag{3-1-25c}$$

若系统输入为加速度信号，即 $r = r_3(t) = \frac{1}{2}t^2$，对应的系统输出为

$$y_3(s) = \Phi(s)r_3(s) = \Phi(s)\frac{1}{s^3} \tag{3-1-25d}$$

则分别有

$$sy_1(s) = \Phi(s) = y_0(s)，\quad s^2y_2(s) = \Phi(s) = y_0(s)，\quad s^3y_3(s) = \Phi(s) = y_0(s)$$

对应的时间函数为

$$y_0(t) = \dot{y}_1(t) = \ddot{y}_2(t) = \dddot{y}_3(t) \tag{3-1-26}$$

可见，若得到了系统的脉冲响应，通过积分便可得到系统的阶跃响应、斜坡响应与加速度响应；同理，若得到了系统的阶跃响应，通过积分可得到系统的斜坡响应、加速度响应，通过微分可得到系统的脉冲响应。

由于存在式(3-1-26)的关系，不失一般性常取系统的阶跃响应或脉冲响应进行分析，这也是前面举例中更多假定输入 $r(t) = r_0 = 1$ 的原因。系统的正弦响应在第 4 章频域分析法中用得更多。

3. 基本性能指标

从前面实例的阶跃响应看出，闭环系统的阶跃响应会有图 3-1-7 所示的 3 种情形。系统的性能呈现在闭环系统瞬态响应与稳态响应之中。那么，怎样定量地描述？为此，将系统性能分为基本性能与扩展性能。

闭环系统基本性能要求是：瞬态响应能收敛到 0，稳态响应能跟上给定输入，使系统性能达到"稳"和"准"。

（1）系统的稳定性

稳定性是与平衡态有关的一个概念。平衡态 y_e 是指系统在自由状况（没有输入的干预）下的稳态。对一般的 n 阶闭环系统，参见式(3-1-4)，取 $r=0$，平衡态 y_e 应满足

$$y_e^{(n)} + \alpha_{n-1}y_e^{(n-1)} + \cdots + \alpha_0 y_e = 0 \tag{3-1-27}$$

由于处于稳态时平衡态不再变化，各阶导数为 0，即 $y_e^{(k)} = 0(k=1,2,\cdots,n)$，所以 $y_e = 0$ 一定是系统的平衡态，也称为零平衡态。

假定系统在某种输入干预下使得输出偏离平衡态 y_e，然后撤销该输入的干预，之后若系统输出响应 $y(t)$ 能自行回到平衡态 y_e，则称该平衡态是稳定的；否则，称为不稳定的。

需要说明的是，若式(3-1-27)中的 $\alpha_0 = 0$，则会存在 $y_e \neq 0$ 的平衡态，此时，取 $y - y_e$ 作为新的输出量，式(3-1-4)的形式不会变，但其平衡态被平移到了原点。因此，不失一般性，只研究零平衡态的稳定性，并泛称为系统的稳定性。

怎样考查零平衡态的稳定性？按照前面的定义，相当于在式(3-1-4)中取 $r(t)=0$ 且初始条件不为 0，得到如下齐次方程：

$$y^{(n)}(t) + \alpha_{n-1}y^{(n-1)}(t) + \cdots + \alpha_0 y(t) = 0 \tag{3-1-28a}$$

$$y^{(k)}(0) = y_0^{(k)} \neq 0 \quad (k=0,1,2,\cdots,n-1) \tag{3-1-28b}$$

这样的话，若式(3-1-28)的输出响应能够从非零初始条件收敛到原点，意味着系统的零平衡态将是稳定的，否则将是不稳定的。

式(3-1-28)的输出响应就是式(3-1-4)的通解 $y_0(t)$。所以，系统（零平衡态的）稳定性与系统的瞬态响应 $y_0(t) \to 0(t \to \infty)$ 是等价的，即

$$\text{系统是稳定的} \Leftrightarrow \lim_{t \to \infty} y_0(t) = 0 \tag{3-1-29a}$$

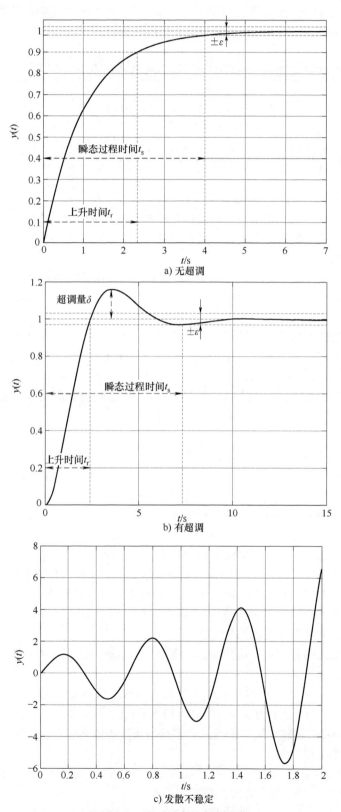

a) 无超调

b) 有超调

c) 发散不稳定

图 3-1-7　阶跃响应的 3 种情形

式(3-1-29a)也可看成是线性定常系统稳定性的另一种定义。这种稳定性在 $t \to \infty$ 时 $y_0(t)$ 的极限一定到达平衡态，所以，也称这种稳定为渐近稳定。

从前面的讨论知，系统的稳定性与其瞬态响应 $y_0(t)$ 密切相关，而 $y_0(t)$ 是微分方程的通解，与输入没有关系。从这个角度看，系统的阶跃响应不收敛，系统的其他输入的响应也不会收敛，因为它们共享同样的瞬态响应 $y_0(t)$，因此只需研究阶跃响应的收敛性即可。再进一步看，既然瞬态响应 $y_0(t)$ 与输入无关，那就只能与系统参数有关，因此，甚至可以不求阶跃响应便可分析系统的稳定性，这是下一小节研讨的重点。

（2）系统的稳态性

控制的目的就是希望系统输出 $y(t)$ 最终要跟上期望输出 $y^*(t)$，它们二者之差就是系统的稳态误差（精度）e_s，即

$$e_s = \lim_{t \to \infty} [y^*(t) - y(t)] \tag{3-1-29b}$$

讨论稳态误差的一个前提是系统要稳定，否则，系统根本无法进入到稳态，其稳态误差也无存在的意义。如果系统稳定，$\lim_{t \to \infty} y_0(t) = 0$，那么稳态误差就是期望输出与系统特解（稳态响应）$y_s(t)$ 之差，即

$$e_s = \lim_{t \to \infty} [y^*(t) - (y_0(t) + y_s(t))] = \lim_{t \to \infty} [y^*(t) - y_s(t)]$$

另外，要得到系统的稳态误差还有一个前提，就是需要知晓期望输出 $y^*(t)$。期望输出一般通过给定输入来表示，参见式(2-3-45)，缺省情况下，总是假定给定输入与期望输出是一致的，即 $r(t) = y^*(t)$，从而有

$$e_s = \lim_{t \to \infty} [y^*(t) - y(t)] = \lim_{t \to \infty} [r(t) - y(t)]$$

这也表明，系统的稳态误差与给定输入（期望输出）密切相关，阶跃响应的稳态误差不会等同其他输入响应的稳态误差，这是与稳定性分析不同之处。

要注意的是，若 $r(t) = y^*(t)$，对于单位反馈的基础控制结构，见图 3-1-1，其控制器前的偏差 e 的稳态值就是式(3-1-29b)定义的系统稳态误差；对于非单位反馈的控制结构，见图 2-3-13a，其控制器前的偏差 e_F 的稳态值不一定是系统的稳态误差。另外，若给定输入 $r(t) \neq y^*(t)$，更不能简单地以偏差 e 的稳态值代替系统的稳态误差。后面的讨论，若未加说明，均假定 $r(t) = y^*(t)$。

综上，系统的稳定性与稳态性是控制系统最基本的性能，决定了控制系统性能的主体。若瞬态过程收敛，稳态过程跟上输入，则该控制系统一定可用，许多系统就是如此运用在实际之中的。

4. 扩展性能指标

除了基本性能"稳""准"的要求外，还希望闭环系统的调节过程尽量短，即"快"，但在快的同时输出响应的波动不能大，因此，快速性与平稳性是重要的闭环系统扩展性能。

（1）系统的快速性

描述系统快速性一般有两个性能指标：上升时间和瞬态过程（过渡过程）时间，见图 3-1-7。

上升时间的定义有两种：若系统输出 $y(t)$ 可以在有限时间达到稳态值 y_s（振荡模态），则第 1 次到达稳态值的时间称为系统的上升时间 t_r，即

$$\begin{cases} y(t_i) = y_s \\ t_r = \min\{t_i\} \end{cases} \tag{3-1-29c}$$

若系统输出 $y(t)$ 不能在有限时间上达到稳态值（单调模态），则 $y(t)$ 由稳态值的 10% 上升到稳态值的 90% 所需的时间为系统的上升时间 t_r，即

$$\begin{cases} y(t_1) = 0.1 y_s \\ y(t_2) = 0.9 y_s \\ t_r = t_2 - t_1 \end{cases} \tag{3-1-29d}$$

瞬态过程时间 t_s 描述瞬态将结束、稳态将开始的时间，见图 3-1-7，一般以 $y(t)$ 与稳态值 y_s 之间误差达到规定的允许值（$2\%y_s$ 或 $5\%y_s$）且以后不再超过此值所需要的最小时间来表征，即

$$|y(t)-y_s| \leqslant \varepsilon y_s \quad (\varepsilon=0.02 \text{ 或 } 0.05, \ t>t_s) \tag{3-1-29e}$$

若未特别说明，后面的讨论都取 $\varepsilon=0.02$。

（2）系统的平稳性

系统的平稳性一般以超出稳态值的峰值来度量，称为超调量。图 3-1-7a 所示的闭环系统响应不出现超调，系统是平稳的；图 3-1-7b 所示的闭环系统响应出现超调，一般情况下，超调现象与振荡模态关联。超调量 δ 定义为

$$\delta=\frac{y_{max}-y_s}{y_s}\times100\%, \quad y_{max}=y(t_p) \tag{3-1-29f}$$

式中，t_p 称为峰值时间。

另外，系统的平稳性也以瞬态过程时间内的振荡次数 N 来反映。一般情况下，描述系统快速性与平稳性，比较多采用瞬态过程时间 t_s 与超调量 δ。

（3）系统的抗扰性

除了快速性、平稳性外，还需要考虑系统的抗扰性。控制系统的外部扰动一般情况下会有两类：被控对象中的扰动 d 与输出测量噪声 n。前者一般是负载变化引起的扰动，常表现为突加一个负载或负载缓慢变化，因此，常采用阶跃函数或低频正弦信号模拟扰动 d。后者一般是电子高频噪声，常采用高频正弦信号模拟噪声 n，由于传感技术不断提高，测量噪声幅值一般不大，另外开环传递函数对高频噪声会有滤波作用，因此，在一般的理论分析中也常忽略。无论是哪种干扰，都希望对输出影响要小。

综上，相对于闭环系统的基本性能——稳定性与稳态性，快速性、平稳性与抗扰性等扩展性能是对闭环系统性能的锦上添花。需要注意的是，基本性能和扩展性能中的各项指标常常是互相制约的，过高追求期望性能有可能难遂人愿，在后面的讨论以及第 5 章控制器的设计中会体现出来。

5. 性能分析的限制因素

前面定义了系统几个典型的基本性能指标和扩展性能指标，可较好地呈现出系统的响应特征。然而，为了能快捷得到这些典型指标，一般都是基于线性化模型进行推证。因此，参见第 1 章最后小结中归纳的考虑工程因素的理论分析框架，还要特别注意：

1）模型残差的影响。非线性是任何实际系统都客观存在的，只是程度不同。在建立系统数学模型时，系统的非线性因素常常在"合理假设"下被忽略或通过在标定工况下的线性化而淡化了。所以，基于线性化模型得到的性能分析结果，严格起来讲，只在标定工况的附近才具有意义。因此，始终注意不能因为用于理论分析的数学模型是线性的，而随意扩大理论分析结果的适用范围，需要进一步分析模型残差带来的影响。

2）变量值域的影响。任何一个实际系统，其中的任何变量，特别是控制（输入）量，取值一定是受限的，只能在某个有限范围中取值，如不能过电压、过电流、超速、超温等，而在用线性化模型进行性能分析时容易淡忘这些约束，潜意识地认为可在整个实数域上取值。如果控制系统基本性能与扩展性能是在系统变量超限的情况下得到的，意味着将丧失工程意义。

即使系统变量的取值不超限，但若取值较大，系统中一些非线性因素将会被明显地激发出来，使得用于分析的线性化模型远远偏离了标定工况，线性叠加性不再存在，那么，基于线性化模型分析的结果也可能丧失工程意义。

当然，尽管模型残差、变量值域等限制因素普遍存在，但也无需因噎废食，基于线性化模型的性能分析仍是一个重要的理论分析工具。因为，将所有存在的因素都同时考虑，任何理论分析

工具同样会捉襟见肘，甚至毫无建树。所以，在控制系统分析特别是设计时，一方面，要熟练运用基于线性化模型的理论分析工具；另一方面，要采取多种手段，特别是计算机仿真的手段，研判上述限制因素带来的影响，以系统的观点综合地处理实际的工程问题。

3.2 系统基本性能

系统性能体现在系统瞬态响应与稳态响应之中。对于前者，要求必须稳定，否则系统的稳态也无从谈起；对于后者，要求跟上给定，这是控制的目标，否则失去控制的意义。这两点是控制系统的基本性能。下面依据前面给出的闭环系统输出响应的结构特征，建立系统稳定性、稳态性与系统结构参数的关系。

3.2.1 极点与系统稳定性

1. 稳定、临界稳定、不稳定极点

由稳定性定义与判断式（3-1-29a）知，系统稳定性与系统瞬态响应（通解）的收敛性密切关联。若 $\bar{p}_i$ 是闭环极点，由通解 $y_0(t) = \sum_{i=1}^{n} c_i e^{\bar{p}_i t}$ 可将闭环系统响应分为三种情形：

1）每一个闭环极点 $\bar{p}_i$ 的实部均小于 0，此时闭环系统瞬态响应无论是单调模态还是振荡模态都将是指数衰减的，一定有 $y_0(t) \to 0 (t \to \infty)$，闭环系统将是稳定的；

2）存在一个闭环极点 $\bar{p}_i$ 的实部大于 0，此时闭环系统瞬态响应一定发散，即 $y_0(t) \to \infty (t \to \infty)$，闭环系统将是不稳定的；

3）存在一个闭环极点 $\bar{p}_i$ 的实部等于 0，其他闭环极点的实部均小于 0，此时闭环系统瞬态响应会出现等幅振荡，既不收敛到原点也不发散到无穷远，此种特殊情况称为临界稳定。

归纳上述三种情形有

$$闭环系统稳定 \Leftrightarrow 对任意一个闭环极点 \bar{p}_i，Re(\bar{p}_i) < 0 (\forall i) \tag{3-2-1}$$

式（3-2-1）就是系统稳定性的判据，可以看出：

1）闭环系统的稳定性只与闭环极点有关，而闭环极点只取决于系统参数。因此，一旦获取闭环系统的传递函数，无需求解响应便可判断闭环系统的稳定性。即使闭环极点有重根，判据式（3-2-1）仍然成立。

2）尽管稳定性反映的是在没有输入的情况下系统输出的表现，但是，只要系统不稳定，无论施加什么样的输入，其系统输出也无法返回到平衡态。因为，只要有一个闭环极点 $\bar{p}_i$ 的实部大于 0，其瞬态响应 $y_0(t)$ 一定发散，系统输出 $y(t) = y_0(t) + y_s(t)$ 也一定发散。

3）传递函数的极点决定了系统的稳定性，为了方便讨论，分别称实部小于 0 的极点、实部大于 0 的极点、实部等于 0 的极点为稳定极点、不稳定极点、临界稳定极点。为此，可进一步将判据式（3-2-1）推广到其他形式的系统：若开环传递函数的极点都是稳定极点，开环系统是稳定的；若某个环节的传递函数的极点都是稳定极点，该环节是稳定的，等等。下面的稳定判据也同样如此。

2. 劳斯稳定判据

式（3-2-1）表明，无需求解闭环系统响应，只需求出闭环极点便可判断闭环系统的稳定性。但是，五阶及以上方程的求解没有解析公式，需要计算机近似求解。可否不求闭环极点，只利用闭环极点方程系数的四则运算，便可判断闭环系统的稳定性？劳斯（E. J. Routh）于 1877 年提出了一个判据。

考虑式（3-1-3b）所示的闭环极点方程，即

$$\alpha(s) = \alpha_n s^n + \alpha_{n-1} s^{n-1} + \cdots + \alpha_0 = \prod_{i=1}^{n}(s - \bar{p}_i) = 0 \quad (\alpha_n = 1) \tag{3-2-2}$$

显见，存在一个系统稳定的必要性条件：

$$\text{系统式(3-2-2)稳定} \Rightarrow \alpha_i > 0 (\forall i) \tag{3-2-3}$$

由于 $\mathrm{Re}(\bar{p}_i) < 0 (\forall i)$，将 $\prod_{i=1}^{n}(s - \bar{p}_i)$ 展开便可得到上面结果。

将式(3-2-2)的系数排成如下劳斯阵列：

s^n	$c_{11} = \alpha_n = 1$	$c_{12} = \alpha_{n-2}$	$c_{13} = \alpha_{n-4}$	$\cdots$
s^{n-1}	$c_{21} = \alpha_{n-1}$	$c_{22} = \alpha_{n-3}$	$c_{23} = \alpha_{n-5}$	$\cdots$
s^{n-2}	$c_{31} = \dfrac{c_{21}c_{12} - c_{11}c_{22}}{c_{21}}$	$c_{32} = \dfrac{c_{21}c_{13} - c_{11}c_{23}}{c_{21}}$	$c_{33} = \dfrac{c_{21}c_{14} - c_{11}c_{24}}{c_{21}}$	$\cdots$
s^{n-3}	$c_{41} = \dfrac{c_{31}c_{22} - c_{21}c_{32}}{c_{31}}$	$c_{42} = \dfrac{c_{31}c_{23} - c_{21}c_{33}}{c_{31}}$	$c_{43} = \dfrac{c_{31}c_{24} - c_{21}c_{34}}{c_{31}}$	$\cdots$
$\vdots$	$\vdots$	$\vdots$	$\vdots$	$\vdots$
s^0	$c_{n1} = \dfrac{c_{(n-1)1}c_{(n-2)2} - c_{(n-2)1}c_{(n-1)2}}{c_{(n-1)1}}$			

注意，劳斯阵列中的前2行，由系数 $\{\alpha_i\}$ 交替构成；从第3行开始，由前2行的四则运算构成。

根据劳斯阵列，可得到如下劳斯稳定判据：

$$\text{系统式(3-2-2)稳定} \Leftrightarrow c_{i1} > 0 (\forall i) \tag{3-2-4}$$

即劳斯阵列第1列的系数均大于0，系统稳定；否则，系统不稳定，且第1列系数符号改变的次数与不稳定极点的个数一致。

例 3-2-1 对于图 3-1-1 所示系统，若

1）$Q_1(s) = \dfrac{k}{(s+1)(s+2)}$， 2）$Q_2(s) = \dfrac{k}{s(s+1)(s+2)}$，

3）$Q_3(s) = \dfrac{k}{s^2(s+1)(s+2)}$， 4）$Q_4(s) = \dfrac{k(s+2)}{(s+1)(s-1)}$，

$k > 0$，试分析闭环系统稳定性。

1）闭环极点方程为

$$1 + Q_1(s) = 1 + \frac{k}{(s+1)(s+2)} = 0$$

进而有

$$s^2 + 3s + 2 + k = 0 \tag{3-2-5a}$$

其劳斯阵列为

$$s^2: \quad 1 \qquad 2+k$$
$$s^1: \quad 3 \qquad 0$$
$$s^0: \quad 2+k$$

可见，对于二阶系统，只要 $k > 0$，闭环系统一定稳定。

2）闭环极点方程为

$$1 + Q_2(s) = 1 + \frac{k}{s(s+1)(s+2)} = 0$$

进而有

$$s^3 + 3s^2 + 2s + k = 0 \tag{3-2-5b}$$

其劳斯阵列为

$$s^3: \quad 1 \quad\quad 2$$
$$s^2: \quad 3 \quad\quad k$$
$$s^1: \quad \frac{6-k}{3} \quad 0$$
$$s^0: \quad k$$

可见，只要 $0<k<6$，闭环系统一定稳定，即对于三阶系统，能让闭环系统稳定的比例参数 k 是受约束的，只在一定的范围内可以。

3）闭环极点方程为

$$1+Q_3(s)=1+\frac{k}{s^2(s+1)(s+2)}=0$$

进而有

$$s^4+3s^3+2s^2+k=0 \tag{3-2-5c}$$

其劳斯阵列为

$$s^4: \quad 1 \quad\quad 2 \quad\quad k$$
$$s^3: \quad 3 \quad\quad 0 \quad\quad 0$$
$$s^2: \quad 2 \quad\quad k$$
$$s^1: \quad \frac{-3k}{2} \quad 0$$
$$s^0: \quad k$$

可见，不存在 $k>0$ 使得第 1 列系数都为正，闭环系统一定不稳定；对于 $k>0$，第 1 列系数有 2 次变号，闭环系统有 2 个不稳定极点。

4）闭环极点方程为

$$1+Q_4(s)=1+\frac{k(s+2)}{(s+1)(s-1)}=0$$

进而有

$$s^2+ks+2k-1=0 \tag{3-2-5d}$$

其劳斯阵列为

$$s^2: \quad 1 \quad\quad 2k-1$$
$$s^1: \quad k \quad\quad\quad 0$$
$$s^0: \quad 2k-1$$

可见，只要 $k>\dfrac{1}{2}$，闭环系统一定稳定。

由例 3-2-1 看出，采用劳斯判据可以快捷地判断闭环系统的稳定性。另外，根据例中的 4 种情况还可归纳出以下结论：

1）在开环系统中增加积分因子，会使闭环稳定性减弱。$Q_2(s)$ 比 $Q_1(s)$ 多了 1 个积分因子 $1/s$，$Q_1(s)$ 只需比例参数 $k>0$ 便可使得闭环系统稳定，而 $Q_2(s)$ 只能在 $0<k<6$ 范围内使得闭环系统稳定；$Q_3(s)$ 比 $Q_2(s)$ 又多了 1 个积分因子 $1/s$，$Q_2(s)$ 还存在比例参数 k 使得闭环系统稳定，而 $Q_3(s)$ 已不存在比例参数 k 使得闭环系统稳定。

2）尽管开环系统不稳定，如 $Q_4(s)$，但通过反馈控制后，可以使得闭环系统稳定。这再一次说明了反馈调节原理的优势。

3）从前面推导知，当 $k=0$ 时，开环极点就是闭环极点。因此，当开环系统稳定时，参见式(3-2-5a)~式(3-2-5c)，保证闭环系统稳定的比例参数 k 一般呈现低端范围，$0<k<k^*$，意味着当比例参数 k 太大时，闭环系统将进入不稳定区域；当开环系统不稳定时，参见式(3-2-5d)，保证闭环系统稳定的比例参数 k 一般呈现高端范围，$k>k^*>0$，意味着需要较大的比例参数 k，才能将开环不稳定极点"拉进"到稳定区域。

在应用劳斯判据时，劳斯阵列的计算有可能会出现两种特殊情况：第 1 列某个元素为 0；某一行元素全为 0。出现这两种情况会影响劳斯阵列下一行的计算，需要做出修补。下面通过两个例子来说明。

例 3-2-2　若闭环传递函数分母为 $\alpha(s)=s^4+2s^3+s^2+2s+1$，试分析闭环系统稳定性。

劳斯阵列为

$$
\begin{array}{c|ccc}
s^4: & 1 & 1 & 1 \\
s^3: & 2 & 2 & 0 \\
s^2: & 0 & 1 & 0 \\
s^1: & & & \\
s^0: & & &
\end{array}
$$

由于 s^2 行的第 1 个系数为 0，无法继续下去。此时，可用一个很小的正数 ε 代替，再往下列写，即

$$
\begin{array}{c|ccc}
s^4: & 1 & 1 & 1 \\
s^3: & 2 & 2 & 0 \\
s^2: & \varepsilon & 1 & 0 \\
s^1: & \dfrac{2\varepsilon-2}{\varepsilon} & 0 & \\
s^0: & 1 & &
\end{array}
$$

由于 $\dfrac{2\varepsilon-2}{\varepsilon}<0$，修改后得到的第 1 列系数不全为正，意味着闭环系统不稳定；而且，第 1 列系数的符号有 2 次变化，所以有 2 个不稳定的闭环极点。将 $\alpha(s)$ 进行因式分解有

$$\alpha(s)=(s+1.8832)(s+0.5310)(s-0.2071-j0.9783)(s-0.2071+j0.9783)$$

可见，有 1 对不稳定的共轭复根。

例 3-2-3　若闭环传递函数分母为 $\alpha(s)=s^4+3s^3+3s^2+3s+2$，试分析闭环系统稳定性。

劳斯阵列为

$$
\begin{array}{c|ccc}
s^4: & 1 & 3 & 2 \\
s^3: & 3 & 3 & 0 \\
s^2: & 2 & 2 & 0 \\
s^1: & 0 & 0 & \\
s^0: & & &
\end{array}
$$

由于 s^1 行的系数全为 0，无法继续列下去。此种情况，意味着存在绝对值相同但符号相反的极点，可以是 1 对符号相反的实数极点或 1 对共轭虚轴极点（实部为 0）或 2 对共轭复数极点（虚部的符号相反）。这时，可用全 0 行上面一行的系数构造一个辅助方程，即

$$F(s)=2s^2+2=0$$

对其求导，有

$$F'(s) = 4s + 0 = 0$$

再用求导后的方程系数继续列写 s^1 行，即

$$s^4: \quad 1 \quad 3 \quad 2$$
$$s^3: \quad 3 \quad 3 \quad 0$$
$$s^2: \quad 2 \quad 2 \quad 0$$
$$s^1: \quad 4 \quad 0$$
$$s^0: \quad 2$$

可见，修改后得到的第 1 列系数均为正，意味着闭环系统稳定。实际上是临界稳定，因为全 0 行产生的极点满足辅助方程：

$$F(s) = 2s^2 + 2 = 2(s + j1)(s - j1) = 0$$

可以验证，$s = \pm j1$ 是 $\alpha(s) = 0$ 的根，即

$$\alpha(s) = s^4 + 3s^3 + 3s^2 + 3s + 2 = (s+1)(s+2)(s^2+1) = 0$$

3. 赫尔维茨稳定判据

与劳斯稳定判据相仿，赫尔维茨（A. Hurwitz）于 1895 年也给出了一个判据。劳斯阵列从第 3 行开始，每行系数的计算与行列式的计算类似。赫尔维茨稳定判据利用了这个特点，先构造赫尔维茨行列式，再判断它的各主子行列式是否大于 0。

以 $n = 5$、6 为例，将式（3-2-2）的系数构造如下的赫尔维茨行列式：

$$\Delta_5 = \begin{vmatrix} \alpha_4 & \alpha_2 & \alpha_0 & & \\ \alpha_5 & \alpha_3 & \alpha_1 & & \\ & \alpha_4 & \alpha_2 & \alpha_0 & \\ & \alpha_5 & \alpha_3 & \alpha_1 & \\ & & \alpha_4 & \alpha_2 & \alpha_0 \end{vmatrix}, \quad \Delta_6 = \begin{vmatrix} \alpha_5 & \alpha_3 & \alpha_1 & & & \\ \alpha_6 & \alpha_4 & \alpha_2 & \alpha_0 & & \\ & \alpha_5 & \alpha_3 & \alpha_1 & & \\ & \alpha_6 & \alpha_4 & \alpha_2 & \alpha_0 & \\ & & \alpha_5 & \alpha_3 & \alpha_1 & \\ & & \alpha_6 & \alpha_4 & \alpha_2 & \alpha_0 \end{vmatrix}$$

赫尔维茨行列式构造规律为：第 1 行从 α_{n-1} 开始，交替选取；第 2 行从 α_n 开始，交替选取；第 3 行与第 1 行一样，但缩进 1 列；第 4 行与第 2 行一样，但缩进 1 列；第 5 行与第 3 行一样，但再缩进 1 列；第 6 行与第 4 行一样，但再缩进 1 列；以此类推，填满 n 行为止。

根据赫尔维茨行列式，可得如下赫尔维茨稳定判据：

$$\text{系统式（3-2-2）稳定} \Leftrightarrow \Delta_i > 0 (\forall i) \tag{3-2-6}$$

式中，Δ_i 是 Δ_n 的各主子行列式。

例 3-2-4 用赫尔维茨稳定判据重做例 3-2-1。

1）由式（3-2-5a）可得赫尔维茨行列式的各主子行列式为

$$\Delta_2 = \begin{vmatrix} 3 & 0 \\ 1 & 2+k \end{vmatrix} = 3(2+k) > 0, \quad \Delta_1 = 3 > 0$$

可见，$k > 0$，闭环系统一定稳定。

2）由式（3-2-5b）可得赫尔维茨行列式的各主子行列式为

$$\Delta_3 = \begin{vmatrix} 3 & k & 0 \\ 1 & 2 & 0 \\ 0 & 3 & k \end{vmatrix} = k(6-k) > 0, \quad \Delta_2 = \begin{vmatrix} 3 & k \\ 1 & 2 \end{vmatrix} = 6-k > 0, \quad \Delta_1 = 3 > 0$$

可见，只要 $0 < k < 6$，闭环系统一定稳定。

3）由式（3-2-5c）可得赫尔维茨行列式的各主子行列式为

$$\Delta_4 = \begin{vmatrix} 3 & 0 & 0 & 0 \\ 1 & 2 & k & 0 \\ 0 & 3 & 0 & 0 \\ 0 & 1 & 2 & k \end{vmatrix} = k \begin{vmatrix} 3 & 0 & 0 \\ 1 & 2 & k \\ 0 & 3 & 0 \end{vmatrix} = -9k^2 < 0,$$

$$\Delta_3 = \begin{vmatrix} 3 & 0 & 0 \\ 1 & 2 & k \\ 0 & 3 & 0 \end{vmatrix} = -9k < 0, \quad \Delta_2 = \begin{vmatrix} 3 & 0 \\ 1 & 2 \end{vmatrix} = 6 > 0, \quad \Delta_1 = 3 > 0$$

可见，有 2 个主子式小于 0，闭环系统不稳定。

4）由式(3-2-5d)可得赫尔维茨行列式的各主子行列式为

$$\Delta_2 = \begin{vmatrix} k & 0 \\ 1 & 2k-1 \end{vmatrix} = k(2k-1) > 0, \quad \Delta_1 = k > 0$$

可见，只要 $k > \dfrac{1}{2}$，闭环系统一定稳定。

4. 相对稳定性

在实际工程分析中，除了知晓闭环系统是否稳定外，还希望知晓稳定的程度，或称为相对稳定性。由稳定性的判据知，闭环系统稳定性与闭环极点的实部密切关联，实部最大的闭环极点对系统稳定性影响最大。为此，将实部最大的闭环极点($\bar{p}_* = \sigma_* \pm j\omega_*$)称为主导极点，主导极点可以是一个实数极点($\omega_* = 0$)，也可以是一对共轭复数极点($\omega_* \neq 0$)。可见，主导极点决定了系统稳定性，即 $\sigma_* > 0$，系统不稳定；$\sigma_* = 0$，系统临界稳定；$\sigma_* < 0$，系统稳定。

对于稳定系统，主导极点就是离虚轴最近的极点($\bar{p}_* = \sigma_* \pm j\omega_*$)，常以它的实部绝对值 $|\sigma_*|$ 来度量系统的相对稳定性，如图 3-2-1 所示。

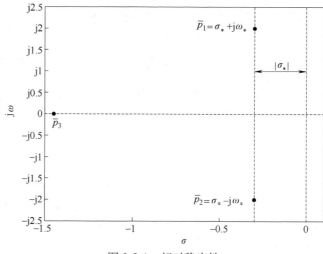

图 3-2-1　相对稳定性

如何求取相对稳定性的度量值 $|\sigma_*|$？对闭环极点方程式(3-2-2)，做变换 $s = z + \sigma$ 得到，即

$$\alpha^*(z) = \alpha(s)\big|_{s=z+\sigma} = \alpha_n(z+\sigma)^n + \alpha_{n-1}(z+\sigma)^{n-1} + \cdots + \alpha_0$$
$$= \alpha_n^* z^n + \alpha_{n-1}^* z^{n-1} + \cdots + \alpha_0^* \tag{3-2-7}$$

可见，式(3-2-7)的系数 α_i^* 都是 σ 的函数。$\sigma = 0$ 时，式(3-2-7)的极点就是式(3-2-2)的极点 $\bar{p}_i$，都是稳定的极点。

如果让 σ 从 0 反向变化到 $\sigma_* < 0$，即 $\sigma \in [\sigma_*, 0]$，使得式(3-2-7)的极点从全部稳定变化到出现一个临界稳定，则 $|\sigma_*|$ 便是相对稳定性的度量值。

例 3-2-5　若开环传递函数为 $Q(s) = \dfrac{k}{s(s+1)(s+2)}$，分析闭环系统的相对稳定性。

在例 3-2-1 中已分析只要 $0 < k < 6$，闭环系统一定稳定，其闭环极点方程为式(3-2-5b)。

做变换 $s = z + \sigma$，代入式(3-2-5b)有 $(z+\sigma)^3 + 3(z+\sigma)^2 + 2(z+\sigma) + k = 0$，则

$$z^3 + az^2 + bz + c = 0 \tag{3-2-8}$$

式中：

$$\begin{cases} a = 3 + 3\sigma \\ b = 3\sigma^2 + 6\sigma + 2 \\ c = k + 2\sigma + 3\sigma^2 + \sigma^3 \end{cases}$$

列出劳斯阵列：

$$
\begin{array}{ccc}
z^3: & 1 & b \\
z^2: & a & c \\
z^1: & \dfrac{ab-c}{a} & 0 \\
z^0: & c &
\end{array}
$$

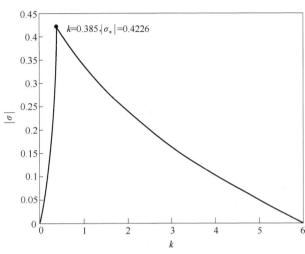

图 3-2-2　例 3-2-5 的相对稳定性

若要式(3-2-8)临界稳定，需要

$$
\begin{aligned}
ab - c &= (3+3\sigma)(3\sigma^2+6\sigma+2) - (k+2\sigma+3\sigma^2+\sigma^3) \\
&= 8\sigma^3 + 24\sigma^2 + 22\sigma + 6 - k = 0 \qquad (3\text{-}2\text{-}9)
\end{aligned}
$$

当 $0 < k < 6$ 时，可得到受式(3-2-9)约束的 k 与 $|\sigma_*|$ 的关系(注意，每一个 k 有 3 个解，只有 1 个是合理的，要保证 $c \geq 0$)，如图 3-2-2 所示。

可见，当 $0 < k < 0.385$ 时，系统的相对稳定性随 k 增加而增加；当 $0.385 < k < 6$ 时，系统的相对稳定性随 k 增加而减小；当 $k = 0.385$ 时，取得最大值 $|\sigma_*| = 0.4226$。

3.2.2　系统稳态误差

控制的目的就是要让闭环系统稳态响应与期望输出一样，它们之间的误差反映了控制系统另一个很重要的基本性能——稳态性。

1. 稳态误差与开环静态增益

设闭环系统的输出为 $y(t)$，期望输出为 $y^*(t)$，一般情况下，取给定输入 $r(t) = y^*(t)$，仍以图 3-1-1 所示的基本反馈控制系统来讨论，不失一般性，令 $d = 0$、$n = 0$，系统输出为 $y(s) = \Phi(s)r(s)$，则系统误差为

$$e(s) = r(s) - y(s) = (1 - \Phi(s))r(s)$$

根据拉氏变换的终值性有

$$
\begin{aligned}
e_s &= \lim_{t \to \infty}(y^*(t) - y(t)) = \lim_{t \to \infty}(r(t) - y(t)) = \lim_{t \to \infty} e(t) \\
&= \lim_{s \to 0} se(s) = \lim_{s \to 0} s(1 - \Phi(s))r(s) = \lim_{s \to 0} \frac{1}{1 + Q(s)} \times sr(s) \qquad (3\text{-}2\text{-}10a)
\end{aligned}
$$

式(3-2-10a)给出了求解系统稳态误差简便且通用的方法。由式(3-2-10a)可知：

1) 闭环系统稳态误差不仅与系统开环传递函数 $Q(s)$ 有关，还与外部输入有关。不同的输入信号 $r(t)$，稳态误差可能不一样，这与稳定性是不同的。

2) 当输入是脉冲信号时，$r(s) = 1$，若 $Q(0) \neq -1$，则 $e_s = \lim_{s \to 0} \dfrac{1}{1 + Q(s)} \times s = 0$，所以只要开环静态增益 $Q(0) > 0$，脉冲响应的稳态误差一定是 0。

3) 闭环系统稳态误差与开环静态增益 $Q(0)$($s \to 0$)密切相关。$Q(0)$ 越大，e_s 越小。$Q(0)$ 越

大，输入信号不同带来的影响也会被缩小。

4）若扰动输入 $d \neq 0$、噪声输入 $n \neq 0$，对闭环系统稳态误差是有影响的，在性能分析时要予以考虑。参见式(3-1-2a)，有

$$e(s) = r(s) - y(s) = r(s) - \left[\Phi(s)r(s) + \Phi_d(s)d(s) + \Phi_n(s)n(s) \right]$$

$$e_s(s) = \lim_{s \to 0} se(s) = \lim_{s \to 0} s\left(\frac{1}{1+Q(s)}r(s) - \frac{G_d(s)}{1+Q(s)}d(s) + \frac{Q(s)}{1+Q(s)}n(s) \right) \quad (3\text{-}2\text{-}10\text{b})$$

实际上，就是各输入下的稳态误差的叠加和。

5）利用拉氏变换的终值性求解闭环系统稳态误差是一个简便且通用的方法。要注意的是，参见式(2-3-3e)，拉氏变换的终值性是有条件的，需要 $e_s = \lim_{t \to \infty}(r(t) - y(t))$ 存在。这个条件在很多情况下都是满足的，但在输入信号是正弦信号时，其条件不一定满足，此时需要先求出系统的稳态响应 $y_s(t)$，再分析其稳态误差。当然，还要注意的是，闭环系统稳定是分析稳态性的前提，否则稳态性分析无意义。

2. 积分器与稳态误差

由式(3-2-10a)看出，若开环静态增益趋于无穷，即 $Q(0) \to \infty$，闭环系统稳态误差是可以趋于 0 的，即 $e_s \to 0$。$Q(0) \to \infty$，意味着在 $Q(s)$ 中含有积分器，即式(3-1-1)可写为

$$Q(s) = \frac{k_{qp} \prod\limits_{j=1}^{m}(s-z_j)}{s^v \prod\limits_{i=1}^{n-v}(s-p_i)} = \frac{1}{s^v}\overline{Q}(s), \quad \overline{Q}(s) = k_{qp}\frac{\prod\limits_{j=1}^{m}(s-z_j)}{\prod\limits_{i=1}^{n-v}(s-p_i)}$$

式中 $Q(s)$ 有 v 个在原点处的开环极点(积分器)，它可能来自被控对象 $G(s)$ 本身，见式(2-3-17)；也可能来自控制器 $K(s)$，在第 5 章会研究。

由图 3-1-1 所示的系统框图可看出，误差 $e = 0$，一般导致输出 $y = Q(s)e = 0$。此时若要 $y = r \neq 0$，$Q(s)$ 中一定要有积分功能，因为积分具有保持的作用，如图 3-2-3 所示，则

$$\tilde{e}(t) = \int_0^t e(\tau)\mathrm{d}\tau = \int_0^{t_s} e(\tau)\mathrm{d}\tau + \int_{t_s}^t e(\tau)\mathrm{d}\tau$$

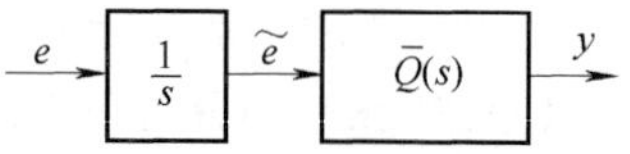

哪怕 $e(t)$ 在后段很长时间为 0，但整个积分不为 0，即当 $e(t) = 0(t > t_s)$ 时，有

图 3-2-3　积分器的作用

$$\tilde{e}(t) = \int_0^t e(\tau)\mathrm{d}\tau = \int_0^{t_s} e(\tau)\mathrm{d}\tau \neq 0$$

所以，从提高系统稳态精度上讲，希望开环传递函数 $Q(s)$ 要含有积分器(积分因子)。

下面用阶跃、斜坡、加速度 3 种典型输入信号，讨论积分器与闭环系统稳态误差的关系。

1）$r(t) = I(t)$，$r(s) = \dfrac{1}{s}$，则由式(3-2-10a)可得

$$e_s = \lim_{s \to 0} \frac{1}{1+Q(s)}sr(s) = \lim_{s \to 0} \frac{s^{v+1}}{s^v + \overline{Q}(s)}r(s) = \begin{cases} \dfrac{1}{1+\overline{Q}(0)} & v = 0 \\ 0 & v \geq 1 \end{cases} \quad (3\text{-}2\text{-}11\text{a})$$

2）$r(t) = t$，$r(s) = \dfrac{1}{s^2}$，则由式(3-2-10a)可得

$$e_s = \frac{1}{\overline{Q}(0)}\lim_{s \to 0} s^{v+1}\frac{1}{s^2} = \begin{cases} \infty & v = 0 \\ \dfrac{1}{\overline{Q}(0)} & v = 1 \\ 0 & v \geq 2 \end{cases} \quad (3\text{-}2\text{-}11\text{b})$$

3）$r(t) = \frac{1}{2}t^2$，$r(s) = \frac{1}{s^3}$，则由式（3-2-10a）可得

$$e_s = \frac{1}{\overline{Q}(0)} \lim_{s \to 0} s^{v+1} \frac{1}{s^3} = \begin{cases} \infty & v = 0,1 \\ \dfrac{1}{\overline{Q}(0)} & v = 2 \\ 0 & v \geq 3 \end{cases} \tag{3-2-11c}$$

式中，$\overline{Q}(0) = \dfrac{k_{qp} \prod\limits_{j=1}^{m}(-z_j)}{\prod\limits_{i=1}^{n-v}(-p_i)}$，是一个常数，在不引起误解时，也称其为开环静态增益，对于含积

分器的系统这个值更有意义。

由式（3-2-11）可见：

1）若给定是常值，可以不需要积分器，闭环稳态误差的取值取决于开环静态增益；若有积分器，可做到无静差。

2）若给定是匀速变化信号，需要有积分器，否则闭环稳态误差会很大（∞），若有 2 重积分器可做到无静差。

3）若给定是加速变化信号，需要 2 重积分器才能抑制住闭环稳态误差，若有 3 重积分器可做到无静差。

因此，为了提高闭环稳态精度，对于（给定为 0 或常值的）调节系统，开环静态增益要足够大或在开环传递函数中增加积分器；对于（给定是时间函数的）随动系统，特别是需要长时间跟踪加速变化信号的系统，必须要考虑在开环传递函数中引入足够的积分器。但是，从例 3-2-1 的结果看，在开环传递函数中增加积分器数目或加大比例增益，都会减弱闭环系统的稳定性，甚至会导致闭环系统不稳定。因此，稳定性与稳态性是有冲突的，为保证闭环系统的稳定性，其稳态性有时需要妥协或通过其他办法补偿。

另外，尽管通过增加积分器可做到无静差，实际上由于传感器总会存在测量误差，无静差只有理论上的意义，实际系统的稳态精度会受制于传感器的测量精度，这一点在工程实践中要高度重视。

综上所述，在第 1 章对反馈调节原理只进行了定性分析，表明只要系统偏离平衡态存在偏差，反馈调节就会持续进行，最终迫使系统回归平衡态。本章从定量上解读了反馈调节原理，不是所有的系统都能通过反馈调节回归平衡态，只有稳定的系统才能做到，系统是否稳定可以依据劳斯（赫尔维茨）稳定判据快捷地予以判断。另一方面，稳定系统的稳态精度，可能是无静差的，也可能存在静差，甚至静差趋于无穷，依据稳态误差公式可以快捷地给出这些结果。因此，系统稳定性与稳态性是有区别的，都是控制系统最基本最重要的性能。至此，劳斯（赫尔维茨）稳定判据和基于拉氏变换终值性的稳态误差公式（式（3-2-10）），以十分简洁的运算解决了无需求解系统响应直接分析一般 n 阶系统基本性能的问题。

3.3 系统扩展性能

控制系统除了稳定性与稳态性这两个基本性能要求外，还希望对瞬态响应提出更高要求：尽快地收敛且平稳地收敛，这就是系统快速性与平稳性。另外，控制系统总是存在干扰的影响，还需要分析系统抗扰性。这些都是系统的扩展性能。

3.3.1 低阶系统的扩展性能

仔细分析式(3-1-18)可看出，一般系统的瞬态响应 $y_0(t)$ 总可分为两种模态：对应实数极点的单调模态 $e^{\sigma t}$；对应共轭复数极点的振荡模态 $e^{\sigma_j t}\sin(\omega_j t+\theta_j)$。若能把这两种模态的性质研究透彻，对一般系统一定有推广意义。

一阶系统只有 1 个实数极点，是单调模态的典型系统；二阶系统可存在 1 对共轭复数极点，是振动模态的典型系统。因此，下面先讨论一、二阶典型系统的扩展性能，在下一小节再讨论如何将一、二阶典型系统的结论推广到高阶系统之中。

1. 一阶惯性系统

不失一般性，参见例 3-1-1，令闭环传递函数为

$$\Phi(s)=\frac{Q(s)}{1+Q(s)}=k_\phi\frac{1}{Ts+1},\quad \overline{T}=\frac{T}{1+k_q},\quad k_\phi=\frac{k_q}{1+k_q} \tag{3-3-1}$$

式(3-3-1)为一阶惯性系统或称为一阶典型系统，参数 $\overline{T}$ 称为惯性时间常数。一阶惯性系统只有 1 个极点 $\overline{p}_1=\sigma=-1/\overline{T}<0$。由式(3-1-7)知闭环系统阶跃响应($r_0=1$)为

$$y=y_0(t)+y_s(t)=k_\phi(1-e^{-t/\overline{T}}) \tag{3-3-2a}$$

对应的输出瞬态响应和输出稳态响应为

$$\begin{cases} y_0(t)=-k_\phi e^{-t/\overline{T}} \\ y_s(t)=k_\phi \end{cases} \tag{3-3-2b}$$

其响应曲线如图 3-1-7a 所示。

由于一阶惯性系统不会出现超调，因此，只需推导它的上升时间 t_r 与瞬态过程时间 t_s。

（1）上升时间

根据上升时间 t_r 的定义式(3-1-29d)，有

$$y(t_1)=y_0(t_1)+y_s(t_1)=0.1y_s(t_1),\quad e^{-t_1/\overline{T}}=0.9,\quad t_1=\ln\frac{1}{0.9}\times\overline{T}$$

$$y(t_2)=y_0(t_2)+y_s(t_2)=0.9y_s(t_2),\quad e^{-t_2/\overline{T}}=0.1,\quad t_2=\ln\frac{1}{0.1}\times\overline{T}$$

$$t_r=t_2-t_1=\ln\frac{0.9}{0.1}\times\overline{T}\approx2.2\overline{T}=\frac{2.2}{|\sigma|} \tag{3-3-3}$$

（2）瞬态过程时间

根据瞬态过程时间 t_s 的定义式(3-1-29e)，有

$$|y(t)-y_s(t)|=|y_0(t)|\leqslant\varepsilon y_s(t)(t>t_s),\quad e^{-t/\overline{T}}=\varepsilon$$

$$t_s=\ln\frac{1}{\varepsilon}\times\overline{T}=\alpha\overline{T}=\frac{\alpha}{|\sigma|},\quad \alpha=\ln\varepsilon^{-1}\approx\begin{cases}4 & \varepsilon=0.02 \\ 3 & \varepsilon=0.05\end{cases} \tag{3-3-4}$$

式中，α 是瞬态过程时间的比例系数。

一阶惯性系统的主要参数就是惯性时间常数 $\overline{T}$。可以看出，$\overline{T}$ 越大，系统响应上升得越慢，瞬态过程也越长，而且不会出现超调。这说明惯性系统(环节)具有滞后系统响应的作用，滞后程度与惯性时间常数 $\overline{T}$ 有关，式(3-3-3)和式(3-3-4)定量给出了具体的关系。

由于闭环极点 $\overline{p}_1=\sigma=-1/\overline{T}<0$，由式(3-3-3)和式(3-3-4)可看出，系统响应上升时间 t_r、瞬态过

程时间 t_s 与极点实部 σ 有关。因此，一阶惯性系统的结论可推广到一般系统中实数极点 $\bar{p}_i = \sigma_i$ 所对应的模态 $e^{\sigma_i t}$ 上，每个模态的上升时间、瞬态过程时间可以依据式(3-3-3)和式(3-3-4)进行计算。

例 3-3-1 一阶直流调速系统中被控对象的数学模型为式(2-3-12)，即

$$G(s) = \frac{b_0}{s+a_0} = k_g \frac{1}{Ts+1} \tag{3-3-5a}$$

$$G_d(s) = \frac{b_{d0}}{s+a_0} = k_d \frac{1}{Ts+1} \tag{3-3-5b}$$

以 Z4-132-1/7.5kW 直流电动机参数为例，即 $r = 2.56\Omega$，$L = 0.0375H$，$c_e\Phi = 0.3951\text{V}/(\text{r/min})$，$c_\phi\Phi = 3.7729\text{N}\cdot\text{m/A}$，$GD^2 = 0.32\text{kg}\cdot\text{m}^2 = 3.2\text{N}\cdot\text{m}^2$，$J = \frac{GD^2}{4g} = 0.0816\text{N}\cdot\text{m}\cdot\text{s}^2$，$J_n = \frac{2\pi}{60}J$，$n^* = 975\text{r/min}$，$U^* = 440\text{V}$，$I_a^* = I_L^* = 21.4\text{A}$，$M_L^* = c_\phi\Phi I_L^* = 80.74\text{N}\cdot\text{m}$，$T = \frac{1}{a_{01}} = \frac{rJ_n}{c_e\Phi c_\phi\Phi} = 0.0146\text{s}$，$k_g = \frac{b_0}{a_0} = \frac{1}{c_e\Phi} = 2.531(\text{r/min})/\text{V}$，$k_d = \frac{b_{d0}}{a_0} = -\frac{r}{c_e\Phi c_\phi\Phi} = -1.717(\text{r/min})/(\text{N}\cdot\text{m})$。式中，$n^*$、$U^*$、$I_a^*$、$I_L^*$、$M_L^*$ 分别为标定(额定)的转速、电枢电压、电枢电流、(等效)负载电流、负载转矩。

若采取反馈控制，控制器为比例控制，即 $K(s) = k_c$，如图 3-3-1a 所示，分析系统性能。

为了使用典型输入信号分析系统性能，需对系统模型进行标准化处理。参见式(2-2-11b)知，若直流电动机处在标定的工况，其标定值满足

$$n^* = \frac{1}{c_e\Phi}U^* - \frac{r}{c_\phi\Phi c_e\Phi}M_L^*$$

取

$$\hat{n} = \frac{n}{n^*},\quad \hat{U} = \frac{U}{U^*},\quad \hat{M}_L = \frac{M_L}{M_L^*},\quad \hat{r} = \frac{r}{r^*}(r^* = n^*),\quad \hat{e} = \hat{r} - \hat{n} = \frac{r-n}{n^*} = \frac{e}{n^*}$$

参见式(3-1-23d)知，由 $n = G(s)U + G_d(s)M_L$，可得

$$\frac{n}{n^*} = G(s)\frac{U^*}{n^*}\frac{U}{U^*} + G_d(s)\frac{M_L^*}{n^*}\frac{M_L}{M_L^*}$$

则采用比值标准化的被控对象的数学模型为

$$\hat{n} = \hat{G}(s)\hat{U} + \hat{G}_d(s)\hat{M}_L \tag{3-3-6a}$$

式中，

$$\begin{cases} \hat{G}(s) = G(s)\frac{U^*}{n^*} = \hat{k}_g\frac{1}{Ts+1}, & \hat{k}_g = k_g\frac{U^*}{n^*} \\ \hat{G}_d(s) = G_d(s)\frac{M_L^*}{n^*} = \hat{k}_d\frac{1}{Ts+1}, & \hat{k}_d = k_d\frac{M_L^*}{n^*} \end{cases} \tag{3-3-6b}$$

同样，对控制器的数学模型有

$$\hat{U} = \frac{U}{U^*} = \frac{k_c e}{U^*} = k_c\frac{n^*}{U^*}\frac{e}{n^*} = \hat{k}_c\hat{e}, \hat{k}_c = k_c\frac{n^*}{U^*} \tag{3-3-6c}$$

可见，比值标准化后的数学模型只是各环节的静态增益发生变化，如图 3-3-1b 所示。

1)闭环系统响应方程：

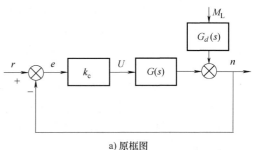

a) 原框图

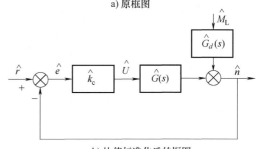

b) 比值标准化后的框图

图 3-3-1　一阶直流调速系统

由图 3-3-1b 可得

$$\hat{n}(s) = \hat{\Phi}(s)\hat{r}(s) + \hat{\Phi}_d(s)\hat{M}_L(s) \tag{3-3-6d}$$

$$\hat{\Phi}(s) = \frac{\hat{k}_c\hat{G}(s)}{1+\hat{k}_c\hat{G}(s)} = \frac{\hat{k}_c\hat{k}_g}{Ts+1+\hat{k}_c\hat{k}_g} = \hat{k}_\phi\frac{1}{\overline{T}s+1}$$

$$\hat{\Phi}_d(s) = \frac{\hat{G}_d(s)}{1+\hat{k}_c\hat{G}(s)} = \frac{\hat{k}_d}{Ts+1+\hat{k}_c\hat{k}_g} = \hat{k}_{\phi d}\frac{1}{\overline{T}s+1}$$

式中，$\overline{T} = \dfrac{T}{1+\hat{k}_c\hat{k}_g} = \dfrac{T}{1+k_ck_g}$，$\hat{k}_\phi = \dfrac{\hat{k}_c\hat{k}_g}{1+\hat{k}_c\hat{k}_g} = \dfrac{k_ck_g}{1+k_ck_g}$，$\hat{k}_{\phi d} = \dfrac{\hat{k}_d}{1+\hat{k}_c\hat{k}_g} = \dfrac{\hat{k}_d}{1+k_ck_g}$。可见，闭环系统是一阶惯性系统。

2）基本性能的分析：

对于稳定性，由式(3-3-6d)的闭环传递函数知，闭环系统只有一个极点 $\overline{p}_1 = -1/\overline{T}$，闭环系统一定稳定。

对于稳态性，若 $\hat{r} = I(t)$、$\hat{M}_L = 0$，由式(3-3-6d)可得

$$\hat{r}(s) - \hat{n}(s) = \hat{r}(s) - \hat{\Phi}(s)\hat{r}(s) = [1-\hat{\Phi}(s)]\hat{r}(s)$$

对应的稳态误差为

$$\hat{e}_s = \lim_{s \to 0}s[\hat{r}(s) - \hat{n}(s)] = \lim_{s \to 0}s[1-\hat{\Phi}(s)]\hat{r}(s) = 1-\hat{\Phi}(0) = 1-\hat{k}_\phi$$

$$= 1-\frac{k_ck_g}{1+k_ck_g} = \frac{1}{1+k_ck_g} \tag{3-3-7a}$$

可见，稳态误差与控制器增益 k_c 有关，加大控制器增益，闭环系统的稳态性会变好。

3）扩展性能的分析：

由于一阶惯性系统不存在超调，下面只分析系统的快速性和抗扰性。

对于快速性，根据式(3-3-3)、式(3-3-4)，上升时间、瞬态过程时间分别为

$$\begin{cases} t_r = 2.2\overline{T} = \dfrac{2.2T}{1+k_ck_g} \\ t_s = 4\overline{T} = \dfrac{4T}{1+k_ck_g} \end{cases} \tag{3-3-7b}$$

由于 $\overline{T} = T/(1+k_ck_g)$，当 $k_c \gg 1$ 时，从理论上讲，闭环系统时间常数可以远远小于被控对象的时间常数，即 $\overline{T} \ll T$。因此，加大控制器增益，可提升闭环系统的快速性。

对于抗扰性，只考虑外部扰动输入的影响。若系统承受标定负载（满载），即 $\hat{M}_L = I(t)$，在 $\hat{r} = I(t)$ 时，系统的误差为

$$\hat{r}(s) - \hat{n}(s) = \hat{r}(s) - [\hat{\Phi}(s)\hat{r}(s) + \hat{\Phi}_d(s)\hat{M}_L(s)]$$

$$= [1-\hat{\Phi}(s)]\hat{r}(s) - \hat{\Phi}_d(s)\hat{M}_L(s)$$

对应的稳态误差为

$$\hat{e}_s = \lim_{s \to 0}s[\hat{r}(s) - \hat{n}(s)] = \lim_{s \to 0}s\{[1-\hat{\Phi}(s)]\hat{r}(s) - \hat{\Phi}_d(s)\hat{M}_L(s)\}$$

$$= 1-\hat{\Phi}(0) - \hat{\Phi}_d(0) = 1-\hat{k}_\phi - \hat{k}_{\phi d}$$

$$= \frac{1}{1+k_ck_g} - \frac{80.74}{975}\frac{k_d}{1+k_ck_g} \tag{3-3-7c}$$

与式(3-3-7a)比较知，$\dfrac{80.74}{975}\dfrac{k_d}{1+k_ck_g}$ 是由外部扰动输入带来的误差。可见，若要较好地抑制外部扰

动输入带来的影响，需要加大控制器增益 k_c。

4）求解系统响应，验证前面的性能分析：

若 $\hat{r} = I(t)$、$\hat{M}_L = 0$，由式（3-3-6d）可得

$$\hat{n}_r = \hat{\Phi}(s)\hat{r} = \hat{k}_\phi \frac{1}{Ts+1}\hat{r}$$

根据式（3-3-1）和式（3-3-2a）有

$$\hat{n}_r = \hat{n}_{r0} + \hat{n}_{rs} = \hat{k}_\phi(-e^{-t/\bar{T}} + 1) \tag{3-3-8a}$$

若 $\hat{r} = 0$、$\hat{M}_L = I(t)$，由式（3-3-6d）可得

$$\hat{n}_d = \hat{\Phi}_d(s)\hat{M}_L = \hat{k}_{\phi d} \frac{1}{Ts+1}\hat{M}_L, \quad \hat{k}_{\phi d} = \frac{80.74}{975} \frac{k_d}{1 + k_c k_g}$$

同理有

$$\hat{n}_d = \hat{k}_{\phi d}(-e^{-t/\bar{T}} + 1) \tag{3-3-8b}$$

若 $\hat{r} = I(t)$、$\hat{M}_L = I(t)$，即希望系统在标定负载下运行到标定转速，将式（3-3-8a）与式（3-3-8b）叠加可得

$$\hat{n} = \hat{n}_r + \hat{n}_d = \hat{k}_\phi(-e^{-t/\bar{T}} + 1) + \hat{k}_{\phi d}(-e^{-t/\bar{T}} + 1) \tag{3-3-8c}$$

对应的控制量为

$$\hat{U} = \hat{k}_c \hat{e}, \quad \hat{k}_c = k_c \frac{975}{440} \tag{3-3-9}$$

图3-3-2是根据上述系统响应公式得到的一阶直流调速系统的响应曲线，其中图3-3-2a是式（3-3-8a）空载时的系统阶跃响应，图3-3-2b是式（3-3-8c）不同负载下的系统阶跃响应，图3-3-2c是满载时的控制器输出（电枢电压）响应。

从响应曲线看出，一阶直流调速系统不存在超调，有很好的平稳性；系统的上升时间、瞬态过程时间随着控制器增益 $\hat{k}_c$ 加大而减少；外部扰动对系统的影响也随着控制器增益 $\hat{k}_c$ 加大而减少。与前面未求解响应直接从传递函数参数，根据性能指标公式进行分析的结论是一致的。

另外，稳态转速与负载转矩之间的关系称为调速系统的机械特性，其综合反映了调速系统承受负载的能力。对直流电动机的稳态模型：

$$\hat{n} = \frac{1}{c_e\Phi} \frac{U^*}{n^*}\hat{U} - \frac{r}{c_\phi\Phi c_e\Phi} \frac{M_L^*}{n^*}\hat{M}_L$$

按空载（$\hat{M}_L = 0$）设计开环控制器，有 $\hat{U} = c_e\Phi \frac{n^*}{U^*}\hat{n}_0$（可令空载转速 $\hat{n}_0 = 1$），将其代入稳态模型，则开环机械特性为

$$\hat{n} = 1 - \frac{r}{c_\phi\Phi c_e\Phi} \frac{M_L^*}{n^*}\hat{M}_L \tag{3-3-10}$$

在开环控制器下，随着负载增加稳态转速呈直线降低，开环机械特性如图3-3-2d中的虚线所示。

若对直流电动机实施图3-3-1所示的闭环控制，即 $\hat{U} = \hat{k}_c(\hat{r} - \hat{y}) = \hat{k}_c(\hat{r} - \hat{n})$。由图3-3-2b可见，随着负载（$\hat{M}_L$）增加，其稳态转速基本不变，即闭环机械特性基本是水平线，如图3-3-2d中的实线所示。这表明经过反馈控制，系统的机械特性变得"刚性"了，明显提高了系统抗负载扰动的能力。

5）工程限制因素对性能影响的分析：

严格讲直流电动机存在磁路、齿隙等非线性因素，但在一般应用场合下，直流调速系统基本可认为是一个线性定常系统。因此，重点关注变量值域的限制，特别是控制量电枢电压的限制。

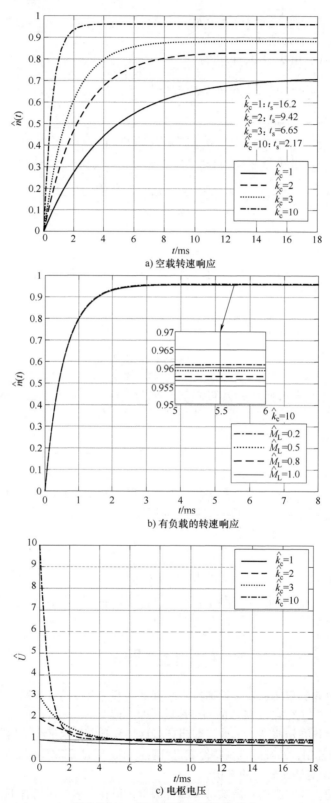

a) 空载转速响应

b) 有负载的转速响应

c) 电枢电压

图 3-3-2　一阶直流调速系统的响应

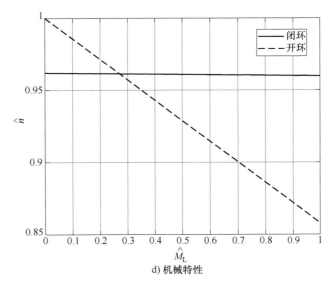

d) 机械特性

图 3-3-2　一阶直流调速系统的响应(续)

由图 3-3-2c 看出，随着控制器增益 $\hat{k}_c$ 增加，控制量 $\hat{U}=U/U^*$ 也跟着增大，特别是在起动过程中，当 $\hat{k}_c=10$ 时，控制量 U 将超过标定值 U^* 近 10 倍。对于实际工程，电枢电压 U 是不能过电压的，其最大值不应超出标定值 U^* 过多(例如，不能超过 U^* 的 1.5 倍)，从这个要求讲，控制器增益 $\hat{k}_c$ 不能太大，否则，一旦起动就会受到过电压保护而跳闸。

由于 $\hat{k}_c$ 受到控制量 U 不能超限的制约，因此，闭环时间常数 $\overline{T}$ 的减小是受到限制的，而不是理论上的可以任意小。从图 3-3-2c 中曲线参数知，控制器增益应在 $0<\hat{k}_c<1.5$，若取 $\hat{k}_c=1.2$，则 $\overline{T}=\dfrac{T}{1+1.2\times2.531}=\dfrac{T}{4.0}$，最多减小到开环时间常数 T 的 $\dfrac{1}{4}$。由于闭环时间常数 $\overline{T}$ 受到限制，所以系统上升时间、瞬态过程时间的改善也同样受到制约。

从例 3-3-1 的分析过程看出，采取比值标准化的数学模型给性能分析带来了极大便利，不再担心各个变量的取值范围、量纲等的差异，可以在同一个基准(标定工况)上进行比较，这一点是值得重视的。

2. 二阶欠阻尼系统

不失一般性，参见例 3-1-2，取 $a_2=0$，则闭环传递函数为

$$\Phi(s)=\frac{Q(s)}{1+Q(s)}=\frac{k_{qp}}{s^2+a_1s+k_{qp}}=\frac{\omega_n^2}{s^2+2\xi\omega_n s+\omega_n^2} \tag{3-3-11a}$$

式中，

$$\begin{cases}k_{qp}=k_c k_{gp}\\ \omega_n=\sqrt{k_{qp}}\\ \xi=\dfrac{a_1}{2\omega_n}=\dfrac{a_1}{2\sqrt{k_{qp}}}\end{cases} \tag{3-3-11b}$$

当 $0<\xi<1$ 时，系统为二阶欠阻尼系统或称为二阶典型系统。

若取 $r(t)=I(t)$，$r(s)=1/s$，根据部分分式法可得

$$y(s)=\Phi(s)r(s)=\frac{\omega_n^2}{s^2+2\xi\omega_n s+\omega_n^2}\frac{1}{s}=\frac{c_1}{s-\overline{p}_1}+\frac{c_2}{s-\overline{p}_2}+\frac{c_0}{s} \tag{3-3-11c}$$

根据式（3-1-12a）和式（3-1-17），有

$$
\begin{cases}
c_1 = \dfrac{\omega_n^2}{s^2+2\xi\omega_n s+\omega_n^2}\dfrac{1}{s}(s-\bar{p}_1)\bigg|_{s=\bar{p}_1} = \dfrac{\omega_n^2}{(s-\bar{p}_1)(s-\bar{p}_2)}\dfrac{1}{s}(s-\bar{p}_1)\bigg|_{s=\bar{p}_1} \\[3mm]
\quad = \dfrac{\omega_n^2}{\bar{p}_1-\bar{p}_2}\dfrac{1}{\bar{p}_1} = \dfrac{\omega_n^2}{\mathrm{j}2\omega_d}\dfrac{1}{\sigma_d+\mathrm{j}\omega_d} = \dfrac{\omega_n}{2\omega_d}e^{\mathrm{j}\left(-\frac{3\pi}{2}+\beta\right)} = \dfrac{c}{2}e^{\mathrm{j}\left(\frac{\pi}{2}+\beta\right)} \\[3mm]
c_2 = c_1^* = \dfrac{c}{2}e^{-\mathrm{j}\left(\frac{\pi}{2}+\beta\right)} \\[3mm]
c_0 = \dfrac{\omega_n^2}{s^2+2\xi\omega_n s+\omega_n^2}\dfrac{1}{s}s\bigg|_{s=0} = 1
\end{cases}
\tag{3-3-11d}
$$

对式（3-3-11c）求拉氏反变换得到闭环系统输出阶跃响应为

$$
y(t) = 2\,|c_1|\,e^{\sigma_d t}\cos\left(\omega_d t+\frac{\pi}{2}+\beta\right)+c_0 = -2\,|c_1|\,e^{\sigma_d t}\sin(\omega_d t+\beta)+c_0
$$

$$
= -ce^{\sigma_d t}\sin(\omega_d t+\beta)+1
\tag{3-3-12a}
$$

对应的输出瞬态响应和输出稳态响应为

$$
\begin{cases}
y_0(t) = -ce^{\sigma_d t}\sin(\omega_d t+\beta) \\[2mm]
y_s(t) = 1
\end{cases}
\tag{3-3-12b}
$$

可见，与采用"通解+特解"方法推导出来的式（3-1-13）是一致的（$k_\phi=1$、$r_0=1$），其响应曲线如图 3-1-7b 所示。

（1）上升时间

根据上升时间的定义式（3-1-29c），有

$$
y(t_i) = -ce^{\sigma_d t_i}\sin(\omega_d t_i+\beta)+1 = 1
$$

$$
y_0(t_i) = -ce^{\sigma_d t_i}\sin(\omega_d t_i+\beta) = 0, \quad \sin(\omega_d t_i+\beta) = 0
$$

那么，第 1 次到达稳态值的时间 t_r 应满足

$$
\omega_d t_r+\beta = \pi
$$

则

$$
t_r = \frac{\pi-\beta}{\omega_d}
\tag{3-3-13}
$$

（2）瞬态过程时间

根据瞬态过程时间 t_s 的定义式（3-1-29e），有

$$
|y(t)-y_s(t)| = |y_0(t)| \leqslant \varepsilon y_s(t) \quad (t>t_s)
\tag{3-3-14}
$$

对于 $t>t_s$，如果有

$$
|y_0(t)| = |-ce^{\sigma_d t}\sin(\omega_d t+\beta)| \leqslant ce^{\sigma_d t} \leqslant \varepsilon, \quad e^{\sigma_d t} \leqslant \frac{\varepsilon}{c}, \quad \sigma_d t \leqslant \ln\frac{\varepsilon}{c}
$$

则

$$
t \geqslant \frac{\ln(\varepsilon/c)}{\sigma_d} = \frac{\ln(\varepsilon\sin\beta)}{\sigma_d} = \frac{\ln(\varepsilon\sin\beta)^{-1}}{\xi\omega_n}
$$

取

$$
t_s = \frac{\alpha}{\xi\omega_n}, \quad \alpha = \ln(\varepsilon\sin\beta)^{-1} \approx \begin{cases} 4 & \varepsilon=0.02 \\ 3 & \varepsilon=0.05 \end{cases} (\beta\approx60°)
\tag{3-3-15}
$$

可保证式（3-3-14）成立，式中 α 是瞬态过程时间的比例系数。

（3）超调量

先求峰值时间 t_p，对 $y(t)$ 求导并令其为 0，即

$$y'(t) = \left[-ce^{\sigma_d t}\sin(\omega_d t+\beta)+1 \right]' = -c\sigma_d e^{\sigma_d t}\sin(\omega_d t+\beta) - ce^{\sigma_d t}\omega_d\cos(\omega_d t+\beta)$$

$$= c\omega_n e^{\sigma_d t}\left[\cos\beta\sin(\omega_d t+\beta) - \sin\beta\cos(\omega_d t+\beta) \right]$$

$$= c\omega_n e^{\sigma_d t}\sin\omega_d t = 0 \tag{3-3-16a}$$

式中推导用到 $\cos\beta=\xi$，$\sin\beta=\sqrt{1-\xi^2}$。则 $\omega_d t=k\pi$，进而有

$$t = \frac{k\pi}{\omega_d} \quad (k=0,1,2,\cdots) \tag{3-3-16b}$$

最大峰值 y_{max} 应为第 1 个峰值，时间应在 $t_p=\dfrac{\pi}{\omega_d}(k=1)$ 处，即

$$y_{max} = y(t_p) = -ce^{\sigma_d t_p}\sin(\omega_d t_p+\beta) + 1 = ce^{\sigma_d t_p}\sin\beta + 1$$

超调量为

$$\delta = \frac{y_{max}-y_s}{y_s}\times 100\% = ce^{\sigma_d \frac{\pi}{\omega_d}}\sin\beta = e^{\frac{\sigma_d}{\omega_d}\pi} = e^{-\frac{\xi\pi}{\sqrt{1-\xi^2}}} \tag{3-3-17}$$

依据式（3-3-17）和式（3-3-15）可得图 3-3-3 所示的 δ、α 与 ξ 的关系曲线。可见，二阶欠阻尼系统一定会出现超调现象，系统超调量 δ 反映了系统的平稳性，只与阻尼比 ξ 有关，且与 ξ 呈单调递减的关系，在实际工程中，一般希望 $0.5<\xi<0.8$；系统瞬态过程时间 t_s 反映了系统的快速性，与极点实部的绝对值 $|\sigma_d|=\xi\omega_n$ 成反比，比例系数 α 大约为 4（取 $\varepsilon=0.02$）。

值得注意的是，在实际系统中，闭环系统的 ω_n、ξ 都与控制器增益 k_c 相关，往往增大 k_c，会加大 ω_n，但 ξ 会被减小，参见式（3-3-11b）。因此，要使系统有较好的快速性，需要 ω_n 与 ξ 有一个好的配合，控制器增益 k_c 的选择也就会受到这个配合的约束。

（4）二阶欠阻尼系统的脉冲响应 $h(t)$

取 $r(t)=\delta(t)$，则 $r(s)=1$，进而有

$$y(s) = \Phi(s)r(s) = \frac{\omega_n^2}{s^2+2\xi\omega_n s+\omega_n^2} \quad (0<\xi<1) \tag{3-3-18}$$

对式（3-3-18）进行拉氏反变换便可得到二阶欠阻尼系统的脉冲响应，即 $h(t)=\mathscr{L}^{-1}[y(s)]$。

另外，根据式（3-1-26）知，对系统的阶跃响应求导也可得到系统的脉冲响应。对式（3-3-12a）求导，参照式（3-3-16a）的推导有

$$h(t) = \left[-ce^{\sigma_d t}\sin(\omega_d t+\beta)+1 \right]' = c\omega_n e^{\sigma_d t}\sin\omega_d t \tag{3-3-19}$$

则脉冲响应曲线如图 3-3-4 所示。

可见，二阶欠阻尼系统的脉冲响应是一条振荡（衰减）曲线，稳态响应 $h_s(t)=0$，瞬态响应 $h_0(t)=h(t)$。脉冲响应正向的第 1 个峰值，可看作脉冲输入激发出的偏离稳态值的系统输出"初态"，然后看此"初态"可否衰减到稳态值。因此，脉冲响应的超调量 $\hat{\delta}$ 以逆向（负值）第 1 个峰值 h_m^- 与正向（正值）第 1 个峰值 h_m^+ 之比来表征；脉冲响应的瞬态过程时间 $\hat{t}_s$ 以进入到区间 $\pm\varepsilon h_m^+$ 所需的最小时间计。二者均以正向（正值）的第 1 个峰值 h_m^+ 为基准。

仿阶跃响应超调量的推导，对式（3-3-19）求导并令其为 0，即

$$h'(t) = c\omega_n\left[\sigma_d e^{\sigma_d t}\sin\omega_d t + e^{\sigma_d t}\omega_d\cos\omega_d t \right]$$

$$= -c\omega_n^2 e^{\sigma_d t}\left[\cos\beta\sin\omega_d t - \sin\beta\cos\omega_d t \right] = -c\omega_n^2 e^{\sigma_d t}\sin(\omega_d t-\beta) = 0$$

峰值发生在 $\omega_d t-\beta=k\pi(k=0,1,2\cdots)$，其正向第 1 个峰值时间与逆向第 1 个峰值时间分别为 $t_{p0}=\dfrac{\beta}{\omega_d}$、$t_{p1}=\dfrac{\pi+\beta}{\omega_d}$，对应的峰值之比 $\hat{\delta}$ 为

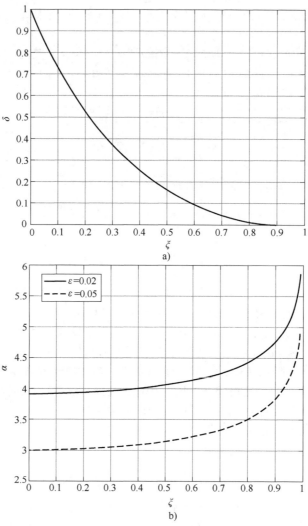

图 3-3-3　δ、α 与 ξ 的关系

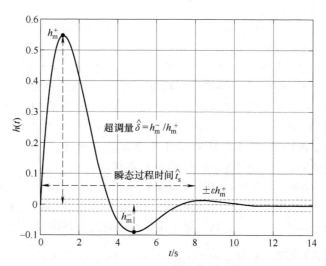

图 3-3-4　二阶系统的脉冲响应

$$\hat{\delta} = \left| \frac{c\omega_{n}e^{\sigma_{d}t_{p1}}\sin\omega_{d}t_{p1}}{c\omega_{n}e^{\sigma_{d}t_{p0}}\sin\omega_{d}t_{p0}} \right| = \left| \frac{e^{\sigma_{d}\frac{\pi+\beta}{\omega_{d}}}\sin(\pi+\beta)}{e^{\sigma_{d}\frac{\beta}{\omega_{d}}}\sin\beta} \right| = e^{\frac{\sigma_{d}}{\omega_{d}}\pi} = \delta \tag{3-3-20}$$

式中，δ 是阶跃响应的超调量，见式(3-3-17)。

同理，仿阶跃响应瞬态过程时间的推导，取

$$|h(t)| = |c\omega_{n}e^{\sigma_{d}t}\sin\omega_{d}t| \leqslant c\omega_{n}e^{\sigma_{d}t} \leqslant \varepsilon c\omega_{n}e^{\sigma_{d}t_{p0}}\sin\omega_{d}t_{p0} = \varepsilon\omega_{n}e^{\sigma_{d}t_{p0}},$$

$$e^{\sigma_{d}(t-t_{p0})} \leqslant \frac{\varepsilon}{c}, \quad \sigma_{d}(t-t_{p0}) \leqslant \ln\left(\frac{\varepsilon}{c}\right) = \ln(\varepsilon\sin\beta)$$

则

$$t \geqslant \frac{\ln(\varepsilon\sin\beta)}{\sigma_{d}} + t_{p0} = \frac{\ln(\varepsilon\sin\beta)^{-1}}{\xi\omega_{n}} + t_{p0}$$

参见式(3-3-15)，t_{s} 是阶跃响应的瞬态过程时间，有

$$\hat{t}_{s} = t_{s} + t_{p0} = t_{s} + \frac{\beta}{\omega_{d}} \tag{3-3-21}$$

注意，式中 β 的单位为弧度(rad)，ω_{d} 的单位为弧度/秒(rad/s)。

由上面的讨论可知，二阶欠阻尼系统脉冲响应的超调量 $\hat{\delta}$ 与阶跃响应的超调量 δ 是一致的；脉冲响应的瞬态过程时间 $\hat{t}_{s}$ 比阶跃响应的瞬态过程时间 t_{s} 要长(多了 t_{p0} 的时间)。

(5) 抗扰性

参见图 3-1-1，若只考虑测量噪声 n 的影响(扰动 d 的影响可参照例 3-1-4 进行分析)，令 $n(t) = \sin\omega t$，则 $n(s) = \dfrac{\omega}{s^{2}+\omega^{2}}$，有

$$\Phi_{n}(s) = \frac{-Q(s)}{1+Q(s)} = -\Phi(s) \tag{3-3-22a}$$

$$y_{n} = \Phi_{n}(s)n(s) = -\frac{\omega_{n}^{2}}{s^{2}+2\xi\omega_{n}s+\omega_{n}^{2}} \times \frac{\omega}{s^{2}+\omega^{2}}$$

$$= \frac{c_{1}}{s-\sigma_{d}-j\omega_{d}} + \frac{c_{1}^{*}}{s-\sigma_{d}+j\omega_{d}} + \frac{c_{0}}{s-j\omega} + \frac{c_{0}^{*}}{s+j\omega} \tag{3-3-22b}$$

式中系数为

$$\begin{cases} c_{1} = \Phi_{n}(s)n(s)(s-\sigma_{d}-j\omega_{d})\big|_{s=\sigma_{d}+j\omega_{d}} = |c_{1}|e^{j\varphi} \\[2mm] c_{0} = \Phi_{n}(s)n(s)(s-j\omega)\big|_{s=j\omega} = \dfrac{\Phi_{n}(j\omega)}{2j} = \dfrac{Ae^{j\theta}}{2j} \\[4mm] \Phi_{n}(j\omega) = -\dfrac{\omega_{n}^{2}}{s^{2}+2\xi\omega_{n}+\omega_{n}^{2}}\bigg|_{s=j\omega} = -1\bigg/\left(1-\dfrac{\omega^{2}}{\omega_{n}^{2}}+j2\xi\dfrac{\omega}{\omega_{n}}\right) \\[4mm] A = |\Phi_{n}(j\omega)| = 1\bigg/\sqrt{\left(1-\dfrac{\omega^{2}}{\omega_{n}^{2}}\right)^{2}+\left(2\xi\dfrac{\omega}{\omega_{n}}\right)^{2}} \\[4mm] \theta = \angle\Phi_{n}(j\omega) = \pi - \arctan\left(2\xi\dfrac{\omega}{\omega_{n}}\right)\bigg/\left(1-\dfrac{\omega^{2}}{\omega_{n}^{2}}\right) \end{cases}$$

对式(3-3-22b)求拉氏反变换有

$$y_{n}(t) = c_{1}e^{(\sigma_{d}+j\omega_{d})t} + c_{1}^{*}e^{(\sigma_{d}-j\omega_{d})t} + c_{0}e^{j\omega t} + c_{0}^{*}e^{-j\omega t}$$

$$= |c_{1}|e^{\sigma_{d}t}e^{j(\omega_{d}t+\varphi)} + |c_{1}|e^{\sigma_{d}t}e^{-j(\omega_{d}t+\varphi)} + \frac{Ae^{j\theta}}{2j}e^{j\omega t} - \frac{Ae^{-j\theta}}{2j}e^{-j\omega t}$$

$$= |c_1| e^{\sigma_d t} (e^{j(\omega_d t+\varphi)} + e^{-j(\omega_d t+\varphi)}) + A\left(\frac{e^{j(\omega t+\theta)} - e^{-(j\omega t+\theta)}}{2j}\right)$$

$$= 2|c_1| e^{\sigma_d t}\cos(\omega_d t+\varphi) + A\sin(\omega t+\theta) \qquad (3\text{-}3\text{-}23)$$

由上面系数公式可见，当 $\omega \gg \omega_n$ 时，稳态响应幅值 $A \to 0$，表明二阶欠阻尼系统本身有着抑制高频的作用。实际上，只要 $\Phi(s)$ 是严格真分式，由系数 A 的公式可推知，当 $\omega \to \infty$ 时，都有 $A \to 0$。所以，二阶欠阻尼系统的这种低通滤波性在其他系统（包括一阶系统）中一般都存在，这也是在系统分析时常常不考虑高频测量噪声影响的一个原因。

另外，由式（3-3-23）看出，当噪声输入信号是正弦信号时，对应的稳态输出极限 $\lim\limits_{t\to\infty} y_n(t)$ 是不存在的，所以不能直接采用式（3-2-10a）分析稳态性，而需要采用求取（稳态）响应的方法。

3. 具有零点的二阶欠阻尼系统

二阶欠阻尼系统还有一种情形，在式（3-3-11a）的基础上增加一个零点 $z = -1/\tau$，即

$$\Phi(s) = \frac{\omega_n^2(\tau s+1)}{s^2+2\xi\omega_n s+\omega_n^2}(0<\xi<1) \qquad (3\text{-}3\text{-}24\text{a})$$

若取 $r(t) = I(t)$，$r(s) = 1/s$，根据部分分式法可得

$$y(s) = \Phi(s)r(s) = \frac{\omega_n^2(\tau s+1)}{s^2+2\xi\omega_n s+\omega_n^2}\frac{1}{s} = \frac{c_1}{s-\overline{p}_1} + \frac{c_2}{s-\overline{p}_2} + \frac{c_0}{s} \qquad (3\text{-}3\text{-}24\text{b})$$

与式（3-3-11c）比较可看出，其形式是一致的，只是系数会有变化，令

$$(\tau s+1)\big|_{s=\overline{p}_1} = \tau\overline{p}_1 + 1 = 1-\tau\xi\omega_n + j\tau\omega_n\sqrt{1-\xi^2} = c_\tau e^{j\beta_\tau} \qquad (3\text{-}3\text{-}25\text{a})$$

式中，

$$\begin{cases} c_\tau = \sqrt{1-2\xi\omega_n\tau+(\omega_n\tau)^2} \\ \cos\beta_\tau = (1-\xi\omega_n\tau)/c_\tau \\ \sin\beta_\tau = \omega_n\tau\sqrt{1-\xi^2}/c_\tau \end{cases} \qquad (3\text{-}3\text{-}25\text{b})$$

要注意：

$$\beta_\tau \in \begin{cases} \left[0, \dfrac{\pi}{2}\right] & \tau \leqslant \dfrac{1}{\xi\omega_n} \\ \left(\dfrac{\pi}{2}, \pi\right) & \tau > \dfrac{1}{\xi\omega_n} \end{cases} \qquad (3\text{-}3\text{-}25\text{c})$$

再参照式（3-3-11d）有

$$\begin{cases} c_1 = \dfrac{\omega_n^2(\tau s+1)}{s^2+2\xi\omega_n s+\omega_n^2}\dfrac{1}{s}(s-\overline{p}_1)\bigg|_{s=\overline{p}_1} = \dfrac{\omega_n^2}{(s-\overline{p}_1)(s-\overline{p}_2)}\dfrac{1}{s}(s-\overline{p}_1)\bigg|_{s=\overline{p}_1}(\tau s+1)\big|_{s=\overline{p}_1} \\ \quad = \dfrac{c}{2}e^{j\left(\frac{\pi}{2}+\beta\right)}c_\tau e^{j\beta_\tau} = \dfrac{cc_\tau}{2}e^{j\left(\frac{\pi}{2}+\beta+\beta_\tau\right)} = \dfrac{c_\Delta}{2}e^{j\left(\frac{\pi}{2}+\beta_\Delta\right)} \\ c_2 = c_1^* = \dfrac{c_\Delta}{2}e^{-j\left(\frac{\pi}{2}+\beta_\Delta\right)} \\ c_0 = \dfrac{\omega_n^2(\tau s+1)}{s^2+2\xi\omega_n s+\omega_n^2}\dfrac{1}{s}s\bigg|_{s=0} = 1 \end{cases} \qquad (3\text{-}3\text{-}25\text{d})$$

式中，

$$\begin{cases} c_\Delta = cc_\tau \\ \beta_\Delta = \beta+\beta_\tau \end{cases} \qquad (3\text{-}3\text{-}25\text{e})$$

对式(3-3-24b)求拉氏反变换得到闭环系统输出阶跃响应为

$$y(t) = 2 \mid c_1 \mid e^{\sigma_d t} \cos\left(\omega_d t + \frac{\pi}{2} + \beta_\Delta\right) + c_0 = -2 \mid c_1 \mid e^{\sigma_d t} \sin(\omega_d t + \beta_\Delta) + c_0$$

$$= -c_\Delta e^{\sigma_d t} \sin(\omega_d t + \beta_\Delta) + 1 \tag{3-3-26a}$$

对应的输出瞬态响应和输出稳态响应为

$$\begin{cases} y_0(t) = -c_\Delta e^{\sigma_d t} \sin(\omega_d t + \beta_\Delta) \\ y_s(t) = 1 \end{cases} \tag{3-3-26b}$$

比较式(3-3-26)与式(3-3-12)可见，二者有完全相似的响应形式，只是幅值 c_Δ 与相位 β_Δ 有变化，这也验证了在"基于拉氏变换的部分分式法"总结中的说明，即极点决定输出响应模态(其参量为 $\{\sigma_d, \omega_d\}$)，零点只是修改模态的系数 $\{c_\Delta, \beta_\Delta\}$。

若将式(3-3-24b)做如下分解：

$$y = \Phi(s) r = y_1 + y_2 = \frac{\omega_n^2}{s^2 + 2\xi\omega_n s + \omega_n^2} r + \tau s \frac{\omega_n^2}{s^2 + 2\xi\omega_n s + \omega_n^2} r \tag{3-3-27a}$$

式中，y_1 是(无零点的)二阶典型系统响应分量，y_2 是微分(τ)引起的响应分量，即

$$\begin{cases} y_1 = \dfrac{\omega_n^2}{s^2 + 2\xi\omega_n s + \omega_n^2} r \\ y_2 = \tau s y_1 \end{cases} \tag{3-3-27b}$$

根据二阶欠阻尼系统的阶跃响应式(3-3-12a)和脉冲响应式(3-3-19)有

$$y_1(t) = -c e^{\sigma_d t} \sin(\omega_d t + \beta) + 1, \quad y_2(t) = \tau c \omega_n e^{\sigma_d t} \sin\omega_d t$$

则

$$\begin{aligned} y(t) = y_1(t) + y_2(t) &= 1 - c e^{\sigma_d t} [\sin(\omega_d t + \beta) - \tau\omega_n \sin(\omega_d t + \beta - \beta)] \\ &= 1 - c e^{\sigma_d t} [\sin(\omega_d t + \beta)(1 - \tau\omega_n \cos\beta) + \tau\omega_n \cos(\omega_d t + \beta)\sin\beta] \\ &= 1 - c e^{\sigma_d t} [\sin(\omega_d t + \beta)(1 - \xi\omega_n\tau) + \cos(\omega_d t + \beta)\tau\omega_n\sqrt{1 - \xi^2}] \\ &= 1 - c c_\tau e^{\sigma_d t} [\sin(\omega_d t + \beta)\cos\beta_\tau + \cos(\omega_d t + \beta)\sin\beta_\tau] \\ &= 1 - c c_\tau e^{\sigma_d t} \sin(\omega_d t + \beta + \beta_\tau) = 1 - c_\Delta e^{\sigma_d t} \sin(\omega_d t + \beta_\Delta) \end{aligned} \tag{3-3-27c}$$

可见，与式(3-3-26a)的结果一致。取 $\xi = 0.5$，$\omega_n = 1\mathrm{rad/s}$，$\tau = 4\mathrm{s}$，可得具有零点的二阶欠阻尼系统阶跃响应，如图 3-3-5 所示。

由图 3-3-5 可看出，微分响应 $y_2(t)$ 反映系统输出变化的趋势，将(无零点的)二阶典型系统响应 $y_1(t)$ 往前提升到 $y(t)$，最大峰值时间提前，加快了系统上升时间，零点起到了微分超前的作用，但不利的是，推高了系统的超调量。

1) 下面推导具有零点的二阶欠阻尼系统阶跃响应的瞬态过程时间 $t_{\tau s}$ 与超调量 δ_τ，并与没有零点的二阶欠阻尼系统阶跃响应的瞬态过程时间 t_s 与超调量 δ 进行对比。

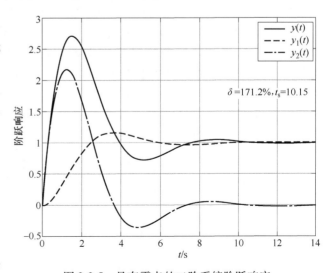

$\delta = 171.2\%, t_s = 10.15$

图 3-3-5　具有零点的二阶系统阶跃响应

仿照式(3-3-15)的推导，有

$$\left| y(t) - y_s(t) \right| = \left| -c_\Delta e^{\sigma_d t} \sin(\omega_d t + \beta_\Delta) \right| \le cc_\tau e^{\sigma_d t} \le \varepsilon(t > t_s),$$

$$e^{\sigma_d t} \le \frac{\varepsilon}{cc_\tau}, \quad t \ge \frac{1}{\sigma_d} \ln \frac{\varepsilon}{cc_\tau} = \frac{\ln[c_\tau(\varepsilon \sin\beta)^{-1}]}{\xi\omega_n}$$

具有零点的二阶欠阻尼系统瞬态过程时间 $t_{\tau s}$ 为

$$t_{\tau s} = \frac{\alpha_\tau}{\xi\omega_n}, \quad \alpha_\tau = \ln(\varepsilon\sin\beta)^{-1} + \ln c_\tau \tag{3-3-28}$$

同理，仿照式(3-3-16)的推导，有

$$y'(t) = [-c_\Delta e^{\sigma_d t} \sin(\omega_d t + \beta_\Delta) + 1]'$$
$$= c_\Delta \omega_n e^{\sigma_d t}[\cos\beta\sin(\omega_d t + \beta_\Delta) - \sin\beta\cos(\omega_d t + \beta_\Delta)]$$
$$= c_\Delta \omega_n e^{\sigma_d t}\sin(\omega_d t + \beta_\Delta - \beta) = cc_\tau\omega_n e^{\sigma_d t}\sin(\omega_d t + \beta_\tau) = 0$$

最大峰值时间 $t_{\tau p}$ 应满足 $\omega_d t + \beta_\tau = k\pi(k=1,2,\cdots)$，则

$$t_{\tau p} = \frac{\pi - \beta_\tau}{\omega_d}(k=1) \tag{3-3-29}$$

具有零点的二阶欠阻尼系统超调量 δ_τ 为

$$\delta_\tau = \frac{y(t_{\tau p}) - y_s}{y_s} \times 100\% = -cc_\tau e^{\sigma_d t_{\tau p}}\sin\left(\omega_d\frac{\pi - \beta_\tau}{\omega_d} + \beta + \beta_\tau\right)$$
$$= c_\tau e^{\frac{\sigma_d}{\omega_d}(\pi - \beta_\tau)} = c_\tau e^{\frac{-\xi}{\sqrt{1-\xi^2}}(\pi - \beta_\tau)} \tag{3-3-30}$$

若令 $f(\tau) = c_\tau e^{\frac{\xi}{\sqrt{1-\xi^2}}\beta_\tau}$，可以证明 $f'(\tau) > 0$，因此 $f(\tau)$ 是 τ 的单调递增函数。由式(3-3-30)和式(3-3-17)可得

$$\frac{\delta_\tau}{\delta} = \frac{c_\tau e^{\frac{-\xi(\pi-\beta_\tau)}{\sqrt{1-\xi^2}}}}{e^{\frac{-\xi\pi}{\sqrt{1-\xi^2}}}} = c_\tau e^{\frac{\xi}{\sqrt{1-\xi^2}}\beta_\tau} > c_\tau e^{\frac{\xi}{\sqrt{1-\xi^2}}\beta_\tau}\bigg|_{\tau=0} = 1 \tag{3-3-31}$$

可见，具有零点的二阶欠阻尼系统的超调量 δ_τ 会加大，这对系统是不利的。另外，可验证 $\tau = 0$ 时，式(3-3-28)和式(3-3-30)退化为式(3-3-15)和式(3-3-17)。

取 $\omega_n\tau = \{5,2,1,0.5,0\}$，依据式(3-3-30)和式(3-3-28)可得图3-3-6所示的 δ_τ、α_τ 与 ξ 的关系曲线。可见，在 $\omega_n\tau$ 确定时，系统超调量 δ_τ 仍与 ξ 呈单调递减的关系，不同的 $\omega_n\tau$ 对 δ_τ 的影响较大；系统瞬态过程时间 $t_{\tau s}$ 仍与 $\xi\omega_n$ 成反比，对于不同的 $\omega_n\tau$，瞬态过程时间的比例系数 α_τ 在 $4\sim5.5(\xi<0.7)$ 之间。

2) 系统零点作用可以加快系统上升过程，但是，若存在高频测量噪声($n(t) = \sin\omega t$)，则会放大噪声的影响。由式(3-3-22)知：

$$y_n = \Phi_n(s)n(s) = -\Phi(s)n(s) = -\frac{\omega_n^2(\tau s+1)}{s^2 + 2\xi\omega_n s + \omega_n^2}n(s)$$

即

$$y_n = y_{n1} + y_{n2} = -\frac{\omega_n^2}{s^2 + 2\xi\omega_n s + \omega_n^2}n(s) - \tau s\frac{\omega_n^2}{s^2 + 2\xi\omega_n s + \omega_n^2}n(s) \tag{3-3-32a}$$

根据式(3-3-23)有

$$y_{n1}(t) = 2|c_1|e^{\sigma_d t}\cos(\omega_d t + \varphi) + A\sin(\omega t + \theta) \tag{3-3-32b}$$

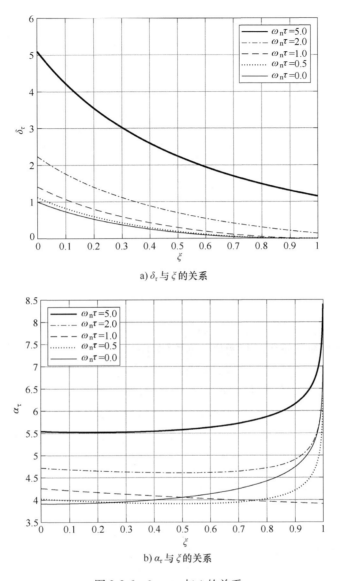

a) δ_τ 与 ξ 的关系

b) α_τ 与 ξ 的关系

图 3-3-6　δ_τ、α_τ 与 ξ 的关系

$$y_{n2}(t) = \tau \dot{y}_{n1}(t) = \tau \left[2 \left| c_1 \right| e^{\sigma_d t} \cos(\omega_d t + \varphi) + A \sin(\omega t + \theta) \right]'$$

$$= 2\tau \left| c_1 \right| \left[\sigma_d e^{\sigma_d t} \cos(\omega_d t + \varphi) - \omega_d e^{\sigma_d t} \sin(\omega_d t + \varphi) \right] + \tau \omega A \cos(\omega t + \theta)$$

$$= 2\tau \left| c_1 \right| \omega_n e^{\sigma_d t} \cos(\omega_d t + \varphi + \beta) + \tau \omega A \cos(\omega t + \theta) \tag{3-3-32c}$$

比较式(3-3-32b)与式(3-3-32c)可知，由于微分的作用，$y_{n2}(t)$ 的瞬态响应幅值是 $y_{n1}(t)$ 的瞬态响应幅值的 $\tau \omega_n$ 倍，$y_{n2}(t)$ 的稳态响应幅值是 $y_{n1}(t)$ 的稳态响应幅值的 $\tau \omega$ 倍。若系统稳定，$\sigma_d < 0$，瞬态响应幅值总会被 $e^{\sigma_d t}$ 衰减掉，但稳态响应幅值不会衰减。由式(3-3-22)的系数公式知，若输入信号频率 $\omega \gg \omega_n$ 处在高频段，幅值 A 不大，常可忽略；若输入信号频率在自然振荡频率附近，即 $\omega \approx \omega_n$，幅值 A 不能忽略，这时微分起到了对测量噪声的放大作用，这一点在增加零点时是需要注意的。

3）具有零点的二阶欠阻尼系统的脉冲响应 $h(t)$。

取 $r(t) = \delta(t)$，与式(3-3-20)的推导一样，由式(3-3-26a)可得

$$
\begin{aligned}
h(t) &= \left[-c_\Delta e^{\sigma_d t} \sin(\omega_d t + \beta_\Delta) + 1 \right]' \\
&= -c_\Delta \sigma_d e^{\sigma_d t} \sin(\omega_d t + \beta_\Delta) - c_\Delta \omega_d e^{\sigma_d t} \cos(\omega_d t + \beta_\Delta) \\
&= c_\Delta \omega_n e^{\sigma_d t} \left[\cos\beta \sin(\omega_d t + \beta_\Delta) - \sin\beta \cos(\omega_d t + \beta_\Delta) \right] \\
&= cc_\tau \omega_n e^{\sigma_d t} \sin(\omega_d t + \beta_\tau)
\end{aligned}
$$

对脉冲响应求导并命其为 0，即

$$
\begin{aligned}
h'(t) &= cc_\tau \omega_n \left[\sigma_d e^{\sigma_d t} \sin(\omega_d t + \beta_\tau) + e^{\sigma_d t} \omega_d \cos(\omega_d t + \beta_\tau) \right] \\
&= -cc_\tau \omega_n^2 e^{\sigma_d t} \left[\cos\beta \sin(\omega_d t + \beta_\tau) - \sin\beta \cos(\omega_d t + \beta_\tau) \right] \\
&= -cc_\tau \omega_n^2 e^{\sigma_d t} \sin(\omega_d t + \beta_\tau - \beta) = 0
\end{aligned}
$$

峰值发生在 $\omega_d t + \beta_\tau - \beta = k\pi (k = 0, 1, 2 \cdots)$，其正向第 1 个峰值时间与逆向第 1 个峰值时间分别为

$$
t_{\tau p 0} = \frac{\beta - \beta_\tau}{\omega_d}, \quad t_{\tau p 1} = \frac{\pi + \beta - \beta_\tau}{\omega_d}
$$

对应的峰值之比 $\hat{\delta}_\tau$ 为

$$
\hat{\delta}_\tau = \left| \frac{cc_\tau \omega_n e^{\sigma_d \frac{\pi + \beta - \beta_\tau}{\omega_d}} \sin(\pi + \beta)}{cc_\tau \omega_n e^{\sigma_d \frac{\beta - \beta_\tau}{\omega_d}} \sin\beta} \right| = e^{\frac{\sigma_d}{\omega_d} \pi} = \delta \tag{3-3-33}
$$

式中，δ 是没有零点的阶跃响应的超调量，见式(3-3-17)。

同理，仿式(3-3-21)的推导，可得其瞬态过程时间 $\hat{t}_{\tau s}$：

$$
\begin{aligned}
|h(t)| &= |cc_\tau \omega_n e^{\sigma_d t} \sin(\omega_d t + \beta_\tau)| \leqslant cc_\tau \omega_n e^{\sigma_d t} \\
&\leqslant \varepsilon \left[cc_\tau \omega_n e^{\sigma_d t_{\tau p 0}} \sin(\omega_d t_{\tau p 0} + \beta_\tau) \right] = \varepsilon \left[c_\tau \omega_n e^{\sigma_d t_{\tau p 0}} \right],
\end{aligned}
$$

$$
e^{\sigma_d(t - t_{p 0})} \leqslant \frac{\varepsilon}{c}, \quad \sigma_d(t - t_{\tau p 0}) \leqslant \ln\left(\frac{\varepsilon}{c}\right) = \ln(\varepsilon \sin\beta), \quad t \geqslant \frac{\ln(\varepsilon \sin\beta)^{-1}}{\xi \omega_n} + t_{\tau p 0}
$$

参见式(3-3-15)，t_s 是没有零点的阶跃响应的瞬态过程时间，有

$$
\hat{t}_{\tau s} = t_s + t_{\tau p 0} = t_s + \frac{\beta - \beta_\tau}{\omega_d} \tag{3-3-34}
$$

比较式(3-3-33)、式(3-3-34)与式(3-3-20)、式(3-3-21)，有零点和无零点的二阶欠阻尼系统的脉冲响应的超调量、瞬态过程时间没有本质区分。因此，在实际工程中更多采用阶跃响应的超调量、瞬态过程时间来反映系统的扩展性能。

例 3-3-2 对于图 3-1-1 所示系统，若开环传递函数分别为

$$
Q(s) = \frac{k_{qp}}{(s + a_1)(s + a_2)} \tag{3-3-35a}
$$

$$
Q_\tau(s) = \frac{k_{qp}(\tau s + 1)}{(s + a_1)(s + a_2)} \tag{3-3-35b}
$$

试分析闭环系统性能。

参照例 3-1-2，闭环传递函数分别为

$$
\Phi(s) = \frac{Q(s)}{1 + Q(s)} = \frac{k_{qp}}{s^2 + (a_1 + a_2)s + a_1 a_2 + k_{qp}} = k_\phi \frac{\omega_n^2}{s^2 + 2\xi_0 \omega_n s + \omega_n^2} \tag{3-3-36a}
$$

$$
\Phi_\tau(s) = \frac{Q_\tau(s)}{1 + Q_\tau(s)} = \frac{k_{qp}(\tau s + 1)}{s^2 + (a_1 + a_2)s + a_1 a_2 + k_{qp}(\tau s + 1)}
$$

$$= \frac{k_{qp}(\tau s+1)}{s^2+(a_1+a_2+k_{qp}\tau)s+a_1a_2+k_{qp}} = k_\phi \frac{\omega_n^2(\tau s+1)}{s^2+2\xi\omega_n s+\omega_n^2} \quad (3\text{-}3\text{-}36b)$$

式中,

$$\begin{cases} k_\phi = k_{qp}/(a_1a_2+k_{qp}) \\ \omega_n = \sqrt{a_1a_2+k_{qp}} \end{cases} \quad (3\text{-}3\text{-}36c)$$

$$\begin{cases} \xi_0 = (a_1+a_2)/(2\omega_n) \\ \xi = \xi_0 + \dfrac{k_{qp}}{a_1a_2+k_{qp}} \times \dfrac{1}{2}\omega_n\tau \end{cases} \quad (3\text{-}3\text{-}36d)$$

1)闭环系统的零极点:

在开环系统增加零点,该零点将成为闭环系统的零点,参见式(3-3-35b)与式(3-3-36b)。开环系统的零点还会影响闭环系统的极点,比较式(3-3-36a)与式(3-3-36b)的分母,二者的自然频率 ω_n 一样,但阻尼比不一样,$\xi > \xi_0$,参见式(3-3-36d)。

因此,在开环系统增加零点,不仅使闭环系统继续保留该零点,起到微分提前作用,而且还使得闭环阻尼比加大,超调量减小。注意与式(3-3-31)的结论不一样,因为式(3-3-31)的结论是建立在闭环阻尼比不变的前提下,即有零点的式(3-3-24a)与无零点的式(3-3-11a)的阻尼比是一样的前提下得到的。

2)计算性能指标:

取 $k_{qp}=1$、$a_2=0$、$a_1=\{0.6,1.4\}$,$\tau=0.5\text{s}$,由式(3-3-36d)有 $\xi_0=\dfrac{a_1}{2\omega_n}$,$\xi=\xi_0+\dfrac{1}{2}\omega_n\tau$。根据式(3-3-28)、式(3-3-30),可得到 $\Phi(s)(\tau=0)$、$\Phi_\tau(s)$ 的性能指标值,如表3-3-1所示。

表 3-3-1 $\Phi(s)$ 与 $\Phi_\tau(s)$ 的性能指标值

a_1	τ/s	$\omega_n/(\text{rad/s})$	ξ	$t_{\tau s}/\text{s}$	δ_τ
0.6	0	1	0.3	13.2	37.1%
0.6	0.5	1	0.55	7.26	14.9%
1.4	0	1	0.7	6.07	4.6%
1.4	0.5	1	0.95	4.74	0.00169%

3)求解响应验证性能指标:

根据式(3-3-12a)和式(3-3-26a),可得到图3-3-7a、b所示的系统阶跃响应曲线,图中的超调量与计算值是一致的,瞬态过程时间与计算值基本一致。

4)抗扰与抗噪性能分析:

取 $G_d(s)=\dfrac{d_0}{s(s+a_1)}$,$d_0=1$,$a_1=1.4$,外部扰动 $d=I(t)$,测量噪声 $n(t)=\sin\omega t$,$\omega=3\text{rad/s}$,分别考虑只有外部扰动、测量噪声存在下的系统输出响应,如图3-3-8a、b所示。可见,对于测量噪声,被放大到原来($\tau=0$)的 $\tau\omega=0.5\times3=1.5$(倍)。

例 3-3-3 对于图2-2-4所示的倒立摆系统,其数学模型为式(2-2-21),即

$$\left(\frac{L(M+m)}{\cos\theta}-mL\cos\theta\right)\ddot{\theta}+mL\sin\theta\dot{\theta}^2-g(M+m)\tan\theta=F \quad (3\text{-}3\text{-}37a)$$

其线性化的数学模型为式(2-3-15b),即

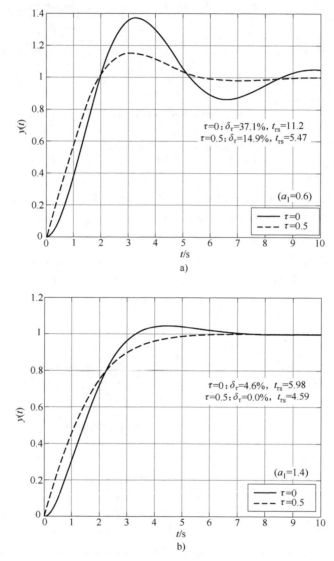

图 3-3-7　例 3-3-2 的系统输出响应

$$G(s)=\frac{b_0}{s^2+a_0}=\frac{k_g}{(T_1s+1)(T_2s-1)} \tag{3-3-37b}$$

式中，$M=1\text{kg}$，$m=0.1\text{kg}$，$L=1\text{m}$；且

$$\begin{cases} T_1=T_2=T=\sqrt{\dfrac{ML}{(M+m)g}}\approx\sqrt{0.1}\,\text{s} \\[3mm] k_g=\dfrac{1}{(M+m)g}\approx0.1\text{rad/N} \end{cases} \tag{3-3-37c}$$

若采取反馈控制，控制器分别为 $K(s)=k_c$、$K(s)=k_c(\tau_c s+1)$，如图 3-3-9 所示，分析系统性能。

非线性模型难以求解系统响应，也难以建立模型参数与系统性能之间的关系，所以，在理论分析时，常采用其线性化的模型进行分析。

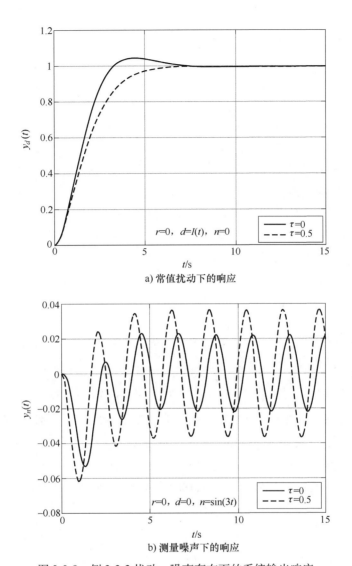

a) 常值扰动下的响应

b) 测量噪声下的响应

图 3-3-8　例 3-3-2 扰动、噪声存在下的系统输出响应

1）若 $K(s) = k_c$，其闭环传递函数为

$$\Phi(s) = \frac{G(s)K(s)}{1+G(s)K(s)} = \frac{k_c k_g}{(T_1 s+1)(T_2 s-1)+k_c k_g} = \frac{k_c k_g}{T^2 s^2 - 1 + k_c k_g} \tag{3-3-38}$$

可见闭环极点为

$$\bar{p}_{1,2} = \begin{cases} \pm\dfrac{\sqrt{1-k_c k_g}}{T} & k_c < \dfrac{1}{k_g} \\[3mm] \pm\mathrm{j}\dfrac{\sqrt{k_c k_g-1}}{T} & k_c \geqslant \dfrac{1}{k_g} \end{cases} \tag{3-3-39}$$

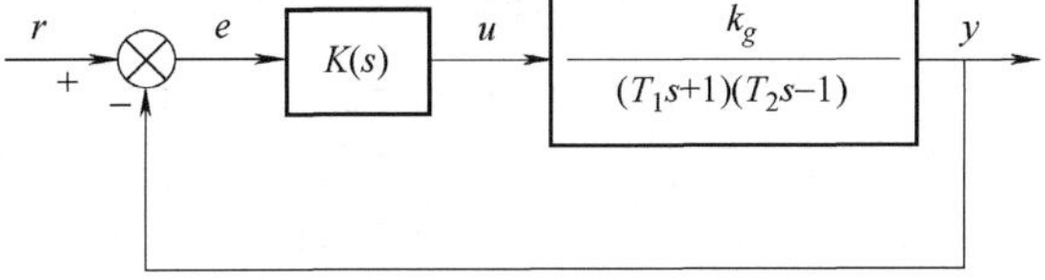

当 $k_c < 1/k_g$ 时，闭环系统不稳定；当 $k_c \geqslant 1/k_g$ 时，闭环系统临界稳定。

图 3-3-9　二阶倒立摆系统

可见，对倒立摆采取比例控制 $K(s) = k_c$，无法使其稳定。因而，继续分析系统的其他性能不再有意义。

2）若 $K(s) = k_c(\tau_c s + 1)$，其闭环传递函数为

$$\Phi(s) = \frac{G(s)K(s)}{1+G(s)K(s)} = \frac{k_c k_g(\tau_c s+1)}{(T_1 s+1)(T_2 s-1)+k_c k_g(\tau_c s+1)}$$

$$= \frac{k_c k_g(\tau_c s+1)}{T^2 s^2 + k_c k_g \tau_c s + (k_c k_g - 1)} = k_\phi \frac{\omega_n^2(\tau_c s+1)}{s^2 + 2\xi\omega_n s + \omega_n^2} \qquad (3\text{-}3\text{-}40)$$

式中，$k_\phi = \dfrac{k_c k_g}{k_c k_g - 1} \approx \dfrac{k_c}{k_c - 10}$，$\omega_n = \dfrac{\sqrt{k_c k_g - 1}}{T} \approx \sqrt{k_c - 10}$，$\xi = \dfrac{k_c k_g \tau_c}{2\omega_n T^2} = \dfrac{\tau_c}{2T}\dfrac{k_c k_g}{\sqrt{k_c k_g - 1}} \approx \dfrac{\tau_c}{2}\dfrac{k_c}{\sqrt{k_c - 10}}$。可见，

只要 $k_c > 10$，闭环系统就是稳定的。

若取给定输入 $r(t) = \delta(t)$，有 $r(s) = 1$，则对应的稳态误差为

$$e_s = \lim_{s\to 0} s[r(s) - y(s)] = \lim_{s\to 0} s[1 - \Phi(s)]r(s) = \lim_{s\to 0} s[1 - \Phi(s)] = 0$$

综上，只要 $k_c > 10$，在控制器 $K(s) = k_c(\tau_c s + 1)$ 下，可使得倒立摆稳态时处在垂直状态。此时，闭环系统的输出为

$$y(s) = \Phi(s) \times 1 = k_\phi \frac{\omega_n^2(\tau_c s+1)}{s^2 + 2\xi\omega_n s + \omega_n^2} = \frac{c_1}{s - \sigma_d - j\omega_d} + \frac{c_1^*}{s - \sigma_d + j\omega_d}$$

式中，$y = \theta - \theta^* = \theta$，闭环极点 $\bar{p}_{1,2} = \sigma_d \pm j\omega_d$，且 $c_1 = \Phi(s)(s - \sigma_d - j\omega_d)\big|_{s=\sigma_d + j\omega_d} = |c_1|\, e^{j\varphi_1}$。求拉氏反变换有

$$y(t) = 2|c_1|\, e^{\sigma_d t} \sin\left(\omega_d t + \frac{\pi}{2} + \varphi_1\right) \qquad (3\text{-}3\text{-}41)$$

由于式（3-3-40）是一个典型的具有零点的二阶欠阻尼系统，若分别取控制器参数 $\{k_c, \tau_c\} = \{40, 0.1\}$、$\{45, 0.15\}$、$\{50, 0.2\}$，按照式（3-3-33）、式（3-3-34）以及 $\bar{p}_{1,2}$ 等参数公式可得表 3-3-2 所示的扩展性能超调量 $\hat{\delta}_\tau$、瞬态过程时间 $\hat{t}_{\tau s}$ 等数据。

表 3-3-2　例 3-3-3 的超调量 $\hat{\delta}_\tau$、瞬态过程时间 $\hat{t}_{\tau s}$ 等数据

k_c/(N/rad)	τ_c/s	ξ	ω_n	$\bar{p}_{1,2}$	$\hat{\delta}_\tau$	$\hat{t}_{\tau s}$/s
40	0.1	0.365	5.479	$-2 \pm j5.09902$	29.16%	2.1
45	0.15	0.57	5.92	$-3.38 \pm j4.86$	11.28%	0.992
50	0.2	0.791	6.32	$-5 \pm j3.87$	1.75%	0.781

3）仿真验证。

对于差分标准化的模型，常采用理想脉冲输入 $r = \delta(t)$ 进行理论分析，但理想脉冲输入不便于实现，它的实际作用是激发出一个偏离稳态值的初始状态，所以，在仿真时常常取输入 $r = 0$、初始状态不为 0，来代替理想的脉冲输入，这也与实际运行情况更接近。

在 MATLAB 的 Simulink 仿真平台上（以下同）建立式（3-3-37b）所示的线性仿真模型，如图 3-3-10a 所示。控制器参数 $\{k_c, \tau_c\}$ 分别按表 3-3-2 选取，初始条件取为 $\theta(0) = 45°$、$\dot{\theta}(0) = 0$，可得到系统输出响应如图 3-3-10c 所示，图 3-3-10d 是对应的控制量曲线。

与例 3-3-1、例 3-3-2 一样，如果被控对象是线性模型，参见表 3-3-2，根据系统参数和性能指标公式得到的超调量 $\hat{\delta}_\tau$ 与从图 3-3-10c 输出响应曲线得到的是基本一致的，瞬态过程时间 $\hat{t}_{\tau s}$ 的估算误差要大一些（源于理论分析是用脉冲输入）。再一次说明，分析系统的性能可不必事先得到输出响应曲线，通过系统参数经性能指标公式可以得到较好的估算。

表 3-3-2 中超调量、瞬态过程时间的数据与仿真响应曲线有所差异，主要是初始条件 $\theta(0)$、$\dot{\theta}(0)$ 与脉冲输入的匹配问题。由式 (3-3-40) 知，对于脉冲输入 $r(t)=\delta(t)$，系统输出为

$$y=k_\phi \frac{\omega_n^2(\tau_c s+1)}{s^2+2\xi\omega_n s+\omega_n^2} \qquad (3\text{-}3\text{-}42a)$$

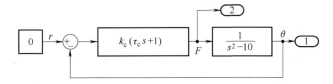

a) 线性模型下的仿真图

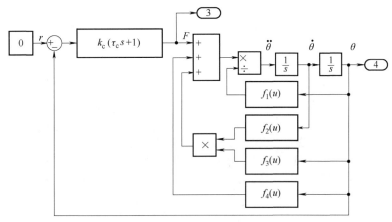

$$f_1(u)\big|_{u=\theta}=\frac{L(M+m)}{\cos\theta}-mL\cos\theta, f_2(u)\big|_{u=\dot{\theta}}=\dot{\theta}^2$$

$$f_3(u)\big|_{u=\theta}=-mL\sin\theta, f_4(u)\big|_{u=\theta}=g(M+m)\tan\theta$$

b) 非线性模型下的仿真图

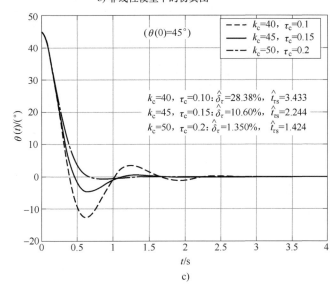

c)

图 3-3-10 例 3-3-3 的系统输出响应

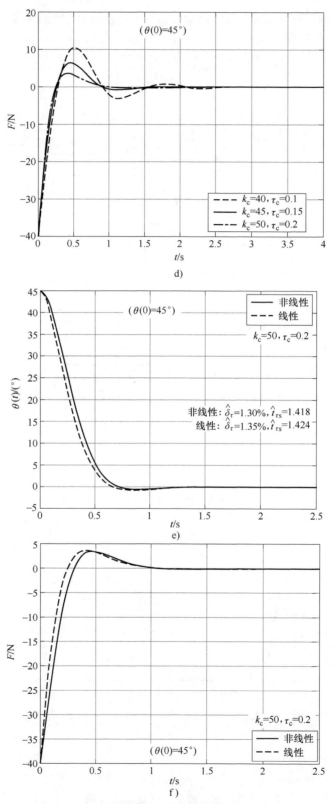

图 3-3-10　例 3-3-3 的系统输出响应（续）

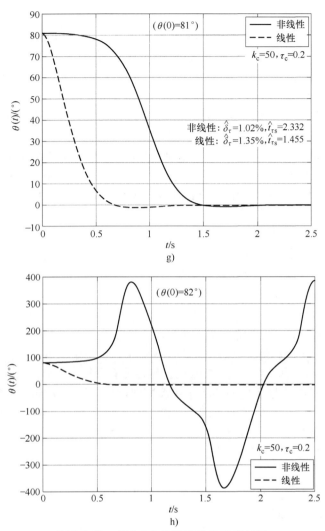

g)

h)

图 3-3-10　例 3-3-3 的系统输出响应（续）

若输入 $r=0$，初始条件为 $y(0)=y_0$、$\dot{y}(0)=\dot{y}_0$，此时，系统微分方程为

$$\ddot{y}+2\xi\omega_n\dot{y}+\omega_n^2 y=\omega_n^2 k_\phi(\tau_c\dot{r}+r)$$

取拉氏变换有

$$(s^2+2\xi\omega_n s+\omega_n^2)y-(y_0 s+\dot{y}_0+2\xi\omega_n y_0)=0$$

这时，系统输出为

$$y=\frac{y_0 s+\dot{y}_0+2\xi\omega_n y_0}{s^2+2\xi\omega_n s+\omega_n^2} \tag{3-3-42b}$$

若要式（3-3-42a）与式（3-3-42b）二者完全一致，则

$$y_0=k_\phi\omega_n^2\tau_c，\quad \dot{y}_0+2\xi\omega_n y_0=k_\phi\omega_n^2$$

进而有

$$\dot{y}_0=\left(\frac{1}{\tau_c}-2\xi\omega_n\right)y_0 \tag{3-3-42c}$$

即系统初始条件按上式匹配，将与理想脉冲响应完全一致。

4）工程限制因素对性能影响的分析：

① 模型残差。倒立摆是一个典型的非线性系统，式（3-3-37b）是它的线性化模型，以线性化模型得到的结果能否复现到实际系统中是需要探讨的。由于非线性微分方程的求解困难，还是需要采用计算机仿真进行分析。将倒立摆的非线性模型式（3-3-37a）替代图 3-3-10a 所示的线性化模型，得到非线性仿真模型如图 3-3-10b 所示。

用同样的控制器参数 $k_c = 50\text{N/rad}$、$\tau_c = 0.2\text{s}$ 和初始条件 $\theta(0) = 45°$、$\dot{\theta}(0) = 0$，分别施加到非线性模型与线性化模型上，其系统输出响应如图 3-3-10e 所示。可见，非线性模型与线性化模型的性能是基本一致的，因此，采用线性化模型进行理论分析具有工程意义。

若继续加大初始摆角 $\theta(0) = 81°$，其他参数不变，非线性模型与线性化模型的系统输出响应如图 3-3-10g 所示。可见，二者都能让倒立摆回到平衡态，系统基本性能（稳定性与稳态性）是一致的，但二者的扩展性能有了较大差异。

若再加大初始摆角 $\theta(0) = 82°$，其他参数不变，非线性模型与线性化模型的系统输出响应如图 3-3-10h 所示。可见，线性化模型的输出响应仍是稳定的，但非线性模型的输出响应不再稳定。

这就提醒我们，用线性化模型分析的结果不能直接应用到非线性的实际系统中，必须高度重视模型残差的限制因素，需要通过计算机仿真手段，进一步确认出基于线性化模型的理论分析结果的适用范围。对于本例，若初始摆角不超过 $45°$，实际的倒立摆的性能与基于线性化模型的理论分析结果是接近的；若初始摆角超过 $82°$，二者之间出现本质的差异，尽管基于线性化模型的理论分析结果是稳定的，但实际的倒立摆不再稳定；若初始摆角在 $45° \sim 81°$ 之间，二者的基本性能（稳定性与稳态性）是一致的，但二者的扩展性能有了较大差异。

② 变量值域。无论是线性化模型还是非线性模型都要关注系统中每个变量在运行过程中是否会超限，特别是控制量。图 3-3-10d、图 3-3-10f 是控制量 F 的变化曲线。可见，在起动瞬间需要一个较大的反向作用力 F，起动结束后作用力 F 在 0 附近变化。若允许最大作用力为 50N，控制量不会超限。注意本例的线性化模型是差值型，F 不是比值量是绝对量。

5）进一步的分析：

分析系统的性能，不是单纯地计算一些典型的性能指标，而是通过分析从中发现规律，进而指导控制器的结构选择与参数设计。

由反馈调节原理知，总是力图使用简单的控制器实现复杂的控制任务，这是反馈调节的潜在优势。最简单的控制就是比例控制，所以，对控制系统的分析，总是从比例控制开始。由式（3-3-39）知，对倒立摆实施比例控制无法使其稳定，这是与例 3-3-1 的直流调速系统不一样的结论。比较二者的被控对象传递函数式（3-3-5a）与式（3-3-37b）知，直流电动机是一个自身稳定的被控对象，而倒立摆是一个自身不稳定的被控对象。因此，对于前者采用比例控制是合适的，对于后者采用比例控制就难以达到目的。

由闭环极点方程 $1 + G(s)K(s) = 0$ 知，控制器 $K(s)$ 的作用是将被控对象 $G(s)$ 中不好的开环极点"拉到"合适的位置上。对于自身不稳定的被控对象，参见式（3-3-38）的分母多项式，由于缺少 s 的 1 次项，无论比例控制 $K(s) = k_c$ 的参数怎样选取，都无法将 2 个闭环极点同时拉到稳定区域。若增加开环零点，形成"比例+零点"的控制 $K(s) = k_c(\tau_c s + 1)$，参见式（3-3-40）的分母多项式，由于补上了 s 的 1 次项，则可将不稳定的开环极点"拉到"稳定区域。这是增加零点的一个有益之处，但要注意零点会放大高频噪声的影响。

二阶欠阻尼系统是一类相当广泛存在的实际工程系统。综上所述有：

1）二阶欠阻尼系统的阶跃响应特点是会出现超调现象，超调是工程实际尽量要避免的，但是有超调也意味着系统有较快的上升速度，合理利用超调有时会提高系统快速性。相反，一阶惯性系统没有超调，系统的瞬态过程时间有时会更长。超调量 δ 和瞬态过程时间 t_s 都与阻尼比 ξ 相关，在工程实际中常常选择 $\xi=0.5\sim0.8$ 之间，可同时兼顾到超调量与瞬态过程时间。

2）若系统存在稳定的零点，会起到微分提前作用，可加快系统的响应速度，也会增加系统的超调量；另外，对于不稳定的被控对象也较容易使其稳定。要注意的是，微分作用也会放大高频噪声。

3）与一阶惯性系统一样，对于二阶欠阻尼系统，加大开环控制器增益 k_c 会减小外部扰动的影响。但是，加大开环控制器增益 k_c 会同时影响阻尼比 ξ 和自然振荡频率 ω_n，从而影响系统的超调量和瞬态过程时间。另外，加大开环控制器增益 k_c 容易引起控制量超限，这一点是要时刻关注的。

4）有了超调量、瞬态过程时间、稳态误差这三个性能指标值就可以较好地刻画输出响应的情况，所以，这三个性能指标成为最常用的典型性能指标。

4. 二阶过阻尼系统

若式（3-3-11a）中阻尼比 $\xi>1$，闭环极点不再是 1 对共轭极点而是 2 个实数极点，即

$$\Phi(s)=\frac{Q(s)}{1+Q(s)}=\frac{k_{qp}}{s(s+a_1)+k_{qp}}=\frac{\omega_n^2}{s^2+2\xi\omega_n s+\omega_n^2}\quad(\xi>1)$$

$$=\frac{\bar{p}_1\bar{p}_2}{(s-\bar{p}_1)(s-\bar{p}_2)}=\frac{1}{(\bar{T}_1 s+1)(\bar{T}_2 s+1)}\quad(\bar{T}_1>\bar{T}_2)\tag{3-3-43}$$

当 $\xi>1$ 时，系统为（无零点）二阶过阻尼系统。

由式（3-1-10a）中 η 与 ξ 的关系可推出

$$\xi=\frac{\eta+1}{2\sqrt{\eta}}>1\tag{3-3-44a}$$

η 与 ξ 的关系曲线如图 3-3-11 所示，可见 η 与 ξ 呈单调一一对应关系，且有

$$\begin{cases}\bar{p}_1=-\omega_n/\sqrt{\eta}\\ \bar{p}_2=-\omega_n\sqrt{\eta}\end{cases}\tag{3-3-44b}$$

因此，在二阶过阻尼系统分析时常以闭环极点之比 η 作为重要参数。

采用部分分式法，容易推出它的阶跃响应（$\xi>1$）：

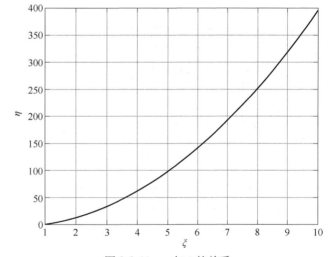

图 3-3-11 η 与 ξ 的关系

$$y(s)=\Phi(s)r(s)=\frac{\bar{p}_1\bar{p}_2}{(s-\bar{p}_1)(s-\bar{p}_2)}\frac{1}{s}=\frac{c_1}{s-p_1}+\frac{c_2}{s-p_2}+\frac{c_0}{s}\tag{3-3-45a}$$

式中系数为

$$\begin{cases}c_1=\frac{\bar{p}_1\bar{p}_2}{(s-\bar{p}_1)(s-\bar{p}_2)}\frac{1}{s}(s-\bar{p}_1)\bigg|_{s=\bar{p}_1}=\frac{\bar{p}_1\bar{p}_2}{\bar{p}_1-\bar{p}_2}\frac{1}{\bar{p}_1}=-\frac{\eta}{\eta-1}\\[4mm] c_2=\frac{\bar{p}_1\bar{p}_2}{(s-\bar{p}_1)(s-\bar{p}_2)}\frac{1}{s}(s-\bar{p}_2)\bigg|_{s=\bar{p}_2}=\frac{\bar{p}_1\bar{p}_2}{\bar{p}_2-\bar{p}_1}\frac{1}{\bar{p}_2}=\frac{1}{\eta-1}\\[4mm] c_0=\frac{\bar{p}_1\bar{p}_2}{(s-\bar{p}_1)(s-\bar{p}_2)}\frac{1}{s}s\bigg|_{s=0}=1\end{cases}\tag{3-3-45b}$$

对式(3-3-45a)求拉氏反变换有

$$y(t) = c_1 e^{\bar{p}_1 t} + c_2 e^{\bar{p}_2 t} + 1 = -\frac{\eta}{\eta-1} e^{-\frac{t}{\bar{T}_1}} + \frac{1}{\eta-1} e^{-\frac{t}{\bar{T}_2}} + 1 \qquad (3\text{-}3\text{-}46a)$$

对应的瞬态响应和稳态响应为

$$\begin{cases} y_0(t) = -\dfrac{\eta}{\eta-1} e^{-\frac{t}{\bar{T}_1}} + \dfrac{1}{\eta-1} e^{-\frac{t}{\bar{T}_2}} \\ y_s(t) = 1 \end{cases} \qquad (3\text{-}3\text{-}46b)$$

与式(3-1-11)比较，二者结果是一致的（$k_\phi = 1$、$r_0 = 1$）。

若阶跃响应 $y(t)$ 存在超调，则

$$y'(t) = \frac{\eta}{\eta-1} \frac{1}{\bar{T}_1} e^{-\frac{t}{\bar{T}_1}} - \frac{1}{\eta-1} \frac{1}{\bar{T}_2} e^{-\frac{t}{\bar{T}_2}}$$

$$= \frac{\eta}{\eta-1} \frac{1}{\bar{T}_1} \left(e^{-\frac{t}{\bar{T}_1}} - e^{-\frac{t}{\bar{T}_2}} \right) = 0$$

由于 $\bar{T}_1 \neq \bar{T}_2$，上式无解，即（无零点）二阶过阻尼系统不存在超调。

若 $\eta = 1$，运用洛必达法则求极限有

$$y(t) = \lim_{\eta \to 1} \frac{-\eta e^{-\frac{t}{\bar{T}_1}} + e^{-\eta\frac{t}{\bar{T}_1}}}{\eta-1} + 1 = \lim_{\eta \to 1} \left(-e^{-\frac{t}{\bar{T}_1}} - \frac{t}{\bar{T}_1} e^{-\eta\frac{t}{\bar{T}_1}} \right) + 1$$

$$= -\left(1 + \frac{t}{\bar{T}_1} \right) e^{-\frac{t}{\bar{T}_1}} + 1$$

取 $\eta = \{1.1, 2, 3, 4, 5, 6, 7\}$、$\bar{T}_1 = 0.2\text{s}$，得到图3-3-12a所示的阶跃响应。

可见，由于二阶过阻尼系统传递函数是两个一阶惯性系统传递函数的串联，其阶跃响应是两个单调模态的叠加，没有超调；瞬态过程时间 t_s（按 $\varepsilon = 0.02$ 取）与 $\bar{T}_1$ 基本上成正比，见表3-3-3，其正比系数 α 与 η 的关系如图3-3-12b所示。

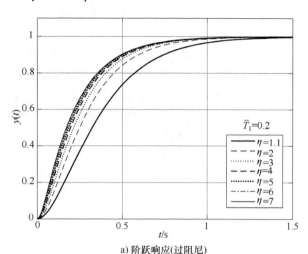

a) 阶跃响应（过阻尼）

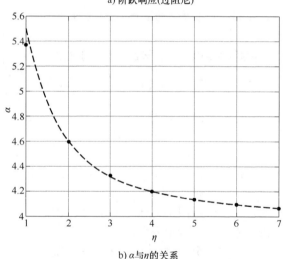

b) α 与 η 的关系

图3-3-12 二阶过阻尼系统的阶跃响应

表3-3-3 二阶过阻尼系统瞬态过程时间

η	1	2	3	4	5	6	7
ξ	1.0	1.06	1.15	1.25	1.34	1.43	1.51
t_s/s	1.11	0.92	0.864	0.84	0.827	0.819	0.813
$\alpha = t_s/\bar{T}_1$	5.55	4.6	4.32	4.2	4.135	4.095	4.065

由式(3-3-46a)也可估算二阶过阻尼系统的瞬态过程时间 t_s，若 $\eta \geqslant 5$，有

$$\left| y(t) - y_s(t) \right| = \left| -\frac{\eta}{\eta-1} e^{-\frac{t}{\bar{T}_1}} + \frac{1}{\eta-1} e^{-\eta\frac{t}{\bar{T}_1}} \right| = \frac{\eta}{\eta-1} e^{-\frac{t}{\bar{T}_1}} \left| 1 - \frac{1}{\eta} e^{-(\eta-1)\frac{t}{\bar{T}_1}} \right| = \frac{\mu\eta}{\eta-1} e^{-\frac{t}{\bar{T}_1}} \leqslant \varepsilon$$

式中取

$$\mu = 1 - \frac{1}{\eta} e^{-(\eta-1)\frac{t}{T_1}} \bigg|_{t=t_s \approx 4\overline{T}_1} \approx 1 - \frac{1}{\eta} e^{-4(\eta-1)} \qquad (3\text{-}3\text{-}47a)$$

进而有

$$e^{-\frac{t}{\overline{T}_1}} \leqslant \frac{\eta-1}{\mu\eta}\varepsilon, \quad -\frac{t}{\overline{T}_1} \leqslant \ln\left(\frac{\eta-1}{\mu\eta}\varepsilon\right)$$

则

$$t_s = \ln\left(\frac{\eta}{\eta-1}\frac{\mu}{\varepsilon}\right) \times \overline{T}_1 = \alpha\overline{T}_1, \quad \alpha = \ln\left(\frac{\eta}{\eta-1}\frac{1}{\varepsilon}\right) + \ln\mu \qquad (3\text{-}3\text{-}47b)$$

取 $\varepsilon = 0.02$，式(3-3-47b)的结果与表 3-3-3 中数据是一致的，说明式(3-3-47a)的近似处理是合理的。一般情况下，$\mu \approx 1$，瞬态过程时间大致为

$$t_s = \alpha\overline{T}_1, \quad \alpha = 4 \sim 5.5 \qquad (3\text{-}3\text{-}47c)$$

实际上，当 $\eta \geqslant 5$ 时，系统的响应基本上由模态 $e^{-\frac{t}{\overline{T}_1}}$ 决定，模态 $e^{-\frac{t}{\overline{T}_2}} = e^{-\eta\frac{t}{\overline{T}_1}}$ 会很快衰减到 0，由式(3-3-46a)可得

$$y(t) = -\frac{\eta}{\eta-1} e^{-\frac{t}{\overline{T}_1}} + \frac{1}{\eta-1} e^{-\eta\frac{t}{\overline{T}_1}} + 1 \approx -\frac{\eta}{\eta-1} e^{-\frac{t}{\overline{T}_1}} + 1 \qquad (3\text{-}3\text{-}48)$$

取 $\eta = \{5, 10\}$、$\overline{T}_1 = 0.2s$，式(3-3-46a)与式(3-3-48)的阶跃响应如图 3-3-13 所示，可见基本一致。

因此，当 $\eta \geqslant 5$ 时，二阶过阻尼系统可退化为一阶惯性系统进行分析，相应的惯性时间常数为 $\overline{T}_1$，瞬态过程时间 $t_s = \alpha\overline{T}_1 \approx \left(\ln\frac{\eta}{\eta-1}\frac{1}{\varepsilon}\right)\overline{T}_1 \approx (\ln\varepsilon^{-1})\overline{T}_1 \approx 4\overline{T}_1$。

要注意的是，闭环时间常数 $\overline{T}_1$ 与 η 是相关的，由式(3-3-44)知 $\overline{T}_1 = \sqrt{\eta}/\omega_n$，当 $\eta = 1(\xi = 1)$ 时 $\overline{T}_1$ 取值最小。因此，二阶过阻尼系统的 2 个实数极点越靠近，其瞬态过程时间越短，换句话说，阻尼比 ξ 越大，其瞬态过程时间越长。

5. 具有零点的二阶过阻尼系统

同样，二阶过阻尼系统还有一种情形，在式(3-3-43)的基础上增加一个零点 $z = -1/\tau$，即

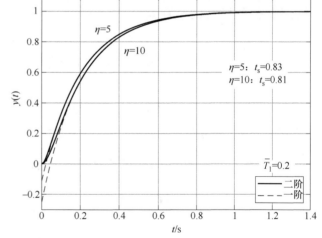

图 3-3-13　式(3-3-46a)与式(3-3-48)的阶跃响应

$$\Phi(s) = \frac{\omega_n^2(\tau s+1)}{s^2 + 2\xi\omega_n s + \omega_n^2} \quad (\xi > 1)$$

$$= \frac{\overline{p}_1\overline{p}_2(\tau s+1)}{(s-\overline{p}_1)(s-\overline{p}_2)} = \frac{\tau s+1}{(\overline{T}_1 s+1)(\overline{T}_2 s+1)} \quad (\overline{T}_1 > \overline{T}_2) \qquad (3\text{-}3\text{-}49a)$$

若取 $r(t) = I(t)$，$r(s) = 1/s$，根据部分分式法可得

$$y(s) = \Phi(s)r(s) = \frac{\overline{p}_1\overline{p}_2(\tau s+1)}{(s-\overline{p}_1)(s-\overline{p}_2)}\frac{1}{s} = \frac{c_1}{s-\overline{p}_1} + \frac{c_2}{s-\overline{p}_2} + \frac{c_0}{s} \qquad (3\text{-}3\text{-}49b)$$

同样，与式（3-3-45a）比较可看出，其形式是一致的，只是系数会有变化，令

$$\eta_\tau = \frac{\tau}{\overline{T}_1} = -\tau \overline{p}_1 \tag{3-3-50a}$$

那么

$$\begin{cases} (\tau s + 1) \big|_{s=\overline{p}_1} = \tau \overline{p}_1 + 1 = 1 - \eta_\tau \\ (\tau s + 1) \big|_{s=\overline{p}_2} = \tau \overline{p}_2 + 1 = \tau \eta \overline{p}_1 + 1 = 1 - \eta \eta_\tau \end{cases} \tag{3-3-50b}$$

再参照式（3-3-45b）有

$$\begin{cases} c_1 = \frac{\overline{p}_1 \overline{p}_2 (\tau s + 1)}{(s - \overline{p}_1)(s - \overline{p}_2)} \frac{1}{s} (s - \overline{p}_1) \bigg|_{s=\overline{p}_1} = \frac{\overline{p}_1 \overline{p}_2}{\overline{p}_1 - \overline{p}_2} \frac{1}{\overline{p}_1} \times (\tau s + 1) \big|_{s=\overline{p}_1} = -\frac{\eta}{\eta - 1}(1 - \eta_\tau) \\ c_2 = \frac{\overline{p}_1 \overline{p}_2 (\tau s + 1)}{(s - \overline{p}_1)(s - \overline{p}_2)} \frac{1}{s} (s - \overline{p}_2) \bigg|_{s=\overline{p}_2} = \frac{\overline{p}_1 \overline{p}_2}{\overline{p}_2 - \overline{p}_1} \frac{1}{\overline{p}_2} \times (\tau s + 1) \big|_{s=\overline{p}_2} = \frac{1}{\eta - 1}(1 - \eta \eta_\tau) \\ c_0 = \frac{\overline{p}_1 \overline{p}_2 (\tau s + 1)}{(s - \overline{p}_1)(s - \overline{p}_2)} \frac{1}{s} s \bigg|_{s=0} = 1 \end{cases} \tag{3-3-51}$$

对式（3-3-49b）求拉氏反变换得到闭环系统输出阶跃响应为

$$y(t) = c_1 e^{\overline{p}_1 t} + c_2 e^{\overline{p}_2 t} + 1 = -\frac{(1 - \eta_\tau)\eta}{\eta - 1} e^{-\frac{t}{\overline{T}_1}} + \frac{1 - \eta \eta_\tau}{\eta - 1} e^{-\frac{t}{\overline{T}_2}} + 1 \tag{3-3-52a}$$

对应的瞬态响应和稳态响应为

$$\begin{cases} y_0(t) = -\frac{(1 - \eta_\tau)\eta}{\eta - 1} e^{-\frac{t}{\overline{T}_1}} + \frac{1 - \eta \eta_\tau}{\eta - 1} e^{-\frac{t}{\overline{T}_2}} \\ y_s(t) = 1 \end{cases} \tag{3-3-52b}$$

将式（3-3-52a）与式（3-3-46a）比较可见，二者有相同模态 $\{e^{-\frac{t}{\overline{T}_1}}, e^{-\frac{t}{\overline{T}_2}}\}$，增加零点只是修改了模态前的系数。取 $\eta = \{1.1, 2, 3, 5, 7\}$、$\overline{T}_1 = 0.2\text{s}$、$\eta_\tau = \{0.5, 2\}$，得到图 3-3-14 所示的阶跃响应。

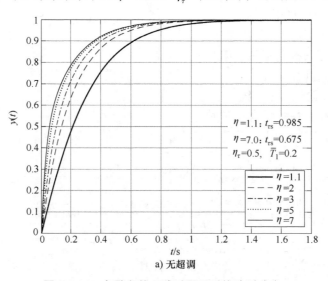

a) 无超调

图 3-3-14　有零点的二阶过阻尼系统阶跃响应

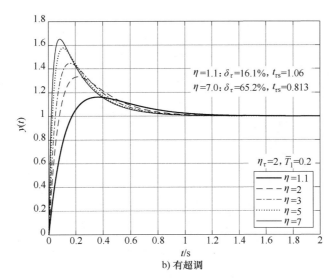

图 3-3-14　有零点的二阶过阻尼系统阶跃响应（续）

可见，有零点的二阶过阻尼系统阶跃响应会出现无超调和有超调两种情况。尽管两个实数极点都是单调模态，但由于零点环节有超前作用，会促成两个单调模态在上升阶段叠加后超出稳态值，从而出现超调。可以看出，这种超调不是振荡衰减回到稳态，而是超出后单调衰减回到稳态。

若式（3-3-52a）所示的阶跃响应 $y(t)$ 存在超调，则

$$y'(t) = \frac{(1-\eta_\tau)\eta}{\eta-1}\frac{1}{\overline{T_1}}e^{-\frac{t}{\overline{T_1}}} - \frac{1-\eta\eta_\tau}{\eta-1}\frac{1}{\overline{T_2}}e^{-\frac{t}{\overline{T_2}}} = \frac{\eta}{\eta-1}\frac{1}{\overline{T_1}}\left[(1-\eta_\tau)e^{-\frac{t}{\overline{T_1}}} - (1-\eta\eta_\tau)e^{-\frac{t}{\overline{T_2}}}\right] = 0$$

其峰值时间 $t_{\tau p}$ 应满足

$$(1-\eta_\tau)e^{-\frac{t_{\tau p}}{\overline{T_1}}} = (1-\eta\eta_\tau)e^{-\frac{t_{\tau p}}{\overline{T_2}}}, \quad \frac{1-\eta\eta_\tau}{1-\eta_\tau} = e^{-(\eta-1)\frac{t_{\tau p}}{\overline{T_1}}}$$

则

$$t_{\tau p} = \frac{\overline{T_1}}{\eta-1}\ln\frac{1-\eta\eta_\tau}{1-\eta_\tau} = \xi_p \overline{T_1}, \quad \xi_p = \frac{1}{\eta-1}\ln\frac{\eta\eta_\tau-1}{\eta_\tau-1} \tag{3-3-53a}$$

超调量为

$$\delta_\tau = \frac{y(t_{\tau p})-y_s}{y_s}\times 100\% = -\frac{(1-\eta_\tau)\eta}{\eta-1}e^{-\frac{t_{\tau p}}{\overline{T_1}}} + \frac{1-\eta\eta_\tau}{\eta-1}e^{-\frac{t_{\tau p}}{\overline{T_2}}}$$

$$= -\frac{(1-\eta_\tau)\eta}{\eta-1}e^{-\frac{t_{\tau p}}{\overline{T_1}}} + \frac{1-\eta_\tau}{\eta-1}e^{-\frac{t_{\tau p}}{\overline{T_1}}} = (\eta_\tau-1)e^{-\frac{t_{\tau p}}{\overline{T_1}}} = (\eta_\tau-1)e^{-\xi_p}(\eta_\tau>1) \tag{3-3-53b}$$

可见，有零点的二阶过阻尼系统出现超调是有条件的，需要满足 $\eta_\tau > 1$。若固定 η_τ，ξ_p、δ_τ 与 η 的关系如图 3-3-15 所示。

由式（3-3-53a）可得 ξ_p 在 $\eta \in (1,\infty)$ 两端的极限值，即

$$\xi_{p0} = \lim_{\eta\to 1^+}\frac{1}{\eta-1}\ln\frac{\eta\eta_\tau-1}{\eta_\tau-1} = \lim_{\eta\to 1^+}\frac{\eta_\tau-1}{\eta\eta_\tau-1}\frac{\eta_\tau}{\eta_\tau-1} = \frac{\eta_\tau}{\eta_\tau-1} \tag{3-3-54a}$$

$$\xi_{p\infty} = \lim_{\eta\to\infty}\frac{1}{\eta-1}\ln\frac{\eta\eta_\tau-1}{\eta_\tau-1} = \lim_{\eta\to\infty}\frac{\eta_\tau-1}{\eta\eta_\tau-1}\frac{\eta_\tau}{\eta_\tau-1} = 0 \tag{3-3-54b}$$

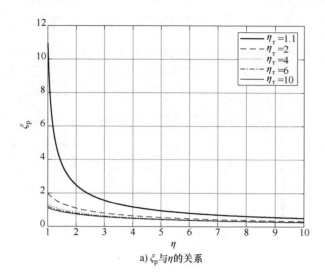

a) ξ_p 与 η 的关系

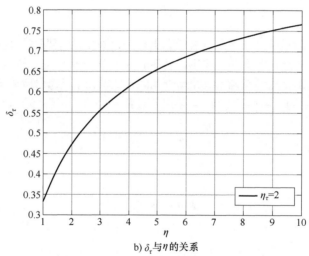

b) δ_τ 与 η 的关系

图 3-3-15　ξ_p、δ_τ 与 η 的关系

所以，超调量满足

$$(\eta_\tau-1)\,\mathrm{e}^{-\frac{\eta_\tau}{\eta_\tau-1}}\leqslant\delta_\tau\leqslant\eta_\tau-1 \tag{3-3-55a}$$

则

$$\eta_\tau\to1\Rightarrow\delta_\tau\to0 \tag{3-3-55b}$$

从前面分析知，为了避免发生超调，根据式（3-3-50a）和式（3-3-44b），其微分时间常数 τ 应满足

$$\eta_\tau=-\tau\overline{p}_1=\frac{\omega_\mathrm{n}\tau}{\sqrt{\eta}}\leqslant1$$

考虑式（3-3-11b），则有

$$\tau\leqslant\frac{\sqrt{\eta}}{\omega_\mathrm{n}}=\sqrt{\frac{\eta}{k_{qp}}} \tag{3-3-56}$$

可见，要使有零点的二阶过阻尼系统有好的平稳性，一是让 τ 满足式(3-3-56)，不发生超调，这时的开环增益 k_{qp} 一般不能大；二是在开环增益 k_{qp} 较大时，会发生超调，但可选择 η 使得 $\eta_\tau \to 1$，其超调量 $\delta_\tau \to 0$。

参照式(3-3-47)的推导，瞬态过程时间可进行如下估算：

$$|y(t)-y_s(t)| = \left| -\frac{(1-\eta_\tau)\eta}{\eta-1}e^{-\frac{t}{\overline{T}_1}} + \frac{1-\eta\eta_\tau}{\eta-1}e^{-\frac{t}{\overline{T}_2}} \right| = \left| -\frac{(1-\eta_\tau)\eta}{\eta-1}e^{-\frac{t}{\overline{T}_1}}\left(1 - \frac{1}{\eta}\frac{1-\eta\eta_\tau}{1-\eta_\tau}e^{-(\eta-1)\frac{t}{\overline{T}_1}}\right) \right|$$

$$= \mu_\tau \frac{|1-\eta_\tau|\eta}{\eta-1}e^{-\frac{t}{\overline{T}_1}} \leq \varepsilon \quad (t>t_s) \tag{3-3-57a}$$

式中取

$$\mu_\tau = \left| 1 - \frac{1-\eta\eta_\tau}{\eta(1-\eta_\tau)}e^{-(\eta-1)\frac{t}{\overline{T}_1}} \right|\Bigg|_{t=t_{\tau s}\approx 4\overline{T}_1} \approx \left| 1 - \frac{1-\eta\eta_\tau}{\eta(1-\eta_\tau)}e^{-4(\eta-1)} \right| \tag{3-3-57b}$$

进而有

$$t_{\tau s} = \ln\left(\frac{\eta}{\eta-1}\frac{|1-\eta_\tau|\mu_\tau}{\varepsilon}\right) \times \overline{T}_1 = \alpha_\tau \overline{T}_1, \quad \alpha_\tau = \ln\left(\frac{\eta}{\eta-1}\frac{1}{\varepsilon}\right) + \ln(|1-\eta_\tau|\mu_\tau) \tag{3-3-57c}$$

当 $\eta_\tau \to 1$ 时，式(3-3-57a)、式(3-3-57b)的近似误差较大，实际上，此时 $\tau \to \overline{T}_1$，在闭环传递函数中会发生零极点的(近似)对消，即

$$\Phi(s) = \frac{\tau s+1}{(\overline{T}_1 s+1)(\overline{T}_2 s+1)} \to \frac{1}{\overline{T}_2 s+1}$$

有零点的二阶过阻尼系统退化为一阶惯性系统，式(3-3-57a)将退化为

$$|y(t)-y_s(t)| \approx \left| \frac{1-\eta\eta_\tau}{\eta-1}e^{-\frac{t}{\overline{T}_2}} \right| \leq \varepsilon \quad (t>t_s) \tag{3-3-58a}$$

进而有

$$t_{\tau s} = \ln\left(\frac{|1-\eta\eta_\tau|}{\eta-1}\frac{1}{\varepsilon}\right) \times \frac{\overline{T}_1}{\eta} = \alpha_\tau \overline{T}_1, \quad \alpha_\tau = \frac{1}{\eta}\ln\left(\frac{|1-\eta\eta_\tau|}{\eta-1}\frac{1}{\varepsilon}\right) \approx \frac{\ln\varepsilon^{-1}}{\eta} \tag{3-3-58b}$$

取 $\eta_\tau = \{0.5, 1, 2\}$，得到 α_τ 与 η 的关系如图3-3-16a所示；取 $\eta = \{3, 5, 10\}$，得到 α_τ 与 η_τ 的关系如图3-3-16b所示。可见，在 $\eta_\tau \to 1$ 时，瞬态过程时间将取得较小的值。

综上所述，对于无零点的二阶过阻尼系统，系统阶跃响应不会出现超调，其瞬态过程时间取决于靠近虚轴的闭环极点对应的时间常数 $\overline{T}_1$；当 $\eta>5$ 时，将退化为一阶惯性系统；当 $\eta \to 1$ 时，瞬态过程时间将取得较小值。

对于有零点的二阶过阻尼系统，由于零点的微分提前作用，系统阶跃响应有可能出现超调；若选择合适的开环增益 k_{qp} 和闭环极点之比 η，可避免超调出现；特别是，当 $\eta_\tau \to 1$ 时，利用稳定的零点 $z=-1/\tau$ 与极点 $\overline{p}_1=-1/\overline{T}_1$ 发生(近似)对消，闭环系统退化为一阶惯性系统，既消除了超调现象又缩短了瞬态过程时间。

6. 低阶系统性能分析小结

前面对一阶、二阶系统及其附加零点的各种情况进行了详细讨论，可以看出：系统的性能与闭环极点密切相关，闭环极点取决于系统的参数；系统的性能可以通过浓缩成的几个典型性能指标来刻画，如稳态性通过稳态误差 e_s、快速性通过瞬态过程时间 t_s、平稳性通过超调量 δ；稳定性是系统最基础的性能，它实际上也包含在了快速性与平稳性之中。

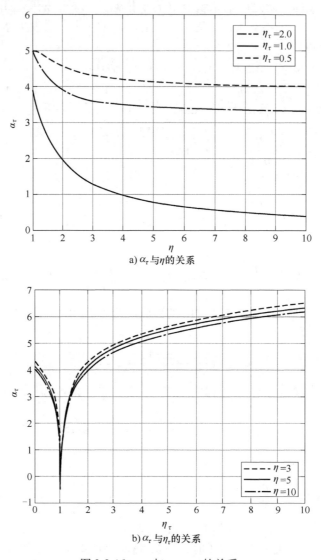

a) α_τ 与 η 的关系

b) α_τ 与 η_τ 的关系

图 3-3-16　α_τ 与 η、η_τ 的关系

另外，系统的阶跃响应有 3 种形态：单调增长型，对应一阶惯性系统或无零点的二阶过阻尼系统，参见图 3-1-2b、图 3-3-12a；超调振荡衰减型，对应无零点或有零点的二阶欠阻尼系统，参见图 3-1-3b、图 3-3-5；超调单调衰减型，对应有零点的二阶过阻尼系统，参见图 3-3-14b。

前面的讨论尽管推导较多，但呈现出规律：一是，附加有零点时，其响应模态一致，只是系数有修改，从而瞬态过程时间 t_s、超调量 δ 的计算公式形式一样；二是，对于二阶过阻尼系统，当 $\eta > 5$ 时，其瞬态过程时间 t_s 退化到一阶惯性系统上。因此，一阶惯性系统（对应实数极点模态）的 t_s、二阶欠阻尼系统（对应共轭复数极点模态）的 $\{t_s, \delta\}$ 是核心指标，其他情况都是在其上的修正。这一点还可以进一步推广到高阶系统中，下一小节会讨论。

对于一阶、二阶系统，只要得到系统参数 $\{\overline{T}\}$ 或 $\{\omega_n, \xi, \tau\}$ 便可得到系统性能指标 $\{t_s, \delta\}$，如表 3-3-4 所示，根据这些指标可大致绘出系统输出响应的形态。

表 3-3-4　一阶、二阶系统性能指标

闭环传递函数	阶 跃 响 应	
	超 调 量	瞬 态 时 间
$\dfrac{1}{Ts+1}$		$t_s=\alpha\overline{T}$ $\alpha=\ln\varepsilon^{-1}\approx4$
$\dfrac{\omega_n^2}{s^2+2\xi\omega_n s+\omega_n^2}(0<\xi<1)$	$\delta=\mathrm{e}^{-\frac{\xi\pi}{\sqrt{1-\xi^2}}}$	$t_s=\dfrac{\alpha}{\xi\omega_n}$ $\alpha=\ln(\varepsilon\sin\beta)^{-1}\approx4$
$\dfrac{\omega_n^2(\tau s+1)}{s^2+2\xi\omega_n s+\omega_n^2}(0<\xi<1)$ $c_\tau=\sqrt{1-2\xi\omega_n\tau+(\omega_n\tau)^2}$ $\cos\beta_\tau=\dfrac{1-\xi\omega_n\tau}{c_\tau}$	$\delta_\tau=c_\tau\mathrm{e}^{-\frac{\xi}{\sqrt{1-\xi^2}}(\pi-\beta_\tau)}$	$t_{\tau s}=\dfrac{\alpha_\tau}{\xi\omega_n}$ $\alpha_\tau=\ln(\varepsilon\sin\beta)^{-1}+\ln c_\tau$ $\approx(4\sim5.5)$
$\dfrac{1}{(\overline{T}_1 s+1)(\overline{T}_2 s+1)}(\xi>1)$ $\eta=\overline{T}_1/\overline{T}_2>1,\ \mu=1-\dfrac{1}{\eta}\mathrm{e}^{-4(\eta-1)}$		$t_s=\alpha\overline{T}_1$ $\alpha=\ln\left(\dfrac{\eta}{\eta-1}\dfrac{1}{\varepsilon}\right)+\ln\mu\approx(4\sim5.5)$
$\dfrac{\tau s+1}{(\overline{T}_1 s+1)(\overline{T}_2 s+1)}(\xi>1)$ $\eta=\overline{T}_1/\overline{T}_2>1,\ \eta_\tau=\tau/\overline{T}_1$ $\mu_\tau=\left\|1-\dfrac{1-\eta\eta_\tau}{\eta(1-\eta_\tau)}\mathrm{e}^{-4(\eta-1)}\right\|$ $\xi_p=\dfrac{1}{\eta-1}\ln\dfrac{1-\eta\eta_\tau}{1-\eta_\tau}$	$\delta_\tau=(\eta_\tau-1)\mathrm{e}^{-\xi_p}$	$t_{\tau s}=\alpha_\tau\overline{T}_1$ $\alpha_\tau=\ln\left(\dfrac{\eta}{\eta-1}\dfrac{1}{\varepsilon}\right)+\ln(\ \|1-\eta_\tau\|\mu_\tau)(\eta_\tau>1)$ $\alpha_\tau\approx\dfrac{\ln\varepsilon^{-1}}{\eta}(\eta_\tau\to1)$

3.3.2　高阶系统的扩展性能与降阶等效分析

从一阶、二阶典型系统的上升时间或瞬态过程时间看，系统的快速性取决于闭环极点的实部；从二阶典型系统的超调量看，系统的平稳性与共轭极点的实部和虚部之比（或阻尼比）有关。高阶系统的瞬态响应与所有的闭环极点关联，若能找到起主要作用的极点，有望将一阶、二阶典型系统的分析公式沿用过来。

1. 主导极点与高阶系统响应

不失一般性，设闭环极点有 n_1 个实数极点，$\overline{p}_i=\sigma_i(i=1,2,\cdots,n_1)$；有 n_2 对共轭复数极点，$\{\overline{p}_i,\overline{p}_i^*\}=\sigma_i\pm\mathrm{j}\omega_i(i=1,2,\cdots,n_2)$；$n=n_1+2n_2$，参见式（3-1-15）和式（3-1-18），闭环传递函数与阶跃响应以及瞬态响应和稳态响应分别为

$$\Phi(s)=k_{\phi p}\frac{\prod\limits_{j=1}^{m}(s-\overline{z}_j)}{\prod\limits_{i=1}^{n}(s-\overline{p}_i)}=k_{\phi p}\frac{\prod\limits_{j=1}^{m}(s-\overline{z}_j)}{\prod\limits_{i=1}^{n_1}(s-\overline{p}_i)\prod\limits_{i=1}^{n_2}(s-\overline{p}_i)(s-\overline{p}_i^*)}$$

$$y(t) = \sum_{i=1}^{n_1} c_{1i} e^{\sigma_i t} + \sum_{i=1}^{n_2} 2 \mid c_{2i} \mid e^{\sigma_i t} \sin(\omega_i t + \theta_i) + c_0 \qquad (3\text{-}3\text{-}59a)$$

$$y_0(t) = \sum_{i=1}^{n_1} c_{1i} e^{\sigma_i t} + \sum_{i=1}^{n_2} 2 \mid c_{2i} \mid e^{\sigma_i t} \sin(\omega_i t + \theta_i) \qquad (3\text{-}3\text{-}59b)$$

$$y_s(t) = c_0 = \Phi(0) \qquad (3\text{-}3\text{-}59c)$$

令 $\Phi_i(s) = \Phi(s)(s - \bar{p}_i)$，参见式(3-1-17)，式(3-3-59)中的系数为

$$c_{1i} = \Phi(s) r(s)(s - \bar{p}_i) \mid_{s = \bar{p}_i} = \frac{\Phi_i(\bar{p}_i)}{\bar{p}_i} = \frac{\Phi_i(\sigma_i)}{\sigma_i} \qquad (3\text{-}3\text{-}60a)$$

$$c_{2i} = \Phi(s) r(s)(s - \bar{p}_i) \mid_{s = \bar{p}_i} = \frac{\Phi_i(\bar{p}_i)}{\bar{p}_i} = \frac{\Phi_i(\sigma_i + j\omega_i)}{\sigma_i + j\omega_i} = \mid c_{2i} \mid e^{j\varphi_i} \qquad (3\text{-}3\text{-}60b)$$

$$c_{2i}^* = \Phi(s) r(s)(s - \bar{p}_i^*) \mid_{s = \bar{p}_i^*} = \frac{\Phi_i(\bar{p}_i^*)}{\bar{p}_i^*} = \frac{\Phi_i(\sigma_i - j\omega_i)}{\sigma_i - j\omega_i} = \mid c_{2i} \mid e^{-j\varphi_i} \qquad (3\text{-}3\text{-}60c)$$

$$c_0 = \Phi(s) r(s) s \mid_{s=0} = \Phi(0) \qquad (3\text{-}3\text{-}60d)$$

前面的分析表明，系统快速性与平稳性取决于瞬态响应 $y_0(t)$ 的衰减与振荡，这与闭环极点的实部和虚部密切相关。首先，可假定所有闭环极点是稳定极点，否则分析扩展性能无意义。在所有闭环极点中，实部最大的极点(离 s 平面虚轴最近的极点)为主导极点，不失一般性，记为 $\bar{p}_* = \sigma_* \pm j\omega_*$。主导极点有两种情形：$\omega_* = 0$，主导极点是实数极点；$\omega_* \neq 0$，主导极点是共轭复数极点。为此，将瞬态响应 $y_0(t)$ 分为主导部分与非主导部分，式(3-3-59b)可写为

$$y_0(t) = y_{0*}(t) + \hat{y}_0(t) \qquad (3\text{-}3\text{-}61a)$$

即

$$y_{0*}(t) = \begin{cases} c_{1*} e^{\sigma_* t} \\ 2 \mid c_{2*} \mid e^{\sigma_* t} \sin(\omega_* t + \theta_*) \end{cases} \qquad (3\text{-}3\text{-}61b)$$

$$\hat{y}_0(t) = \sum_{i \neq *} c_{1i} e^{\eta_i \sigma_* t} + \sum_{i \neq *} 2 \mid c_{2i} \mid e^{\eta_i \sigma_* t} \sin(\omega_i t + \theta_i) \qquad (3\text{-}3\text{-}61c)$$

式中，$\eta_i = \dfrac{\text{Re}(\bar{p}_i)}{\text{Re}(\bar{p}_*)} = \dfrac{\sigma_i}{\sigma_*} > 1$，表明了非主导极点与主导极点的相对位置。下面逐步说明主导极点对输出响应会起到主导作用。

(1) 主导模态与非主导模态的衰减

主导(极点)模态有 $e^{\sigma_* t}$、$e^{\sigma_* t} \sin(\omega_* t + \theta_*)$；非主导(极点)模态有 $e^{\eta_i \sigma_* t}$、$e^{\eta_i \sigma_* t} \sin(\omega_i t + \theta_i)$。图3-3-17给出了这两种模态在不同 η_i 下的衰减情况。

可见，η_i 越大，$e^{\eta_i \sigma_* t}$ 衰减越快。事实上，由式(3-3-4)和式(3-3-15)知，非主导模态的瞬态过程时间都为 $t_{si} \approx 4/(\eta_i \mid \sigma_* \mid)$，与主导模态的瞬态过程时间之比为

$$\frac{t_{si}}{t_{s*}} \approx \frac{4/(\eta_i \mid \sigma_* \mid)}{4/\mid \sigma_* \mid} = \frac{1}{\eta_i} \qquad (3\text{-}3\text{-}62)$$

可见，若 $\eta_i > 5$，在主导模态瞬态过程时间 t_{s*} 的前20%的时段，非主导模态已基本衰减完，因而对系统的瞬态响应影响不大。例3-1-3也说明了这一点。

(2) 模态前系数的影响

系统的瞬态响应性能主要取决于模态的指数衰减，但其前面的系数 $\{c_{1i}, c_{2i}\}$ 对其也是有影响的。

不失一般性，参见式(3-3-59)、式(3-3-60)，对于主导模态有

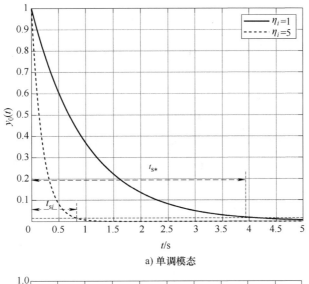

a) 单调模态

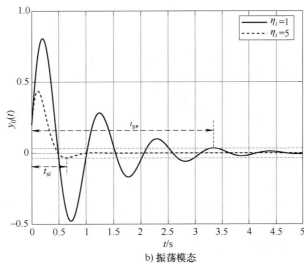

b) 振荡模态

图 3-3-17 模态的衰减

$$y_{0*}(t) = \begin{cases} c_{1*}\mathrm{e}^{\sigma_* t} = \dfrac{\Phi_*(\overline{p}_*)}{\overline{p}_*}\mathrm{e}^{\sigma_* t} & (\omega_* = 0) \\[4mm] 2\,|\,c_{2*}\,|\,\mathrm{e}^{\sigma_* t}\sin(\omega_* t + \theta_*) = 2\left|\dfrac{\Phi_*(\overline{p}_*)}{\overline{p}_*}\right|\mathrm{e}^{\sigma_* t}\sin(\omega_* t + \theta_*) & (\omega_* \neq 0) \end{cases} \tag{3-3-63a}$$

对于某个非主导模态有

$$\hat{y}_{0i}(t) = \begin{cases} c_{1i}\mathrm{e}^{\eta_i \sigma_* t} = \dfrac{\Phi_i(\overline{p}_i)}{\overline{p}_i}\mathrm{e}^{\eta_i \sigma_* t} \\[4mm] 2\,|\,c_{2i}\,|\,\mathrm{e}^{\eta_i \sigma_* t}\sin(\omega_i t + \theta_i) = 2\left|\dfrac{\Phi_i(\overline{p}_i)}{\overline{p}_i}\right|\mathrm{e}^{\eta_i \sigma_* t}\sin(\omega_i t + \theta_i) \end{cases} \tag{3-3-63b}$$

那么，在主导模态瞬态过程时间 t_{s*} 处，非主导模态分量与主导模态分量之比为

$$\left| \frac{\hat{y}_{0i}(t_{s*})}{y_{0*}(t_{s*})} \right| = \begin{cases} \eta_{\phi i} \mathrm{e}^{(\eta_i - 1)\sigma_* t_{s*}} \\ \eta_{\phi i} \mathrm{e}^{(\eta_i - 1)\sigma_* t_{s*}} \sin(\omega_i t_{s*} + \theta_i) \end{cases} \tag{3-3-64a}$$

式中，

$$\eta_{\phi i} = \begin{cases} \left| \dfrac{\Phi_i(\bar{p}_i)}{\Phi_*(\bar{p}_*)} \right| \left| \dfrac{\bar{p}_*}{\bar{p}_i} \right| \\ \left| \dfrac{2\Phi_i(\bar{p}_i)}{\Phi_*(\bar{p}_*)} \right| \left| \dfrac{\bar{p}_*}{\bar{p}_i} \right| \end{cases} \quad (\omega_* = 0) \tag{3-3-64b}$$

或者

$$\eta_{\phi i} = \begin{cases} \left| \dfrac{\Phi_i(\bar{p}_i)}{2\Phi_*(\bar{p}_*)} \right| \left| \dfrac{\bar{p}_*}{\bar{p}_i} \right| \left| \dfrac{1}{\sin(\omega_* t_{s*} + \theta_*)} \right| \\ \left| \dfrac{\Phi_i(\bar{p}_i)}{\Phi_*(\bar{p}_*)} \right| \left| \dfrac{\bar{p}_*}{\bar{p}_i} \right| \left| \dfrac{1}{\sin(\omega_* t_{s*} + \theta_*)} \right| \end{cases} \quad (\omega_* \neq 0) \tag{3-3-64c}$$

若希望 $\left| \hat{y}_{0i}(t_{s*}) \right| / \left| y_{0*}(t_{s*}) \right| \leqslant \varepsilon$，取 $t_{s*} = \alpha / \left| \sigma_* \right|$，则有

$$\eta_{\phi i} \mathrm{e}^{(\eta_i - 1)\sigma_* t_{s*}} = \eta_{\phi i} \mathrm{e}^{-(\eta_i - 1)\alpha} \leqslant \varepsilon \tag{3-3-65a}$$

若取 $\varepsilon = 0.02$，$\alpha \approx 4$ 则有

$$\eta_i \geqslant 1 + \frac{1}{\alpha} \ln \frac{\eta_{\phi i}}{\varepsilon} \approx 2 + \frac{1}{4} \ln \eta_{\phi i} \tag{3-3-65b}$$

即若 η_i 满足式(3-3-65b)，则 $\left| \hat{y}_{0i}(t_{s*}) \right| / \left| y_{0*}(t_{s*}) \right| \leqslant \varepsilon$ 一定成立。注意，当闭环传递函数和主导极点已知时，$\eta_{\phi i}$ 是可以按式(3-3-64b)或式(3-3-64c)逐一计算的。

若 $\eta_{\phi i} \leqslant 0.178 \times 10^6$，则只需 $\eta_i \geqslant 5$ 便可让式(3-3-65a)成立。$\eta_{\phi i}$ 越小，η_i 还可以再小。从这个角度看，当 $\eta_i \geqslant 5$ 时，用主导极点的瞬态过程即式(3-3-63a)来近似分析式(3-3-59b)所示的原系统瞬态过程是合理的。

（3）主导零点对主导模态系数的影响

不失一般性，令 $\Phi(0) = 1$，闭环传递函数可写为

$$\Phi(s) = k_{\phi p} \frac{\prod\limits_{j=1}^{m}(s - \bar{z}_j)}{\prod\limits_{i=1}^{n}(s - \bar{p}_i)} = \frac{\prod\limits_{i=1}^{n}(-\bar{p}_i)}{\prod\limits_{j=1}^{m}(-\bar{z}_j)} \frac{\prod\limits_{j=1}^{m}(s - \bar{z}_j)}{\prod\limits_{i=1}^{n}(s - \bar{p}_i)} \tag{3-3-66}$$

将所有闭环极点按实部大小降序排序 $\{\bar{p}_1, \bar{p}_2, \cdots, \bar{p}_n\}$，排序第1的极点为主导极点，令主导极点为实数主导极点 $\bar{p}_* = \bar{p}_1 = \sigma_1$；若存在零点，也按实部大小降序排序 $\{\bar{z}_1, \bar{z}_2, \cdots, \bar{z}_m\}$，排序第1的零点称为主导零点，记为 $\bar{z}_*$。

参见式(3-3-60a)，主导模态前的系数为

$$c_{11} = \frac{\Phi_1(\bar{p}_1)}{\bar{p}_1} = -\frac{\prod\limits_{i=2}^{n}(-\bar{p}_i)}{\prod\limits_{j=1}^{m}(-\bar{z}_j)} \frac{\prod\limits_{j=1}^{m}(\bar{p}_1 - \bar{z}_j)}{\prod\limits_{i=2}^{n}(\bar{p}_1 - \bar{p}_i)} = -\frac{\prod\limits_{j=1}^{m}\left(1 - \dfrac{\bar{p}_1}{\bar{z}_j}\right)}{\prod\limits_{i=2}^{n}\left(1 - \dfrac{\bar{p}_1}{\bar{p}_i}\right)} = \left(1 - \frac{\bar{p}_1}{\bar{z}_1}\right) C \tag{3-3-67a}$$

式中，$C = -\prod_{j=2}^{m}\left(1-\dfrac{\bar{p}_1}{\bar{z}_j}\right)\Big/\prod_{i=2}^{n}\left(1-\dfrac{\bar{p}_1}{\bar{p}_i}\right)$，是不含主导零点 $\bar{z}_1$ 的常数。

若主导零点靠近主导极点，即 $\bar{z}_1 \to \bar{p}_1$，则 $c_{11} \to 0$，相当于发生了主导零点与主导极点的（近似）零极点对消，主导极点将不再起主导作用。此时，要考虑选择排序第 2 的极点作为主导极点或同时考虑排序前 2 的极点作为主导极点对。要注意的是，由于闭环极点都是稳定的（否则，分析系统扩展性能无意义），能发生的闭环零极点对消一定是稳定的零极点对消。

若主导零点远离主导极点，即 $|\bar{z}_1| \gg |\bar{p}_1|$，则

$$c_{11} = \left(1-\dfrac{\bar{p}_1}{\bar{z}_1}\right)C \approx C \tag{3-3-67b}$$

此时，主导零点 $\bar{z}_* = \bar{z}_1$ 对主导模态前的系数 c_{11} 几乎没有影响，可以忽略主导零点的影响。

除了上述两种情况，主导零点的影响需要考虑。

2. 主导闭环传递函数与降阶等效

前面通过主导极点给出了对一般系统瞬态响应进行简化分析的方法，这个过程可以直接从闭环传递函数上进行处理与分析。

不失一般性，仍将所有闭环极点按实部大小降序排序 $\{\bar{p}_1, \bar{p}_2, \cdots, \bar{p}_n\}$；若存在零点，也按实部大小降序排序 $\{\bar{z}_1, \bar{z}_2, \cdots, \bar{z}_m\}$。假定 $\bar{p}_* = \sigma_* \pm j\omega_*$ 是闭环系统的主导极点，将闭环传递函数分解为

$$\varPhi(s) = \varPhi^*(s)\hat{\varPhi}(s) \approx \varPhi^*(s) \tag{3-3-68a}$$

$$\varPhi^*(s) = \begin{cases} \dfrac{k}{(s-\sigma_*)} = k_\phi^* \dfrac{1}{Ts+1} & (\omega_*=0) \tag{3-3-68b} \\[3mm] \dfrac{k}{(s-\bar{p})(s-\bar{p}^*)} = k_\phi^* \dfrac{\omega_n^2}{s^2+2\xi\omega_n s+\omega_n^2} & (\omega_* \neq 0) \tag{3-3-68c} \\[3mm] \dfrac{k(s-z)}{(s-\bar{p})(s-\bar{p}^*)} = k_\phi^* \dfrac{\omega_n^2(\tau s+1)}{s^2+2\xi\omega_n s+\omega_n^2} & (\omega_* \neq 0) \tag{3-3-68d} \end{cases}$$

式中，$\varPhi^*(s)$ 称为主导闭环传递函数；$\hat{\varPhi}(s)$ 称为非主导闭环传递函数。

对闭环传递函数进行降阶等效分析需遵循以下原则：

1）闭环传递函数 $\varPhi(s)$ 是严格真分式，主导闭环传递函数 $\varPhi^*(s)$ 也是严格真分式。

2）为了保证 $\varPhi^*(s)$ 与 $\varPhi(s)$ 有同样的稳态性能，需要

$$\varPhi^*(0) = k_\phi^* = \varPhi(0) \tag{3-3-68e}$$

3）保留主导极点。

4）是否保留主导零点，参照式（3-3-67），若远离主导极点或靠近非主导极点，则可忽略，否则要考虑。

由于有意义的闭环系统一定是稳定系统，即 $\varPhi(s)$ 是稳定的，$\varPhi^*(s)$ 的极点是 $\varPhi(s)$ 极点的一部分，也是稳定的；再由于式（3-3-68e）成立，有相同的静态增益。因此，一般 n 阶的（稳定）闭环系统 $\varPhi(s)$ 总可以简化为一阶或二阶系统 $\varPhi^*(s)$，它们一定有相同的基本性能（稳定性与稳态性），只是扩展性能有所差异（在 $\eta_i \geq 5$ 时，会是基本一致）。

要注意的是，若 $\varPhi(s)$ 不是严格真分式，需先做分解再取其严格真分式部分进行降阶等效。

例 3-3-4 若闭环传递函数 $\varPhi(s) = \dfrac{5}{s^2+6s+5}$，分析闭环系统性能。

1）由于 $\xi = 6/2\sqrt{5} = 1.34$，这是一个过阻尼的二阶系统，其闭环极点是 2 个实数极点，有

$$\Phi(s)=\frac{5}{s^2+6s+5}=\frac{5}{(s+1)(s+5)} \qquad (3\text{-}3\text{-}69\text{a})$$

主导极点为 $\bar{p}_*=\sigma_*=-1$，$\eta_2=\bar{p}_2/\bar{p}_1=5$，取主导闭环传递函数为

$$\Phi^*(s)=k_\phi^*\frac{1}{\bar{T}s+1}=\frac{1}{s+1},\quad \bar{T}=1 \qquad (3\text{-}3\text{-}69\text{b})$$

式中系数满足

$$\Phi^*(0)=k_\phi^*=\Phi(0)=1 \qquad (3\text{-}3\text{-}69\text{c})$$

2）取 $r=I(t)$，初始条件均为 0。对于式（3-3-69a）的输出响应为

$$y(s)=\Phi(s)r(s)=\frac{5}{(s+1)(s+5)}\frac{1}{s}=-\frac{1.25}{s+1}+\frac{0.25}{s+5}+\frac{1}{s}$$

则

$$y(t)=-1.25\mathrm{e}^{-t}+0.25\mathrm{e}^{-5t}+1 \qquad (3\text{-}3\text{-}70\text{a})$$

对于式（3-3-69b）的输出响应为

$$y(s)=\Phi^*(s)r(s)=\frac{1}{s+1}\frac{1}{s}=-\frac{1}{s+1}+\frac{1}{s}$$

则

$$y(t)=-\mathrm{e}^{-t}+1 \qquad (3\text{-}3\text{-}70\text{b})$$

式（3-3-70a）与式（3-3-70b）的响应曲线如图 3-3-18 所示。可见，二者之间几乎一致，可以用主导传递函数 $\Phi^*(s)$ 进行闭环系统性能分析。

例 3-3-5 若闭环传递函数 $\Phi(s)=\dfrac{1}{s^3+4.4s^2+5.2s+3}$，分析闭环系统性能。

1）闭环极点方程与闭环传递函数分别为

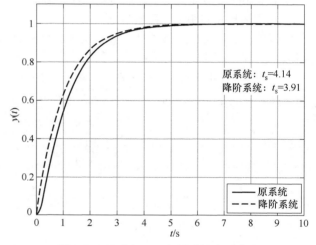

图 3-3-18　式(3-3-70)所示的阶跃响应

$$\alpha(s)=s^3+4.4s^2+5.2s+3=(s+3)(s+0.7-\mathrm{j}0.714)(s+0.7+\mathrm{j}0.714)=0$$

$$\Phi(s)=\frac{1}{(s+3)(s+0.7-\mathrm{j}0.714)(s+0.7+\mathrm{j}0.714)}=\frac{1}{(s+3)(s^2+1.4s+1)} \qquad (3\text{-}3\text{-}71\text{a})$$

主导极点为 $\bar{p}_*=\sigma_*\pm\mathrm{j}\omega_*=-0.7\pm\mathrm{j}0.714$，$\eta_3=\bar{p}_3/\sigma_*=(-3)/(-0.7)=4.3$，若取主导闭环传递函数为

$$\Phi^*(s)=k_\phi^*\frac{\omega_\mathrm{n}^2}{s^2+2\xi\omega_\mathrm{n}s+\omega_\mathrm{n}^2}=\frac{0.333}{s^2+1.4s+1},\quad \xi=0.7,\quad \omega_\mathrm{n}=1\mathrm{rad/s} \qquad (3\text{-}3\text{-}71\text{b})$$

式中系数满足

$$\Phi^*(0)=k_\phi^*=\Phi(0)=0.333 \qquad (3\text{-}3\text{-}71\text{c})$$

2）取 $r=I(t)$，初始条件均为 0。对于式（3-3-71a）的输出响应为

$$y(s)=\Phi(s)r(s)=\frac{1}{(s+3)(s^2+1.4s+1)}\frac{1}{s}$$

$$=-\frac{0.0574}{s+3}+\frac{0.291\mathrm{e}^{\mathrm{j}2.07}}{s+0.7-\mathrm{j}0.714}+\frac{0.291\mathrm{e}^{-\mathrm{j}2.07}}{s+0.7+\mathrm{j}0.714}+\frac{0.333}{s}$$

则

$$y(t) = -0.0574e^{-3t} + 2 \times 0.291e^{-0.7t}\sin(0.714t + \pi/2 + 2.07) + 0.333 \qquad (3\text{-}3\text{-}72a)$$

对于式(3-3-71b)的输出响应为

$$y(s) = \Phi^*(s)r(s) = \frac{0.333}{s^2 + 1.4s + 1}\frac{1}{s} = \frac{0.231e^{j2.37}}{s + 0.7 - j0.714} + \frac{0.231e^{-j2.37}}{s + 0.7 + j0.714} + \frac{0.333}{s}$$

则

$$y(t) = 2 \times 0.231e^{-0.7t}\sin(0.714t + \pi/2 + 2.37) + 0.333 \qquad (3\text{-}3\text{-}72b)$$

式(3-3-72a)与式(3-3-71b)的响应曲线如图 3-3-19 所示。可见，尽管 $\eta_3 < 5$ 但接近 5，用主导传递函数 $\Phi^*(s)$ 进行闭环系统性能分析仍有较好的逼近度。

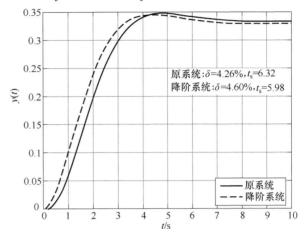

图 3-3-19　式(3-3-72)所示的阶跃响应

例 3-3-6　若闭环传递函数 $\Phi(s) = \dfrac{1}{(s+1)(s^2 + 1.4s + 1)}$，分析闭环系统性能。

1）闭环极点方程与闭环传递函数分别为

$$\alpha(s) = (s+1)(s+0.7 - j0.714)(s+0.7 + j0.714) = 0$$

$$\Phi(s) = \frac{1}{(s+1)(s+0.7 - j0.714)(s+0.7 + j0.714)} \qquad (3\text{-}3\text{-}73a)$$

主导极点仍为 $\bar{p}_* = \sigma_* \pm j\omega_* = -0.7 \pm j0.714$，$\eta_3 = \bar{p}_3/\sigma_* = (-1)/(-0.7) = 1.43$，若取主导闭环传递函数为

$$\Phi^*(s) = k_\phi^* \frac{\omega_n^2}{s^2 + 2\xi\omega_n s + \omega_n^2} = \frac{1}{s^2 + 1.4s + 1} \qquad (\xi = 0.7,\ \omega_n = 1\text{rad/s}) \qquad (3\text{-}3\text{-}73b)$$

式中系数满足

$$\Phi^*(0) = k_\phi^* = \Phi(0) = 1 \qquad (3\text{-}3\text{-}73c)$$

2）取 $r = I(t)$，初始条件均为 0。对于式(3-3-73a)的输出响应为

$$y(s) = \Phi(s)r(s) = -\frac{1.67}{s+1} + \frac{0.904e^{j1.19}}{s+0.7 - j0.714} + \frac{0.904e^{-j1.19}}{s+0.7 + j0.714} + \frac{1}{s}$$

则

$$y(t) = -1.67e^{-t} + 2 \times 0.904e^{-0.7t}\sin(0.714t + \pi/2 + 1.19) + 1 \qquad (3\text{-}3\text{-}74a)$$

对于式(3-3-73b)的输出响应为

$$y(s) = \Phi^*(s)r(s) = \frac{0.7e^{j2.37}}{s+0.7 - j0.714} + \frac{0.7e^{-j2.37}}{s+0.7 + j0.714} + \frac{1}{s}$$

则

$$y(t) = 2 \times 0.7e^{-0.7t}\sin(0.714t + \pi/2 + 2.37) + 1 \qquad (3\text{-}3\text{-}74b)$$

式(3-3-74a)与式(3-3-74b)的响应曲线如图 3-3-20 所示。可见，原系统的瞬态时间 $t_s = 4.79$s、超调量 $\delta = 1.52\%$，降阶后的瞬态时间 $t_s = 5.98$s，超调量 $\delta = 4.60\%$，二者之间有较大误差。产生误差的主要原因是非主导极点与主导极点（实部）之比 $\eta_3 = 1.43 \ll 5$。尽管瞬态响应存在误差，但是降阶前后的稳定性和稳态性是一致的。因此，若在理论分析精度允许的情况下（只是对系统进行粗略分析），仍是可以采用降阶模型分析的。

3. 一类典型的三阶系统

例 3-3-6 表明，当非主导极点与主导极点相对位置不够远时，如 $\eta_i < 5(i > 2)$，采用式(3-3-68b ~ 3-3-68d)所示的一阶、二阶主导闭环传递函数 $\Phi^*(s)$ 进行扩展性能的降阶分析会带来较大误差。

这时，需要考虑降为三阶系统进行等效分析。为此，下面讨论一类典型的三阶系统的扩展性能。

（1）三阶欠阻尼系统

取三阶欠阻尼系统的闭环传递函数为

$$\Phi(s)=\frac{\omega_n^2(\tau s+1)}{(s^2+2\xi\omega_n s+\omega_n^2)(\overline{T}_3 s+1)}\qquad(0<\xi<1)$$

$$=\frac{-\overline{p}_1\overline{p}_2\overline{p}_3(\tau s+1)}{(s-\overline{p}_1)(s-\overline{p}_2)(s-\overline{p}_3)}\qquad(3\text{-}3\text{-}75a)$$

若取 $r(t)=I(t)$，$r(s)=1/s$，根据部分分式法可得

$$y(s)=\Phi(s)r(s)=\frac{c_1}{s-\overline{p}_1}+\frac{c_2}{s-\overline{p}_2}+\frac{c_3}{s-\overline{p}_3}+\frac{c_0}{s}$$

$$(3\text{-}3\text{-}75b)$$

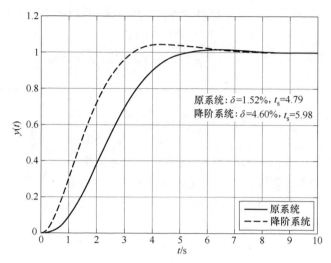

图 3-3-20　式(3-3-74)所示的阶跃响应

原系统：$\delta=1.52\%$，$t_s=4.79$
降阶系统：$\delta=4.60\%$，$t_s=5.98$

与式(3-3-24b)比较可看出，增加了一个分量，系数也会有变化。参照式(3-3-25a)，令

$$(\overline{T}_3 s+1)\big|_{s=\overline{p}_1}=\overline{T}_3\overline{p}_1+1=1-\overline{T}_3\xi\omega_n+j\overline{T}_3\omega_n\sqrt{1-\xi^2}=c_T e^{j\beta_T}\qquad(3\text{-}3\text{-}76a)$$

式中，

$$\begin{cases}c_T=\sqrt{1-2\xi\omega_n\overline{T}_3+(\omega_n\overline{T}_3)^2}\\[2mm]\cos\beta_T=(1-\xi\omega_n\overline{T}_3)/c_T\\[2mm]\sin\beta_T=\omega_n\overline{T}_3\sqrt{1-\xi^2}/c_T\end{cases}\qquad(3\text{-}3\text{-}76b)$$

再参照式(3-3-25d)有

$$\begin{cases}c_1=\dfrac{\omega_n^2(\tau s+1)}{(s^2+2\xi\omega_n s+\omega_n^2)(\overline{T}_3 s+1)}\dfrac{1}{s}(s-\overline{p}_1)\bigg|_{s=\overline{p}_1}\\[4mm]
\quad=\dfrac{\omega_n^2}{(s-\overline{p}_1)(s-\overline{p}_2)}\dfrac{1}{s}(s-\overline{p}_1)\bigg|_{s=\overline{p}_1}(\tau s+1)\big|_{s=\overline{p}_1}\dfrac{1}{\overline{T}_3 s+1}\bigg|_{s=\overline{p}_1}\\[4mm]
\quad=\dfrac{c}{2}e^{j\left(\frac{\pi}{2}+\beta\right)}\dfrac{c_\tau e^{j\beta_\tau}}{c_T e^{j\beta_T}}=\dfrac{cc_\tau}{2c_T}e^{j\left(\frac{\pi}{2}+\beta+\beta_\tau-\beta_T\right)}=\dfrac{c_{\Delta T}}{2}e^{j\left(\frac{\pi}{2}+\beta_{\Delta T}\right)}\\[4mm]
c_2=c_1^*=\dfrac{c_{\Delta T}}{2}e^{-j\left(\frac{\pi}{2}+\beta_{\Delta T}\right)}\\[4mm]
c_3=\dfrac{\omega_n^2(\tau s+1)}{(s^2+2\xi\omega_n s+\omega_n^2)(\overline{T}_3 s+1)}\dfrac{1}{s}(s-\overline{p}_3)\bigg|_{s=\overline{p}_3}=\dfrac{\omega_n^2\overline{T}_3(\tau-\overline{T}_3)}{c_T^2}\\[4mm]
c_0=\dfrac{\omega_n^2(\tau s+1)}{(s^2+2\xi\omega_n s+\omega_n^2)(\overline{T}_3 s+1)}\dfrac{1}{s}s\bigg|_{s=0}=1\end{cases}$$

$$(3\text{-}3\text{-}76c)$$

式中，

$$\begin{cases}c_{\Delta T}=cc_\tau/c_T\\[2mm]\beta_{\Delta T}=\beta+\beta_\tau-\beta_T\end{cases}\qquad(3\text{-}3\text{-}76d)$$

对式(3-3-75b)求拉氏反变换得到闭环系统输出阶跃响应为

$$y(t) = -2 \mid c_1 \mid e^{\sigma_d t} \sin(\omega_d t + \beta_{\Delta T}) + c_3 e^{-\frac{t}{\overline{T}_3}} + c_0$$

$$= -c_{\Delta T} e^{\sigma_d t} \sin(\omega_d t + \beta_{\Delta T}) + c_3 e^{-\frac{t}{\overline{T}_3}} + 1 \qquad (3\text{-}3\text{-}77)$$

不失一般性，讨论 $\eta_3 = \mid \overline{p}_3 \mid / \mid \sigma_d \mid > 1$ 的情况。取 $\{\xi, \omega_n\} = \{0.5, 1\}$，$\omega_n \tau = \{2, 0.5\}$，$\overline{T}_3 / \tau = \{0.5, 1, 2\}$，得到图 3-3-21 所示的阶跃响应曲线。

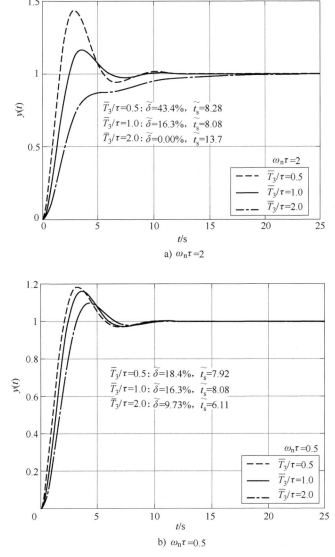

图 3-3-21　三阶欠阻尼系统的阶跃响应

可见，三阶欠阻尼系统的阶跃响应是超调振荡衰减型。进一步将式(3-3-77)与式(3-3-26a)、式(3-3-12a)比较可看出，由于三者有相同的共轭极点对 $\{\overline{p}_1, \overline{p}_2\}$，因而其响应分量有相同的模态形式 $c_d e^{\sigma_d t} \sin(\omega_d t + \beta_d)$，只是系数 $\{c_d, \beta_d\}$ 不同，分别为 $\{c, \beta\}$、$\{c_\Delta, \beta_\Delta\}$、$\{c_{\Delta T}, \beta_{\Delta T}\}$。因此，三阶欠阻尼系统与（有零点）二阶欠阻尼系统有相似的阶跃响应曲线，也将有相似的超调量和瞬态过程时间的计算公式。

下面先分析超调量 $\tilde{\delta}$。若不考虑 $c_3 \mathrm{e}^{-t/\bar{T}_3}$，由式（3-3-30）的推导知，对应的峰值时间 $\tilde{t}_\mathrm{p}$ 与超调量 $\tilde{\delta}$ 为

$$\tilde{t}_\mathrm{p} = \frac{\pi - \beta_\tau + \beta_T}{\omega_\mathrm{d}}, \quad \tilde{\delta} = \frac{c_\tau}{c_T} \mathrm{e}^{\frac{-\xi}{\sqrt{1-\xi^2}}(\pi - \beta_\tau + \beta_T)}$$

若考虑 $c_3 \mathrm{e}^{-\frac{t}{\bar{T}_3}}$，超调量可由下式估算：

$$\tilde{\delta} \approx \frac{c_\tau}{c_T} \mathrm{e}^{\frac{-\xi}{\sqrt{1-\xi^2}}(\pi - \beta_\tau + \beta_T)} + c_3 \mathrm{e}^{-\frac{\tilde{t}_\mathrm{p}}{\bar{T}_3}} = \frac{c_\tau}{c_T} \mathrm{e}^{\frac{-\xi}{\sqrt{1-\xi^2}}(\pi - \beta_\tau + \beta_T)} + c_3 \mathrm{e}^{-\frac{\pi - \beta_\tau + \beta_T}{\bar{T}_3 \omega_\mathrm{n} \sqrt{1-\xi^2}}}$$

$$= \frac{c_\tau}{c_T} \mathrm{e}^{\frac{-\xi(\pi - \beta_\tau + \beta_T)}{\sqrt{1-\xi^2}}} + c_3 \mathrm{e}^{-\eta_3 \frac{\xi(\pi - \beta_\tau + \beta_T)}{\sqrt{1-\xi^2}}} \qquad (3\text{-}3\text{-}78)$$

再分析瞬态过程时间 $\tilde{t}_\mathrm{s}$。若不考虑 $c_3 \mathrm{e}^{-t/\bar{T}_3}$，参照式（3-3-28）的推导有

$$\left| y(t) - y_\mathrm{s}(t) \right| = \left| -c_{\Delta T} \mathrm{e}^{\sigma_\mathrm{d} t} \sin(\omega_\mathrm{d} t + \beta_{\Delta T}) \right| \leqslant \frac{c c_\tau}{c_T} \mathrm{e}^{\sigma_\mathrm{d} t} \leqslant \varepsilon \quad (t > t_\mathrm{s})$$

$$\tilde{t}_\mathrm{s} = \frac{\ln \dfrac{\varepsilon c_T}{c c_\tau}}{\sigma_\mathrm{d}} = \frac{\alpha_{\tau T}}{\xi \omega_\mathrm{n}}, \quad \alpha_{\tau T} = \ln \frac{c c_\tau}{\varepsilon c_T} = \ln(\varepsilon \sin\beta)^{-1} + \ln c_\tau - \ln c_T \qquad (3\text{-}3\text{-}79)$$

一般情况下，$\alpha_{\tau T} > 4$，$\mathrm{e}^{-\frac{\tilde{t}_\mathrm{s}}{\bar{T}_3}} = \mathrm{e}^{-\eta_3 \alpha_{\tau T}} < 0.3 \times 10^{-4}$（$\eta_3 > 2$），所以，$c_3 \mathrm{e}^{-t/\bar{T}_3}$ 对瞬态过程时间估算影响不大。

（2）三阶过阻尼系统

取三阶过阻尼系统的闭环传递函数为

$$\Phi(s) = \frac{\omega_\mathrm{n}^2(\tau s + 1)}{(s^2 + 2\xi\omega_\mathrm{n} s + \omega_\mathrm{n}^2)(\bar{T}_3 s + 1)} \quad (\xi > 1)$$

$$= \frac{-\bar{p}_1 \bar{p}_2 \bar{p}_3(\tau s + 1)}{(s - \bar{p}_1)(s - \bar{p}_2)(s - \bar{p}_3)} = \frac{\tau s + 1}{(\bar{T}_1 s + 1)(\bar{T}_2 s + 1)(\bar{T}_3 s + 1)} \quad (\bar{T}_1 > \bar{T}_2 > \bar{T}_3) \qquad (3\text{-}3\text{-}80\mathrm{a})$$

若取 $r(t) = I(t)$，$r(s) = 1/s$，根据部分分式法可得

$$y(s) = \Phi(s) r(s) = \frac{c_1}{s - \bar{p}_1} + \frac{c_2}{s - \bar{p}_2} + \frac{c_3}{s - \bar{p}_3} + \frac{c_0}{s} \qquad (3\text{-}3\text{-}80\mathrm{b})$$

同样，与式（3-3-49b）比较可看出，增加了一个分量，系数也会有变化。参照式（3-3-50a），令

$$\eta_T = \frac{\bar{T}_3}{\bar{T}_1} = -\bar{T}_3 \bar{p}_1 \qquad (3\text{-}3\text{-}81\mathrm{a})$$

那么

$$\begin{cases} (\bar{T}_3 s + 1) \big|_{s = \bar{p}_1} = \bar{T}_3 \bar{p}_1 + 1 = 1 - \eta_T \\ (\bar{T}_3 s + 1) \big|_{s = \bar{p}_2} = \bar{T}_3 \bar{p}_2 + 1 = \bar{T}_3 \eta \bar{p}_1 + 1 = 1 - \eta \eta_T \end{cases} \qquad (3\text{-}3\text{-}81\mathrm{b})$$

再参照式（3-3-51）和式（3-3-76d）有

$$
\begin{cases}
c_1 = \dfrac{\bar{p}_1 \bar{p}_2 (\tau s+1)}{(s-\bar{p}_1)(s-\bar{p}_2)(\bar{T}_3 s+1)} \dfrac{1}{s}(s-\bar{p}_1) \Big|_{s=\bar{p}_1} = -\dfrac{\eta}{\eta-1}\dfrac{1-\eta_\tau}{1-\eta_T} \\[3mm]
c_2 = \dfrac{\bar{p}_1 \bar{p}_2 (\tau s+1)}{(s-\bar{p}_1)(s-\bar{p}_2)(\bar{T}_3 s+1)} \dfrac{1}{s}(s-\bar{p}_2) \Big|_{s=\bar{p}_2} = \dfrac{1}{\eta-1}\dfrac{1-\eta\eta_\tau}{1-\eta\eta_T} \\[3mm]
c_3 = \dfrac{\bar{p}_1 \bar{p}_2 (\tau s+1)}{(s-\bar{p}_1)(s-\bar{p}_2)(\bar{T}_3 s+1)} \dfrac{1}{s}(s-\bar{p}_3) \Big|_{s=\bar{p}_3} = \dfrac{\omega_n^2 \bar{T}_3 (\tau-\bar{T}_3)}{(1-\eta_T)(1-\eta\eta_T)} \\[3mm]
c_0 = \dfrac{\bar{p}_1 \bar{p}_2 (\tau s+1)}{(s-\bar{p}_1)(s-\bar{p}_2)(\bar{T}_3 s+1)} \dfrac{1}{s} s \Big|_{s=0} = 1
\end{cases}
\tag{3-3-81c}
$$

对式(3-3-80b)求拉氏反变换得到闭环系统输出阶跃响应为

$$
y(t) = c_1 e^{\bar{p}_1 t} + c_2 e^{\bar{p}_2 t} + c_3 e^{\bar{p}_3 t} + 1 = -\frac{1-\eta_\tau}{1-\eta_T}\frac{\eta}{\eta-1}e^{-\frac{t}{\bar{T}_1}} + \frac{1-\eta\eta_\tau}{1-\eta\eta_T}\frac{1}{\eta-1}e^{-\frac{t}{\bar{T}_2}} + c_3 e^{-\frac{t}{\bar{T}_3}} + 1
\tag{3-3-82}
$$

取 $\bar{T}_1 = 0.2\text{s}$，$\eta = \{2,4,6\}$，$\eta_T = 0.1$，$\eta_\tau = \{0.5,2\}$，得到图 3-3-22 所示的阶跃响应曲线。

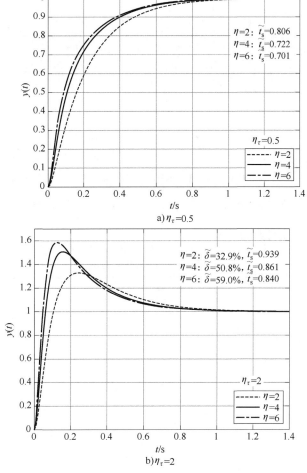

图 3-3-22　三阶过阻尼系统的阶跃响应

可见，三阶过阻尼系统的阶跃响应会有两种形态：单调增长型和超调单调衰减型。与三阶欠阻尼系统一样，将式(3-3-82)与式(3-3-52a)、式(3-3-46a)比较同样可看出，由于三者有相同的实数极点对$\{\bar{p}_1, \bar{p}_2\}$，因而其响应分量有相同的模态形式$\{c_1 e^{\bar{p}_1 t}, c_2 e^{\bar{p}_2 t}\}$，只是系数$\{c_1, c_2\}$不同。因此，三阶过阻尼系统与(有零点)二阶过阻尼系统也将有相似的超调量和瞬态过程时间的计算公式。

参照式(3-3-53)、式(3-3-78)的推导，阶跃响应的超调量可由下式估算：

$$t_{\tau p} = \xi_p \bar{T}_1 , \quad \xi_p = \frac{1}{\eta-1} \ln \frac{1-\eta\eta_\tau}{1-\eta_\tau} \frac{1-\eta_T}{1-\eta\eta_T}$$

$$\tilde{\delta} = \frac{\eta_\tau-1}{1-\eta_T} e^{-\xi_p} + c_3 e^{-\frac{\tilde{t}_p}{\bar{T}_3}} = \frac{\eta_\tau-1}{1-\eta_T} e^{-\xi_p} + c_3 e^{-\eta_3 \xi_p}$$

式中，$\eta_3 = \dfrac{\bar{p}_3}{\bar{p}_1} = \dfrac{\bar{T}_1}{\bar{T}_3} > 1$。

参照式(3-3-57)、式(3-3-79)的推导，阶跃响应的瞬态过程时间$\tilde{t}_s$可由下式估算：

$$\left| y(t) - y_s(t) \right| \approx \left| -\frac{1-\eta_\tau}{1-\eta_T} \frac{\eta}{\eta-1} e^{-\frac{t}{\bar{T}_1}} \left(1 - \frac{1}{\eta} \frac{1-\eta_T}{1-\eta_\tau} \frac{1-\eta\eta_\tau}{1-\eta\eta_T} e^{-(\eta-1)\frac{t}{\bar{T}_1}} \right) \right|$$

$$= \mu_{\tau T} \left| \frac{1-\eta_\tau}{1-\eta_T} \right| \frac{\eta}{\eta-1} e^{-\frac{t}{\bar{T}_1}} \leqslant \varepsilon \quad (t > t_s)$$

取

$$\mu_{\tau T} = \left| 1 - \frac{1}{\eta} \frac{1-\eta_T}{1-\eta_\tau} \frac{1-\eta\eta_\tau}{1-\eta\eta_T} e^{-(\eta-1)\frac{t}{\bar{T}_1}} \right| \Bigg|_{t=t_{\tau s} \approx 4\bar{T}_1} = \left| 1 - \frac{1}{\eta} \frac{1-\eta_T}{1-\eta_\tau} \frac{1-\eta\eta_\tau}{1-\eta\eta_T} e^{-4(\eta-1)} \right|$$

进而有

$$\tilde{t}_s = \ln \left(\frac{\eta}{\eta-1} \frac{|1-\eta_\tau|}{|1-\eta_T|} \frac{\mu_{\tau T}}{\varepsilon} \right) \times \bar{T}_1 = \alpha_{\tau T} \bar{T}_1, \quad \alpha_{\tau T} = \ln \left(\frac{\eta}{\eta-1} \frac{1}{\varepsilon} \right) + \ln \left(\frac{|1-\eta_\tau| \mu_{\tau T}}{|1-\eta_T|} \right)$$

综上，当高阶系统不能以式(3-3-68b ～ 3-3-68d)所示的一阶、二阶系统进行降阶分析时，可以采用式(3-3-75a)或式(3-3-80a)所示的三阶系统进行降阶分析，由系统参数$\{\omega_n, \xi, \tau, \bar{T}_3\}$得到系统性能指标$\{\tilde{t}_s, \tilde{\delta}\}$的公式可归为表 3-3-5。

表 3-3-5　三阶系统性能指标

闭环传递函数	超调量	瞬态过程时间
$\Phi(s) = \dfrac{\omega_n^2(\tau s+1)}{(s^2+2\xi\omega_n s+\omega_n^2)(\bar{T}_3 s+1)}$ $(0<\xi<1)$ $c_\tau = \sqrt{\tau^2\omega_n^2 - 2\tau\xi\omega_n + 1}$ $\beta_\tau = \arccos\dfrac{1-\tau\xi\omega_n}{c_\tau} \in (0,\pi)$ $c_T = \sqrt{\bar{T}_3^2\omega_n^2 - 2\bar{T}_3\xi\omega_n s + 1}$ $\beta_T = \arccos\dfrac{1-\bar{T}_3\xi\omega_n}{c_T} \in (0,\pi)$	$\tilde{\delta} = \dfrac{c_\tau}{c_T} e^{\frac{-\xi(\pi-\beta_\tau+\beta_T)}{\sqrt{1-\xi^2}}} +$ $c_3 e^{-\eta_3 \frac{\xi(\pi-\beta_\tau+\beta_T)}{\sqrt{1-\xi^2}}}$ $c_3 = \omega_n^2 \bar{T}_3(\tau-\bar{T}_3)/c_T^2$ $\eta_3 = \left\| \dfrac{\bar{p}_3}{\sigma_d} \right\| = \dfrac{1}{\bar{T}_3\xi\omega_n}$	$\tilde{t}_s = \dfrac{\alpha_{\tau T}}{\xi\omega_n}$ $\alpha_{\tau T} = \ln(\varepsilon\sin\beta)^{-1} + \ln c_\tau - \ln c_T$

（续）

闭环传递函数	超 调 量	瞬态过程时间
$\Phi(s)=\dfrac{\omega_n^2(\tau s+1)}{(s^2+2\xi\omega_n s+\omega_n^2)(\overline{T}_3 s+1)}(\xi>1)$ $\overline{p}_{1,2}=-\xi\omega_n\pm\omega_n\sqrt{\xi^2-1}$ $\eta=\dfrac{\overline{p}_2}{\overline{p}_1}=\dfrac{\xi+\sqrt{\xi^2-1}}{\xi-\sqrt{\xi^2-1}}\geqslant 1$ $\eta_\tau=-\tau\overline{p}_1=\tau\omega_n(\xi-\sqrt{\xi^2-1})$ $\eta_T=-\overline{T}_3\overline{p}_1=\overline{T}_3\omega_n(\xi-\sqrt{\xi^2-1})$	$\tilde{\delta}=\dfrac{\eta_\tau-1}{1-\eta_T}e^{-\xi_p}+c_3 e^{-\eta_3\xi_p}$ $\xi_p=\dfrac{1}{\eta-1}\ln\dfrac{1-\eta\eta_\tau}{1-\eta_\tau}\dfrac{1-\eta_T}{1-\eta\eta_T}$ $c_3=\dfrac{\omega_n^2\overline{T}_3(\tau-\overline{T}_3)}{(1-\eta_T)(1-\eta\eta_T)}$ $\eta_3=\dfrac{\overline{p}_3}{\overline{p}_1}=\dfrac{\overline{T}_1}{\overline{T}_3}$	$\tilde{t}_s=\alpha_{\tau T}\overline{T}_1$ $\alpha_{\tau T}=\ln\left(\dfrac{\eta}{\eta-1}\dfrac{1}{\varepsilon}\right)+\ln\left(\dfrac{\mid 1-\eta_\tau\mid\mu_{\tau T}}{\mid 1-\eta_T\mid}\right)$ $\mu_{\tau T}=\left\lvert 1-\dfrac{1}{\eta}\dfrac{1-\eta_T}{1-\eta_\tau}\dfrac{1-\eta\eta_\tau}{1-\eta\eta_T}e^{-4(\eta-1)}\right\rvert$

4. 高阶系统性能分析小结

高阶系统的输出响应是由 n 个极点对应的模态累加而成的，给高阶系统性能分析带来极大困难。但是，n 个极点模态总是可分解为两种模态类型，即实数极点的单调模态与共轭极点的振荡模态，在闭环系统稳定的前提下，两种类型的模态都呈现指数衰减，且主导极点模态起着主要作用。

以主导极点构造的主导传递函数 $\Phi^*(s)$ 与原闭环传递函数 $\Phi(s)$ 有相同的稳定性和稳态性，确保了降阶前后系统的基本性能完全一致；若非主导极点与主导极点相对位置参数 $\eta_i\geqslant 5$，还可确保降阶前后系统的扩展性能接近一致。换句话说，采用主导极点分析法，无论非主导极点是否远离主导极点，其稳定性与稳态性是一致的，只是快速性与平稳性等扩展性能存在估算误差。

不失一般性，将所有闭环极点按实部大小降序排序 $\{\overline{p}_1,\overline{p}_2,\cdots,\overline{p}_n\}$；若存在零点，也按实部大小降序排序 $\{\overline{z}_1,\overline{z}_2,\cdots,\overline{z}_m\}$。

1）若 $\overline{p}_1$ 是实数极点，且 $\eta_i>5(i=2,3,\cdots,n)$，则主导闭环传递函数 $\Phi^*(s)$ 可用式(3-3-68b)表示，这时高阶系统等效为一阶惯性系统。

2）若 $\{\overline{p}_1,\overline{p}_2\}=\{\overline{p}_1,\overline{p}_1^*\}$ 是 1 对共轭极点，且 $\eta_i>5(i=3,4,\cdots,n)$，系统中不存在零点或者主导零点远离主导极点，则主导闭环传递函数 $\Phi^*(s)$ 可用式(3-3-68c)表示，这时高阶系统等效为无零点的二阶欠阻尼系统。

若系统中主导零点既不靠近也非远离主导极点，需要考虑它的影响。此时，主导闭环传递函数 $\Phi^*(s)$ 可用式(3-3-68d)表示，高阶系统等效为有零点的二阶欠阻尼系统。

3）若 $\{\overline{p}_1,\overline{p}_2\}$ 都是实数极点，但 $\eta_2<5$、$\eta_i>5(i=3,4,\cdots,n)$，且系统中不存在零点或者主导零点远离主导极点，则主导闭环传递函数 $\Phi^*(s)$ 可用式(3-3-68e)表示，这时高阶系统等效为无零点的二阶过阻尼系统。

若系统中主导零点既不靠近也非远离主导极点，需要考虑它的影响。此时，主导闭环传递函数 $\Phi^*(s)$ 可用式(3-3-68d)表示，高阶系统等效为有零点的二阶过阻尼系统。

4）若主导极点 $\{\overline{p}_1,\overline{p}_2\}$ 不满足上述 3 种情况，则主导闭环传递函数 $\Phi^*(s)$ 可尝试用式(3-3-75a)或式(3-3-80a)表示，这时高阶系统等效为典型三阶系统。

若采用一阶、二阶系统等效分析，可由系统参数 $\{\overline{T}\}$ 或 $\{\omega_n,\xi,\tau\}$ 得到系统性能指标 $\{t_s,\delta\}$，参见表 3-3-4；若采用三阶系统等效分析，可由系统参数 $\{\omega_n,\xi,\tau,\overline{T}_3\}$ 得到系统性能指标 $\{\tilde{t}_s,\tilde{\delta}\}$，参见表 3-3-5。

要注意的是，前述的主导极点分析法是针对（稳定的）闭环系统的，降阶等效的原则是确保闭环系统稳定以及降阶前后闭环系统响应基本一致。但在开环传递函数上做到这个要求存在一些困难：一是，开环传递函数会存在不稳定的零极点，不能随意移除；二是，即使开环极点的实部相差 5 倍或以上，它对闭环主导极点仍会有较大的影响，不能简单将其移除。有关开环传递函数的降阶等效会在第 4 章进一步讨论。

5. 延伸讨论——基于响应曲线的建模

第 2 章给出了系统建立数学模型的一般方法，其中很关键的一点是要能找寻到变量之间可以满足的物理、化学等机理关系。但在许多实际工程系统中，特别是一些复杂的过程控制系统中，很难找到变量之间的准确关系（尽管它存在），这就为建模带来了极大困难。在这些实际系统中，往往可以通过传感器获取输入与输出的数据或响应轨迹曲线，那么，能否通过这些数据或曲线来建立系统的数学模型呢？

从前面的分析知，系统响应总是由单调模态与振荡模态组成的，总可以用一阶、二阶或三阶系统进行等效。这样，可以利用主导极点思想和系统响应特征，通过实验数据反向建立系统的（等效）传递函数模型。

将实际工程系统经比例控制形成图 3-3-23 所示的闭环系统，输入取为阶跃信号，调节控制器参数 k_c，得到稳定的系统阶跃响应曲线。

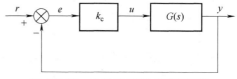

图 3-3-23　由输出响应求传递函数

1）若响应曲线是单调模态的，可假定（等效）闭环传递函数 $\Phi(s)$ 为一阶惯性系统，即

$$\Phi(s) = k_\phi \frac{1}{Ts+1} \tag{3-3-83}$$

从响应曲线上，获取性能指标 $\{t_s\}$，反向推算出系统参数 $\{\overline{T}\}$；再根据稳态误差 $e_s = \lim_{s \to 0} s(1 - \Phi(s))r(s) = 1 - k_\phi$，推算闭环静态增益 k_ϕ；再以式（3-3-83）求出阶跃响应，与实测数据进行拟合比较验证。

若拟合误差不大，建模完成。若拟合误差偏大，则需修改等效模型，假定（等效）闭环传递函数 $\Phi(s)$ 为二阶过阻尼系统，即

$$\Phi(s) = k_\phi \frac{1}{(\overline{T}_1 s + 1)(\overline{T}_2 s + 1)} \tag{3-3-84}$$

同样，从响应曲线上，获取性能指标 $\{t_r, t_s, e_s\}$，反向推算出系统参数 $\{\overline{T}_1, \overline{T}_2, k_\phi\}$；再以式（3-3-84）求出阶跃响应，与实测数据进行拟合比较验证。

2）若响应曲线是振荡模态的，可假定（等效）闭环传递函数 $\Phi(s)$ 为二阶欠阻尼系统，即

$$\Phi(s) = k_\phi \frac{\omega_n^2}{s^2 + 2\xi\omega_n s + \omega_n^2} \quad (0 < \xi < 1) \tag{3-3-85}$$

从响应曲线上，获取性能指标 $\{\delta, t_s, e_s\}$，反向推算出系统参数 $\{\xi, \omega_n, k_\phi\}$；再以式（3-3-85）求出阶跃响应，与实测数据进行拟合比较验证。

若拟合误差偏大，则需修改等效模型，假定（等效）闭环传递函数 $\Phi(s)$ 为有零点的二阶欠阻尼系统或典型（欠阻尼）三阶系统，即

$$\Phi(s) = k_\phi \frac{\omega_n^2(\tau s + 1)}{s^2 + 2\xi\omega_n s + \omega_n^2} \quad (0 < \xi < 1) \tag{3-3-86a}$$

$$\Phi(s) = k_\phi \frac{\omega_n^2(\tau s + 1)}{(s^2 + 2\xi\omega_n s + \omega_n^2)(\overline{T}_3 s + 1)} \quad (0 < \xi < 1) \tag{3-3-86b}$$

从响应曲线上，获取性能指标 $\{\delta, t_p, t_r, t_s, e_s\}$，反向推算出系统参数 $\{\xi, \omega_n, \tau, \overline{T}_3, k_\phi\}$；再以式(3-3-86)求出阶跃响应，与实测数据进行拟合比较验证。

3）若响应曲线出现超调，但超调是单调衰减的，可假定(等效)闭环传递函数 $\Phi(s)$ 为有零点的二阶过阻尼系统，即

$$\Phi(s) = k_\phi \frac{\omega_n^2(\tau s+1)}{s^2+2\xi\omega_n s+\omega_n^2} = k_\phi \frac{\tau s+1}{(\overline{T}_1 s+1)(\overline{T}_2 s+1)} \quad (\xi>1) \tag{3-3-87}$$

从响应曲线上，获取性能指标 $\{\delta, t_r, t_s, e_s\}$，反向推算出系统参数 $\{\xi, \omega_n, \tau, k_\phi\}$；再以式(3-3-87)求出阶跃响应，与实测数据进行拟合比较验证。

若拟合误差偏大，则需修改等效模型，假定(等效)闭环传递函数 $\Phi(s)$ 为典型(过阻尼)三阶系统，即

$$\Phi(s) = k_\phi \frac{\omega_n^2(\tau s+1)}{(s^2+2\xi\omega_n s+\omega_n^2)(\overline{T}_3 s+1)} \quad (\xi>1) \tag{3-3-88}$$

从响应曲线上，获取性能指标 $\{\delta, t_r, t_s, e_s\}$，反向推算出系统参数 $\{\xi, \omega_n, \tau, \overline{T}_3, k_\phi\}$；再以式(3-3-88)求出阶跃响应，与实测数据进行拟合比较验证。

4）反向推算出系统参数 $\{\xi, \omega_n, \tau, \overline{T}_3, k_\phi\}$，也可采用下面的数据拟合方法。不失一般性，以典型三阶系统为例，其输出响应为

$$y(t) = k_\phi(c_1 e^{\overline{p}_1 t} + c_2 e^{\overline{p}_2 t} + c_3 e^{\overline{p}_3 t} + 1) \tag{3-3-89}$$

设在时间区间 $[0, T^*]$ 上采样了 N 个数据 $\{y(t_i)\}(i=0,1,\cdots,N-1)$，则有

$$y(t_i) = k_\phi(c_1 e^{\overline{p}_1 t_i} + c_2 e^{\overline{p}_2 t_i} + c_3 e^{\overline{p}_3 t_i} + 1) + \varepsilon_i \quad (i=0,1,\cdots,N-1) \tag{3-3-90}$$

式中，ε_i 是测量误差。取

$$J = \sum_{i=0}^{N-1} [y(t_i) - k_\phi(c_1 e^{\overline{p}_1 t_i} + c_2 e^{\overline{p}_2 t_i} + c_3 e^{\overline{p}_3 t_i} + 1)]^2 = \min \tag{3-3-91}$$

优化求解式(3-3-91)，便可得到参数 $\{k_\phi, c_1, c_2, c_3, \overline{p}_1, \overline{p}_2, \overline{p}_3\}$，进而得到参数 $\{\xi, \omega_n, \tau, \overline{T}_3, k_\phi\}$。

5）根据上面方法得到(等效)闭环传递函数 $\Phi(s)$ 后，根据 $\Phi(s) = \dfrac{k_c G(s)}{1+k_c G(s)}$ 便可得到(等效)被控对象传递函数 $G(s)$ 为

$$G(s) = \frac{1}{k_c} \frac{\Phi(s)}{1-\Phi(s)} \tag{3-3-92}$$

如果被控对象是稳定的，也可以直接从被控对象的响应曲线上获取数据，仿照上面的方法求取(等效)被控对象传递函数 $G(s)$。

如果采用比例控制无法使闭环系统稳定，也可采用其他已知的控制器使闭环系统稳定，再获取数据并用上述方法得到(等效)被控对象传递函数 $G(s)$。

另外，从基于响应曲线的建模过程知，如果系统中某部分的传递函数未知的话，也同样可假定它是比例、一阶、二阶等典型环节，然后通过系统的响应曲线或数据反向推出这些典型环节的参数来。

3.4 开环零极点与闭环根轨迹

前面的理论分析表明，无论多么复杂的系统，可以不求解它的输出响应，通过分析闭环极点(实部与虚部)，特别是主导极点，便可得知系统稳定性、快速性、平稳性等主要性能。然而，

闭环极点方程在五阶以上没有公式可解，怎样能快捷得到所有的闭环极点，在实际工程应用上就变得非常重要。由于开环传递函数常常可分解为多个典型环节的串联，很容易得知开环系统的零极点。因此，工程师们常常希望根据开环系统的零极点来快速确定闭环系统的（主导）极点情况，这就产生了新的分析工具——根轨迹。

3.4.1 根轨迹的绘制

令开环传递函数 $Q(s)$ 为式（3-1-1），代入闭环极点方程有

$$1+Q(s)=1+k\frac{\prod\limits_{j=1}^{m}(s-z_j)}{\prod\limits_{i=1}^{n}(s-p_i)}=0\,(k=k_{qp}) \tag{3-4-1}$$

可见，当开环零极点 $\{z_j,p_i\}$ 确定后，闭环极点只依赖于参数 k。若让 k 由 $0\to\infty$，便可得到闭环极点的变化轨迹，称之为（闭环）根轨迹。

1. 一个根轨迹的实例

若 $Q(s)=\dfrac{5k}{s(s+1)(s+5)}$，其闭环极点方程为

$$1+Q(s)=1+\frac{5k}{s(s+1)(s+5)}=0$$

则

$$s(s+1)(s+5)+5k=s^3+6s^2+5s+5k=0$$

对每一个 k，它都有 3 个极点（根），若 k 由 $0\to\infty$ 连续变化，每个极点将产生连续轨迹。为了绘制根轨迹，可以取一系列不同的 k 值，得到表 3-4-1 所示的一系列极点，然后逐点绘图，便可得到图 3-4-1 所示的根轨迹。

表 3-4-1　根轨迹数据点

k	0	0.1	0.2	0.23	0.3	0.4	0.5	1
s_1	0	−0.12	−0.31	−0.47	−0.46+j0.28	−0.45+j0.43	−0.44+j0.54	−0.39+j0.9
s_2	−1	−0.86	−0.64	−0.47	−0.46−j0.28	−0.45−j0.43	−0.44−j0.54	−0.39−j0.9
s_3	−5	−5.03	−5.05	−5.06	−5.07	−5.10	−5.12	−5.23
k	1.5	2	4	5	6	7	9	11
s_1	−0.34+j1.14	−0.29+j1.33	−0.13+j1.86	−0.06+j2.06	j2.24	0.06+j2.39	0.17+j2.66	0.26+j2.89
s_2	−0.34−j1.14	−0.29−j1.33	−0.13−j1.86	−0.06−j2.06	−j2.24	0.06−j2.39	0.17−j2.66	0.26−j2.89
s_3	−5.33	−5.42	−5.74	−5.87	−6	−6.12	−6.33	−6.53

开环系统有 3 个极点 $\{p_1,p_2,p_3\}=\{0,-1,-5\}$，3 个无限零点 $\{z_1,z_2,z_3\}$。由图 3-4-1 可见：

1）系统有 3 条根轨迹分支，分别是：$\{p_1\to z_1\}$，由点 $(0,j0)$ 出发到 $(+\infty,+j\infty)$；$\{p_2\to z_2\}$，由点 $(-1,j0)$ 出发到 $(+\infty,-j\infty)$；$\{p_3\to z_3\}$，由点 $(-5,j0)$ 出发到 $(-\infty,j0)$。

显见，根轨迹的分支数目与系统的阶数 n 一致，根轨迹的起点分别为开环系统的极点（$k=0$），根轨迹的终点（$k\to\infty$）都在开环系统的无限零点处。

2）根轨迹一定关于实轴对称，因为若出现复根，一定是共轭的。

3）位于实轴 $[-1,0]$ 之间的根轨迹出现了分离点，即 $(-0.47,j0)$。显然，在分离点处闭环系

统将出现重根，此处 $k = k_\sigma = 0.23$。

4）根轨迹与虚轴相交于两点 $(0, \pm\mathrm{j}\sqrt{5})$，此处 $k = k_\omega = 6$。也就是说，当 $k > 6$ 时，闭环系统将出现 2 个不稳定极点。可见，与虚轴相交的区域是稳定性分析的重点区域。

2. 根轨迹绘制的基本原则

采用逐点绘图的方法显然计算量太大，由图 3-4-1 总结出的一些根轨迹绘制的规律可以推广到一般情况。下面介绍一般情况下的根轨迹绘制基本原则，可以快速确定根轨迹的变化趋势和重要特征点。

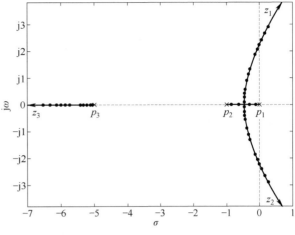

图 3-4-1　根轨迹实例

由式(3-4-1)知，闭环极点 $s_k (k = 1, 2\cdots, n)$ 一定要满足

$$\frac{\prod\limits_{j=1}^{m}(s_k - z_j)}{\prod\limits_{i=1}^{n}(s_k - p_i)} = -\frac{1}{k} = \frac{1}{k}\mathrm{e}^{\mathrm{j}(2l+1)\pi} \quad (l = 0, \pm 1, \pm 2, \cdots) \tag{3-4-2a}$$

其中，幅值条件为

$$\frac{\prod\limits_{j=1}^{m}|(s_k - z_j)|}{\prod\limits_{i=1}^{n}|(s_k - p_i)|} = \frac{1}{k} \tag{3-4-2b}$$

相角条件为

$$\sum_{j=1}^{m}\angle(s_k - z_j) - \sum_{i=1}^{n}\angle(s_k - p_i) = (2l+1)\pi \quad (l = 0, \pm 1, \pm 2, \cdots) \tag{3-4-2c}$$

可见，n 个闭环极点 s_k 一定是比例参数 k 的函数，即

$$s_k = \phi_k(k)(k = 1, 2, \cdots, n)$$

当 k 由 $0 \to \infty$ 连续变化时，一定产生 n 条连续的根轨迹分支。

$\phi_k(k)$ 一定是连续函数，一般情况下很难写出其表达式，但可用式(3-4-2)的幅值与相角条件，大致绘出根轨迹。

（1）根轨迹的起点是系统的开环极点

由式(3-4-2b)知，当 $k \to 0$ 时，一定有 $s_k \to p_i (i = 1, 2, \cdots, n)$。也就是，$n$ 条根轨迹分支的起点（$k = 0$）一定在 n 个开环极点的位置上。

（2）根轨迹的终点是系统的开环零点

同样的道理，由式(3-4-2b)知，当 $k \to \infty$ 时，一定有 $s_k \to z_j (j = 1, 2, \cdots, m)$；另外，若 $m < n$，还可以有 $s_k \to z_j = \infty (j = m+1, \cdots, n)$。也就是，$n$ 条根轨迹分支的终点一定在系统的 m 个开环有限零点和 $n - m$ 个开环无限零点的位置上。

（3）实轴上的根轨迹

开环实数零极点将实轴划分为若干区域。在实轴的某个区域内任取一点 s_0，若其右侧开环实数零极点个数之和为奇数，则该区域必是根轨迹。

下面给出简要的推证，假设 s_0 是根轨迹上的点，则必须满足相角条件式(3-4-2c)，即

$$\sum_{j=1}^{m} \angle (s_0 - z_j) - \sum_{i=1}^{n} \angle (s_0 - p_i) = (2l+1)\pi \quad (l = 0, \pm 1, \pm 2, \cdots)$$

如图 3-4-2 所示，此时开环零极点有 3 种情况需要考虑：若为共轭零点（极点），它们向 s_0 所引矢量的相角正负抵消，因此对相角条件没有影响；若为实零点（极点）但在 s_0 左侧，它们向 s_0 所引矢量的相角均为 0，对相角条件也没有影响；若为实零点（极点）但在 s_0 右侧，它们向 s_0 所引矢量的相角均为 π，因此，只有在 s_0 右侧的开环实零极点个数之和为奇数时，才能保证满足相角条件，从而该区域一定是根轨迹。

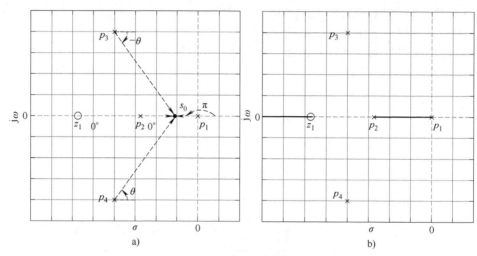

图 3-4-2　实轴上的根轨迹

（4）分离点与汇合点

根轨迹出现分离点或者汇合点，表明特征方程在该点出现重根。只要找到重根，就可以确定分离点或者汇合点的位置，如图 3-4-3 所示。

由式（3-4-2a），有

$$\prod_{i=1}^{n} (s - p_i) + k \prod_{j=1}^{m} (s - z_j) = 0$$

或者

$$\prod_{i=1}^{n} (s - p_i) = -k \prod_{j=1}^{m} (s - z_j) \qquad (3\text{-}4\text{-}3)$$

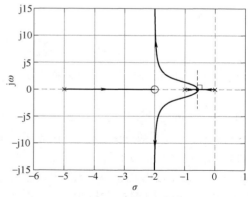

图 3-4-3　分离点与汇合点

若有重根 $\bar{p}_i$，则

$$\prod_{i=1}^{n} (s - p_i) + k \prod_{j=1}^{m} (s - z_j) = (s - \bar{p}_i)^2 \overline{\alpha}(s)$$

在重根处有

$$\frac{\mathrm{d}}{\mathrm{d}s} \left[\prod_{i=1}^{n} (s - p_i) + k \prod_{j=1}^{m} (s - z_j) \right] = 2(s - \bar{p}_i)\overline{\alpha}(s) + (s - \bar{p}_i)^2 \overline{\alpha}'(s) \bigg|_{s = \bar{p}_i} = 0$$

即重根应满足

$$\frac{\mathrm{d}}{\mathrm{d}s} \prod_{i=1}^{n} (s - p_i) = -\frac{\mathrm{d}}{\mathrm{d}s} k \prod_{j=1}^{m} (s - z_j)$$

与式(3-4-3)相除，可以得到

$$\frac{\dfrac{\mathrm{d}}{\mathrm{d}s}\displaystyle\prod_{i=1}^{n}(s-p_i)}{\displaystyle\prod_{i=1}^{n}(s-p_i)}=\frac{\dfrac{\mathrm{d}}{\mathrm{d}s}k\displaystyle\prod_{j=1}^{m}(s-z_j)}{k\displaystyle\prod_{j=1}^{m}(s-z_j)}$$

则

$$\frac{\mathrm{d}}{\mathrm{d}s}\ln\prod_{i=1}^{n}(s-p_i)=\frac{\mathrm{d}}{\mathrm{d}s}\ln\prod_{j=1}^{m}(s-z_j)$$

考虑到 $\ln\displaystyle\prod_{i=1}^{n}(s-p_i)=\sum_{i=1}^{n}\ln(s-p_i)$，$\ln\displaystyle\prod_{j=1}^{m}(s-z_j)=\sum_{j=1}^{m}\ln(s-z_j)$，代入上式得到

$$\sum_{i=1}^{n}\frac{\mathrm{d}}{\mathrm{d}s}\ln(s-p_i)=\sum_{j=1}^{m}\frac{\mathrm{d}}{\mathrm{d}s}\ln(s-z_j)$$

则

$$\sum_{i=1}^{n}\frac{1}{s-p_i}=\sum_{j=1}^{m}\frac{1}{s-z_j} \tag{3-4-4}$$

即分离点或者汇合点 s_k 应满足上式。由式(3-4-4)得到 s_k，再代入式(3-4-3)，便可求出对应分离点或者汇合点的比例参数 $k=k_\sigma$。

另外，确定分离点或者汇合点的位置后，一般还需确定根轨迹离开或汇入的切线方向角。设在分离点或者汇合点是 $\bar{n}$ 重根，将有 $\bar{n}$ 条分支轨迹，根据相角条件式(3-4-2c)，根轨迹离开或汇入的切线方向角分别为 $(2l+1)\pi/\bar{n}(l=0,1,\cdots,\bar{n}-1)$。

这里附加说明一点，闭环极点出现重根一定位于根轨迹的分离点或者汇合点，而根轨迹的分离点或者汇合点是极少的，且还需匹配"精准"的比例参数。因此，前面的讨论均假定闭环极点互不相同是几乎处处(概率为1)成立的(当然，在被控对象或控制器中有相同的极点是难免的)。

(5) 根轨迹的渐近线

当 $m<n$ 时，有 $n-m$ 条根轨迹趋于无穷远 ∞。一般情况下，这些根轨迹都是曲线，采用手工计算绘制是困难的。因此，在工程上常用渐近线来代替。下面推导渐近线的方程。

由式(3-4-2a)可得

$$\frac{\displaystyle\prod_{j=1}^{m}(s-z_j)}{\displaystyle\prod_{i=1}^{n}(s-p_i)}=\frac{b_m s^m+b_{m-1}s^{m-1}+\cdots+b_1 s+b_0}{s^n+a_{n-1}s^{n-1}+\cdots+a_1 s+a_0}=\frac{b(s)}{a(s)}=-\frac{1}{k} \tag{3-4-5}$$

式中，$a_{n-1}=-\displaystyle\sum_{i=1}^{n}p_i$，$b_{m-1}=-\displaystyle\sum_{j=1}^{m}z_j$，不失一般性，令 $b_m=1$。

用 $a(s)$ 除以 $b(s)$，当 s 很大时，有

$$\frac{a(s)}{b(s)}=s^{n-m}+(a_{n-1}-b_{m-1})s^{n-m-1}+\cdots\approx s^{n-m}+(a_{n-1}-b_{m-1})s^{n-m-1}$$

代入式(3-4-5)有

$$s^{n-m}+(a_{n-1}-b_{m-1})s^{n-m-1}=-k$$

则

$$s^{n-m}\left(1+\frac{a_{n-1}-b_{m-1}}{s}\right)=-k$$

进而有

$$s\left(1+\frac{a_{n-1}-b_{m-1}}{s}\right)^{\frac{1}{n-m}}=(-k)^{\frac{1}{n-m}}$$

再根据二项式定理，当 s 很大时，上式可近似为

$$s\left(1+\frac{a_{n-1}-b_{m-1}}{s}\right)^{\frac{1}{n-m}}\approx s\left(1+\frac{a_{n-1}-b_{m-1}}{(n-m)s}\right)=(-k)^{\frac{1}{n-m}}$$

将 $s=\sigma+j\omega$ 代入上式有

$$\left(\sigma+\frac{a_{n-1}-b_{m-1}}{n-m}\right)+j\omega=k^{\frac{1}{n-m}}\left(\cos\frac{(2l+1)\pi}{n-m}+j\sin\frac{(2l+1)\pi}{n-m}\right)$$

比较两边的实部与虚部有

$$\sigma+\frac{a_{n-1}-b_{m-1}}{n-m}=k^{\frac{1}{n-m}}\cos\frac{(2l+1)\pi}{n-m},\quad \omega=k^{\frac{1}{n-m}}\sin\frac{(2l+1)\pi}{n-m}$$

进而有

$$k^{\frac{1}{n-m}}=\frac{\sigma-\sigma_{a}}{\cos\varphi_{a}}=\frac{\omega}{\sin\varphi_{a}}$$

式中，

$$\varphi_{a}=\frac{(2l+1)\pi}{n-m}(l=0,1,\cdots,n-m-1) \tag{3-4-6a}$$

$$\sigma_{a}=-\frac{a_{n-1}-b_{m-1}}{n-m}=\frac{\sum\limits_{i=1}^{n}p_{i}-\sum\limits_{j=1}^{m}z_{j}}{n-m} \tag{3-4-6b}$$

所以，渐近线方程为

$$\omega=(\sigma-\sigma_{a})\frac{\sin\varphi_{a}}{\cos\varphi_{a}}=(\sigma-\sigma_{a})\tan\varphi_{a}$$

可见，$n-m$ 条渐近线是以点 $(\sigma_{a},j0)$ 为起点、倾角为 φ_{a} 的射线，如图 3-4-4 所示。

（6）根轨迹的起始角与终止角

如图 3-4-5 所示，根轨迹离开开环复数极点处的切线与正实轴的夹角称为起始角，用 $\theta_{p_{i}}$ 表示；根轨迹进入开环复数零点处的切线与正实轴的夹角称为终止角，用 $\theta_{z_{i}}$ 表示。起始角和终止角可以按如下关系式求出：

$$\theta_{p_{i}}=(2k+1)\pi+\left(\sum\limits_{j=1}^{m}\theta_{z_{j}p_{i}}-\sum\limits_{\substack{j=1\\(j\neq i)}}^{n}\theta_{p_{j}p_{i}}\right)(k=0,\pm1,\pm2,\cdots)$$

$$\tag{3-4-7a}$$

$$\theta_{z_{i}}=(2k+1)\pi-\left(\sum\limits_{\substack{j=1\\(j\neq i)}}^{m}\theta_{z_{j}z_{i}}-\sum\limits_{j=1}^{n}\theta_{p_{j}z_{i}}\right)(k=0,\pm1,\pm2,\cdots)$$

$$\tag{3-4-7b}$$

上式可从相角条件式（3-4-2c）推出。

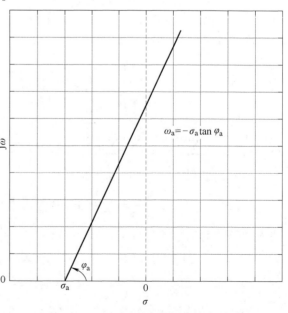

图 3-4-4　根轨迹渐近线的倾角与交点

（7）根轨迹与虚轴的交点

令 $s = j\omega$，代入闭环极点方程式（3-4-2a）求解，可以得到根轨迹与虚轴的交点。根轨迹与虚轴的交点区域，事关闭环系统的稳定性，需要仔细求解，此处的比例参数 $k = k_\omega$ 是保证闭环系统稳定的临界值。

前面给出了手工绘制根轨迹的基本原则。在实际工程应用中，有了根轨迹大致趋势便可进行系统的分析与设计。目前，由于计算机辅助设计越来越普及，精确的根轨迹可经计算机方便得到，这就进一步推动了基于根轨迹的分析与设计方法在实际工程中的应用。

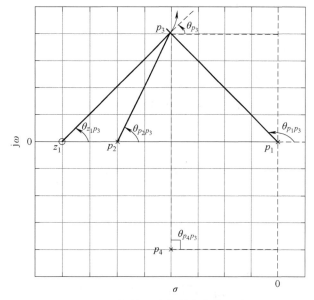

图 3-4-5　根轨迹的起始角与终止角

例 3-4-1　已知开环传递函数 $Q(s) = \dfrac{k}{s(s^2 + 8s + 20)}$，试绘制闭环系统的根轨迹。

1）起始点与终止点：

由

$$Q(s) = \frac{k}{s(s^2 + 8s + 20)} = \frac{k}{s(s+4-j2)(s+4+j2)}$$

得系统的开环极点为：$p_1 = 0$，$p_{2,3} = -4 \pm j2$，没有开环有限零点。3 条根轨迹分支起始于开环极点，终止于无限零点处。

2）实轴上的根轨迹：

因为实轴上仅有一个开环极点 $p_1 = 0$，所以实轴上的根轨迹为实轴区间 $(-\infty, 0]$。

3）渐近线：

因为 $n - m = 3$，所以有 3 条根轨迹分支趋于无穷远。由式（3-4-6）可得渐近线与实轴的夹角为

$$\varphi_a = \frac{(2l+1)\pi}{3} = \left\{ \frac{\pi}{3}, \pi, \frac{5\pi}{3} \right\} (l = 0, 1, 2)$$

渐近线与实轴的交点为

$$\sigma_a = \frac{-4-4}{3} = -2.67$$

渐近线如图 3-4-6a 中虚线所示。

4）根轨迹与虚轴的交点：

闭环极点方程为

$$1 + Q(s) = 1 + \frac{k}{s(s^2 + 8s + 20)} = 0$$

则

$$s^3 + 8s^2 + 20s + k = 0$$

令 $s = j\omega (\omega > 0)$，有

$$-j\omega^3 - 8\omega^2 + j20\omega + k = 0$$

则

$$k - 8\omega^2 = 0, \quad \omega^3 - 20\omega = 0$$

解之有 $\omega = \sqrt{20} = 4.47$，$k = k_\omega = 160$。

5）根轨迹的起始角：

由于 $p_1 = 0$，$p_2 = -4 + j2$，连线 $\overrightarrow{p_1 p_2}$ 与实轴的夹角为

$$\theta_{p_1 p_2} = \arctan \frac{2}{-4} = 153.4°$$

由式（3-4-7a）可得根轨迹的起始角为

$$\theta_{p_2} = (2k+1)\pi + \left(\sum_{j=1}^{m} \theta_{z_j p_2} - \sum_{\substack{j=1 \\ (j \neq 2)}}^{n} \theta_{p_j p_2} \right)$$

$$= 180° - \theta_{p_1 p_2} - \theta_{p_3 p_2} = 180° - 153.4° - 90°$$

$$= -63.4°$$

根据对称性，$\theta_{p_3} = -\theta_{p_2} = 63.4°$。

6）分离点与汇合点：

由式（3-4-4）可得

$$\frac{1}{s} + \frac{1}{s+4-j2} + \frac{1}{s+4+j2} = 0$$

解之有 $s_1 = -2$，$s_2 = -3.33$。两个重根都在实轴上，s_1 是分离点，s_2 是汇合点。

将 s_1、s_2 分别代入闭环极点方程有

$$s_1^3 + 8s_1^2 + 20s_1 + k_{\sigma 1} = 0, \quad s_2^3 + 8s_2^2 + 20s_2 + k_{\sigma 2} = 0$$

故有 $k_{\sigma 1} = 16$，$k_{\sigma 2} = 14.8$。

系统的根轨迹如图 3-4-6b 所示。

综上所述，根据前述的根轨迹绘制原则，只需依据开环的零极点，就可以快速绘制闭环极点的轨迹：

1）粗轮廓。闭环根轨迹起始于开

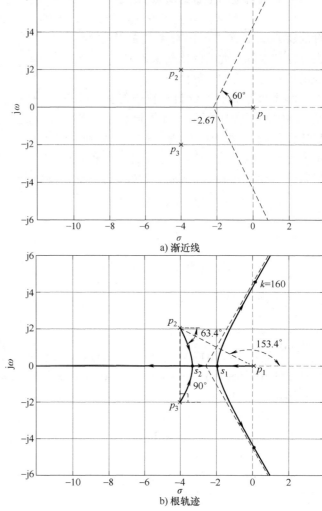

a）渐近线

b）根轨迹

图 3-4-6　例 3-4-1 的根轨迹

环极点终止于开环零点；对于开环无限零点，其根轨迹可用渐近线替代；根据开环实数零点，可确定实轴上的根轨迹。以此三点，可快速得到根轨迹的粗轮廓。

2）精细节。找到与虚轴的交点、根轨迹的分离点与汇合点、起始角与终止角等细节，将其补充到根轨迹上，就可以更细致地分析闭环极点变化的情况。当然，随着计算机辅助设计工具（如 MATLAB）的日益普及，精细绘制根轨迹已不是困难的事情了。

3）由于根轨迹总是"离开"开环极点，而"汇入"开环零点，相当于开环极点起"排斥"闭环极点的作用，而开环零点有"吸引"闭环极点的作用，这在分析闭环系统稳定性与设计控制器时有极大的参考价值。当闭环系统难以稳定时，应在何处增加开环零点或开环极点（相当于修改控制器的传递函数）就不会有盲目性了。

3.4.2　基于根轨迹的降阶等效与性能分析

研究高阶系统的扩展性能是相对困难的，前面提出了采用主导极点的方法。但是，如何确定闭环系统的主导极点，需要找到一个更简便的方法。

1. 高阶闭环系统的降阶等效

从前面的根轨迹绘制过程可以看出，1条根轨迹分支对应着1个闭环极点，或者说，对应比例参数 k 的 n 个闭环极点散落在 n 条根轨迹分支上，且1条根轨迹分支上有1个且只有1个闭环极点。这样的话，清晰划分出各条分支，就可一目了然地确定出闭环系统的主导极点与非主导极点，很容易判断是否可用主导极点方法进行分析与设计。闭环主导极点所在的根轨迹分支，也称为主导根轨迹分支；其他根轨迹分支，也称为非主导根轨迹分支。

从图 3-4-1 中的根轨迹可看出：

1）当 $0<k<k_\sigma=0.23$ 时，闭环极点有3个实根，分别位于 $\{-0.47+\mathrm{j}0, 0+\mathrm{j}0\}$、$\{-1+\mathrm{j}0, -0.47+\mathrm{j}0\}$ 和 $\{-\infty+\mathrm{j}0, -5+\mathrm{j}0\}$ 分支段上。显见，主导极点可取为前两个分支段上的一对实数极点，此时三阶系统可等效为二阶过阻尼系统。

2）当 $k_\sigma<k<k_\omega=6$ 时，主导极点是一对共轭复根，位于 $\{-0.47+\mathrm{j}0, \infty\pm\mathrm{j}\infty\}$ 分支段上；非主导极点是一个实根，位于 $\{-\infty+\mathrm{j}0, -5+\mathrm{j}0\}$ 分支段上。此时，三阶系统可等效为二阶欠阻尼系统。

从图 3-4-6b 中的根轨迹可看出：

1）当 $0<k<k_{\sigma2}=14.8$ 时，主导极点是一个实根，位于 $\{-2+\mathrm{j}0, 0+\mathrm{j}0\}$ 分支段上；非主导极点是一对共轭复根，位于 $\{-3.3+\mathrm{j}0, p_2\}$ 分支段和 $\{-3.3+\mathrm{j}0, p_3\}$ 分支段上。当 k 较小时，可以用一阶实根的主导极点进行分析，此时三阶系统可等效为一阶系统。

2）当 $k_{\sigma2}<k<k_\omega=160$ 时，主导极点是一对共轭复根，位于 $\{-2+\mathrm{j}0, \infty\pm\mathrm{j}\infty\}$ 分支段上；非主导极点是一个实根，位于 $\{-\infty+\mathrm{j}0, -3.3+\mathrm{j}0\}$ 分支段上。此时，三阶系统可等效为二阶欠阻尼系统。

在例 3-4-1 中，取 $k=70$，闭环传递函数为

$$\Phi(s)=\frac{Q(s)}{1+Q(s)}=\frac{k}{s^3+8s^2+20s+k}=\frac{70}{(s+6.6)(s^2+1.4s+10.73)}$$

$$=\frac{70}{(s+6.6)(s+0.7-\mathrm{j}3.2)(s+0.7+\mathrm{j}3.2)}$$

可取主导极点为 $s_{1,2}=-0.7\pm\mathrm{j}3.2$，非主导极点为 $s_3=-6.6$。

由于 $|\sigma_3|/|\sigma_*|=6.6/0.7=9.43>5$，原三阶系统 $\Phi(s)$ 可以降阶为二阶系统，即

$$\Phi(s)=\frac{70}{(s+6.6)(s^2+1.4s+10.73)}\approx\frac{70/6.6}{s^2+1.4s+10.73}=\Phi^*(s) \qquad (3\text{-}4\text{-}8)$$

为保证降阶前后系统的稳态性能不变，式(3-4-8)需要保证 $\Phi(0)=\Phi^*(0)$。

降阶前后系统的单位阶跃响应如图 3-4-7所示，可见，降阶前后系统的性能基本一致。

2. 基于根轨迹的性能分析框架

时域性能分析是希望在不求解系统响应的前提下，直接在系统传递函数上分析闭环系统性能。前面的分析表明，系统的性能可分为基本性能与扩展性能；基本性能中的稳态性与系统的静态增益相关，经稳态误差公式可以快速地分析；基本性能中的稳定性、扩展性能中的平稳性与快速性，都是系统的瞬态性能，

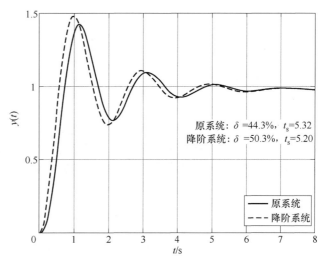

原系统：$\delta=44.3\%$，$t_s=5.32$
降阶系统：$\delta=50.3\%$，$t_s=5.20$

—— 原系统
------ 降阶系统

图 3-4-7 式(3-4-8)的阶跃响应

取决于闭环极点的位置，依据根轨迹可以快速地分析；特别是，从根轨迹上还可以快速确定主导极点位置，从而系统瞬态性能指标也可快速地采用一阶、二阶等典型系统指标公式进行估算。因此，基于根轨迹的性能分析成为基本的时域分析工具。

然而，闭环传递函数 $\Phi(s)$ 与被控对象传递函数 $G(s)$ 和控制器传递函数 $K(s)$ 有关，只有在已知控制器 $K(s)$ 的情况下，才能分析出闭环系统的性能。尽管理论上讲控制器可以五彩缤纷，但是反馈调节原理的一个潜在优势，就是尽量使用简单通用的控制器实现复杂的控制任务。因此，以最常用的零阶的比例控制器或再附加一阶环节的控制器，进行闭环系统性能分析是不失一般性的，也是实际工程中广泛采用的。

综上，可建立如下的基于根轨迹的性能分析框架：

1）建立被控对象的线性化模型 $G(s)$；假定控制器为零阶的比例控制器，即 $K(s)=k_c$。根据开环传递函数 $Q(s)=K(s)G(s)$ 绘制根轨迹。

2）依据根轨迹确定主导极点，建立主导传递函数 $\Phi^*(s)$，按照一阶、二阶或三阶系统性能指标公式，分析控制器比例参数、被控对象参数与闭环系统典型性能指标的关系。

3）再假定控制器为一阶环节的控制器，即 $K(s)=k_c\dfrac{\tau_c s+1}{T_c s+1}$，相当于增加了开环零点 $(-1/\tau_c)$ 和开环极点 $(-1/T_c)$，根据不同的参数 $\{\tau_c,T_c\}$，绘制出多条根轨迹（簇），分析根轨迹、主导传递函数 $\Phi^*(s)$ 以及典型性能指标的变化规律，为控制器的设计做准备。若控制器为更高阶的结构，不外乎再增加一些零极点，其分析方法是类似的。

4）借助计算机仿真，获取实际系统的响应曲线，验证上述理论分析结果。

5）考虑工程限制因素，确认上述理论分析结果的可适用范围。一是模型残差，为了方便理论分析一般是采用线性化模型，而实际的被控对象往往是非线性模型；二是变量值域，所有的变量都不能超限，特别是对控制量要高度关注。

下面通过一些实例来应用上述分析框架，重点在前 4 项内容，力争探寻出一些控制器设计的规律，给第 5 章的控制器设计以指导。第 5 项内容可参照例 3-3-1、例 3-3-3 的做法，在第 5 章还会进一步探讨。

3. 采取超前或滞后控制的系统性能分析

例 3-4-2 试绘制如下开环系统 $Q(s)=K(s)G(s)$ 的根轨迹，并讨论系统的性能：

$$G(s)=\frac{1}{s(T_1 s+1)} \tag{3-4-9a}$$

$$K(s)=k_c\frac{\tau_c s+1}{T_c s+1}\quad(\tau_c>T_c) \tag{3-4-9b}$$

式中，$\{k_c,\tau_c,T_c\}$ 是控制器 $K(s)$ 的可调参数。

1）系统的稳态性能：

分析系统稳态性的前提是闭环系统稳定，不失一般性，均假定已存在控制器 $K(s)$ 使得闭环系统稳定，且其静态增益 $K(0)=k_c$。下面所有实例的稳态性讨论均以此为前提。

由于被控对象 $G(s)$ 含有积分因子，系统阶跃响应可以做到无静差，而斜坡响应的稳态误差为

$$e_s=\lim_{s\to 0}\frac{1}{1+Q(s)}\times s\times\frac{1}{s^2}=\frac{1}{K(0)}=\frac{1}{k_c}$$

可见，要系统具有好的稳态精度，必须加大控制器静态增益 k_c。若取斜坡响应的稳态误差 $|e_s|\leqslant 0.3\%$，则 $k_c\geqslant 333.33$。

2）比例控制器的性能分析：

先进行比例控制器的性能分析。不失一般性，取 $T_1 = 0.2s$。为了满足斜坡响应的稳态精度，取 $k_c = 340$，此时的开环传递函数为

$$Q(s) = k_c \frac{1}{s(T_1 s + 1)} = 340 \frac{1}{s(0.2s+1)} \qquad (3\text{-}4\text{-}10)$$

其根轨迹如图 3-4-8 所示。

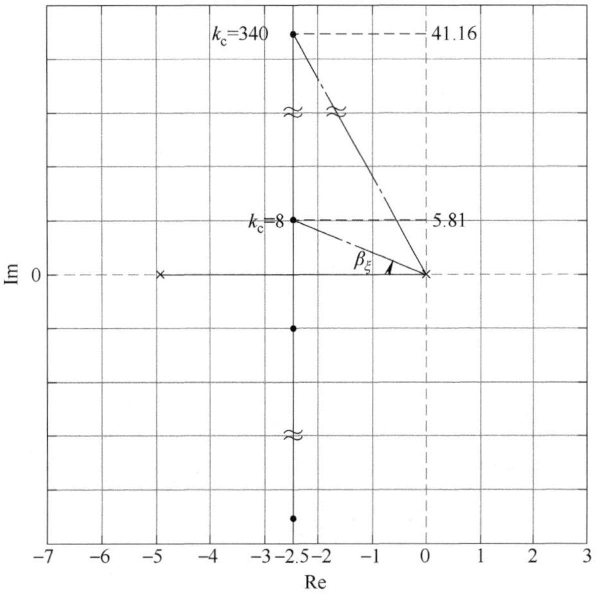

从根轨迹上可得到对应 $k_c = 340$ 的闭环极点为

$$\bar{p}_{1,2} = \sigma_* \pm j\omega_* = \xi\omega_n \pm j\omega_n\sqrt{1-\xi^2} = -2.5 \pm j41.16$$

则 $\omega_n = \sqrt{\sigma_*^2 + \omega_*^2} = 41.23 \text{rad/s}$，$\xi = -\sigma_*/\omega_n = 0.06$。由式(3-3-17)和式(3-3-15)得到系统阶跃响应的超调量与瞬态过程时间为

$$\begin{cases} \delta = e^{-\frac{\xi\pi}{\sqrt{1-\xi^2}}} = 82.79\% \\ t_s = \dfrac{4}{\xi\omega_n} = 1.62s \end{cases} \qquad (3\text{-}4\text{-}11)$$

从性能指标看，$k_c = 340$ 时，系统瞬态性能不好，超调量太大。

若要系统瞬态性能好，则要降低比例参数 k_c，从图 3-4-8 中的根轨迹看，选择 $k_c = 8$，对应的闭环极点为

$$\bar{p}_{1,2} = \sigma_* \pm j\omega_* = \xi\omega_n \pm j\omega_n\sqrt{1-\xi^2} = -2.5 \pm j5.81$$

图 3-4-8　$\tau_c = 0$、$T_c = 0$ 时的根轨迹

则 $\omega_n = \sqrt{\sigma_*^2 + \omega_*^2} = 6.32 \text{rad/s}$，$\xi = -\sigma_*/\omega_n = 0.39$。由此得到系统阶跃响应的超调量与瞬态过程时间为

$$\begin{cases} \delta = e^{-\frac{\xi\pi}{\sqrt{1-\xi^2}}} = 26.4\% \\ t_s = \dfrac{4}{\xi\omega_n} = 1.62s \end{cases} \qquad (3\text{-}4\text{-}12)$$

从性能指标看，$k_c = 8$ 时，阻尼比 ξ 加大(阻尼角减小到 β_ξ)，系统瞬态性能变好，但不能满足斜坡响应的稳态精度。

可见，系统的稳态性能与瞬态性能存在矛盾，若控制器只有 k_c 一个可调参数，难以应付，需要修改控制器结构。

3）一阶控制器 $(\tau_c > T_c)$ 的性能分析：

若要修改控制器结构，除了比例控制器外，最简单的而且自身稳定的控制器是式(3-4-9b)所示的一阶控制器。不失一般性，取 $T_c = \tau_c/\alpha$，$\alpha = 5$，$\tau_c = T_1/l$，$l = 10$，其中参数 $\alpha > 1$ 反映所增加的控制器零极点 $\{-1/\tau_c, -1/T_c\}$ 的内在关系，参数 l 反映控制器零极点与被控对象零极点的相对位置。此时的开环传递函数为

$$Q(s) = k_c \frac{\tau_c s + 1}{T_c s + 1} \frac{1}{s(T_1 s + 1)} = 340 \frac{0.02s+1}{0.004s+1} \frac{1}{s(0.2s+1)} \qquad (3\text{-}4\text{-}13)$$

式中，$k_c = 340$ 不变，同样能够满足斜坡响应的稳态精度。

此时根轨迹如图 3-4-9a 所示(图 3-4-9b 是局部放大图)，从根轨迹上可得到对应 $k_c = 340$ 的闭

环极点为

$$\bar{p}_{1,2} = \sigma_* \pm j\omega_* = -17.81 \pm j40.25, \bar{p}_3 = -219.39$$

则 $\omega_n = \sqrt{\sigma_*^2 + \omega_*^2} = 44.01\text{rad/s}$，$\xi = -\sigma_*/\omega_n = 0.405$，$\bar{T}_3 = 1/|\bar{p}_3| = 0.0046\text{s}$。

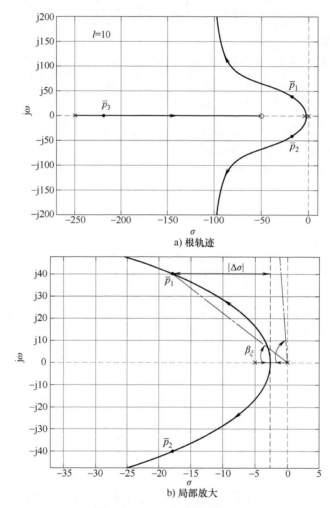

a) 根轨迹

b) 局部放大

图 3-4-9　$\tau_c > T_c$ 时的根轨迹

由于 $|\bar{p}_3|/\xi\omega_n = 219.39/17.81 > 5$，闭环传递函数可降阶等效为

$$\Phi(s) = \frac{Q(s)}{1+Q(s)} = \frac{k_c(\tau_c s+1)}{s(T_1 s+1)(T_c s+1)+k_c(\tau_c s+1)} = \frac{k_c(\tau_c s+1)}{(s-\bar{p}_1)(s-\bar{p}_2)(s-\bar{p}_3)}$$

$$= \frac{\omega_n^2(\tau_c s+1)}{s^2+2\xi\omega_n s+\omega_n^2} \cdot \frac{1}{\bar{T}_3 s+1} \approx \frac{\omega_n^2(\tau_c s+1)}{s^2+2\xi\omega_n s+\omega_n^2} \tag{3-4-14}$$

闭环系统近似为具有零点的二阶欠阻尼系统，阻尼角 $\beta_\xi = \arccos\xi = 66.1°$。

查表 3-3-4，可估算超调量与瞬态过程时间如下：

$$c_\tau = \sqrt{1-2\xi\omega_n\tau_c+(\omega_n\tau_c)^2} = 1.03，\quad \beta_\tau = \arccos((1-\xi\omega_n\tau_c)/c_\tau) = 51.33°$$

$$\delta_\tau = c_\tau e^{\frac{-\xi}{\sqrt{1-\xi^2}}(\pi-\beta_\tau)} = 38.1\%，\quad t_{\tau s} = \frac{4}{\xi\omega_n} + \frac{\ln c_\tau}{\xi\omega_n} = 0.23\text{s}$$

与式(3-4-11)比较，超调量与瞬态过程时间都得到改善，且没有影响斜坡响应的稳态精度。

4）一阶控制器（$\tau_c > T_c$）的性能改善原理：

比较图 3-4-9a 与图 3-4-8 所示的根轨迹，其主导根轨迹分支仍然是 $\{0+j0, \infty +j\infty\}$ 与 $\{-1/T_1 + j0, \infty -j\infty\}$ 耦合分支。但是，由于在控制器增加了零极点环节且 $\tau_c > T_c$，其零点环节（$\tau_c s+1$）的作用大于极点环节（$1/(T_c s+1)$）的作用，零点（$-1/\tau_c$）将原根轨迹（图 3-4-9b 中虚线）往左的方向"吸引"了过去（图 3-4-9b 中实线），对原根轨迹做了修正。在同样的 k_c 下，阻尼比 ξ 加大（阻尼角减小到 β_ξ），负实部绝对值之差 $|\Delta\sigma|$ 也加大，从而使得超调量与瞬态过程时间都得到改善。

由于 $\tau_c > T_c$，控制器的零点起主要作用，从式（3-4-14）的推导看出，正好将闭环系统等效为了具有零点的二阶欠阻尼系统，相当于在时间响应上起到微分超前作用，所以也将这种环节称为（微分）超前环节。

5）l 取不同值时的情况：

若移动控制器的零极点对 $\{-1/\tau_c, -1/T_c\}$，$\alpha = 5$，$l = \{0.5, 0.9, 2, 5\}$，其根轨迹会发生变化。随着控制器中的零点（$-1/\tau_c$）远离虚轴，会出现图 3-4-10a、b、c、d 所示的 4 种情况，若画到一张图中，会得到根轨迹簇。

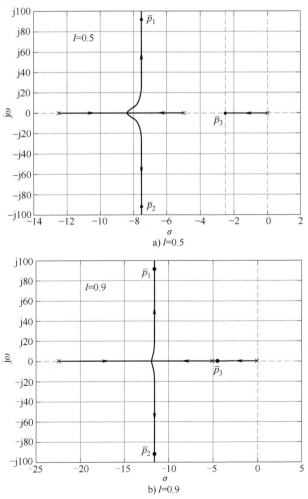

图 3-4-10　例 3-4-2 参数变化的根轨迹

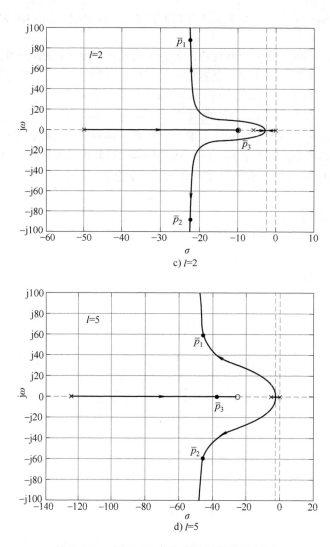

图 3-4-10　例 3-4-2 参数变化的根轨迹（续）

可见，根轨迹变化有一定的规律，呈现两种形貌，控制器的零点($-1/\tau_c$)位置不同，对根轨迹的"吸引"效果不一样，随着 l 的增加，主导极点的虚部绝对值减小，实部远离虚轴，其闭环极点与主导极点的分析如表 3-4-2、表 3-4-3 所示。

表 3-4-2　例 3-4-2 的闭环极点与系统参数

l	$\bar{p}_{1,2}$	$\bar{p}_3$	$\omega_n/(\text{rad/s})$	ξ	τ_c/s	T_c/s
0.5	$-7.5\pm\text{j}92.0$	-2.49	92.33	0.081	0.4	0.08
0.9	$-11.5\pm\text{j}91.52$	-4.50	92.24	0.125	0.222	0.044
2	$-22.37\pm\text{j}88.26$	-10.25	91.06	0.246	0.1	0.02
5	$-46.20\pm\text{j}59.30$	-37.61	75.17	0.614	0.04	0.008

表 3-4-3 例 3-4-2 的性能指标估算

l	$\eta_3 = \|\bar{p}_3\| / \xi\omega_n$	$\bar{T}_3/s$	δ	t_s/s	主导闭环传递函数
0.5	0.332	0.401	77.47%	0.53	$\bar{T}_3 \approx \tau_c$，无零点二阶
0.9	0.391	0.222	67.38%	0.35	同上
2	0.447	0.098	45.1%	0.18	同上
5	0.808	0.027	28.77%	0.10	有零点三阶

由表 3-4-3 可看出，当 $l = \{0.5, 0.9, 2\}$ 时，尽管 $\eta_3 < 5$，但 $\bar{T}_3 \approx \tau_c$，闭环极点 $\bar{p}_3$ 与控制器零点 $(-1/\tau_c)$ 发生零极点近似对消，因而闭环传递函数可用无零点二阶欠阻尼系统近似，由表 3-3-4 知，可由 $\delta = \mathrm{e}^{-\frac{\xi\pi}{\sqrt{1-\xi^2}}}$ 和 $t_s = \dfrac{4}{\xi\omega_n}$ 估算超调量与瞬态过程时间。

当 $l = 5$ 时，由于 $\eta_3 < 5$，$\bar{T}_3 \approx \tau_c$ 也不成立，因而，需要按有零点的三阶系统来估算超调量与瞬态过程时间，查表 3-3-5 有

$$c_\tau = \sqrt{(\omega_n\tau_c)^2 - 2\xi\omega_n\tau_c + 1} = 2.52, \quad \beta_\tau = \arccos((1-\xi\omega_n\tau_c)/c_\tau) = 109.62°$$

$$c_T = \sqrt{(\omega_n\bar{T}_3)^2 - 2\bar{T}_3\xi\omega_n + 1} = 1.608, \quad \beta_T = \arccos((1-\xi\omega_n\bar{T}_3)/c_T) = 98.47°$$

$$c_3 = \omega_n^2\bar{T}_3(\tau_c - \bar{T}_3)/c_T^2 = 0.773, \quad \eta_3 = \|\bar{p}_3\| / \|\sigma_*\| = 1/(\xi\omega_n\bar{T}_3) = 0.808$$

$$\tilde{\delta} = \frac{c_\tau}{c_T}\mathrm{e}^{-\frac{\xi(\pi-\beta_\tau+\beta_T)}{\sqrt{1-\xi^2}}} + c_3\mathrm{e}^{-\eta_3\frac{\xi(\pi-\beta_\tau+\beta_T)}{\sqrt{1-\xi^2}}} = 28.77\%$$

$$\tilde{t}_s = \frac{4}{\xi\omega_n} + \frac{\ln c_\tau - \ln c_T}{\xi\omega_n} = 0.10\mathrm{s}$$

若对 $l = 5$ 的情况用有零点的二阶系统和无零点的二阶系统进行近似估算，分别有

$$c_\tau = \sqrt{1 - 2\xi\omega_n\tau_c + (\omega_n\tau_c)^2} = 2.52, \quad \beta_\tau = \arccos((1-\xi\omega_n\tau_c)/c_\tau) = 109.62°$$

$$\delta_\tau = c_\tau\mathrm{e}^{\frac{-\xi}{\sqrt{1-\xi^2}}(\pi-\beta_\tau)} = 96.9\%, \quad t_{\tau s} = \frac{4}{\xi\omega_n} + \frac{\ln c_\tau}{\xi\omega_n} = 0.11\mathrm{s}$$

$$\delta = \mathrm{e}^{-\frac{\xi\pi}{\sqrt{1-\xi^2}}} = 8.68\%, \quad t_s = \frac{4}{\xi\omega_n} = 0.087\mathrm{s}$$

可见，$\delta \leqslant \tilde{\delta} \leqslant \delta_\tau$，$t_s \leqslant \tilde{t}_s \leqslant t_{\tau s}$。

6）阶跃响应的对比：

前面在未求解系统响应的前提下，通过闭环传递函数的参数（零极点）分析了系统性能，下面求解或通过计算机仿真得到系统响应予以验证。

图 3-4-11a、b 分别是式（3-4-10）、式（3-4-13）的闭环系统阶跃响应，图 3-4-11c、d 分别是 $l = \{0.5, 0.9, 2, 5\}$ 的闭环系统阶跃响应。

从图 3-4-11a、b 中的响应曲线看，增加超前环节可以很好地改善系统瞬态性能。从图 3-4-11c、d 中的实际响应曲线看，l 取不同值时，阶跃响应的性能指标与表 3-4-3 中的估算值都是基本吻合的。因此，基于根轨迹确定主导极点，再按照表 3-3-4 和表 3-3-5 中的公式进行估算分析是可行的。但要注意的是，不同的 l 值，意味着控制器零极点的位置是不一样的，其性能指标会有较大差异。因此，在控制器中增加超前环节，可以改善系统瞬态性能，但需要合理安排控制器的零极点位置。另外，α 的取值同样会影响系统的性能指标，也需要做合理的选择。这些内容在第 5 章还会深入讨论。

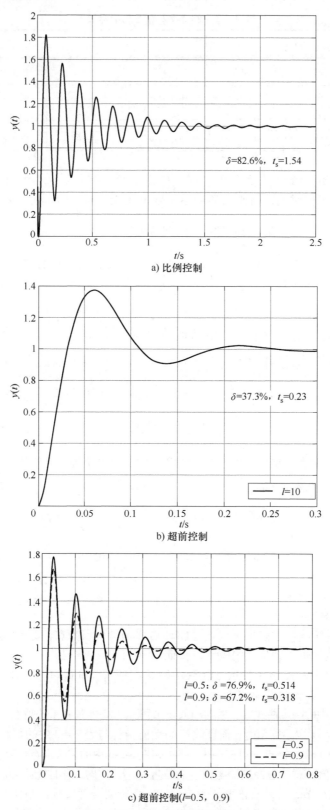

图 3-4-11　例 3-4-2 的阶跃响应

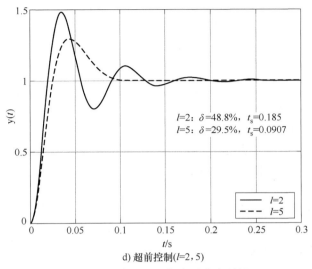

d) 超前控制($l=2,5$)

图 3-4-11　例 3-4-2 的阶跃响应(续)

例 3-4-3　试绘制如下开环系统 $Q(s)=K(s)G(s)$ 的根轨迹，并讨论系统的性能：

$$G(s)=\frac{1}{s(T_1 s+1)} \tag{3-4-15a}$$

$$K(s)=k_c \frac{\tau_c s+1}{T_c s+1}(T_c>\tau_c) \tag{3-4-15b}$$

式中，$\{k_c,\tau_c,T_c\}$ 是控制器 $K(s)$ 的可调参数。

本例的控制器与例 3-4-2 的控制器在结构上完全一致，不同的只是可调参数 $T_c>\tau_c$，控制器中极点环节($-1/(T_c s+1)$)的作用将大于零点环节($\tau_c s+1$)的作用。

与例 3-4-2 一样，不失一般性，取 $T_1=0.2\mathrm{s}$。同时，为了满足斜坡响应的稳态精度 $|e_s|\leqslant 0.3\%$，取 $k_c=340$。例 3-4-2 的分析表明，在 $\tau_c=0$、$T_c=0$ 时，超调量 $\delta=\mathrm{e}^{\frac{-\xi\pi}{\sqrt{1-\xi^2}}}=82.79\%$，系统的平稳性不好。

1) 一阶控制器($T_c>\tau_c$)的性能分析：

不失一般性，取 $\tau_c=T_c/\beta$，$\beta=45$，$T_c=T_1/l$，$l=1/600$，同样，参数 $\beta>1$ 反映所增加的控制器零极点 $\{-1/\tau_c,-1/T_c\}$ 的内在关系，参数 l 反映控制器零极点与被控对象零极点的相对位置。此时的开环传递函数为

$$Q(s)=k_c \frac{\tau_c s+1}{T_c s+1}\frac{1}{s(T_1 s+1)}=340\frac{2.667s+1}{120s+1}\frac{1}{s(0.2s+1)}$$

式中，$k_c=340$ 不变，同样能够满足斜坡响应的稳态精度。

此时根轨迹如图 3-4-12 所示，从根轨迹上可得到对应 $k_c=340$ 的闭环极点为

$$\bar{p}_{1,2}=\sigma_*\pm\mathrm{j}\omega_*=-2.3082\pm\mathrm{j}5.5392,\quad \bar{p}_3=-0.3918$$

则 $\omega_n=\sqrt{\sigma_*^2+\omega_*^2}=6\mathrm{rad/s}$，$\xi=-\sigma_*/\omega_n=0.38$，$\tau_c=2.667\mathrm{s}$，$T_c=120\mathrm{s}$，$\bar{T}_3=1/|\bar{p}_3|=2.55\mathrm{s}\approx\tau_c$。

与式(3-4-14)的推导类似，闭环传递函数可等效降阶为

$$\Phi(s)=\frac{Q(s)}{1+Q(s)}=\frac{\omega_n^2}{s^2+2\xi\omega_n s+\omega_n^2}\frac{\tau_c s+1}{\bar{T}_3 s+1}\approx\frac{\omega_n^2}{s^2+2\xi\omega_n s+\omega_n^2}$$

可用主导极点估算超调量与瞬态过程时间如下：

$$\delta = e^{-\frac{\xi\pi}{\sqrt{1-\xi^2}}} = 27.5\%, \quad t_s = \frac{4}{\xi\omega_n} = 1.75s$$

与式（3-4-11）比较，在满足了斜坡响应稳态精度的前提下，超调量得到了改善，瞬态过程时间相差不大。

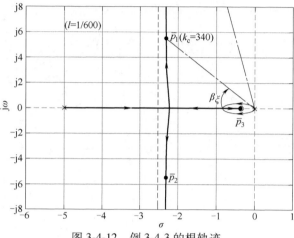

图 3-4-12　例 3-4-3 的根轨迹

2）一阶控制器（$T_c > \tau_c$）的性能改善原理：

由式（3-4-12）的讨论知，在只有比例环节（$\tau_c = 0$、$T_c = 0$）的情况下，存在合适的控制器增益（$k_c = 8$）得到较好的瞬态性能，只是在这个控制器增益下不能满足稳态精度的要求。换句话说，若要满足高的稳态精度，需要开环系统的静态增益 $Q(s)|_{s=0}$ 尽量大；若要满足高的瞬态性能，需要开环系统的动态增益 $Q(s)|_{s>0}$ 不能大。若能将开环系统静态增益与动态增益分别取值，就可能解决这个冲突问题。

若 T_c、τ_c 均取较大的值，则开环传递函数可等效为

$$Q(s) = k_c \frac{\tau_c s + 1}{T_c s + 1} \frac{1}{s(T_1 s + 1)} \approx \begin{cases} k_c \dfrac{1}{s(T_1 s + 1)} & s \to 0 \\[3mm] k_c \dfrac{\tau_c s}{T_c s} \dfrac{1}{s(T_1 s + 1)} = \dfrac{k_c}{\beta} \dfrac{1}{s(T_1 s + 1)} & s > 0 \end{cases} \tag{3-4-16}$$

可见，开环动态增益减少至 k_c 的 $1/\beta$。本例 $k_c/\beta = 340/45 = 7.56$，有着较好的动态增益。要注意的是，采用动态增益 k_c/β 进行性能分析是便利的，但前提是 $\{\tau_c, T_c\}$ 足够大，否则会存在较大分析误差。

对比图 3-4-12 与图 3-4-8 所示的根轨迹（注意坐标的分度值），图 3-4-12 的主导根轨迹分支与图 3-4-8 的根轨迹（或图 3-4-12 中的虚线）是接近的。但是，由于增加了环节 $\dfrac{\tau_c s + 1}{T_c s + 1}$（$T_c > \tau_c$），在保证开环静态增益 $k_c = 340$ 不变的前提下，将主导极点的位置移到了原根轨迹的低频区（极点的虚部取值较低），对原根轨迹做了修正，从而增大了阻尼比（阻尼角减小到 β_ξ），改善了系统的超调量。

此时，闭环传递函数也可等效为

$$\Phi(s) = \frac{Q(s)}{1 + Q(s)} \approx \frac{k_{c\beta}}{s(T_1 s + 1) + k_{c\beta}} = \frac{\omega_n^2}{s^2 + 2\xi\omega_n s + \omega_n^2}$$

式中，$k_{c\beta} = \dfrac{k_c}{\beta} = 7.56$，$\omega_n = \sqrt{\dfrac{k_{c\beta}}{T_1}} = 6.14\text{rad/s}$，$\xi = \dfrac{1}{2\sqrt{k_{c\beta}T_1}} = 0.4$。主导极点位置与从根轨迹上得到的数据是接近的。

例 3-4-3 与例 3-4-2 的控制器结构是一样的，只是例 3-4-2 的控制器参数 $\tau_c > T_c$，控制器中的零点起主要作用，而例 3-4-3 的控制器参数 $T_c > \tau_c$，控制器中的极点起主要作用。由于极点会增加系统的惯性（滞后），降低超调量平缓系统响应，所以也将极点起主要作用的环节对应地称为（惯性）滞后环节。

3）l 取不同值时的情况：

若移动控制器的零极点对 $\{-1/\tau_c, -1/T_c\}$，$\beta = 45$，$l = \{1/60, 1/0.6\}$，其根轨迹会发生变化。

随着控制器中的极点$(-1/T_c)$远离虚轴，会出现图3-4-13a、b所示的两种情况。

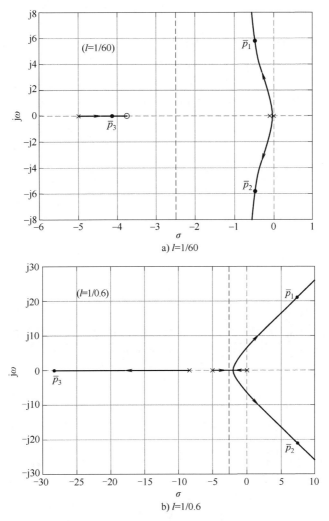

a) $l=1/60$

b) $l=1/0.6$

图3-4-13 例3-4-3参数变化的根轨迹

若$l=1/60$，由图3-4-13a可得到如下闭环极点：

$$\bar{p}_{1,2}=-0.4805\pm j5.8310,\quad \bar{p}_3=-4.1219$$

则$\omega_n=5.85\text{rad/s}$，$\xi=0.077$，$T_c=T_1/l=12\text{s}$，$\tau_c=T_c/\beta=0.2667\text{s}$，$\bar{T}_3=1/|\bar{p}_3|=0.2426\text{s}\approx\tau_c$。与$l=1/600$的降阶等效类似，其超调量与瞬态过程时间可做如下估算：

$$\delta=\mathrm{e}^{-\frac{\xi\pi}{\sqrt{1-\xi^2}}}=78.46\%,\quad t_s=\frac{4}{\xi\omega_n}=8.88\text{s}$$

若$l=1/0.6$，由图3-4-13b可得到如下闭环极点：

$$\bar{p}_{1,2}=7.4574\pm j21.0827,\quad \bar{p}_3=-28.2147$$

出现不稳定的闭环极点。此时，$T_c=T_1/l=0.12\text{s}$、$\tau_c=T_c/\beta=0.00267\text{s}$均太小，说明参数$l=1/0.6$不合理，也就是控制器零极点位置不合理，导致开环动态增益k_c/β未起到应有的作用。因此，要使得在控制器中增加的滞后环节能够改善系统瞬态性能，需要合理安排控制器零极点的位置。这个内容在第5章还会进一步讨论。

从图 3-4-12 和图 3-4-13a、b 中的根轨迹看，无论 l 取哪种值，都是将主导根轨迹分支"排斥"到了原根轨迹（虚线）的右方。这是因为滞后环节是极点起主要作用，极点对根轨迹具有"排斥"的效果。

4）阶跃响应的对比：

$l = \{1/600, 1/60\}$ 两种情况的阶跃响应如图 3-4-14 所示，可见，系统性能指标与估算值基本吻合。比较图 3-4-14a 与图 3-4-11a 知，增加滞后环节改善了系统平稳性；但与图 3-4-11b 比较知，没有像超前环节那样改善系统的快速性。参见式（3-4-16），出现这个结果的原因是，滞后环节由于 $T_c > \tau_c$ 减小了动态增益，而超前环节由于 $\tau_c > T_c$ 不会减小动态增益。

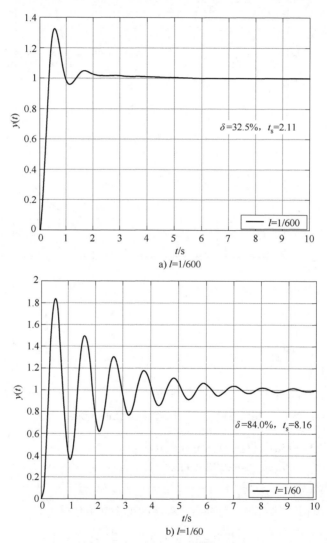

a) $l=1/600$

b) $l=1/60$

图 3-4-14　例 3-4-3 的阶跃响应

例 3-4-4　试绘制如下开环系统 $Q(s) = K(s)G(s)$ 的根轨迹，并讨论系统的性能：

$$K(s) = k_c \frac{\tau_c s + 1}{T_c s + 1} \tag{3-4-17a}$$

$$G(s) = \frac{k_g}{s(T_1 s + 1)\left[(s + \sigma_{2,3})^2 + \omega_{2,3}^2\right](T_4 s + 1)} \tag{3-4-17b}$$

式中，$T_1 = 0.2\text{s}$，$T_4 = 0.02\text{s}$，$\sigma_{2,3} = -30\text{s}^{-1}$，$\omega_{2,3} = 5\text{rad/s}$，$k_g = \sigma_{2,3}^2 + \omega_{2,3}^2 = 925$。

1）系统的稳态性能：

由于被控对象 $G(s)$ 含有积分因子，系统阶跃响应可以做到无静差，而斜坡响应的稳态误差为

$$e_s = \lim_{s \to 0} \frac{1}{1+Q(s)} \times s \times \frac{1}{s^2} = \frac{1}{K(0)} = \frac{1}{k_c}$$

可见，要减小 e_s，必须加大 k_c。若取 $|e_s| \leq 0.3\%$，则 $k_c \geq 333.33$。

2）只有比例环节时的等效分析：

不失一般性，取 $k_c = 340$，能够满足斜坡响应的稳态精度，此时的开环传递函数为

$$\begin{aligned}
Q(s) &= \frac{k_c k_g}{s(T_1 s+1)\left[(s-\sigma_{2,3})^2 + \omega_{2,3}^2\right](T_4 s+1)} \\
&= \frac{340 \times 925}{s(0.2s+1)\left[(s+30)^2 + 5^2\right](0.02s+1)}
\end{aligned} \tag{3-4-18}$$

其根轨迹如图 3-4-15 所示。

从根轨迹上可得到对应 $k_c = 340$ 的闭环极点为

$$\bar{p}_{1,2} = 11.18 \pm \text{j}19.79, \quad \bar{p}_{3,4} = -35.95 \pm \text{j}32.11,$$
$$\bar{p}_5 = -65.47$$

可见，当 $k_c = 340$ 时，闭环系统不稳定。

若要闭环系统稳定，对闭环极点方程 $1+Q(s)=0$ 采用劳斯稳定判据或从图 3-4-15 中的根轨迹上可得控制器增益应满足

$$0 < k_c < 13.4 \tag{3-4-19}$$

下面附加讨论一下开环传递函数降阶等效可能存在的问题。若 $k_c = 340$，由式（3-4-18）知，开环极点分别为

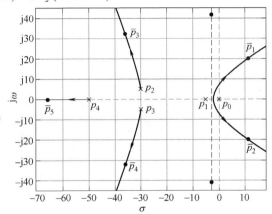

图 3-4-15 只有比例环节时的根轨迹

$$p_0 = 0, \quad p_1 = -\frac{1}{T_1} = -5, \quad p_{2,3} = \sigma_{2,3} \pm \text{j}\omega_{2,3} = -30 \pm \text{j}5, \quad p_4 = -\frac{1}{T_4} = -50$$

则

$$\begin{cases} |p_4|/|p_1| = 50/5 > 5 \\ |\sigma_{2,3}|/|p_1| = 30/5 > 5 \end{cases} \tag{3-4-20}$$

若对开环传递函数式（3-4-18）进行如下降阶近似：

$$\begin{aligned}
Q(s) &= \frac{k_c}{s(T_1 s+1)} \times \frac{k_g}{\left[(s-\sigma_{2,3})^2 + \omega_{2,3}^2\right](T_4 s+1)} \\
&\approx \frac{k_c}{s(T_1 s+1)} = \frac{340}{s(0.2s+1)}
\end{aligned} \tag{3-4-21}$$

以式（3-4-21）绘制根轨迹如图 3-4-15 中虚线所示。

可见，以开环降阶传递函数式（3-4-21）得到的主导闭环极点一定是稳定的（见图 3-4-15 中虚线上的点），而未降阶式（3-4-18）得到的主导闭环极点不稳定的，两者相差甚远。因此，用开环降阶传递函数进行分析要十分慎重，不是开环极点实部相差 5 倍以上（参见式（3-4-20））就可以。

3）增加超前环节时的性能分析：

不失一般性，取 $T_c = \tau_c/\alpha$，$\alpha = 10$，$\tau_c = T_1/l$，$l = 9$，此时的开环传递函数为

$$Q(s) = k_c \frac{\tau_c s + 1}{T_c s + 1} \frac{k_g}{s(T_1 s + 1)\left[(s - \sigma_{2,3})^2 + \omega_{2,3}^2\right](T_4 s + 1)}$$

$$= 340 \frac{0.0222s + 1}{0.0022s + 1} \frac{925}{s(0.2s + 1)(0.02s + 1)\left[(s + 30)^2 + 5^2\right]}$$

式中，$k_c = 340$ 不变，同样能够满足斜坡响应的稳态精度。

此时根轨迹如图 3-4-16a 所示（图 3-4-16b 是局部放大图），从根轨迹上可得到对应 $k_c = 340$ 的闭环极点为

$$\bar{p}_{1,2} = 10.84 \pm j23.09, \quad \bar{p}_{3,4} = -45.29 \pm j23.87, \quad \bar{p}_5 = -46.08, \quad \bar{p}_6 = -450.02$$

可见，按目前参数增加的超前环节，只使得根轨迹向左偏移了一点，改观甚小，闭环系统仍然不稳定。究其原因是在控制器中增加超前环节不会减小系统动态增益，隐含着采用超前环节控制方案既要高的静态增益（$k_c = 340$）保证系统的稳态性，又要高的动态增益产生好的快速性，还要确保闭环系统稳定，这对于高阶难以稳定的系统是困难的。为此，要么再增加一个超前环节，要么降低动态增益（快速性）的要求，选择增加滞后环节。

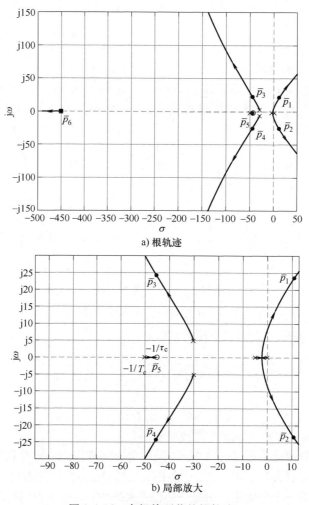

a) 根轨迹

b) 局部放大

图 3-4-16　有超前环节的根轨迹

4）增加滞后环节时的性能分析：

若增加滞后环节，让开环静态增益($k_c=340$)保持不变，以保证斜坡响应的稳态精度不受影响；而将开环动态增益(k_c/β)减小到式(3-4-19)所示的范围，以保证闭环系统稳定的同时改善系统的平稳性。

不失一般性，取 $\tau_c=T_c/\beta$，$\beta=45$，$T_c=T_1/l$，$l=1/600$，此时的开环传递函数可等效为

$$Q(s)=k_c\frac{\tau_c s+1}{T_c s+1}\frac{k_g}{s(T_1 s+1)[(s-\sigma_{2,3})^2+\omega_{2,3}^2](T_4 s+1)} \qquad (3\text{-}4\text{-}22)$$

$$=340\frac{2.667s+1}{120s+1}\frac{925}{s(0.2s+1)(0.02s+1)[(s+30)^2+5^2]}$$

$$\approx\frac{340}{\beta}\frac{925}{s(0.2s+1)(0.02s+1)[(s+30)^2+5^2]}$$

此时，开环动态增益为 $k_c/\beta=340/45=7.56$，在式(3-4-19)所示的范围内。

图 3-4-17a 是增加滞后环节后式(3-4-22)的根轨迹(图 3-4-17b 是原点附近的局部放大图)，从根轨迹上可得到对应 $k_c=340$ 的闭环极点为

$$\bar{p}_{1,2}=-0.7067\pm j5.4753,\ \bar{p}_3=-0.3928,\ \bar{p}_{4,5}=\sigma_4\pm j\omega_4=-30.8566\pm j10.5253,\ \bar{p}_6=-51.4889$$

则 $\omega_n=5.5207\text{rad/s}$，$\xi=0.128$，$T_c=T_1/l=120\text{s}$，$\tau_c=T_c/\beta=2.667\text{s}$，$\bar{T}_3=2.5458\text{s}$，$\bar{T}_6=0.0194\text{s}$。

由于 $|\bar{p}_6|/\xi\omega_n=51.4889/0.7067>5$、$|\sigma_4|/\xi\omega_n=30.8566/0.7067>5$、$\bar{T}_3\approx\tau_c$，闭环传递函数可降阶等效为

$$\Phi(s)=\frac{Q(s)}{1+Q(s)}=\frac{k_c k_g(\tau_c s+1)}{s(T_1 s+1)(T_2 s+1)[(s-\sigma_{2,3})^2+\omega_{2,3}^2](T_c s+1)+k_c k_g(\tau_c s+1)}$$

$$=\frac{\omega_n^2}{s^2+2\xi\omega_n s+\omega_n^2}\frac{\tau_c s+1}{\bar{T}_3 s+1}\frac{\sigma_4^2+\omega_4^2}{(s-\sigma_4)^2+\omega_4^2}\frac{1}{\bar{T}_6 s+1}$$

$$\approx\frac{\omega_n^2}{s^2+2\xi\omega_n s+\omega_n^2}$$

可估算超调量与瞬态过程时间如下：

$$\delta=e^{-\frac{\xi\pi}{\sqrt{1-\xi^2}}}=66.67\%,\ t_s=\frac{4}{\xi\omega_n}=5.66\text{s}$$

若取 $\tau_c=T_c/\beta$，$\beta=110$，$T_c=T_1/l$，$l=1/10000$，其根轨迹如图 3-4-17c 所示(图 3-4-17d 是局部放大图)，对应 $k_c=340$ 的闭环极点为

$$\bar{p}_{1,2}=-1.6988\pm j3.3310,\ \bar{p}_3=-0.0560,\ \bar{p}_{4,5}=\sigma_4\pm j\omega_4=-30.4329\pm j8.0464,\ \bar{p}_6=-50.6812$$

则 $\omega_n=3.7392\text{rad/s}$，$\xi=0.4543$，$T_c=T_1/l=2000\text{s}$，$\tau_c=T_c/\beta=18.18\text{s}$，$\bar{T}_3=17.8606\text{s}\approx\tau_c$，$\bar{T}_6=0.0197\text{s}$。可估算超调量与瞬态过程时间如下：

$$\delta=e^{-\frac{\xi\pi}{\sqrt{1-\xi^2}}}=20.15\%,\ t_s=\frac{4}{\xi\omega_n}=2.35\text{s}$$

5）阶跃响应的对比：

$\{\beta,l\}=\{(45,1/600),(110,1/10000)\}$ 两种情况的阶跃响应如图 3-4-18 所示。可见，系统性能指标与估算值基本吻合。这表明对于高阶难以稳定的系统且对瞬态过程时间要求不太高的情况下，在控制器中增加滞后环节是一个不错的选择。

4. 不稳定被控对象的系统性能分析

若被控对象的零极点有不稳定的，也可采取同样的方法进行分析，但改善系统性能的首要任务是保证闭环系统稳定。

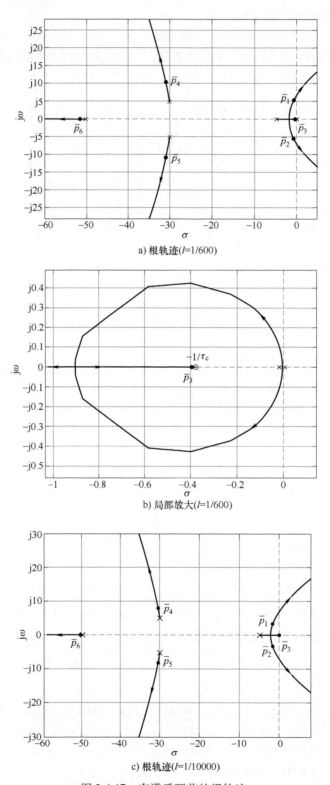

a) 根轨迹(l=1/600)

b) 局部放大(l=1/600)

c) 根轨迹(l=1/10000)

图 3-4-17　有滞后环节的根轨迹

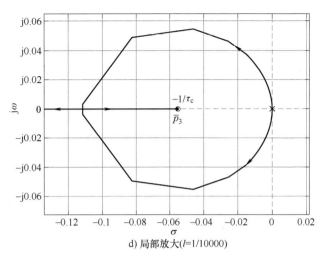

d) 局部放大($l=1/10000$)

图 3-4-17　有滞后环节的根轨迹（续）

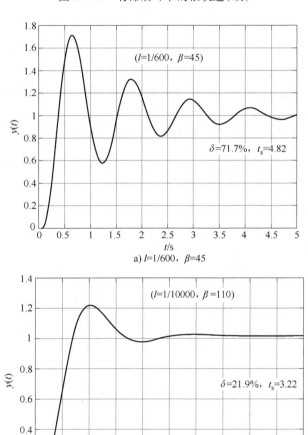

a) $l=1/600$，$\beta=45$

b) $l=1/10000$，$\beta=110$

图 3-4-18　例 3-4-4 的阶跃响应

例 3-4-5 试绘制如下开环系统的根轨迹，并讨论系统的性能：

$$Q(s) = K(s)G(s), \quad K(s) = k_c \frac{\tau_c s + 1}{T_c s + 1}$$

式中被控对象 $G(s)$ 为磁悬浮球的传递函数，参见式（2-3-21a），即

$$G(s) = \frac{\dfrac{2g}{I_0 L(x_0)}}{s^3 + \dfrac{r}{L(x_0)}s^2 + \left(\dfrac{4mg^2}{I_0^2 L(x_0)} - \dfrac{2g}{x_0}\right)s - \dfrac{2rg}{x_0 L(x_0)}} = \frac{y}{u} = \frac{-\Delta x}{\Delta U} \qquad (3\text{-}4\text{-}23)$$

令

$$L(x_0) = 0.23\text{H}, \quad r = 11.95\,\Omega, \quad m = 0.1\text{kg}, \quad \alpha = 2.57 \times 10^{-3}\text{N} \cdot \text{m}^2/\text{A}^2,$$

$$U_0 = 10\text{V}, \quad I_0 = \frac{U_0}{r} = 0.837\text{A}, \quad x_0 = \sqrt{\frac{\alpha}{2mg}}\, I_0 = 0.03\text{m}$$

将参数代入式（3-4-23）有

$$G(s) = \frac{103.89}{s^3 + 51.957s^2 - 418.421s - 34637.681}$$

$$= \frac{k_P}{(s - p_0)(s - p_1)(s - p_2)} = \frac{k_g}{(T_0 s - 1)(T_1 s + 1)(T_2 s + 1)} \qquad (3\text{-}4\text{-}24)$$

则 $p_0 = 24.2$，$p_1 = -33.3$，$p_2 = -42.9$，$T_0 = 0.0413\text{s}$，$T_1 = 0.03\text{s}$，$T_2 = 0.0233\text{s}$，$k_g = 0.003\text{m/V}$。

1）系统的稳态性能：

由于被控对象 $G(s)$ 没有积分因子，系统阶跃响应存在静差，即

$$|e_s| = \lim_{s \to 0} \left| \frac{1}{1 + K(s)G(s)} \right| \times s \times \frac{1}{s} = \left| \frac{1}{1 + K(0)G(0)} \right| = \left| \frac{1}{k_c k_g - 1} \right| \approx \frac{1}{k_c k_g}$$

若取 $|e_s| = |y - y_s| = |-(x - x_0) - 0| = |x - x_0| \leqslant 0.025\text{m}$，则 $k_c \geqslant 1/|e_s k_g| = 13.3 \times 10^3$。

2）只有比例环节时的性能分析：

不失一般性，取 $k_c = 13.3 \times 10^3$，能够满足阶跃响应的稳态精度，此时的开环传递函数为

$$Q(s) = \frac{k_c k_g}{(T_0 s - 1)(T_1 s + 1)(T_2 s + 1)} = \frac{13.3 \times 3}{(0.0413s - 1)(0.03s + 1)(0.0233s + 1)}$$

其根轨迹如图 3-4-19 所示。

由图 3-4-19 知，其主导根轨迹分支是 $\{p_0 \to \infty + \text{j}\infty\}$ 与 $\{p_1 \to \infty - \text{j}\infty\}$ 耦合分支，由于该耦合分支是由开环不稳定极点形成的，无论怎样的 $k_c > 0$，在其上总有 1 个或 1 对不稳定的闭环极点。所以，磁悬浮球系统仅采用比例控制，无法使系统稳定，系统的瞬态性能也就无从谈起了。

3）增加超前环节时的性能分析：

从前面的讨论知，增加滞后环节会将根轨迹往正实轴方向"排斥"，使得系统更加不稳定。所以，对于自身不稳定的磁悬浮球系统，只能在控制器中增加超前环节。

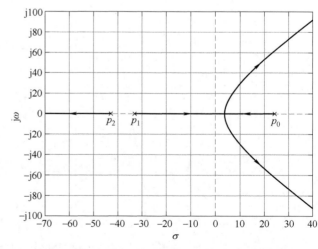

图 3-4-19　只有比例环节时的磁悬浮球系统根轨迹

在控制器中增加超前环节，将其零极点 $\{-1/\tau_c, -1/T_c\}$ 安排在被控对象极点 $(-1/T_1)$ 的左侧，取 $k_c = 13.3 \times 10^3$，$\tau_{c1} = T_1/l_1$，$l_1 = 2.5$，$T_{c1} = \tau_{c1}/\alpha_1$，$\alpha_1 = 10$，此时开环传递函数为

$$Q(s) = k_c \frac{\tau_{c1}s+1}{T_{c1}s+1} \frac{k_g}{(T_0 s-1)(T_1 s+1)(T_2 s+1)}$$

$$= \frac{0.012s+1}{0.0012s+1} \frac{13.3 \times 3}{(0.0413s-1)(0.03s+1)(0.0233s+1)}$$

其根轨迹如图 3-4-20a 所示(图 3-4-20b 是局部放大图)，对应 $k_c = 13.3 \times 10^3$ 的闭环极点为

$$\bar{p}_{1,2} = 21 \pm j130.28, \quad \bar{p}_3 = -75.72 \, (\bar{T}_3 = 1/|\bar{p}_3| = 0.0132s \approx \tau_{c1}), \quad \bar{p}_4 = -851.65$$

可见，闭环系统仍然不稳定，需要再增加一个超前环节，取 $\tau_{c2} = T_1/l_2$、$l_2 = 3.2$、$T_{c2} = \tau_{c2}/\alpha_2$、$\alpha_2 = 10$，此时开环传递函数为

$$Q(s) = k_c \frac{\tau_{c1}s+1}{T_{c1}s+1} \frac{\tau_{c2}s+1}{T_{c2}s+1} \frac{k_g}{(T_0 s-1)(T_1 s+1)(T_2 s+1)}$$

$$= \frac{0.012s+1}{0.0012s+1} \frac{0.0094s+1}{0.00094s+1} \frac{13.3 \times 3}{(0.0413s-1)(0.03s+1)(0.0233s+1)}$$

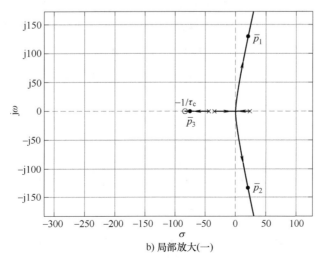

a) 一个超前环节

b) 局部放大(一)

图 3-4-20   有超前环节时的磁悬浮球系统根轨迹

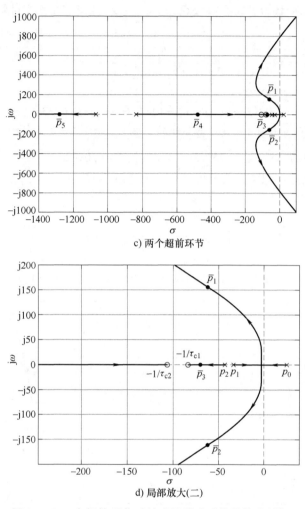

c) 两个超前环节

d) 局部放大(二)

图 3-4-20　有超前环节时的磁悬浮球系统根轨迹(续)

其根轨迹如图 3-4-20c 所示(图 3-4-20d 是局部放大图)，对应 $k_c = 13.3 \times 10^3$ 的闭环极点为

$$\bar{p}_{1,2} = -60.8 \pm \mathrm{j}155.8(\omega_n = 167.3\mathrm{rad/s}, \; \xi = 0.367, \; \beta = \arccos\xi = 68.68°),$$

$$\bar{p}_3 = -69.7(\bar{T}_3 = 1/|\bar{p}_3| = 0.0143\mathrm{s}), \; \bar{p}_4 = -479(\bar{T}_4 = 1/|\bar{p}_4| = 0.0021\mathrm{s}),$$

$$\bar{p}_5 = -1281.6(\bar{T}_5 = 1/|\bar{p}_5| = 0.00078\mathrm{s})$$

对应的闭环传递函数为

$$\Phi(s) = \frac{Q(s)}{1+Q(s)} = \frac{\omega_n^2(\tau_{c1}s+1)(\tau_{c2}s+1)}{(s^2+2\xi\omega_n s+\omega_n^2)(\bar{T}_3 s+1)(\bar{T}_4 s+1)(\bar{T}_5 s+1)}$$

$$= \frac{167.3^2(0.012s+1)(0.0094s+1)}{(s^2+2\times60.8s+167.3^2)(0.0143s+1)(0.0021s+1)(0.00078s+1)}$$

$$\approx \frac{167.3^2}{s^2+2\times60.8s+167.3^2} = \frac{\omega_n^2}{s^2+2\xi\omega_n s+\omega_n^2}$$

可见，经过两级超前环节，闭环系统成为稳定系统。可估算其脉冲响应的超调量与瞬态过程时间如下：

$$\hat{\delta} = \mathrm{e}^{-\frac{\xi\pi}{\sqrt{1-\xi^2}}} = 34.3\%, \quad \hat{t}_s = t_s + \frac{\beta}{\omega_d} \approx \frac{4}{\xi\omega_n} + \frac{\beta}{\omega_n\sqrt{1-\xi^2}} = 0.069\mathrm{s}$$

图 3-4-21 是其脉冲响应，可见，估算值与实际的性能指标值是一致的。

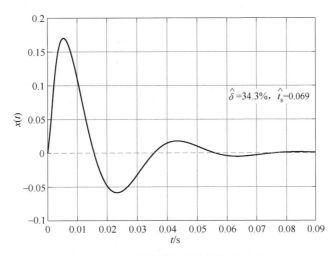

图 3-4-21　磁悬浮球系统的脉冲响应

本章小结

归纳本章的内容可见：

1）系统性能最直观的体现是在系统响应曲线上，本章给出了三个通用的求解系统响应方法：基于微分方程的"通解+特解"、基于拉氏变换的"部分分式分解"以及基于脉冲响应的卷积解法。

2）尽管有通用的求解系统响应方法，但求解系统响应还是一个相对困难的事。由于系统的性能严格依赖自身内在的结构和参数，因此，建立不求解外在的系统响应便能进行系统性能分析的时域分析法具有重要的工程指导意义。

对于起主体作用的系统基本性能——稳定性与稳态性，建立了劳斯（赫尔维茨）稳定判据以及基于拉氏变换终值性的稳态误差公式，这些都是通用方法。

对于锦上添花的系统扩展性能——平稳性与快速性，由于闭环系统响应模态只有 $\mathrm{e}^{\sigma_i t}$ 和 $\mathrm{e}^{\sigma_i t}$ $\sin(\omega_i t + \theta_i)$ 两种类型，对应一阶、二阶典型系统，以此为基础建立了基于主导极点的分析方法。由于等效前后的系统基本性能完全一致，在非主导极点的实部远离主导极点的实部 5 倍时其扩展性能接近一致，因此，基于主导极点的分析方法也是工程意义上的通用方法。

3）系统的性能与闭环极点，特别是主导极点密切相关。因此，若能呈现出所有的闭环极点并快速确定主导极点是运用时域分析法的关键，为此，根轨迹提供了便利的工具。

根据开环零极点可以快速得到闭环根轨迹的（主导极点）分支，以及主导极点与非主导极点的位置关系。由于根轨迹从开环极点出发终止于开环零点，因此，开环零点有"吸引"根轨迹的作用，开环极点有"排斥"根轨迹的作用。这为增减或移动控制器的零极点，去修正根轨迹以达到期望主导极点位置提供了依据。所以，基于根轨迹的性能分析框架是时域分析的基本框架。

4）时域分析法本质上是基于线性化模型的，传递函数是描述线性化系统最便利的数学模型，可方便得到系统的零极点，也可方便通过部分分式法得到系统的响应，进而推导出一系列理论分析公式，为复杂系统的理论分析奠定了基础。要注意的是，在基于线性化模型的理论分析之后，一定要讨论工程限制因素可能带来的影响，确认理论分析结果的适用范围，或者对理论分析结果进行修正。

5）时域分析是以闭环传递函数来分析闭环系统的性能，是一种直接分析，其性能分析准确度是较高的。要注意的是，由于闭环传递函数 $\Phi(s)$ 是被控对象传递函数 $G(s)$ 和控制器传递函数 $K(s)$ 经反馈连接而得到的，将 $K(s)$ "交联"到了 $\Phi(s)$ 里面，需要先确定控制器才能用前面各种时域分析工具来分析系统性能。另外，本章所述的系统响应求解、稳定性判断等方法既适用于闭环系统也适用于开环系统，但在学习和分析的过程中，严格区分是闭环系统还是开环系统是有益的。

总之，时域分析法是建构在系统响应的基础上的，通过典型性能指标来刻画，最终归属到闭环系统的极点与零点，又无需事先得到系统响应，走了一条"否定之否定""螺旋式发展"之路。

习题

3.1 某线性系统的单位阶跃响应为 $y(t)=1-0.2\mathrm{e}^{-2t}\sin(3t-30°)$，试求系统的超调量 δ、峰值时间 t_p、瞬态过程时间 t_s、稳态误差 e_s 和闭环传递函数。

3.2 若在例 3-3-1 中考虑直流电动机的电枢电感，试修改被控对象模型，重做例 3-3-1，并与例 3-3-1 的结果比较，分析其中的变化。

3.3 系统结构如习题 3.3 图所示，要求阶跃响应的指标为 $\delta=15\%$、$t_\mathrm{s}=2\mathrm{s}$，试选取参数 K_1、K_t 的值。

3.4 某单位负反馈控制系统，其开环传递函数为

$$G(s)=\frac{4s+6}{s(s+1)(s+4)}$$

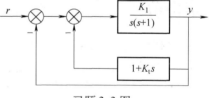

习题 3.3 图

1）分析系统的稳定性。

2）若稳定，判断系统是否具有 $\sigma=1$ 的稳态裕度？

3）求单位阶跃、脉冲响应下的系统性能指标。

3.5 对于习题 3.5 图所示的系统，$G(s)=\dfrac{k_g}{(T_1 s+1)(T_2 s+1)}$，$K(s)=k_\mathrm{P}$。

1）建立被控对象的微分方程、闭环系统的微分方程。

2）取控制输入 $u=I(t)$、给定输入 $r=I(t)$，初始条件均为 0，分别求被控对象、闭环系统对应的系统输出响应，画出响应曲线，并讨论 k_P 由 0 开始逐步增大时，闭环系统输出响应曲线的变化规律。

3）取控制输入 $u=\delta(t)$、给定输入 $r=\delta(t)$，初始条件均为 0，重做上一步，并说明在 $t>0$ 脉冲信号 $\delta(t)=0$，不再有输入信号时，为什么还有输出响应。

4）若被控对象参数有变化，$k_g=k_g^*\pm\Delta=1\pm15\%$，再做第 2）步，并比较两种情况下的稳态误差。

5）若 $K(s)=k_\mathrm{P}+\dfrac{1}{T_1 s}$，$k_g=1\pm15\%$，再做第 2）步，并比较两种情况下各种性能指标的变化，从中能总结出什么规律？

3.6 若 $G(s)=\dfrac{k_g}{(T_1 s+1)(T_2 s+1)(T_3 s+1)}$，重做习题 3.5，注意稳定性的变化，能总结出哪些结论？

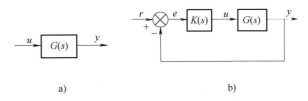

a)   b)

习题 3.5 图

3.7 若 $G(s) = \dfrac{k_g}{(T_1 s+1)(T_2 s-1)}$，重做习题 3.5，注意稳定性的变化，又能总结出哪些结论？

3.8 系统结构如习题 3.8 图所示，分析局部反馈系数 α 对系统稳定性的影响。

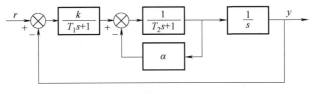

习题 3.8 图

3.9 系统结构如习题 3.9 图所示，如果要求闭环系统超调量 $\delta \leqslant 25\%$，瞬态过程时间 $t_s \leqslant 10s$，试选择 k 值。

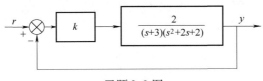

习题 3.9 图

3.10 某单位负反馈控制系统，其开环传递函数为

$$G(s) = \frac{k(s^2 + 2s + 4)}{s(s+4)(s+6)(s^2 + 1.4s + 1)}$$

试绘制根轨迹并分析闭环系统稳定性。

3.11 若例 3-4-2 中 $G(s) = \dfrac{k_g}{(T_1 s+1)(T_2 s+1)(T_3 s+1)}$，重做例 3-4-2 基于根轨迹的分析。

3.12 若例 3-4-3 中 $G(s) = \dfrac{k_g}{(T_1 s+1)(T_2 s+1)(T_3 s+1)}$，重做例 3-4-3 基于根轨迹的分析。

3.13 设计磁悬浮球系统的响应测试方案，根据响应曲线反求它的数学模型，并与习题 2.5 进行比较。

3.14 设计多容水槽的响应测试方案，根据响应曲线反求它的数学模型。

3.15 设控制系统的结构如习题 3.15 图所示。图 a 中 K_s 为速度反馈系数，试绘制以 K_s 为参变量的根轨迹；图 b 中 τ 为比例加微分控制器的微分时间常数，试绘制以 τ 为参变量的根轨迹。并讨论 K_s、τ 逐渐增大的效应。

3.16 某复合控制系统如习题 3.16 图所示，若 $r = I(t)$、$d = I(t)$，为使稳态误差 $e_s = 0$，试设计 $G_r(s)$。

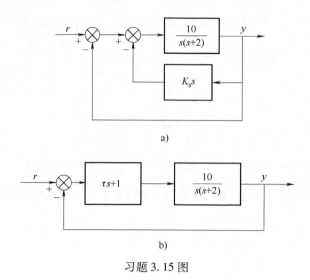

a)

b)

习题 3.15 图

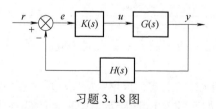

习题 3.16 图

3.17　设有单位反馈的火炮指挥仪伺服系统，其开环传递函数为

$$G(s)=\frac{K}{s(0.2s+1)(0.5s+1)}$$

若要求系统最大输出速度为 2r/min，输出位置的允许误差小于 2°，试确定满足上述指标的最小 K 值。

3.18　对于非单位反馈的系统，如习题 3.18 图所示，若给定输入就是期望输出，即 $r(t)=y^*(t)$，试分析系统的稳态误差，并说明在什么条件下，可以实现无静差。

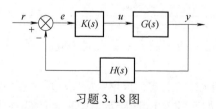

习题 3.18 图

3.19　求二阶过阻尼以及有零点的二阶过阻尼系统的脉冲响应的超调量和瞬态过程时间。

3.20　对例 3-3-3 的倒立摆，若采用"比例+极点"的控制器 $K(s)=\dfrac{k_c}{T_c s+1}$，会怎样？试总结在控制器中增加零点或极点，对闭环系统性能的影响。

3.21 若例 3-4-2 中的参数 α 变化，分析其根轨迹的变化规律以及对系统性能的影响；若例 3-4-3 中的参数 β 发生变化，分析其根轨迹的变化规律以及对系统性能的影响。

3.22 对于闭环系统 $y'(t)+\alpha_0 y(t)=\beta_0 r(t)$，$y(s)=\Phi(s)r(s)$，$\Phi(s)=\dfrac{\beta_0}{s+\alpha_0}$，初始条件均为 0，试论证：

1）若 $r(t)=t$，则 $y_s(t)=c_{01}t+c_{00}$ 是系统的特解，并给出求解系数 $\{c_{01},c_{00}\}$ 的公式。

2）若 $r(t)=t$，有 $r(s)=\dfrac{1}{s^2}$（出现重根），则 $y(s)$ 的部分分式为

$$y(s)=\Phi(s)r(s)=\frac{\beta_0}{s+\alpha_0}\frac{1}{s^2}=\frac{c_1}{s+\alpha_0}+\frac{c_{01}}{s^2}+\frac{c_{00}}{s}$$

并给出求解系数 $\{c_{01},c_{00}\}$ 的公式。

3）若 $r(t)=t^q$ 以及 $r(t)=\sum\limits_{k=0}^{q}r_k t^k$，1）和 2）的结论会怎样变化？

4）若闭环系统为式（3-1-4）的一般情况，闭环极点无重根，3）的结论有何变化？

5）若闭环系统为式（3-1-4）的一般情况，闭环极点有重根，3）的结论有何变化？

3.23 若系统的初始条件不为 0，试推导出式（3-1-19），并给出 $\beta_0(s)$ 的表达式。

3.24 在实际工程中，特别是控制器的设计，经常需要根据期望的系统性能指标反过来确定系统参数，谓之反向分析。先绘制如下开环系统的根轨迹：

1）$Q(s)=\dfrac{k}{s(T_1 s+1)(T_2 s+1)}=kG(s)\ (T_1>T_2>0)$；

2）$Q(s)=\dfrac{k(\tau s+1)}{s(T_1 s+1)(T_2 s+1)}=kG(s)\ (T_1>\tau>T_2>0)$；

3）$Q(s)=\dfrac{k(\tau s+1)}{(T_0 s-1)(T_1 s+1)}=kG(s)\ (T_1>\tau>0、T_0>0)$。

若要求超调量 $\delta\leqslant\delta^*$，试确定根轨迹范围 Ω_δ 以及参数 k 的取值范围 Ω_0；若要求瞬态过程时间 $t_s\leqslant t_s^*$，试确定根轨迹范围 Ω_{t_s} 以及参数 k 的取值范围 Ω_0。

3.25 对于式（3-1-4）所示的系统，$y_0(t)$ 是它的瞬态响应（通解），其平衡态 $y_e\neq 0$ 满足式（3-1-27），试论证平衡态 $y_e\neq 0$ 是稳定的，当且仅当 $\lim\limits_{t\to\infty}y_0(t)=0$ 时。

3.26 若闭环系统有一个闭环极点 $\bar{p}_i$ 的实部大于 0，则瞬态响应 $y_0(t)$ 中的模态 $c_i e^{\bar{p}_i t}$ 一定发散，试论证是否存在给定输入 $r(t)$，使得产生的稳态响应 $y_s(t)$ 中存在分量 $-c_i e^{\bar{p}_i t}$，从而使得系统输出 $y(t)=y_0(t)+y_s(t)$ 不发散。当系统参数有变化时，情况会怎样？

3.27 以时域分析法对习题 2.12 的系统性能进行全面分析（自拟参数）。

第 4 章

频域分析法

时域分析法以求系统微分方程模型的解为基础，利用时域性能指标来评估系统的性能，主要性能指标呈现在系统的瞬态响应中。然而在一般情况下，系统的瞬态响应稍纵即逝，难以进行实验观测。常规的测量仪器更方便观测稳态的、周期的信号。若给系统输入施加周期的正弦信号，其稳态输出将是同频正弦信号，这将便于通用示波器观测。问题是，我们是否能从稳态响应信息中分析出瞬态的性能？

工程的经验以及数学中傅里叶变换（级数）都表明，工程中的信号都可分解为不同频率正弦信号的叠加，它在频域的幅频特性、相频特性反映了时域信号的特征。因此，在频域上呈现的众多频率的稳态信息（非单一频率）可能潜藏着系统的瞬态特征。这就是频域分析法存在的原因。

本章将从稳定的线性定常系统的正弦响应入手，定义系统的频率特性，而后证实系统稳定性等瞬态性能都可在稳态的幅频特性与相频特性中体现，并基于此构建控制系统分析与设计的频域方法。

4.1 正弦响应与频率特性

在时域分析法中，主要研究了系统在阶跃信号、脉冲信号等典型信号激励下系统瞬态响应的特征，这些信号均为非周期信号，瞬态响应难以用普通示波器捕捉，因此在工程应用中有必要研究周期信号激励下系统响应的特征，而最典型的周期信号就是正弦信号，下面首先分析稳定的线性定常系统的正弦响应。

4.1.1 频率特性及其表示

图 4-1-1 所示为系统的正弦响应。

令开环传递函数为

$$Q(s) = k_{qp} \frac{(s-z_1) \cdots (s-z_m)}{(s-p_1) \cdots (s-p_n)} \quad (4\text{-}1\text{-}1)$$

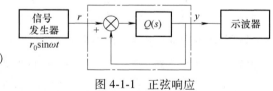

图 4-1-1　正弦响应

则闭环传递函数为

$$\Phi(s) = \frac{Q(s)}{1+Q(s)} = k_{\phi p} \frac{(s-\bar{z}_1) \cdots (s-\bar{z}_m)}{(s-\bar{p}_1) \cdots (s-\bar{p}_n)} \quad (4\text{-}1\text{-}2)$$

1. 系统正弦响应

令闭环极点都是单重极点，取正弦输入 $r(t) = r_0 \sin\omega t$，其拉氏变换 $r(s) = r_0 \frac{\omega}{s^2+\omega^2}$，则有

$$y(s) = \Phi(s) r_0 \frac{\omega}{s^2+\omega^2} = k_{\phi p} \frac{(s-\bar{z}_1) \cdots (s-\bar{z}_m)}{(s-\bar{p}_1) \cdots (s-\bar{p}_n)} r_0 \frac{\omega}{(s-\mathrm{j}\omega)(s+\mathrm{j}\omega)} \quad (4\text{-}1\text{-}3)$$

进而有

$$y(s) = \sum_{i=1}^{n} \frac{c_i}{(s-\bar{p}_i)} + \frac{\gamma_1}{s-\mathrm{j}\omega} + \frac{\gamma_2}{s+\mathrm{j}\omega} \quad (4\text{-}1\text{-}4)$$

按照部分分式法可求出系数 γ_1、γ_2，即由

$$\begin{cases} \Phi(j\omega) = \Phi(s) \mid_{s=j\omega} = A_\phi(\omega) e^{j\theta_\phi(\omega)} \\ \Phi(-j\omega) = \Phi(s) \mid_{s=-j\omega} = A_\phi(\omega) e^{-j\theta_\phi(\omega)} \end{cases} \tag{4-1-5a}$$

得

$$\begin{cases} \gamma_1 = \Phi(j\omega) \dfrac{r_0}{2j} = \dfrac{r_0}{2j} A_\phi(\omega) e^{j\theta_\phi(\omega)} \\ \gamma_2 = \Phi(-j\omega) \dfrac{r_0}{-2j} = -\dfrac{r_0}{2j} A_\phi(\omega) e^{-j\theta_\phi(\omega)} \end{cases} \tag{4-1-5b}$$

对式(4-1-4)求拉氏反变换有

$$y(t) = \mathscr{L}^{-1}[y(s)] = \sum_{i=1}^{n} c_i e^{\bar{p}_i t} + \gamma_1 e^{j\omega t} + \gamma_2 e^{-j\omega t}$$

$$= \sum_{i=1}^{n} c_i e^{\bar{p}_i t} + \frac{r_0}{2j} A_\phi(\omega) e^{j\theta_\phi(\omega)} e^{j\omega t} - \frac{r_0}{2j} A_\phi(\omega) e^{-j\theta_\phi(\omega)} e^{-j\omega t}$$

$$= \sum_{i=1}^{n} c_i e^{\bar{p}_i t} + r_0 A_\phi(\omega) \frac{e^{j(\omega t + \theta_\phi(\omega))} - e^{-j(\omega t + \theta_\phi(\omega))}}{2j}$$

$$= \sum_{i=1}^{n} c_i e^{\bar{p}_i t} + r_0 A_\phi(\omega) \sin(\omega t + \theta_\phi(\omega)) \tag{4-1-6}$$

则

$$\begin{cases} y_0(t) = \sum_{i=1}^{n} c_i e^{\bar{p}_i t} \\ y_s(t) = r_0 A_\phi(\omega) \sin(\omega t + \theta_\phi(\omega)) \end{cases} \tag{4-1-7}$$

可见，若系统稳定，$t \to \infty$ 时，$y(t) \to y_s(t) = r_0 A_\phi(\omega) \sin(\omega t + \theta_\phi(\omega))$，即正弦响应的稳态输出是同频正弦，只是幅值是正弦输入信号的 $A_\phi(\omega)$ 倍，相位增加了 $\theta_\phi(\omega)$，且幅值、相位会随着频率的变化而变化。

因此，可通过观察一系列不同频率下的系统稳态输出曲线，得出稳态正弦输出 $y_s(t)$ 与正弦输入的幅值比 $A_\phi(\omega)$ 和相位差 $\theta_\phi(\omega)$，建立起 $A_\phi(\omega)$、$\theta_\phi(\omega)$ 与频率 ω 对应的函数关系，以下是一个示例。

例 4-1-1 已知 $Q(s) = \dfrac{1}{s(0.001s + 0.11)}$，若 $r(t) = \sin\omega t$，分析系统的稳态正弦输出 $y_s(t)$。

1）系统的正弦响应：

系统的闭环传递函数为

$$\Phi(s) = \frac{Q(s)}{1 + Q(s)} = \frac{1}{s(0.001s + 0.11) + 1} = \frac{1}{(0.1s + 1)(0.01s + 1)}$$

由式(4-1-5a)有

$$\Phi(j\omega) = \frac{1}{(j0.1\omega + 1)(j0.01\omega + 1)} = \left| \frac{1}{(j0.1\omega + 1)(j0.01\omega + 1)} \right| e^{j\angle \frac{1}{(j0.1\omega + 1)(j0.01\omega + 1)}}$$

则

$$\begin{cases} A_\phi = \dfrac{1}{\sqrt{(0.1\omega)^2 + 1} \sqrt{(0.01\omega)^2 + 1}} \\ \theta_\phi = -\arctan(0.1\omega) - \arctan(0.01\omega) \end{cases} \tag{4-1-8}$$

系统的输出为

$$y(s)=\varPhi(s)r(s)=\frac{1}{(1+0.1s)(1+0.01s)}\frac{\omega}{s^2+\omega^2}=\frac{c_1}{s+10}+\frac{c_2}{s+100}+\frac{\gamma_1}{s-j\omega}+\frac{\gamma_2}{s+j\omega}$$

按照式（3-1-17）和式（4-1-5b）可得上式中的系数为

$$c_1=\frac{100\omega}{9(100+\omega^2)},\quad c_2=-\frac{100\omega}{9(10000+\omega^2)}$$

$$\gamma_1=\varPhi(j\omega)\frac{1}{2j}=\frac{1}{2j}A_\phi e^{j\theta_\phi},\quad \gamma_2=\varPhi(-j\omega)\frac{1}{-2j}=\frac{1}{-2j}A_\phi e^{-j\theta_\phi}$$

故

$$y_0(t)=c_1 e^{-10t}+c_2 e^{-100t},\quad y_s(t)=A_\phi \sin(\omega t+\theta_\phi)$$

则

$$y(t)=y_0(t)+y_s(t)=c_1 e^{-10t}+c_2 e^{-100t}+A_\phi \sin(\omega t+\theta_\phi)$$

2）分别取不同频率的正弦信号，观察稳态响应：

取 $\omega=\{10\mathrm{rad/s},50\mathrm{rad/s},100\mathrm{rad/s}\}$ 时，系统正弦响应 $y(t)$ 分别如图 4-1-2a、c、e 所示，对应的系统稳态正弦响应 $y_s(t)$ 分别如图 4-1-2b、d、f 所示，图中虚线为输入 $r(t)$ 的波形。

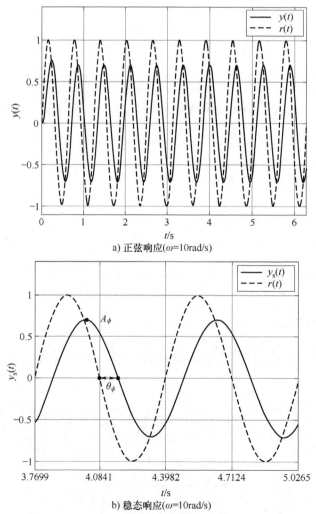

a) 正弦响应（ω=10rad/s）

b) 稳态响应（ω=10rad/s）

图 4-1-2　例 4-1-1 的正弦响应

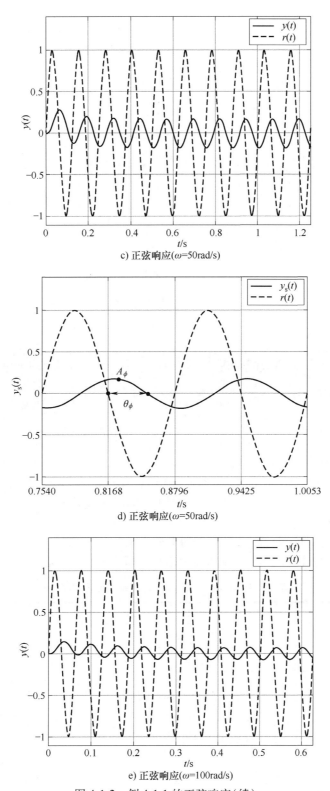

c) 正弦响应(ω=50rad/s)

d) 正弦响应(ω=50rad/s)

e) 正弦响应(ω=100rad/s)

图 4-1-2　例 4-1-1 的正弦响应(续)

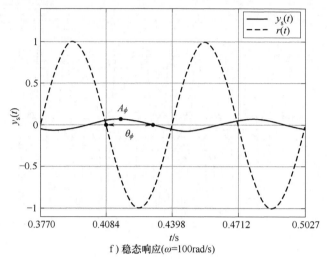

f）稳态响应（$\omega = 100\text{rad/s}$）

图 4-1-2　例 4-1-1 的正弦响应（续）

可见，稳态响应仍是同频正弦信号，只是幅值与相位随频率变化，具体变化值可由式（4-1-8）计算得到。

当 $\omega = 10\text{rad/s}$ 时：$A_\phi = \left| \dfrac{1}{(\text{j}+1)(\text{j}0.1+1)} \right| = 0.70$，　$\theta_\phi = \angle \dfrac{1}{(\text{j}+1)(\text{j}0.1+1)} = -50.7°$；

当 $\omega = 50\text{rad/s}$ 时：$A_\phi = \left| \dfrac{1}{(\text{j}5+1)(\text{j}0.5+1)} \right| = 0.18$，　$\theta_\phi = \angle \dfrac{1}{(\text{j}5+1)(\text{j}0.5+1)} = -105°$；

当 $\omega = 100\text{rad/s}$ 时：$A_\phi = \left| \dfrac{1}{(\text{j}10+1)(\text{j}+1)} \right| = 0.07$，　　$\theta_\phi = \angle \dfrac{1}{(\text{j}10+1)(\text{j}+1)} = -129°$。

3）用示波器观察稳态响应：

在给定输入端 $r(t)$ 接一个正弦信号发生器，在系统输出端 $y(t)$ 接一个示波器。调整输入信号的频率 $\omega = \{10\text{rad/s}, 50\text{rad/s}, 100\text{rad/s}\}$，可在示波器上呈现出稳态响应 $y_s(t)$，应该与图 4-1-2b、d、f 所示的稳态响应一致。

若将输入端信号同时接入示波器，可同时观察到输入正弦信号 $r(t)$ 与稳态响应信号 $y_s(t)$。记录不同频率 ω 下，稳态响应信号与输入正弦信号的幅值比与相位差，便可得到表 4-1-1。

表 4-1-1　$A_\phi(\omega)$、$\theta_\phi(\omega)$ 与频率 ω 的函数关系

$\omega/(\text{rad/s})$	1	5	10	20	50	100	500	1000
幅值比 $A_\phi(\omega)$	0.99	0.89	0.70	0.44	0.18	0.07	0.0039	0.001
相位差 $\theta_\phi(\omega)$	-6°	-29.5°	-50.7°	-74.7°	-105°	-129°	-167°	-168°

若将表 4-1-1 中 $A_\phi(\omega)$、$\theta_\phi(\omega)$ 逐点描出，便可得到 $A_\phi(\omega)$、$\theta_\phi(\omega)$ 与 ω 之间的函数图像，如图 4-1-3a、b 中的离散点所示。若将式（4-1-8）中 $A_\phi(\omega)$、$\theta_\phi(\omega)$ 与 ω 之间的函数曲线绘制在对应的图上，如图 4-1-3 中的实线所示，可以验证函数曲线与实验观察的数据点完全吻合。

由例 4-1-1 看出：

1）图 4-1-2 描述的是系统正弦响应，横轴是时间 t，这是从时域的角度观察分析，可同时得到系统的瞬态响应和稳态响应。当然，有点局限的是，瞬态响应可从理论上求出，但从实验设备中观察相对困难（一晃而过）。

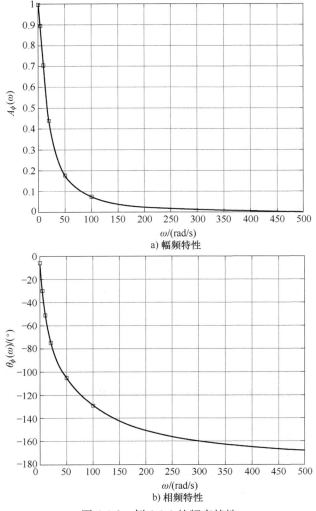

a) 幅频特性

b) 相频特性

图 4-1-3　例 4-1-1 的频率特性

2）图 4-1-3 描述的是幅值与频率、相位与频率的关系，横轴是频率 ω，这是从频域的角度观察分析，得到的是稳态正弦响应的幅频关系与相频关系，不能直接给出系统瞬态响应的信息。但是，由于得到的不是一个频率点的稳态响应信息，而是一系列频率点（$\omega = 0 \rightarrow \infty$）的稳态响应信息，有可能透析出系统瞬态响应的信息。

3）时域分析法关心上升时间、瞬态过程时间、超调量等与时间相关的性能指标。频域分析法通过幅值与相位的变化来反映系统的性能，因此，它关心的指标会是与频率相关的用幅值与相位来描述的性能指标。当然，时域性能指标与频域性能指标会有着密切的关系，后面将逐步展开讨论。

2. 频率特性的定义

记 $|y_s(t)|$ 是稳态正弦响应的幅值，$|r(t)|$ 是正弦输入的幅值，二者之比为系统的幅频特性；记 $\angle y_s(t)$ 是稳态正弦响应的相位，$\angle r(t)$ 是正弦输入的相位，二者之差是系统的相频特性。系统的幅频特性、相频特性统称为系统的频率特性。

由式（4-1-7）可推出

$$\frac{|y_s(t)|}{|r(t)|} = \frac{r_0 A_\phi(\omega)}{r_0} = A_\phi(\omega), \quad \angle y_s(t) - \angle r(t) = (\omega t + \theta_\phi(\omega)) - (\omega t) = \theta_\phi(\omega)$$

从前面的定义与讨论可推知：

1）系统是否稳定不是系统频率特性存在的前提条件。即使系统不稳定，式（4-1-7）仍然存在，$y_s(t) = r_0 A_\phi(\omega)\sin(\omega t + \theta_\phi(\omega))$ 仍是稳态输出，只是稳态输出 $y_s(t)$ 不能从 $y(t)$（$t \to \infty$）观察到而已。

2）由式（4-1-5）看出，闭环系统的频率特性 $A_\phi(\omega)$、$\theta_\phi(\omega)$ 只与 $\Phi(j\omega)$ 有关。这也表明，即使闭环系统不稳定，闭环系统频率特性同样可由 $\Phi(j\omega)$ 求出，即

$$\Phi(j\omega) = \Phi(s)\mid_{s=j\omega} \tag{4-1-9a}$$

$$\begin{cases} A_\phi(\omega) = \mid \Phi(j\omega)\mid \\ \theta_\phi(\omega) = \angle \Phi(j\omega) \end{cases} \tag{4-1-9b}$$

3）既然可以由传递函数直接求出频率特性，参见式（4-1-9），意味着开环系统也可有频率特性，即

$$Q(j\omega) = Q(s)\mid_{s=j\omega} = A(\omega)e^{j\theta(\omega)} \tag{4-1-10a}$$

$$\begin{cases} A(\omega) = \mid Q(j\omega)\mid \\ \theta(\omega) = \angle Q(j\omega) \end{cases} \tag{4-1-10b}$$

同理，任何以传递函数表示的环节都可有其频率特性，都可参照式（4-1-9）求出。

4）式（4-1-9）或式（4-1-10）建立了传递函数与频率特性的桥梁。系统的传递函数 $\Phi(s)$ 包含了系统瞬态与稳态全部信息，这也预示着分析系统的频率特性 $\Phi(j\omega)$ 将能得到系统瞬态与稳态全部信息。

3. 频率特性的表示

频率特性可通过式（4-1-9）或式（4-1-10）来描述，在工程实践中，工程师更愿意使用直观的图形来表示系统的频率特性，常用的图形表示法有奈奎斯特图（Nyquist Diagram）和伯德图（Bode Plot）。

（1）奈奎斯特图

一般情况下，系统的频率特性 $\Phi(j\omega)$ 是复数形式：

$$\Phi(j\omega) = A_\phi(\omega)e^{j\theta_\phi(\omega)} = \mathrm{Re}_\phi(\omega) + j\mathrm{Im}_\phi(\omega), \quad \omega \in [0, +\infty)$$

可将频率特性 $\Phi(j\omega)$ 按正交坐标 $\{\mathrm{Re}_\phi(\omega), \mathrm{Im}_\phi(\omega)\}$ 或极坐标 $\{A_\phi(\omega), \theta_\phi(\omega)\}$，在复平面上绘制成一条连续轨迹，该轨迹称为奈奎斯特图。例如：

$$\begin{cases} \Phi(s) = \dfrac{1}{(0.1s+1)(0.01s+1)} \\ \Phi(j\omega) = \dfrac{1}{(0.1j\omega+1)(0.01j\omega+1)} \end{cases} \tag{4-1-11a}$$

$$\begin{cases} A_\phi(\omega) = \dfrac{1}{\sqrt{0.01\omega^2+1}\sqrt{0.0001\omega^2+1}} \\ \theta_\phi(\omega) = -\arctan(0.1\omega) - \arctan(0.01\omega) \end{cases} \tag{4-1-11b}$$

$$\begin{cases} \mathrm{Re}_\phi(\omega) = \dfrac{1-0.001\omega^2}{(1-0.001\omega^2)^2+(0.11\omega^2)^2} \\ \mathrm{Im}_\phi(\omega) = -\dfrac{0.11\omega}{(1-0.001\omega^2)^2+(0.11\omega^2)^2} \end{cases} \tag{4-1-11c}$$

按照式（4-1-11b）或式（4-1-11c），可在复平面上画出奈奎斯特图，如图 4-1-4a 所示。

在奈奎斯特图上可以同时呈现系统幅频特性 $A_\phi(\omega)$ 和相频特性 $\theta_\phi(\omega)$，所以也称奈奎斯特图为幅相图。另外要注意的是，频率 ω 在奈奎斯特图上是隐含的，每一点的频率是不一样的。因此，在奈奎斯特图上要标注频率增加的方向。一般情况只绘制正频率部分 $\omega \in (0, +\infty)$，负频率

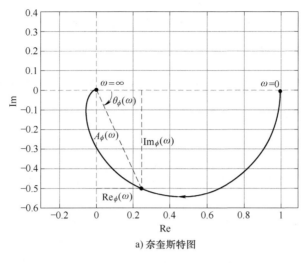

a) 奈奎斯特图

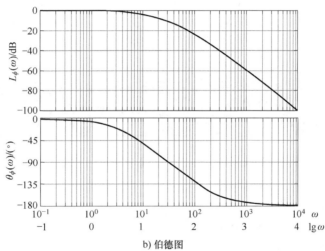

b) 伯德图

图 4-1-4 奈奎斯特图和伯德图

部分 $\omega \in (-\infty, 0)$ 是关于实轴对称的。

（2）伯德图

若将系统幅频特性 $A_\phi(\omega)$ 和相频特性 $\theta_\phi(\omega)$ 分别绘制，便得到伯德图。如果 $A_\phi(\omega)$ 可化为典型环节相乘，再取对数可将相乘转化为相加，使得绘制更为便捷。另外，为了在有限长度展现更宽的频率范围，横坐标不以 ω 分度而以对数 $\lg\omega$ 分度，所以，伯德图也称为对数坐标图。例如，对式(4-1-11b) 有

$$L_\phi(\omega) = 20\lg A_\phi(\omega) = -20\lg\sqrt{1+(0.1\omega)^2} - 20\lg\sqrt{1+(0.01\omega)^2} \qquad (4\text{-}1\text{-}12a)$$

$$\theta_\phi(\omega) = -\arctan(0.1\omega) - \arctan(0.01\omega) \qquad (4\text{-}1\text{-}12b)$$

按照式(4-1-12a)、式(4-1-12b)，可在对数平面上画出伯德图，如图 4-1-4b 所示。

对于伯德图，下面几点需注意：

1) 伯德图的横坐标仍然都是频率 ω，只是分度采取对数形式。若以 $\lg\omega$ 标记分度，横坐标是均匀的，与通常一致。但是，习惯上还是以 ω 来标记对数分度，这时分度是不均匀的(对数刻度)，每个单位分度均是"十倍频程"(记为 dec)。还要注意的是，若以 ω 来标记对数分度，$\omega = 0$

是无法出现的，伯德图只能绘制 $\omega = 0^+ \to \infty$ 的频率特性。

2）幅频特性图的纵坐标是 $L_\phi(\omega) = 20\lg\left|A_\phi(j\omega)\right|$，是对幅值 $A_\phi(\omega)$ 取了对数且乘以 20，它的单位是分贝（dB）。

3）相频特性图的纵坐标是 $\theta_\phi(\omega)$，不需要取对数，单位是度（°）或弧度（rad）。

4）频率 ω 来源于正弦输入信号 $r(t) = r_0\sin\omega t$，它的单位是弧度/秒（rad/s）。

4.1.2 频域分析的优点

时域分析源自系统的时间响应，直接考查系统的瞬态过程与稳态过程，具有直观性。频域分析关注系统频率特性的幅值与相位，试图通过稳态信息来考查系统瞬态性能，是一种间接分析法。但是，由于可分解不同频段进行分析，反而能将系统特性分段处置。

1. 控制系统与放大器

观察图 4-1-1 中的点画线框，理想的闭环控制系统实际上就是希望实现 $y = r$，相当于一个比例为 1 的放大器。由于开环系统 $Q(s)$ 一般不是纯比例，所以闭环系统也不可能是纯比例，而是 $y(s) = \Phi(s)r(s)$ 或者 $y(j\omega) = \Phi(j\omega)r(j\omega)$。类比放大器分析理论中的术语，习惯上也泛称 $\Phi(s)$ 或 $\Phi(j\omega)$ 为闭环（比例）增益。对应地，也泛称 $Q(s)$ 或 $Q(j\omega)$ 为开环（比例）增益。另外，$\omega = 0$ 对应静态增益，$\omega \neq 0$ 对应动态增益。

按照上面的观点，"控制系统的设计"就等效为"放大器的设计"，或更具体一点，就是放大器增益的设计，如图 4-1-5 所示，就是希望

$$\Phi(j\omega) = A_\phi(\omega)\angle\theta_\phi(\omega) \approx \begin{cases} 1 & \omega < \omega_b \\ 0 & \omega > \omega_b \end{cases}$$

式中，ω_b 表达了闭环系统能正常工作的频率范围，也称为带宽。对于完美的闭环控制系统，希望 $\omega_b \to \infty$。

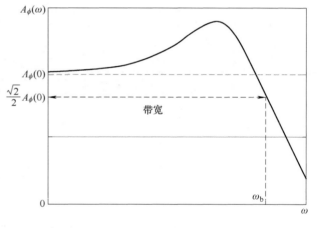

图 4-1-5 系统闭环频率特性的示意图

2. 频段分解分析

在电子电路中，对于放大器的分析与设计，基本上是将频段分为低频、中频与高频三部分进行。远低于 ω_b 的频段为低频段（或称零频段，在零频率附近）；ω_b 附近的频段为中频段；远高于 ω_b 的频段为高频段。

1）由于大部分系统输入信号的有效频率都在低频段，因此希望在低频段上的增益 $\Phi(j\omega)$ 接近于 1，实现输出信号对输入信号的高保真。低频段实际上反映了系统稳态性能。

2）由于大部分噪声信号（例如，控制系统中的测量噪声等）的频率都在高频段，反而希望此频段上的增益 $\Phi(j\omega)$ 接近于 0，使得噪声信号不在输出端再现而被过滤掉。从式（3-3-23）的抗扰性分析知，一般系统都具有这种低通性。从抑制高频噪声这个工程上常碰到的问题讲，反而完美的 $\Phi(j\omega) = 1(\forall\omega)$ 更不好。高频段反映了系统抗噪性能。

3）由于增益 $\Phi(j\omega)$ 不是纯比例，除了幅值 $\left|\Phi(j\omega)\right|$ 还有相位 $\angle\Phi(j\omega)$，导致中频段的情况复杂了。一般情况下，相位 $\angle\Phi(j\omega)$ 是滞后相位。若滞后相位到 $-180°$ 时（由负反馈转变为正反馈），而幅值 $\left|\Phi(j\omega)\right|$ 仍大于等于 1，放大器理论告知，将会出现自激，引发放大器的不稳定。因此，中频段与系统的稳定性以及瞬态扩展性能有着密切关联。

这种频段分解分析具有很好的物理含义，每个频段担负的功能各异，某种意义上实现了"功能解耦"分析。因此，频域分析法广泛受到工程师们的喜爱。

4.2 开环系统的频率特性

前面讨论表明，频域分析法有其独特之处。进行频域分析的前提是，要先得到闭环系统频率特性 $\Phi(j\omega) = A_{\phi}(\omega)e^{j\theta_{\phi}(\omega)}$。一般情况下，开环系统传递函数 $Q(s)$ 往往是多个典型环节的串联，其幅频特性 $A(\omega)$ 和相频特性 $\theta(\omega)$ 更容易得到（$Q(j\omega) = A(\omega)e^{j\theta(\omega)}$）。由于开环频率特性与闭环频率特性有明确的对应关系，因此，用频域法对系统进行分析时，常常是用开环频率特性来分析闭环系统的性能。

4.2.1 典型环节的频率特性

由图 4-1-1 和式（4-1-2）有

$$\Phi(j\omega) = \frac{Q(j\omega)}{1+Q(j\omega)}$$

则

$$Q(j\omega) = \frac{\Phi(j\omega)}{1-\Phi(j\omega)} \tag{4-2-1}$$

可见，开环频率特性与闭环频率特性有一一对应关系。

同时，参照式（2-3-35），系统的开环频率特性可以表示成若干典型环节频率特性的乘积，即

$$Q(j\omega) = \frac{k_q}{(j\omega)^v} \frac{\displaystyle\prod_{i=1}^{m_1}(1+j\tau_i\omega)\prod_{i=1}^{m_2}(1-\eta_i\omega^2+j\upsilon_i\omega)}{\displaystyle\prod_{i=1}^{n_1}(1+jT_i\omega)\prod_{i=1}^{n_2}(1-\rho_i\omega^2+j\mu_i\omega)}$$

$$= \prod_{i=1}^{p}Q_i(j\omega) = \prod_{i=1}^{p}A_i(\omega)e^{j\theta_i(\omega)} \tag{4-2-2}$$

式中，$Q_i(j\omega)$ 是典型环节的频率特性。

由式（4-2-2）知，对应的开环奈奎斯特图和伯德图分别为

$$\begin{cases} A(\omega) = \displaystyle\prod_{i=1}^{p}A_i(\omega) \\ \theta(\omega) = \displaystyle\sum_{i=1}^{p}\theta_i(\omega) \end{cases} \tag{4-2-3a}$$

$$\begin{cases} L(\omega) = 20\lg A(\omega) = \displaystyle\sum_{i=1}^{p}20\lg A_i(\omega) \\ \theta(\omega) = \displaystyle\sum_{i=1}^{p}\theta_i(\omega) \end{cases} \tag{4-2-3b}$$

可看出，对于开环奈奎斯特图（幅相图），其相位是各典型环节相位的叠加，若能得到各典型环节相位就可快速推断出开环奈奎斯特图会出现在哪些象限，开环奈奎斯特图也就能大致地呈现出来；对于开环伯德图，除了相位外，其对数幅值也是各典型环节对数幅值的叠加，这样就能更快速绘制出开环伯德图。

1. 典型环节的幅频特性与相频特性

比例、积分、微分、一阶惯性、一阶拟微分、二阶振荡、二阶拟微分环节是常见的典型环节，其幅频特性与相频特性分别为

$$\begin{cases} Q(s)=k, Q(j\omega)=k+j0=ke^{j0°} \\ A(\omega)=k \\ \theta(\omega)=0° \\ L(\omega)=20\lg A(\omega)=20\lg k \end{cases} \tag{4-2-4a}$$

$$\begin{cases} Q(s)=\dfrac{1}{s}, Q(j\omega)=\dfrac{1}{\omega}e^{-j90°} \\ A(\omega)=\dfrac{1}{\omega} \\ \theta(\omega)=-90° \\ L(\omega)=20\lg A(\omega)=-20\lg\omega \end{cases} \tag{4-2-4b}$$

$$\begin{cases} Q(s)=s, Q(j\omega)=\omega e^{j90°} \\ A(\omega)=\omega \\ \theta(\omega)=90° \\ L(\omega)=20\lg A(\omega)=20\lg\omega \end{cases} \tag{4-2-4c}$$

$$\begin{cases} Q(s)=\dfrac{1}{Ts+1}, Q(j\omega)=\dfrac{1}{j\omega T+1} \\ A(\omega)=\dfrac{1}{\sqrt{1+(\omega T)^2}} \\ \theta(\omega)=-\arctan(\omega T) \\ L(\omega)=20\lg A(\omega)=-20\lg\sqrt{1+(\omega T)^2} \end{cases} \tag{4-2-4d}$$

$$\begin{cases} Q(s)=\tau s+1, Q(j\omega)=j\omega\tau+1 \\ A(\omega)=\sqrt{1+(\omega\tau)^2} \\ \theta(\omega)=\arctan(\omega\tau) \\ L(\omega)=20\lg A(\omega)=20\lg\sqrt{1+(\omega\tau)^2} \end{cases} \tag{4-2-4e}$$

$$\begin{cases} Q(s)=\dfrac{1}{\dfrac{s^2}{\omega_n^2}+2\dfrac{\xi}{\omega_n}s+1}, Q(j\omega)=\dfrac{1}{1-\left(\dfrac{\omega}{\omega_n}\right)^2+j2\xi\dfrac{\omega}{\omega_n}} \\[3ex] A(\omega)=\dfrac{1}{\sqrt{\left[1-\left(\dfrac{\omega}{\omega_n}\right)^2\right]^2+4\xi^2\left(\dfrac{\omega}{\omega_n}\right)^2}} \\[3ex] \theta(\omega)=-\arctan\dfrac{2\xi\dfrac{\omega}{\omega_n}}{1-\left(\dfrac{\omega}{\omega_n}\right)^2} \\[3ex] L(\omega)=20\lg A(\omega)=-20\lg\sqrt{\left[1-\left(\dfrac{\omega}{\omega_n}\right)^2\right]^2+4\xi^2\left(\dfrac{\omega}{\omega_n}\right)^2} \end{cases} \tag{4-2-4f}$$

$$\begin{cases} Q(s) = \dfrac{s^2}{\omega_n^2} + 2\dfrac{\xi}{\omega_n}s + 1, \quad Q(j\omega) = 1 - \left(\dfrac{\omega}{\omega_n}\right)^2 + j2\xi\dfrac{\omega}{\omega_n} \\[4mm] A(\omega) = \sqrt{\left[1 - \left(\dfrac{\omega}{\omega_n}\right)^2\right]^2 + 4\xi^2\left(\dfrac{\omega}{\omega_n}\right)^2} \\[4mm] \theta(\omega) = \arctan\dfrac{2\xi\dfrac{\omega}{\omega_n}}{1 - \left(\dfrac{\omega}{\omega_n}\right)^2} \\[4mm] L(\omega) = 20\lg A(\omega) = 20\lg\sqrt{\left[1 - \left(\dfrac{\omega}{\omega_n}\right)^2\right]^2 + 4\xi^2\left(\dfrac{\omega}{\omega_n}\right)^2} \end{cases} \qquad (4\text{-}2\text{-}4\text{g})$$

它们的奈奎斯特图和伯德图如图 4-2-1 所示。

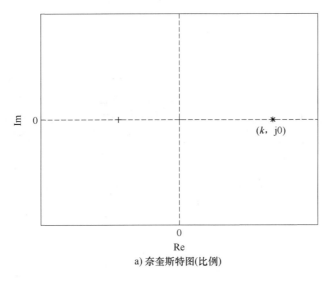

a) 奈奎斯特图(比例)

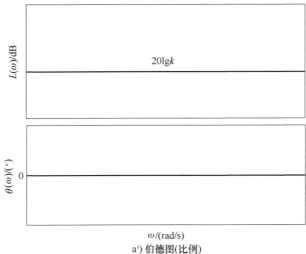

a′) 伯德图(比例)

图 4-2-1 典型环节的奈奎斯特图和伯德图

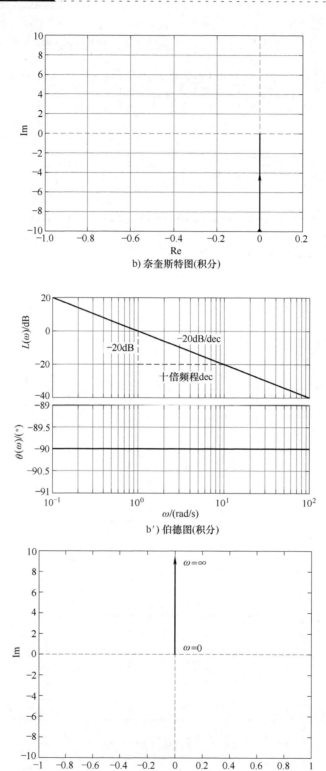

b) 奈奎斯特图(积分)

b′) 伯德图(积分)

c) 奈奎斯特图(微分)

图 4-2-1　典型环节的奈奎斯特图和伯德图（续）

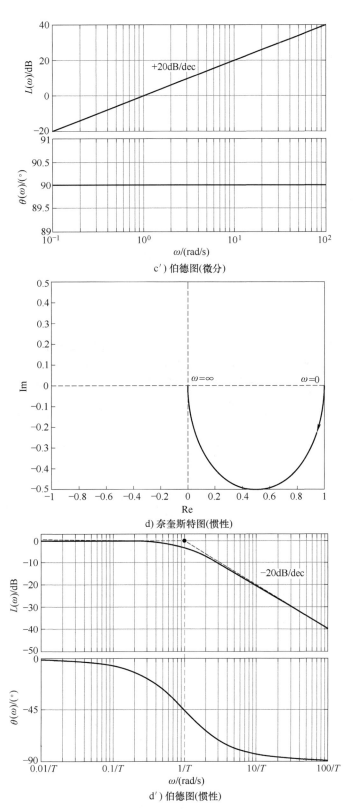

c′) 伯德图(微分)

d) 奈奎斯特图(惯性)

d′) 伯德图(惯性)

图 4-2-1　典型环节的奈奎斯特图和伯德图(续)

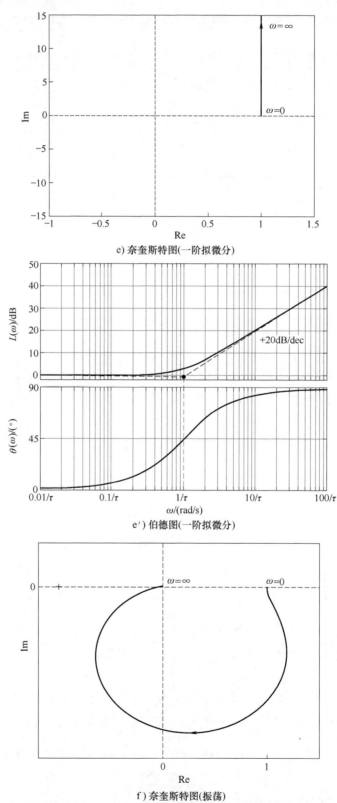

e) 奈奎斯特图(一阶拟微分)

e′) 伯德图(一阶拟微分)

f) 奈奎斯特图(振荡)

图 4-2-1　典型环节的奈奎斯特图和伯德图(续)

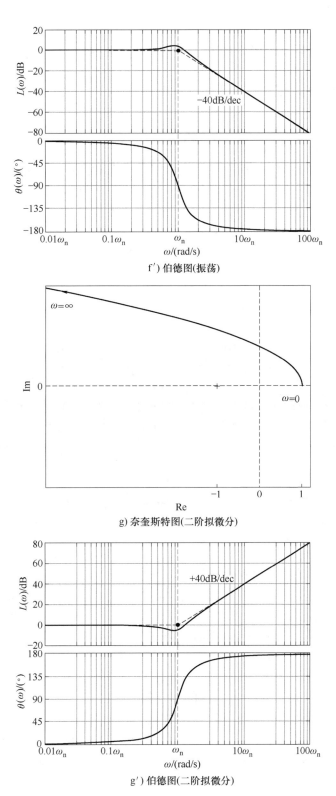

f') 伯德图(振荡)

g) 奈奎斯特图(二阶拟微分)

g') 伯德图(二阶拟微分)

图 4-2-1 典型环节的奈奎斯特图和伯德图(续)

可见：

1）比例环节对数幅频特性为一条水平线，当 $k>1$ 时幅值放大，当 $k<1$ 时幅值衰减，其相频特性始终为 $0°$，见图 4-2-1a′。

2）积分环节的对数幅频特性为一条 -20dB/dec 的直线，与频率轴相交于 $(1, 0)$，这是采用对数坐标带来的便利性，相频特性是一条水平线，相位始终为滞后相位 $-90°$，见图 4-2-1b′。

3）微分环节的对数幅频特性为一条 $+20\text{dB/dec}$ 的直线，与频率轴相交于 $(1, 0)$，相频特性是一条水平线，相位始终为超前相位 $+90°$，见图 4-2-1c′。

4）惯性环节的奈奎斯特图是第四象限的一个半圆，其起点位于实轴上的有限点，终点位于原点，见图 4-2-1d。惯性环节的滞后相位在 $0° \sim -90°$ 变化，随着频率的增大而增大，最大滞后相位为 $-90°$，见图 4-2-1d′。

5）一阶拟微分环节的奈奎斯特图是一条位于第一象限平行于虚轴的直线，起点是 $(1, j0)$，终点是无穷远处，见图 4-2-1e。一阶拟微分环节的超前相位在 $0° \sim +90°$ 变化，随着频率的增大而增大，最大超前相位为 $+90°$，见图 4-2-1e′。

6）振荡环节的奈奎斯特图起点为实轴上的 $(1, j0)$，相位是滞后相位，由 $0° \sim -180°$，曲线从实轴进入第四象限，穿越虚轴进入第三象限，最后终于原点，对数幅频特性会出现谐振峰值，见图 4-2-1f、f′。

7）二阶拟微分环节的奈奎斯特图起点为实轴上的 $(1, j0)$，相位是超前相位，由 $0° \sim +180°$，曲线从实轴进入第一象限，穿越虚轴进入第二象限，最后终于无穷远处，对数幅频特性会出现反向峰值，见图 4-2-1g、g′。

仔细观察可以看出，在前面的典型环节中，积分环节与微分环节、一阶惯性环节与一阶拟微分环节、二阶振荡环节与二阶拟微分环节是互逆的环节，具有相同结构因子，只是一个在分子一个在分母，其伯德图相对于横坐标具有对称性，而其奈奎斯特图（幅相图）不具有对称性，但可将幅频与相频同时绘制在一张图上。因此，在频域分析中，选择伯德图还是奈奎斯特图需根据实际情况定夺。

2. 幅频渐近线与谐振峰值

由于惯性环节、振荡环节等典型环节的对数幅频曲线不是直线，手工绘制存在困难。在实际工程应用中，工程师更关心频率特性的变化趋势，因此常用渐近线代替精确曲线。

对于惯性环节，由式（4-2-4d）有

$$L(\omega) = -20\lg\sqrt{1+(\omega T)^2} \approx \begin{cases} 0 & \omega T \ll 1 \\ -20\lg(\omega T) & \omega T \gg 1 \end{cases} \tag{4-2-5}$$

以 $\omega = 1/T$ 分界，称为转折频率。在低频区 $\omega < 1/T$，近似认为 $L(\omega) \approx 0$，对数幅频特性是与横轴相重合的直线；在高频区 $\omega > 1/T$，近似认为 $L(\omega) \approx -20\lg(\omega T)$，这是一条斜率为 -20dB/dec 且与横轴交于 $\omega = 1/T$ 的直线。其渐近幅频特性如图 4-2-1d′ 中虚线所示。

注意：T 的量纲是 s，ω 的量纲是 rad/s（来源于正弦输入信号 $r(t) = r_0 \sin\omega t$，量纲不因 ω 取不同值而发生变化，以下均同），这是不矛盾的，可参见 3.1.1 小节中对模态参量的量纲解释。若将 1/s 理解为赫兹（Hz）而作为频率 ω 的量纲，得到的伯德图与以 rad/s 为量纲的伯德图其形状是一样的，只是沿横坐标（分度值）压缩了 2π 倍，但要特别注意，再返回图 4-1-1 进行仿真验证时，其输入信号的（角）频率要扩展 2π 倍。另外，用 MATLAB 绘制伯德图时，其默认单位是 rad/s。因此，为了避免误读，后面频率 ω 及转折频率等相关变量的量纲均以 rad/s 描述，不采用 1/s 描述。

惯性环节渐近幅频特性的误差可由式（4-2-4d）减去式（4-2-5）得到，即

$$\Delta L(\omega) \approx \begin{cases} -20\lg\sqrt{1+(\omega T)^2} & \omega \leqslant 1/T \\ -20\lg\sqrt{1+(\omega T)^2} + 20\lg(\omega T) & \omega > 1/T \end{cases} \tag{4-2-6}$$

图 4-2-2a 为误差曲线。误差最大值出现在转折频率 $\omega = 1/T$ 处，其数值为 $\Delta L(\omega) = -20\lg\sqrt{2} \approx -3\mathrm{dB}$。

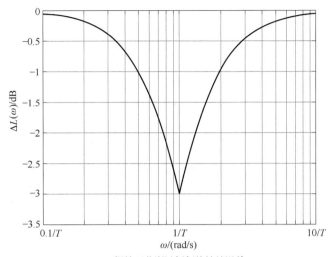

a) 惯性环节渐近幅频特性的误差

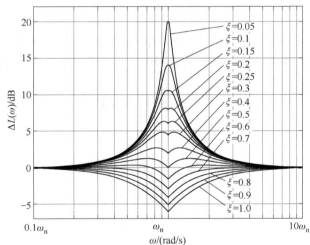

b) 振荡环节渐近幅频特性的误差

图 4-2-2　惯性、振荡环节渐近幅频特性的误差

同理，对振荡环节也可采取渐近线进行近似分析，由式(4-2-4f)有

$$L(\omega) = -20\lg\sqrt{\left[1-\left(\frac{\omega}{\omega_n}\right)^2\right]^2 + 4\xi^2\left(\frac{\omega}{\omega_n}\right)^2} \approx \begin{cases} 0 & \omega \ll \omega_n \\ -40\lg\dfrac{\omega}{\omega_n} & \omega \gg \omega_n \end{cases} \tag{4-2-7}$$

其渐近幅频特性如图 4-2-1f′中虚线所示，转折频率为 $\omega = \omega_n$，渐近线斜率为 $-40\mathrm{dB/dec}$。

将式(4-2-4f)与式(4-2-7)相减，可得振荡环节渐近幅频特性的误差为

$$\begin{cases} \Delta L(\omega) \approx -20\lg\sqrt{\left[1-\left(\dfrac{\omega}{\omega_n}\right)^2\right]^2 + 4\xi^2\left(\dfrac{\omega}{\omega_n}\right)^2} & \omega \leqslant \omega_n \\[4mm] \Delta L(\omega) \approx -20\lg\sqrt{\left[1-\left(\dfrac{\omega}{\omega_n}\right)^2\right]^2 + 4\xi^2\left(\dfrac{\omega}{\omega_n}\right)^2} + 40\lg\dfrac{\omega}{\omega_n} & \omega > \omega_n \end{cases} \tag{4-2-8}$$

误差曲线如图 4-2-2b 所示，误差最大处在转折频率上。

由图 4-2-1f′看出，振荡环节幅频特性会出现谐振峰值。对式(4-2-4f)的 $A(\omega)$ 求导并令其为 0，即

$$\frac{\mathrm{d}A(\omega)}{\mathrm{d}\omega}=\frac{1}{2}\frac{\dfrac{4}{\omega_n}\left[1-\left(\dfrac{\omega}{\omega_n}\right)^2\right]\left(\dfrac{\omega}{\omega_n}\right)-\dfrac{8\xi^2}{\omega_n}\left(\dfrac{\omega}{\omega_n}\right)}{\left[1-\left(\dfrac{\omega}{\omega_n}\right)^2\right]^2+4\xi^2\left(\dfrac{\omega}{\omega_n}\right)^2}=0$$

则

$$\frac{4}{\omega_n}\left[1-\left(\frac{\omega}{\omega_n}\right)^2\right]-\frac{8\xi^2}{\omega_n}=0$$

可推出谐振频率 ω_r 与谐振峰值 $A(\omega_r)$ 为

$$\begin{cases}\omega_r=\omega_n\sqrt{1-2\xi^2}\\[2mm]A(\omega_r)=\dfrac{1}{2\xi\sqrt{1-\xi^2}}\end{cases}\tag{4-2-9}$$

由上式知，当 $1-2\xi^2>0$ 即 $\xi\le 0.707$ 时，系统的幅频特性存在极值，这一点与二阶欠阻尼系统的超调现象有类似之处。当 $\xi>0.707$ 时，幅频特性不存在极值，也就不会出现峰值，要注意的是，当 $1>\xi>0.707$ 时，二阶欠阻尼系统仍有超调现象存在。

幅频特性出现谐振峰值，是因为系统的固有频率与外部信号频率发生谐振而产生的，频域谐振峰值与时域超调不完全一致的原因缘于此。注意，谐振频率不在转折频率处，但一般靠近转折频率。由于谐振峰值影响较大，一般都需要对振荡环节渐进幅频特性在谐振频率处进行一些修正，在系统性能分析时要高度重视。

一阶、二阶拟微分环节与惯性、振荡环节的对数幅频特性呈对称性，均可采取类似式(4-2-5)~式(4-2-9)的做法进行渐近线近似或反向峰值的分析。

3. 典型校正环节

在控制器中经常会出现超前环节、滞后环节、滞后-超前环节等典型的校正环节，参见例 3-4-2、例 3-4-3，分别为

$$\begin{cases}Q(s)=\dfrac{\tau_1 s+1}{T_1 s+1}\left(\alpha=\dfrac{\tau_1}{T_1}>1\right),\ Q(\mathrm{j}\omega)=\dfrac{1+\mathrm{j}\omega\tau_1}{1+\mathrm{j}\omega T_1}\\[4mm]A(\omega)=\dfrac{\sqrt{1+(\omega\tau_1)^2}}{\sqrt{1+(\omega T_1)^2}}\\[4mm]\theta(\omega)=\arctan(\omega\tau_1)-\arctan(\omega T_1)=\arctan\dfrac{(\alpha-1)\omega\tau_1}{\alpha+(\omega\tau_1)^2}\\[4mm]L(\omega)=20\lg\sqrt{1+(\omega\tau_1)^2}-20\lg\sqrt{1+(\omega T_1)^2}\end{cases}\tag{4-2-10a}$$

$$\begin{cases}Q(s)=\dfrac{\tau_2 s+1}{T_2 s+1}\left(\beta=\dfrac{T_2}{\tau_2}>1\right),\ Q(\mathrm{j}\omega)=\dfrac{1+\mathrm{j}\omega\tau_2}{1+\mathrm{j}\omega T_2}\\[4mm]A(\omega)=\dfrac{\sqrt{1+(\omega\tau_2)^2}}{\sqrt{1+(\omega T_2)^2}}\\[4mm]\theta(\omega)=\arctan(\omega\tau_2)-\arctan(\omega T_2)=-\arctan\dfrac{(\beta-1)\omega T_2}{\beta+(\omega T_2)^2}\\[4mm]L(\omega)=20\lg\sqrt{1+(\omega\tau_2)^2}-20\lg\sqrt{1+(\omega T_2)^2}\end{cases}\tag{4-2-10b}$$

$$\begin{cases} Q(s)=\dfrac{\tau_2 s+1}{T_2 s+1}\dfrac{\tau_1 s+1}{T_1 s+1}(T_2>\tau_2>\tau_1>T_1), Q(j\omega)=\dfrac{1+j\omega\tau_2}{1+j\omega T_2}\dfrac{1+j\omega\tau_1}{1+j\omega T_1} \\[2mm] A(\omega)=\dfrac{\sqrt{1+(\omega\tau_2)^2}}{\sqrt{1+(\omega T_2)^2}}\dfrac{\sqrt{1+(\omega\tau_1)^2}}{\sqrt{1+(\omega T_1)^2}} \\[2mm] \theta(\omega)=\arctan(\omega\tau_2)-\arctan(\omega T_2)+\arctan(\omega\tau_1)-\arctan(\omega T_1) \\[2mm] L(\omega)=20\lg\sqrt{1+(\omega\tau_2)^2}-20\lg\sqrt{1+(\omega T_2)^2}+20\lg\sqrt{1+(\omega\tau_1)^2}-20\lg\sqrt{1+(\omega T_1)^2} \end{cases} \tag{4-2-10c}$$

其奈奎斯特图和伯德图如图 4-2-3 所示。若采取渐近线进行近似分析，分别有

$$L(\omega)\approx\begin{cases} 0 & \omega<\omega_3 \\ 20\lg(\omega\tau_1) & \omega_3\leqslant\omega<\omega_4 \\ 20\lg\alpha & \omega\geqslant\omega_4 \end{cases} \tag{4-2-11a}$$

$$L(\omega)\approx\begin{cases} 0 & \omega<\omega_1 \\ -20\lg(\omega T_2) & \omega_1\leqslant\omega<\omega_2 \\ -20\lg\beta & \omega\geqslant\omega_2 \end{cases} \tag{4-2-11b}$$

$$L(\omega)\approx\begin{cases} 0 & \omega<\omega_1 \\ -20\lg(\omega T_2) & \omega_1\leqslant\omega<\omega_2 \\ -20\lg\beta & \omega_2\leqslant\omega<\omega_3 \\ -20\lg\beta+20\lg(\omega\tau_1) & \omega_3\leqslant\omega<\omega_4 \\ -20\lg\beta+20\lg\alpha & \omega>\omega_4 \end{cases} \tag{4-2-11c}$$

式中，转折频率 $\omega_1=1/T_2$，$\omega_2=1/\tau_2$，$\omega_3=1/\tau_1$，$\omega_4=1/T_1$。其渐进幅频特性如图 4-2-3 中虚线所示。

对于超前环节，其相位一定是超前的，这也是称其为超前环节的缘由。将式(4-2-10a)中的 $\theta(\omega)$ 对 ω 求导并使之为 0，可得到最大超前相位 θ_m 和对应的频率 ω_m 与对数幅值 $L(\omega_m)$：

$$\begin{cases} \theta_m=\arcsin\dfrac{\alpha-1}{\alpha+1} \\[2mm] \omega_m=\dfrac{1}{\sqrt{\alpha}\,T_1}=\dfrac{\sqrt{\alpha}}{\tau_1} \\[2mm] L(\omega_m)=20\lg\sqrt{1+\alpha}-20\lg\sqrt{1+\dfrac{1}{\alpha}}=10\lg\alpha \end{cases} \tag{4-2-12}$$

在控制器设计时，常要利用上式的最大超前相位进行校正。

对于滞后环节，其相位一定是滞后的，这也是称其为滞后环节的缘由。对式(4-2-10b)中的 $\theta(\omega)$ 求导，同样可得到它的最大滞后相位 φ_m 和对应的频率 ω_m 为

$$\begin{cases} \varphi_m=-\arcsin\dfrac{\beta-1}{\beta+1} \\[2mm] \omega_m=\dfrac{1}{\sqrt{\beta}\,\tau}=\dfrac{\sqrt{\beta}}{T_2} \end{cases} \tag{4-2-13}$$

但在控制器设计时，不是利用上式的最大滞后相位，而是要设法避免它的影响。对于滞后环节要利用的是式(4-2-11b)中的幅值衰减 $L(\omega)=-20\lg\beta(\omega>\omega_2)$ 进行校正。

对于滞后-超前环节，能综合运用滞后环节与超前环节的优势，既可利用最大超前相位也可利用幅值衰减进行校正。

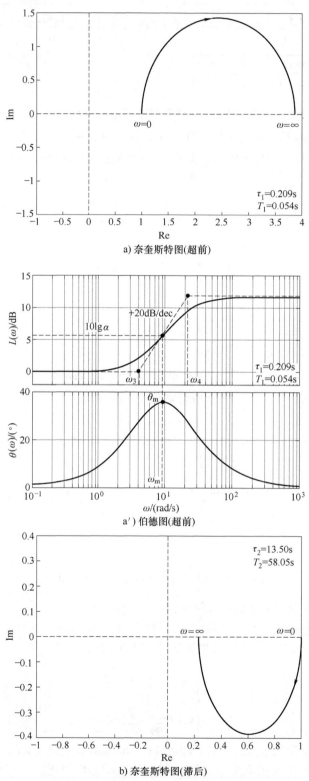

a) 奈奎斯特图(超前)

a′) 伯德图(超前)

b) 奈奎斯特图(滞后)

图 4-2-3　典型校正环节的奈奎斯特图和伯德图

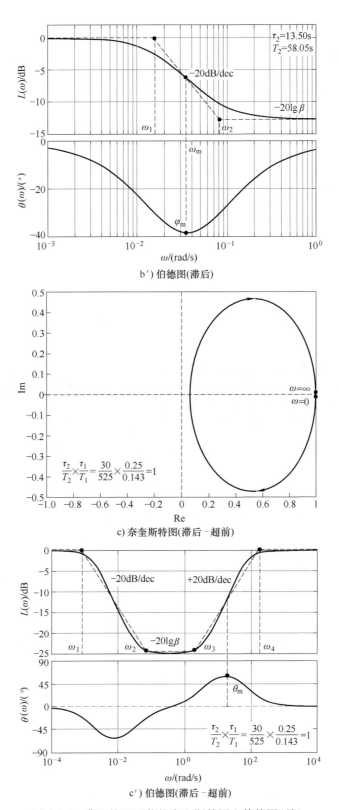

b′) 伯德图(滞后)

c) 奈奎斯特图(滞后－超前)

c′) 伯德图(滞后－超前)

图 4-2-3　典型校正环节的奈奎斯特图和伯德图(续)

另外，无论超前环节、滞后环节还是滞后-超前环节，其零频值 $Q(0)=1$。所以，在零频段其幅频均为 0dB 线，相频均为 0°。

4. 典型非最小相位环节

前面讨论的典型环节，其极点或零点都是稳定的。若典型环节中的极点或零点是不稳定的，其频率特性会有什么变化？

取 $Q_1(s)=\dfrac{1}{Ts-1}$，$Q_0(s)=\dfrac{1}{Ts+1}$，其频率特性

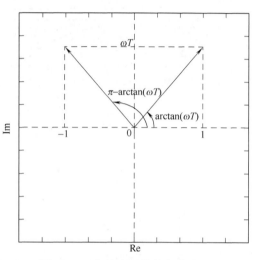

分别为

$$|Q_1(j\omega)|=|Q_0(j\omega)|=\frac{1}{\sqrt{1+(\omega T)^2}}$$

$$(4\text{-}2\text{-}14)$$

$$\theta_1(\omega)=-\arctan\frac{\omega T}{-1}=-[\pi-\arctan(\omega T)]$$

$$(4\text{-}2\text{-}15)$$

$$\theta_0(\omega)=-\arctan\frac{\omega T}{1}=-\arctan(\omega T)\qquad(4\text{-}2\text{-}16)$$

其相位如图 4-2-4 所示。

可见，$Q_1(j\omega)$ 与 $Q_0(j\omega)$ 的幅值一样，但 $Q_1(j\omega)$ 的滞后相位大于 $Q_0(j\omega)$ 的滞后相位，前者称为非最小相位的惯性环节，后者称为最小相位的惯性环节。二者对应的奈奎斯特图和伯德图分别如图 4-2-5a、a′所示。

图 4-2-4　非最小相位的相位表示

同样，对于 $Q_1(s)=\tau s-1$、$Q_1(s)=1\Big/\left(\dfrac{s^2}{\omega_n^2}-2\dfrac{\xi}{\omega_n}s+1\right)$、$Q_1(s)=\dfrac{s^2}{\omega_n^2}-2\dfrac{\xi}{\omega_n}s+1$ 的典型非最小相位环节的奈奎斯特图和伯德图如图 4-2-5b、b′、c、c′、d、d′所示。

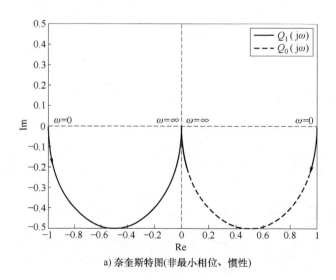

a) 奈奎斯特图(非最小相位、惯性)

图 4-2-5　典型非最小相位环节的奈奎斯特图和伯德图

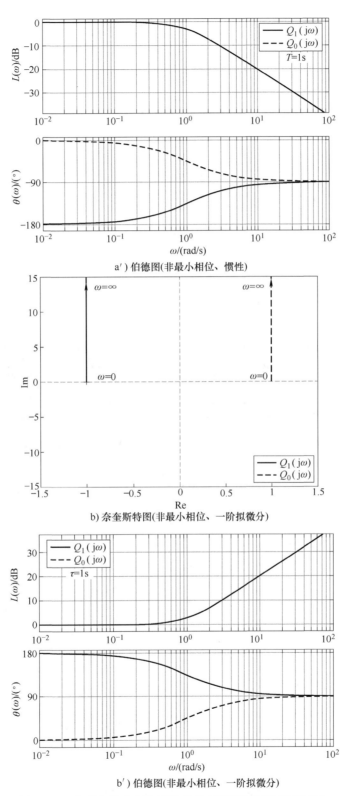

a′) 伯德图(非最小相位、惯性)

b) 奈奎斯特图(非最小相位、一阶拟微分)

b′) 伯德图(非最小相位、一阶拟微分)

图 4-2-5　典型非最小相位环节的奈奎斯特图和伯德图(续)

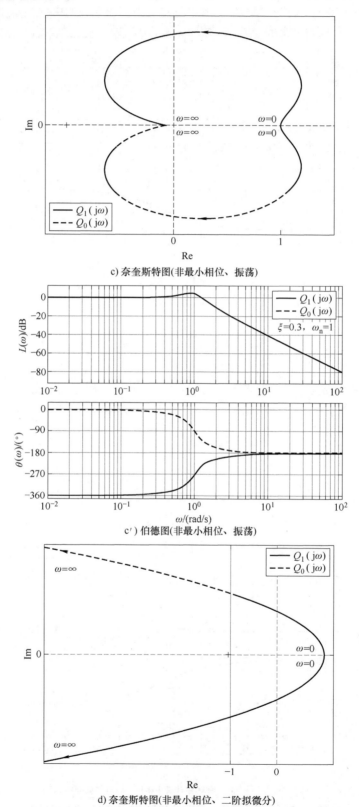

c) 奈奎斯特图(非最小相位、振荡)

c′) 伯德图(非最小相位、振荡)

d) 奈奎斯特图(非最小相位、二阶拟微分)

图 4-2-5　典型非最小相位环节的奈奎斯特图和伯德图(续)

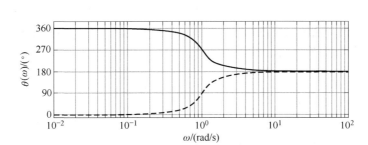

d′) 伯德图(非最小相位、二阶拟微分)

图 4-2-5　典型非最小相位环节的奈奎斯特图和伯德图(续)

仔细观察前面成对的"最小相位环节与非最小相位环节"的频率特性图，可看出其对数幅频图一样，相频图以±π/2 线或±π 线对称，而且其奈奎斯特图也关于虚轴或实轴对称。最小相位环节是零点或极点都稳定的环节，是工程中常见的环节；非最小相位环节是有不稳定零点或极点的环节，是工程中一类特殊环节，由于相位变化大导致系统性能变复杂，所以，对存在非最小相位环节的系统进行分析时，要格外小心。

4.2.2 开环频率特性曲线的绘制

有了前面各种典型环节的幅频特性与相频特性，经过叠加便可快速绘制开环奈奎斯特图和伯德图。

1. 开环奈奎斯特图

绘制开环奈奎斯特图，常以极坐标 $\{A(\omega),$ $\theta(\omega)\}$ 方式进行。由于 $A(\omega)$ 的表达式一般比较复杂，而 $\theta(\omega)$ 是由典型环节的 $\theta_i(\omega)$ 叠加而成，可以快速分析出 $\theta(\omega)(\omega=0^+\rightarrow\infty)$ 的变化情况，以此便可确定出奈奎斯特轨迹所在的象限，若再确定奈奎斯特轨迹的起点($\omega=0^+$)、终点($\omega\rightarrow\infty$)以及与实轴的交点($Q(j\omega)=0$)等特征点，如图 4-2-6 所示，开环奈奎斯特图便可大致绘制完成。要注意的是，图 4-2-6 中三个特征区域(点画线框)的频率取值跨度较大，要在一张图中全景式清晰地呈现是困难的(因为奈奎斯特图的坐标是均匀分度的)，所以常以示意图的形式呈现。

开环奈奎斯特图绘制的一般步骤如下：

（1）确定奈奎斯特图的起点($\omega=0^+$)

由式(4-2-2)可得

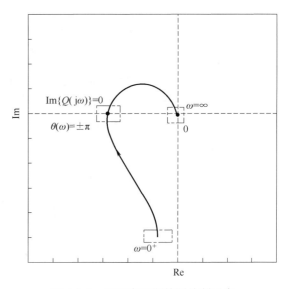

图 4-2-6　开环奈奎斯特图绘制示意

$$A(0) = \lim_{\omega \to 0} Q(j\omega) = \lim_{\omega \to 0} \frac{k_q}{(j\omega)^v} = \begin{cases} k_q & v = 0 \\ \infty & v \geq 1 \end{cases} \qquad (4\text{-}2\text{-}17a)$$

$$\theta(0) = \angle \lim_{\omega \to 0} Q(j\omega) = \angle \lim_{\omega \to 0} \frac{k_q}{(j\omega)^v} = \begin{cases} 0 & v = 0 \\ -v\dfrac{\pi}{2} & v \geq 1 \end{cases} \qquad (4\text{-}2\text{-}17b)$$

可见，若开环传递函数为 0 型系统（$v = 0$），不含积分环节，则起点一定在实轴上的有限点 $(k_q, j0)$；若开环传递函数为 v 型系统（$v \neq 0$），含有积分环节，则起点一定在无穷远处，起始角度为 $\theta(0) = -v\pi/2$。开环奈奎斯特图的起点与系统型别 v 之间关系的示意图如图 4-2-7a 所示。

（2）确定奈奎斯特图的终点（$\omega \to \infty$）

由式（4-2-2）可得

$$A(\infty) = \lim_{\omega \to \infty} Q(j\omega) = \begin{cases} k_\infty & n = m \\ 0 & n > m \end{cases}$$

$$\theta(\infty) = \angle \lim_{\omega \to \infty} Q(j\omega) = \angle \lim_{\omega \to \infty} \frac{k_\infty}{(j\omega)^{n-m}} = -(n-m)\frac{\pi}{2}$$

式中，$k_\infty = k_q \dfrac{\prod\limits_{i=1}^{m_1} \tau_i \prod\limits_{i=1}^{m_2} \eta_i}{\prod\limits_{i=1}^{n_1} T_i \prod\limits_{i=1}^{n_2} \rho_i}$，$n = v + n_1 + n_2$，$m = m_1 + m_2$。可见，若 $n = m$，则终点一定为实轴上的有限点 $(k_\infty, j0)$；若 $n > m$，则终点一定为原点，终止角度为 $\theta(\infty) = -(n-m)\pi/2$，如图 4-2-7b 所示。

（3）确定奈奎斯特图与负实轴的交点

令奈奎斯特图与负实轴交点处的频率为 ω_π，ω_π 称为相位穿越频率，则由式（4-2-3a）有

$$\theta(\omega_\pi) = \sum_{i=1}^{p} \theta_i(\omega_\pi) = -\pi, \quad A(\omega_\pi) = \prod_{i=1}^{p} A_i(\omega_\pi)$$

便可确定交点的位置为 $(A(\omega_\pi), j0)$。需要指出的是，奈奎斯特图可能与负实轴无交点，也可能有多个交点，这些都需要仔细确定。也可命虚部为 0，求得与负实轴的交点。

如有必要，还可以根据 $\theta(\omega) = \sum\limits_{i=1}^{p} \theta_i(\omega) = -\pi/2$，求出奈奎斯特图与负虚轴的交点。

（4）确定奈奎斯特图轨迹所在象限

根据式（4-2-3a），把各个典型环节的相位"叠加"，便可得到相位的变化范围，由此可快速确定奈奎斯特图轨迹所在象限。在确定轨迹所在象限时，可先不管幅值的变化，但要注意所有相位叠加后，会否超出 2π 或 -2π，若有超

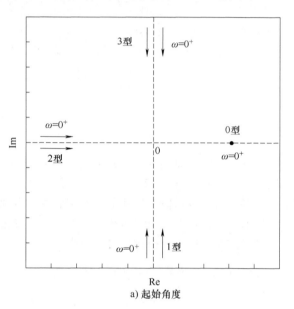

a) 起始角度

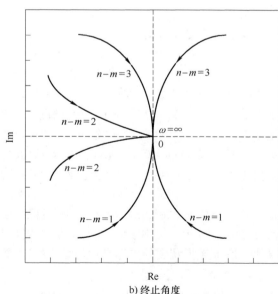

b) 终止角度

图 4-2-7　开环奈奎斯特图的起始与终止角度

出应慎重处理；若存在非最小相位环节，要特别小心对相位的处理。

根据上述步骤，就能快速确定奈奎斯特图的大致形状。另外，为了便于分析各环节幅频、相频对开环频率特性的贡献，将各环节按转折频率升序排列是有益的，一般均按此法处理。下面通过几个实例来进一步说明如何绘制开环奈奎斯特图。

例 4-2-1 试绘制开环传递函数 $Q(s) = \dfrac{k}{(T_1 s+1)(T_2 s+1)}$ $(T_1 > T_2)$ 的奈奎斯特图。

$Q(s)$ 由比例环节和两个惯性环节组成，其频率特性为

$$A(\omega) = \prod_{i=1}^{3} A_i(\omega) = k\,\frac{1}{\sqrt{1+(T_1\omega)^2}}\frac{1}{\sqrt{1+(T_2\omega)^2}} \tag{4-2-18a}$$

$$\theta(\omega) = \sum_{i=1}^{3} \theta_i(\omega) = 0 - \arctan(\omega T_1) - \arctan(\omega T_2) \tag{4-2-18b}$$

1）起点。$v=0$，$A(0)=k$，$\theta(0)=0$。

2）终点。$n>m$，$A(\infty)=0$，$\theta(\infty)=-(n-m)\pi/2=-\pi$。终点附近的奈奎斯特图与负实轴相切。

3）与负实轴的交点。由于 $\theta(\omega) > -\pi$，在有限频率上不会等于 $-\pi$，因此，奈奎斯特图与负实轴无交点。

另外，由 $\theta(\omega) = -\arctan(\omega T_1) - \arctan(\omega T_2) = -\pi/2$，可以求得与负虚轴相交时的频率和幅值分别为 $\omega_1 = \dfrac{1}{\sqrt{T_1 T_2}}$，$A(\omega_1) = k \Big/ \sqrt{\left(1+\dfrac{T_1}{T_2}\right)\left(1+\dfrac{T_2}{T_1}\right)}$。

4）所在象限。根据式（4-2-18b），列出各个环节的相位变化范围，再叠加为

$$\left(0 \sim -\frac{\pi}{2}\right) + \left(0 \sim -\frac{\pi}{2}\right) = (0 \sim -\pi)$$

奈奎斯特图位于第四、三象限，具体是：

当 $0<\omega<\omega_1$ 时，$\theta(\omega)=0 \sim -\pi/2$，奈奎斯特图位于第四象限；

当 $\omega>\omega_1$ 时，$\theta(\omega)=-\pi/2 \sim -\pi$，奈奎斯特图位于第三象限。

综上分析，可以概略绘制系统的奈奎斯特图如图 4-2-8 所示。

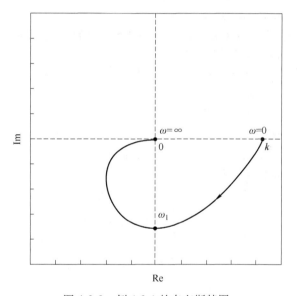

图 4-2-8　例 4-2-1 的奈奎斯特图

例 4-2-2 试绘制开环传递函数 $Q(s) = \dfrac{k(10s+1)}{s(s+1)(0.2s+1)(0.1s+1)}$ 的奈奎斯特图。

开环频率特性为

$$A(\omega) = \prod_{i=1}^{6} A_i(\omega) = k\,\frac{1}{\omega}\sqrt{(10\omega)^2+1}\,\frac{1}{\sqrt{\omega^2+1}}\frac{1}{\sqrt{(0.2\omega)^2+1}}\frac{1}{\sqrt{(0.1\omega)^2+1}} \tag{4-2-19a}$$

$$\theta(\omega) = 0 - \frac{\pi}{2} + \arctan(10\omega) - \arctan\omega - \arctan(0.2\omega) - \arctan(0.1\omega) \tag{4-2-19b}$$

1）起点。$v=1\neq0$，$A(0)=\infty$，$\theta(0)=-\pi/2$。

2）终点。$n>m$，$A(\infty)=0$，$\theta(\infty)=-3\pi/2$，$n-m=3$。终点附近的奈奎斯特图与正虚轴相切。

3）与负实轴的交点。由式（4-2-19b）可得

$$\theta(\omega_\pi) = -\pi/2 + \arctan(10\omega_\pi) - \arctan\omega_\pi - \arctan(0.2\omega_\pi) - \arctan(0.1\omega_\pi) = -\pi \quad (4\text{-}2\text{-}20a)$$

故开环系统的相位穿越频率为 $\omega_\pi = 7.9674\text{rad/s}$。再由式（4-2-19a）可得

$$A(\omega_\pi) = \frac{k\sqrt{(10\omega_\pi)^2 + 1}}{\omega_\pi\sqrt{\omega_\pi^2 + 1}\sqrt{(0.2\omega_\pi)^2 + 1}\sqrt{(0.1\omega_\pi)^2 + 1}} = 0.518k \quad (4\text{-}2\text{-}20b)$$

说明奈奎斯特图与负实轴有一个交点，交点坐标为 $(-0.518k, j0)$。

同理，根据

$$\theta(\omega_1) = -\pi/2 + \arctan(10\omega_1) - \arctan\omega_1 - \arctan(0.2\omega_1) - \arctan(0.1\omega_1) = -\pi/2 \quad (4\text{-}2\text{-}21)$$

可以求得奈奎斯特图与负虚轴相交时的频率为 $\omega_1 = 1.654\text{rad/s}$。

4）所在象限。根据式（4-2-19b），列出各个环节的相位变化范围，再叠加为

$$\left(-\frac{\pi}{2} \sim -\frac{\pi}{2}\right) + \left(0 \sim \frac{\pi}{2}\right) + \left(0 \sim -\frac{\pi}{2}\right) + \left(0 \sim -\frac{\pi}{2}\right) + \left(0 \sim -\frac{\pi}{2}\right) = \left(-\frac{\pi}{2} \sim -\frac{3\pi}{2}\right)$$

再考虑式（4-2-21），奈奎斯特图位于第四、三、二象限。具体是：

当 $\omega < \omega_1$ 时，$\theta(\omega)$ 主要由前两项决定，此时 $\theta(\omega) = -\pi/2 + \arctan(10\omega) > -\pi/2$，奈奎斯特图位于第四象限；

当 $\omega_1 < \omega < \omega_\pi$ 时，$\theta(\omega) = -\pi/2 \sim -\pi$，奈奎斯特图位于第三象限；

当 $\omega > \omega_\pi$ 时，$\theta(\omega) = -\pi \sim -3\pi/2$，奈奎斯特图位于第二象限。

综合上述分析，可以概略绘制系统的奈奎斯特图，如图4-2-9所示。

需要强调的是，由式（4-2-20b）知，开环传递函数的奈奎斯特图与实轴的交点会随着 k 的增大逐渐左移，这对于后面探讨闭环系统的稳定性会起着决定性的影响。

例 4-2-3 试绘制开环传递函数 $Q(s) = \dfrac{k(10s+1)}{s(s-1)(0.2s+1)(0.1s+1)}$ 的奈奎斯特图。

本例将例 4-2-2 中的惯性环节 $\dfrac{1}{s+1}$ 变为非最

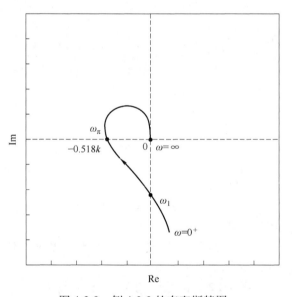

图 4-2-9　例 4-2-2 的奈奎斯特图

小相位惯性环节 $\dfrac{1}{s-1}$。开环频率特性为

$$A(\omega) = \prod_{i=1}^{6} A_i(\omega) = k\sqrt{(10\omega)^2 + 1}\frac{1}{\omega}\frac{1}{\sqrt{\omega^2 + 1}}\frac{1}{\sqrt{(0.2\omega)^2 + 1}}\frac{1}{\sqrt{(0.1\omega)^2 + 1}} \quad (4\text{-}2\text{-}22a)$$

$$\theta(\omega) = 0 - \frac{\pi}{2} + \arctan(10\omega) - (\pi - \arctan\omega) - \arctan(0.2\omega) - \arctan(0.1\omega) \quad (4\text{-}2\text{-}22b)$$

1）起点。$A(0) = \infty$，$\theta(0) = -3\pi/2$。尽管 $v = 1$，但由于存在非最小相位环节，它的起始相位为 $-\dfrac{3}{2}\pi$ 而不是 0，导致了本例奈奎斯特图的起点与例 4-2-2 的起点完全不同。

2）终点。$A(\infty) = 0$，$\theta(\infty) = -3\pi/2$，$n - m = 3$。终点附近的奈奎斯特图与正虚轴相切。

3）与负实轴的交点。由式（4-2-22b）可得

$$\theta(\omega_\pi) = -3\pi/2 + \arctan(10\omega_\pi) + \arctan\omega_\pi - \arctan(0.2\omega_\pi) - \arctan(0.1\omega_\pi) = -\pi \quad (4\text{-}2\text{-}23)$$

故开环系统的相位穿越频率有两个，分别为 $\omega_{\pi 1} = 0.3867 \text{rad/s}$，$\omega_{\pi 2} = 5.7836 \text{rad/s}$。再由式(4-2-22a)可得

$$A(\omega_{\pi 1}) = \frac{k\sqrt{100\omega_{\pi 1}^2 + 1}}{\omega_{\pi 1}\sqrt{\omega_{\pi 1}^2 + 1}\sqrt{0.04\omega_{\pi 1}^2 + 1}\sqrt{0.01\omega_{\pi 1}^2 + 1}} = 9.60k \quad (4\text{-}2\text{-}24\text{a})$$

$$A(\omega_{\pi 2}) = \frac{k\sqrt{100\omega_{\pi 2}^2 + 1}}{\omega_{\pi 2}\sqrt{\omega_{\pi 2}^2 + 1}\sqrt{0.04\omega_{\pi 2}^2 + 1}\sqrt{0.01\omega_{\pi 2}^2 + 1}} = 0.96k \quad (4\text{-}2\text{-}24\text{b})$$

说明奈奎斯特图与负实轴有两个交点；交点坐标为 $(-9.60k, j0)$ 和 $(-0.96k, j0)$。

4) 所在象限。根据式(4-2-22b)，列出各个环节的相位变化范围，再叠加为

$$\left(-\frac{\pi}{2} \sim -\frac{\pi}{2}\right) + \left(0 \sim \frac{\pi}{2}\right) + \left(-\pi \sim -\frac{\pi}{2}\right) + \left(0 \sim -\frac{\pi}{2}\right) + \left(0 \sim -\frac{\pi}{2}\right) = \left(-\frac{3\pi}{2} \sim -\frac{3\pi}{2}\right)$$

这是非最小相位系统的特有现象，表明奈奎斯特图将从第二象限出发又会再次回到第二象限。再考虑式(4-2-23)和式(4-2-24)，奈奎斯特图所处象限具体是：

当 $0 < \omega < \omega_{\pi 1}$ 时，$\theta(\omega) = -3\pi/2 \sim -\pi$，奈奎斯特图位于第二象限；

当 $\omega_{\pi 1} < \omega < \omega_{\pi 2}$ 时，$\theta(\omega)$ 先增大后减小，$\theta(\omega) = -\pi \sim -\pi$，奈奎斯特图位于第三象限；

当 $\omega > \omega_{\pi 2}$ 时，$\theta(\omega) = -\pi \sim -3\pi/2$，奈奎斯特图再次进入第二象限。

综合上述分析，可以概略绘制系统的奈奎斯特图如图 4-2-10 所示。

对比例 4-2-2 可知，由于非最小相位环节的加入，系统的相频特性不再是简单的单调变化，而是出现了多次穿越负实轴的情况。因此，凡是含有非最小相位环节的系统，在各种性能分析时，都需倍加小心。

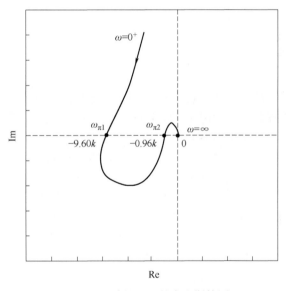

图 4-2-10　例 4-2-3 的奈奎斯特图

另外，开环传递函数可能出现共轭复数极点，如 $Q(s) = \dfrac{1}{s^2 + \omega_n^2}$，其频率特性为

$$Q(j\omega) = \frac{1}{-\omega^2 + \omega_n^2}, \quad A(\omega) = \frac{1}{|-\omega^2 + \omega_n^2|}, \quad \theta(\omega) = \begin{cases} 0 & \omega < \omega_n \\ \pi & \omega > \omega_n \end{cases}$$

可见，在转折频率 $\omega = \omega_n$ 附近，频率 ω 由 ω_n^- 变化至 ω_n^+ 时，系统的幅频特性、相频特性会发生突变，奈奎斯特图不连续，因此绘制时需要分段考虑。

例 4-2-4 试绘制开环传递函数 $Q(s) = \dfrac{100}{s(s+1)(s^2+2)}$ 的奈奎斯特图。

开环频率特性为

$$A(\omega) = \prod_{i=1}^{4} A_i(\omega) = 50 \frac{1}{\omega} \frac{1}{\sqrt{\omega^2 + 1}} \frac{1}{|1 - 0.5\omega^2|} \quad (4\text{-}2\text{-}25\text{a})$$

$$\theta(\omega)=\begin{cases}-\pi/2-\arctan\omega+0=-\pi/2-\arctan\omega & \omega<\sqrt{2}\\-\pi/2-\arctan\omega-\pi=-3\pi/2-\arctan\omega & \omega>\sqrt{2}\end{cases} \quad (4\text{-}2\text{-}25b)$$

由于系统相频特性在 $\omega=\sqrt{2}$ 发生了相位突变，因此可以将奈奎斯特图分为两段连续的曲线来绘制，即把 $\omega\in(0,\infty)$ 分为两个区间 $\omega\in(0,\sqrt{2}^{-})\cup(\sqrt{2}^{+},\infty)$。

1）$\omega\in(0,\sqrt{2}^{-})$：

起点。$A(0)=\infty$，$\theta(0)=-\pi/2$。

终点。$A(\sqrt{2}^{-})=\infty$，$\theta(\sqrt{2}^{-})=-\pi/2-\arctan\sqrt{2}$。

所在象限。由式（4-2-25b）知，$\theta(\omega)$ 由 $-\pi/2$ 连续变化到 $-\pi/2-\arctan\sqrt{2}$，因此位于第三象限。

2）$\omega\in(\sqrt{2}^{+},\infty)$：

起点。$A(\sqrt{2}^{+})=\infty$，$\theta(\sqrt{2}^{+})=-3\pi/2-\arctan\sqrt{2}$。

终点。$A(\infty)=0$，$\theta(\infty)=-2\pi$，$n-m=4$。终点附近的奈奎斯特图与实轴相切。

所在象限。由式（4-2-25b）知，$\theta(\omega)$ 由 $-3\pi/2-\arctan\sqrt{2}$ 连续变化到 -2π，因此位于第一象限。

综合上述分析，可以概略绘制系统的奈奎斯特图，如图 4-2-11 所示。

2. 开环伯德图

由式（4-2-3b）知，对数幅频特性与相频特性都已化为典型环节的相加。因此，绘制开环伯德图，只需将典型环节的伯德图叠加便可。另外，若只是大致绘制伯德图，其对数幅频特性可以渐近线的方式绘制。开环伯德图绘制的一般步骤如下：

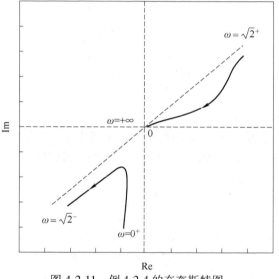

图 4-2-11　例 4-2-4 的奈奎斯特图

（1）确定所有典型环节的转折频率

将开环传递函数化为式（4-2-2）所示的规范形式，求出各典型环节的转折频率 ω_i，如表 4-2-1 所示，并将这些转折频率按大小重新排序，在横坐标频率轴上标注出来。

表 4-2-1　典型环节的转折频率与斜率

典 型 环 节	转 折 频 率	渐近线斜率
$\dfrac{1}{T_i s+1}$	$\dfrac{1}{T_i}$	-20dB/dec
$\tau_i s+1$	$\dfrac{1}{\tau_i}$	$+20\text{dB/dec}$
$\dfrac{1}{\rho_i s^2+\mu_i s+1}$	$\dfrac{1}{\sqrt{\rho_i}}$	-40dB/dec
$\eta_i s^2+\upsilon_i s+1$	$\dfrac{1}{\sqrt{\eta_i}}$	$+40\text{dB/dec}$

（2）绘制对数幅频图的零频段

对数幅频图的零频段由积分环节与比例环节决定，由式（4-2-2）知

$$A(\omega) \rightarrow \frac{k_q}{(j\omega)^v} \text{或者} L(\omega) \rightarrow 20 \lg k_q - 20 v \lg \omega \quad (\omega \rightarrow 0)$$

若 $v=0$，无积分环节，零频段是幅值为 $20 \lg k_q$ 分贝的水平线；若 $v \geq 1$，有积分环节，零频段是斜率为 $-20v \text{dB/dec}$ 的斜线。零频段部分直到第一个转折频率 ω_1 为止。

（3）绘制各典型环节的渐近线

按照前面确定下来的转折频率顺序，逐一绘制对应典型环节的渐近线。渐近线都是直线，只需确定其斜率便可，参见表 4-2-1。

每遇到一个转折频率渐近线的斜率将发生一次改变，若遇到的是惯性环节，斜率就增加 -20dB/dec；若遇到的是一阶拟微分环节，斜率就增加 $+20 \text{dB/dec}$；若遇到的是振荡环节，斜率就增加 -40dB/dec；若遇到的是二阶拟微分环节，斜率就增加 $+40 \text{dB/dec}$。

（4）确定幅值穿越频率 ω_c

幅值穿越频率 ω_c 是对数幅频图穿越频率轴的频率，即满足 $L(\omega_c) = 20 \lg |Q(j\omega_c)| = 0$。可见，在幅值穿越频率 ω_c 之前，开环增益大于 1，处于放大状态；在幅值穿越频率 ω_c 之后，开环增益小于 1，处于衰减状态。因此，幅值穿越频率又称为开环截止频率。在幅值穿越频率附近的中频段，是反映系统瞬态性能的重要区域，需要细致绘出。

（5）绘制相频特性图并确定相位穿越频率 ω_π

同样，按照前面确定下来的转折频率顺序，逐一绘制对应典型环节的相频特性曲线并予以叠加。

相位穿越频率 ω_π 是相位穿越 $-\pi$ 时的频率，即满足 $\theta(\omega_\pi) = -\pi$。它与幅值穿越频率 ω_c 都在中频段，两个频率一般不相等但接近。

（6）对转折频率处进行适当修正

渐近线只是对数幅频特性的近似，若需要较精确描述幅频特性时，就需要利用典型环节的误差修正公式，如式（4-2-6）、式（4-2-8）等，对转折频率处的幅频渐近特性进行适当修正。

例 4-2-5 试绘制例 4-2-1 的开环传递函数的伯德图。

根据典型环节可写出对数幅频特性与相频特性：

$$L(\omega) = \sum_{i=1}^{3} 20 \lg A_i(\omega) = 20 \lg k - 20 \lg \sqrt{1+(\omega T_1)^2} - 20 \lg \sqrt{1+(\omega T_2)^2}$$

$$\theta(\omega) = \sum_{i=1}^{3} \theta_i(\omega) = 0 - \arctan(\omega T_1) - \arctan(\omega T_2)$$

1）确定所有典型环节的转折频率：

每个惯性环节有一个转折频率，分别为 $\omega_1 = 1/T_1$，$\omega_2 = 1/T_2$，$\omega_1 < \omega_2$。

2）绘制对数幅频图的零频段：

该系统是 0 型系统，$v=0$，$L(\omega) \rightarrow 20 \lg k$，因此，对数幅频特性零频段的渐近线为水平线，在纵轴上的截距为 $20 \lg k$。

3）绘制各典型环节的渐近线：

当 $\omega < \omega_1$ 时，即对数幅频图的零频段：

$$L_0(\omega) \approx 20 \lg k \tag{4-2-26a}$$

因此，对数幅频特性的渐近线为水平直线，幅值为 $20 \lg k \text{dB}$；

当 $\omega_1 < \omega < \omega_2$ 时，有

$$L_1(\omega) \approx 20 \lg k - 20 \lg(\omega T_1) \tag{4-2-26b}$$

对数幅频特性的渐近线为斜率为 -20dB/dec 的直线；

当 $\omega > \omega_2$ 时，有

$$L_2(\omega) \approx 20\lg k - 20\lg(\omega T_1) - 20\lg(\omega T_2) \qquad (4\text{-}2\text{-}26c)$$

对数幅频特性的渐近线为斜率为 $-40\mathrm{dB/dec}$ 的直线。

综合上述分析，系统对数幅频特性渐近线的表达式为

$$L(\omega) \approx \begin{cases} 20\lg k & \omega < \omega_1 \\ 20\lg k - 20\lg(\omega T_1) & \omega_1 < \omega < \omega_2 \\ 20\lg k - 20\lg(\omega T_1) - 20\lg(\omega T_2) & \omega > \omega_2 \end{cases}$$

若取 $k = 10$，$T_1 = 20\mathrm{s}$，$T_2 = 1\mathrm{s}$，有

$$L(\omega) \approx \begin{cases} 20\lg 10 & \omega < 0.05 \\ 20\lg 10 - 20\lg(20\omega) & 0.05 < \omega < 1 \\ 20\lg 10 - 20\lg(20\omega) - 20\lg\omega & \omega > 1 \end{cases} \qquad (4\text{-}2\text{-}26d)$$

4）确定幅值穿越频率 ω_c：

幅值穿越频率 ω_c 要满足 $L(\omega_c) = 0$，即

$$\begin{aligned} L(\omega_c) &= 20\lg k - 20\lg\sqrt{1 + (\omega_c T_1)^2} - 20\lg\sqrt{1 + (\omega_c T_2)^2} \\ &= 20\lg 10 - 20\lg\sqrt{1 + (20\omega_c)^2} - 20\lg\sqrt{1 + \omega_c^2} \\ &\approx 20\lg 10 - 20\lg(20\omega_c) = 0 \end{aligned}$$

上式选取频率区间 $0.05 < \omega < 1$ 的近似式进行估算，可推出 $\omega_c \approx 0.5\mathrm{rad/s}$。

特别注意，由于是按式（4-2-26d）中某个区间的渐进线方程进行近似计算，需要验证所得结果是否在选用的这个区间之中。若不在，说明区间选取不合理；若在其中但靠近区间两端，可能误差较大还需要做适当修正。可见，$\omega_c = 0.5 \in (0.05, 1)$，符合要求。

5）绘制相频特性图并确定相位穿越频率 ω_π：

分别绘制典型环节的相频特性，叠加后便可得到系统的相频特性曲线。由于

$$\theta(\omega) = \sum_{i=1}^{3} \theta_i(\omega) = 0° - \arctan(20\omega) - \arctan\omega > -\pi$$

可知在有限频率上 $\theta(\omega)$ 不会等于 $-\pi$，只是当 $\omega \to \infty$ 时，$\theta \to -\pi$。因此，不存在相位穿越频率 ω_π。

6）对转折频率处进行适当修正：

在转折频率处，按照图 4-2-2a 所示的误差曲线进行适当修正，可得到图 4-2-12 中实线所示精确的曲线。

综上分析，可以绘制系统的伯德图如图 4-2-12 所示。

7）从前面伯德图的绘制过程看出，若比例参数 k 发生变化，对数幅频图会上下平移，从而幅值穿越频率 ω_c 会变化，但是相频图不变，相位穿越频率 ω_π 也不变；若时间常数 T_1、T_2 发生变化，对数幅频图与相频图的形状不变，只是转折频率 $1/T_1$、$1/T_2$

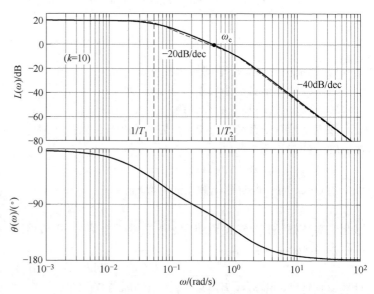

图 4-2-12　例 4-2-5 的伯德图

发生位移。从这两个方面的结论看，开环传递函数中参数$\{k, T_1, T_2\}$的变化，在伯德图上可以较好地"分离"析出，而在奈奎斯特图上被"交联"在一起很难析出。这是伯德图的一大优点。

例 4-2-6 试绘制例 4-2-2 的开环传递函数的伯德图。

根据典型环节可写出对数幅频特性与相频特性：

$$L(\omega) = 20\lg k - 20\lg\omega + 20\lg\sqrt{1+(10\omega)^2} - 20\lg\sqrt{1+\omega^2} -$$
$$20\lg\sqrt{1+(0.2\omega)^2} - 20\lg\sqrt{1+(0.1\omega)^2} \tag{4-2-27a}$$

$$\theta(\omega) = -\frac{\pi}{2} + \arctan(10\omega) - \arctan\omega - \arctan(0.2\omega) - \arctan(0.1\omega) \tag{4-2-27b}$$

1）确定所有典型环节的转折频率：

对应各环节的转折频率分别为$\omega_1 = 0.1\text{rad/s}$，$\omega_2 = 1\text{rad/s}$，$\omega_3 = 5\text{rad/s}$，$\omega_4 = 10\text{rad/s}$。

2）绘制对数幅频图的零频段：

该系统是 1 型系统，$v=1$，$L_0(\omega) \approx 20\lg k - 20\lg\omega$。因此，对数幅频特性零频段的渐近线为斜率为$-20\text{dB/dec}$的直线，并且该直线的延长线与横轴交于$(1, 20\lg k)$。

3）绘制各典型环节的渐进线：

由式（4-2-27a）得到渐进线方程为

$$L(\omega) \approx \begin{cases} 20\lg k - 20\lg\omega & \omega < 0.1 \\ 20\lg k - 20\lg\omega + 20\lg(10\omega) & 0.1 < \omega < 1 \\ 20\lg k - 20\lg\omega + 20\lg(10\omega) - 20\lg\omega & 1 < \omega < 5 \\ 20\lg k - 20\lg\omega + 20\lg(10\omega) - 20\lg\omega - 20\lg(0.2\omega) & 5 < \omega < 10 \\ 20\lg k - 20\lg\omega + 20\lg(10\omega) - 20\lg\omega - 20\lg(0.2\omega) - 20\lg(0.1\omega) & \omega > 10 \end{cases}$$

在相应转折频率处，增加或者减少对应环节的斜率，便可绘制出对数幅频特性的渐近线图。

4）确定幅值穿越频率ω_c：

幅值穿越频率ω_c要满足$L(\omega_c) = 0$，即

$$L(\omega_c) = 20\lg k - 20\lg\omega_c + 20\lg\sqrt{1+(10\omega_c)^2} - 20\lg\sqrt{1+\omega_c^2} -$$
$$20\lg\sqrt{1+(0.2\omega_c)^2} - 20\lg\sqrt{1+(0.1\omega_c)^2} = 0$$

若取$k=1$，有

$$L(\omega_c) \approx 20\lg k - 20\lg\omega_c + 20\lg(10\omega_c) - 20\lg\omega_c - 20\lg(0.2\omega_c)$$
$$= 20\lg(50k) - 40\lg\omega_c = 20\lg 50 - 40\lg\omega_c = 0$$

上式选取频率区间$5 < \omega < 10$的近似式进行估算，可推出$\omega_c \approx \sqrt{50}\text{rad/s} = 7\text{rad/s}$，$\omega_c \in (5, 10)$符合所选取的渐近线的定义域区间。

若取$k=10$，有

$$L(\omega_c) \approx 20\lg k - 20\lg\omega_c + 20\lg(10\omega_c) - 20\lg\omega_c - 20\lg(0.2\omega_c) - 20\lg(0.1\omega_c)$$
$$= 20\lg(500k) - 60\lg\omega_c = 20\lg 5000 - 60\lg\omega_c = 0$$

上式选取频率区间$\omega > 10$的近似式进行估算，可推出$\omega_c \approx \sqrt[3]{5000}\text{rad/s} = 17.1\text{rad/s}$，$\omega_c \in (10, \infty)$符合所选取的渐近线的定义域区间。

注意，由于比例参数k不同，幅值穿越频率ω_c也不同，所使用的对数幅频渐近线方程也不一定相同（定义域区间不一样）。

5）绘制相频特性图并确定相位穿越频率ω_π：

分别绘制典型环节的相频特性，叠加后便可得到系统的相频特性曲线。由于

$$\theta(\omega_\pi) = -\pi/2 + \arctan(10\omega_\pi) - \arctan\omega_\pi - \arctan(0.2\omega_\pi) - \arctan(0.1\omega_\pi) = -\pi$$

可以求得相位穿越频率 ω_π = 7.9674rad/s。由于式中不含比例参数 k，所以相位穿越频率 ω_π 不随比例参数 k 的改变而改变。

6）对转折频率处进行适当修正：

在每个转折频率处，按误差公式进行修正，可分别得到 k = 1 和 k = 10 时系统的伯德图，如图 4-2-13 所示。

例 4-2-7 试绘制例 4-2-3 的开环传递函数的伯德图。

本例只是将例 4-2-2 中的最小相位惯性环节 $\frac{1}{s+1}$ 变为 $\frac{1}{s-1}$，因

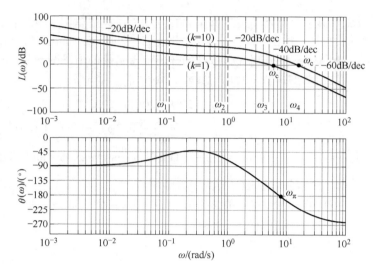

图 4-2-13　例 4-2-6 的伯德图

此开环传递函数的对数幅频特性与例 4-2-6 中相同，即

$$L(\omega) = 20\lg k - 20\lg \omega + 20\lg\sqrt{1+(10\omega)^2} - 20\lg\sqrt{1+\omega^2} -$$
$$20\lg\sqrt{1+(0.2\omega)^2} - 20\lg\sqrt{1+(0.1\omega)^2} \qquad (4\text{-}2\text{-}28a)$$

但是相频特性发生了变化，则

$$\theta(\omega) = -\pi/2 + \arctan(10\omega) - (\pi - \arctan\omega) - \arctan(0.2\omega) - \arctan(0.1\omega) \qquad (4\text{-}2\text{-}28b)$$

因此，在绘制系统伯德图时，步骤 1）~4）均与例 4-2-6 相同，在此不再赘述。关键是要重新绘制系统的相频特性图并确定相位穿越频率 ω_π。

由（4-2-28b）可得相位穿越频率 ω_π 满足

$$\theta(\omega_\pi) = -\pi/2 + \arctan(10\omega_\pi) - (\pi - \arctan\omega_\pi) - \arctan(0.2\omega_\pi) - \arctan(0.1\omega_\pi) = -\pi$$

解得有两个相位穿越频率，即 $\omega_{\pi1}$ = 0.3867rad/s，$\omega_{\pi2}$ = 5.7836rad/s。

根据上述分析，可以绘制出该非最小相位系统的伯德图如图 4-2-14 所示。

比较图 4-2-14 与图 4-2-13 可以发现，本例中非最小相位系统的滞后相位要大于例 4-2-6 中最小相位系统的滞后相位；本例中非最小相位系统的相频特性两次穿过 $-\pi$ 线，但例 4-2-6 中最小相位系统的相频特性仅一次穿过 $-\pi$ 线。尽管两个开环系统的幅频特性一致，但相频特性的这些差异将导致系统的性能出现本质上的不同。

例 4-2-8 试绘制例 4-2-4 的开环传递函数的伯德图。

根据例 4-2-4 中的分析，系统对数幅频特性和相频特性将在 $\omega = \sqrt{2}$ 附近

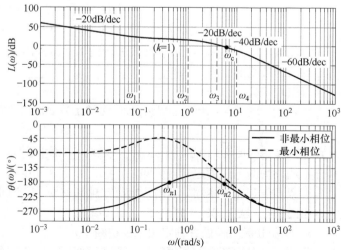

图 4-2-14　例 4-2-7 的伯德图

发生突变。由式(4-2-25)可得

$$L(\omega)=\begin{cases}20\lg50-20\lg\omega-20\lg\sqrt{1+\omega^2}-20\lg(1-0.5\omega^2) & \omega<\sqrt{2}\\[2mm]20\lg50-20\lg\omega-20\lg\sqrt{1+\omega^2}-20\lg(0.5\omega^2-1) & \omega>\sqrt{2}\end{cases}\qquad(4\text{-}2\text{-}29\text{a})$$

$$\theta(\omega)=\begin{cases}-\dfrac{\pi}{2}-\arctan\omega+0=-\dfrac{\pi}{2}-\arctan\omega & \omega<\sqrt{2}\\[3mm]-\dfrac{\pi}{2}-\arctan\omega-\pi=-\dfrac{3\pi}{2}-\arctan\omega & \omega>\sqrt{2}\end{cases}\qquad(4\text{-}2\text{-}29\text{b})$$

1）确定所有典型环节的转折频率：

系统中的惯性环节和振荡环节的转折频率为 $\omega_1=1\mathrm{rad/s}$，$\omega_2=\sqrt{2}\,\mathrm{rad/s}$。

2）绘制对数幅频图的零频段：

该系统是 1 型系统，$v=1$，当 $\omega<\omega_1$ 时，$L_0(\omega)\approx20\lg50-20\lg\omega=33.98-20\lg\omega$。因此，对数幅频特性零频段的渐近线为斜率为 $-20\mathrm{dB/dec}$ 的直线，并且该直线的延长线与横轴交于（1，33.98）。

3）绘制各典型环节的渐进线：

由式（4-2-29a）可得对数幅频特性渐近线方程为：

$$L(\omega)\approx\begin{cases}20\lg50-20\lg\omega & \omega<1\\20\lg50-40\lg\omega & 1<\omega<\sqrt{2}\\\infty & \omega=\sqrt{2}\\40-80\lg\omega & \omega>\sqrt{2}\end{cases}$$

在相应转折频率处，增加或者减少对应环节的斜率，便可绘制出对数幅频特性的渐近线图。

4）确定幅值穿越频率 ω_c：

幅值穿越频率 ω_c 要满足 $L(\omega_c)=0$，先设 $\omega_c>\sqrt{2}$，则有

$$L(\omega_c)=20\lg50-20\lg\omega_c-20\lg\sqrt{1+\omega_c^2}-20\lg(0.5\omega_c^2-1)\approx40-80\lg\omega_c=0$$

上式选取频率区间 $\omega>\sqrt{2}$ 的近似式进行估算，可推出 $\omega_c\approx\sqrt{10}\,\mathrm{rad/s}=3.162\mathrm{rad/s}$，$\omega_c\in(\sqrt{2},+\infty)$，符合要求。

5）绘制相频特性图并确定相位穿越频率 ω_π：

可以根据式（4-2-29b）绘制出 $\theta(\omega)$ 的曲线如图 4-2-15 相频特性图中的实线所示。由于相频特性在 $\omega=\sqrt{2}$ 处发生突变，由 $\theta(\sqrt{2}^-)=-144.74°$ 变为 $\theta(\sqrt{2}^+)=-324.74°$，故相位穿越频率 $\omega_\pi=\sqrt{2}\,\mathrm{rad/s}$。

由图 4-2-11 和图 4-2-15 知，若开环传递函数在虚轴（非原点）存在极点时，其奈奎斯特图将在虚轴极点对应的频率处被断开，分成两截；其对数幅频图在该频率处出现无穷大的尖峰值，其相频图的相位在该频率处出现断点。

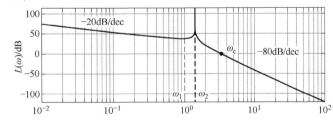

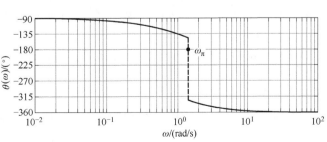

图 4-2-15　例 4-2-8 的伯德图

总之，当开环传递函数含有非最小相位环节、临界极点（虚轴极点）环节时，绘制开环频率特性图要格外小心。对于奈奎斯特图，关注相频关系式，它是各典型环节的叠加，可快速确定奈奎斯特图轨迹所在的象限；对于伯德图，关注对数幅频图，一方面它是各典型环节的叠加，另一

面可用渐近线快速绘制。

4.3 基于开环频率特性的系统性能分析

前面建立了频域分析工具——开环奈奎斯特图和开环伯德图，下一步就可以用这个工具来分析闭环系统的性能。系统的性能分为基本性能与扩展性能，频域分析法也同样如此，先建立频率特性与系统基本性能，即稳定性和稳态性之间的关系，给出频域上的稳定判据；再定义和分析频域上的扩展性能指标，推导与时域扩展性能指标之间的关联，为后续控制系统的设计提供理论依据。

4.3.1 频域上的系统基本性能

稳态性与稳定性是系统的基本性能，它们在开环频率特性上怎样表现或如何分析，是频域分析法的主要内容。

闭环系统的稳态性是 $t \to \infty$ 时的状况，根据拉氏变换终值性，$t \to \infty$ 相当于 $s \to 0 (\omega \to 0)$，因此，闭环系统稳态性与开环系统的低频段（零频段）关联。

开环系统的中频段反映开环增益由放大转入衰减以及开环相位是否穿越 $-\pi$ 线的情况，即在中频段系统会否或何时由"负反馈"变为"正反馈"，若变为"正反馈"，此时开环增益是放大还是衰减，这一切都决定着闭环系统稳定性。

下面，先从开环频率特性的低频段分析闭环系统的稳态性，再从开环频率特性的中频段分析闭环系统的稳定性。

1. 闭环系统的稳态误差

由式(3-2-10)、式(3-2-11)可知，闭环系统的稳态误差主要取决于开环传递函数 $Q(s)$ 中含有积分因子的个数 v（即系统的型别），以及开环静态增益 $\overline{Q}(0)$。

由式(4-2-17a)知，在零频段对数幅频特性为

$$L_0(\omega) = 20\lg|Q(j\omega)|\Big|_{\omega \to 0} = 20\lg\left|\frac{k_q}{(j\omega)^v}\right| = 20\lg k_q - 20v\lg\omega \tag{4-3-1}$$

根据零频段的斜率 $-20v\text{dB/dec}$，便可求出系统的型别 v；取 $\omega = 1$（也可用其他的低频率点），便可求出

$$L_0(1) = 20\lg|\overline{Q}(0)| = 20\lg k_q \tag{4-3-2}$$

则

$$\overline{Q}(0) = k_q = 10^{\frac{L_0(1)}{20}}$$

再根据式(3-2-10)、式(3-2-11)和输入信号，便可确定系统的稳态误差。

2. 辐角原理

闭环系统的稳定性与中频段的幅值 $A(\omega)$ 和相位 $\theta(\omega)$ 密切相关，也就是幅值 $A(\omega)$ 与相位 $\theta(\omega)$ 需要满足一定的约束关系，才能保证闭环系统稳定。下面先研究它们之间的一般变化关系，即辐角原理。

不失一般性，设复变函数 $F(s)$ 为如下单值函数：

$$F(s) = \frac{v(s)}{u(s)} = \frac{\prod_{j=1}^{z_{F0}}(s-z_{0j})\prod_{j=1}^{z_F}(s-z_j)}{\prod_{i=1}^{p_{F0}}(s-p_{0i})\prod_{i=1}^{p_F}(s-p_i)} \tag{4-3-3a}$$

且除了 s 平面上有限的奇点（极点）外，处处都为连续函数。那么，对于 s 平面上的每个解析点（非极点），在 $F(s)$ 平面上必有一点（称为映射点）与之对应。

在 s 平面上构造一个围线 Ω_s，如图 4-3-1a 所示，并假定 Ω_s 上没有 $F(s)$ 的极点，即都是 $F(s)$ 的解析点。另外，$F(s)$ 是复数，其相位为

$$\angle F(s) = \sum_{j=1}^{Z_{F0}} \angle (s-z_{0j}) + \sum_{j=1}^{Z_F} \angle (s-z_j) - \sum_{i=1}^{P_{F0}} \angle (s-p_{0i}) - \sum_{i=1}^{P_F} \angle (s-p_i) \qquad (4\text{-}3\text{-}3\text{b})$$

则一定有如下的辐角原理：

1）当 s 按顺时针方向沿围线 Ω_s 行走一圈时，对应的映射点 $F(s)$ 也将形成封闭轨线，如图 4-3-1b 所示。

2）令 $\{z_{0j}, p_{0i}\}$ 是在围线 Ω_s 外的零极点，则当 s 按顺时针方向沿围线 Ω_s 行走一圈时，$(s-z_{0j})$ 或 $(s-p_{0i})$ 的相位变化为 0，即 $\Delta\angle(s-z_{0j})=0$，$\Delta\angle(s-p_{0i})=0$。

3）令 $\{z_j, p_i\}$ 是在围线 Ω_s 内的零极点，则当 s 按顺时针方向沿围线 Ω_s 行走一圈时，$(s-z_j)$ 或 $(s-p_i)$ 的相位变化为 -2π，即 $\Delta\angle(s-z_j)=-2\pi$，$\Delta\angle(s-p_j)=-2\pi$。

4）令 $F(s)$ 在围线 Ω_s 内的极点数为 P_F、零点数为 Z_F，则当 s 按顺时针方向沿围线 Ω_s 行走一圈时，$F(s)$ 的相位变化为

$$\Delta\angle F(s) = \sum_{j=1}^{Z_{F0}} \Delta\angle (s-z_{0j}) + \sum_{j=1}^{Z_F} \Delta\angle (s-z_j) - \sum_{i=1}^{P_{F0}} \Delta\angle (s-p_{0i}) - \sum_{i=1}^{P_F} \Delta\angle (s-p_i)$$
$$= 0 + Z_F(-2\pi) - 0 - P_F(-2\pi) = (Z_F - P_F)\times(-2\pi) \qquad (4\text{-}3\text{-}3\text{c})$$

由于 -2π 的相位变化即为顺时针方向行走一圈，令 N 为 $F(s)$ 按顺时针方向包围原点的圈数，则上式可写为

$$N = Z_F - P_F \qquad (4\text{-}3\text{-}3\text{d})$$

若 $N>0$，表示按顺时针方向围绕原点；$N<0$，表示按逆时针方向围绕原点；$N=0$，表示没有围绕原点。

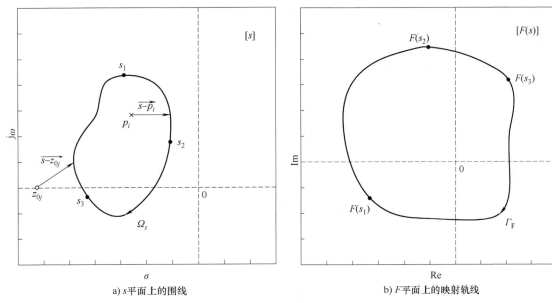

a) s 平面上的围线　　　　　　　b) F 平面上的映射轨线

图 4-3-1　辐角原理

辐角原理表明，$F(s)$ 的映射点轨线 Γ_F 包围原点的圈数，与 s 的围线 Ω_s 里面包含 $F(s)$ 的零极点个数相关。这样，就在 $F(s)$ 轨线的圈数与零极点个数之间搭建了一个桥梁。如果进一步限定围线 Ω_s 只包含不稳定的零极点情况，则 $F(s)$ 轨线的圈数与其稳定性就会关联起来。

3. 奈奎斯特稳定判据

如何利用辐角原理判断闭环系统的稳定性，直接想到的是取 $F(s)=\Phi(s)$，但闭环传递函数

的映射轨线图绘制相较于开环传递函数的要难。因此，需要构造一个合适的辅助函数 $F(s)$，一方面，它应包含所有闭环极点；另一方面，还应包含开环传递函数 $Q(s)=\dfrac{b(s)}{a(s)}$，便于用开环频率特性来判断闭环系统稳定性。为此，考虑闭环极点方程 $1+Q(s)=0$，取辅助函数为

$$F(s)=1+Q(s)=1+\frac{b(s)}{a(s)}=\frac{a(s)+b(s)}{a(s)}=\frac{\alpha(s)}{a(s)} \tag{4-3-4}$$

可见，辅助函数 $F(s)$ 有以下特点：

1）$F(s)$ 的分子由闭环传递函数的分母多项式 $\alpha(s)$ 构成，包含所有闭环极点。

2）$F(s)$ 的分母由开环传递函数的分母多项式 $a(s)$ 构成，包含所有开环极点。

3）由于 $F(s)$ 与 $Q(s)$ 只是实部相差 1，所以先在 Q 平面上绘制 $Q(s)$ 的轨线图 Γ_Q，然后将虚轴平移至 $(-1,\mathrm{j}0)$，便可同步得到 F 平面上 $F(s)$ 的轨线图 Γ_F。

辅助函数 $F(s)$ 包含了所有的开环极点与闭环极点，巧妙地将开环系统稳定性与闭环系统稳定性关联起来。但是，若要利用辐角原理判断闭环系统的稳定性，还需巧妙地设置 s 的围线 Ω_s。

由于闭环系统是否稳定取决于在 s 平面的右半平面上是否存在闭环极点，为了应用辐角原理，可设围线 Ω_s 为图 4-3-2 所示的半径为无穷大的半圆，$\Omega_s=C_1+C_2+C_3$，称为奈奎斯特围线，涵盖了 s 平面的右半平面。可见，若已知开环不稳定的极点数（式(4-3-3)的 P_F），根据辐角原理，闭环系统不稳定的极点数（式(4-3-3)的 Z_F）就可以通过由围线 Ω_s 映射的 $F(s)$ 轨线图 Γ_F 包围原点的圈数（N）计算出来，从而判断出闭环系统的稳定性。

在确定 s 平面上奈奎斯特围线 Ω_s 后，如何绘制对应围线 Ω_s 的映射图 $\Gamma_F=F(s)$？基本思

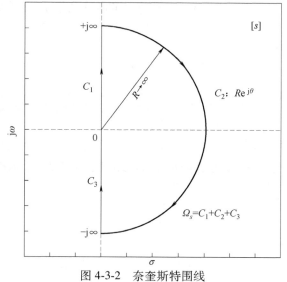

图 4-3-2　奈奎斯特围线

路是，先绘制映射图 $\Gamma_Q=Q(s)$，再将虚轴平移到 $(-1,\mathrm{j}0)$ 便是映射图 Γ_F。

1）对于围线 Ω_s 上的 C_1，$s=\mathrm{j}\omega(\omega=0\rightarrow+\infty)$，映射图 $\Gamma_Q=Q(s)\big|_{s=\mathrm{j}\omega}$ 就是正频率的奈奎斯特图 $Q(\mathrm{j}\omega)$。

2）对于围线 Ω_s 上的 C_3，$s=\mathrm{j}\omega(\omega=-\infty\rightarrow0)$，映射图 $\Gamma_Q=Q(s)\big|_{s=-\mathrm{j}\omega}$ 就是负频率的奈奎斯特图 $Q(-\mathrm{j}\omega)$。由于 $Q(-\mathrm{j}\omega)$ 与 $Q(\mathrm{j}\omega)$ 关于实轴对称，该部分只需对称补画即可。

3）对于围线 Ω_s 上的 C_2，$s=R\mathrm{e}^{\mathrm{j}\theta}\left(R\rightarrow\infty,\ \theta\in\left[-\dfrac{\pi}{2},\dfrac{\pi}{2}\right]\right)$，显见，映射图 $\Gamma_Q=Q(s)\big|_{s=R\mathrm{e}^{\mathrm{j}\theta}}$ 与奈奎斯特图上的 $Q(\mathrm{j}\omega)\big|_{\omega=\infty}$ 是一致的，都被映射在同一点：当 $n>m$ 时，就是原点；当 $n=m$ 时，就是实轴上的一个点。因此，该部分也无需重画或补画。

可见，由于奈奎斯特围线 Ω_s 巧妙的设计，使得辐角原理可直接利用开环频率特性图 $Q(\mathrm{j}\omega)$。为叙述方便，将上述正负频率 $Q(\mathrm{j}\omega)$ 构成的封闭频率特性图，称为奈奎斯特轨线 Γ_Q。

因此，有如下奈奎斯特稳定判据：

1）绘制正频率的 $Q(\mathrm{j}\omega)$ 奈奎斯特图，并对称补充负频率的 $Q(\mathrm{j}\omega)$ 奈奎斯特图，得到奈奎斯特轨线 Γ_Q。

2）按顺时针方向，确定奈奎斯特轨线 Γ_Q 围绕点 $(-1,\mathrm{j}0)$ 的圈数 N（相当于映射图 $\Gamma_F=F(s)$

围绕原点的圈数），令开环不稳定极点数为 P_F，计算 $Z_F = N + P_F$，则

$$闭环系统稳定 \Leftrightarrow Z_F = N + P_F = 0 \tag{4-3-5a}$$

另外，若 $Z_F > 0$，闭环系统不稳定，且不稳定极点数为 Z_F。

若开环系统是稳定的，即 $P_F = 0$，则式(4-3-5a)所示的判据可简化为

$$闭环系统稳定 \Leftrightarrow 奈奎斯特轨线 \Gamma_Q 不包围点(-1, j0) \tag{4-3-5b}$$

例 4-3-1 试用奈奎斯特稳定判据分析例 4-2-1 的稳定性。

1）绘制正频率的 $Q(j\omega)$（$\omega = 0 \to +\infty$）的奈奎斯特图，其步骤与例 4-2-1 一样，如图 4-3-3a 所示。

2）补画负频率的 $Q(j\omega)$（$\omega = -\infty \to 0$）的奈奎斯特图，根据对称性得到图 4-3-3b 所示的奈奎斯特轨线 Γ_Q。

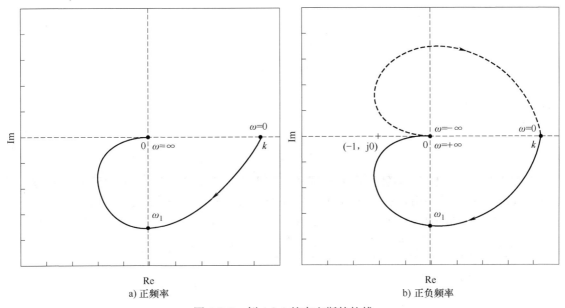

a) 正频率   b) 正负频率

图 4-3-3   例 4-3-1 的奈奎斯特轨线

3）求出奈奎斯特轨线 Γ_Q 围绕点 $(-1, j0)$ 的圈数 N，并运用奈奎斯特稳定判据。

由于奈奎斯特轨线 Γ_Q 不包围点 $(-1, j0)$，$N = 0$，再由于开环系统稳定，$P_F = 0$，所以，$Z_F = N + P_F = 0$。根据判据式(4-3-5)，闭环系统稳定。

4. 奈奎斯特围线的修正

前面的讨论隐含假定了开环传递函数不含积分因子($v = 0$)。若开环传递函数含有积分因子($v \neq 0$)，由式(4-3-4)知，$s = 0$ 成为 $F(s)$ 的极点，那么，辐角原理中要求 s 平面上的围线 Ω_s 不通过 $F(s)$ 的极点这个前提条件受到破坏，前述的奈奎斯特稳定判据不能直接应用。为此，需要对奈奎斯特围线 Ω_s 进行修改，如图 4-3-4 所示。

在该奈奎斯特围线 Ω_s 中，C_1、C_2、C_3 的

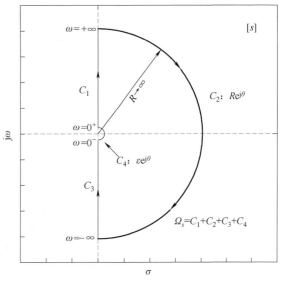

图 4-3-4   含有积分环节的修正奈奎斯特围线

定义与图4-3-2相同，增加的是 C_4，该路径是以原点为圆心并按逆时针方向行进的半径为无穷小的右半圆弧，用以避开极点 $s=0$。因此，奈奎斯特轨线 Γ_Q 只需补画对应 C_4 的部分即可。令系统开环传递函数为

$$Q(s) = \frac{k_q}{s^v} \frac{\displaystyle\prod_{i=1}^{m_1}(\tau_i s + 1) \prod_{i=1}^{m_2}(\eta_i s^2 + \upsilon_i s + 1)}{\displaystyle\prod_{i=1}^{n_1}(T_i s + 1) \prod_{i=1}^{n_2}(\rho_i s^2 + \mu_i s + 1)}$$

在 C_4 上的点满足

$$s = \varepsilon e^{j\theta}, \quad \varepsilon \to 0, \quad \theta \in \left[-\pi/2, \ \pi/2\right] \tag{4-3-6a}$$

此时，代入开环传递函数有

$$Q(s) = Q(\varepsilon e^{j\theta}) = \frac{k_q}{\varepsilon^v} e^{-jv\theta} (\varepsilon \to 0) \tag{4-3-6b}$$

上式表明，当点 s 在 Ω_s 的 C_4 上连续移动时，即

$$s = \varepsilon e^{-j\frac{\pi}{2}} \to \varepsilon e^{j0} \to \varepsilon e^{j\frac{\pi}{2}} \tag{4-3-6c}$$

映射图 Γ_Q 满足

$$\Gamma_Q = Q(s)\Big|_{s=\varepsilon e^{j\theta}} = \frac{k_q}{\varepsilon^v} e^{jv\frac{\pi}{2}} \to \frac{k_q}{\varepsilon^v} e^{j0} \to \frac{k_q}{\varepsilon^v} e^{-jv\frac{\pi}{2}} \tag{4-3-6d}$$

形象地说，在 Ω_s 上的逆时针的无穷小半圆弧，在映射图 Γ_Q 上是一个顺时针的无穷大的圆弧，其旋转的角度从 $v\pi/2 \to 0 \to -v\pi/2$，共 $v\pi$ 弧度。特别注意，映射图 Γ_Q 旋转的角度可以超过1圈（$v \geqslant 2$）。

另外，对于非最小相位系统，由于 $Q(s)$ 中典型环节会出现负号，映射图 Γ_Q 圆弧的起始角与终止角会有变化，但处理思路与式（4-3-6）是一致的，要格外小心。

例4-3-2 试用奈奎斯特稳定判据分析例4-2-2的稳定性。

1）绘制正频率的 $Q(j\omega)$（$\omega = 0^+ \to +\infty$）的奈奎斯特图，其步骤与例4-2-2一样，如图4-3-5a所示。由式（4-2-20）得到与负实轴交点处的频率与幅值为

$$\begin{cases} \omega_\pi = 7.9674\,\text{rad/s} \\ A(\omega_\pi) = 0.518k \end{cases} \tag{4-3-7}$$

2）补画负频率的 $Q(j\omega)$（$\omega = -\infty \to 0^-$）的奈奎斯特图，根据对称性得到图4-3-5b所示虚线部分。

3）修正虚轴上开环极点（积分因子）的影响，即补画 $\omega = 0^- \to 0^+$ 对应的奈奎斯特图。根据式（4-3-6），有

$$s = \varepsilon e^{j\theta}: \ \varepsilon e^{-j\frac{\pi}{2}} \to \varepsilon e^{j0} \to \varepsilon e^{j\frac{\pi}{2}}, \quad \theta \in \left[-\pi/2, \ \pi/2\right]$$

则

$$\Gamma_Q = Q(s)\Big|_{s=\varepsilon e^{j\theta}} = \frac{k_q}{\varepsilon} e^{-j\theta}: \ \frac{k_q}{\varepsilon} e^{j\frac{\pi}{2}} \to \frac{k_q}{\varepsilon} e^{j0} \to \frac{k_q}{\varepsilon} e^{-j\frac{\pi}{2}}$$

所以，映射图 $\Gamma_Q = Q(s)\big|_{s=\varepsilon e^{j\theta}}$ 是一个按顺时针方向从 $\pi/2 \to 0 \to -\pi/2$ 旋转的半径为无穷大的圆弧，如图4-3-5c中点画线部分所示。至此，完整的奈奎斯特轨线 Γ_Q 绘制完成。

4）求出奈奎斯特轨线 Γ_Q 围绕点 $(-1, j0)$ 的圈数 N，并运用奈奎斯特稳定判据。

由于开环系统稳定，$P_F = 0$。由式（4-3-7）可得：

当 $A(\omega_\pi) = 0.518k < 1$，即 $0 < k < 1/0.518 = 1.931$ 时，交点的位置位于 $(-1, j0)$ 的右侧，如图4-3-6a所示，此时 $N = 0$。所以，$Z_F = N + P_F = 0$，闭环系统稳定。

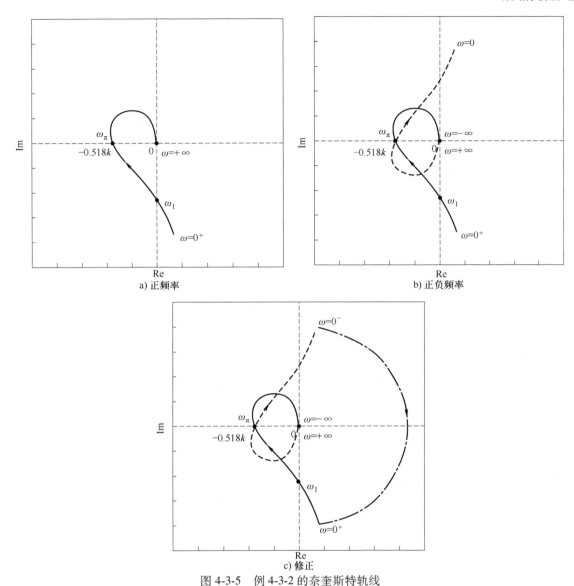

a) 正频率

b) 正负频率

c) 修正

图 4-3-5　例 4-3-2 的奈奎斯特轨线

当 $A(\omega_\pi)=0.518k>1$，即 $k>1/0.518=1.931$ 时，交点的位置位于 $(-1,j0)$ 的左侧，如图 4-3-6b 所示，此时 $N=2$。所以，$Z_F=N+P_F=2\neq0$，闭环系统不稳定且有 2 个不稳定的极点。

综上，闭环系统稳定 $\Leftrightarrow 0<k<1.931$。

例 4-3-3　试用奈奎斯特稳定判据分析例 4-2-3 的稳定性。

1）绘制正频率的 $Q(j\omega)$（$\omega=0^+\to+\infty$）的奈奎斯特图，其步骤与例 4-2-3 一样，如图 4-3-7a 所示。由式（4-2-23）和式（4-2-24）得到与负实轴交点处的频率与幅值分别为

$$\begin{cases}\omega_{\pi1}=0.3867\mathrm{rad/s}\\A(\omega_{\pi1})=9.60k\end{cases}\tag{4-3-8a}$$

$$\begin{cases}\omega_{\pi2}=5.7836\mathrm{rad/s}\\A(\omega_{\pi2})=0.96k\end{cases}\tag{4-3-8b}$$

2）补画负频率的 $Q(j\omega)$（$\omega=-\infty\to0^-$）的奈奎斯特图，根据对称性得到图 4-3-7b 所示虚线部分。

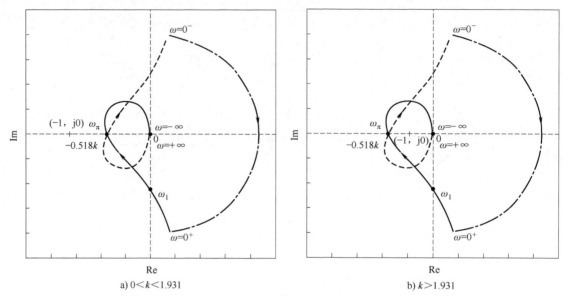

a) $0<k<1.931$ b) $k>1.931$

图 4-3-6　例 4-3-2 的奈奎斯特稳定性

3）修正虚轴上开环极点（积分因子）的影响，即补画 $\omega=0^{-}\rightarrow0^{+}$ 对应的奈奎斯特图。参照式（4-3-6），有

$$s=\varepsilon e^{j\theta}：\ \varepsilon e^{-j\frac{\pi}{2}}\rightarrow\varepsilon e^{j0}\rightarrow\varepsilon e^{j\frac{\pi}{2}},\ \theta\in\left[-\pi/2,\ \pi/2\right] \tag{4-3-9a}$$

则

$$\varGamma_Q=Q(s)\,\big|_{s=\varepsilon e^{j\theta}}=\frac{k}{-\varepsilon}e^{-j\theta}=\frac{k}{\varepsilon}e^{j(-\pi-\theta)}：\ \frac{k_q}{\varepsilon}e^{-j\frac{\pi}{2}}\rightarrow\frac{k_q}{\varepsilon}e^{-j\pi}\rightarrow\frac{k_q}{\varepsilon}e^{-j\frac{3\pi}{2}} \tag{4-3-9b}$$

所以，映射图 $\varGamma_Q=Q(s)\,\big|_{s=\varepsilon e^{j\theta}}$ 是一个按顺时针方向从 $-\pi/2\rightarrow-\pi\rightarrow-3\pi/2$ 旋转的半径为无穷大的圆弧，如图 4-3-7c 中点画线部分所示。至此，完整的奈奎斯特轨线 $\varGamma_Q$ 绘制完成。注意，与例 4-3-2 的不同，由于存在 1 个非最小相位环节，增加了 $-\pi$ 的滞后相位。

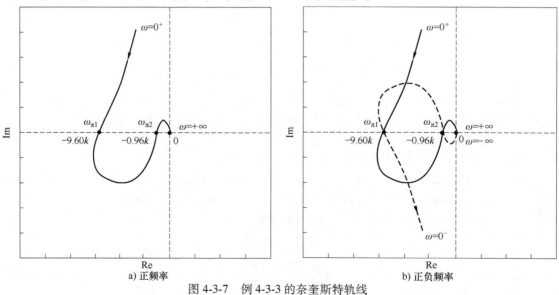

a) 正频率   b) 正负频率

图 4-3-7　例 4-3-3 的奈奎斯特轨线

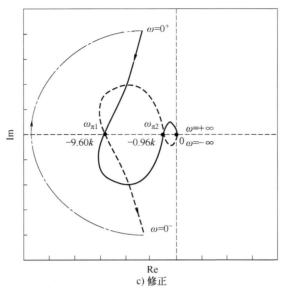

c) 修正

图 4-3-7　例 4-3-3 的奈奎斯特轨线(续)

4) 求出奈奎斯特轨线 Γ_Q 围绕点 $(-1, j0)$ 的圈数 N，并运用奈奎斯特稳定判据。

由于开环系统不稳定，$P_F = 1$。由式(4-3-8)可得：

当 $A(\omega_{\pi 1}) = 9.60k < 1$，即 $0 < k < 1/9.60 = 0.1042$ 时，$(-1, j0)$ 位于交点 $A(\omega_{\pi 1})$ 的左侧，如图 4-3-8a 所示。此时 $N = 1$，$Z_F = N + P_F = 2$，闭环系统不稳定且有 2 个不稳定的极点。

当 $A(\omega_{\pi 1}) = 9.60k > 1$ 且 $A(\omega_{\pi 2}) = 0.96k < 1$，即 $0.1042 < k < 1.042$ 时，$(-1, j0)$ 位于交点 $A(\omega_{\pi 1})$ 和 $A(\omega_{\pi 2})$ 的中间，如图 4-3-8b 所示。此时 $N = -1$，$Z_F = N + P_F = 0$，闭环系统稳定。

当 $A(\omega_{\pi 2}) = 0.96k > 1$，即 $k > 1/0.96 = 1.042$ 时，$(-1, j0)$ 位于交点 $A(\omega_{\pi 2})$ 的右侧，如图 4-3-8c 所示。此时 $N = 1$，$Z_F = N + P_F = 2$，闭环系统不稳定且有 2 个不稳定的极点。

综上，闭环系统稳定 $\Leftrightarrow 0.1042 < k < 1.042$。

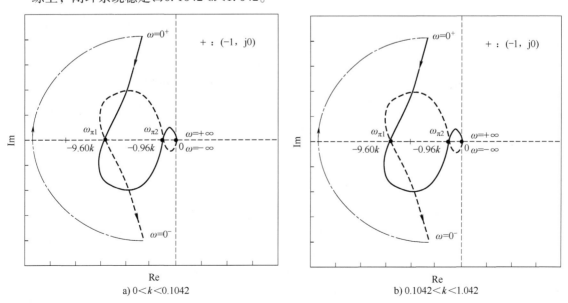

a) $0 < k < 0.1042$　　　　　　　　　　　　b) $0.1042 < k < 1.042$

图 4-3-8　例 4-3-3 的奈奎斯特稳定性

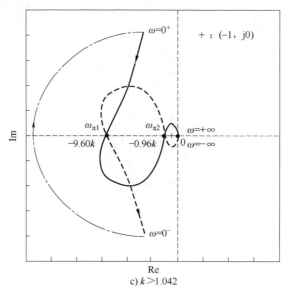

c) $k > 1.042$

图 4-3-8　例 4-3-3 的奈奎斯特稳定性（续）

如果开环传递函数 $Q(s)$ 不止是在虚轴的原点有极点（积分因子），还在虚轴其他位置有极点，例如，在开环传递函数分母中含有因式 $(s^2 + \omega_n^2)$，将存在虚轴上的极点 $\pm j\omega_n$。这样的话，图 4-3-4 所示的奈奎斯特围线的修正不够，可采用同样的方法，做进一步的修正，如图 4-3-9 所示。

从例 4-2-4 的讨论知，由于开环传递函数含有虚轴上的极点 $\pm j\omega_n$，奈奎斯特图在频率点 $\omega = \omega_n$ 处被截断，因此，图 4-3-9 所示奈奎斯特围线 Ω_s 的 C_{51}、C_{52} 部分，将把奈奎斯特图截断部分连接起来。

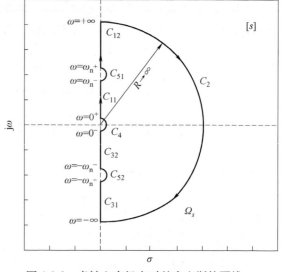

图 4-3-9　虚轴上有极点时的奈奎斯特围线

令 $Q(s) = \dfrac{1}{(s^2 + \omega_n^2)^v} \hat{Q}(s)$，$\hat{Q}(s)$ 中不再含 $\pm j\omega_n$ 这样的极点，此时需补画图 4-3-9 中围线 C_{51}、C_{52} 部分的映射图 Γ_Q。

在 C_{51} 上的点满足

$$s = j\omega_n + \varepsilon e^{j\theta}, \quad \varepsilon \to 0, \quad \theta \in \left[-\pi/2, \ \pi/2 \right]$$

$$(4\text{-}3\text{-}10a)$$

此时，开环传递函数为

$$Q(s) \big|_{s = j\omega_n + \varepsilon e^{j\theta}} = \frac{1}{\left[(j\omega_n + \varepsilon e^{j\theta})^2 + \omega_n^2 \right]^v} \hat{Q}(j\omega_n + \varepsilon e^{j\theta}) = \frac{1}{\left[2j\omega_n \varepsilon e^{j\theta} + (\varepsilon e^{j\theta})^2 \right]^v} \hat{Q}(j\omega_n + \varepsilon e^{j\theta})$$

考虑 $\varepsilon \to 0$，$\hat{Q}(j\omega) = A_q(\omega) e^{j\theta_q(\omega)}$，有

$$Q(s) \big|_{s = j\omega_n + \varepsilon e^{j\theta}} = \frac{1}{\left[2j\omega_n \varepsilon e^{j\theta} \right]^v} \hat{Q}(j\omega_n) = \frac{1}{\varepsilon^v} e^{j \left[\theta_q(\omega_n) - v \left(\frac{\pi}{2} + \theta \right) \right]} \frac{A_q(\omega_n)}{(2\omega_n)^v}$$

$$(4\text{-}3\text{-}10b)$$

上式表明，对于最小相位系统，当点 s 在 Ω_s 的 C_{51} 上逆时针连续移动时，其角度从 $-\pi/2 \to 0 \to \pi/2$ 变化，则映射图 Γ_Q 是一个顺时针的无穷大的圆弧，其旋转的角度为

$$\theta_q(\omega_n) \to \left[\theta_q(\omega_n) - v\pi/2 \right] \to \left[\theta_q(\omega_n) - v\pi \right]$$

$$(4\text{-}3\text{-}10c)$$

共有 $v\pi$ 弧度。同理，对围线 C_{52} 部分，映射图 $\varGamma_Q$ 也是顺时针的无穷大的圆弧，与围线 C_{51} 部分的映射图呈对称关系，其旋转角度为

$$-\theta_q(\omega_n) \rightarrow [-\theta_q(\omega_n) - v\pi/2] \rightarrow [-\theta_q(\omega_n) - v\pi] \tag{4-3-10d}$$

例 4-3-4 试用奈奎斯特稳定判据分析例 4-2-4 的稳定性。

1）绘制正频率的 $Q(j\omega)$（$\omega \in (0^+, \sqrt{2}^-) \cup (\sqrt{2}^+, \infty)$）的奈奎斯特图，其步骤与例 4-2-4 一样，如图 4-3-10a 所示。

2）补画负频率的 $Q(j\omega)$（$\omega \in (-\infty, -\sqrt{2}^+) \cup (-\sqrt{2}^-, 0^-)$）的奈奎斯特图，根据对称性得到图 4-3-10b 所示虚线部分。

3）修正虚轴（原点）上开环极点的影响，即补画 $\omega = 0^- \rightarrow 0^+$ 对应的映射图。

根据式（4-3-6），有

$$Q(s) = Q(\varepsilon e^{j\theta}) = \frac{k}{\varepsilon} e^{-j\theta} = \frac{k}{\varepsilon} e^{-j\theta}, \quad (\varepsilon \rightarrow 0), \quad \theta \in [-\pi/2, \ \pi/2]$$

所以，在映射图 $\varGamma_Q = Q(s)|_{s=\varepsilon e^{j\theta}}$ 上是一个按顺时针方向旋转的半径为无穷大的圆弧，其旋转的角度从 $\pi/2 \rightarrow -\pi/2$，如图 4-3-10c 中点画线部分所示。

4）修正虚轴（非原点）上开环极点的影响，即补画 $\omega = \sqrt{2}^- \rightarrow \sqrt{2}^+$ 以及 $\omega = -\sqrt{2}^+ \rightarrow -\sqrt{2}^-$ 对应的映射图。

由开环传递函数 $Q(s) = \dfrac{100}{s(s+1)(s^2+2)}$ 知，$\hat{Q}(s) = \dfrac{100}{s(s+1)}$，$A_q(\omega) = \dfrac{100}{\omega\sqrt{1+\omega^2}}$，$\theta_q(\omega) = -\dfrac{\pi}{2} - \arctan\omega$。

当 $\omega = \sqrt{2}^- \rightarrow \sqrt{2}^+$ 时，需补画一个按顺时针方向旋转的半径为无穷大的圆弧，根据式（4-3-10c），其旋转的角度为

$$\theta_q(\omega) = -\pi/2 - \arctan\sqrt{2} \rightarrow -\pi - \arctan\sqrt{2} \rightarrow -3\pi/2 - \arctan\sqrt{2}$$

同理，当 $\omega = -\sqrt{2}^+ \rightarrow -\sqrt{2}^-$ 时，需补画一个按顺时针方向旋转的半径为无穷大的圆弧，根据式（4-3-10d），其旋转的角度为

$$\theta_q(\omega) = -\pi/2 + \arctan\sqrt{2} \rightarrow -\pi + \arctan\sqrt{2} \rightarrow -3\pi/2 + \arctan\sqrt{2}$$

这两部分的修正如图 4-3-10d 中双点画线部分所示。至此，完整的奈奎斯特轨线 $\varGamma_Q$ 绘制完成。

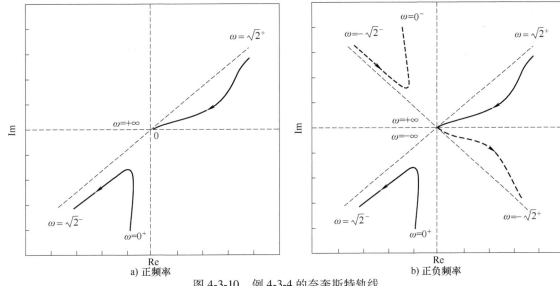

图 4-3-10　例 4-3-4 的奈奎斯特轨线

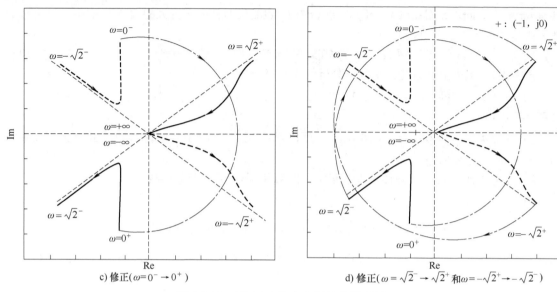

c) 修正($\omega = 0^- \rightarrow 0^+$)

d) 修正($\omega = \sqrt{2}^- \rightarrow \sqrt{2}^+$ 和 $\omega = -\sqrt{2}^+ \rightarrow -\sqrt{2}^-$)

图 4-3-10　例 4-3-4 的奈奎斯特轨线（续）

5）求出奈奎斯特轨线 Γ_Q 围绕点 $(-1,\mathrm{j}0)$ 的圈数 N，并运用奈奎斯特稳定判据。

由于开环系统稳定，$P_F = 0$。此时，奈奎斯特轨线顺时针包围 $(-1,\mathrm{j}0)$ 点 2 圈，$N=2$，$Z_F = N + P_F = 2$，闭环系统不稳定且有 2 个不稳定的极点。

6）绘制 $Q(s) = \dfrac{k}{s(s+1)(s^2+2)}$ 的根轨迹，如图 4-3-11 所示。可见，无论 $k>0$ 取何值，闭环系统总有一对不稳定的共轭极点，证实了前面奈奎斯特稳定判据的结论。

例 4-3-5　已知开环传递函数为 $Q(s) =$

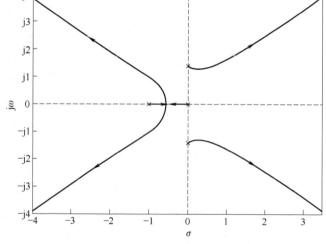

图 4-3-11　例 4-3-4 的根轨迹与稳定性

$$\frac{(100s+1)(50s+1)(0.02s+1)(0.01s+1)(0.001s+1)}{s^3(10s+1)(s+1)(0.1s+1)}，试用奈奎斯特稳定判据分析闭环系统的稳定性。$$

其开环频率特性为

$$A(\omega) = \frac{\sqrt{(100\omega)^2+1}\sqrt{(50\omega)^2+1}\sqrt{(0.02\omega)^2+1}\sqrt{(0.01\omega)^2+1}\sqrt{(0.001\omega)^2+1}}{\omega^3\sqrt{(10\omega)^2+1}\sqrt{\omega^2+1}\sqrt{(0.1\omega)^2+1}}$$

$$\theta(\omega) = -\frac{3\pi}{2} + \arctan(100\omega) + \arctan(50\omega) + \arctan(0.02\omega) + \arctan(0.01\omega) +$$

$$\arctan(0.001\omega) - \arctan(10\omega) - \arctan\omega - \arctan(0.1\omega)$$

1）绘制正频率的 $Q(\mathrm{j}\omega)$（$\omega = 0^+ \rightarrow +\infty$）的奈奎斯特图，如图 4-3-12a 所示。

由 $\theta(\omega_\pi) = -\pi$ 可得开环奈奎斯特图与负实轴交点处的频率与幅值分别为

$$\begin{cases} \omega_{\pi 1} = 0.0173 \mathrm{rad/s} \\ A(\omega_{\pi 1}) = 5.01 \times 10^5 \end{cases} \quad (4\text{-}3\text{-}11a)$$

$$\begin{cases} \omega_{\pi 2} = 0.249 \mathrm{rad/s} \\ A(\omega_{\pi 2}) = 7.24 \times 10^3 \end{cases} \quad (4\text{-}3\text{-}11b)$$

$$\begin{cases} \omega_{\pi 3} = 378 \mathrm{rad/s} \\ A(\omega_{\pi 3}) = 7.94 \times 10^{-6} \end{cases} \quad (4\text{-}3\text{-}11c)$$

2）补画负频率的 $Q(j\omega)$（$\omega = -\infty \rightarrow 0^-$）的奈奎斯特图，根据对称性得到图 4-3-12b 所示虚线部分。

3）修正虚轴（原点）上开环极点的影响，即补画 $\omega = 0^- \rightarrow 0^+$ 对应的奈奎斯特图。根据式（4-3-6），有

$$Q(s) = Q(\varepsilon e^{j\theta}) = \frac{k}{\varepsilon^3} e^{-j3\theta}, \quad (\varepsilon \rightarrow 0), \quad \theta \in [-\pi/2, \pi/2]$$

所以，在映射图 $\Gamma_Q = Q(s)|_{s=\varepsilon e^{j\theta}}$ 上是一个按顺时针方向旋转的半径为无穷大的圆弧，其旋转的角度从 $3\pi/2 \rightarrow 0 \rightarrow -3\pi/2$，如图 4-3-12c 中点画线部分所示。至此，完整的奈奎斯特轨线 Γ_Q 绘制完成。

4）求出奈奎斯特轨线 Γ_Q 围绕点 $(-1, j0)$ 的圈数 N，并运用奈奎斯特稳定判据。

由于开环系统稳定，$P_F = 0$。同时，根据式（4-3-11）计算出的奈奎斯特图与负实轴的交点，可知奈奎斯特轨线 Γ_Q 顺时针包围 $(-1, j0)$ 点 2 圈，$N = 2$，$Z_F = N + P_F = 2$，闭环系统不稳定且有 2 个不稳定的极点。

此例说明在判断系统稳定性的时候应特别注意奈奎斯特围线映射出的封闭曲线可能出现多圈的情况，在计算绕 $(-1, j0)$ 点圈数的时候要特别注意围绕的方向。

5. 简化奈奎斯特稳定判据

由前面实例可知，s 平面上的奈奎斯特围线 Ω_s 关于实轴对称，映射到 Q 平面的映射图 Γ_Q（奈奎斯特轨线）也关于实轴对称，因此，只需绘制一半的映射轨线图，便可简化地使用奈奎斯特稳定判据。

对于图 4-3-2、图 4-3-4 和图 4-3-9 所示的围线，只考虑其正频率部分，分别如图 4-3-13a、b、c 所示，不再是封闭围线，为开口的半奈奎斯特围线 Ω'_s。对应半奈奎斯特围线 Ω'_s 的映射图记为 Γ_Q^+，

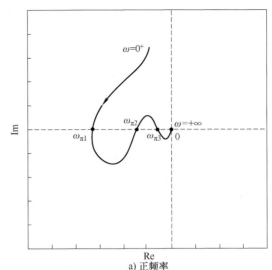

a) 正频率

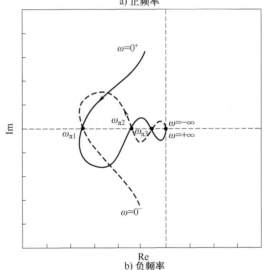

b) 负频率

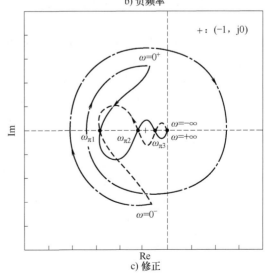

c) 修正

图 4-3-12　例 4-3-5 的奈奎斯特轨线

注意 Γ_Q^+ 是 $\omega=0\to\infty$ 的开环频率特性 $Q(j\omega)$，但是若开环传递函数存在积分因子或虚轴上的其他极点，同样需要进行相应的修正（如 $\omega=0\to 0^+$）。

由于半奈奎斯特围线 Ω_s' 不是封闭的，在 Γ_Q^+ 上不能直接应用奈奎斯特稳定判据，需要将封闭的映射图 Γ_Q 围绕点 $(-1,j0)$ 的圈数情况，在映射图 Γ_Q^+ 上找到等效的办法。仔细观察例4-3-1、例4-3-2和例4-3-3的映射图 Γ_Q，分别如图4-3-14a、b、c所示，实线为映射图 Γ_Q^+，虚线为映射图 Γ_Q^-（注意，与前面图中的虚线不一样），$\Gamma_Q=\Gamma_Q^+\cup\Gamma_Q^-$，从中可看出：

1）Γ_Q 是否围绕点 $(-1,j0)$，与 Γ_Q^+ 是否穿越"点 $(-1,j0)$ 左侧负实轴"密切相关。Γ_Q^+ 没有穿越，Γ_Q 就不会包绕点 $(-1,j0)$，如图4-3-14a所示。

2）若 Γ_Q^+ 有穿越，如图4-3-14b所示，由于映射图轨迹是连续的，穿越处上面的弧段（实线 $\widehat{AB^+}$）会与它对称的 Γ_Q^- 上的弧段（虚线 $\widehat{AB^-}$）组成一个（小）圈；同理，穿越处下面的弧段（实线 $\widehat{AC^+}$）一定与它对称的 Γ_Q^- 上的弧段（虚线 $\widehat{AC^-}$）也组成一个（大）圈。因此，Γ_Q^+ 穿越"点 $(-1,j0)$ 左侧负实轴"1次，Γ_Q 将形成围绕点 $(-1,j0)$ 的2个圈。

3）Γ_Q^+ 的穿越可分为正穿越与负穿越。当 ω 增加时，Γ_Q^+ 从上（第二象限）向下（第三象限）穿过点 $(-1,j0)$ 左侧负实轴，称为正穿越，穿越次数记为 N_+，对应的是逆时针方向；当 ω 增加时，Γ_Q^+ 从下（第三象限）向上（第二象限）穿过点 $(-1,j0)$ 左侧负实轴，称为负穿越，穿越次数记为 N_-，对应的是顺时针方向。

4）若 Γ_Q^+ 的轨迹只是从"点 $(-1,j0)$ 左侧负实轴"上离开，或者终止（含极限值）在"点 $(-1,j0)$ 左侧负实轴"上，未上下穿越，见图4-3-14c中 A 点，称为半穿越。出现半穿越的情况，多半是在 Γ_Q 轨迹的起点（$\omega=0$）和终点（$\omega=\infty$）处，如图4-3-14d、e所示。逆时针方向的半穿越为正半穿越，次数为 $N_+=1/2$；顺时针方向的半穿越为负半穿越，次数为 $N_-=1/2$。

5）图4-3-14a没有穿越，（顺时针）总穿越次数为 $N_--N_+=0-0=0$；图4-3-14b中 A 点处的穿越是负穿越，（顺时针）总穿越次数为 $N_--N_+=1-0=1$；图4-3-14c中 A 点处的穿越是负半穿越，B 点处的穿越是正穿越，C 点处的穿越是负穿越，（顺时针）总穿越次数为 $N_--N_+=(1+1/2)-1=1/2$。

将三个图的 Γ_Q^+ 穿越次数（N_-、N_+）与 Γ_Q 围绕点 $(-1,j0)$ 的圈数 N 列出关系表，如表4-3-1所示。

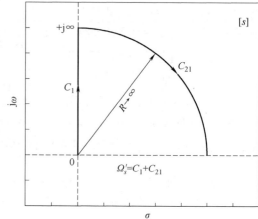

a）无修正

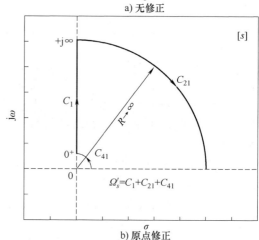

b）原点修正

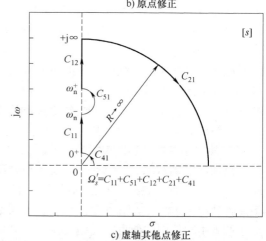

c）虚轴其他点修正

图4-3-13　半奈奎斯特围线 Ω_s

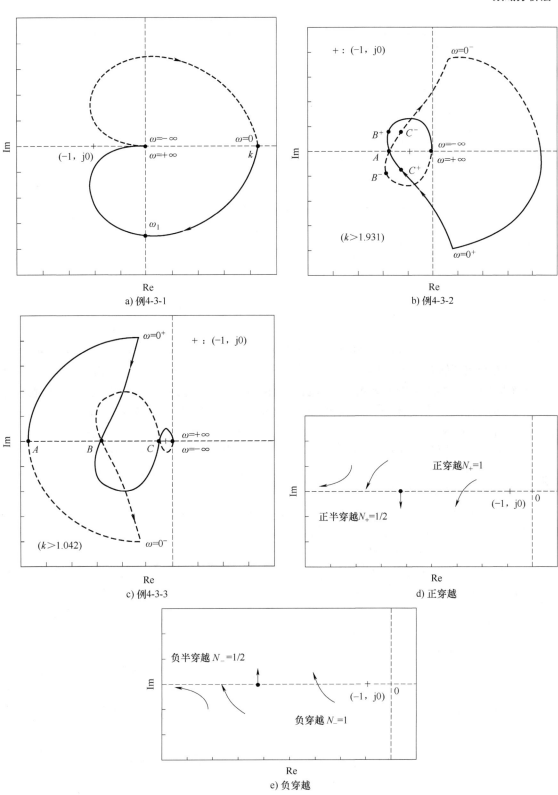

a) 例4-3-1

b) 例4-3-2

c) 例4-3-3

d) 正穿越

e) 负穿越

图 4-3-14　半奈奎斯特围线 Ω'_s 上的映射图 Γ^+_Q 与正负穿越

表 4-3-1　正负穿越次数 N_+ 和 N_- 与圈数 N 的关系

开环传递函数	N_-	N_+	N
$Q(s)=\dfrac{k}{(T_1s+1)(T_2s+1)}$	0	0	0
$Q(s)=\dfrac{10(10s+1)}{s(s+1)(0.2s+1)(0.1s+1)}$	1	0	2
$Q(s)=\dfrac{k(10s+1)}{s(s-1)(0.2s+1)(0.1s+1)}$	1.5	1	1

由表 4-3-1 可推知，映射图 Γ_Q 围绕点 $(-1,j0)$ 的圈数与映射图 Γ_Q^+ 的穿越次数有如下等效关系：

$$N=2(N_--N_+) \tag{4-3-12}$$

根据式（4-3-12），可得到简化的奈奎斯特稳定判据：

1）绘制正频率的 $Q(j\omega)$ 奈奎斯特图。若存在积分因子或虚轴上的极点，需要进行相应的修正，得到映射图 Γ_Q^+。

2）在映射图 Γ_Q^+ 上，确定穿越"点 $(-1,j0)$ 左侧负实轴"的次数 N_+、N_-。令开环不稳定极点数为 P_F，计算 $Z_F=N+P_F=2(N_--N_+)+P_F$，则

$$闭环系统稳定\Leftrightarrow Z_F=N+P_F=2(N_--N_+)+P_F=0 \tag{4-3-13}$$

6. 伯德稳定判据

奈奎斯特稳定判据的关键步骤，一是绘制开环频率特性 $Q(j\omega)=A(\omega)e^{j\theta(\omega)}$，二是判断它围绕点 $(-1,j0)$ 的情况。伯德图通过对数幅频图和相频图来呈现开环频率特性 $Q(j\omega)$，理论上讲，也可以来判断闭环系统的稳定性，关键是如何在两张图上反映围绕点 $(-1,j0)$ 的情况？

从简化奈奎斯特稳定判据知，围绕点 $(-1,j0)$ 与穿越"点 $(-1,j0)$ 左侧负实轴"存在式（4-3-12）所示的等效关系。穿越"点 $(-1,j0)$ 左侧负实轴"意味着" $A(\omega)>1$，$\theta(\omega)$ 穿越 $-\pi$ 线"，或者" $L(\omega)>0$dB，$\theta(\omega)$ 穿越 $-\pi$ 线"，如图 4-3-15 所示。

在幅值 $L(\omega)>0$dB 的频段上，若相频特性曲线从 $-\pi$ 线的下方"向上增大"至 $-\pi$ 线的上方，就是正穿越；反之，若相频特性曲线从 $-\pi$ 线的上方"向下减小"至 $-\pi$ 线的下方，就是负穿越，参见图 4-3-15a。若相位从 $-\pi$ 线下方至 $-\pi$ 线上终止（含极限值），并未穿上去，则是正半穿越；反之，从 $-\pi$ 线上方至 $-\pi$ 线上终止（含极限值），则是负半穿越，参见图 4-3-15b。

鉴于上面的分析，可将奈奎斯特稳定判据推广为如下的伯德稳定判据：

1）绘制正频率的 $Q(j\omega)$ 伯德图。若存在积分因子，需在相频图上，按式（4-3-6）补画 $\omega=0\to0^+$ 的相位变化，即 $\theta(\omega)=0\to-v\pi/2$ 的虚拟渐进线；

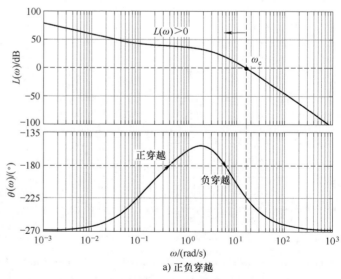

a) 正负穿越

图 4-3-15　伯德图中的正（半）穿越和负（半）穿越

若存在虚轴上极点 $j\omega_n$，需在相频图上 $\omega=\omega_n$ 处，按式（4-3-10）补画 $\omega=\omega_n^-\to\omega_n\to\omega_n^+$ 的相位变化，即 $\theta(\omega)=\theta_q(\omega_n)\to[\theta_q(\omega_n)-v\pi/2]\to[\theta_q(\omega_n)-v\pi]$ 的虚拟渐进线。

2）对于非最小相位系统，要注意其典型环节中的负号，会带来相位的一些变化。

3）在幅值 $L(\omega)>0dB$ 的频段上，确定正穿越的次数 N_+ 与负穿越的次数 N_-。令开环不稳定极点数为 P_F，则

闭环系统稳定 $\Leftrightarrow Z_F=N+P_F$
$$=2(N_--N_+)+P_F=0$$
$$(4-3-14)$$

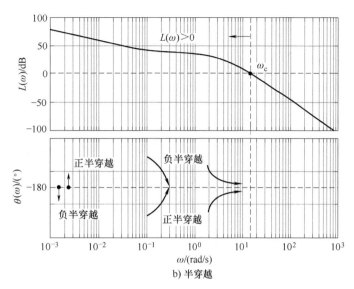

图 4-3-15   伯德图中的正（半）穿越和负（半）穿越（续）

例 4-3-6   试用伯德稳定判据分析例 4-2-2 的稳定性。

1）绘制正频率的 $Q(j\omega)(\omega=0^+\to+\infty)$ 伯德图，其步骤与例 4-2-6 一样。由于存在积分因子 $(v=1)$，需在相频图上，按式（4-3-6）补画 $\omega=0\to0^+$ 的相位变化，即 $\theta(\omega)=0\to-\pi/2$ 的虚拟渐近线，如图 4-3-16 所示。

2）为了得到相位穿越 $-\pi$ 线的情况，需求出相位穿越频率 ω_π。由式（4-2-27b）有
$$\theta(\omega_\pi)=-\pi/2+\arctan(10\omega_\pi)-\arctan\omega_\pi-\arctan(0.2\omega_\pi)-\arctan(0.1\omega_\pi)=-\pi$$
可推出 $\omega_\pi=7.9674rad/s$。

为了确定 $L(\omega)>0dB$ 的频段，需求出幅值穿越频率 ω_c。由式（4-2-27a）有
$$L(\omega_c)=20\lg k-20\lg\omega_c+20\lg\sqrt{1+(10\omega_c)^2}-20\lg\sqrt{1+\omega_c^2}-$$
$$20\lg\sqrt{1+(0.2\omega_c)^2}-20\lg\sqrt{1+(0.1\omega_c)^2}=0$$
可知 $\omega_c=\psi(k)$，但 $\psi(k)$ 是 k 的一个较复杂的函数。

若令 $\omega_c=\omega_\pi$，此时有
$$L(\omega_c)=L(\omega_\pi)=20\lg k-20\lg\omega_\pi+20\lg\sqrt{1+(10\omega_\pi)^2}-20\lg\sqrt{1+\omega_\pi^2}-$$
$$20\lg\sqrt{1+(0.2\omega_\pi)^2}-20\lg\sqrt{1+(0.1\omega_\pi)^2}$$
$$=20\lg k-5.716$$

推出此时的 $k=1.931$。

进一步由图 4-3-16 所示的伯德图知，当 k 增加时，对数幅频图向上平移，幅值穿越频率 ω_c 增大；反之，幅值穿越频率 ω_c 将减小。即有
$$0<k<1.931\Leftrightarrow\omega_c<\omega_\pi;\ k>1.931\Leftrightarrow\omega_c>\omega_\pi$$

3）使用伯德稳定判据分析稳定性：

当 $0<k<1.931$ 时，有 $\omega_c<\omega_\pi$，在 $L(\omega)>0dB$ 的频段上，相位不穿越 $-\pi$ 线，$N_+=0$，$N_-=0$，见图 4-3-16a。开环不稳定极点数为 $P_F=0$，则
$$Z_F=2(N_--N_+)+P_F=2\times(0-0)+0=0$$
根据伯德稳定判据式（4-3-14）可知闭环系统稳定。

当 $k > 1.931$ 时，有 $\omega_c > \omega_\pi$，在 $L(\omega) > 0\text{dB}$ 的频段上，相位穿越 $-\pi$ 线，且是负穿越，$N_+ = 0$，$N_- = 1$，见图4-3-16b。开环不稳定极点数为 $P_F = 0$，则

$$Z_F = 2(N_- - N_+) + P_F = 2 \times (1-0) + 0 = 2$$

根据伯德稳定判据式（4-3-14）可知闭环系统不稳定且有 2 个不稳定极点。

例4-3-7 试用伯德稳定判据分析例4-2-3的稳定性。

1）绘制正频率的 $Q(\mathrm{j}\omega)$（$\omega = 0^+ \to +\infty$）伯德图，其步骤与例4-2-7一样。由于存在积分因子（$v = 1$），需在相频图上参照式（4-3-9）补画 $\omega = 0 \to 0^+$ 的相位变化，由于存在一个非最小相位环节，其相位变化为 $\theta(\omega) = -\pi \to -3\pi/2$，如图4-3-17所示的虚拟渐进线。

2）为了得到相位穿越 $-\pi$ 线的情况，需求出相位穿越频率 ω_π。由式（4-2-28b）有

$$\theta(\omega_\pi) = -\pi/2 + \arctan(10\omega_\pi) - (\pi - \arctan\omega_\pi) - \arctan(0.2\omega_\pi) - \arctan(0.1\omega_\pi)$$

$$= -\pi$$

可推出有两个解，$\omega_{\pi1} = 0.3867\text{rad/s}$，$\omega_{\pi2} = 5.7836\text{rad/s}$。

为了确定 $L(\omega) > 0\text{dB}$ 的频段，需求出幅值穿越频率 ω_c。由式（4-2-28a）有

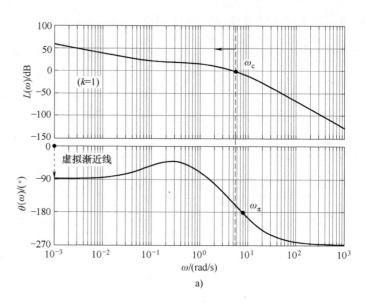

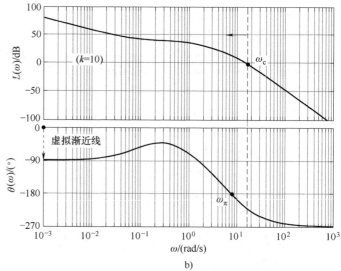

图4-3-16 伯德稳定判据分析例4-2-2的稳定性

$$L(\omega_c) = 20\lg k - 20\lg\omega_c + 20\lg\sqrt{1 + (10\omega_c)^2} - 20\lg\sqrt{1 + \omega_c^2} - 20\lg\sqrt{1 + (0.2\omega_c)^2} - 20\lg\sqrt{1 + (0.1\omega_c)^2} = 0$$

同理，不能得到 ω_c 与 k 的直接关系，需要借助相位穿越频率 ω_π 进行分析。

若令 $\omega_c = \omega_{\pi1} = 0.3867\text{rad/s}$，此时有

$$L(\omega_c) = L(\omega_{\pi1}) = 20\lg k - 20\lg\omega_{\pi1} + 20\lg\sqrt{1 + (10\omega_{\pi1})^2} - 20\lg\sqrt{1 + \omega_{\pi1}^2} - 20\lg\sqrt{1 + (0.2\omega_{\pi1})^2} - 20\lg\sqrt{1 + (0.1\omega_{\pi1})^2} = 20\lg k + 19.64$$

推出此时的 $k = k_1 = 0.1042$。

同理，若令 $\omega_c = \omega_{\pi2} = 5.7836\text{rad/s}$，此时有

$$L(\omega_c) = L(\omega_{\pi2}) = 20\lg k - 0.3574$$

推出此时的 $k=k_2=1.042$。从而有

$$\begin{cases} 0<k<k_1 \Leftrightarrow \omega_c<\omega_{\pi1}<\omega_{\pi2} \\ k_1<k<k_2 \Leftrightarrow \omega_{\pi1}<\omega_c<\omega_{\pi2} \\ k>k_2 \Leftrightarrow \omega_{\pi1}<\omega_{\pi2}<\omega_c \end{cases}$$

3）使用伯德稳定判据分析稳定性：

当 $k<k_1$ 时，有 $\omega_c<\omega_{\pi1}<\omega_{\pi2}$，在 $L(\omega)>0$dB 的频段上，正穿越次数 $N_+=0$，负穿越次数 $N_-=1/2$，见图 4-3-17a。开环不稳定极点数为 $P_F=1$，则

$$Z_F=2(N_--N_+)+P_F=2\times(1/2-0)+1=2$$

根据伯德稳定判据式（4-3-14）可知闭环系统不稳定且有 2 个不稳定极点。

当 $k_1<k<k_2$ 时，有 $\omega_{\pi1}<\omega_c<\omega_{\pi2}$，在 $L(\omega)>0$dB 的频段上，正穿越次数 $N_+=1$，负穿越次数 $N_-=1/2$，见图 4-3-17b。开环不稳定极点数为 $P_F=1$，则

$$Z_F=2(N_--N_+)+P_F=2\times(1/2-1)+1=0$$

根据伯德稳定判据式（4-3-14）可知闭环系统稳定。

当 $k>k_2$ 时，有 $\omega_{\pi1}<\omega_{\pi2}<\omega_c$，在 $L(\omega)>0$dB 的频段上，正穿越次数 $N_+=1$，负穿越次数 $N_-=3/2$，见图 4-3-17c。开环不稳定极点数为 $P_F=1$，则

$$Z_F=2(N_--N_+)+P_F=2\times(3/2-1)+1=2$$

根据伯德稳定判据式（4-3-14）可知闭环系统不稳定且有 2 个不稳定极点。

从例 4-3-7 看出，由于开环传递函数含有一个非最小相位环节，在修补积分因子处（$\omega=0\to0^+$）的相位时，增加了 $-\pi$ 的相位，产生了一个负半穿越；另外，引起相位多次穿越 $-\pi$ 线。这些都是非最小相位环节所导致的，因此需要格外的重视。

例 4-3-8 试用伯德稳定判据分析例 4-2-4 的稳定性。

1）绘制正频率 $Q(j\omega)$（$\omega\in(0^+,\sqrt{2}^-)\cup(\sqrt{2}^+,\infty)$）伯德图，其步骤与例 4-2-8 一样。由于存在积分因子（$v=1$），需在相频图上，按照式（4-3-6）补画 $\omega=0\to0^+$ 的相位变化，即 $\theta(\omega)=0\to-\dfrac{\pi}{2}$ 虚拟渐进线，如图 4-3-18 所示。

另外，还存在虚轴上的极点 $j\omega_n=$

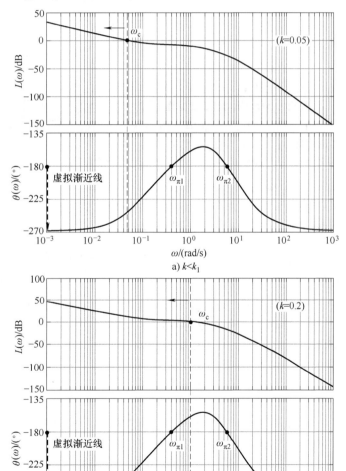

图 4-3-17 伯德稳定判据分析例 4-2-3 的稳定性

$j\sqrt{2}$，需在相频图上，按照式(4-3-10)补画 $\omega = \omega_n^- \to \omega_n^+$ 的相位变化，即 $\theta(\omega) = (-\pi/2 - \arctan\sqrt{2}) \to (-\pi - \arctan\sqrt{2}) \to (-3\pi/2 - \arctan\sqrt{2})$ 的虚拟渐进线，这个虚拟渐进线已在例4-2-8的伯德图上补画了。

2）为了得到相位穿越$-\pi$线的情况，需求出相位穿越频率 ω_π。由图4-3-18所示的伯德图可看出，相位穿越$-\pi$线只在断点频率 $\omega = \omega_n = \sqrt{2}$ rad/s 处，所以，相位穿越频率 $\omega_\pi = \sqrt{2}$ rad/s。

另外，由图4-3-18所示的伯德图可看出，幅值穿越频率 $\omega_c = 3.29$ rad/s$>\omega_\pi = \sqrt{2}$ rad/s。

3）使用伯德稳定判据分析稳定性：

由图4-3-18所示的伯德图可看出，由于 $\omega_c > \omega_\pi$，在幅值 $L(\omega) > 0$dB 的频段上，正穿越次数 $N_+ = 0$，负穿越次数 $N_- = 1$。开环不稳定极点数为 $P_F = 0$，则

$Z_F = 2(N_- - N_+) + P_F = 2 \times (1-0) + 0 = 2$

根据伯德稳定判据式(4-3-14)可知闭环系统不稳定且有2个不稳定极点。

例4-3-9 试用伯德稳定性判据分析例4-3-5的稳定性。

1）绘制正频率的 $Q(\mathrm{j}\omega)$（$\omega \in (0^+, \infty)$）伯德图。由于存在积分因子（$v=3$），需在相频图上，按照式(4-3-6)补画 $\omega = 0 \to 0^+$ 的相位变化，即 $\theta(\omega) = 0 \to -3\pi/2$ 的虚拟渐进线，如图4-3-19所示。

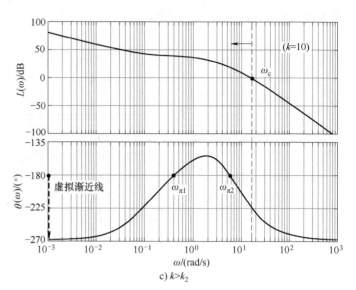

图 4-3-17　伯德稳定判据分析例 4-2-3 的稳定性（续）

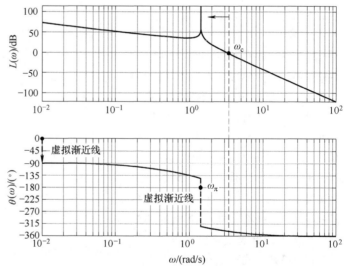

图 4-3-18　伯德稳定判据分析例 4-2-4 的稳定性

2）为了得到相位穿越$-\pi$线的情况，需求出相位穿越频率 ω_π。由

$$\theta(\omega) = -3\pi/2 + \arctan(100\omega) + \arctan(50\omega) + \arctan(0.02\omega) + \arctan(0.01\omega) + \arctan(0.001\omega) - \arctan(10\omega) - \arctan\omega - \arctan(0.1\omega)$$

若令 $\theta(\omega_\pi) = -\pi$，可推出 $\omega_{\pi 1} = 0.0173$ rad/s，$\omega_{\pi 2} = 0.249$ rad/s，$\omega_{\pi 3} = 378$ rad/s。

为了确定 $L(\omega) > 0$dB 的频段，需求出幅值穿越频率 ω_c，由

$$A(\omega) = \frac{\sqrt{(100\omega)^2 + 1}\sqrt{(50\omega)^2 + 1}\sqrt{(0.02\omega)^2 + 1}\sqrt{(0.01\omega)^2 + 1}\sqrt{(0.001\omega)^2 + 1}}{\omega^3 \sqrt{(10\omega)^2 + 1}\sqrt{\omega^2 + 1}\sqrt{(0.1\omega)^2 + 1}}$$

得

$$L(\omega) = -60\lg\omega + 20\lg\sqrt{(0.001\omega)^2+1} + 20\lg\sqrt{(0.01\omega)^2+1} + 20\lg\sqrt{(0.02\omega)^2+1} -$$
$$20\lg\sqrt{(0.1\omega)^2+1} - 20\lg\sqrt{\omega^2+1} - 20\lg\sqrt{(10\omega)^2+1} +$$
$$20\lg\sqrt{(50\omega)^2+1} + 20\lg\sqrt{(100\omega)^2+1}$$

若令 $L(\omega_c) = 0$，可推出 $\omega_c = 7.39\mathrm{rad/s}$。则在 $L(\omega) > 0\mathrm{dB}$ 的频段上的相位穿越频率有 $\omega_{\pi 1}$ 和 $\omega_{\pi 2}$。

3）使用伯德稳定判据分析稳定性：

由图 4-3-19 所示的伯德图可看出，在幅值 $L(\omega) > 0\mathrm{dB}$ 的频段上，正穿越次数 $N_+ = 1$，负穿越次数 $N_- = 2$。开环不稳定极点数为 $P_F = 0$，则

$$Z_F = 2(N_- - N_+) + P_F = 2\times(2-1)+0 = 2$$

根据伯德稳定判据式（4-3-14）可知闭环系统不稳定且有 2 个不稳定极点。

综上所述，稳态性与稳定性是闭环系统的基本性能，无论是低阶还是高阶系统，在时域都可通过闭环传递函数 $\Phi(s) = \dfrac{Q(s)}{1+Q(s)}$，经稳态误差公

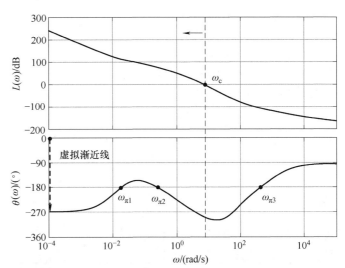

图 4-3-19　伯德稳定判据分析例 4-3-5 的稳定性

式和劳斯（或赫尔维茨）稳定判据进行分析；同样，在频域也都可通过开环频率特性 $Q(\mathrm{j}\omega)$，经零频信息 $Q(\mathrm{j}\omega)\big|_{\omega=0}$ 和奈奎斯特（或伯德）稳定判据进行分析。要注意的是，前者使用闭环的信息分析闭环基本性能，后者使用开环的信息分析闭环基本性能。

4.3.2　频域上的系统扩展性能

快速性与平稳性是系统的扩展性能，它们在开环频率特性上是怎样表现或如何分析，是频域分析法的重要内容。

从第 3 章时域分析法知，系统的快速性、平稳性与闭环主导极点的实部以及实部与虚部之比有关，换句话说，与闭环系统的相对稳定性有关。与此类同，为了在频域上分析闭环系统扩展性能，也从频域的相对稳定性入手，通过开环频域稳定裕度来刻画闭环系统的扩展性能。

1. 稳定裕度与频域扩展性能

从前面采用奈奎斯特稳定判据或伯德稳定判据对例 4-2-1 到例 4-2-4 进行的稳定性分析中可看出，闭环系统稳定性与开环频率特性 $Q(\mathrm{j}\omega)$ 穿越"点（-1,j0）左侧负实轴"或者"$L(\omega) > 0\mathrm{dB}$，$\theta(\omega)$ 穿越 $-\pi$ 线"的情况密切相关，其关键是开环频率特性 $Q(\mathrm{j}\omega)$ 与点（-1,j0）的靠近程度。

基于上述观察，为了描述系统的相对稳定性，引入幅值裕度和相位裕度的概念，并统称为系统的稳定裕度，如图 4-3-20 所示。

（1）相位裕度

当 $\omega = \omega_c$ 时，开环相频特性 $\theta(\omega_c)$ 与 $-\pi$ 线的差值为相位裕度，记为 γ 或 PM，即

$$\gamma = PM = \pi + \theta(\omega_c) \tag{4-3-15a}$$

（2）幅值裕度

当 $\omega = \omega_\pi$ 时，开环幅频特性 $A(\omega_\pi)$ 的倒数为系统的幅值裕度，记为 ρ 或 GM，即

$$GM = 1/A(\omega_\pi) \text{ 或者 } \rho = -20\lg A(\omega_\pi) = -L(\omega_\pi)(\text{dB}) \qquad (4\text{-}3\text{-}15b)$$

（3）一个推论

根据相位裕度的定义有

$$\gamma = 0 \Leftrightarrow \theta(\omega_c) = -\pi \Leftrightarrow \omega_c = \omega_\pi \qquad (4\text{-}3\text{-}16a)$$

即相位裕度为 0 当且仅当幅值穿越频率与相位穿越频率相等。

根据幅值裕度的定义有

$$\rho = 0\text{dB} \Leftrightarrow L(\omega_\pi) = 0 \Leftrightarrow \omega_c = \omega_\pi \qquad (4\text{-}3\text{-}16b)$$

即幅值裕度为 0dB 当且仅当幅值穿越频率与相位穿越频率相等。

显见，当 $\gamma = 0$ 或 $\rho = 0\text{dB}$ 时，闭环系统将处在临界稳定状态，此时 $1 + Q(\mathrm{j}\omega) = 0$，则

$$\begin{cases} |Q(\mathrm{j}\omega)| = 1 \\ \angle Q(\mathrm{j}\omega) = -\pi \end{cases} \qquad (4\text{-}3\text{-}16c)$$

由上式可得到临界稳定时的 $\omega = \omega_c = \omega_\pi$。因此，在分析闭环系统（相对）稳定性时，相位裕度 $\gamma = 0$ 的分界线或者幅值裕度 $\rho = 0\text{dB}$ 的分界线是至关重要的，需要准确地给出来。

例 4-3-10 对于例 3-2-5，试求系统的稳定裕度，并分析稳定裕度与闭环系统（相对）稳定性的关系。

1）开环频率特性：

$$Q(\mathrm{j}\omega) = \frac{0.5k}{\mathrm{j}\omega(\mathrm{j}\omega+1)(0.5\mathrm{j}\omega+1)} \qquad (4\text{-}3\text{-}17a)$$

$$L(\omega) = 20\lg(0.5k) - 20\lg\omega -$$
$$20\lg\sqrt{1+\omega^2} - 20\lg\sqrt{1+(0.5\omega)^2}$$
$$(4\text{-}3\text{-}17b)$$

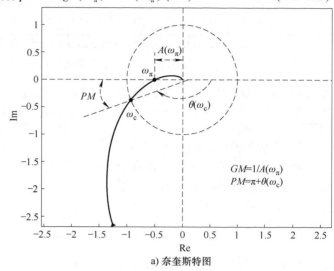

a) 奈奎斯特图

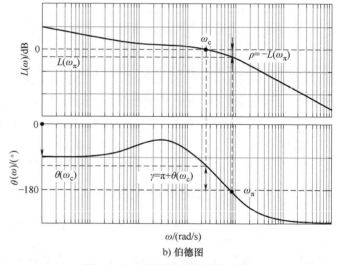

b) 伯德图

图 4-3-20　幅值裕度和相位裕度

$$\theta(\omega) = -\pi/2 - \arctan\omega - \arctan(0.5\omega) \qquad (4\text{-}3\text{-}17c)$$

2）系统的相位穿越频率 ω_π 与幅值裕度 ρ：

$$\begin{cases} \rho = -L(\omega_\pi) = -20\lg(0.5k) + 20\lg\omega_\pi + 20\lg\sqrt{1+\omega_\pi^2} + 20\lg\sqrt{1+(0.5\omega_\pi)^2} \\ \theta(\omega_\pi) = -\pi/2 - \arctan\omega_\pi - \arctan(0.5\omega_\pi) = -\pi \end{cases} \qquad (4\text{-}3\text{-}18)$$

可推出

$$\begin{cases} \rho = -20\lg(0.5k) + 9.5424 \\ \omega_\pi = 1.414\text{rad/s} \end{cases} \qquad (4\text{-}3\text{-}19)$$

图 4-3-21a、c 给出了 ρ、ω_π 与 k 的关系曲线。

3）系统的幅值穿越频率 ω_c 与相位裕度 γ：

$$\begin{cases} L(\omega_c) = 20\lg(0.5k) - 20\lg\omega_c - 20\lg\sqrt{1+\omega_c^2} - 20\lg\sqrt{1+(0.5\omega_c)^2} = 0 \\ \gamma = \pi + \theta(\omega_c) = \pi/2 - \arctan\omega_c - \arctan(0.5\omega_c) \end{cases} \qquad (4\text{-}3\text{-}20)$$

由于 ω_c 与 k 呈非线性关系，难以直接求解式(4-3-20)，可取不同的 k 逐点绘制出 γ、ω_c 与 k 的关系曲线，如图 4-3-21b、c 所示。

也可采取渐近线方式做如下估算：

$$L(\omega_c) \approx \begin{cases} 20\lg(0.5k) - 20\lg\omega_c & 0<\omega_c<1 \\ 20\lg(0.5k) - 40\lg\omega_c & 1<\omega_c<2 \\ 20\lg(0.5k) - 60\lg\omega_c - 20\lg0.5 & \omega_c>2 \end{cases} = 0, \quad \omega_c \approx \begin{cases} 0.5k & 0<k<2 \\ \sqrt{0.5k} & 2<k<8 \\ \sqrt[3]{k} & k>8 \end{cases}$$

$$\gamma \approx \begin{cases} \pi/2 - \arctan(0.5k) - \arctan(0.25k) & 0<k<2 \\ \pi/2 - \arctan\sqrt{0.5k} - \arctan(0.5\sqrt{0.5k}) & 2<k<8 \\ \pi/2 - \arctan\sqrt[3]{k} - \arctan(0.5\sqrt[3]{k}) & k>8 \end{cases}$$

见图 4-3-21b、c 中的点画线。

4）闭环系统（相对）稳定性：

由式(4-3-19)和图 4-3-21a、b 可知，当 $k=6$ 时，$\rho=0\text{dB}$、$\gamma=0°$，闭环系统处在临界稳定；当 $0<k<6$ 时，$\rho>0\text{dB}$、$\gamma>0°$，参见图 4-3-22a、b 所示的奈奎斯特图和伯德图，闭环系统一定稳定；当 $k>6$ 时，$\rho<0\text{dB}$、$\gamma<0°$，闭环系统不稳定。因此，可以通过幅值裕度 ρ 与相位裕度 γ 的正负来判断闭环系统的稳定性。

进一步，由图 4-3-21d 所示的根轨迹或图 3-2-2 看出，当 $0.385<k<6$ 时，随着 k 的减小，闭环系统相对稳定性变好，而由图 4-3-21a、b 看出，此时对应 ρ 与 γ 在增加，这个结果意味着 ρ 或 γ 越大，闭环系统相对稳定性越好；然而，当 $0<k<0.385$ 时，随着 k 的减小，闭环系统相对稳定性变差，对应 ρ 与 γ 仍在增加，这个结果意味着 ρ 或 γ 越大，闭环系统相对稳定性反而变差。

仔细观察，实际上系统有两种临界状况，前者是 $k\to6$，闭环极点趋近一对共轭虚轴点，临界线对应为 $\rho=0\text{dB}$、$\gamma=0°$；后者是 $k\to0$，闭环极点趋近原点，临界线对应为 $\rho=\infty$、$\gamma=90°$。因此，闭环系统相对稳定性体现在 ρ 和 γ 同时离开两条临界线的距离。这就表明，幅值裕度 ρ 与相位裕度 γ 反映了闭环系统相对稳定性，但不是越大越好，而是处在一个合适范围更好，如 $\gamma = (30°\sim70°)$ 会有较好的相对稳定性。

例 4-3-10 的被控对象是最小相位系

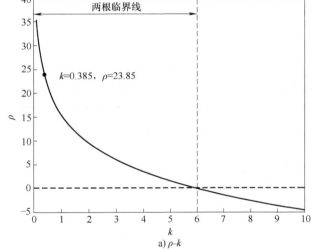

a) ρ-k

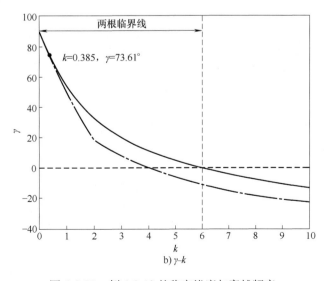

b) γ-k

图 4-3-21　例 4-3-10 的稳定裕度与穿越频率

统，对于非最小相位系统，由于根轨迹会有多次穿越虚轴，或者频率特性会有多个幅值穿越频率 ω_c 或相位穿越频率 ω_π，因此对每一个临界状况都应建立各自的临界线，这样才能准确地通过相位裕度 γ 与幅值裕度 ρ 反映闭环系统相对稳定性。

综上，可以建立起频域的扩展性能指标：

1）相位裕度 γ 与幅值裕度 ρ。前面的讨论表明，γ 与 ρ 若在合适范围取值，闭环系统有较好的相对稳定性，对应的主导极点将位于期望区域，参见图 4-3-21d 中的虚线框，有较好的阻尼比 ξ 和极点实部 σ_d，因而闭环系统有较好的平稳性和快速性。这表明相位裕度 γ 与幅值裕度 ρ 是一个可同时反映平稳性与快速性的综合性性能指标。

2）幅值穿越频率 ω_c 与相位穿越频率 ω_π。在频段 $(0, \omega_c)$ 上，$|Q(j\omega)| \gg 1$，开环系统处于放大状态，使得 $|\Phi(j\omega)| \to 1$，表明在此频段上的输入信号可以高保真地在输出端复现。因此，ω_c 的值越大，系统输出可以跟踪上更高频率的周期输入信号。

若系统的输入 $r(t)$ 是图 4-3-23a 所示的方波信号，它既是一个周期信号，也可看成是重复的阶跃信号，图 4-3-23b 是系统输出（方波）响应。若系统输出 $y(t)$ 能快速跟踪上周期为 τ（对应频率 $\omega = 2\pi/\tau$）的方波信号，意味着系统的瞬态过程时间 $t_s < \tau/2$。这就建立起了系统工作频率与系统快速性的关系，因此可以用幅值穿越频率 ω_c 来反映闭环系统的快速性。

ω_π 是与 ω_c 有着对应关系的，一般 ω_c 的值越大，ω_π 的值也越大，因此，同样可用 ω_π 来反映闭环系统的快速性。在工程实际中，也常将频段 $(0, \omega_c)$ 或 $(0, \omega_\pi)$ 称为系统的工作频段。

可看出，$\{\omega_c, \omega_\pi\}$ 反映系统快速性要比 $\{\gamma, \rho\}$ 更直接一些。因此，一般情况下，反映系统快速性采用 $\{\omega_c, \omega_\pi\}$，反映系统的平稳性采用 $\{\gamma, \rho\}$，尽管 $\{\gamma, \rho\}$ 是一个综合性指标。

要注意的是，穿越频率 $\{\omega_c, \omega_\pi\}$ 与稳

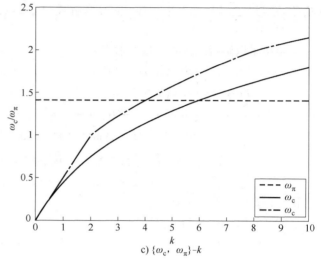

c) $\{\omega_c, \omega_\pi\}$-k

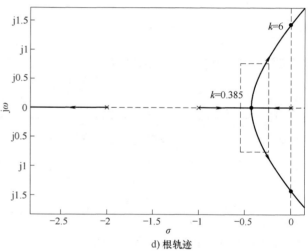

d) 根轨迹

图 4-3-21 例 4-3-10 的稳定裕度与穿越频率（续）

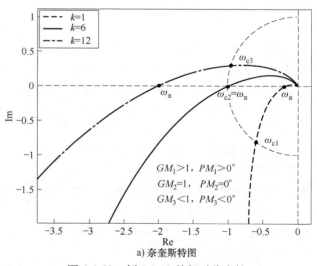

a) 奈奎斯特图

图 4-3-22 例 4-3-10 的相对稳定性

定裕度$\{\gamma,\rho\}$是开环的频域指标，但反映闭环系统的快速性和平稳性。

至此，构建了以开环频率特性（奈奎斯特图和伯德图）为分析工具的频域分析法，通过零频信息分析稳态性，通过奈奎斯特（伯德）稳定判据分析稳定性，通过幅值（相位）穿越频率分析快速性，通过相位（幅值）裕度分析平稳性，等等。而开环频率特性的绘制、频域指标$\{\omega_c,\omega_\pi\}$与$\{\gamma,\rho\}$等的求取都是针对一般n阶系统的，无需进行降阶等效。这是工程师们喜爱频域分析法的一个重要原因。

2. 低阶系统的频域扩展性能与时域扩展性能的转换

如果仅以频域性能指标分析系统性能，前面已建立了针对一般n阶系统的通用频域分析方法。由于频域性能指标不能直观反映系统响应曲线的特征，所以在许多场合，还是希望建立频域性能指标与时域性能指标的关系，以此勾勒出响应曲线的特征。为此，下面进一步讨论低阶系统的频域扩展性能指标与时域扩展性能指标之间的关系，再将其拓广到高阶系统。

1）一阶系统。不失一般性，令开环传递函数为

$$Q(s)=\frac{k_q}{Ts} \tag{4-3-21}$$

则开环频率特性为

$$\begin{cases} Q(\mathrm{j}\omega)=\dfrac{k_q}{\mathrm{j}\omega T} \\[2mm] A(\omega)=\dfrac{k_q}{\omega T} \\[2mm] \theta(\omega)=-\dfrac{\pi}{2} \end{cases} \tag{4-3-22}$$

闭环传递函数为

$$\Phi(s)=\frac{1}{Ts+1},\quad T=\frac{T}{k_q} \tag{4-3-23}$$

幅值穿越频率ω_c与相位裕度γ为

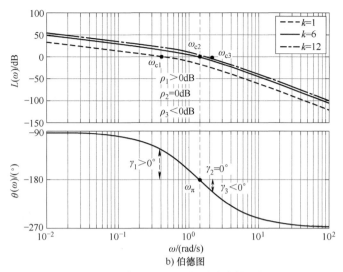

图 4-3-22　例 4-3-10 的相对稳定性（续）

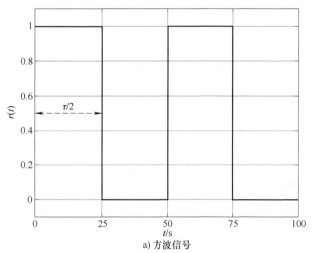

a) 方波信号

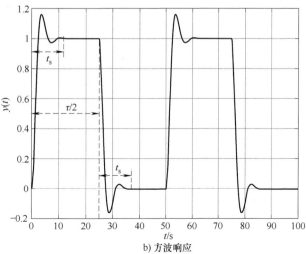

b) 方波响应

图 4-3-23　方波信号与系统输出响应

$$A(\omega_c) = k_q / (\omega_c T) = 1 \Rightarrow \omega_c = k_q / T = 1 / \overline{T} \tag{4-3-24a}$$

$$\gamma = \pi + \theta(\omega_c) = \pi/2 \tag{4-3-24b}$$

相位穿越频率 ω_π 与幅值裕度 ρ 为

$$\theta(\omega) = -\pi/2 \neq -\pi \ (\forall \omega) \Rightarrow \rho = \infty \tag{4-3-24c}$$

由于相位 $\theta(\omega)$ 永远不会穿越 $-\pi$，所以，系统的幅值裕度为无穷。

若开环传递函数 $Q(s) = \dfrac{k_q}{Ts+1}$，有

$$\begin{cases} Q(j\omega) = \dfrac{k_q}{1+j\omega T} \\[2mm] A(\omega) = \dfrac{k_q}{\sqrt{1+(\omega T)^2}} \\[2mm] \theta(\omega) = -\arctan(\omega T) \end{cases} \tag{4-3-25}$$

闭环传递函数为

$$\varPhi(s) = \frac{k_q}{k_q + 1} \frac{1}{\overline{T}s + 1}, \quad \overline{T} = \frac{T}{1 + k_q}$$

可推出

$$A(\omega_c) = \frac{k_q}{\sqrt{1+(\omega_c T)^2}} \approx \frac{k_q}{\omega_c T} = 1 \Rightarrow \omega_c \approx \frac{k_q}{T} \approx \frac{1}{\overline{T}} \tag{4-3-26a}$$

$$\begin{cases} \gamma = \pi + \theta(\omega_c) = \pi - \arctan k_q \geqslant \pi/2 \\[2mm] \rho = \infty \end{cases} \tag{4-3-26b}$$

图 4-3-24a 是一阶系统式（4-3-25）的伯德图。

由第 3 章知，一阶系统阶跃响应不会出现超调，反映系统的快速性一般采用瞬态过程时间 t_s，由式（3-3-4）、式（4-3-24a）或式（4-3-26a）有

$$t_s \approx 4\overline{T} \approx 4/\omega_c \tag{4-3-27}$$

可见，对于一阶系统，频域中的开环幅值穿越频率 ω_c 完全反映了闭环系统的快速性，与前面频域指标的定性分析是一致的。要注意的是，幅值穿越频率 ω_c 与开环增益 k_q 密切相关，参见式（4-3-24a）或式（4-3-26a），k_q 增大 ω_c 会加大，系统快速性得到提升；但过大的开环增益 k_q，容易导致控制量 u 超限，所以不能一味地追求过大的幅值穿越频率。

2）二阶系统。不失一般性，取开环传递函数为

$$Q(s) = \frac{\omega_n^2(\tau_c s + 1)}{s(s + 2\xi_0 \omega_n)} = \frac{k_q(\tau_c s + 1)}{s(T_1 s + 1)} \tag{4-3-28a}$$

$$\begin{cases} k_q = \dfrac{\omega_n}{2\xi_0} \\[2mm] T_1 = \dfrac{1}{2\xi_0 \omega_n} \end{cases} \tag{4-3-28b}$$

则开环频率特性为

$$Q(j\omega) = \frac{k_q(j\omega \tau_c + 1)}{j\omega(j\omega T_1 + 1)} \tag{4-3-29a}$$

$$A(\omega)=\frac{k_q\sqrt{1+(\omega\tau_c)^2}}{\omega\sqrt{1+(\omega T_1)^2}} \quad (4\text{-}3\text{-}29\text{b})$$

$$\theta(\omega)=-\pi/2-\arctan(\omega T_1)+\arctan(\omega\tau_c)$$
$$(4\text{-}3\text{-}29\text{c})$$

闭环传递函数为

$$\Phi(s)=\frac{\omega_n^2(\tau_c s+1)}{s^2+2\xi\omega_n s+\omega_n^2},\ \xi=\xi_0+\frac{1}{2}\omega_n\tau_c$$
$$(4\text{-}3\text{-}30)$$

图 4-3-24b 是二阶系统式（4-3-29）的伯德图。

下面推导二阶系统的幅值穿越频率 ω_c 与相位裕度 γ。

由

$$A(\omega_c)=\frac{k_q\sqrt{1+(\omega_c\tau_c)^2}}{\omega_c\sqrt{1+(\omega_c T_1)^2}}=1$$

得

$$\omega_c^4+\frac{1}{T_1^2}(1-k_q^2\tau_c^2)\omega_c^2-\frac{k_q^2}{T_1^2}=0$$

将式（4-3-28b）代入上式有

$$\omega_c^4+4\left[\xi_0^2-\frac{(\omega_n\tau_c)^2}{4}\right]\omega_n^2\times\omega_c^2-\omega_n^4=0$$

令 $\tau_{nc}=\dfrac{\omega_n}{1/\tau_c}=\omega_n\tau_c$，求解上式可得

$$\omega_c=\omega_n\sqrt{\sqrt{4\left(\xi_0^2-\frac{\tau_{nc}^2}{4}\right)^2+1}-2\left(\xi_0^2-\frac{\tau_{nc}^2}{4}\right)}$$
$$(4\text{-}3\text{-}31\text{a})$$

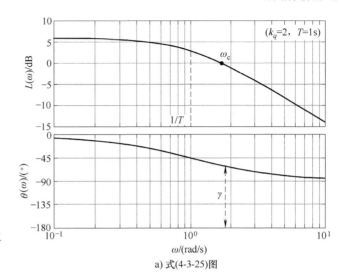

a) 式(4-3-25)图

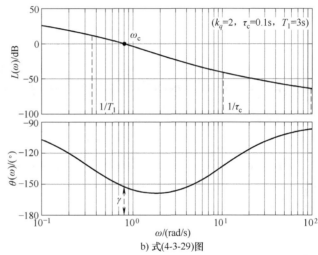

b) 式(4-3-29)图

图 4-3-24 一阶与二阶系统的伯德图

由于相位 $\theta(\omega)=-\dfrac{\pi}{2}-\arctan(\omega T_1)+\arctan(\omega\tau_c)\neq-\pi(\forall\omega)$，永远不会穿越$-\pi$，所以，系统的幅值裕度为无穷，即 $\rho=\infty$。系统的相位裕度为

$$\gamma=\pi+\theta(\omega_c)=\pi/2-\arctan(\omega_c T_1)+\arctan(\omega_c\tau_c)$$

$$=\frac{\pi}{2}-\arctan\frac{\omega_c}{2\xi_0\omega_n}+\arctan(\omega_c\tau_c)=\arctan\frac{2\xi_0\omega_n}{\omega_c}+\arctan(\omega_c\tau_c) \quad (4\text{-}3\text{-}31\text{b})$$

令 $\gamma_\tau=\gamma-\arctan(\omega_c\tau_c)$、$\omega_{nc}=\omega_c/\omega_n$，式（4-3-31）可分别写为

$$\omega_{nc}=\sqrt{\sqrt{4\left(\xi_0^2-\frac{\tau_{nc}^2}{4}\right)^2+1}-2\left(\xi_0^2-\frac{\tau_{nc}^2}{4}\right)} \quad (4\text{-}3\text{-}32\text{a})$$

$$\gamma_\tau=\arctan\frac{2\xi_0}{\omega_{nc}}=\arctan\frac{2\xi_0}{\sqrt{\sqrt{4\left(\xi_0^2-\frac{\tau_{nc}^2}{4}\right)^2+1}-2\left(\xi_0^2-\frac{\tau_{nc}^2}{4}\right)}} \quad (4\text{-}3\text{-}32\text{b})$$

若 $\tau_c = 0$，ω_{nc}、γ_τ（即 γ）与 ξ_0（即 ξ）的关系曲线如图 4-3-25 所示。可见，可用直线逼近，即

$$\frac{\omega_c}{\omega_n} \approx \begin{cases} 1-0.2854\xi & 0<\xi\leqslant 0.3 \\ 1.114-0.6655\xi & 0.3<\xi<1 \end{cases} \tag{4-3-33a}$$

$$\gamma = \frac{\pi}{2} - \arctan(\omega_c T_1) \approx \begin{cases} 100\xi & 0<\xi\leqslant 0.6 \\ 40.86\xi+35.48 & 0.6<\xi<1 \end{cases} \tag{4-3-33b}$$

注意，式（4-3-33b）中 γ 的单位是度（°）。另外，γ 只与阻尼比 ξ 有关，从而证实了相位裕度确实反映系统的平稳性。

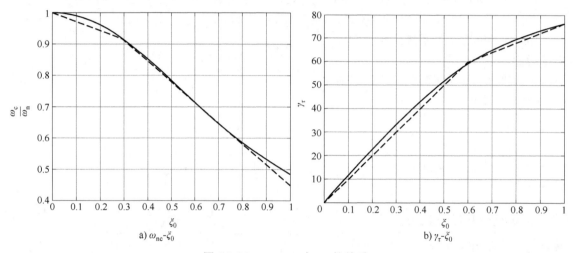

图 4-3-25 　ω_{nc}、γ_τ 与 ξ_0 的关系

若 $\tau_c \neq 0$，ω_{nc}、γ_τ 与 ξ_0 的关系复杂，由式（4-3-32）难以从开环频域指标 $\{\omega_c, \gamma\}$ 获取系统参数 $\{\omega_n, \xi_0, \xi\}$，下面再做进一步的简化。

由式（4-3-32b）可得

$$\tan\gamma_\tau = \frac{2\xi_0}{\omega_{nc}}$$

则

$$\omega_{nc} = \frac{2}{\tan\gamma_\tau}\xi_0 = \frac{2}{\alpha}\xi_0, \quad \alpha = \tan\gamma_\tau \tag{4-3-34a}$$

另外，有

$$\frac{\tau_{nc}}{2} = \frac{\omega_n\tau_c}{2} = \frac{\omega_n}{\omega_c}\frac{\omega_c\tau_c}{2} = \frac{\omega_c\tau_c}{2\omega_{nc}} = \frac{\alpha\omega_c\tau_c}{4\xi_0} = \frac{\beta}{\xi_0}, \quad \beta = \frac{\alpha}{4}\omega_c\tau_c \tag{4-3-34b}$$

将式（4-3-34）代入式（4-3-32a）有

$$\omega_{nc} = \frac{2\xi_0}{\alpha} = \sqrt{\sqrt{4\left(\xi_0^2 - \frac{\beta^2}{\xi_0^2}\right)^2 + 1} - 2\left(\xi_0^2 - \frac{\beta^2}{\xi_0^2}\right)}$$

进而有下面的简化推导：

$$\left(\frac{2\xi_0}{\alpha}\right)^2 = \sqrt{4\left(\xi_0^2 - \frac{\beta^2}{\xi_0^2}\right)^2 + 1} - 2\left(\xi_0^2 - \frac{\beta^2}{\xi_0^2}\right), \quad \frac{4\xi_0^2}{\alpha^2} + 2\left(\xi_0^2 - \frac{\beta^2}{\xi_0^2}\right) = \sqrt{4\left(\xi_0^2 - \frac{\beta^2}{\xi_0^2}\right)^2 + 1},$$

$$\left(\frac{4\xi_0^2}{\alpha^2}\right)^2 + 4\left(\frac{4\xi_0^2}{\alpha^2}\right)\left(\xi_0^2 - \frac{\beta^2}{\xi_0^2}\right) + 4\left(\xi_0^2 - \frac{\beta^2}{\xi_0^2}\right)^2 = 4\left(\xi_0^2 - \frac{\beta^2}{\xi_0^2}\right)^2 + 1,$$

$$\left(\frac{4\xi_0^2}{\alpha^2}\right)^2+4\left(\frac{4\xi_0^2}{\alpha^2}\right)\left(\xi_0^2-\frac{\beta^2}{\xi_0^2}\right)=1, \quad \frac{16}{\alpha^4}\xi_0^4+\frac{16}{\alpha^2}\xi_0^4-\frac{16\beta^2}{\alpha^2}=1,$$

$$\xi_0^4=\frac{1+16\beta^2/\alpha^2}{16/\alpha^4+16/\alpha^2}=\frac{\alpha^4+16\alpha^2\beta^2}{16+16\alpha^2}=\frac{\alpha^4\left[1+(\omega_c\tau_c)^2\right]}{16(1+\alpha^2)}$$

从而在 τ_c 已知时，由开环频域指标 $\{\omega_c,\gamma\}$ 求系统参数 $\{\omega_n,\xi_0,\xi\}$ 的公式如下：

$$\xi_0=\frac{\alpha}{2}\left[\frac{1+(\omega_c\tau_c)^2}{1+\alpha^2}\right]^{\frac{1}{4}}=\frac{\tan\gamma_\tau}{2}\left[\frac{1+(\omega_c\tau_c)^2}{1+\tan^2\gamma_\tau}\right]^{\frac{1}{4}}, \gamma_\tau=\gamma-\arctan(\omega_c\tau_c) \tag{4-3-35a}$$

$$\omega_n=\frac{\omega_c\alpha}{2\xi_0}=\omega_c\left[\frac{1+(\omega_c\tau_c)^2}{1+\alpha^2}\right]^{-\frac{1}{4}}=\omega_c\left[\frac{1+(\omega_c\tau_c)^2}{1+\tan^2\gamma_\tau}\right]^{-\frac{1}{4}} \tag{4-3-35b}$$

$$\xi=\xi_0+\omega_n\tau_c/2 \tag{4-3-35c}$$

有了系统参数 τ_c 和 $\{\omega_n,\xi_0,\xi\}$，参见表 3-3-4，便可估算出它的瞬态过程时间和超调量。

综合前面一阶、二阶频域性能分析可看出，频域扩展性能指标 $\{\omega_c,\omega_\pi,\rho,\gamma\}$ 都可以从奈奎斯特图、伯德图得到；经过理论推导，建立了频域扩展性能指标 $\{\omega_c,\omega_\pi,\rho,\gamma\}$ 与系统参数 $\{T\}$ 或 $\{\omega_n,\xi_0,\xi\}$ 的准确公式；再根据系统参数与时域扩展性能指标 $\{t_s,\delta\}$ 的准确公式，便搭建了频域扩展性能指标 $\{\omega_c,\omega_\pi,\rho,\gamma\}$ 与时域扩展性能指标 $\{t_s,\delta\}$ 的关系桥梁。

另外，由于幅值裕度 ρ 为无穷缺乏有用信息、相频穿越频率 ω_π 与幅值穿越频率 ω_c 意义相近，所以幅值穿越频率与相位裕度 $\{\omega_c,\gamma\}$ 成为最常用的频域扩展性能指标。

3. 高阶系统的频域扩展性能与时域扩展性能的转换

由第 3 章时域分析知，对于高阶系统要得到瞬态过程时间 t_s、超调量 δ 等时性能指标是困难的。但从高阶开环频率特性图上，得到幅值穿越频率 ω_c、相位裕度 γ 等频域性能指标是不难的，这也是在工程中常采用频域性能指标分析的一大原因。当然，如果要将高阶系统的频域性能指标 $\{\omega_c,\gamma\}$ 转化为时域性能指标 $\{t_s,\delta\}$ 同样是困难的，也需要研究高阶系统的频域降阶等效分析方法。

不失一般性，令开环传递函数为

$$Q(s)=\frac{k_{qp}\prod_{j=1}^{m}(s-z_j)}{s^v\prod_{i=1}^{n_1}(s-p_i)}(n=v+n_1>m) \tag{4-3-36a}$$

则闭环传递函数为

$$\Phi(s)=\frac{Q(s)}{1+Q(s)}=k_{\phi p}\frac{\prod_{j=1}^{m}(s-z_j)}{\prod_{i=1}^{n}(s-\bar{p}_i)} \tag{4-3-36b}$$

式中，开环、闭环零极点 $\{z_j\}$、$\{p_i\}$、$\{\bar{p}_i\}$ 均按实部大小降序排序。

在时域分析法中，高阶系统降阶等效的基本原则是保证降阶前后闭环系统的输出响应基本一致。在频域分析法中，主要依赖于开环频率特性，如何降阶等效，才能保证降阶前后闭环系统的输出响应基本一致？

（1）转折频率与闭环主导极点

以例 3-4-4 中的式 (3-4-18) 来分析，图 4-3-26 是它的开环伯德图与根轨迹。对比图 4-3-26a 与图 4-3-26b 可知，每一个开环极点 p_i 都对应一个转折频率 $\omega_i=|p_i|$；同样，若开环传递函数存在零点，每一个开环零点 z_j 也都会对应一个转折频率 $\omega_j=|z_j|$。一般情况下，离 s 平面虚轴越近的

零极点，其转折频率在频率轴上越靠近零频率处。要注意的是，若开环零极点是共轭的（$\sigma_{di} \pm j\omega_{di}$），其转折频率为 $\omega_i = \sqrt{\sigma_{di}^2 + \omega_{di}^2} = \omega_{ni}$。

观察图 4-3-26b 可见，主导闭环极点 $\{\bar{p}_1, \bar{p}_2\}$ 位于开环实数极点 $\{p_0, p_1\}$ 的耦合根轨迹分支上，说明转折频率 $\{\omega_0, \omega_1\}$ 与主导极点密切相关；非主导极点 $\{\bar{p}_3, \bar{p}_4\}$ 位于开环共轭极点 $\{p_2, p_3\}$ 的耦合根轨迹分支上，说明它与转折频率 $\{\omega_2\}$ 有较大相关度；非主导极点 $\{\bar{p}_5\}$ 位于开环实数极点 $\{p_4\}$ 的孤立根轨迹分支上，说明它与转折频率 $\{\omega_3\}$ 有较大相关度。

尽管主导闭环极点 $\{\bar{p}_1, \bar{p}_2\}$ 位于开环实数极点 $\{p_0, p_1\}$ 的耦合根轨迹分支上，但是开环极点 $\{p_2, p_3\} \cup \{p_4\}$ 对主导闭环极点 $\{\bar{p}_1, \bar{p}_2\}$ 是有影响的；否则，仅仅留下开环极点 $\{p_0, p_1\}$，其根轨迹应该是图 4-3-26b 中的虚线，与原根轨迹相差较大。因此，转折频率 $\{\omega_2\} \cup \{\omega_3\}$ 的作用不可轻易忽略。

（2）工作频段与开环传递函数降阶

观察图 4-3-26a 可见，以幅值穿越频率 ω_c 为基准，可将整个频段分为三部分，即 $(0, \omega_c] \cup (\omega_c, 10\omega_c] \cup (10\omega_c, \infty)$。显见，在频段 $(0, \omega_c]$ 上，

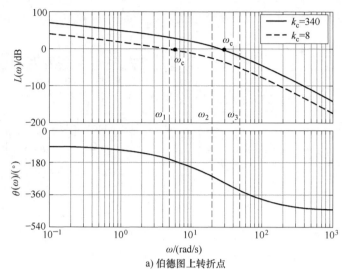

a) 伯德图上转折点

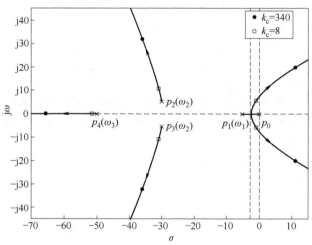

b) 根轨迹上对应的转折点

图 4-3-26 开环零极点与转折频率

开环增益大于 1，此频段上的所有转折频率 $\{\omega_i\}$，对频域指标 $\{\omega_c, \gamma\}$ 有较大影响。在频段 $(\omega_c, 10\omega_c] \cup (10\omega_c, \infty)$ 上，开环增益小于 1，此频段上的转折频率 $\{\omega_i\}$，对频域指标 $\{\omega_c, \gamma\}$ 有多大影响？

若转折频率 $\omega_i \in (10\omega_c, \infty)$，$\omega_i \geqslant 10\omega_c$，假定它对应的是一阶或二阶典型环节，那么，该环节对幅值穿越频率 ω_c 处的幅值、相位的影响分别为

$$\begin{cases} |L_i(\omega_c)| = 20\lg\sqrt{1 + \left(\dfrac{\omega_c}{\omega_i}\right)^2} \leqslant 20\lg\sqrt{1 + 0.1^2} = 0.043\text{dB} \\ |\theta_i(\omega_c)| = \arctan\left(\dfrac{\omega_c}{\omega_i}\right) \leqslant \arctan(0.1) = 5.71° \end{cases} \tag{4-3-37a}$$

$$\begin{cases} |L_i(\omega_c)| = 20\lg\sqrt{\left[1 - \left(\dfrac{\omega_c}{\omega_i}\right)^2\right]^2 + 4\xi^2\left(\dfrac{\omega_c}{\omega_i}\right)^2} \leqslant 0.043\text{dB} \\ |\theta_i(\omega_c)| = \arctan\dfrac{2\xi\omega_c/\omega_i}{1 - (\omega_c/\omega_i)^2} \leqslant 5.76° \end{cases} \quad (\xi = 0.5) \tag{4-3-37b}$$

可见，当典型环节的转折频率 ω_i 大于 ω_c 十倍程及以上时，该典型环节对幅值穿越频率 ω_c 处的幅值、相位的影响较小，对应的开环零极点的作用可以忽略。

综上，在工作频段 $(0,\omega_c]$ 以及衰减频段 $(\omega_c,10\omega_c]$ 内的典型环节或开环零极点，其作用是不能轻易忽略的；只有在频段 $(10\omega_c,\infty)$，即高过穿越频率 10 倍以上的典型环节或开环零极点才可考虑忽略其作用。另外，前面的分析隐含假定开环零极点都是稳定的，若存在不稳定的开环零极点，即使转折频率位于频段 $(10\omega_c,\infty)$ 中，都还要考虑它的相位影响，以决定是否可以忽略其作用。这就是在开环传递函数上直接降阶为一阶或二阶系统困难的原因。

（3）等效频率特性与频域降阶等效

前面的分析表明，在开环传递函数中简单地截留 1~2 个开环极点进行降阶等效不是很合适。那么，应该以什么样的原则进行开环传递函数的降阶等效？下面从闭环传递函数降阶等效出发来讨论。

不失一般性，参见式（3-3-61）、式（3-3-68），令 $y(t)$ 与 $y^*(t)$、$\Phi(s)$ 与 $\Phi^*(s)$ 分别是降阶前后系统的阶跃响应、闭环传递函数，时域降阶等效就是希望阶跃响应满足式（4-3-38a）或闭环传递函数满足式（4-3-38b）。

$$y(t)=\sum_{i=1}^{n_1}c_{1i}\mathrm{e}^{\sigma_i t}+\sum_{i=1}^{m_2}2\mid c_{2i}\mid\mathrm{e}^{\sigma_i t}\sin(\omega_i t+\theta_i)+c_0$$

$$\approx y^*(t)=\begin{cases}c_{1*}\mathrm{e}^{\sigma_* t}+c_0\\2\mid c_{2*}\mid\mathrm{e}^{\sigma_* t}\sin(\omega_* t+\theta_*)+c_0\end{cases}\qquad(t\geq0)\qquad(4\text{-}3\text{-}38\mathrm{a})$$

$$\Phi(s)=\Phi^*(s)\hat{\Phi}(s)\approx\Phi^*(s)=\begin{cases}\dfrac{1}{Ts+1}\\[2mm]\dfrac{\omega_n^2}{s^2+2\xi\omega_n s+\omega_n^2}\\[2mm]\dfrac{\omega_n^2(\tau s+1)}{s^2+2\xi\omega_n s+\omega_n^2}\end{cases}\quad(\forall s)\qquad(4\text{-}3\text{-}38\mathrm{b})$$

式中，$\Phi(0)=1$。

可以想见，若闭环频率特性满足

$$\Phi(\mathrm{j}\omega)=\Phi^*(\mathrm{j}\omega)\hat{\Phi}(\mathrm{j}\omega)\approx\Phi^*(\mathrm{j}\omega)\quad(\forall\omega)\qquad(4\text{-}3\text{-}38\mathrm{c})$$

那么，闭环传递函数应该满足式（4-3-38b），进而保证降阶前后系统的阶跃响应一致。

由于闭环传递函数与开环传递函数一一对应，若式（4-3-38c）成立，则一定有

$$Q(\mathrm{j}\omega)=\frac{\Phi(\mathrm{j}\omega)}{1-\Phi(\mathrm{j}\omega)}\approx Q^*(\mathrm{j}\omega)=\frac{\Phi^*(\mathrm{j}\omega)}{1-\Phi^*(\mathrm{j}\omega)}\quad(\forall\omega)\qquad(4\text{-}3\text{-}38\mathrm{d})$$

从而有

$$Q^*(s)=\frac{\Phi^*(s)}{1-\Phi^*(s)}=\begin{cases}\dfrac{1}{Ts}\\[2mm]\dfrac{\omega_n^2}{s(s+2\xi_0\omega_n)}\\[2mm]\dfrac{\omega_n^2(\tau s+1)}{s(s+2\xi_0\omega_n)}\end{cases}\quad\left(\xi=\xi_0+\frac{1}{2}\omega_n\tau\right)\qquad(4\text{-}3\text{-}38\mathrm{e})$$

式中，$Q^*(s)$ 称为标称开环传递函数。

实际上，要求式（4-3-38d）两端对每一个频率都很接近是困难的。从前面的分析知，工作频段 $(0,\omega_c]$ 上的频率特性更重要，在实际工程中常常要求在工作频段上接近即可，甚至在工作频

段$(0,\omega_c]$上的两端相等即可，即

$$Q(\mathrm{j}\omega) \approx Q^*(\mathrm{j}\omega)(\omega \in (0,\omega_c]) \Rightarrow \begin{cases} Q(0) = Q^*(0) \\ Q(\mathrm{j}\omega_c) = Q^*(\mathrm{j}\omega_c) \end{cases} \tag{4-3-38f}$$

要求$Q(0) = Q^*(0)$，实际上就是确保降阶前后的稳态性一样；要求$Q(\mathrm{j}\omega_c) = Q^*(\mathrm{j}\omega_c)$，实际上就是确保降阶前后的幅值穿越频率$\omega_c$、相位裕度$\gamma$等频域扩展性能指标一样，间接确保二者的快速性与平稳性一致。

式(4-3-38f)就是频域降阶等效的基本原则。从这个原则看，频域降阶不是简单地把（工作）频段$(0,\omega_c] \cup (\omega_c, 10\omega_c]$上的开环零极点留下，而是让降阶前后开环频域性能指标$\{\omega_c, \gamma\}$一致，促使闭环频率特性或闭环传递函数接近，进而达到阶跃响应性能指标$\{t_s, \delta\}$接近。以这个等效原则得到的标称开环传递函数的极点不一定是原开环传递函数极点的简单截留，这与时域闭环传递函数降阶有所差异，但目的都是为了确保降阶前后闭环传递函数主导部分一致。

（4）开环零点与标称开环传递函数

开环零点一定是闭环零点，它主要是对闭环系统响应模态前的系数产生影响。若高阶系统用二阶（或以上）系统进行等效，需要考虑是否保留主导零点，参见式(3-3-67)的分析。一般情况下，在开环增益较大时，开环零点会与闭环极点位置接近，从而构成（近似）零极点对消。如何判断开环零点是否与闭环极点接近？

不失一般性，令$z_c = -1/\tau_c$是其中一个开环零点，将开环传递函数分解为

$$Q(s) = (\tau_c s + 1)\hat{Q}(s)$$

若$\bar{p} = z_c + \Delta$是高阶系统的闭环极点，则一定有

$$1 + Q(s)\big|_{s=\bar{p}} = 0, \quad 1 + (\tau_c \bar{p} + 1)\hat{Q}(\bar{p}) = 0, \quad \tau_c \bar{p} + 1 = -1/\hat{Q}(\bar{p})$$
$$\tau_c(z_c + \Delta) + 1 = \tau_c \Delta = -1/\hat{Q}(z_c + \Delta)$$

取

$$\mu_{pz} = \left| \frac{\bar{p} - z_c}{z_c} \right| = |\tau_c \Delta| = \left| -\frac{1}{\hat{Q}(z_c + \Delta)} \right| \approx \left| \frac{1}{\hat{Q}(z_c)} \right| \leq \varepsilon \quad (\varepsilon = 0.2) \tag{4-3-39}$$

式中，μ_{pz}是零极点对$\{z_c, \bar{p}\}$的相对距离值。若μ_{pz}满足式(4-3-39)，则可认为开环零点z_c与闭环极点$\bar{p}$构成（近似）零极点对消。

（5）标称开环传递函数中参数的确定

第一，要确定标称开环传递函数$Q^*(s)$的阶数。大致上，它与（工作）频段$(0,\omega_c] \cup (\omega_c, 10\omega_c]$上的开环极点数目相关。若只有一个，可等效为一阶系统；若有两个，可等效为二阶系统。若有三个及以上，再进一步看是否处在频段$(\omega_c, 10\omega_c]$的后端或是否存在开环零点与其中某个闭环极点（近似）对消，若是，也可近似等效为一阶或二阶系统；若否，则需考虑等效为三阶系统进行分析。

需要注意的是，幅值穿越频率ω_c与开环静态增益密切相关。开环静态增益越大，开环幅频曲线会上移，幅值穿越频率会增大，包含的开环零极点数会增加，反之会减少，参见图4-3-26a。因此，基于开环传递函数的降阶分析一定要注意开环静态增益的取值。这一点与基于闭环传递函数的降阶分析不同，因为闭环静态增益一般不会有大的波动，许多情况下$\Phi(0) = 1$。

第二，参见式(4-3-39)，分析开环系统的主导零点是否应留在开环标称传递函数中。

第三，根据开环频域指标$\{\omega_c, \gamma\}$，由式(4-3-26a)或者式(4-3-35)便可得到一阶等效系统的参数$\bar{T}$或者二阶等效系统的参数$\{\omega_n, \xi_0, \xi\}$。进一步，再根据表3-3-4还可得到时域扩展性能指标t_s或者$\{t_s, \delta\}$。

4. 基于伯德图的性能分析

与时域的理论分析一样，在频域进行理论分析，也是希望在不求解系统响应的前提下，只是根据系统的参数来分析系统的性能。一是获取系统频域指标，在频域上分析系统性能；二是可以将频域指标再转换为时域指标，核实系统的性能状况；三是掌握控制器参数的变化与频域或时域指标的关系，为控制器设计打下基础；四是进一步考虑各种工程限制因素，研判系统性能受限情况。

从频域上分析系统性能可分成三个频段进行：零频段（$\omega \to 0$）反映了系统的稳态性；中频段 $(0, \omega_c) \cup (\omega_c, 10\omega_c)$ 反映了系统的平稳性与快速性，也包含了系统稳定性；高频段 $(10\omega_c, \infty)$ 反映了系统的抗高频扰动性。零频段与高频段的分析直观简明，因此，下面的分析着重在中频段。

另外，各种工程限制因素的影响分析，可参照例3-3-1、例3-3-3的做法，在第5章还会进一步探讨。

例4-3-11 试用伯德图分析例3-4-2系统的性能。

系统的稳态性与例3-4-2一样，为了保证系统斜坡响应的稳态精度，取 $k_c = 340$。

1）比例控制器的性能分析：

取 $\tau_c = 0$、$T_c = 0$，此时的开环传递函数为

$$Q(s) = k_c \frac{1}{s(T_1 s + 1)} = 340 \frac{1}{s(0.2s + 1)}$$
（4-3-40）

其伯德图如图4-3-27所示。

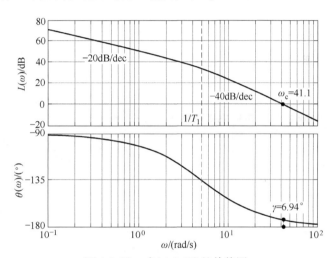

图4-3-27 式(4-3-40)的伯德图

由图4-3-27可得，幅值穿越频率 $\omega_c = 41.1 \text{rad/s}$，相位裕度 $\gamma = 6.94°$。从频域指标来分析，系统的相位裕度偏低，意味着系统平稳性不好。

将其转化为时域指标，可证实上述结果。在频段 $(0, 10\omega_c)$ 上只有2个开环极点 $\{0, -1/T_1\}$，是一个典型的二阶欠阻尼系统，即

$$\Phi(s) = \frac{\omega_n^2}{s^2 + 2\xi\omega_n s + \omega_n^2}, \quad Q(s) = \frac{\omega_n^2}{s(s + 2\xi_0\omega_n)}, \quad \xi = \xi_0$$

将 $\{\omega_c, \gamma\}$ 代入式(4-3-35)有

$$\xi_0 = \frac{\tan\gamma}{2}\left[\frac{1 + (\omega_c\tau_c)^2}{1 + \tan^2\gamma}\right]^{\frac{1}{4}} = 0.0606, \quad \omega_n = \omega_c\left[\frac{1 + (\omega_c\tau_c)^2}{1 + \tan^2\gamma}\right]^{-\frac{1}{4}} = 41.25 \text{rad/s}$$

查表3-3-4有，$t_s \approx \frac{4}{\xi\omega_n} = 1.614\text{s}$，$\delta = e^{-\frac{\xi\pi}{\sqrt{1-\xi^2}}} = 82.64\%$。可见，超调量很大，用频域指标分析的结论是对的。

2）一阶控制器 $(\tau_c > T_c)$ 的性能分析：

取 $T_c = \tau_c/\alpha$，$\alpha = 5$，$\tau_c = T_1/l$，$l = 10$，此时的开环传递函数为

$$Q(s) = k_c G_c(s) G(s) = k_c \frac{\tau_c s + 1}{T_c s + 1} \frac{1}{s(T_1 s + 1)} = 340 \frac{0.02s + 1}{0.004s + 1} \frac{1}{s(0.2s + 1)}$$
（4-3-41）

其伯德图如图4-3-28所示。

由图 4-3-28 可得，幅值穿越频率 $\omega_c' = 48\text{rad/s}$，相位裕度 $\gamma' = 38.9°$。可见，增加超前环节（$\tau_c > T_c$）后，相位裕度显著改善，意味着系统平稳性显著改善；幅值穿越频率也得到增加，系统的快速性也会提升。

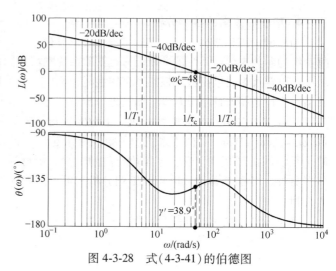

图 4-3-28　式(4-3-41)的伯德图

同样，将其转换为时域指标可证实这一点。首先，对于开环零点 $\{-1/\tau_c\}$ 有

$$\mu_{pz} \approx \left| \frac{1}{\hat{Q}(z_c)} \right| = \left\| \frac{(T_c s+1)s(T_1 s+1)}{k_c} \right\|_{s=-\frac{1}{\tau_c}}$$

$$= \left\| \frac{(0.004s+1)s(0.2s+1)}{340} \right\|_{s=-\frac{1}{0.02}} = 1.05$$

由于 μ_{pz} 较大，需要考虑开环零点 $\{-1/\tau_c\}$ 的影响。另外，在频段 $(0, 10\omega_c')$ 上有 3 个开环极点 $\{0, -1/T_1, -1/T_c\}$。若忽略开环极点 $\{-1/T_c\}$ 的影响，该闭环系统可以等效为一个有零点的二阶欠阻尼系统，即

$$\Phi^*(s) = \frac{\omega_n^2(\tau_c s+1)}{s^2+2\xi\omega_n s+\omega_n^2}, \quad \xi = \xi_0 + \frac{1}{2}\omega_n \tau_c$$

与此对应的开环传递函数为

$$Q^*(s) = \frac{\Phi^*(s)}{1-\Phi^*(s)} = \frac{\omega_n^2(\tau_c s+1)}{s(s+2\xi_0\omega_n)}$$

将 $\{\omega_c', \gamma', \tau_c\}$ 代入式(4-3-35)有

$$\xi_0 = \frac{\tan\gamma_\tau}{2}\left[\frac{1+(\omega_c'\tau_c)^2}{1+\tan^2\gamma_\tau}\right]^{\frac{1}{4}} = -0.0507, \quad \omega_n = \omega_c'\left[\frac{1+(\omega_c'\tau_c)^2}{1+\tan^2\gamma_\tau}\right]^{-\frac{1}{4}} = 40.84\text{rad/s}$$

$$\xi = \xi_0 + \omega_n\tau_c/2 = 0.3577, \quad \gamma_\tau = \gamma' - \arctan(\omega_c'\tau_c) = -4.93°$$

再查表 3-3-4 有

$$c_\tau = \sqrt{1-2\xi\omega_n\tau_c+(\omega_n\tau_c)^2} = 1.04, \quad \beta_\tau = \arccos((1-\xi\omega_n\tau_c)/c_\tau) = 47.11°,$$

$$t_{\tau s} = \frac{4+\ln c_\tau}{\xi\omega_n} = 0.275\text{s}, \quad \delta_\tau = c_\tau e^{-\frac{\xi}{\sqrt{1-\xi^2}}(\pi-\beta_\tau)} = 42.78\%$$

可见，增加超前环节后，超调量减少了约一半，瞬态过程时间也明显减少。

进一步，经求解或计算机仿真可得到降价前后闭环系统阶跃响应，如图 4-3-29a 所示。可见，实际阶跃响应的性能指标与前面的估算值基本吻合，说明从频域指标等效转换为时域指标的分析是可行的。但要注意的是，对于高阶系统在转化为时域指标时会带来降价等效产生的误差。与例 3-4-2 的分析结果比较，本例的估算误差要大，这是由于 $\omega_3/\omega_c' = 250/48 = 5.2 < 10$，忽略开环极点 $\{-1/T_c\}$ 的影响所导致。

图 4-3-29b 是降价前后的闭环伯德图。可见，在工作频段 $(0, \omega_c']$ 上，闭环幅频与相频特性是接近的，所以，降阶前后系统性能是基本一致的。

图 4-3-29c 是降价前后的开环伯德图。可见，在工作频段 $(0, \omega_c']$ 上，开环幅频特性是接近的，相频特性有较大差异，但由于确保了开环静态增益、幅值穿越频率、相位裕度等开环频域性能指标一样，促使了在工作频段 $(0, \omega_c']$ 上闭环幅频与相频特性都是接近的，说明式(4-3-38f)所示的开环频域降阶等效原则是正确的。

总之，从前面的讨论看出，尽管频域指标是间接地表示系统性能，如果熟悉频域指标的含义与最佳取值范围，也无需转换为时域指标，可直接在频域上分析系统性能，这样做相较于时域分析反而更为简便。

另外，在控制器中增加超前环节改善系统性能，其原理从频域的伯德图上看更为直观。比较图 4-3-29d 与图 4-3-27 知，由于超前环节提供超前相位，见图 4-3-29d 中的虚线，在 ω_c' 处叠加这个超前相位，使得原系统的相位裕度与幅值穿越频率都得到提升，从而改善了系统的平稳性与快速性。

3）l 取不同值时的情况：

取 $T_c=\tau_c/\alpha$，$\alpha=5$，$\tau_c=T_1/l$，$l=0.5$，此时的开环传递函数为

$$Q(s)=k_cG_c(s)G(s)=k_c\frac{\tau_cs+1}{T_cs+1}\frac{1}{s(T_1s+1)}=340\frac{0.4s+1}{0.08s+1}\frac{1}{s(0.2s+1)} \qquad (4-3-42)$$

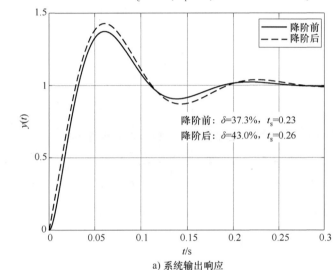

a) 系统输出响应

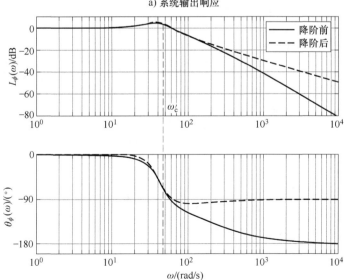

b) 闭环频率特性

图 4-3-29 式（4-3-41）降阶前后的比较

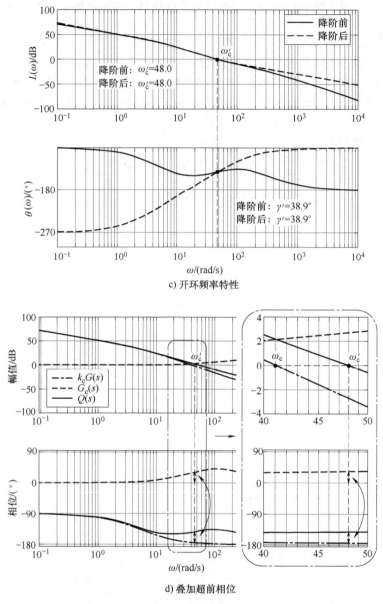

c) 开环频率特性

d) 叠加超前相位

图 4-3-29　式(4-3-41)降阶前后的比较(续)

其伯德图如图 4-3-30 所示。

由图 4-3-30 可得，幅值穿越频率 $\omega_c' = 91.7\text{rad/s}$，相位裕度 $\gamma' = 9.32°$。可见，相位裕度改善不大，意味着系统的平稳性仍会不好。

将其转化为时域指标，对于开环零点 $\{-1/\tau_c\}$ 有

$$\mu_{pz} \approx \left| \frac{1}{\hat{Q}(z_c)} \right| = \left| \frac{(T_c s+1)s(T_1 s+1)}{k_c} \right|_{s=-\frac{1}{\tau_c}} = \left| \frac{(0.08s+1)s(0.2s+1)}{340} \right|_{s=-\frac{1}{0.4}} = 0.0036$$

由于 μ_{pz} 较小，意味着开环零点 $\{-1/\tau_c\}$ 会与某个闭环极点(近似)对消，闭环系统可以等效为一个无零点的二阶欠阻尼系统，即

$$\Phi^*(s) = \frac{\omega_n^2}{s^2 + 2\xi\omega_n s + \omega_n^2}, \quad \xi = \xi_0$$

与此对应的开环传递函数为

$$Q^*(s) = \frac{\Phi^*(s)}{1 - \Phi^*(s)} = \frac{\omega_n^2}{s(s + 2\xi\omega_n)}$$

将 $\{\omega_c', \gamma'\}$ 代入式（4-3-35）有

$$\xi_0 = \frac{\tan\gamma'}{2}\left[\frac{1+(\omega_c'\tau_c)^2}{1+\tan^2\gamma'}\right]^{\frac{1}{4}} = 0.0815,$$

$$\omega_n = \omega_c'\left[\frac{1+(\omega_c'\tau_c)^2}{1+\tan^2\gamma'}\right]^{-\frac{1}{4}} = 92.31\text{rad/s}$$

再查表 3-3-4 有，$t_s \approx \dfrac{4}{\xi\omega_n} = 0.53\text{s}$，$\delta =$ $\text{e}^{-\frac{\xi\pi}{\sqrt{1-\xi^2}}} = 77.34\%$。可见，尽管在控制器中增加了超前环节，如果参数不合适，系统性能改善会有限。

图 4-3-31a、b、c 分别是式（4-3-42）降阶前后闭环系统阶跃响应、闭环伯德图、开环伯德图。可见，实际阶跃响应的性能指标与估算值都是基本吻合的，在工作频段 $(0, \omega_c']$ 上闭环频率特性、开环频率特性都是基本一致的。

另外，比较图 4-3-31d 与图 4-3-29d 知，尽管超前环节提供超前相位，但由于参数选取不合适，其最大超前相位 θ_m 远离 ω_c' 处，使得对 ω_c' 处的相位贡献不大，叠加后对原系统的相位裕度改善不大，从而系统性能也改善不大。

例 4-3-12 试用伯德图分析例 3-4-3 系统的性能。

系统的稳态性与例 3-4-3 一样，为了保证系统斜坡响应的稳态精度，取 $k_c = 340$。

1) 一阶控制器（$T_c > \tau_c$）的性能分析：

取 $\tau_c = T_c/\beta$，$\beta = 45$，$T_c = T_1/l$，$l = 1/600$，此时的开环传递函数为

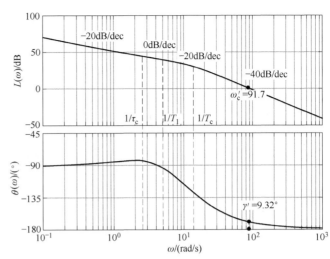

图 4-3-30 式（4-3-42）的伯德图

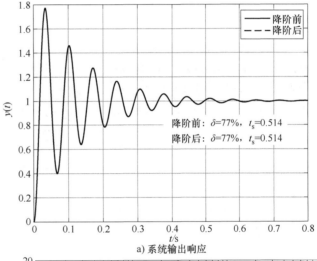

a) 系统输出响应

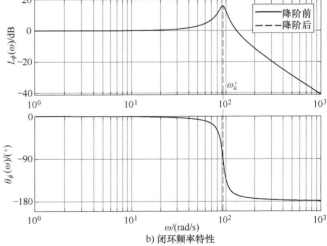

b) 闭环频率特性

图 4-3-31 式（4-3-42）降阶前后的比较

$$Q(s) = k_c G_c(s) G(s) = k_c \frac{\tau_c s + 1}{T_c s + 1} \frac{1}{s(T_1 s + 1)}$$

$$= 340 \frac{2.67s+1}{120s+1} \frac{1}{s(0.2s+1)} \quad (4\text{-}3\text{-}43)$$

其伯德图如图 4-3-32 所示。

由图 4-3-32 可得，幅值穿越频率 $\omega_c' = 5.23\text{rad/s}$，相位裕度 $\gamma' = 39.7°$。可见，在控制器中增加滞后环节（$T_c > \tau_c$），提升了系统的相位裕度，从而会改善系统的平稳性。

下面将其转换为时域指标来证实。首先，对于开环零点 $\{-1/\tau_c\}$ 有

$$\mu_{pz} \approx \left| \frac{1}{\hat{Q}(z_c)} \right| = \left\| \frac{(T_c s+1)s(T_1 s+1)}{k_c} \right\|_{s=-\frac{1}{\tau_c}}$$

$$= \left\| \frac{(120s+1)s(0.2s+1)}{340} \right\|_{s=-\frac{1}{2.67}} = 0.0448$$

由于 μ_{pz} 较小，意味着开环零点 $\{-1/\tau_c\}$ 会与某个闭环极点（近似）对消，系统可以降 1 阶等效；另外，在频段 $(0, 10\omega_c')$ 上只有 3 个开环极点 $\{0, -1/T_1, -1/T_c\}$。综上，该闭环系统可以等效为一个无零点的二阶欠阻尼系统，即

$$\Phi^*(s) = \frac{\omega_n^2}{s^2 + 2\xi\omega_n s + \omega_n^2}, \quad \xi = \xi_0$$

与此对应的开环传递函数为

$$Q^*(s) = \frac{\Phi^*(s)}{1 - \Phi^*(s)} = \frac{\omega_n^2}{s(s + 2\xi\omega_n)}$$

将 $\{\omega_c', \gamma'\}$ 代入式（4-3-35）有

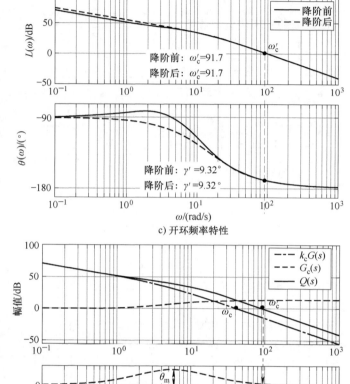

c) 开环频率特性

d) 叠加超前相位

图 4-3-31　式（4-3-42）降阶前后的比较（续）

$$\xi_0 = \frac{\tan\gamma'}{2} \left[\frac{1+(\omega_c'\tau_c)^2}{1+\tan^2\gamma'} \right]^{\frac{1}{4}} = 0.364, \quad \omega_n = \omega_c' \left[\frac{1+(\omega_c'\tau_c)^2}{1+\tan^2\gamma'} \right]^{-\frac{1}{4}} = 5.962\text{rad/s}$$

再查表 3-3-4 有，$t_s \approx \frac{4}{\xi\omega_n} = 1.84\text{s}$，$\delta = e^{-\frac{\xi\pi}{\sqrt{1-\xi^2}}} = 29.3\%$。可见，系统超调量得到明显改善。

图 4-3-33a、b、c 分别是式（4-3-43）降价前后闭环系统阶跃响应、闭环伯德图、开环伯德图。可见，实际阶跃响应的性能指标与估算值都是基本吻合的；在工作频段 $(0, \omega_c']$ 上闭环频率特性是接近的，开环幅值穿越频率、相位裕度是一致的。

另外，比较图 4-3-33d 与图 4-3-27 知，在控制器中增加滞后环节改善系统性能，是由于滞后环节在转折频率 $1/\tau_c$ 之后，提供一个 $-20\lg\beta$（dB）的幅值衰减（相当于减少系统动态增益），将幅值穿越频率由 $\omega_c = 41.1\text{rad/s}$ 降低到了 $\omega_c' = 5.23\text{rad/s}$，间接地改善了原系统的相位裕度（不是通过增加相位，而是利用原系统的相位 θ^*），从而改善了系统的平稳性。但幅值穿越频

率明显减少,系统工作频段变窄,与式(4-3-41)增加超前环节相比,瞬态过程时间 t_s 明显加长。这与图 4-3-29a 和图 4-3-33a 的结果是一致的。

2)l 取不同值时的情况:

取 $\tau_c = T_c/\beta$,$\beta = 45$,$T_c = T_1/l$,$l = 1/60$,此时的开环传递函数为

$$Q(s) = k_c G_c(s) G(s) = k_c \frac{\tau_c s + 1}{T_c s + 1} \frac{1}{s(T_1 s + 1)}$$

$$= 340 \frac{0.2667 s + 1}{12 s + 1} \frac{1}{s(0.2 s + 1)}$$

$$(4\text{-}3\text{-}44)$$

其伯德图如图 4-3-34 所示。

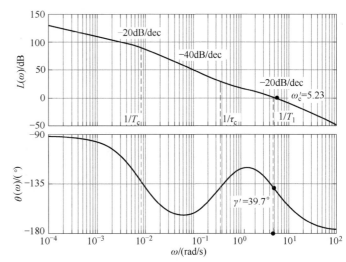

图 4-3-32　式(4-3-43)的伯德图

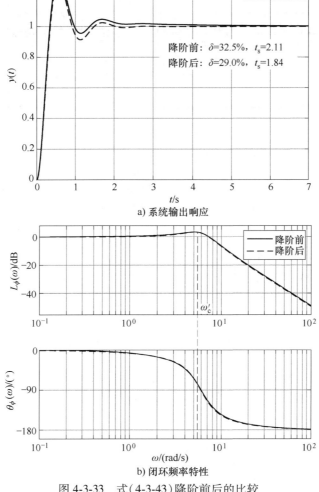

a)系统输出响应

降阶前:$\delta = 32.5\%$,$t_s = 2.11$
降阶后:$\delta = 29.0\%$,$t_s = 1.84$

b)闭环频率特性

图 4-3-33　式(4-3-43)降阶前后的比较

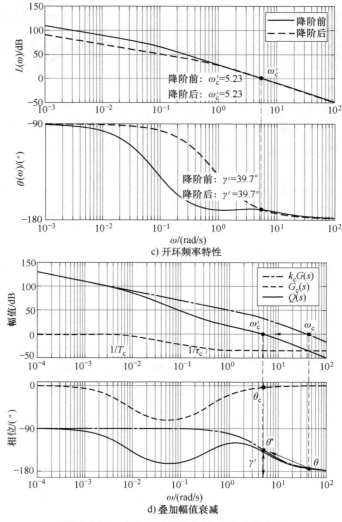

图 4-3-33　式(4-3-43)降阶前后的比较(续)

由图 4-3-34 可得，幅值穿越频率 $\omega_c' = 5.84\mathrm{rad/s}$，相位裕度 $\gamma' = 8.68°$。可见，相位裕度改善不大，系统平稳性的改善也会受限。

将其转换为时域指标。对于开环零点 $\{-1/\tau_c\}$ 有

$$\mu_{pz} \approx \left| \frac{1}{\hat{Q}(z_c)} \right| = \left\| \frac{(T_c s+1)s(T_1 s+1)}{k_c} \right\|_{s=-\frac{1}{\tau_c}} = \left\| \frac{(12s+1)s(0.2s+1)}{340} \right\|_{s=-\frac{1}{0.2667}} = 0.121$$

由于 μ_{pz} 较小，意味着开环零点 $\{-1/\tau_c\}$ 会与某个闭环极点（近似）对消，闭环系统可以等效为一个无零点的二阶欠阻尼系统，即

$$\Phi^*(s) = \frac{\omega_n^2}{s^2+2\xi\omega_n s+\omega_n^2}, \quad \xi=\xi_0$$

与此对应的开环传递函数为

$$Q^*(s) = \frac{\Phi^*(s)}{1-\Phi^*(s)} = \frac{\omega_n^2}{s(s+2\xi\omega_n)}$$

将 $\{\omega_c', \gamma'\}$ 代入式(4-3-35)有

$$\xi_0 = \frac{\tan\gamma'}{2}\left[\frac{1+(\omega_c'\tau_c)^2}{1+\tan^2\gamma'}\right]^{\frac{1}{4}} = 0.0759,$$

$$\omega_n = \omega_c'\left[\frac{1+(\omega_c'\tau_c)^2}{1+\tan^2\gamma'}\right]^{-\frac{1}{4}} = 5.87\text{rad/s}$$

再查表 3-3-4 有, $t_s \approx \dfrac{4}{\xi\omega_n} = 8.98\text{s}$, $\delta =$

$e^{-\frac{\xi\pi}{\sqrt{1-\xi^2}}} = 78.73\%$。可见，超调量仍然较大，说明滞后环节的参数选取不合适。

图 4-3-35a、b、c 分别是式(4-3-44)降价前后闭环系统阶跃响应、闭环伯德图、开环伯德图。可见，实际阶跃响应的性能指标与估算值都是基本吻合的；

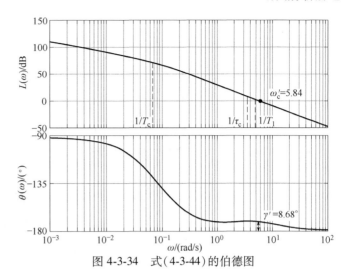

图 4-3-34　式(4-3-44)的伯德图

在工作频段$(0, \omega_c]$上闭环频率特性是接近的，开环幅值穿越频率、相位裕度是一致的。

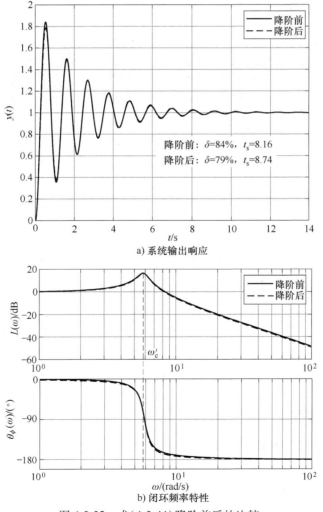

降阶前：$\delta=84\%$, $t_s=8.16$
降阶后：$\delta=79\%$, $t_s=8.74$

a) 系统输出响应

b) 闭环频率特性

图 4-3-35　式(4-3-44)降阶前后的比较

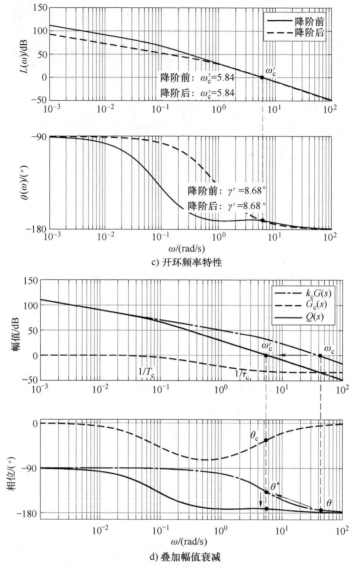

图 4-3-35　式(4-3-44)降阶前后的比较(续)

另外，将图 4-3-35d 与图 4-3-33d 比较知，原希望通过幅值衰减在原相频特性 θ^* 处产生新的相位裕度 $\gamma^* = \pi + \theta^*$，但由于滞后环节本身有滞后相位 $\theta_c < 0$，二者叠加后新的相位裕度 $\gamma = \pi + \theta = \pi + \theta_c + \theta^* = \theta_c + \gamma^*$，将预期的相位裕度 γ^* 又抵消了回去。所以，在使用滞后环节时，应选择合适的参数(转折频率 $1/\tau_c \ll \omega_c'$)，使得其本身的滞后相位 θ_c 不大(图 4-3-33d 中的 $\theta_c \approx 0°$)，这样才会对预期的相位裕度影响不大。这一点在第 5 章还会进一步讨论。

例 4-3-13　试用伯德图分析如下系统的性能：

$$Q(s) = k_c \frac{0.36(0.33s+1)}{s(s+1)(0.5s+1)(0.2s+1)} \ (k_c = 1) \tag{4-3-45}$$

1) 绘制伯德图：

这是一个四阶系统，其伯德图如图 4-3-36 所示。

2) 降阶等效：

由图 4-3-36 可得，幅值穿越频率 $\omega_c = 0.338\text{rad/s}$，相位裕度 $\gamma = 64.3°$。对于零点 $(z_c = -1/0.33)$ 有

$$\mu_{pz} \approx \left| \frac{1}{\hat{Q}(z_c)} \right| = \left| \frac{s(s+1)(0.5s+1)(0.2s+1)}{0.36} \right|_{s=\frac{1}{0.33}} = 3.33$$

由于 μ_{pz} 较大，需要考虑开环零点 z_c 的影响；另外，在频段 $(0, 10\omega_c)$ 上有 3 个开环极点 $\{0, \omega_1, \omega_2\}$，且 $\omega_2/\omega_c = (1/0.5)/0.338 = 5.9$。若忽略 ω_2 的影响，该闭环系统可以等效为一个有零点的二阶欠阻尼系统，即

$$\Phi^*(s) = \frac{\omega_n^2(\tau_c s+1)}{s^2+2\xi\omega_n s+\omega_n^2}, \quad \xi = \xi_0 + \frac{1}{2}\omega_n\tau_c$$

$$(4\text{-}3\text{-}46)$$

与此对应的开环传递函数为

$$Q^*(s) = \frac{\Phi^*(s)}{1-\Phi^*(s)} = \frac{\omega_n^2(\tau_c s+1)}{s(s+2\xi_0\omega_n)}$$

$$(4\text{-}3\text{-}47)$$

将 $\{\omega_c, \gamma, \tau_c\}$ 代入式 (4-3-35) 有

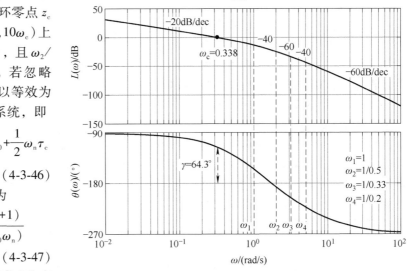

图 4-3-36 例 4-3-13 的伯德图

$$\xi_0 = \frac{\tan\gamma_\tau}{2}\left[\frac{1+(\omega_c\tau_c)^2}{1+\tan^2\gamma_\tau}\right]^{\frac{1}{4}} = 0.583, \quad \omega_n = \omega_c\left[\frac{1+(\omega_c\tau_c)^2}{1+\tan^2\gamma_\tau}\right]^{-\frac{1}{4}} = 0.462\text{rad/s},$$

$$\xi = \xi_0 + \omega_n\tau_c/2 = 0.66, \quad \gamma_\tau = \gamma - \arctan(\omega_c\tau_c) = 57.94°$$

再查表 3-3-4 有

$$c_\tau = \sqrt{1-2\xi\omega_n\tau_c+(\omega_n\tau_c)^2} = 0.907, \quad \beta_\tau = \arccos((1-\xi\omega_n\tau_c)/c_\tau) = 7.43°,$$

$$t_{\tau s} = \frac{4+\ln c_\tau}{\xi\omega_n} = 12.67\text{s}, \quad \delta_\tau = c_\tau \mathrm{e}^{-\frac{\xi}{\sqrt{1-\xi^2}}(\pi-\beta_\tau)} = 6.43\%$$

3) 与根轨迹分析比较：

系统的根轨迹如图 4-3-37 所示，从根轨迹上得到 $k_c = 1$ 对应的闭环极点为 $\bar{p}_{1,2} = \sigma_* \pm \mathrm{j}\omega_* = \xi\omega_n \pm \mathrm{j}\omega_n\sqrt{1-\xi^2} = 0.407 \pm \mathrm{j}0.409$（$\omega_n = \sqrt{0.407^2+0.409^2} = 0.577\text{rad/s}$，$\xi = 0.7$），$\bar{p}_3 = -2.146$，$\bar{p}_4 = -5.04$。由于 $|\bar{p}_3|/|\sigma_*| = 2.146/0.407 > 5$，$|\bar{p}_4|/|\sigma_*| = 5.04/0.407 > 5$，闭环传递函数可等效为

$$\Phi(s) = \frac{Q(s)}{1+Q(s)} = \frac{0.36(0.33s+1)}{s(s+1)(0.5s+1)(0.2s+1)+0.36(0.33s+1)}$$

$$= \frac{0.577^2(0.33s+1)}{s^2+2\times0.7\times0.577s+0.577^2} \cdot \frac{2.146\times5.04}{(s+2.146)(s+5.04)}$$

$$\approx \frac{0.577^2(0.33s+1)}{s^2+2\times0.7\times0.577s+0.577^2}$$

$$(4\text{-}3\text{-}48)$$

查表 3-3-4 有

$$c_\tau = \sqrt{1-2\xi\omega_n\tau_c+(\omega_n\tau_c)^2} = 0.877, \quad \beta_\tau = \arccos((1-\xi\omega_n\tau_c)/c_\tau) = 8.78°$$

$$\begin{cases} t_{\tau s} = \dfrac{4+\ln c_\tau}{\xi\omega_n} = 10.2\text{s} \\[2mm] \delta_\tau = c_\tau \mathrm{e}^{-\frac{\xi}{\sqrt{1-\xi^2}}(\pi-\beta_\tau)} = 4.7\% \end{cases}$$

4）阶跃响应的对比：

图 4-3-38 是原系统式（4-3-45）、频域降阶系统式（4-3-47）、时域降阶系统式（4-3-48）的闭环阶跃响应。

可见，基于伯德图的频域降阶分析和基于根轨迹的时域降阶分析结果与原系统的结果基本一致，但基于根轨迹的时域降阶分析结果更接近实际系统。对比例 4-3-11、例 4-3-12 与例 3-4-2、例 3-4-3，也有同样的结果。其原因与特征是：

1）基于根轨迹的降阶分析是直接对闭环极点进行的，确保了降阶后的传递函数与原系统主导传递函数 $\Phi^*(s)$ 是一致的，从而使得二者的输出响应有较好的一致性。

2）基于伯德图的降阶分析是在开环频率特性上进行的，没有直接对应原系统主导传递函数 $\Phi^*(s)$，只是确保在 $\omega = 0$ 和 $\omega = \omega_c$ 两处的幅频、相频一致，参见式（4-3-38f），没能确保在工作频段上（0，ω_c]任意频点都相等，从图 4-3-29c、图 4-3-31c、图 4-3-33c、图 4-3-35c 降阶前后开环频率特性也可看出这个结果。因而，对闭环系统时域性能是间接保障的。另外，忽略的转折频率（ω_2）未超出十倍程也会带来较大误差。

3）仔细观察，降阶前后开环幅频特性基本接近，但开环相频特性存在较大差

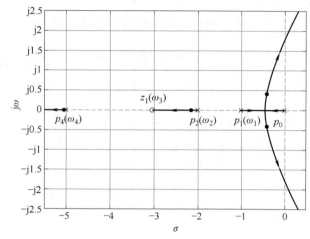

图 4-3-37　例 4-3-13 的根轨迹

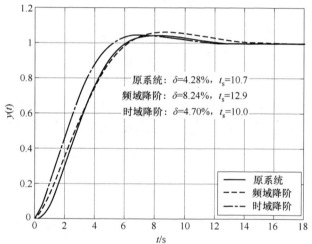

原系统：$\delta=4.28\%$，$t_s=10.7$
频域降阶：$\delta=8.24\%$，$t_s=12.9$
时域降阶：$\delta=4.70\%$，$t_s=10.0$

——— 原系统
----- 频域降阶
—·—· 时域降阶

图 4-3-38　例 4-3-13 降阶前后的系统响应

异。一般情况下，若降阶前后开环幅频、相频特性都接近，其闭环阶跃响应差异小；反之，可能差异会大一些。特别是，原开环传递函数是稳定的，降阶等效后的开环传递函数反而不稳定时（当然，降阶前后闭环传递函数都是稳定的），这种差异可能会更大，需要仔细处理。

4）虽然频域降阶是间接确保系统扩展性能接近，但基于伯德图的降阶分析有其优势，一是开环伯德图是典型环节的叠加，便于增减典型环节，这对控制器的设计十分便利；二是低、中、高三频段的信息可同时呈现，系统性能的全貌一览无余。

因此，对系统性能的分析应综合运用时域与频域的方法。需要注意的是，前面的实例都是最小相位系统。对于非最小相位系统，要注意相频特性的处理，特别是有多个幅值穿越频率时，要逐一进行分析。

与时域分析法一样，频域分析法本质上也是基于线性化模型的。在基于伯德图的性能分析之后，同样需要借助计算机仿真等手段，进一步讨论模型误差、变量值域等工程限制因素对理论分析结果的影响。这一点是不可忽视的。

5. 一类典型的高阶系统

前面的实例分析表明，对许多高阶系统采取一阶、二阶系统等效分析是可行的，但也存在分

析误差较大的情况, 这时就要考虑采取三阶系统进行等效分析。下面先研究一个典型三阶系统的实例, 再将其结论推广到一类典型高阶系统上。

例 4-3-14 取 $G(s) = \dfrac{1}{s(Ts+1)}$, $K(s) = k_P + \dfrac{1}{T_1 s}$, 则开环传递函数为

$$Q(s) = K(s)G(s) = \left(k_P + \frac{1}{T_1 s}\right)\frac{1}{s(Ts+1)} = \frac{k_q(1+s/\omega_2)}{s^2(1+s/\omega_3)} \tag{4-3-49}$$

式中, $k_q = \dfrac{1}{T_1}$, $\omega_2 = \dfrac{1}{k_P T_1}$, $\omega_3 = \dfrac{1}{T}$。试分析系统的性能。

系统开环频率特性为

$$\begin{cases} Q(j\omega) = \dfrac{k_q(1+j\omega/\omega_2)}{-\omega^2(1+j\omega/\omega_3)} \\[2mm] A(\omega) = \dfrac{k_q\sqrt{1+(\omega/\omega_2)^2}}{\omega^2\sqrt{1+(\omega/\omega_3)^2}} \\[2mm] \theta(\omega) = -\pi + \arctan(\omega/\omega_2) - \arctan(\omega/\omega_3) \end{cases} \tag{4-3-50}$$

系统的相位裕度 $\gamma = \pi + \theta(\omega_c) = \arctan(\omega_c/\omega_2) - \arctan(\omega_c/\omega_3)$。

1) 最佳幅值穿越频率与相位裕度:

为了在幅值穿越频率 ω_c 处获得最大的相位裕度, 令 $\left.\dfrac{d\gamma}{d\omega}\right|_{\omega=\omega_c} = 0$, 有

$$\frac{1}{1+(\omega_c/\omega_2)^2}\frac{1}{\omega_2} - \frac{1}{1+(\omega_c/\omega_3)^2}\frac{1}{\omega_3} = 0$$

可推出 $\omega_c^2 = \omega_2\omega_3$, 则

$$\omega_c = \sqrt{\omega_2\omega_3} \tag{4-3-51}$$

取 $H = \omega_3/\omega_2$, 则

$$\begin{cases} \omega_2 = \omega_c/\sqrt{H} \\[2mm] \omega_3 = H\omega_2 = \sqrt{H}\omega_c \end{cases} \tag{4-3-52}$$

$$\omega_c = \sqrt{\omega_2\omega_3} = 1/\sqrt{k_P T_1 T} = 1/(T\sqrt{H}) \tag{4-3-53a}$$

$$\gamma = \arctan\sqrt{H} - \arctan(1/\sqrt{H}) \tag{4-3-53b}$$

或者

$$\tan\gamma = \frac{\sqrt{H} - 1/\sqrt{H}}{1 + \sqrt{H}\times(1/\sqrt{H})} = \frac{1}{2}\left(\sqrt{H} - \frac{1}{\sqrt{H}}\right) \tag{4-3-53c}$$

$$\sin\gamma = \frac{H-1}{H+1}, \quad H = \frac{1+\sin\gamma}{1-\sin\gamma} \tag{4-3-53d}$$

2) 最佳控制器参数 $\{k_P, T_1\}$:

由于 $A(\omega_c) = 1$, 由式 (4-3-50) 可得

$$k_q = \frac{\omega_c^2\sqrt{1+(\omega_c/\omega_3)^2}}{\sqrt{1+(\omega_c/\omega_2)^2}} = \frac{\omega_2\omega_3\sqrt{1+\omega_2/\omega_3}}{\sqrt{1+\omega_3/\omega_2}} = \frac{1}{H^{3/2}T^2} \tag{4-3-54}$$

所以控制器参数 $\{k_P, T_1\}$ 为

$$T_1 = 1/k_q = H^{3/2}T^2 \tag{4-3-55a}$$

$$k_{\mathrm{P}} = \frac{1}{\omega_2 T_1} = \frac{\omega_3}{\omega_2} \frac{1}{\omega_3} \frac{1}{H^{3/2} T^2} = \frac{1}{H^{1/2} T} \qquad (4\text{-}3\text{-}55\mathrm{b})$$

可见，根据需要的相位裕度 γ，由式（4-3-53d）确定 H，再由式（4-3-55）便可确定最佳控制器参数 $\{k_{\mathrm{P}}, T_1\}$。此处最佳的含义是相位裕度 γ 正好对应系统最大相位处。图 4-3-39a、b 分别是取 $H = \{3, 30\}$ 时，在最佳控制器参数 $\{k_{\mathrm{P}}, T_1\}$ 下的开环伯德图，最大相位裕度就在幅值穿越频率处。

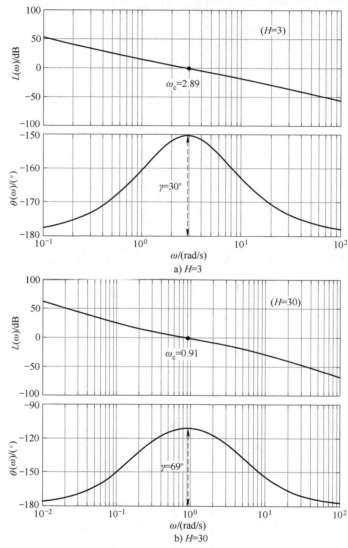

图 4-3-39 典型三阶系统的伯德图

3）闭环系统性能：

闭环传递函数为

$$\Phi(s) = \frac{Q(s)}{1 + Q(s)} = \frac{k_q(1 + s/\omega_2)}{s^2(1 + s/\omega_3) + k_q(1 + s/\omega_2)} = \frac{k_q \omega_3(s/\omega_2 + 1)}{s^3 + \omega_3 s^2 + k_q \omega_3/\omega_2 s + k_q \omega_3}$$

$$= \frac{\omega_{\mathrm{n}}^2(\tau_{\mathrm{c}} s + 1)}{(s^2 + 2\xi\omega_{\mathrm{n}} s + \omega_{\mathrm{n}}^2)(\overline{T}_3 s + 1)} \qquad (4\text{-}3\text{-}56\mathrm{a})$$

式中参数满足

$$\begin{cases} 1/\overline{T}_3 + 2\xi\omega_n = \omega_3 \\ 2\xi\omega_n/\overline{T}_3 + \omega_n^2 = k_q\omega_3/\omega_2 \\ \omega_n^2/\overline{T}_3 = k_q\omega_3 \end{cases} \quad (4\text{-}3\text{-}56b)$$

取 $T = \{2, 0.02\}$，$H = \{3, 30\}$，控制器参数 $\{k_P, T_1\}$ 按式(4-3-55)选取，得到图4-3-40所示的阶跃响应。

由图4-3-40可见，对于不同的被控对象参数(T不同)，若按同样的 H 设计控制器 $\{k_P, T_1\}$，它们的超调量是一致的，与 T 无关，只是瞬态过程时间与 T 有关。由式(4-3-53b)知，同样的 H 有同样的相位裕度，表明这类最佳意义下系统的超调量与相位裕度一一对应。

4) 时域性能指标 $\{\tilde{\delta}, \tilde{t}_s\}$ 与参数 $\{H, \omega_2, \omega_3\}$ 的关系：

由式(4-3-56b)、式(4-3-54)、式(4-3-52)可得

$$\begin{cases} \overline{T}_3 = \dfrac{1}{\omega_3 - 2\xi\omega_n} \\ \omega_n = \dfrac{\omega_3^{3/2}}{H^{3/4}}\overline{T}_3^{1/2} \\ \xi = \dfrac{\overline{T}_3}{2\omega_n}\left(\dfrac{\omega_3^2}{H^{1/2}} - \dfrac{\omega_3^3}{H^{3/2}}\overline{T}_3\right) \end{cases} \quad (4\text{-}3\text{-}57a)$$

联立求解式(4-3-57a)，可由 $\{H, \omega_2, \omega_3\}$ 求出三阶闭环系统参数 $\{\xi, \omega_n, \overline{T}_3\}$，再根据表3-3-5得到时域性能指标 $\{\tilde{\delta}, \tilde{t}_s\}$。

由于式(4-3-57a)的计算需要解三次方程，不是很方便。下面给出一个迭代求解的方法。

首先取一个初始的 $\xi(0)$、$\omega_n(0)$，再按下式迭代：

$$\begin{cases} \overline{T}_3(k+1) = \dfrac{1}{\omega_3 - 2\xi(k)\omega_n(k)} \\ \omega_n(k+1) = \dfrac{\omega_3^{3/2}}{H^{3/4}}\overline{T}_3^{1/2}(k+1) \\ \xi(k+1) = \dfrac{\overline{T}_3(k+1)}{2\omega_n(k+1)}\left(\dfrac{\omega_3^2}{H^{1/2}} - \dfrac{\omega_3^3}{H^{3/2}}\overline{T}_3(k+1)\right) \end{cases}$$
$$(4\text{-}3\text{-}57b)$$

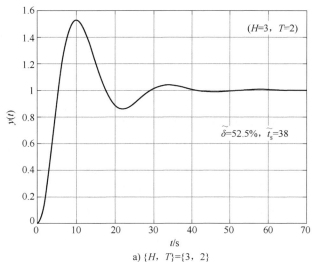

a) $\{H, T\} = \{3, 2\}$

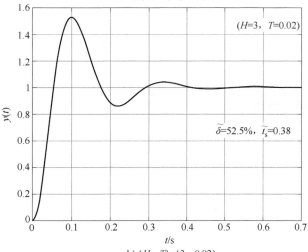

b) $\{H, T\} = \{3, 0.02\}$

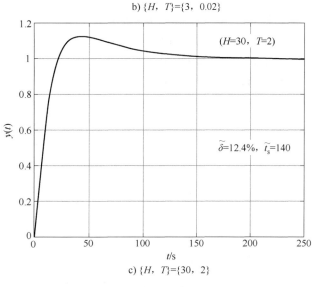

c) $\{H, T\} = \{30, 2\}$

图4-3-40 例4-3-14的阶跃响应

经几轮迭代便可得到参数 $\{\xi, \omega_n, \bar{T}_3\}$。

这样，由开环伯德图得到 $\{H, \omega_3 = 1/T, \omega_2 = 1/\tau_c\}$，再由式(4-3-53)得到开环频域指标 $\{\omega_c, \gamma\}$；经式(4-3-33)估算一个初始的 $\xi(0)$、$\omega_n(0)$，再经式(4-3-57b)的迭代得到闭环系统参数 $\{\xi, \omega_n, \bar{T}_3\}$，最后根据表 3-3-5 便可得到时域性能指标 $\{\tilde{\delta}, \tilde{t}_s\}$。

综上，若控制器按式(4-3-55)取值，式(4-3-49)所示的三阶系统可得到最佳的相位裕度，也就是最佳的频域性能。仔细观察图 4-3-39，系统中频段由转折频率区间 (ω_2, ω_3) 构成，其幅频斜率是 $-20\mathrm{dB/dec}$；H 表示了中频区宽度，且与相位裕度 γ 存在一一对应关系。这揭示了若系统幅频特性的中频段满足这个特征，可获得较好的频域性能，且最佳的相位裕度可通过中频区宽度来设计。下面将这个分析结果推广到更高阶系统中。

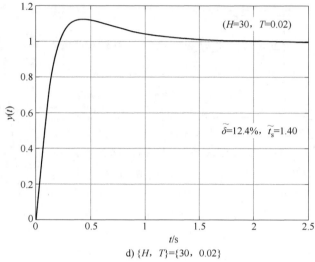

d) $\{H, T\} = \{30, 0.02\}$

图 4-3-40　例 4-3-14 的阶跃响应（续）

不失一般性，令高阶系统的开环传递函数可以分解为

$$Q(s) = Q_1(s) \frac{s/\omega_2 + 1}{s/\omega_3 + 1} Q_4(s) \quad (4\text{-}3\text{-}58)$$

且幅值穿越频率 ω_c 位于转折频率 ω_2、ω_3 之间，即 $\omega_2 < \omega_c < \omega_3$；$Q_1(s)$ 是最小相位的，其分母阶次为 n_1、分子阶次为 m_1；$Q_4(s)$ 中的转折频率都在频段 $(10\omega_c, \infty)$ 之中。令

$$H^- = \omega_c/\omega_2, \quad H^+ = \omega_3/\omega_c, \quad H = H^- H^+$$

式中，H 称为中频区宽度。其伯德图（中频区）如图 4-3-41 所示。

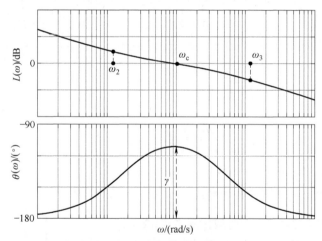

图 4-3-41　一类典型高阶系统的伯德图

在幅值穿越频率 ω_c 处，各部分的相位为

$$\begin{cases} \theta_1 = \angle Q_1(\mathrm{j}\omega_c) \approx -(n_1 - m_1)\pi/2 \\ \theta_{2,3} = \arctan(\omega_c/\omega_2) - \arctan(\omega_c/\omega_3) \\ \theta_4 = \angle Q_4(\mathrm{j}\omega_c) \approx 0 \end{cases} \quad (4\text{-}3\text{-}59\mathrm{a})$$

则

$$\theta = \theta_1 + \theta_{2,3} + \theta_4 \approx -(n_1 - m_1)\pi/2 + \arctan(\omega_c/\omega_2) - \arctan(\omega_c/\omega_3) \quad (4\text{-}3\text{-}59\mathrm{b})$$

系统的相位裕度为

$$\gamma = \pi + \theta \approx \pi - (n_1 - m_1)\pi/2 + \arctan(\omega_c/\omega_2) - \arctan(\omega_c/\omega_3) \quad (4\text{-}3\text{-}60)$$

由式(4-3-60)可推知：

1）为了保证闭环系统稳定，$\gamma > 0$，需要 $n_1 - m_1 \leq 2$。这就意味着，在中频区段幅值斜率会在

−20dB/dec ~ −40dB/dec。

2）对比式（4-3-49）与式（4-3-58），三阶系统是它的一个特例，相当于取 $Q_1(s) = k_q/s^2$，$n_1 = 2$，$m_1 = 0$；$Q_4(s) = 1$。

同样，为了在幅值穿越频率 ω_c 处获得最大的相位裕度，令 $\left.\dfrac{\mathrm{d}\gamma}{\mathrm{d}\omega}\right|_{\omega=\omega_c} = 0$，与式（4-3-51）的推导完全一样，有

$$\omega_c = \sqrt{\omega_2\omega_3} \tag{4-3-61a}$$

取 $H = \omega_3/\omega_2$，则

$$\begin{cases} \omega_2 = \omega_c/\sqrt{H} \\ \omega_3 = H\omega_2 = \sqrt{H}\omega_c \end{cases} \tag{4-3-61b}$$

从而有

$$\gamma = \pi + \theta \approx \pi - (n_1 - m_1)\pi/2 + \arctan\sqrt{H} - \arctan(1/\sqrt{H}) \tag{4-3-61c}$$

式中，H 为中频区宽度。

与式（4-3-49）所示的三阶系统一样，由开环伯德图得到 $\{H, \omega_3 = 1/T, \omega_2 = 1/\tau_c\}$，再由式（4-3-61）得到开环频域指标 $\{\omega_c, \gamma\}$；经式（4-3-33）估算一个初始的 $\xi(0)$、$\omega_n(0)$，再经式（4-3-57b）的迭代得到三阶闭环系统参数 $\{\xi, \omega_n, \overline{T}_3\}$，最后再根据表 3-3-5 得到时域性能指标 $\{\tilde{\delta}, \tilde{t}_s\}$。

前面的分析表明，高阶系统的频域指标与时域指标的关系可以采用典型的一阶、二阶系统进行等效分析。如果分析偏差较大，而高阶系统满足式（4-3-58）、式（4-3-59）的要求，可采用典型的三阶系统进行等效分析，此时系统扩展性能主要由中频区决定。如果中频区有足够的宽度，其幅频斜率是 −20dB/dec，在幅值穿越频率 ω_c 处可获得最佳的相位裕度，且相位裕度 γ 可由中频区宽度 H 给出。这一特征将为设计最佳期望频率特性提供依据，在第 5 章控制器设计还会进一步讨论。

4.4　闭环频域指标与分析

频域分析法基本上是建立在开环频率特性之上，通过开环频率特性指标来反映闭环系统的性能。在实际工程分析时，有些场合也希望从闭环频率特性提出性能的要求，这需要建立起闭环频域指标与开环频域指标之间的关系。

4.4.1　闭环频域指标

不失一般性，仍然考虑图 4-1-1 所示的反馈系统，开环传递函数为 $Q(s)$，开环频率特性为
$$Q(\mathrm{j}\omega) = \mathrm{Re}(\omega) + \mathrm{j}\mathrm{Im}(\omega) = A(\omega)\mathrm{e}^{\mathrm{j}\theta(\omega)}$$
闭环传递函数与闭环频率特性为
$$\Phi(s) = \frac{Q(s)}{1+Q(s)}$$

$$\begin{cases} \Phi(\mathrm{j}\omega) = \dfrac{Q(\mathrm{j}\omega)}{1+Q(\mathrm{j}\omega)} = \mathrm{Re}_\phi(\omega) + \mathrm{j}\mathrm{Im}_\phi(\omega) = A_\phi(\omega)\mathrm{e}^{\mathrm{j}\theta_\phi(\omega)} \\[2mm] A_\phi(\omega) = \sqrt{\mathrm{Re}_\phi^2(\omega) + \mathrm{Im}_\phi^2(\omega)} \\[2mm] \theta_\phi(\omega) = \arctan\dfrac{\mathrm{Im}_\phi(\omega)}{\mathrm{Re}_\phi(\omega)} \end{cases} \tag{4-4-1}$$

闭环幅频、相频特性与开环幅频、相频特性的关系为

$$\Phi(j\omega) = \frac{A(\omega)e^{j\theta(\omega)}}{1+A(\omega)e^{j\theta(\omega)}} = \frac{A(\omega)(\cos\theta(\omega)+j\sin\theta(\omega))}{1+A(\omega)(\cos\theta(\omega)+j\sin\theta(\omega))}$$

$$= \frac{A(\omega)\cos\theta(\omega)+jA(\omega)\sin\theta(\omega)}{1+A(\omega)\cos\theta(\omega)+jA(\omega)\sin\theta(\omega)}$$

$$A_\phi(\omega) = \frac{A(\omega)}{\sqrt{(1+A(\omega)\cos\theta(\omega))^2+(A(\omega)\sin\theta(\omega))^2}}$$

$$= \frac{A(\omega)}{\sqrt{1+2A(\omega)\cos\theta(\omega)+A^2(\omega)}} \tag{4-4-2a}$$

$$\theta_\phi(\omega) = \theta(\omega) - \arctan\frac{A(\omega)\sin\theta(\omega)}{1+A(\omega)\cos\theta(\omega)} \tag{4-4-2b}$$

可见，开环相频特性 $\theta(\omega)$ 会影响闭环幅频特性 $A_\phi(\omega)$，开环幅频特性 $A(\omega)$ 也会影响闭环相频特性 $\theta_\phi(\omega)$。闭环频率特性的研究变得相对复杂了。下面先考查闭环频率特性的基本特征，再给出反映闭环频率特性的性能指标。

1. 闭环频率特性的基本特征

先看一个具体例子，若开环传递函数 $Q(s) = \dfrac{1}{s(0.5s^2+s+1)}$，则

$$Q(j\omega) = \frac{1}{j\omega(-0.5\omega^2+j\omega+1)}$$

$$A(\omega) = \frac{1}{\sqrt{\omega^2((1-0.5\omega^2)^2+\omega^2)}}$$

$$\theta(\omega) = -\frac{\pi}{2} - \arctan\frac{\omega}{1-0.5\omega^2}$$

闭环系统传递函数与闭环频率特性为

$$\Phi(s) = \frac{Q(s)}{1+Q(s)} = \frac{1}{0.5s^3+s^2+s+1}$$

$$\Phi(j\omega) = \frac{1}{0.5(j\omega)^3+(j\omega)^2+j\omega+1} = \frac{1}{(1-\omega^2)+j(\omega-0.5\omega^3)}$$

$$A_\phi(\omega) = \frac{1}{\sqrt{(1-\omega^2)^2+(\omega-0.5\omega^3)^2}} \tag{4-4-3a}$$

$$L_\phi(\omega) = -20\lg\sqrt{(1-\omega^2)^2+(\omega-0.5\omega^3)^2} \tag{4-4-3b}$$

$$\theta_\phi(\omega) = -\arctan\frac{\omega-0.5\omega^3}{1-\omega^2} \tag{4-4-3c}$$

绘制闭环幅频特性 $A_\phi(\omega)$、闭环相频特性 $\theta_\phi(\omega)$，如图 4-4-1 所示。

由图 4-4-1 看出，闭环频率特性主要特征在于：

1）应有尽可能宽的满足幅值 $A_\phi(\omega) \approx 1$ 的工作频段，以保证系统稳态输出能跟踪更宽频率的输入信号。

2）在 $\theta_\phi(\omega) = -\pi$ 线下的幅值 $A_\phi(\omega) < 1$，以保证闭环系统稳定。否则，对于 $\theta_\phi(\omega) = -\pi$ 线下的频率信号，系统的"负反馈"在该频率上实际上成为了"正反馈"，若该频率的幅值 $A_\phi(\omega) > 1$，将产生自激，导致系统不稳定。

3）在工作频段上，幅值 $A_\phi(\omega)$ 尽量不大于 1，使系统有好的平稳性；在非工作频段上，幅值 $A_\phi(\omega)$ 尽量小于 1，使系统有好的高频抗扰性。

2. 典型的闭环频域指标

（1）零频值 $A_\phi(0)$

零频值 $A_\phi(0)$ 反映闭环系统稳态性能，与开环传递函数静态增益以及是否含有积分因子密切关联。

若 $Q(s)=\dfrac{1}{s^v}\overline{Q}(s)$，$Q(\mathrm{j}\omega)=\dfrac{1}{(\mathrm{j}\omega)^v}\overline{Q}(\mathrm{j}\omega)$，则

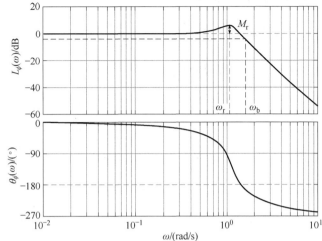

图 4-4-1 式（4-4-3）的闭环频率特性

$$A_\phi(\omega)=\frac{\mid Q(\mathrm{j}\omega)\mid}{\mid 1+Q(\mathrm{j}\omega)\mid}=\frac{\dfrac{1}{(\mathrm{j}\omega)^v}\overline{Q}(\mathrm{j}\omega)}{1+\dfrac{1}{(\mathrm{j}\omega)^v}\overline{Q}(\mathrm{j}\omega)}$$

$$A_\phi(0)=\left.\frac{\dfrac{1}{(\mathrm{j}\omega)^v}\overline{Q}(\mathrm{j}\omega)}{1+\dfrac{1}{(\mathrm{j}\omega)^v}\overline{Q}(\mathrm{j}\omega)}\right|_{\omega\to 0}=\begin{cases}\dfrac{\overline{Q}(0)}{1+\overline{Q}(0)} & v=0\\[2mm] 1 & v\geqslant 1\end{cases}$$

（2）闭环带宽 ω_b

闭环带宽 ω_b 反映闭环系统可以工作的频率范围。以零频值 $A_\phi(0)$ 为基准，幅值衰减到 $\dfrac{\sqrt{2}}{2}A_\phi(0)$ 之前的频率范围，都认为是可正常工作的频率范围，即闭环带宽 ω_b 满足

$$A_\phi(\omega_b)=\frac{\sqrt{2}}{2}A_\phi(0) \tag{4-4-4a}$$

或者

$$20\lg A_\phi(\omega_b)-20\lg A_\phi(0)=20\lg\frac{\sqrt{2}}{2}\approx -3\mathrm{dB} \tag{4-4-4b}$$

闭环带宽 ω_b 与开环幅值穿越频率 ω_c、相位穿越频率 ω_π 有着密切关系。闭环带宽 ω_b 越宽，意味着对于变化快的信号都能（基本）不衰减地跟上，闭环系统的快速性一定越好。当然，从抑制高频噪声的角度讲，希望闭环带宽 ω_b 窄。

（3）谐振峰值 M_r

由图 4-4-1 知，在有些频率上 $A_\phi(\omega)>1$，这在工程上是要尽量避免的。出现这种情况的原因是，每一个系统都有自己的固有频率，当外部信号的频率与其匹配时，就会发生谐振现象，这时系统将出现谐振峰值。记谐振频率为 ω_r，则谐振峰值 M_r 满足

$$\left.\frac{\mathrm{d}A_\phi(\omega)}{\mathrm{d}\omega}\right|_{\omega=\omega_r}=0 \tag{4-4-5a}$$

$$M_r=A_\phi(\omega_r) \tag{4-4-5b}$$

一般情况下，谐振频率 ω_r 会在闭环带宽频率 ω_b 附近，此处闭环系统一般有较大的滞后相位，靠近 $-\pi$ 线，若谐振峰值 $M_r>1$，将影响闭环系统的（相对）稳定性。

4.4.2 闭环频域特性分析

零频值 $A_\phi(0)$、闭环带宽 ω_b 与谐振峰值 M_r 是闭环频域的三个主要指标，简明且直观地反映了闭环系统的性能。下面建立闭环频域指标与开环频域指标以及时域指标之间的关系。

1. 低阶闭环频域特性分析

对于一阶系统，不失一般性，令

开环传递函数 $Q(s) = \dfrac{k_q}{Ts}$，一阶闭环系

统传递函数 $\Phi(s) = \dfrac{1}{Ts+1}$，其频率特

性为

$$\Phi(j\omega) = \frac{1}{j\omega \overline{T}+1}$$

$$A_\phi(\omega) = \frac{1}{\sqrt{1+(\omega\overline{T})^2}}$$

$$L_\phi(\omega) = -20\lg\sqrt{1+(\omega\overline{T})^2}$$

$$\theta_\phi(\omega) = -\arctan(\omega\overline{T})$$

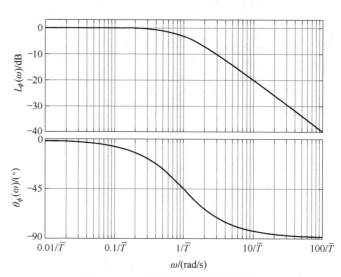

图 4-4-2　一阶闭环系统频率特性

其闭环频率特性如图 4-4-2 所示。

显见，零频值 $A_\phi(0)=1$。由式(4-4-4a)有

$$A_\phi(\omega_b) = \frac{1}{\sqrt{1+(\omega_b\overline{T})^2}} = \frac{\sqrt{2}}{2}A_\phi(0) = \frac{\sqrt{2}}{2}, \quad \omega_b\overline{T}=1$$

闭环带宽为 $\omega_b = \dfrac{1}{\overline{T}}$。

由于 $\dfrac{dA_\phi(\omega)}{d\omega} = -\dfrac{1}{2}\dfrac{\overline{T}}{(\sqrt{1+(\omega\overline{T})^2})^3} \neq 0(\forall\omega)$，所以，一阶系统不存在谐振频率，不会发生谐振。

考虑式(4-3-24)、式(4-3-26)，一阶系统的闭环带宽 ω_b 与幅值穿越频率 ω_c 相等，即

$$\omega_b = \omega_c \tag{4-4-6}$$

一阶系统时域指标主要是快速性，常以瞬态过程时间 t_s 来描述。由式(3-3-4)有

$$t_s \approx 4\overline{T} = 4/\omega_b = 4/\omega_c \tag{4-4-7}$$

对于二阶系统，不失一般性，令开环传递函数 $Q(s) = \dfrac{\omega_n^2(\tau_c s+1)}{s(s+2\xi_0\omega_n)}$，二阶闭环系统传递函

数为

$$\Phi(s) = \frac{\omega_n^2(\tau_c s+1)}{s^2+2\xi\omega_n s+\omega_n^2}, \quad \xi = \xi_0 + \frac{1}{2}\omega_n\tau_c$$

令 $\overline{\omega} = \omega/\omega_n$，$\tau_{nc} = \omega_n\tau_c$，其闭环频率特性为

$$\Phi(j\omega) = \frac{\omega_n^2(1+j\omega\tau_c)}{\omega_n^2-\omega^2+j2\xi\omega_n\omega} = \frac{1+j\overline{\omega}\tau_{nc}}{1-\overline{\omega}^2+j2\xi\overline{\omega}} \tag{4-4-8a}$$

$$A_\phi(\overline{\omega}) = \frac{\sqrt{1+(\overline{\omega}\tau_{nc})^2}}{\sqrt{(1-\overline{\omega}^2)^2+(2\xi\overline{\omega})^2}} \tag{4-4-8b}$$

$$L_\phi(\overline{\omega}) = 20\lg\sqrt{1+(\overline{\omega}\tau_{nc})^2} - 20\lg\sqrt{(1-\overline{\omega}^2)^2+(2\xi\overline{\omega})^2} \tag{4-4-8c}$$

$$\theta_\phi(\overline{\omega}) = \arctan(\overline{\omega}\tau_{nc}) - \arctan(2\xi\overline{\omega}/(1-\overline{\omega}^2)) \tag{4-4-8d}$$

其闭环频率特性如图 4-4-3 所示。

（1）闭环带宽 ω_b

显见，零频值 $A_\phi(0)=1$。令 $\omega_{nb} = \omega_b/\omega_n$，由式（4-4-4a）有

$$A_\phi(\omega_{nb}) = \frac{\sqrt{1+(\omega_{nb}\tau_{nc})^2}}{\sqrt{(1-\omega_{nb}^2)^2+(2\xi\omega_{nb})^2}}$$

$$= \frac{\sqrt{2}}{2}A_\phi(0) = \frac{\sqrt{2}}{2}$$

则

$$(1-\omega_{nb}^2)^2+(2\xi\omega_{nb})^2 = 2[1+(\omega_{nb}\tau_{nc})^2],$$

$$\omega_{nb}^4-2(1-2\xi^2+\tau_{nc}^2)\omega_{nb}^2-1 = 0$$

$$\omega_{nb}^2 = \frac{2(1-2\xi^2+\tau_{nc}^2)\pm\sqrt{4(1-2\xi^2+\tau_{nc}^2)^2+4}}{2}$$

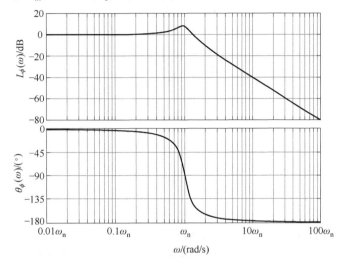

图 4-4-3　二阶闭环系统频率特性

$$\omega_{nb} = (1-2\xi^2+\tau_{nc}^2)+\sqrt{(1-2\xi^2+\tau_{nc}^2)^2+1} \tag{4-4-9a}$$

从而闭环带宽为

$$\omega_b = \left[(1-2\xi^2+\tau_{nc}^2)+\sqrt{(1-2\xi^2+\tau_{nc}^2)^2+1}\right]\omega_n \tag{4-4-9b}$$

（2）谐振频率 ω_r 与谐振峰值 M_r

由式（4-4-8b）对 $\overline{\omega}$ 求导，并命其导数为 0，有

$$\frac{dA_\phi(\overline{\omega})}{d\overline{\omega}} = \frac{[(1-\overline{\omega}^2)^2+(2\xi\overline{\omega})^2]2\tau_{nc}^2\overline{\omega}-[1+(\overline{\omega}\tau_{nc})^2]4\overline{\omega}(\overline{\omega}^2-1+2\xi^2)}{2\sqrt{1+(\overline{\omega}\tau_{nc})^2}[(1-\overline{\omega}^2)^2+(2\xi\overline{\omega})^2]^{3/2}} = 0 \tag{4-4-10}$$

若 $\tau_c=0$，$\xi=\xi_0$，则由式（4-4-10）可得

$$\overline{\omega}^2-1+2\xi^2 = 0, \quad \overline{\omega}^2 = 1-2\xi^2$$

可推出谐振频率 ω_r 与谐振峰值 M_r 为

$$\omega_{nr} = \omega_r/\omega_n = \sqrt{1-2\xi^2}, \quad \omega_r = \omega_n\sqrt{1-2\xi^2}\ (0<\xi<\sqrt{2}/2)$$

$$M_r = A_\phi(\omega_{nr}) = \frac{1}{\sqrt{(1-\omega_{nr}^2)^2+(2\xi\omega_{nr})^2}}$$

$$= \frac{1}{\sqrt{(2\xi^2)^2+(2\xi\sqrt{1-2\xi^2})^2}} = \frac{1}{2\xi\sqrt{1-\xi^2}}$$

或者

$$\omega_n = \omega_r\left(1-\frac{1}{M_r^2}\right)^{-\frac{1}{4}}, \quad \omega_r^2 = \omega_n^2\sqrt{1-\frac{1}{M_r^2}}, \quad \xi = \frac{\sqrt{2}}{2}\sqrt{1-\sqrt{1-\frac{1}{M_r^2}}}$$

注意，在 $\tau_c=0$ 时，二阶系统只会在 $0<\xi=\xi_0<\sqrt{2}/2$ 时才会出现谐振峰值。

若 $\tau_c \neq 0$，$\xi = \xi_0 + \dfrac{1}{2}\omega_n\tau_c$，则由式（4-4-10）知，谐振频率 ω_r 与谐振峰值 M_r 应满足

$$\left[(1-\omega_{nr}^2)^2+(2\xi\omega_{nr})^2\right]2\tau_{nc}^2\omega_{nr}-\left[1+(\omega_{nr}\tau_{nc})^2\right]4\omega_{nr}(\omega_{nr}^2-1+2\xi^2)=0 \qquad (4\text{-}4\text{-}11a)$$

或者

$$\frac{\tau_{nc}^2}{2(\omega_{nr}^2-1+2\xi^2)}=\frac{1+(\omega_{nr}\tau_{nc})^2}{(1-\omega_{nr}^2)^2+(2\xi\omega_{nr})^2}=M_r^2 \qquad (4\text{-}4\text{-}11b)$$

上式后面等号用到式（4-4-8b）。由式（4-4-11b）可推出

$$\begin{cases}\left[1+(\omega_{nr}\tau_{nc})^2\right]2(\omega_{nr}^2-1+2\xi^2)=\left[(1-\omega_{nr}^2)^2+(2\xi\omega_{nr})^2\right]\tau_{nc}^2\\ 2M_r^2(\omega_{nr}^2-1+2\xi^2)=\tau_{nc}^2\end{cases}$$

$$\begin{cases}\tau_{nc}^2\omega_{nr}^4+2\omega_{nr}^2=\left[2(1-2\xi^2)+\tau_{nc}^2\right]\\ 1-2\xi^2=\omega_{nr}^2-\dfrac{\tau_{nc}^2}{2M_r^2}\end{cases}$$

$$\begin{cases}(\omega_{nr}\tau_{nc})^4+2(\omega_{nr}\tau_{nc})^2=\left[2(1-2\xi^2)+\tau_{nc}^2\right]\tau_{nc}^2\\ 1-2\xi^2=\dfrac{(\omega_{nr}\tau_{nc})^2}{\tau_{nc}^2}-\dfrac{\tau_{nc}^2}{2M_r^2}\end{cases} \qquad (4\text{-}4\text{-}11c)$$

令 $\omega_{nr}\tau_{nc}=\omega_r\tau_c=\alpha$，由式（4-4-11c）可得

$$\alpha^4+2\alpha^2=\left[2\left(\frac{\alpha^2}{\tau_{nc}^2}-\frac{\tau_{nc}^2}{2M_r^2}\right)+\tau_{nc}^2\right]\tau_{nc}^2=2\alpha^2+\left(1-\frac{1}{M_r^2}\right)\tau_{nc}^4$$

$$\left(1-\frac{1}{M_r^2}\right)(\omega_n\tau_c)^4=\alpha^4=(\omega_r\tau_c)^4$$

$$\omega_n=\omega_r\left(1-\frac{1}{M_r^2}\right)^{-\frac{1}{4}},\quad \omega_r^2=\omega_n^2\sqrt{1-\frac{1}{M_r^2}} \qquad (4\text{-}4\text{-}12a)$$

再代入式（4-4-11c）得

$$\xi^2=\frac{1}{2}\left[1-\frac{(\omega_{nr}\tau_{nc})^2}{\tau_{nc}^2}+\frac{\tau_{nc}^2}{2M_r^2}\right]=\frac{1}{2}\left[1-\frac{\omega_r^2}{\omega_n^2}+\frac{\omega_n^2}{\omega_r^2}\frac{\omega_r^2\tau_c^2}{2M_r^2}\right]$$

$$=\frac{1}{2}\left[1-\sqrt{1-\frac{1}{M_r^2}}+\frac{1}{M_r\sqrt{M_r^2-1}}\frac{\omega_r^2\tau_c^2}{2}\right]$$

$$\xi=\frac{\sqrt{2}}{2}\sqrt{1-\sqrt{1-\frac{1}{M_r^2}}+\frac{1}{M_r\sqrt{M_r^2-1}}\frac{\omega_r^2\tau_c^2}{2}} \qquad (4\text{-}4\text{-}12b)$$

（3）由闭环频域指标 $\{\omega_b,\omega_r,M_r\}$ 求开环频域指标 $\{\omega_c,\gamma\}$、时域指标 $\{\delta,t_s\}$

若闭环频率特性出现谐振，则可由闭环频域指标 $\{\omega_r,M_r\}$，依据式（4-4-12）得到系统参数 $\{\omega_n,\xi\}$，进而通过式（4-3-31）、表3-3-4得到开环频域指标 $\{\omega_c,\gamma\}$、时域指标 $\{\delta,t_s\}$。

若 $\tau_c=0$，对式（4-4-12）、式（4-3-31）进行计算可得表4-4-1。

表 4-4-1　$\{\omega_r,M_r\}$ 与 $\{\omega_c,\gamma\}$

ξ	0.05	0.1	0.2	0.3	0.4	0.5	0.6	0.7
ω_r/ω_c	0.999	0.999	0.998	0.990	0.965	0.899	0.739	0.218
M_r	10.01	5.025	2.551	1.747	1.364	1.155	1.042	1.000
$1/\sin\gamma$	10.02	5.051	2.602	1.823	1.463	1.272	1.164	1.102

可见，$\{\omega_r, M_r\}$ 与 $\{\omega_c, \gamma\}$ 有如下近似关系：

$$\begin{cases} \omega_r \approx \omega_c \\ M_r \approx \dfrac{1}{\sin\gamma} \quad (0 < \xi < 0.7) \\ \sin\gamma \approx \dfrac{1}{M_r} \end{cases} \tag{4-4-13}$$

若闭环频率特性不出现谐振，闭环频域指标只有 $\{\omega_b\}$，以此来推断开环频域指标 $\{\omega_c, \gamma\}$、时域指标 $\{\delta, t_s\}$ 是有困难的，需要增加其他信息。若同时知道开环幅值穿越频率 ω_c，联立式(4-4-9b)、式(4-3-31a)，即

$$\begin{cases} \omega_b = \omega_n \left[(1 - 2\xi^2 + \tau_{nc}^2) + \sqrt{(1 - 2\xi^2 + \tau_{nc}^2)^2 + 1} \right], \xi = \xi_0 + \dfrac{1}{2}\tau_{nc} \\ \omega_c = \omega_n \sqrt{\sqrt{4\left(\xi_0^2 - \dfrac{\tau_{nc}^2}{4}\right)^2 + 1} - 2\left(\xi_0^2 - \dfrac{\tau_{nc}^2}{4}\right)} \end{cases} \tag{4-4-14}$$

由 $\{\omega_b, \omega_c\}$ 可求解得到系统参数 $\{\omega_n, \xi\}$，进而得到时域指标 $\{\delta, t_s\}$。

若 $\tau_c = 0$，式(4-4-14)可简化为

$$\frac{\omega_b}{\omega_c} = \frac{\sqrt{1 - 2\xi^2 + \sqrt{(1 - 2\xi^2)^2 + 1}}}{\sqrt{\sqrt{4\xi^4 + 1} - 2\xi^2}} \tag{4-4-15a}$$

由式(4-4-15a)可求得阻尼比 ξ，再代入式(4-3-32b)有如下的相位裕度：

$$\gamma = \arctan\frac{2\xi}{\sqrt{\sqrt{4\xi^4 + 1} - 2\xi^2}} \tag{4-4-15b}$$

图4-4-4是 ω_b/ω_c、γ 与 ξ 的关系曲线。当取不同的 ξ 时，对应的 ω_b/ω_c、γ 的值如表4-4-2所示。

表4-4-2　ω_b/ω_c、γ 与 ξ

ξ	0.05	0.1	0.2	0.3	0.4	0.5	0.6	0.7	0.8	0.9	1
ω_b/ω_c	1.555	1.558	1.572	1.590	1.608	1.618	1.605	1.553	1.554	1.400	1.325
$\gamma/(°)$	5.725	11.42	22.60	33.27	43.12	51.83	59.19	65.16	69.86	73.51	76.35

由图4-4-4和表4-4-2可知，ω_b/ω_c、γ 与 ξ 有如下近似关系：

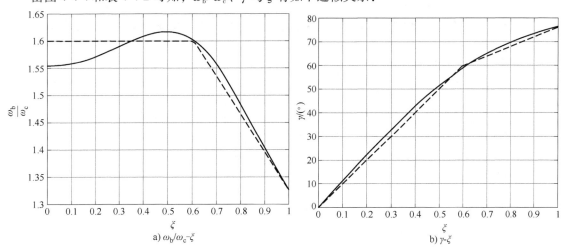

a) ω_b/ω_c-ξ　　　　　　　　　　　b) γ-ξ

图4-4-4　ω_b/ω_c、γ 与 ξ 的关系曲线

$$\frac{\omega_b}{\omega_c} \approx \begin{cases} 1.6 & 0 < \xi < 0.6 \\ 2.025 - 0.7\xi & 0.6 \leqslant \xi < 1 \end{cases} \tag{4-4-15c}$$

$$\gamma \approx \begin{cases} 100\xi & 0 < \xi \leqslant 0.6 \\ 40.86\xi + 35.48 & 0.6 < \xi < 1 \end{cases} \tag{4-4-15d}$$

注意，式(4-4-15d)中 γ 的量纲单位是度(°)。

2. 高阶闭环频域特性分析

从前面的讨论看出，二阶系统的闭环频域指标公式已比较复杂，可以想见，高阶系统的闭环频域指标公式将更加复杂。

若高阶系统发生谐振，取 $\gamma(\omega) = \pi + \theta(\omega)$，$\theta(\omega) = -\pi + \gamma(\omega)$，将其代入式(4-4-2a)有

$$\begin{aligned} A_\phi(\omega) &= \frac{A(\omega)}{\sqrt{1 + 2A(\omega)\cos(-\pi + \gamma(\omega)) + A^2(\omega)}} \\ &= \frac{1}{\sqrt{\left(\dfrac{1}{A(\omega)} - \cos\gamma(\omega)\right)^2 + \sin^2\gamma(\omega)}} \end{aligned} \tag{4-4-16}$$

为了使 $A_\phi(\omega)$ 取得极大值，应尽量使式(4-4-16)的分母小，故在谐振频率 ω_r 处，近似有

$$\frac{1}{A(\omega_r)} - \cos\gamma(\omega_r) \approx 0 \tag{4-4-17a}$$

则

$$M_r = A_\phi(\omega_r) \approx \frac{1}{\sin\gamma(\omega_r)} \approx \frac{1}{\sin\gamma(\omega_c)} \quad (\omega_r \approx \omega_c) \tag{4-4-17b}$$

可见，与式(4-4-13)有相通之处。

若实际的相位裕度满足式(4-4-17b)，表明高阶系统可近似为二阶系统。此时，以高阶系统的 $\{\omega_r, M_r\}$ 代入式(4-4-12)得到系统参数 $\{\omega_n, \xi\}$，进而通过式(4-3-31)、表3-3-4可得到开环频域指标 $\{\omega_c, \gamma\}$、时域指标 $\{\delta, t_s\}$。

若高阶系统不发生谐振，除了得到闭环带宽 ω_b，还需增加开环幅值穿越频率 ω_c。若 $\omega_b \approx \omega_c$，可等效为一阶系统进行分析，参见式(4-4-6)、式(4-4-7)；否则，可等效为二阶系统进行分析，参见式(4-4-14)、式(4-4-15)。

例 4-4-1 已知开环传递函数为 $Q(s) = \dfrac{s+1}{s^2(0.1s+1)}$，试估算系统的性能指标。

闭环传递函数为 $\varPhi(s) = \dfrac{Q(s)}{1+Q(s)} = \dfrac{s+1}{0.1s^3 + s^2 + s + 1}$。

1）绘制闭环伯德图，如图4-4-5a所示。从图中可得

$\omega_b = 1.97\text{rad/s}$，$\omega_r = 0.88\text{rad/s}$，$M_r = 1.58$ 或者 $M_r = 20\lg 1.58 = 3.973\text{dB}$

2）绘制开环伯德图，如图4-4-5b所示。从图中可得

$$\omega_c = 1.26\text{rad/s}，\gamma = 44.46°$$

3）估算时域指标：

由于 $\dfrac{1}{\sin\gamma} = 1.43 \approx M_r$，可采用二阶系统进行等效分析。由于

$$\mu_{pz} \approx \left| \frac{1}{\hat{Q}(z_c)} \right| = \left| s^2(0.1s+1) \right| \Big|_{s=-1} = 0.9$$

需要考虑零点环节 $(s+1)$ 的影响, $\tau_c = 1s$。

由式 $(4\text{-}4\text{-}12)$ 可得

$$\omega_n = \omega_r \left(1 - \frac{1}{M_r^2}\right)^{-\frac{1}{4}} = 1 \text{rad/s}$$

$$\xi = \frac{\sqrt{2}}{2}\sqrt{1 - \sqrt{1 - \frac{1}{M_r^2}} + \frac{1}{M_r\sqrt{M_r^2-1}}\frac{\omega_r^2\tau_c^2}{2}} = 0.4615$$

再查表 3-3-4(有零点的二阶系统)有

$$c_\tau = \sqrt{1 - 2\xi\omega_n\tau_c + (\omega_n\tau_c)^2} = 1.038, \quad \beta_\tau = \arccos((1-\xi\omega_n\tau_c)/c_\tau) = 58.75°,$$

$$t_{\tau s} = \frac{\ln(\varepsilon\sin\beta_\tau)^{-1}}{\xi\omega_n} = 8.82s, \quad \delta_\tau = c_\tau e^{-\frac{\xi}{\sqrt{1-\xi^2}}(\pi-\beta_\tau)} = 34.52\%$$

可见, 与图 4-4-5c 所示的实际阶跃响应的指标值是接近的。

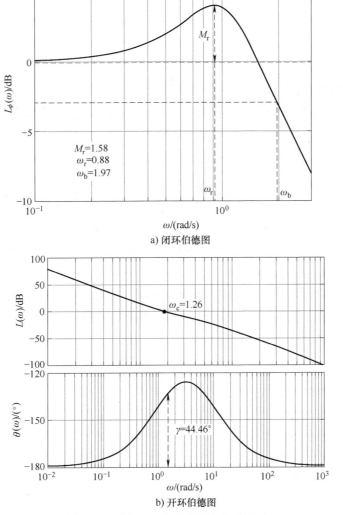

图 4-4-5　例 4-4-1 的伯德图与阶跃响应

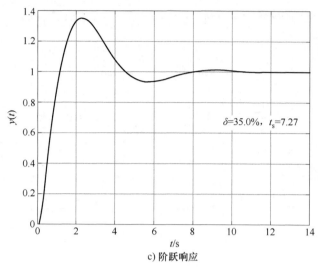

c) 阶跃响应

图 4-4-5　例 4-4-1 的伯德图与阶跃响应（续）

本章小结

归纳本章的内容可见：

1）与时域法直接面对系统瞬态响应信息不同，频域分析法依据系统稳态响应信息间接反映系统的瞬态性能。由于开环传递函数与闭环传递函数有着一一对应关系，频域分析法进一步采取用稳态的开环频率特性研究瞬态的闭环系统性能。这一切充分体现了"世界是普遍联系的"。

2）频域分析法的一般性体现在，对于一般 n 阶系统，都可以绘制它的奈奎斯特图和伯德图；都可以用奈奎斯特稳定判据、伯德稳定判据分析它的稳定性；都可以根据它的零频信息分析它的稳态性；都可以用开环的幅值穿越频率、相位裕度等频域扩展性能指标分析它的扩展性能。换句话说，若用频域指标分析系统性能，是无需进行降阶等效分析的，可直接在一般 n 阶系统的开环频率特性上进行。这是频域分析法得到工程师们广泛喜爱的一个重要原因。当然，要运用好频域指标，需要长期的工程经验的积淀。

3）对数开环频率特性可将控制器与被控对象分离"解耦"，使得很方便地讨论控制器的变化对系统频域性能的影响，而无论怎样高阶的系统其频域指标都是容易求出的。这是频域分析法得到工程师们广泛喜爱的另一个重要原因。

4）由于时域性能指标，如超调量与瞬态过程时间，十分直观明了，因此，建立频域性能指标与时域性能指标的关系是十分有意义的。对于典型的一阶、二阶、三阶系统，可推出它们之间的确切关系；对于更高阶的系统，如同时域分析法一样，也可以采取降阶等效的方法进行，其核心是确保降阶前后在零频处、幅值穿越频率 ω_c 处的开环频率特性一致，以此保证降阶前后的闭环频率特性在工作频段 $(0, \omega_c)$ 上基本一致。

5）时域的降阶分析是直接在闭环传递函数上进行的，频域的降阶分析是在开环传递函数的两个特殊频点（零频、幅值穿越频率）上进行的。因此，频域降阶分析较时域降阶分析误差要大一些。

6）与时域分析法一样，在基于线性化模型的频域分析之后，同样需要借助计算机仿真等手段，进一步讨论模型残差、变量值域等工程限制因素对理论分析结果的影响。这一点是不可忽视的。

总之，从第 3 章、第 4 章各种情况的分析讨论知，基于稳态误差公式、稳定判据以及根轨迹的时域分析与基于开环频率特性图、闭环频率特性图的频域分析，都有各自的特点与优势。对系统的分析，应综合运用时域分析法和频域分析法，可起到事半功倍的效果。

习题

4.1 习题 4.1 图所示的机械系统可作为振动计或加速度计，即以指针 $z(t)$ 的读数表示基底面的振动频率或加速度。

1）建立系统的数学模型；

2）若作为振动计，写出它的频率特性，分析它的工作原理；

3）若作为加速度计，写出它的频率特性，分析它的工作原理。

4.2 控制系统如习题 4.2 图所示，干扰信号 $d(t) = 0.1\sin(2t)$，要求系统的稳态误差不大于 0.001 时，试确定 K 值的可调范围。采用 $e_s = \lim_{s \to 0} se(s)(t \geq 0)$ 进行分析可否？为什么？

4.3 已知控制系统结构如习题 4.3 图所示，当输入 $r = 2\sin t$ 时，系统的稳态输出 $y_s(t) = 4\sin(t - 30°)$，试确定系统的参数 ξ 和 ω_n。

4.4 若系统单位阶跃响应 $h(t) = 1 - 1.8e^{-4t} + 0.8e^{-9t}$ $(t \geq 0)$，试求系统频率特性。

4.5 针对磁悬浮球系统，设计一个实验方案，根据实验数据获得它的频率特性，并与习题 3.13 和习题 2.5 比较。

4.6 绘制下列开环传递函数的奈奎斯特图和伯德图；试用奈奎斯特稳定判据或伯德稳定判据判断闭环系统的稳定性，并确定系统的相位裕度和幅值裕度。

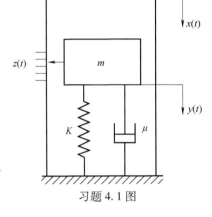

习题 4.1 图

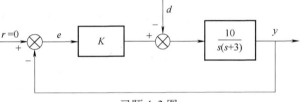

习题 4.2 图

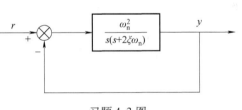

习题 4.3 图

1）$Q(s) = \dfrac{10}{(2s+1)(0.1s+1)}$；

2）$Q(s) = \dfrac{40(s+0.5)}{s(s+0.2)(s^2+1)}$；

3）$Q(s) = \dfrac{5(0.5s-1)}{s(s+1)(0.1s-1)}$；

4）$Q(s) = \dfrac{1}{s^v(s+1)(s+2)}$；

5）$Q(s) = \dfrac{k(\tau s+1)}{s^2(Ts+1)}$；

6）$Q(s) = \dfrac{k(\tau s+1)}{s(Ts-1)}$ $(T > \tau)$。

4.7 绘制带有纯延迟环节 $e^{-\tau s}$ 的开环传递函数 $Q(s) = \dfrac{10e^{-\tau s}}{(s+1)(0.1s+1)}$ 的奈奎斯特图和伯德图，其中分别取 $\tau = \{0.5, 5\}$；求取它的相位裕度和幅值裕度，判断它的稳定性。若将 $e^{-\tau s}$ 作如下的近似，分别重做上述问题，并分析比较。

1）$e^{-\tau s} \approx 1-\tau s$； 2）$e^{-\tau s} = \dfrac{1}{e^{\tau s}} \approx \dfrac{1}{1+\tau s}$； 3）$e^{-\tau s} = \dfrac{e^{-\frac{\tau}{2}s}}{e^{\frac{\tau}{2}s}} \approx \dfrac{1-\dfrac{\tau}{2}s}{1+\dfrac{\tau}{2}s}$。

4.8 四个最小相位系统传递函数的近似对数幅频特性曲线如习题4.8图所示，试写出对应的传递函数 $Q(s)$。

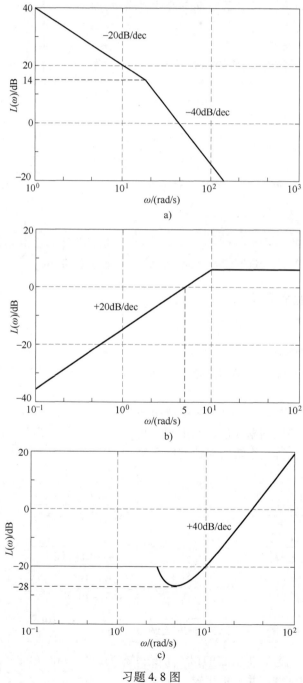

习题 4.8 图

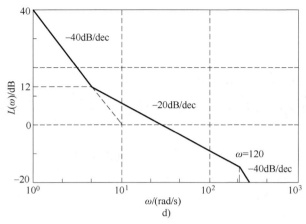

习题 4.8 图(续)

4.9 开环传递函数为

$$Q(s) = \frac{k(s+2)}{(s+1)(s^2+50s+625)}$$

1) 分析系统的稳定性,确定使系统临界稳定的 k 值;

2) 确定使相位裕度为 40° 时的 k 值;

3) 建立相位裕度、幅值穿越频率与超调量、瞬态过程时间的关系,分析 k 值的变化对这些指标的影响。

4.10 对于习题 3.17,计算在满足性能指标的最小 K 值下的相位裕度和幅值裕度;若在前向通路中串联超前环节 $G_c(s) = \dfrac{0.4s+1}{0.08s+1}$,计算校正后系统的相位裕度和幅值裕度,说明超前校正对系统动态性能的影响;若采用滞后环节 $G_c(s) = \dfrac{0.8s+1}{4s+1}$,会有哪些变化?

4.11 参照例 4-3-11,试用伯德图分析习题 3.11 系统的性能。

4.12 参照例 4-3-12,试用伯德图分析习题 3.12 系统的性能。

4.13 系统的开环传递函数为

$$Q(s) = k_c \frac{0.5(0.3s+1)}{s(s+1)(0.2s+1)(0.02s+1)}$$

试用伯德图分析不同 k_c 取值下系统的性能。

4.14 设单位反馈开环传递函数为

1) $Q(s) = k \dfrac{10}{(s+1)(0.1s+1)}$;

2) $Q(s) = k \dfrac{2}{s^2(0.4s+1)(0.1s+1)}$;

3) $Q(s) = k \dfrac{2(0.3s+1)}{s(0.4s+1)(0.1s+1)}$。

确定 $k=1$ 时闭环频域指标 M_r;为使得 $M_r = 1.25$,确定开环放大系数 k,并求出对应的开环相位裕度和幅值穿越频率。

4.15 以频域分析法对习题 2.12 的系统性能进行全面分析(自拟参数)。

第 5 章

控制器设计

前面给出了以微分方程、传递函数与框图建立系统模型的一般方法，在此基础上，从求解系统响应入手，建立了典型输入下的典型性能指标来刻画系统的瞬态与稳态特征；揭示了系统性能与系统极点位置的密切关系，建立了无需求解系统响应只需根据系统零极点参数以稳定判据为核心的时域分析法；考虑到系统瞬态响应难以实验观测，又另辟蹊径建立了用开环稳态的频域信息分析闭环系统瞬态性能的频域分析法。

已知被控对象与控制器，分析闭环系统的性能，这是控制系统的"正问题"。前面的理论方法系统地回答了如何描述系统以及如何分析系统。在分析的过程中，都是将控制器和被控对象合并到开环传递函数之中进行的。但是，工程实际更多的是要解决控制系统的"逆问题"，即已知被控对象与闭环系统的期望性能，设计满足闭环性能要求的控制器。

反馈调节原理开辟了解决复杂控制任务的新天地，但是并非一定存在控制器可达到任意的（极致的）闭环期望性能。闭环系统的各项性能是一个矛盾统一体，是要受到被控对象制约的。从这个意义上讲，控制系统的"逆问题"更应该表述为，已知被控对象，给出合理的闭环系统的期望性能指标，并找到相应的控制器。

因此，控制器的设计过程不是一个机械式地运用理论方法求"唯一解"的过程，而是要根据被控对象"实际状况"，不断调整"合理的"期望要求，找到相对"简单、可靠"的控制器的过程，是一个需要多次迭代逐步逼近的设计过程。

5.1 控制问题与比例控制器

从工程实现上讲，控制器越简单越可靠。最简单的控制器就是比例控制器。下面先讨论控制问题的一般描述，再讨论比例控制器的设计。

5.1.1 控制问题描述

描述控制问题，首先要明确对控制任务的要求，即期望的性能指标集。

1. 期望性能指标集

期望性能指标是控制系统设计的依据，也反映着控制系统的技术水平。从时域分析法和频域分析法知，系统性能可分为基本性能和扩展性能。

1）基本性能体现了控制系统的主体作用，由稳定性、稳态误差 e_s 两个指标来反映。稳定性是必须要满足的；稳态误差与输入信号有关，常用阶跃信号、斜坡信号等作为参考信号，反映了控制任务完成的精度。稳定性与稳态误差相互制约，要获得较低的稳态误差，往往需要较大的系统静态增益，而较大的系统静态增益一般会导致稳定性变差。

2）扩展性能为控制系统锦上添花，可由多个指标来反映，如瞬态过程时间 t_s、超调量 δ 等时域扩展性能指标，幅值穿越频率 ω_c、相位裕度 γ 等频域扩展性能指标。扩展性能指标之间也是相互制约的，提高系统的快速性一般会降低系统的平稳性。

因此，在控制系统设计时，基本性能指标是一定要给出并被满足的；扩展性能指标是否要给出，与实际工程的需求关联。在给出期望性能指标集 ψ^* 时，还要注意：

1）要充分考虑性价比，既要追求控制系统的技术水平，还要考虑实现的代价；

2）要充分考虑存在的许多工程限制因素，这些都会降低理论分析与设计的结果，因此，在给出期望性能指标时要留有余地。

2. 控制器结构与控制问题描述

不失一般性，研究图 5-1-1 所示的基础控制结构。y 是被控输出，u 是控制输入，r 是给定输入，d 是扰动输入。被控对象为 $\{G(s),\ G_d(s)\}$，控制器为 $K(s)$。

从工程实现的角度考虑，总是希望用简单的且自身稳定的控制器实现复杂的控制任务，可设控制器为

$$K(s)=k\prod_{i=1}^{l}\frac{\tau_{ci}s+1}{T_{ci}s+1} \qquad (5\text{-}1\text{-}1)$$

式中，$\tau_{ci}\geqslant 0$，$T_{ci}\geqslant 0$，一般取 $l=0,\ 1,\ 2$。

在控制器结构确定后，控制器的设计就转化为如何求取控制器的参数 $\{k,T_{ci},\tau_{ci}\}$。

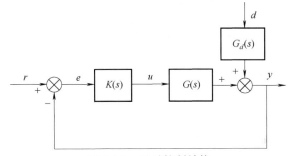

图 5-1-1　基础控制结构

当然，控制器结构也可有其他形式，式(5-1-1)是最常用的结构形式。

这样，控制问题可表述为：已知被控对象 $G(s)$，控制器的结构为式(5-1-1)，合理提出期望性能指标集 ψ^*，设计控制器参数 $\{k,T_{ci},\tau_{ci}\}$，使得闭环系统的性能指标集 $\psi=\psi^*$。

一般情况下，控制器设计有以下步骤：

1）设计依据。建立被控对象的(线性化)模型 $G(s)$，结合控制任务的要求，合理提出期望性能指标集 ψ^*。

2）控制器设计。借助时域或频域的分析工具，设计控制器参数 $\{k,T_{ci},\tau_{ci}\}$，使得系统性能 $\psi=\psi^*$。一般情况下，得到的不是参数 $\{k,T_{ci},\tau_{ci}\}$ 的唯一解，而是一个参数的取值范围。

3）仿真分析与结果优化。建立计算机仿真模型，一方面，验证在参数 $\{k,T_{ci},\tau_{ci}\}$ 取值范围内，期望性能指标 ψ^* 是否实现；另一方面，在取值范围内遍历参数 $\{k,T_{ci},\tau_{ci}\}$，观察在期望性能指标 ψ^* 之外的其他扩展性能指标的表现情况，包括对各种外部扰动抑制的情况，对理论设计的参数 $\{k,T_{ci},\tau_{ci}\}$ 范围再优化，进一步提升系统性能。

4）工程限制因素的影响。模型残差是在理论分析与设计的源头就出现的工程限制因素，不可遗忘。在进行控制器设计时，为了运用理论分析工具，常用的是被控对象线性化模型，但在进行仿真研究时，要用未进行线性化的原模型作为被控对象的仿真模型，若还存在模型参数变化等模型不确定的因素，应在仿真模型中设置这些因素，通过不同的输出响应曲线考查模型残差对系统性能的影响，以期仿真结果更加接近真实系统。当然，最好分别用线性化前后的模型作为仿真模型进行对比研究。

变量值域是任何实际系统都客观存在的工程限制因素，不可忽视。在进行仿真研究时，最好将各变量的运行轨迹都呈现出来，这样可以逐一分析各变量会否超限。为了得到系统各中间变量的变化轨迹，在构建仿真模型时，应尽量采用以中间环节构建的框图模型，并且进行了比值标准化或差值标准化。

5）若仿真结果未能达到设计要求，需要再转至第 1）步，进行重新设计。

可以想见，期望闭环性能指标集 ψ^* 中指标数量越多或者指标要求越高，控制器参数 $\{k, T_{ci}, \tau_{ci}\}$ 的取值范围就会越窄，甚至可能无解。因此，控制系统的设计一定是一个期望性能指标与被控对象折中适配的过程。

5.1.2 比例控制器的设计

最简单的控制器就是比例控制器。下面先讨论基本性能指标集下的比例控制，再讨论扩展性能指标集下的比例控制。

1. 基于稳定判据的比例控制器设计

最基本的控制器设计应做到：一是稳态响应要有较好的稳态精度，这是控制任务完成与否的体现；二是瞬态响应要确保闭环系统稳定，否则再高的稳态精度也无意义。下面通过实例来说明，实例中的数学模型除特殊说明外都假定是经过了比值标准化后的模型。

例 5-1-1 许多伺服运动系统都可归结为三阶系统，可令图 5-1-1 中的被控对象为

$$G(s) = \frac{k_g}{s(T_1 s+1)(T_2 s+1)}, \quad k_g=1, \quad T_1=1\,\text{s}, \quad T_2=0.2\,\text{s} \tag{5-1-2}$$

设计比例控制器满足：

1）闭环系统稳定；

2）单位阶跃输入下的系统稳态误差不大于 1%。

取控制器 $K(s)=k$，闭环传递函数为

$$\varPhi(s) = \frac{K(s)G(s)}{1+K(s)G(s)} = \frac{kk_g}{T_1 T_2 s^3 + (T_1+T_2)s^2 + s + kk_g} = \frac{k}{0.2s^3 + 1.2s^2 + s + k}$$

1）根据劳斯稳定判据容易得知，若要闭环系统稳定必须满足 $0<k<6$。

2）为了达到稳态精度要求，有

$$e_s = \lim_{s\to 0} s[r(s)-y(s)] = \lim_{s\to 0} s[1-\varPhi(s)]r(s) = s\frac{T_1 T_2 s^3 + (T_1+T_2)s^2 + s}{T_1 T_2 s^3 + (T_1+T_2)s^2 + s + kk_g}\frac{1}{s}\bigg|_{s=0} = 0$$

因此，比例参数 k 可以在 $(0, \infty)$ 内任意取值。

综合以上分析，若同时满足期望的基本性能指标，参数 k 的取值范围为 $0<k<6$。

3）仿真分析与结果优化：

① 建立如图 5-1-2a 所示的仿真模型，在 $0<k<6$ 范围内取不同 k 值，得到图 5-1-2b 所示的单位阶跃响应。从仿真曲线看出，闭环系统稳定，稳态误差趋于 0，实现了期望的基本性能指标。

② 进一步分析扩展性能，优化控制器参数。从仿真曲线中可得到不同参数 k 对应的超调量与瞬态过程时间，如表 5-1-1 所示。

表 5-1-1　例 5-1-1 系统的超调量、瞬态过程时间

k	0.1	0.2	0.3	0.5	1	2	3	5
$\delta(\%)$	0	0	0.6	7.7	25.4	48.6	64.2	85.6
t_s/s	35.2	15	8	8.77	8.79	12.7	18	60

由表 5-1-1 中数据可知，当 $0<k\leqslant 0.2$ 时，阶跃响应无超调；当 $6>k>0.2$ 时，阶跃响应出现超调。在 $0<k<1$ 的区间，随着开环增益 k 增大，瞬态过程时间 t_s 明显由 35s 左右减小到 8s 左右，特别是尽管产生了一些超调量，降低了一点系统平稳性，反而改善了系统快速性；在 $1<k<6$ 的区间，尽管开环增益 k 继续增大，但瞬态过程时间 t_s 反而增加了，这是因为超调量 δ 太大，反而拖累了瞬态

过程的完成。因此，需要合理的开环增益 k 值。从表 5-1-1 中数据看，k 在 0.5 附近取值更好。

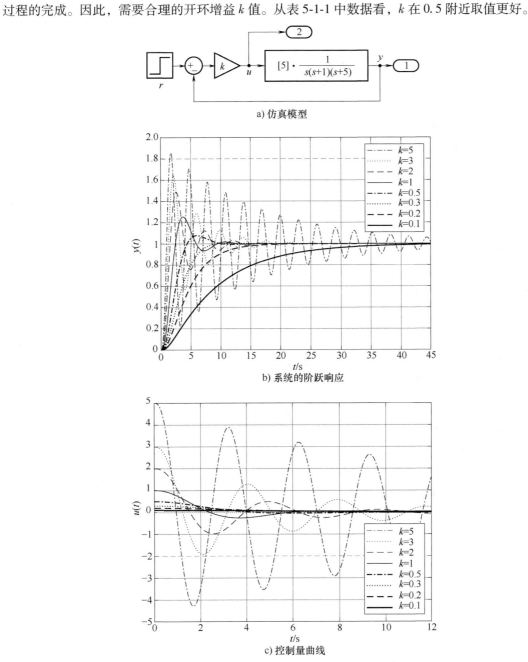

a) 仿真模型

b) 系统的阶跃响应

c) 控制量曲线

图 5-1-2　例 5-1-1 系统的阶跃响应与控制量曲线

　　从上面分析过程知，尽管在控制器设计时只考虑了系统的稳态性与稳定性，但在得到参数取值范围后，还可以通过仿真实验进一步帮助寻找到更佳的参数，使系统扩展性能也得到优化。这个过程在工程实践中称为（在线）参数整定，可以在仿真模型上进行，也可以在实际系统上进行。由于事先已得到了确保系统稳定且达到稳态精度要求的参数取值范围，在此前提下可放心整定参数，以改善系统的快速性、平稳性等扩展性能。

　　③ 进一步还可以分析系统的抗扰性能。参见图 5-1-1，取 $k = 0.5$，假定 $G_d(s) = 1$，在 $t = 40\text{s}$

时，系统中出现阶跃扰动 $d = 0.4 \times 1(I(t-40))$，其阶跃响应如图 5-1-3a 所示。

从仿真曲线看出，在 t=40s 时，扰动破坏了系统的稳态，但最终又自动调节回到稳态。在控制器设计过程中尽管没有考虑扰动因素，但是系统仍然能够抑制扰动的影响，这说明了反馈控制结构本身确实具有很好的扰动抑制能力。

④ 分析控制量限制因素的影响。在 $0 < k < 6$ 范围内取不同 k 值，得到图 5-1-2c 所示的控制量曲线。

可见，在起动过程中控制量大，进入稳态过程后控制量小，一般情况下这个规律是成立的。如果要求最大控制量 $|u_{max}| = |U_{max}/U^*| \leqslant 1.5$，从图 5-1-2c 中的曲线可推知，比例参数值被限制在 $k \leqslant 1.5$。另外，从比例控制律的关系也可推知，最大偏差 $|e_{max}| = |r - y_{min}|$ 对应最大控制量 $|u_{max}|$，即

$$|u_{max}| = k|e_{max}|, \quad k = \frac{|u_{max}|}{|e_{max}|}$$

$$= \frac{|u_{max}|}{|r - y_{min}|} = \frac{|u_{max}|}{1-0} = |u_{max}| \leqslant 1.5$$

式中，y_{min} 是输出最小值。

前面仿真分析得到 $k = 0.5$ 有较好的扩展性能，正好落在控制量的限制范围内，且还有足够的余量（1.5/0.5 = 3 倍）。因此，取 $k = 0.5$ 左右是一个不错的参数设计方案。

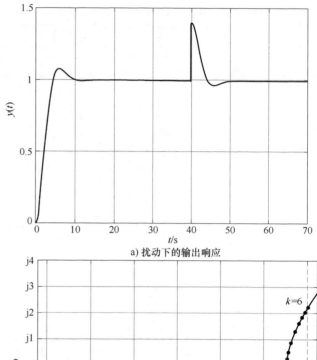

a) 扰动下的输出响应

b) 根轨迹

图 5-1-3　例 5-1-1 扰动输入的阶跃响应与根轨迹

例 5-1-2　若在例 5-1-1 的被控对象中增加一个零点，即

$$G(s) = \frac{k_g(\tau_1 s + 1)}{s(T_1 s + 1)(T_2 s + 1)}, \quad k_g = 1, \quad T_1 = 1s, \quad T_2 = 0.2s, \quad \tau_1 = 0.25s \tag{5-1-3}$$

设计比例控制器 $K(s) = k$ 满足：

1）闭环系统稳定；

2）单位阶跃输入下的系统稳态误差不大于 1%。

设计思路与例 5-1-1 一样，先考虑稳定性，再考虑稳态性。

1）系统的闭环传递函数为

$$\Phi(s) = \frac{K(s)G(s)}{1 + K(s)G(s)} = \frac{k(0.25s+1)}{0.2s^3 + 1.2s^2 + (1+0.25k)s + k}$$

根据劳斯稳定判据容易得知，只要 $k > 0$ 即可满足稳定性要求。

图 5-1-4 是式（5-1-3）的根轨迹，对比图 5-1-3b 所示的式（5-1-2）的根轨迹，可看出由于被控对象

中存在稳定的零点，导致了系统根轨迹被全部"吸引"到了 s 的左半平面，从而对所有的 $k>0$ 闭环系统都是稳定的。

2）由于被控对象含有积分因子，阶跃响应可以做到无静差，与例 5-1-1 一样，为满足稳态精度要求，k 可以在 $(0,\infty)$ 内任意取值。

综合以上分析，若同时满足期望的基本性能指标，对比例参数没有约束，只要 $k>0$ 即可。

3）仿真分析与结果优化：

① 建立仿真模型，取 $k=\{0.1,0.257,0.5,0.8,1,1.5,5,10\}$，得到图 5-1-5a 所示的单位阶跃响应和表 5-1-2 所示的超调量与瞬态过程时间。

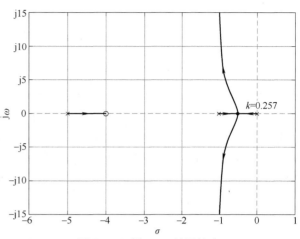

图 5-1-4　例 5-1-2 的根轨迹

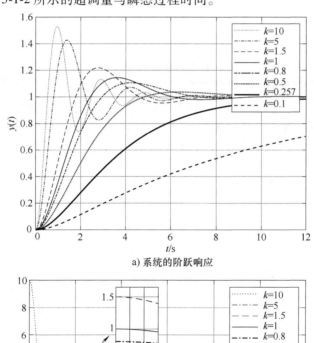

a) 系统的阶跃响应

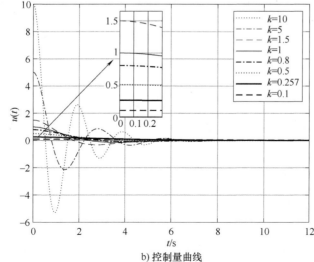

b) 控制量曲线

图 5-1-5　例 5-1-2 系统的阶跃响应与控制量曲线

表 5-1-2　例 5-1-2 系统的超调量、瞬态过程时间

k	0.1	0.257	0.5	0.8	1	1.5	5	10
$\delta(\%)$	0	0	3.63	3.62	14.4	21.7	42.2	52.4
t_s/s	36.1	11.4	8.26	8.25	7.53	6.74	6.03	5.13

由于只要 $k>0$ 就可以满足基本性能，所以可以在很大范围内整定参数以得到好的扩展性能。从输出响应曲线看，若希望系统不出现超调，则比例参数取值不能大，$k<0.257$；若希望系统有较好的快速性，如 $t_s<6s$，则比例参数取值要大一点，$k>5$；若希望系统的平稳性较好同时快速性也不差，如 $\delta\leqslant15\%$、$t_s<9s$，则比例参数取值要适中，$0.5<k<1$。

图 5-1-5b 是控制量曲线，当 $k<1.5$ 时，控制量 $u<1.5$。如果控制量最大值设置为 $u_{max}=1.5$，将参数整定在 $0.5<k<1$，既可保证系统有较好的平稳性与快速性，也不会让控制量超限。

② 本例的稳态误差是针对阶跃信号的，若要求系统能够跟踪斜波信号且稳态误差不超过 10%，即

$$e_s=\lim_{s\to0}s[r(s)-y(s)]=\lim_{s\to0}s[1-\Phi(s)]r(s)=\lim_{s\to0}s[1-\Phi(s)]\frac{1}{s^2}=\frac{1}{kk_g}\leqslant0.1$$

就需要比例参数满足 $k\geqslant10/k_g=10$。

从图 5-1-5a、b 中的输出响应曲线与控制量曲线知，若取 $k=10$，系统将出现较大的超调量且控制量会严重超限（超出到标定量 10 倍左右，$u=U/U^*\approx10$）。这个结论表明，若提高稳态性要求，需加大系统静态增益，而过大的系统静态增益，会导致系统的平稳性变差，控制量也容易超限。因此，一定要注意期望性能之间是存在矛盾的。

③ 如果一定要求系统满足斜波信号下的稳态误差不超过 10%，为了克服控制量超限，就需要在比例控制器后增加一个限幅器，如图 5-1-6a 所示，即

$$\tilde{u}=\begin{cases}u_{max} & \tilde{u}>u_{max}\\\tilde{u} & -u_{max}\leqslant\tilde{u}\leqslant u_{max}\\-u_{max} & \tilde{u}<-u_{max}\end{cases}$$

建立图 5-1-6b 所示的带限幅器的仿真模型，取 $k=10$，$u_{max}=1.5$，可得系统阶跃响应曲线与控制量曲线，如图 5-1-6c、d 所示。

a) 限幅器

图 5-1-6　例 5-1-2 带限幅器的系统阶跃响应与控制量曲线

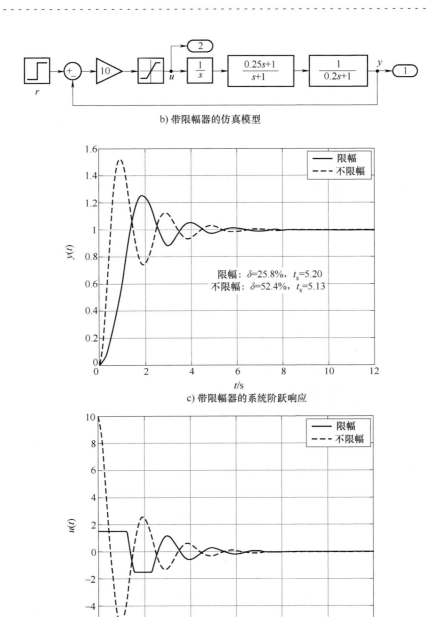

b) 带限幅器的仿真模型

c) 带限幅器的系统阶跃响应

d) 带限幅器的控制量曲线

图 5-1-6   例 5-1-2 带限幅器的系统阶跃响应与控制量曲线（续）

可见，增加限幅器后，控制量完全被限制在规定的范围，在起动时控制量不再会冲得很高，系统的上升过程被延缓下来，也导致阶跃响应的超调量减缓了下来。利用限幅器的饱和非线性，既克服了控制量超限问题又改善了系统的平稳性。但要注意，这个结论是建立在式(5-1-3)所示的线性化模型之上的。

④ 如果实际系统模型是如式(5-1-4a)所示的非线性模型，式(5-1-3)是它的线性化模型，那么，以式(5-1-4a)建立图 5-1-7a 所示的仿真模型，取 $k = \{10, 18.8\}$，$u_{max} = 1.5$，可分别得到图 5-1-7b、c、d、e 所示的阶跃响应曲线与控制量曲线。

$$\widetilde{G}(s) = \frac{k_g(\tau_1 s + 1)}{s(T_1 s + 1)} e^{-T_2 s} \tag{5-1-4a}$$

$$e^{-T_2 s} = \frac{1}{e^{T_2 s}} = \frac{1}{1 + T_2 s + \frac{1}{2!}(T_2 s)^2 + \cdots} \approx \frac{1}{1 + T_2 s} \tag{5-1-4b}$$

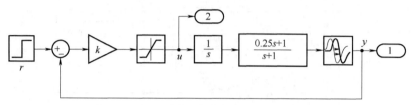

a) 非线性仿真模型

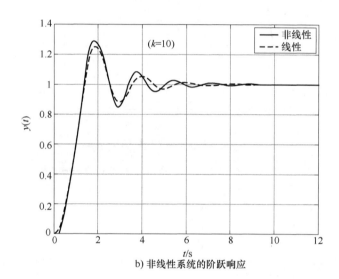

b) 非线性系统的阶跃响应

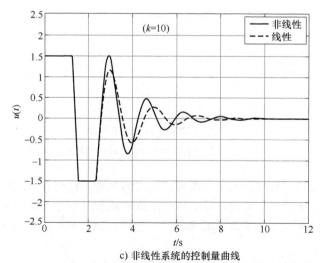

c) 非线性系统的控制量曲线

图 5-1-7 例 5-1-2 考虑非线性系统阶跃响应与控制量曲线

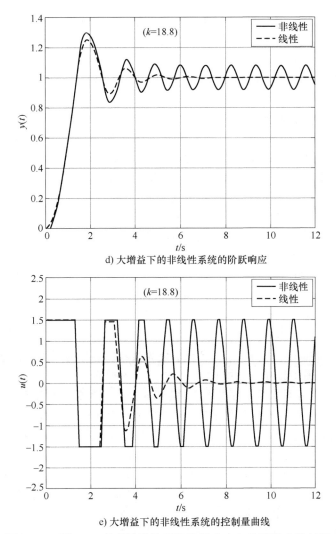

d) 大增益下的非线性系统的阶跃响应

e) 大增益下的非线性系统的控制量曲线

图 5-1-7　例 5-1-2 考虑非线性系统阶跃响应与控制量曲线(续)

　　可见，只要比例参数合适，取 $k=10$，线性化模型与非线性模型的输出响应基本一致，说明限幅器对两种模型的影响是接近的，以线性化模型进行分析与设计具有工程意义。若继续增加比例参数至 $k=18.8$，参见图 5-1-7d、e，线性化模型的输出响应仍然收敛到稳态值(虚线)，而非线性模型的输出响应会出现等幅振荡(实线)，这在实际工程中是要避免出现的。这就说明引入限幅器，可以确保控制量不超限，但如果控制器参数不合适，对实际系统(非线性模型)有可能产生致命的影响。

　　从限幅器的仿真研究推而广之，非线性因素对系统性能存在不利甚至致命的一面，也存在有利的一面。因此，要全面地分析非线性因素的影响。另外，采用理论推导来分析工程限制因素的影响是复杂困难的，因而计算机仿真成为了一个较好的分析手段。

　　从上述两个实例看：

　　1) 只考虑基本性能来设计比例控制器，看似简单却是非常实用的设计方法。一是，以简要的数学模型(线性化模型)、简明的分析工具(稳态误差方程和劳斯或赫尔维茨稳定判据)进行"理论设计"，在理论上确保闭环系统稳定且稳态精度满足要求；二是，在此基础上再结合"参数整定"，可充分融进理论设计未考虑的各种实际因素，弥补理论设计的遗漏与不足。由于"理论设计"保证了系统稳定，因此，"参数整定"不至于无的放矢，容易做到箭至靶心。

2）要注意的是，"理论设计"与"参数整定"是相互统一的，不可偏颇。"理论设计"确保了设计过程的"主路"正确，追求的是让"参数整定"尽量不要有盲目性；"参数整定"扩展了设计过程中未曾考虑的"旁路"因素，追求的是让"理论设计"尽量轻装上阵把主要矛盾解决掉。实际上，这个思想贯穿在整个控制理论与工程设计的发展之中。

2. 基于根轨迹的比例控制器设计

上述基于稳定判据与参数整定联合设计方法，通过"理论设计"确保两头——稳态性与稳定性，让"参数整定"取舍中间——快速性与平稳性，虽然是工程设计中一个不错的路径，但有的时候可整定的参数范围太宽，会导致参数选择的盲目性加大。另外，对于高性能的控制系统，常常希望反映系统瞬态性能的超调量 δ 或瞬态过程时间 t_s 等扩展性能指标也要达到明确的要求。这样，在控制器设计时，需要同步考虑满足扩展性能指标的设计要求。

实际上，闭环系统的稳定性、超调量、瞬态过程时间都与闭环极点位置有关，不同比例参数 k 下的闭环极点都在根轨迹上。那么，在"理论设计"前绘制出系统根轨迹，一定会大大简化设计过程。

另外，由于根轨迹给出了所有可能的闭环极点位置，那么，闭环主导极点与非主导极点的情况已一目了然，超调量 δ、瞬态过程时间 t_s 的最佳取值范围实际上已一并被确定了下来。因此，可做到期望性能指标与比例控制器参数进行同步设计。

综上，基于根轨迹的控制器设计有以下步骤：

1）根据被控对象的数学模型 $G(s)$，绘制系统的根轨迹。分析哪条根轨迹分支是起主导作用的，并确定主导闭环传递函数 $\Phi^*(s)$ 的形式。

2）依据根轨迹，绘制主导极点阻尼比 ξ、实部 σ 与比例参数 k 的关系曲线 $\{\xi\text{-}k\}$、$\{\sigma\text{-}k\}$。

3）根据稳态误差公式、劳斯(赫尔维茨)稳定判据或根轨迹上与虚轴相交点，确定满足基本性能的比例参数 k 的取值范围 Ω_{0k}，并标记对应范围的根轨迹区域 Ω_0。若 $\Omega_0 = \varnothing$，则需重新调整稳态精度的要求或者采用其他结构的控制器。

4）参见表 3-3-4 或表 3-3-5 以及关系曲线 $\{\xi\text{-}k\}$ 或 $\{\sigma\text{-}k\}$，根据超调量 $\delta \leqslant \delta^*$（期望超调量），反向确定出对应的根轨迹区域 Ω_δ 和比例参数范围 $\Omega_{\delta k}$；根据瞬态过程时间 $t_s \leqslant t_s^*$（期望瞬态过程时间），反向确定出对应的根轨迹区域 Ω_{t_s} 和比例参数范围 $\Omega_{t_s k}$。

5）若 $\Omega_0 \cap \Omega_\delta \cap \Omega_{t_s} \neq \varnothing$，则存在比例参数 k 实现期望指标要求，且 k 的取值范围为

$$k \in \Omega_{0k} \cap \Omega_{\delta k} \cap \Omega_{t_s k} \neq \varnothing \tag{5-1-5}$$

6）若式(5-1-5)是空集，则需调整期望性能指标，重新进行控制器设计。

7）进行仿真分析与结果优化。一方面，验证理论设计的结果，优化参数改善更多的扩展性能；另一方面，分析模型残差、变量值域等工程限制因素的影响。若未能达到实际要求，需重新选择期望性能指标或者采用其他的控制器结构进行设计。

例 5-1-3 利用根轨迹方法再次设计例 5-1-1，使得：

1）闭环系统稳定；

2）单位阶跃输入下的系统稳态误差不大于 1%；

3）瞬态过程时间 $t_s \leqslant 5\text{s}$；

4）超调量 $\delta \leqslant 15\%$。

由于需要同步考虑系统的基本性能和扩展性能，采用根轨迹法进行设计更直观明确。

1）绘制根轨迹：

根轨迹如图 5-1-8a 所示。可见，耦合分支 $\{0 \to \infty; -1/T_1 \to \infty\}$ 是主导根轨迹分支；独立分支 $\{-1/T_2 \to \infty\}$ 是非主导根轨迹分支。

2）绘制关系曲线$\{\xi\text{-}k\}$、$\{\sigma\text{-}k\}$：

依据根轨迹，绘制主导极点阻尼比 ξ、实部 σ 与比例参数 k 的关系曲线$\{\xi\text{-}k\}$、$\{\sigma\text{-}k\}$，如图 5-1-8c、d 所示。其中，在实轴上的分离点（汇合点）、与虚轴的交点至关重要，对应的比例参数分别为 $k_\sigma = 0.23$、$k_\omega = 6$。

3）确定满足基本性能的比例参数范围：

从例 5-1-1 的分析知，由于被控对象含有积分因子，可以做到阶跃响应无静差，若再满足闭环稳定性，比例参数范围为 $k \in (0,6)$。

4）确定满足扩展性能的比例参数范围：

若要求 $\delta^* = \mathrm{e}^{-\frac{\xi^*\pi}{\sqrt{1-\xi^{*2}}}} = 15\%$，可推出 $\xi^* = 0.52$，$\beta^* = \arccos\xi^* = 58.7°$。从图 5-1-8c 中的$\{\xi\text{-}k\}$曲线看出，与 $\xi^* = 0.52$ 有相交处，对应的比例参数 $k_\delta = 0.676$。可实现超调量的指标 $\delta \leqslant \delta^*$，比例参数的取值范围为 $k \in (0, k_\delta) = (0, 0.676)$。

若要求 $t_s^* = \dfrac{\alpha}{-\sigma^*} \approx \dfrac{4}{-\sigma^*} = 5\mathrm{s}$，可推出 $\sigma^* = -0.8$。从图 5-1-8d 中的$\{\sigma\text{-}k\}$曲线看出，与 $\sigma^* = -0.8$ 没有相交处，不存在比例参数实现瞬态过程时间的指标 $t_s \leqslant t_s^*$。

5）修改期望的性能指标：

同样从图 5-1-8d 中的$\{\sigma\text{-}k\}$曲线可看出，由于受到根轨迹（实际上，就是被控对象）的约束，期望的主导极点实部需满足 $-0.47 < \sigma^* < 0$。因此，瞬态过程时间指标不能任意提高，需要满足 $t_s^* = \alpha/(-\sigma^*) \geqslant (4/0.47)\mathrm{s} = 8.51\mathrm{s}$。

若要求 $t_s^* = 20\mathrm{s}$，可推出 $\sigma_2^* = -0.2$。从图 5-1-8d 中的$\{\sigma\text{-}k\}$曲线看出，与 $\sigma^* = -0.2$ 有（2 个）相交处，对应的比例参数$\{k_{t,1}, k_{t,2}\} = \{0.153, 3.09\}$。可实现修改后的瞬态过程时间的指标 $t_s \leqslant t_s^*$，比例参数的取值范围为 $k \in (k_{t,1}, k_{t,2}) = (0.153, 3.09)$。

综上，同时满足基本性能与修改后的扩展性能的比例参数范围为：$k = (0, 6) \cap (0, 0.676) \cap (0.153, 3.09) = (0.153, 0.676)$。

6）仿真分析与结果优化：

同样建立系统的仿真模型，取 $k = \{0.17, 0.37, 0.57, 0.67\}$，得到图 5-1-8b 所示的单位阶跃响应。从仿真曲线看出，若 $k \in (0.153, 0.676)$，满足修正后的设计要求。

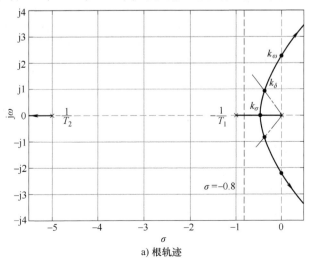

a) 根轨迹

图 5-1-8　例 5-1-3 的根轨迹、阶跃响应与$\{\xi\text{-}k\}$、$\{\sigma\text{-}k\}$曲线

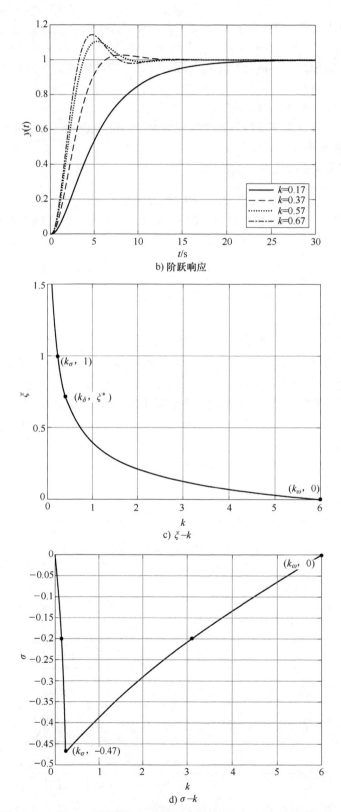

b) 阶跃响应

c) ξ–k

d) σ–k

图 5-1-8　例 5-1-3 的根轨迹、阶跃响应与｛ξ-k｝、｛σ-k｝曲线（续）

从例 5-1-3 的设计过程可看出，基于根轨迹的比例控制器设计十分直观，关键是在根轨迹的基础上，绘制出主导极点的 $\{\xi\text{-}k\}$、$\{\sigma\text{-}k\}$ 关系曲线，并得到在实轴上的分离点（汇合点）、与虚轴的交点等关键点的比例参数值 $\{k_\sigma, k_\omega, k_\delta, k_{t_s^*}\}$。另外，期望性能指标之间会存在冲突，通过对 $\{\xi\text{-}k\}$、$\{\sigma\text{-}k\}$ 关系曲线的分析，可以很好地给出 $\{\delta, t_s\}$ 的期望值。所以，基于根轨迹的比例控制器设计，可以同步进行控制器参数的求取与期望性能指标的优化。

5.2 比例控制器的校正

比例控制器结构简单，易实现且可靠性高，目前相当多的系统仍采用比例控制器。但是，当希望有高的闭环期望性能时，仅仅采用比例控制就会显得顾此失彼，不得不降低一些期望性能的要求，参见例 5-1-3。

如果不降低对高性能的要求，就必须修改控制器的结构，对比例控制器进行校正，增加可自由设计的参量（比例控制器只有一个设计参量 k），以求化解高期望性能所带来的矛盾。

5.2.1 校正原理

常用的"比例+校正"控制器如式（5-1-1）所示，即

$$K(s) = k \prod_{i=1}^{l} \frac{\tau_{ci}s+1}{T_{ci}s+1} = kG_c(s), \quad G_c(s) = \prod_{i=1}^{l} \frac{\tau_{ci}s+1}{T_{ci}s+1} \quad (l=1,\ 2) \tag{5-2-1}$$

式中，$G_c(s)$ 称为校正环节。若 $G_c(s)=1$，$K(s)$ 即为比例控制器。

此时，开环传递函数与闭环极点方程为

$$Q(s) = K(s)G(s) = k \prod_{i=1}^{l} \frac{\tau_{ci}s+1}{T_{ci}s+1} \frac{k_{gp} \prod_{j=1}^{m}(s-z_j)}{\prod_{i=1}^{n}(s-p_i)} \tag{5-2-2a}$$

$$1 + K(s)G(s) \Big|_{s=\bar{p}_k} = 0 \tag{5-2-2b}$$

可见，闭环极点 $\bar{p}_k$ 一定是 $\{k, T_{ci}, \tau_{ci}\}$ 的连续函数，即

$$\bar{p}_k = f_k(k, T_{ci}, \tau_{ci}) \tag{5-2-3}$$

由于增加了控制器参量，设计的自由度变大，使得过去顾此失彼的情况有望缓解。

1. 比例控制的困境

1）从根轨迹看，当被控对象 $G(s)$ 确定后，若 $K(s)=k$，其闭环极点完全被根轨迹所约束。如果期望的瞬态过程时间 t_s^*、超调量 δ^* 等扩展性能指标转换的期望闭环极点 $\sigma^* \pm j\omega^*$ 不在根轨迹上或其邻近，比例控制将无法企及；如果在根轨迹上或其邻近，一定存在对应的比例参数 k^*，此时还要进一步考查系统静态增益 $Q(0)=k^*G(0)$ 能否满足期望稳态误差 e_s^* 的要求，能满足则比例控制可以成功运用，否则要另想它法。

2）从伯德图看，当被控对象 $G(s)$ 确定后，若 $K(s)=k$，开环频率特性 $Q(j\omega)=kG(j\omega)$ 中的相频特性被完全固定，只有幅频特性可以通过比例参数 k 上下移动。如果期望的幅值穿越频率、相位裕度为 $\{\omega_c^*, \gamma^*\}$，通过上下移动对数幅频特性曲线可以满足幅值穿越频率 $\omega_c \approx \omega_c^*$，难以正好满足相位裕度 $\gamma \approx \gamma^*$，或者相反。即使正好存在比例参数 k^* 满足 $\{\omega_c, \gamma\} \approx \{\omega_c^*, \gamma^*\}$，还要看系统静态增益 $Q(0)=k^*G(0)$ 能否满足期望稳态误差 e_s^* 的要求。

2. 校正的基本原理

（1）基于根轨迹的校正原理

从根轨迹看，单纯的比例控制难以完成控制任务的原因在于期望闭环极点 $\sigma^* \pm j\omega^*$ 不在根轨

迹上（或其邻近），需要增加新的零点或极点去修正根轨迹，使得修正后的根轨迹能够穿过（或接近）期望的闭环极点。

若原系统的主导极点负实部离虚轴太近、虚部又偏高，系统快速性和平稳性一般都不好。若希望同时改善快速性和平稳性，可增加超前环节，参见例3-4-2和图3-4-9，利用开环零点"吸引"主导根轨迹分支，使得修正后的根轨迹离开虚轴更远一些，让主导极点的阻尼角处于合适的范围。若可以不考虑快速性，可增加滞后环节，参见例3-4-3和图3-4-12，将根轨迹从高频区压低到低频区，使得修正后的主导极点更靠近实轴，降低系统的动态增益，增大阻尼比，从而改善系统的平稳性。

若仅仅使用一阶的超前环节或滞后环节不能修正根轨迹到期望位置时，可使用二阶的滞后-超前环节或多级的超前、滞后环节，参见例3-4-5，由于增加了更多的零点或极点，使得根轨迹的修正有了更多的可能性，从而可以更好地缓解性能指标之间的冲突。

（2）基于伯德图的校正原理

开环对数频率特性将控制器与被控对象分解为叠加关系，由式（5-2-2a）知

$$20\lg|Q(j\omega)| = 20\lg k + 20\lg|G_c(j\omega)| + 20\lg|G(j\omega)| \tag{5-2-4a}$$

$$\angle Q(j\omega) = \angle G_c(j\omega) + \angle G(j\omega) \tag{5-2-4b}$$

可见，控制器与被控对象的幅值与相位都是叠加关系。这样，可先设计比例控制 $K(s)=k$ 满足系统的稳态精度，再分析与期望性能指标 $\{\omega_c^*, \gamma^*\}$ 的差距，根据这个差距再设计 $G_c(s)$，并将其叠加上去即可。

若希望在保持幅值穿越频率不变的前提下增加相位裕度，可以采取超前环节，参见例4-3-11和图4-3-29，由于超前环节可以提供一个超前"正"相位，将其在幅值穿越频率附近进行叠加，便弥补了相位裕度的不足。若无需对幅值穿越频率提出要求只需增加相位裕度，可以采取滞后环节，参见例4-3-12和图4-3-33，由于滞后环节可以在保证系统静态增益不变的情况下，衰减系统的动态增益，从而降低系统的幅值穿越频率，间接地提高系统的相位裕度。

若既要增加相位裕度又要提升幅值穿越频率，仅仅单一地采取超前环节或滞后环节难以奏效，此时同样需要考虑采取滞后-超前环节、多级的超前或滞后环节等方案。无论哪种方案，基本原理还是通过增加超前相位提高相位裕度，或者设置滞后幅值衰减降低幅值穿越频率，间接地提高系统的相位裕度。

综上所述，对比例控制进行校正的原理是简单的，基于根轨迹的校正就是在控制器中增加零点或极点去修正根轨迹，使得主导极点位于合适的范围；基于伯德图的校正就是利用控制器的超前环节提供超前相位或者滞后环节的幅值衰减间接增加相位，最终达到移动幅值穿越频率和补偿相位裕度的目的。由于控制器的零极点参数与闭环极点（根轨迹）呈复杂的"交联耦合"关系，参见式（5-2-3），从期望闭环极点 $\sigma^* \pm j\omega^*$ 反向设计控制器的零极点参数，达到对根轨迹的修正目的是相对困难的。而由式（5-2-4）知，由于校正环节的频率特性可以叠加上去，所以从期望性能指标 $\{\omega_c^*, \gamma^*\}$ 反向设计控制器的零极点参数，去弥补相位不足或移动幅值穿越频率的位置是相对容易的。

因此，对于比例控制器的设计往往采用基于根轨迹的方法，对于比例控制的校正往往采用基于伯德图的方法。当然，能综合运用这两种方法将更好。

值得指出的是，尽管在控制器中增加更多的环节可以增加更多的设计自由度（参数），似乎可以实现更完美的期望性能，实际不然，期望性能指标往往只针对系统输出变量，即使在控制器中增加更多的环节实现了完美的期望性能，也不能同时保证系统中的其他中间变量不超限或达到要求；另外，若存在较大的模型残差，理论上完美，结果也会大打折扣甚至不可用。就像一个破旧的机床，只是更换（新算法）控制板，就奢望变成一台高档机床一样，是绝不可能的事。

3. 指标转换

时域指标常常更直观反映系统的性能。前面分析表明，采用基于伯德图的方法更适合于对比例控制的校正。因此，需要将期望的时域指标等效地转换为频域指标。

瞬态过程时间与超调量 $\{t_s^*, \delta^*\}$ 是时域的主要指标，开环幅值穿越频率与相位裕度 $\{\omega_c^*, \gamma^*\}$ 是频域的主要指标。将 $\{t_s^*, \delta^*\}$ 转换成 $\{\omega_c^*, \gamma^*\}$ 需要考虑下面几点：

1）确定主导闭环传递函数 $\Phi^*(s)$ 的结构。可依据被控对象的零极点绘制根轨迹，从主导根轨迹分支情况确定主导闭环传递函数的阶数，参见式（3-3-68）、式（4-3-38），并依据式（4-3-39）判断主导零点是否需要考虑。

2）确定主导闭环传递函数的参数 $\{\xi^*, \omega_n^*\}$。依据主导闭环传递函数的结构，选择对应的指标计算公式，参见表3-3-4或表3-3-5，由期望时域指标 $\{t_s^*, \delta^*\}$ 反求主导闭环传递函数的参数 $\{\xi^*, \omega_n^*\}$。

3）确定期望频域指标 $\{\omega_c^*, \gamma^*\}$。根据式（4-3-31）等频域指标公式，由主导闭环传递函数的参数 $\{\xi^*, \omega_n^*\}$ 得到期望频域指标 $\{\omega_c^*, \gamma^*\}$。

4）前面的转换过程，实际上是一个等效估算过程，要适当地留有余地。当然，如果工程经验丰富，也常常直接给出期望频域指标 $\{\omega_c^*, \gamma^*\}$，无需再做转换。

5）始终切记不是期望指标越高越好。一方面，太高的期望指标由于相互制约可能没有理论上的设计结果；另一方面，即使能给出理论上的设计结果，由于模型残差、变量值域等工程限制因素，也会使得理论上的设计结果不具有工程意义。

5.2.2 校正实例

超前与滞后校正环节位于前馈通道上，与被控对象串联，参见图5-1-1，这类校正方式常常称为串联校正。下面通过一些实例来说明超前与滞后等串联校正的设计过程。在这些实例的仿真研究中，重点关注对校正效果的分析，有关工程限制因素的影响可参照例5-1-1、例5-1-2的做法。

1. 超前校正

例 5-2-1 试用串联校正重新设计例5-1-3。

从图5-1-8a中的根轨迹知，主导闭环传递函数可设为无零点的二阶系统，由期望时域指标：

$$\begin{cases} \delta^* = \mathrm{e}^{-\frac{\xi^* \pi}{\sqrt{1-\xi^{*2}}}} = 15\% \\ t_s^* = \dfrac{\alpha}{-\sigma^*} \approx \dfrac{4}{-\sigma^*} = \dfrac{4}{\xi^* \omega_n^*} = 5\mathrm{s} \end{cases} \tag{5-2-5a}$$

可得主导极点参数 $\xi^* = 0.52$、$\omega_n^* = 1.538\mathrm{rad/s}$。

根据式（4-3-31）可得对应的期望频域指标为

$$\begin{cases} \omega_c^* = \omega_n^* \sqrt{\sqrt{4\xi^{*4}+1} - 2\xi^{*2}} = 1.187\mathrm{rad/s} \\ \gamma^* = \arctan \dfrac{2\xi^*}{\omega_c^*/\omega_n^*} = 53.41° \end{cases} \tag{5-2-5b}$$

所以，设计要求是使系统相位裕度 $\gamma \in [\gamma^*, \gamma^* + \Delta_\gamma^*]$、幅值穿越频率 $\omega_c \in [\omega_c^*, \omega_c^* + \Delta_\omega^*]$。

注意，参见图4-3-21的分析知，频域指标 γ、ω_c 不是越大越好，应该在一个区间范围内为好，Δ_γ^*、Δ_ω^* 的取值与具体问题和工程经验有关，一般 $\Delta_\gamma^* \leqslant 10\%\gamma^*$、$\Delta_\omega^* \leqslant 100\%\omega_c^*$，本章的实例均取其等号来判断设计结果。

1）设计比例参数 k：

若只考虑比例控制，开环传递函数与频率特性为

$$Q(s)=kG(s)=k\frac{1}{s(T_1s+1)(T_2s+1)}=k\frac{1}{s(s+1)(0.2s+1)}$$

$$L(\omega)=20\lg k-20\lg\omega-20\lg\sqrt{1+(\omega T_1)^2}-20\lg\sqrt{1+(\omega T_2)^2}$$

$$\theta(\omega)=-\frac{\pi}{2}-\arctan(\omega T_1)-\arctan(\omega T_2)$$

由于被控对象含有积分因子，可以做到阶跃响应无静差，只要 $k>0$ 就可满足期望稳态误差的要求。

绘制开环伯德图，如图5-2-1a中虚线所示。由于满足期望稳态误差的 k 范围很大，可进一步优化参数 k。调整 k 将对数幅频特性曲线平移至幅值穿越频率 $\omega_c=\omega_c^*$ 处，即

$$L(\omega_c^*)=20\lg k-20\lg\omega_c^*-20\lg\sqrt{1+(\omega_c^*T_1)^2}-20\lg\sqrt{1+(\omega_c^*T_2)^2}=0$$

得到 $k=k^*=1.894$。此时的相位裕度为

$$\gamma=\pi+\theta(\omega_c^*)=\pi-\frac{\pi}{2}-\arctan(\omega_c^*T_1)-\arctan(\omega_c^*T_2)=26.76°$$

由于 $\gamma<\gamma^*$ 需要进行校正。

2）确定校正环节与参数：

从前面分析知，设计任务转换成在保持幅值穿越频率基本不变的前提下增加相位裕度。因此，可以采用超前校正，取

$$K(s)=k^*G_c(s)，\quad G_c(s)=\frac{\tau_c s+1}{T_c s+1}，\quad \alpha=\frac{\tau_c}{T_c}>1$$

则

$$L_c(\omega)=20\lg\sqrt{1+(\omega\tau_c)^2}-20\lg\sqrt{1+(\omega T_c)^2}$$

$$\theta_c(\omega)=\arctan(\omega\tau_c)-\arctan(\omega T_c)$$

基于开环伯德图的校正，就是将校正环节与原（比例控制）系统进行叠加，以修补原系统的不足。因此，选择一个合理的叠加点（相当于合理安排校正环节零极点的位置）是关键。

超前校正希望尽可能利用最大超前相位 θ_m，所以，最佳叠加点应使得 θ_m 位于新的幅值穿越频率处 $\omega_c'=\omega_m$。参见超前环节的频率特性式（4-2-12）有

$$L(\omega_c')+L_c(\omega_c')=L(\omega_m)+L_c(\omega_m)=L(\omega_m)+10\lg\alpha=0$$

$$\theta_c(\omega_c')=\theta_c(\omega_m)=\theta_m，\quad \Delta_\theta=\theta(\omega_c)-\theta(\omega_c')，\quad \gamma=\pi+\theta(\omega_c)$$

新的相位裕度 γ' 为

$$\gamma'=\pi+\theta(\omega_c')+\theta_c(\omega_c')=\pi+(\theta(\omega_c)-\Delta_\theta)+\theta_m=\gamma-\Delta_\theta+\theta_m\geqslant\gamma^*$$

取

$$\theta_m=(\gamma^*-\gamma)+\Delta_\gamma，\quad \Delta_\gamma=\Delta_\theta+(\gamma'-\gamma^*)，\quad \Delta_\gamma\geqslant\Delta_\theta$$

则

$$\begin{cases}\theta_m=\arcsin\dfrac{\alpha-1}{\alpha+1}=(\gamma^*-\gamma)+\Delta_\gamma\\[2mm]\omega_c'=\omega_m\dfrac{\sqrt{\alpha}}{\tau_c}\end{cases}\tag{5-2-6a}$$

式中，Δ_γ 是设计裕度。要注意的是，最大超前相位不是简单地将期望相位裕度与原相位裕度相减 $(\gamma^*-\gamma)$。一方面，$\omega_c'\neq\omega_c$，需要将 γ 修正到 γ'，即 Δ_θ（不能超过 Δ_γ）；另一方面，还要给设计留出余量，即 $\gamma'-\gamma^*>0$。

取 $\Delta_\gamma=5°$，有

$$\theta_m = \gamma^* - \gamma + \Delta_\gamma = 53.41° - 26.76° + 5° = 31.65°$$

由

$$\theta_m = \arcsin\frac{\alpha-1}{\alpha+1} = 31.65°$$

可得

$$\alpha = \frac{1+\sin\theta_m}{1-\sin\theta_m} = 3.21$$

再由

$$\left[20\lg k^* - 20\lg\omega_m - 20\lg\sqrt{1+(\omega_m T_1)^2} - 20\lg\sqrt{1+(\omega_m T_2)^2}\right] + 10\lg\alpha = 0 \qquad (5\text{-}2\text{-}6b)$$

得到新的幅值穿越频率 ω_c' 和超前校正环节参数 $\{\tau_c, T_c\}$：

$$\begin{cases} \omega_c' = \omega_m = 1.66\text{rad/s} \\[2mm] \tau_c = \dfrac{\sqrt{\alpha}}{\omega_m} = 1.079\text{s} \\[2mm] T_c = \dfrac{\tau_c}{\alpha} = 0.336\text{s} \end{cases}$$

验证，由于
$$\begin{aligned} \Delta_\theta &= \theta(\omega_c) - \theta(\omega_c') = \left(-\arctan(\omega_c T_1) - \arctan(\omega_c T_2)\right) - \left(-\arctan(\omega_c' T_1) - \arctan(\omega_c' T_2)\right) \\ &= 14.06° > \Delta_\gamma \end{aligned}$$

可见，取设计裕度 $\Delta_\gamma = 5°$ 是不合适的。

若取 $\Delta_\gamma = 25°$，按照前面同样的推导，可得
$$\theta_m = \gamma^* - \gamma + \Delta_\gamma = 53.41° - 26.76° + 25° = 51.65°$$

则
$$\alpha = 8.28, \quad \omega_c' = 2.13\text{rad/s}, \quad \tau_c = 1.351\text{s}, \quad T_c = 0.163\text{s}$$

再验证，$\Delta_\theta = \theta(\omega_c) - \theta(\omega_c') = 24.68°$，所以，取设计裕度 $\Delta_\gamma = 25°$ 是合适的。

经过超前校正后的控制器为

$$K(s) = k^*\frac{\tau_c s + 1}{T_c s + 1} = 1.894\frac{1.351s + 1}{0.163s + 1} \qquad (5\text{-}2\text{-}7a)$$

校正后系统的开环传递函数为

$$Q(s) = K(s)G(s) = 1.894\frac{1.351s + 1}{0.163s + 1}\frac{1}{s(s+1)(0.2s+1)} \qquad (5\text{-}2\text{-}7b)$$

其伯德图如图 5-2-1a 中实线所示，根轨迹如图 5-2-1b 所示。

从伯德图可见，校正后系统的幅值穿越频率 $\omega_c' = 2.13\text{rad/s}$、相位裕度 $\gamma' = 53.70°$，满足频域指标的要求；从根轨迹可见，在 $k = k^*$ 处的闭环零极点为 $\bar{z}_1 = -1/\tau_c = -0.74$、$\bar{p}_1 = -0.6741$、$\bar{p}_{2,3} = -1.3916 \pm j2.8277$、$\bar{p}_4 = -8.6777$，$\{\bar{z}_1, \bar{p}_1\}$ 发生近似的零极点对消，闭环系统的主导极点为 $\bar{p}_{2,3}$，其阻尼比 $\xi = 0.442$ 与式 (5-2-5) 的 ξ^* 基本接近，自然振荡频率 $\omega_n = 3.145\text{rad/s}$ 与式 (5-2-5) 的 ω_n^* 有些距离。这是因为式 (5-2-5) 是按二阶欠阻尼系统进行等效估算的，而由于 $\{\bar{z}_1, \bar{p}_1\}$ 是近似对消，最后的系统不能完全等效为二阶欠阻尼系统。

3）仿真研究：

① 以 $K(s) = k^*$ 和 $K(s) = k^* G_c(s)$ 分别构建仿真模型，可得到闭环系统的单位阶跃响应曲线如图 5-2-2a 所示。

校正前，闭环系统的瞬态过程时间 $t_s = 12.9s$，超调量 $\delta = 46.6\%$，未达到期望要求；校正后，闭环系统的瞬态过程时间 $t_s = 2.98s$，超调量 $\delta = 12.9\%$，均满足期望要求。可见，只用比例控制难以同时满足快速性与平稳性的要求，而采取超前校正较好地协调了二者的矛盾关系。另外，尽管最后的系统不完全等效为二阶欠阻尼系统，但事先按二阶欠阻尼系统进行期望频域指标的等效估算，再按频域指标进行设计是合适的，当然设计完成后要绘制根轨迹和进行仿真以完成性能指标的复核。

② 在参数范围 $k = 1.894(1 \pm 10\%)$、$\tau_c = 1.351(1 \pm 10\%)$、$T_c = 0.163(1 \pm 10\%)$ 中随机选取几组参数，经仿真得到图 5-2-2b 所示的单位阶跃响应曲线。可见，瞬态过程时间与超调量没有大的变化，说明超前校正的参数设计具有强壮性，设计裕度的选取是合适的。

由例 5-2-1 可见：

1）采用开环伯德图和频域指标进行超前校正十分便捷，比例控制设计与校正设计可一气呵成，比例参数与校正环节参数可以"解耦"进行确定。要注意的是，在设计过程中要把握好设计裕度 Δ_γ 的取值，这需要不断积累工程经验。

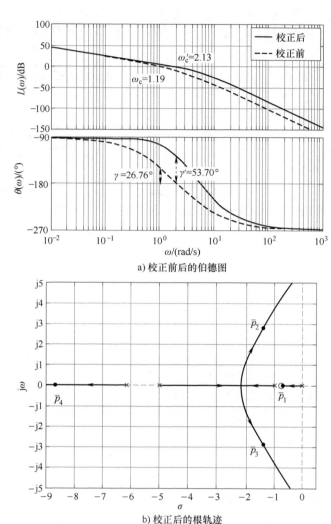

a) 校正前后的伯德图

b) 校正后的根轨迹

图 5-2-1　例 5-2-1 校正前后的伯德图与校正后根轨迹

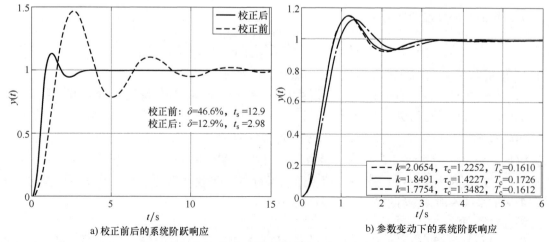

a) 校正前后的系统阶跃响应

b) 参数变动下的系统阶跃响应

图 5-2-2　校正前后以及参数变动下的系统阶跃响应

2）基于频域指标的设计往往给出的是控制器具体参数点$\{k^*, \tau_c, T_c\}$。实际上，应该是一个取值范围，因为频域指标$\{\omega_c, \gamma\}$一般是一个范围，最大超前相位θ_m等参数的选取也应是一个范围。当然，以参数范围进行运算相对困难，所以给出设计结果常常是一个标称参数点。为了弥补设计结果仅为一个参数点的不足，可在包含参数点的一定范围内通过仿真探讨参数摄动带来的影响，这也是工程中常采用的办法。

例 5-2-2 对于图 2-2-4 所示倒立摆系统，其数学模型为

$$\left(\frac{L(M+m)}{\cos\theta} - mL\cos\theta\right)\ddot{\theta} + mL\sin\theta\dot{\theta}^2 - g(M+m)\tan\theta = F \tag{5-2-8}$$

式中，$M = 1\text{kg}$，$m = 0.1\text{kg}$，$L = 1\text{m}$。设计控制器，使系统满足：

1）闭环系统稳定；

2）单位阶跃信号下的稳态误差$|e_s| \leqslant 0.25$；

3）瞬态过程时间$t_s < 2.5\text{s}$；

4）超调量$\delta \leqslant 40\%$。

为便于控制器设计，首先将倒立摆的数学模型在额定工况$\{F^*, \theta^*\} = \{0, 0\}$处线性化，得到线性模型如式（2-3-15）所示，其传递函数为

$$G(s) = \frac{b_0}{s^2 + a_0} = \frac{k_g}{(T_1 s + 1)(T_2 s - 1)} = \frac{1}{s^2 - 10} \tag{5-2-9}$$

式中，$T_1 = T_2 = T = \sqrt{\dfrac{ML}{(M+m)g}} \approx \sqrt{0.1}\text{s}$，$k_g = \dfrac{1}{(M+m)g} \approx 0.1\text{rad/N}$。

将时域期望指标转化为频域期望指标。这是一个典型的无零点二阶系统。由期望时域指标：

$$\delta^* = e^{-\frac{\xi^* \pi}{\sqrt{1 - \xi^{*2}}}} = 40\%, \quad t_s^* = \frac{\alpha}{-\sigma^*} \approx \frac{4}{-\sigma^*} = \frac{4}{\xi^* \omega_n^*} = 2.5\text{s}$$

可得主导极点参数$\xi^* = 0.28$、$\omega_n^* = 5.714\text{rad/s}$。

根据式（4-3-31）可得对应的期望频域指标为

$$\omega_c^* = \omega_n^* \sqrt{\sqrt{4\xi^{*4} + 1} - 2\xi^{*2}} = 5.285\text{rad/s}, \quad \gamma^* = \arctan\frac{2\xi^*}{\omega_c^* / \omega_n^*} = 31.19°$$

1）设计比例参数k：

若只考虑比例控制，开环传递函数与频率特性为

$$Q(s) = kG(s) = k\frac{k_g}{(T_1 s + 1)(T_2 s - 1)} = k\frac{1}{s^2 - 10}$$

$$L(\omega) = 20\lg k + 20\lg k_g - 20\lg\sqrt{1 + (\omega T_1)^2} - 20\lg\sqrt{1 + (\omega T_2)^2} \tag{5-2-10a}$$

$$\theta(\omega) = -\arctan(\omega T_1) - (\pi - \arctan(\omega T_2)) \tag{5-2-10b}$$

从稳态性看，希望

$$e_s = s\frac{1}{1 + Q(s)} r(s)\bigg|_{s=0} = \frac{1}{1 + Q(0)} = \frac{1}{1 - \frac{k}{10}} = \frac{10}{10 - k}$$

又由

$$|e_s| = \left|\frac{10}{10 - k}\right| \leqslant 0.25$$

可得

$$k \geq 10\left(1+\frac{1}{0.25}\right) = 50$$

取 $k = k^* = 50$。

绘制开环伯德图，如图 5-2-3a 中虚线所示。在满足期望稳态误差下，将 $k = k^* = 50$、$T_1 = \sqrt{0.1}\,\mathrm{s}$、$T_2 = \sqrt{0.1}\,\mathrm{s}$ 代入式 (5-2-10)，可得系统的幅值穿越频率 $\omega_c = 6.235\,\mathrm{rad/s}$、相位裕度 $\gamma = 0°$。可见，幅值穿越频率满足要求，相位裕度不满足要求 $(\gamma < \gamma^*)$，需要进行校正。

2）确定校正环节与参数：

由于幅值穿越频率满足了要求，只需增加相位裕度，可以采用超前校正，取

$$K(s) = k^* G_c(s), \quad G_c(s) = \frac{\tau_c s + 1}{T_c s + 1}, \quad \alpha = \frac{\tau_c}{T_c} > 1$$

则

$$L_c(\omega) = 20\lg\sqrt{1+(\omega\tau_c)^2} - 20\lg\sqrt{1+(\omega T_c)^2}$$
$$\theta_c(\omega) = \arctan(\omega\tau_c) - \arctan(\omega T_c)$$

利用最大超前相位 θ_m，使得 θ_m 位于新的幅值穿越频率 $\omega_c' = \omega_m$ 处。取 $\Delta_\gamma = 5°$，有

$$\theta_m = \gamma^* - \gamma + \Delta_\gamma = 31.2° - 0° + 5° = 36.2°$$

由

$$\theta_m = \arcsin\frac{\alpha-1}{\alpha+1} = 36.2°$$

可得

$$\alpha = \frac{1+\sin\theta_m}{1-\sin\theta_m} = 3.88$$

再由

$$\left[20\lg k^* + 20\lg k_g - 20\lg\sqrt{1+(\omega_m T_1)^2} - 20\lg\sqrt{1+(\omega_m T_2)^2}\right] + 10\lg\alpha = 0$$

可得

$$\omega_c' = \omega_m = 9.41\,\mathrm{rad/s}, \quad \tau_c = \frac{\sqrt{\alpha}}{\omega_m} = 0.209\,\mathrm{s}, \quad T_c = \frac{\tau_c}{\alpha} = 0.054\,\mathrm{s}$$

验证，由于

$$\Delta_\theta = \theta(\omega_c) - \theta(\omega_c') = (-\arctan(\omega_c T_1) + \arctan(\omega_c T_2)) - (-\arctan(\omega_c' T_1) + \arctan(\omega_c' T_2)) = 0°$$

所以，取设计裕度 $\Delta_\gamma = 5°$ 是合适的。

经过超前校正后的控制器为

$$K(s) = k^* \frac{\tau_c s + 1}{T_c s + 1} = 50\frac{0.209s+1}{0.054s+1} \tag{5-2-11a}$$

校正后系统的开环传递函数为

$$Q(s) = K(s)G(s) = 50\frac{0.209s+1}{0.054s+1}\frac{1}{s^2-10} \tag{5-2-11b}$$

其伯德图如图 5-2-3a 中实线所示。

可见，校正后系统的幅值穿越频率 $\omega_c' = 9.41\,\mathrm{rad/s}$、相位裕度 $\gamma' = 36.2°$，满足频域指标的要求。

3）仿真研究：

① 分别以非线性模型式 (5-2-8) 和线性化模型式 (5-2-9) 建立仿真模型，参见例 3-3-3。给定输入 $r(t) = 0$，初始摆角 $\theta(0) = \{20°, 45°\}$，其他变量的初始值均为 0，两个仿真模型的输出响应

如图 5-2-4a 所示；再取初始摆角 $\theta(0) = 77°$，两个仿真模型的输出响应如图 5-2-4b 所示；再取初始摆角 $\theta(0) = 78°$，两个仿真模型的输出响应如图 5-2-4c 所示。

从图 5-2-4a 中的仿真曲线看出，当初始摆角 $\theta(0) \leqslant 45°$ 时，非线性模型与线性化模型的输出响应是接近的，说明采取线性化模型的设计，既达到了期望的要求也与实际工程是接近的；从图 5-2-4b 中的仿真曲线看出，当初始摆角 $\theta(0) = 77°$ 时，非线性模型与线性化模型的输出响应有较大差距，表明采取线性化模型设计的控制器存在适用范围，在实际工程中应用时要高度重视；特别是，从图 5-2-4c 中的仿真曲线看出，当初始摆角 $\theta(0) = 78°$ 时，非线性模型的输出响应不再稳定，再次警醒采取线性化模型设计的控制器应用到实际非线性系统时，一旦超出适用范围会产生致命的不稳定现象。

② 对于实际工程，除了关心输出响应的性能外，还需分析各变量取值的限制影响。图 5-2-5 是比例参数分别取 $k = \{40, 50, 60\}$ 时，控制器作用于非线性模型和线性化模型下的控制量曲线。若允许最大作用力 $F_{max} = 50N$，从图 5-2-5 中看出，控制量不会超限。

③ 与例 3-3-3 的控制器比较。例 3-3-3 也给出了倒立摆系统的一个控制结构，即采用一阶拟微分环节作为控制器，同样使得倒立摆系统成为稳定系统且到达稳态 $\theta^* = 0$。参见式 $(3-3-40)$，本例与例 3-3-3 的控制器分别为

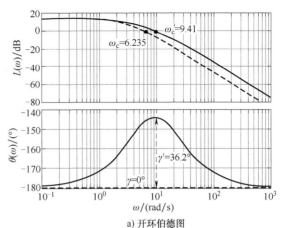

a) 开环伯德图

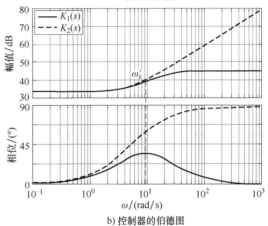

b) 控制器的伯德图

图 5-2-3　例 5-2-2 校正前后的伯德图与控制器的伯德图

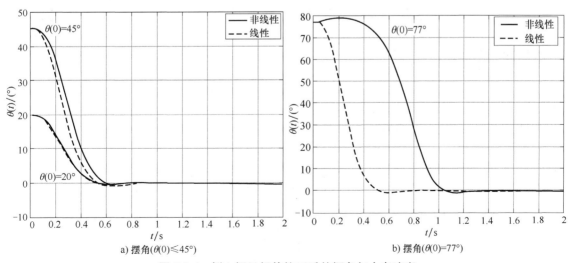

a) 摆角($\theta(0) \leqslant 45°$)

b) 摆角($\theta(0) = 77°$)

图 5-2-4　倒立摆经超前校正后的摆角与小车速度

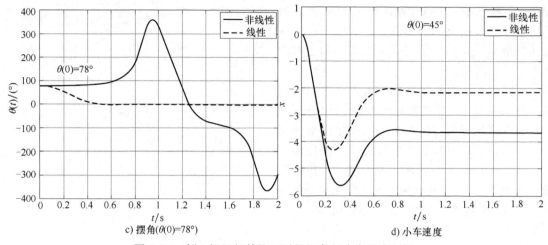

c) 摆角($\theta(0)=78°$)   d) 小车速度

图 5-2-4   倒立摆经超前校正后的摆角与小车速度（续）

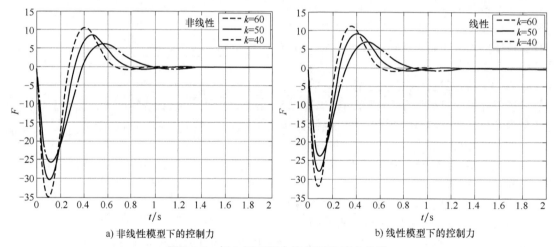

a) 非线性模型下的控制力   b) 线性模型下的控制力

图 5-2-5   倒立摆系统中控制器的输出曲线

$$K_1(s) = k^* \frac{\tau_c s + 1}{T_c s + 1} = 50 \frac{0.209s + 1}{0.054s + 1}, \quad K_2(s) = k_c(\tau_c s + 1) = 50(0.2s + 1)$$

二者的伯德图如图 5-2-3b 所示。

可见，在工作频段二者的幅值基本一样，即

$$|K_1(j\omega)| \approx |K_2(j\omega)|, \quad 0 < \omega < \omega_c'$$

因此，经二者校正后的系统扩展性能是接近的。

但是，在高频段，一阶拟微分环节的幅值远大于超前环节的幅值，即

$$|K_1(j\omega)| \ll |K_2(j\omega)|, \quad \omega \gg \omega_c'$$

这样的话，对于高频噪声，一阶拟微分环节的抑制效果相较于超前环节显著变差。

因此，在工程实际应用中，一般不单纯使用拟微分环节（$\tau_c s + 1$），而是增加一个分母将其改造为超前环节$\left(\frac{\tau_c s + 1}{T_c s + 1}\right)$，只是 T_c 要远远小于 τ_c，一般可取 $T_c = (0.01 \sim 0.1)\tau_c$，这样既保证了工作频段的扩展性能不变，又能更好地抑制高频噪声的影响。

④ 对于变量值域的限制影响。前面的讨论更多是关注控制量的变化，在实际工程中也要关注

系统其他中间变量，如本例的小车速度 $\dot{x}$，既要关注在瞬态过程不要超限，也要关注稳态是否满足实际要求。图 5-2-4d 给出了 $\theta(0)=45°$ 时小车速度的响应曲线。可见，稳态时小车处在匀速运动中。这个稳态结果只有理论上的意义，在实际工程中是不现实的，小车不能永远在一个方向上运动。

从这个分析看出，留意系统中间变量的变化轨迹是十分重要的，不能仅仅关注系统输出变量、控制变量是否达到了要求。这个结果表明，目前的控制器还不具有工程意义，需要进一步改进，这个内容会在《工程控制原理》(现代部分)的状态反馈控制中继续讨论。

2. 滞后校正

例 5-2-3 对例 5-1-1 的系统，设计滞后校正控制器满足：

1）闭环系统稳定；

2）单位斜坡输入下的稳态误差不大于 25%；

3）期望相位裕度 $\gamma^*=40°$。

滞后校正的设计步骤与超前校正基本类似。滞后校正的重点是，通过对中高频段幅值的衰减，降低幅值穿越频率，间接提升系统的相位裕度。

1）设计比例参数 k：

若只考虑比例控制，开环传递函数与频率特性为

$$Q(s)=kG(s)=k\frac{k_g}{s(T_1s+1)(T_2s+1)}=k\frac{1}{s(s+1)(0.2s+1)}$$

$$L(\omega)=20\lg k-20\lg\omega-20\lg\sqrt{1+(\omega T_1)^2}-20\lg\sqrt{1+(\omega T_2)^2} \tag{5-2-12a}$$

$$\theta(\omega)=-\pi/2-\arctan(\omega T_1)-\arctan(\omega T_2) \tag{5-2-12b}$$

从稳态性看，希望

$$e_s=s\frac{1}{1+Q(s)}r(s)\bigg|_{s=0}=\frac{1}{s+sQ(s)}\bigg|_{s=0}=\frac{1}{k}, \ |e_s|=\frac{1}{k}\leqslant 0.25, \ k\geqslant 4$$

取 $k=k^*=4$。

绘制开环伯德图，如图 5-2-6a 中虚线所示。在满足期望稳态误差下，将 $k=k^*=4$、$T_1=1$s、$T_2=0.2$s 代入式(5-2-12)，可得系统的幅值穿越频率 $\omega_c=1.81$rad/s、相位裕度 $\gamma=8.91°$。可见，相位裕度不满足要求($\gamma<\gamma^*$)，需要进行校正。

2）确定校正环节与参数：

由于无需考虑幅值穿越频率，只需考虑相位裕度，可以采用滞后校正，取

$$K(s)=k^*G_c(s), \ G_c(s)=\frac{\tau_c s+1}{T_c s+1}, \ \beta=\frac{T_c}{\tau_c}>1$$

则

$$L_c(\omega)=20\lg\sqrt{1+(\omega\tau_c)^2}-20\lg\sqrt{1+(\omega T_c)^2}$$

$$\theta_c(\omega)=\arctan(\omega\tau_c)-\arctan(\omega T_c)$$

同样，基于开环伯德图的滞后校正，也是将滞后校正环节与原(比例控制)系统进行叠加，以修补原系统的不足。因此，需要选择一个合理的叠加点。

滞后校正是希望尽可能利用最大的幅值衰减 $20\lg\beta$，以降低幅值穿越频率，间接提升相位裕度。参见滞后环节的频率特性式(4-2-11b)，在新的幅值穿越频率 ω_c' 处应满足

$$\begin{cases} L(\omega_c')+L_c(\omega_c')=L(\omega_c')-20\lg\beta=0 \\ \gamma'=\pi+\theta(\omega_c')+\theta_c(\omega_c')\geqslant\gamma^* \end{cases} \tag{5-2-13a}$$

或者

$$\begin{cases} L(\omega_c') = 20\lg\beta \\ \theta(\omega_c') = -\pi+\gamma^*+\Delta_\gamma \end{cases} \tag{5-2-13b}$$

式中，设计裕度 Δ_γ 为

$$\Delta_\gamma = (\gamma'-\gamma^*)-\theta_c(\omega_c') = (\gamma'-\gamma^*)+\Delta_{\theta_c}, \quad \Delta_\gamma \geqslant \Delta_{\theta_c}$$

可见，滞后校正的关键是在原相频特性上找到满足式(5-2-13b)的相位 $\theta(\omega_c')$。则

$$\Delta_{\theta_c} = -\theta_c(\omega_c') = \arctan(\beta\omega_c'\tau_c)-\arctan(\omega_c'\tau_c)$$

进而有

$$\tan\Delta_{\theta_c} = \frac{(\beta-1)\omega_c'\tau_c}{1+\beta(\omega_c'\tau_c)^2} \tag{5-2-13c}$$

由于滞后环节本身有滞后相位，必须减小这个影响，Δ_{θ_c} 反映了这个影响的程度。若 $\omega_c'\tau_c \geqslant 10$，一般有 $\tan\Delta_{\theta_c} \leqslant 0.1$，所以常取 $\tau_c = \dfrac{10}{\omega_c'}$。

取 $\Delta_\gamma = 5°$，由式(5-2-12)、式(5-2-13a)(或式(5-2-13b))可得

$$L(\omega_c') = 20\lg k^*-20\lg\omega_c'-20\lg\sqrt{1+(\omega_c'T_1)^2}-20\lg\sqrt{1+(\omega_c'T_2)^2} = 20\lg\beta \tag{5-2-14a}$$

$$\theta(\omega_c') = -\pi/2-\arctan(\omega_c'T_1)-\arctan(\omega_c'T_2) = -180°+40°+5° = -135° \tag{5-2-14b}$$

由式(5-2-14b)可得

$$\omega_c' = 0.74\text{rad/s}$$

代入式(5-2-14a)可得

$$\beta = 4.3$$

进而有

$$\tau_c = \frac{10}{\omega_c'} = 13.5\text{s}, \quad T_c = \beta\tau_c = 58.05\text{s}$$

验证，由于

$$\tan\Delta_{\theta_c} = \frac{(\beta-1)\omega_c'\tau_c}{1+\beta(\omega_c'\tau_c)^2} = 0.076$$

可得

$$\Delta_{\theta_c} = 4.38° < \Delta_\gamma$$

所以，取 $\Delta_\gamma = 5°$ 是合适的。

经过滞后校正后的控制器为

$$K(s) = k^*\frac{\tau_c s+1}{T_c s+1} = 4\frac{13.5s+1}{58.05s+1} \tag{5-2-15a}$$

校正后系统的开环传递函数为

$$Q(s) = K(s)G(s) = 4\frac{13.5s+1}{58.05s+1}\frac{1}{s(s+1)(0.2s+1)} \tag{5-2-15b}$$

其伯德图如图 5-2-6a 中实线所示，根轨迹如图 5-2-6b 所示。

可见，校正后系统的幅值穿越频率 $\omega_c' = 0.744\text{rad/s}$、相位裕度 $\gamma' = 40.5°$，满足频域指标的要求。从根轨迹图可看出，由于增加了滞后环节，其主导极点被"压低"到了低频区。

3) 仿真研究：

① 以 $K(s) = k^*$ 和 $K(s) = k^* G_c(s)$ 分别构建仿真模型，其单位阶跃响应曲线如图 5-2-7a 所示，对应的控制量曲线如图 5-2-7b 所示。

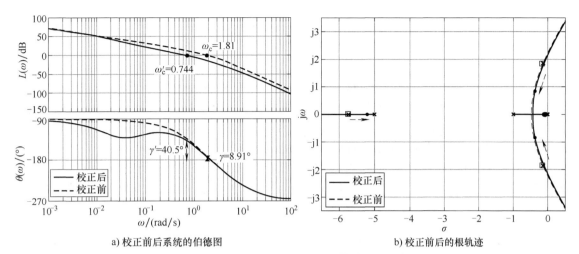

a) 校正前后系统的伯德图　　　　　　　　　b) 校正前后的根轨迹

图 5-2-6　例 5-2-3 校正前后系统的伯德图与根轨迹

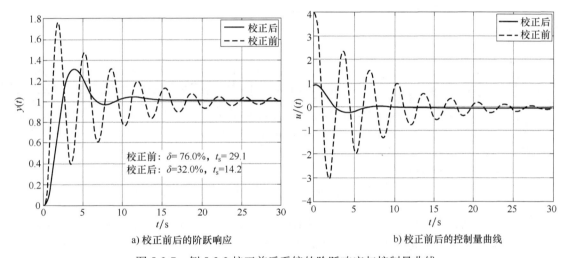

a) 校正前后的阶跃响应　　　　　　　　　b) 校正前后的控制量曲线

图 5-2-7　例 5-2-3 校正前后系统的阶跃响应与控制量曲线

系统校正前与校正后的幅值穿越频率和相位裕度分别为

$$\omega_c = 1.81\mathrm{rad/s}, \quad \gamma = 8.91°; \quad \omega_c' = 0.74\mathrm{rad/s}, \quad \gamma' = 40.5°$$

滞后校正环节增加了零点，即 $z_c = -1/\tau_c = -0.074$，参见式（4-3-39），由于

$$\mu_{pz} = \left| \frac{1}{\hat{Q}(z_c)} \right| = \frac{58.05s+1}{4} s(s+1)(0.2s+1) \Big|_{s=-0.074} = 0.056$$

所以，滞后校正环节的零点对校正后的闭环传递函数影响不大，其主导闭环传递函数仍可等效为一个无零点的二阶欠阻尼系统。

按照式（4-3-35）和表 3-3-4，可得校正前与校正后的系统参数、瞬态过程时间与超调量分别为

$$\xi = \frac{\tan\gamma}{2} \left[\frac{1}{1+\tan^2\gamma} \right]^{\frac{1}{4}} = \{0.078, 0.372\} \tag{5-2-16a}$$

$$\omega_n = \omega_c \left[\frac{1}{1+\tan^2\gamma} \right]^{-\frac{1}{4}} = \{1.821\mathrm{rad/s}, 0.853\mathrm{rad/s}\} \tag{5-2-16b}$$

$$\delta = e^{\frac{-\xi\pi}{\sqrt{1-\xi^2}}} = \{78.23\%, 28.35\%\} \tag{5-2-16c}$$

$$t_s = \frac{4}{\xi\omega_n} = \{28.19s, 12.59s\} \tag{5-2-16d}$$

可见，尽管扩展性能只是选用频域指标进行设计，频域指标也不是从时域指标转换而来的，但最后的结果明显改善了时域的超调量和瞬态过程时间，式(5-2-16)的计算值与图5-2-7a校正前后仿真的响应数据也是基本一致的。这就说明只要有丰富的工程经验，直接给出合适的频域指标，以频域指标进行设计同样能够保证时域指标达到要求。

② 在参数范围 $\{k, \tau_c, T_c\} \times (1\pm10\%)$ 中随机选取几组参数，经仿真得到图5-2-8所示的单位阶跃响应和控制量曲线。可见，瞬态过程时间、超调量以及控制量没有大的变化，说明滞后校正的参数设计具有强壮性，设计裕度的选取是合适的。

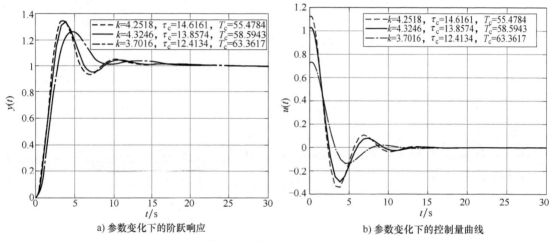

a) 参数变化下的阶跃响应   b) 参数变化下的控制量曲线

图5-2-8   例5-2-3控制器参数变化下的阶跃响应与控制量曲线

③ 校正环节的适用场合。滞后校正的基本原理是降低系统的幅值穿越频率，这样会使得系统的工作频段变窄，从理论上讲会减弱系统的快速性。但从图5-2-7a中校正前后输出响应曲线看出，滞后校正不但改善了系统平稳性，也提升了系统快速性。另外，从图5-2-7b中校正前后控制量曲线看出，校正前控制量大，校正后控制量明显减小。

滞后校正这个特性是否适用所有场合？可否替代超前校正？其实不然。从图5-2-7a中输出响应曲线看，校正前的输出响应振荡次数较多，系统处在严重的不平稳状态。因此，对于校正前系统输出响应激烈振荡的，采取滞后校正是一个合理方案，可同步改善系统的平稳性和快速性。如果校正前系统输出响应相对平稳不是激烈振荡，又要进一步提升系统快速性，此时采取滞后校正可能不是一个合理方案，而应考虑采取超前校正。

因此，要充分分析被控对象在比例控制下的缺陷，合理选择校正方案，方可使得被控对象与系统期望性能、控制量等处于一个最佳的适配。

例5-2-4   考虑电枢电感作用下的直流调速系统，参见式(2-3-13)，其被控对象为

$$n(s) = \frac{\bar{b}_0}{s^2 + \bar{a}_1 s + \bar{a}_0} U(s) + \frac{\bar{b}_{d1} s + \bar{b}_{d0}}{s^2 + \bar{a}_1 s + \bar{a}_0} M_L(s) \tag{5-2-17}$$

式中，$\bar{a}_1 = r/L$，$\bar{a}_0 = c_e \Phi c_\phi \Phi / LJ_n$，$\bar{b}_0 = c_\phi \Phi / LJ_n$，$\bar{b}_{d1} = -1/J_n$，$\bar{b}_{d0} = -r/LJ_n$。直流电动机的参数与例3-3-1一样。

设计控制器，使得系统在单位阶跃输入下有如下性能要求：

1) 闭环系统稳定；

2) 在标定（额定）负载下转速的（相对）稳态误差 $|e_s| \leqslant 0.05$；

3) 超调量 $\delta \leqslant 15\%$。

先将数学模型在系统的标定值（n^*、U^*、M_L^*）上进行比值标准化，本例取 $n^* = 975\text{r/min}$，$U^* = 440\text{V}$，$M_L^* = 80.74\text{N}\cdot\text{m}$，参见式（3-3-6），则式（5-2-17）可化为

$$\hat{G}(s) = \frac{\bar{b}_0}{s^2 + \bar{a}_1 s + \bar{a}_0}\frac{U^*}{n^*} = \frac{\hat{k}_g \omega_n^2}{s^2 + 2\xi\omega_n s + \omega_n^2} = \frac{1.142 \times 68.25^2}{s^2 + 68.267s + 68.25^2} \tag{5-2-18a}$$

$$\hat{G}_d(s) = \frac{\bar{b}_{d1}s + \bar{b}_{d0}}{s^2 + \bar{a}_1 s + \bar{a}_0}\frac{M_L^*}{n^*} = \frac{\hat{k}_d(\bar{c}_1 s + \omega_n^2)}{s^2 + 2\xi\omega_n s + \omega_n^2} = \frac{-0.142(68.236s + 68.25^2)}{s^2 + 68.267s + 68.25^2} \tag{5-2-18b}$$

式中，$\hat{k}_g = 1.142$，$\hat{k}_d = -0.142$，$\xi = 0.50$，$\omega_n = 68.25\text{rad/s}$。则比值标准化后的被控对象为

$$\hat{n}(s) = \hat{G}(s)\hat{U}(s) + \hat{G}_d(s)\hat{M}_L(s) \tag{5-2-18c}$$

先将时域指标转换为频域指标，根据表 3-3-4 和式（4-3-31）可得

$$\delta^* = e^{-\frac{\xi^*\pi}{\sqrt{1-\xi^{*2}}}} = 15\%, \quad \xi^* = 0.52$$

$$\gamma^* = \arctan\frac{2\xi^*}{\omega_c^*/\omega_n^*} = \arctan\frac{2\xi^*}{\sqrt{\sqrt{4\xi^{*4}+1}-2\xi^{*2}}} = 53.41°$$

1) 设计比例参数 $\hat{k}_c$：

若只考虑比例控制，开环传递函数与频率特性为

$$\hat{Q}(s) = \hat{k}_c\hat{G}(s) = \hat{k}_c\frac{\hat{k}_g\omega_n^2}{s^2 + 2\xi\omega_n s + \omega_n^2} \tag{5-2-19a}$$

$$L(\omega) = 20\lg(\hat{k}_c\hat{k}_g) - 20\lg\sqrt{[1-(\omega/\omega_n)^2]^2 + 4\xi^2(\omega/\omega_n)^2} \tag{5-2-19b}$$

$$\theta(\omega) = -\arctan\frac{2\xi\omega/\omega_n}{1-(\omega/\omega_n)^2} \tag{5-2-19c}$$

从稳态性看，希望在标定负载下转速的（相对）稳态误差 $|e_s| \leqslant 0.05$，取 $\hat{r}=I(t)$，$\hat{M}_L=I(t)$，有

$$\hat{\Phi}(s) = \frac{\hat{k}_c\hat{G}(s)}{1+\hat{k}_c\hat{G}(s)}, \quad \hat{\Phi}_d(s) = \frac{\hat{G}_d(s)}{1+\hat{k}_c\hat{G}(s)}$$

$$\hat{n}(s) = \Phi(s)\hat{r}(s) + \hat{\Phi}_d(s)\hat{M}_L(s)$$

$$e_s = \lim_{s\to 0}s[\hat{r}(s)-\hat{n}(s)] = s\{[1-\Phi(s)]\hat{r}(s) - \Phi_d(s)\hat{M}_L(s)\}|_{s=0}$$

$$= \frac{1}{1+\hat{k}_c\hat{G}(0)} - \frac{\hat{G}_d(0)}{1+\hat{k}_c\hat{G}(0)} = \frac{1}{1+\hat{k}_c\hat{k}_g}(1+\hat{k}_d)$$

若要 $|e_s| \leqslant 0.05$，可推出

$$\hat{k}_c\hat{k}_g \geqslant \left|\frac{1+\hat{k}_d}{e_s}\right| - 1 = \frac{1-0.142}{0.05} - 1 = 16.16$$

取 $\hat{k}_c\hat{k}_g = 20$，即 $\hat{k}_c = 20/\hat{k}_g = 17.51$。

绘制开环伯德图，如图 5-2-9a 中虚线所示。在满足期望稳态误差下，将 $\hat{k}_c = k^* = 17.51$ 代入式（5-2-19），可得系统的幅值穿越频率 $\omega_c = 330\text{rad/s}$、相位裕度 $\gamma = 12.2°$。可见，相位裕度不满足要求（$\gamma < \gamma^*$），需要进行校正。

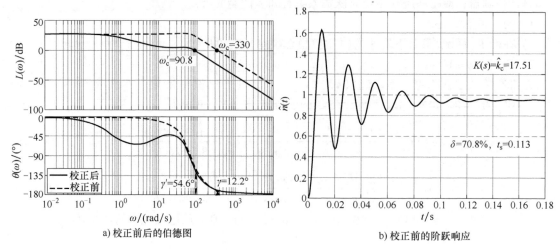

a) 校正前后的伯德图　　　　　　　b) 校正前的阶跃响应

图 5-2-9　直流调速系统校正前后的伯德图与校正前的阶跃响应

2) 确定校正环节与参数：

在 $\hat{k}_c = k^* = 17.51$ 的比例控制下，其阶跃响应如图 5-2-9b 所示。可见，系统输出响应的振荡次数多且超调量大，系统处在严重不平稳状态，所以，可采用滞后校正。取

$$K(s) = k^* G_c(s) , \quad G_c(s) = \frac{\tau_c s + 1}{T_c s + 1}, \quad \beta = \frac{T_c}{\tau_c} > 1$$

在新的幅值穿越频率 ω'_c 处应满足

$$L(\omega'_c) = 20\lg(k^* \hat{k}_g) - 20\lg\sqrt{\left[1 - (\omega'_c/\omega_n)^2\right]^2 + 4\xi^2(\omega'_c/\omega_n)^2} = 20\lg\beta \qquad (5\text{-}2\text{-}20a)$$

$$\theta(\omega'_c) = -\arctan\frac{2\xi\omega'_c/\omega_n}{1 - (\omega'_c/\omega_n)^2} = -\pi + \gamma^* + \Delta_\gamma = -180° + 53.41° + 6° \qquad (5\text{-}2\text{-}20b)$$

$$\tau_c = 10/\omega'_c \qquad (5\text{-}2\text{-}20c)$$

式中，取 $\Delta_\gamma = 6°$。

联立式 (5-2-20) 可得，$\omega'_c = 90.6\text{rad/s}$，$\beta = 14.92$，$\tau_c = 0.11\text{s}$，$T_c = \beta\tau_c = 1.647\text{s}$。验证，由于

$$\tan\Delta_{\theta_c} = \frac{(\beta - 1)\omega'_c\tau_c}{1 + \beta(\omega'_c\tau_c)^2} = 0.093$$

可得

$$\Delta_{\theta_c} = 5.32° < \Delta_\gamma$$

所以，取 $\Delta_\gamma = 6°$ 是合适的。

经过滞后校正后的控制器为

$$K(s) = k^* \frac{\tau_c s + 1}{T_c s + 1} = 17.51 \frac{0.11s + 1}{1.647s + 1} \qquad (5\text{-}2\text{-}21a)$$

校正后系统的开环传递函数为

$$Q(s) = K(s)G(s) = 17.51 \frac{0.11s + 1}{1.647s + 1} \frac{1.142 \times 68.25^2}{s^2 + 2 \times 0.5 \times 68.25s + 68.25^2} \qquad (5\text{-}2\text{-}21b)$$

其伯德图如图 5-2-9a 中实线所示。

可见，校正后系统的幅值穿越频率 $\omega'_c = 90.8\text{rad/s}$、相位裕度 $\gamma' = 54.6°$，满足频域指标的要求。

3）仿真研究：

① 建立图 5-2-10a 所示的仿真模型，校正后系统的阶跃响应如图 5-2-10b 所示。可见，校正后系统的瞬态过程时间 $t_s = 0.526\text{s}$、超调量 $\delta = 0\%$，闭环系统的平稳性得到显著改善。

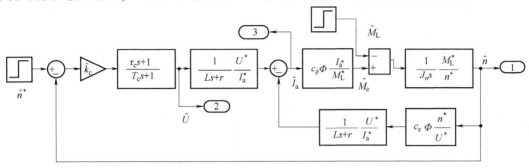

a) 仿真模型

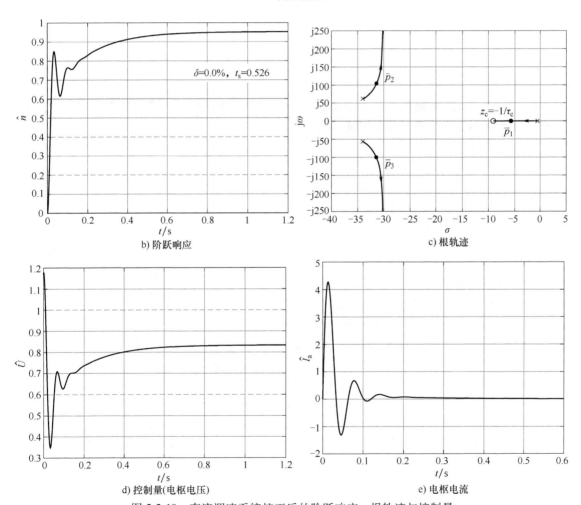

b) 阶跃响应

c) 根轨迹

d) 控制量(电枢电压)

e) 电枢电流

图 5-2-10 直流调速系统校正后的阶跃响应、根轨迹与控制量

从图 5-2-10c 中的根轨迹看出，加入滞后环节后，闭环系统有 1 个实数极点和 1 对共轭复数极点，尽管靠近虚轴的是实数极点（-5.88），由于它跟滞后校正环节的零点（-9.06）比较靠近，

该极点的主导作用受到削弱，共轭复数极点(−31.49 ±j102.31)会起部分主导作用。因此，系统性能会介于一阶惯性与二阶欠阻尼之间，图 5-2-10b 中的阶跃响应曲线也反映了这一点，上升阶段有振荡，随后呈单调增长。

另外，控制器设计的初始依据是有超调量的，但最后的结果没有出现超调。这是缘于实际设计是按频域指标进行的，由于事先难以确定主导闭环传递函数的结构形式，往往用无零点的二阶欠阻尼系统估算频域指标，若最后的闭环系统不等效为无零点的二阶欠阻尼系统，其结果有差异就是自然的事了。这从另一个角度说明，采用频域指标进行设计，最后达到的时域指标的"精准性"虽弱但"适应性"变强，这也是频域法受到工程师喜爱的一个原因。

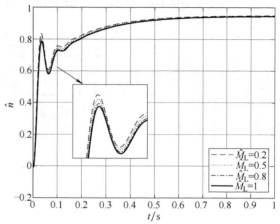

a) 负载下的转速响应

② 取不同的负载扰动转矩 $\hat{M}_L = \{0.2, 0.5, 0.8, 1\}$，得到图 5-2-11a 所示的带负载扰动的系统单位阶跃响应。与例 3-3-1 的结论一样，通过反馈控制后转速 n 的稳态值基本不受负载转矩 M_L 的影响，其机械特性曲线更接近水平线，如图 5-2-11b 中实线所示，图中虚线是开环（被控对象）静态模型的机械特性。

③ 变量取值受限的分析。从图 5-2-10d 中的控制量 $\hat{U} = U/U^*$ 的曲线看出，在起动过程有短时的过电压，未超出标定值的 1.5 倍，在实际工程中一般是允许的。但是，从图 5-2-10e 中的中间变量电枢电流 $\hat{I}_a = I_a/I_a^*$ 的曲线看出，尽管是短时过电流，但超出标定值 4 倍多，这在实际工程中一般是不允许的。若

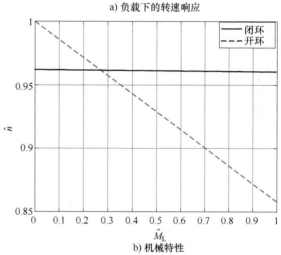

b) 机械特性

图 5-2-11　直流调速系统校正后的负载能力与机械特性

要运用这个控制方案，需要增加限流措施。要注意的是，若增加限流措施，系统的性能会受到影响。

另外，仔细观察可看出，系统中的变量超限大部分是在起动过程，起动完成后基本在标定值附近波动，因此，可采取专门的起动方案，待起动完成后再转入预定的控制律上。当然，也可以采取二者兼顾的其他控制方案，如后面 5.5 节讨论的双回路控制方案。

变量取值受限分析是理论设计方案进入实用前一个重要的环节。例 5-2-4 再次说明，尽管期望性能指标只关注输出响应，理论分析模型也常常是输入变量与输出变量的关系模型，但在仿真实验时最好要建立包含中间变量的仿真模型，这样可以全面了解各中间变量（如电枢电流）的变化情况，为最终确定控制方案或进一步修改控制方案提供依据。

3. 滞后-超前校正

例 5-2-5　若例 5-1-1 的被控对象参数有变化，即 $G(s) = \dfrac{1}{s(0.25s+1)(0.05s+1)}$，要求设计控制器，使系统满足：

1）闭环系统稳定；

2）单位斜坡输入下的稳态误差 $|e_s| \leqslant 0.01$；

3）瞬态过程时间 $t_s \leqslant 0.75s$；

4）超调量 $\delta \leqslant 5\%$。

设主导闭环传递函数为无零点的二阶系统，由期望时域指标：

$$\delta^* = e^{-\frac{\xi^*\pi}{\sqrt{1-\xi^{*2}}}} = 5\%, \quad t_s^* = \frac{\alpha}{-\sigma^*} \approx \frac{4}{-\sigma^*} = \frac{4}{\xi^*\omega_n^*} = 0.75s$$

可得主导极点参数 $\xi^* = 0.69$、$\omega_n^* = 7.73rad/s$。

根据式（4-3-31）可得对应的期望频域指标为

$$\omega_c^* = \omega_n^*\sqrt{\sqrt{4\xi^{*4}+1}-2\xi^{*2}} = 5.06rad/s, \quad \gamma^* = \arctan\frac{2\xi^*}{\omega_c^*/\omega_n^*} = 64.62°$$

1）设计比例参数 k：

若只考虑比例控制，开环传递函数与频率特性为

$$Q(s) = kG(s) = k\frac{1}{s(T_1 s+1)(T_2 s+1)} = k\frac{1}{s(0.25s+1)(0.05s+1)} \tag{5-2-22a}$$

$$L(\omega) = 20\lg k - 20\lg\omega - 20\lg\sqrt{1+(\omega T_1)^2} - 20\lg\sqrt{1+(\omega T_2)^2} \tag{5-2-22b}$$

$$\theta(\omega) = -\pi/2 - \arctan(\omega T_1) - \arctan(\omega T_2) \tag{5-2-22c}$$

从稳态性看，希望

$$e_s = s\frac{1}{1+Q(s)}r(s)\Big|_{s=0} = \frac{1}{s+sQ(s)}\Big|_{s=0} = \frac{1}{k}, \quad |e_s| = \frac{1}{k} \leqslant 0.01, \quad k \geqslant 100$$

取 $k = k^* = 100$。

绘制开环伯德图，如图 5-2-12a 所示。在满足期望稳态误差下，将 $k = k^* = 100$、$T_1 = 0.25s$、$T_2 = 0.05s$ 代入式（5-2-22），可得系统的幅值穿越频率 $\omega_c = 17.2rad/s$、相位裕度 $\gamma = -27.6°$。可见，相位裕度不满足要求（$\gamma < \gamma^*$），且系统处在不稳定状态，需要进行校正。

2）确定校正环节与参数：

若采用超前校正，需提供超前相位：

$$\theta_m = \gamma^* - \gamma + \Delta_\gamma = 64.62° + 27.6° + 5° = 97.22°$$

难以用一个超前环节完成。

若采用滞后校正，需在 $\omega_c' = \omega_c^* = 5.06$ 处满足相位裕度的要求，而

$$\gamma' = \pi + \theta(\omega_c') = \pi - \pi/2 - \arctan(\omega_c' T_1) - \arctan(\omega_c' T_2) = 24.13°$$

$\gamma' < \gamma^* = 64.62°$，也难以用一个滞后环节完成。

进一步观察可知，本例进行校正的困难在于，（采用比例控制的）原系统在幅值穿越频率 $\omega_c = 17.2rad/s$ 处的斜率接近 -60dB/dec。一般情况下，幅值斜率越大（意味着阶次越高），相位变化越敏感，越容易发生不稳定，此时若要求很高的期望性能，就会带来控制器设计的困难。对比前面几个实例，原系统在幅值穿越频率处的斜率均在 $(-20 \sim -40)$ dB/dec，且越靠近 -20dB/dec 的校正效果越好。因此，幅值穿越频率处的斜率是选择校正方案的一个重要观察点。

鉴于此，选取滞后-超前环节，即

$$K(s) = k^* G_{c2}(s)G_{c1}(s), \quad G_{c2}(s) = \frac{\tau_{c2}s+1}{T_{c2}s+1}, \quad G_{c1}(s) = \frac{\tau_{c1}s+1}{T_{c1}s+1}, \quad \alpha = \frac{\tau_{c1}}{T_{c1}} = \frac{T_{c2}}{\tau_{c2}} = \beta > 1$$

则

$$L_c(\omega) = L_{c2}(\omega) + L_{c1}(\omega) = 20\lg\sqrt{1+(\omega\tau_{c2})^2} - 20\lg\sqrt{1+(\omega T_{c2})^2} +$$
$$20\lg\sqrt{1+(\omega\tau_{c1})^2} - 20\lg\sqrt{1+(\omega T_{c1})^2}$$

$$\theta_c(\omega) = \theta_{c2}(\omega) + \theta_{c1}(\omega) = \arctan(\omega\tau_{c2}) - \arctan(\omega T_{c2}) + \arctan(\omega\tau_{c1}) - \arctan(\omega T_{c1})$$

确定校正环节参数的一个重要步骤是，安排好新的幅值穿越频率 ω_c'。基本原则是要发挥校正环节的优势，即 ω_c' 处中频区宽度 H 尽量宽、斜率尽量靠近 $-20\mathrm{dB/dec}$。对于滞后-超前校正，超前环节可提供 $+20\mathrm{dB/dec}$ 的斜率，可改善幅值穿越频率处的斜率，同时提高部分相位裕度；滞后环节通过衰减幅值，可再间接提高部分相位裕度。因此，新的幅值穿越频率 ω_c' 与校正环节的转折频率应满足

$$1/T_{c2} < 1/\tau_{c2} < 1/\tau_{c1} < \omega_c' < 1/T_{c1} \quad (5\text{-}2\text{-}23\mathrm{a})$$

才能发挥其优势。

另外，由式（5-2-22b）知，被控对象在转折频率 $1/T_1$ 处，幅值斜率由 $-20\mathrm{dB/dec}$ 转为 $-40\mathrm{dB/dec}$。为使 ω_c' 处中频区斜率尽量靠近 $-20\mathrm{dB/dec}$，让 $\tau_{c1} \approx T_1$，整个开环系统的转折频率应为

$$0 < 1/T_{c2} < 1/\tau_{c2} < \{1/\tau_{c1}, 1/T_1\} < \omega_c' < \{1/T_{c1}, 1/T_2\}$$
$$(5\text{-}2\text{-}23\mathrm{b})$$

则令

$$\begin{cases} \omega_c'^- = 1/\tau_{c2} \\ \omega_c'^+ = 1/T_{c1} \text{ 或 } 1/T_2 \quad (5\text{-}2\text{-}23\mathrm{c}) \\ H = \omega_c'^+ / \omega_c'^- \end{cases}$$

对应的幅频渐进线如图 5-2-13 所示。

那么，在新的幅值穿越频率 ω_c' 处进行叠加有

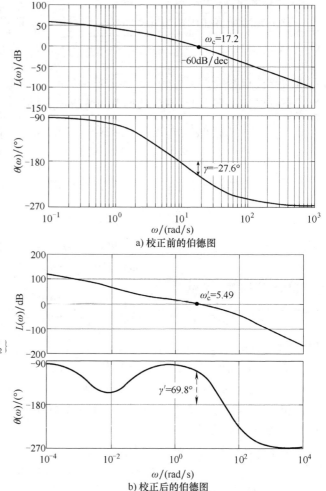

a) 校正前的伯德图

b) 校正后的伯德图

图 5-2-12　例 5-2-5 校正前后的伯德图

$$L(\omega_c') + L_{c2}(\omega_c') + L_{c1}(\omega_c') = 20\lg k^* - 20\lg\omega_c' - 20\lg\sqrt{1+(\omega_c' T_1)^2} - 20\lg\sqrt{1+(\omega_c' T_2)^2} +$$
$$20\lg\sqrt{1+(\omega_c'\tau_{c2})^2} - 20\lg\sqrt{1+(\alpha\omega_c'\tau_{c2})^2} +$$
$$20\lg\sqrt{1+(\omega_c'\tau_{c1})^2} - 20\lg\sqrt{1+(\alpha^{-1}\omega_c'\tau_{c1})^2} = 0 \quad (5\text{-}2\text{-}24\mathrm{a})$$

$$\gamma' = \pi + \theta(\omega_c') + \theta_{c2}(\omega_c') + \theta_{c1}(\omega_c') = \pi - \frac{\pi}{2} - \arctan(\omega_c' T_1) - \arctan(\omega_c' T_2) +$$
$$\arctan(\omega_c'\tau_{c2}) - \arctan(\alpha\omega_c'\tau_{c2}) + \arctan(\omega_c'\tau_{c1}) - \arctan(\alpha^{-1}\omega_c'\tau_{c1})$$
$$= \gamma^* + \Delta_\gamma = 64.62° + 5° = 69.62° \quad (5\text{-}2\text{-}24\mathrm{b})$$

取 $\Delta_\tau = 0$、$\Delta_\omega = 1.5$，并令

$$\begin{cases} \tau_{c1} = T_1 + \Delta_\tau = 0.25\mathrm{s} \\ \omega_c' = 1/\tau_{c1} + \Delta_\omega = (1/0.25 + 1.5)\mathrm{rad/s} = 5.5\mathrm{rad/s} > \omega_c^* \end{cases} \quad (5\text{-}2\text{-}24\mathrm{c})$$

联立求解式(5-2-24)可得，$\alpha = 17.5$，$T_{c1} = \tau_{c1}/\alpha =$ 0.0143s，$\tau_{c2} = 30$s，$T_{c2} = \alpha\tau_{c2} = 525$s，$H = \omega_c'^{+}/\omega_c'^{-} = \tau_{c1}/T_2 = 5$。可见，有五倍程的中频区且斜率在 -20dB/dec，基本满足设计预期。

经过滞后-超前校正后的控制器为

$$K(s) = k^{*}\frac{\tau_{c2}s+1}{T_{c2}s+1}\frac{\tau_{c1}s+1}{T_{c1}s+1} = 100\frac{30s+1}{525s+1}\frac{0.25s+1}{0.0143s+1}$$

$$(5\text{-}2\text{-}25a)$$

加入滞后-超前校正后的开环传递函数为

$$Q(s) = k^{*}\frac{\tau_{c2}s+1}{T_{c2}s+1}\frac{\tau_{c1}s+1}{T_{c1}s+1}G(s)$$

$$= 100\frac{30s+1}{525s+1}\frac{0.25s+1}{0.0143s+1}\frac{1}{s(0.25s+1)(0.05s+1)}$$

$$(5\text{-}2\text{-}25b)$$

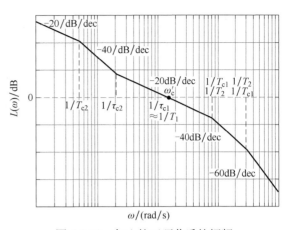

图 5-2-13　加入校正环节后的幅频渐进线设计示意图

其伯德图如图 5-2-12b 所示。可见，相位裕度 $\gamma' = 69.8°$，幅值穿越频率 $\omega_c' = 5.49$rad/s。

3）仿真研究：

① 建立式(5-2-25b)的仿真模型，校正后闭环系统的单位阶跃响应如图 5-2-14a 所示。校正前系统不稳定，校正后瞬态过程时间 $t_s = 0.403$s，超调量 $\delta = 1.18\%$，满足期望性能指标要求。

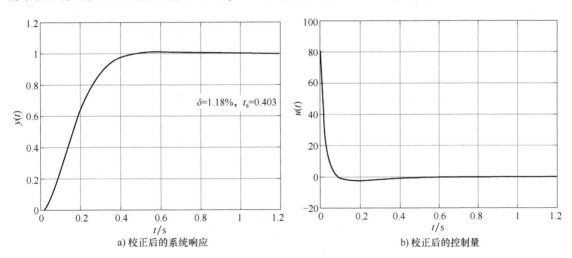

a) 校正后的系统响应　　　　　　　　　　b) 校正后的控制量

图 5-2-14　滞后-超前校正后的系统响应与控制量

② 在参数范围 $\{k, \tau_{c1}, T_{c1}, \tau_{c2}, T_{c2}\} \times (1\pm10\%)$ 中随机选取几组参数，经仿真得到图 5-2-15a 所示的单位阶跃响应曲线。可见，瞬态过程时间与超调量没有大的变化，说明滞后-超前校正参数设计具有强壮性，设计裕度(包括式(5-2-24c)中的 Δ_τ、Δ_ω)的选择是合适的。

从例 5-2-5 的分析与设计过程可看出，为了缓解系统平稳性与快速性的矛盾，滞后-超前校正实际上利用了控制器中的零点环节($\tau_{c1}s+1$)与被控对象中对性能影响较大的极点环节(T_1s+1)发生(近似)零极点对消[注意，这是在开环传递函数中进行(近似)零极点对消]，相当于对被控对象传递函数中的缺点进行了改造，使得过去矛盾的性能可以得到修正。这是控制器设计一个可思考的路径，但一定要注意，必须是稳定的零极点对消，同时还要考虑控制量是否会超限。

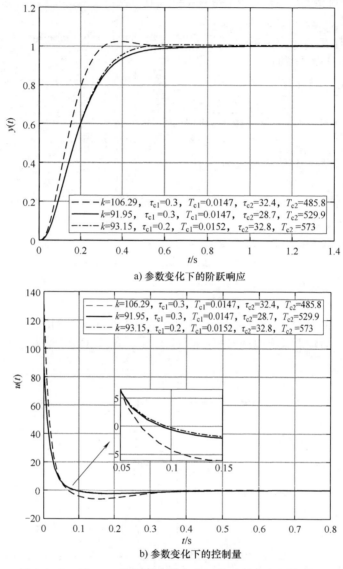

a) 参数变化下的阶跃响应

b) 参数变化下的控制量

图 5-2-15　例 5-2-5 控制器参数变化下的阶跃响应与控制量

③ 控制量受限分析。若被控对象传递函数是经比值标准化后得到的，由图 5-2-14b 和图 5-2-15b 可见，控制量出现了一个短时的极大超限状况。这表明对于一个性能不太好的被控对象（校正前系统不稳定），又要求很高的期望性能，尽管在理论上可采用复杂一些的控制器（滞后-超前校正），通过（近似）零极点对消改善了被控对象的缺陷，系统输出响应满足了要求，但体现在控制器上常常需要巨大的控制量来保证，这在工程上会受到限制难以实现。

为了克服控制量的超限引入限幅器（$|u| \leqslant 1.5$），其仿真模型如图 5-2-16a 所示，系统阶跃响应与控制量曲线如图 5-2-16b、c 所示。

可见，增加限幅器后，控制量被限定在允许范围，但系统的瞬态过程时间明显拖后，原希望通过滞后-超前校正大幅提高系统的快速性实际上未能实现。因此，对于系统的期望性能不能人为任意拔高，要找到与被控对象适配的最佳性能要求。

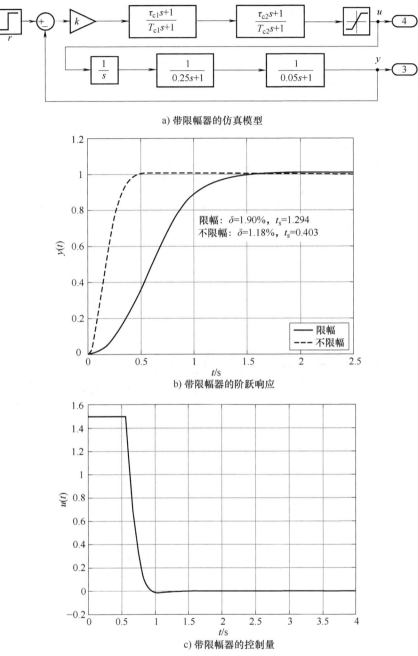

a) 带限幅器的仿真模型

b) 带限幅器的阶跃响应

c) 带限幅器的控制量

图 5-2-16　例 5-2-5 引入限幅器后的阶跃响应与控制量

　　另外，再次提醒不能只是关注系统输出响应是否达到期望性能指标，还应关注各变量（特别是控制量）值域的限制影响，一旦出现超限情况，要么增加限幅器，容忍性能降低，要么更改控制方案降低期望性能要求。

4. 期望频率特性校正

　　从前面基于开环伯德图的校正设计过程看，由于对数幅频与相频特性都具有"叠加"性质，控制器的设计就是用 $K(s) = kG_c(s)$ 的频率特性去修补被控对象 $G(s)$ 的频率特性的缺陷，使得最后的开环频率特性满足期望要求，即 $Q(\mathrm{j}\omega) = K(\mathrm{j}\omega)G(\mathrm{j}\omega) = Q^*(\mathrm{j}\omega)$。

基于此，如果可事先给出期望的开环频率特性 $Q^*(\mathrm{j}\omega)$，控制器的设计将变得异常简单，即令

$$Q(\mathrm{j}\omega) = kG_\mathrm{c}(\mathrm{j}\omega)G(\mathrm{j}\omega) = Q^*(\mathrm{j}\omega) \tag{5-2-26a}$$

则有

$$20\lg\left|G_\mathrm{c}(\mathrm{j}\omega)\right| = 20\lg\left|Q^*(\mathrm{j}\omega)\right| - 20\lg\left|kG(\mathrm{j}\omega)\right| \tag{5-2-26b}$$

两个对数幅频特性相减便可得到 $\left|G_\mathrm{c}(\mathrm{j}\omega)\right|$，进而再推出 $G_\mathrm{c}(s)$。这个设计方法称为期望频率特性校正法。

期望频率特性校正法的关键是给出（或设计出）$Q^*(\mathrm{j}\omega)$。从前面的讨论知，通过比例环节 k 的设计，可使得 $kG(\mathrm{j}\omega)$ 的低频段满足稳态性能要求；一般情况下 $kG(\mathrm{j}\omega)$ 高频段的幅值都远远小于 1，对高频噪声有着自然的抑制。依据这个分析，只需对 $kG(\mathrm{j}\omega)$ 的中频段做修改，即设计 $Q^*(\mathrm{j}\omega)$ 的中频段满足期望的扩展性能要求，让 $Q^*(\mathrm{j}\omega)$ 的低频段、高频段与 $kG(\mathrm{j}\omega)$ 一致。

从第 4 章一类典型高阶系统的分析知，若中频段呈现图 4-3-41 所示的状况，可依据中频区宽度 H 分析系统的频域指标。由式（4-3-53）和式（4-3-61）知，中频区的交接频率 ω_2 和 ω_3 与频域指标有如下关系：

$$\begin{cases} \omega_2 < \omega_\mathrm{c} < \omega_3 \\ H = \dfrac{\omega_3}{\omega_2} = \dfrac{1+\sin\gamma}{1-\sin\gamma} \\ \omega_2 = \dfrac{1}{\sqrt{H}}\omega_\mathrm{c} \end{cases} \tag{5-2-27}$$

基于上面的分析，期望频率特性校正法可有以下设计步骤：

1）设计比例参数 k 满足系统稳态性能要求，绘制 $kG(\mathrm{j}\omega)$ 的伯德图。

2）设计期望频率特性 $Q^*(\mathrm{j}\omega)$ 的中频段。依据式（5-2-27），由期望的相位裕度 γ^* 确定中频区宽度 H，由期望的幅值穿越频率 ω_c^* 和中频区宽度 H 确定中频区的交接频率 ω_2 和 ω_3。

3）设计期望频率特性 $Q^*(\mathrm{j}\omega)$ 的低频段与高频段。分别在交接频率 ω_2、ω_3 处，将 $Q^*(\mathrm{j}\omega)$ 的中频段与 $kG(\mathrm{j}\omega)$ 的低频段、高频段衔接。

4）依据式（5-2-26），从期望对数频率特性减去待校正系统的频率特性，得到校正环节的频率特性，从而得到校正环节的传递函数 $G_\mathrm{c}(s)$。

5）进行仿真研究。若未能达到设计要求，重新设计期望频域指标和期望频率特性。

例 5-2-6 已知 $G(s) = \dfrac{200}{s(0.1s+1)(0.025s+1)}$，设计控制器使系统满足：

1）闭环系统稳定；

2）单位斜坡输入下的稳态误差不大于 0.5%；

3）瞬态过程时间 $t_\mathrm{s} \leqslant 1\mathrm{s}$；

4）最大超调量 $\delta \leqslant 25\%$。

下面采取期望频率特性校正法进行设计，先将时域指标转换为频域指标。令主导闭环传递函数为无零点的二阶系统，由期望时域指标：

$$\delta^* = \mathrm{e}^{-\frac{\xi^*\pi}{\sqrt{1-\xi^{*2}}}} = 25\%, \quad t_\mathrm{s}^* = \frac{\alpha}{-\sigma^*} \approx \frac{4}{-\sigma^*} = \frac{4}{\xi^*\omega_\mathrm{n}^*} = 1\mathrm{s}$$

可得主导极点参数 $\xi^* = 0.404$、$\omega_\mathrm{n}^* = 9.9\mathrm{rad/s}$。

根据式（4-3-31）可得对应的期望频域指标为

$$\omega_\mathrm{c}^* = \omega_\mathrm{n}^*\sqrt{\sqrt{4\xi^{*4}+1} - 2\xi^{*2}} = 8.433\mathrm{rad/s}, \quad \gamma^* = \arctan\frac{2\xi^*}{\omega_\mathrm{c}^*/\omega_\mathrm{n}^*} = 43.49°$$

1）设计比例参数 k：

若只考虑比例控制，开环传递函数与频率特性为

$$Q(s) = kG(s) = k\frac{k_g}{s(T_1s+1)(T_2s+1)}, \quad k_g = 200, \quad T_1 = 0.1\mathrm{s}, \quad T_2 = 0.025\mathrm{s}$$

$$L(\omega) = 20\lg k + 20\lg k_g - 20\lg\omega - 20\lg\sqrt{1+(\omega T_1)^2} - 20\lg\sqrt{1+(\omega T_2)^2}$$

$$\theta(\omega) = -\pi/2 - \arctan(\omega T_1) - \arctan(\omega T_2)$$

被控对象含有 1 个积分因子，对于阶跃输入可以做到无静差。对于斜波输入有

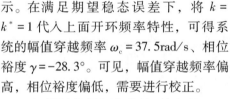

$$e_s = s\frac{1}{1+Q(s)}r(s)\bigg|_{s=0} = \frac{1}{s+sQ(s)}\bigg|_{s=0}$$

$$= \frac{1}{kk_g} \leqslant 0.005, \quad k \geqslant \frac{1}{0.005k_g} = 1$$

取 $k = k^* = 1$。

绘制开环伯德图，如图 5-2-17 所示。在满足期望稳态误差下，将 $k = k^* = 1$ 代入上面开环频率特性，可得系统的幅值穿越频率 $\omega_c = 37.5\mathrm{rad/s}$、相位裕度 $\gamma = -28.3°$。可见，幅值穿越频率偏高，相位裕度偏低，需要进行校正。

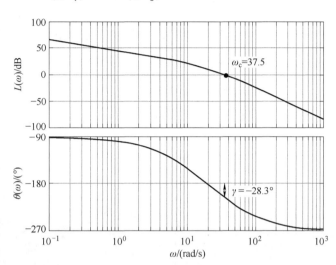

图 5-2-17　例 5-2-6 校正前 $kG(\mathrm{j}\omega)$ 的伯德图

2）设计期望频率特性 $Q^*(\mathrm{j}\omega)$：

首先，确定中频段的交接频率 ω_2 和 ω_3，取新的幅值穿越频率和相位裕度分别为

$$\omega_c' = \omega_c^* + \Delta_\omega = \omega_c^* + 1.5 = 9.933\mathrm{rad/s}, \quad \gamma' = \gamma^* + \Delta_\gamma = 43.49° + 5° = 48.49°$$

根据式（5-2-27）有

$$H = \frac{\omega_3}{\omega_2} = \frac{1+\sin\gamma'}{1-\sin\gamma'} = 9.191, \quad \omega_2 = \frac{1}{\sqrt{H}}\omega_c' = 3.28\mathrm{rad/s}, \quad \omega_3 = H\omega_2 = 30.11\mathrm{rad/s}$$

在 ω_c' 处作斜率为 $-20\mathrm{dB/dec}$ 的直线，如图 5-2-18a 中 CD 段所示，得到 $Q^*(\mathrm{j}\omega)$ 的中频段。

再设计交接频率 ω_1、ω_4 与 $Q(\mathrm{j}\omega) = kG(\mathrm{j}\omega)$ 低频段、高频段的衔接，参见图 5-2-18a。过 C 点作斜率为 $-40\mathrm{dB/dec}$ 的直线，与 $Q(\mathrm{j}\omega)$ 对数幅频特性曲线（虚线）相交于 B 点，对应的频率为 $\omega_1 = 0.173\mathrm{rad/s}$，$BC$ 段为低频衔接段；过 D 点作斜率为 $-40\mathrm{dB/dec}$ 的直线，与 $Q(\mathrm{j}\omega)$ 对数幅频特性曲线（虚线）相交于 E 点，对应的频率为 $\omega_4 = 276.1\mathrm{rad/s}$，$DE$ 段为高频衔接段。

根据上述设计，期望的开环传递函数 $Q^*(s)$ 为

$$Q^*(s) = \frac{kk_g(s/\omega_2+1)}{s(s/\omega_1+1)(s/\omega_3+1)(s/\omega_4+1)} \tag{5-2-28}$$

3）反推校正环节的传递函数：

依据式（5-2-26），可得到校正环节的传递函数 $G_c(s)$，即由

$$20\lg|G_c(\mathrm{j}\omega)| = 20\lg|Q^*(\mathrm{j}\omega)| - 20\lg|kG(\mathrm{j}\omega)|$$

$$= 20\lg kk_g - 20\lg\omega - 20\lg\sqrt{1+(\omega/\omega_1)^2} + 20\lg\sqrt{1+(\omega/\omega_2)^2} -$$

$$20\lg\sqrt{1+(\omega/\omega_3)^2} - 20\lg\sqrt{1+(\omega/\omega_4)^2} -$$

$$\left[20\lg kk_g - 20\lg\omega - 20\lg\sqrt{1+(\omega T_1)^2} - 20\lg\sqrt{1+(\omega T_2)^2}\right]$$

$$= -20\lg\sqrt{1+(\omega/\omega_1)^2} + 20\lg\sqrt{1+(\omega/\omega_2)^2} - 20\lg\sqrt{1+(\omega/\omega_3)^2} - 20\lg\sqrt{1+(\omega/\omega_4)^2} +$$
$$+ 20\lg\sqrt{1+(\omega T_1)^2} + 20\lg\sqrt{1+(\omega T_2)^2} \tag{5-2-29a}$$

可推出传递函数 $G_c(s)$ 为

$$G_c(s) = \frac{s/\omega_2+1}{s/\omega_1+1}\frac{T_1s+1}{s/\omega_3+1}\frac{T_2s+1}{s/\omega_4+1} = \frac{0.3049s+1}{5.7803s+1}\frac{0.1s+1}{0.0332s+1}\frac{0.025s+1}{0.0036s+1} \tag{5-2-29b}$$

校正后的控制器为

$$K(s) = k^* G_c(s) = \frac{0.3049s+1}{5.7803s+1}\frac{0.1s+1}{0.0332s+1}\frac{0.025s+1}{0.0036s+1} \tag{5-2-30a}$$

校正后系统的开环传递函数为

$$Q(s) = K(s)G(s) = \frac{0.3049s+1}{5.7803s+1}\frac{0.1s+1}{0.0332s+1}\frac{0.025s+1}{0.0036s+1}\frac{200}{s(0.1s+1)(0.025s+1)} \tag{5-2-30b}$$

其伯德图如图 5-2-18b 所示。可见，相位裕度 $\gamma' = 52.2°$，幅值穿越频率 $\omega_c' = 10.4\text{rad/s}$，满足频域指标的设计要求。

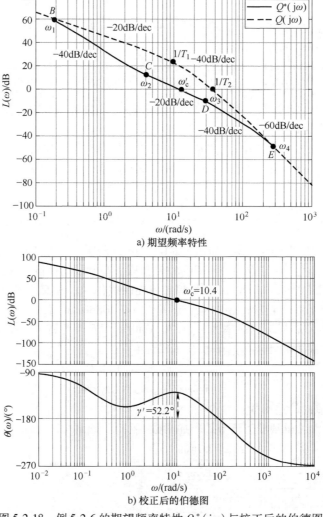

a) 期望频率特性

b) 校正后的伯德图

图 5-2-18　例 5-2-6 的期望频率特性 $Q^*(j\omega)$ 与校正后的伯德图

4）仿真研究：

① 建立式(5-2-30b)的仿真模型，其阶跃响应曲线如图 5-2-19a 所示。可见，超调量 $\delta = 24.4\%$，瞬态过程时间 $t_s = 0.78s$，满足期望性能指标要求。

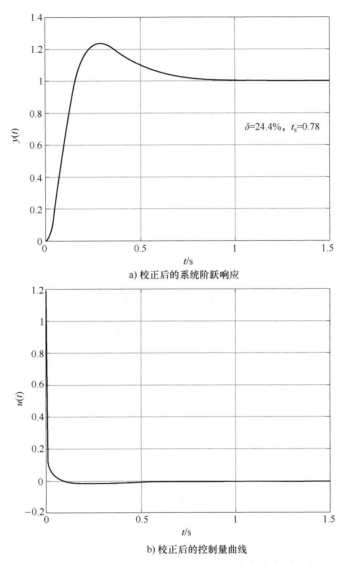

a) 校正后的系统阶跃响应

b) 校正后的控制量曲线

图 5-2-19　例 5-2-6 校正后的系统阶跃响应与控制量曲线

② 由于式(5-2-30a)所示的控制器中零极点 $\{-1/T_2, -\omega_3\}$ 靠得很近，$\dfrac{0.025s+1}{0.0332s+1} \approx 1$，可认为近似对消，对式(5-2-30a)做一个简化有

$$K(s) = k^* G_c(s) \approx \frac{0.3049s+1}{5.7803s+1} \frac{0.1s+1}{0.0036s+1} \tag{5-2-31}$$

再以式(5-2-31)所示的控制器进行同样的仿真，有图 5-2-20a 所示的闭环系统阶跃响应曲线，其超调量 $\delta = 20.7\%$，瞬态过程时间 $t_s = 0.81s$，与原控制器的性能基本一致，也满足期望性能指标要求。

图 5-2-20b 是式(5-2-31)与式(5-2-30a)的伯德图，可见，两个控制器的频率特性基本一致。

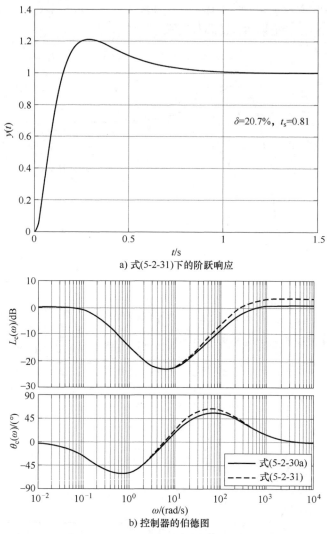

a) 式(5-2-31)下的阶跃响应

b) 控制器的伯德图

图 5-2-20　例 5-2-6 不同控制器的阶跃响应与控制器伯德图

③ 控制量受限分析。若被控对象是经比值标准化后得到的，从图 5-2-19b 中的控制量曲线看出，控制量是在一个合适的范围中变化的。

从例 5-2-6 的结果看，采用期望频率特性设计控制器，思路简明清晰，但由于存在低频衔接段和高频衔接段，使得控制器阶数一般会较高。在实际工程中，常常需要再采取降阶等效的方法得到低阶的等效控制器，基本原则是保证降阶前后的控制器在工作频段内频率特性接近。参见式(5-2-31)和图 5-2-20b，本例最后的控制器实际上就是一个滞后-超前校正。

5.3　PID 控制器

前述的比例控制以及对它的校正控制，给出了单变量控制系统最基础的控制方法。其控制器由比例环节、惯性环节、微分环节组成，从时域来看，分别担负比例、积分、微分的功能。鉴于此，在工程实际中提出了一种综合型的控制器——"比例+积分+微分"控制器，即 PID 控制器。

PID 控制器实际上包含了超前校正与滞后校正，又在时域上有着明确的物理意义，因而在工程实际中被广泛使用，成为一款经典的控制器。

5.3.1 PID 控制原理

在图 5-1-1 所示的基础控制结构中，选取控制器 $K(s)$ 为

$$K(s) = k_P + \frac{1}{T_I s} + \tau_D s = k_P \left(1 + \frac{1}{T_{I0} s} + \tau_{D0} s \right) \tag{5-3-1a}$$

则

$$\begin{cases} T_{I0} = k_P T_I \\ \tau_{D0} = \dfrac{\tau_D}{k_P} \end{cases} \tag{5-3-1b}$$

式中，k_P 是比例系数，$T_I(T_{I0})$ 是积分时间常数，$\tau_D(\tau_{D0})$ 是微分时间常数。式（5-3-1a）称为 PID 控制器，其时域表达式为

$$u(t) = k_P e(t) + \frac{1}{T_I} \int_0^t e(t)\,\mathrm{d}t + \tau_D \frac{\mathrm{d}e(t)}{\mathrm{d}t}, \quad e(t) = r(t) - y(t) \tag{5-3-2}$$

PID 控制器有如下一些变型：

比例（P）控制器：$K_P(s) = k_P$；

比例积分（PI）控制器：$K_I(s) = k_P + \dfrac{1}{T_I s} = k_P \left(1 + \dfrac{1}{T_{I0} s} \right)$；

比例微分（PD）控制器：$K_D(s) = k_P + \tau_D s = k_P (1 + \tau_{D0} s)$。

1. PI 控制器的特性

PI 控制器的频率特性为

$$K_I(\mathrm{j}\omega) = k_P \left(1 + \frac{1}{\mathrm{j}\omega T_{I0}} \right) \tag{5-3-3a}$$

$$L_{cI}(\omega) = 20\lg k_P + 20\lg \sqrt{1 + (\omega T_{I0})^2} - 20\lg(\omega T_{I0}) \tag{5-3-3b}$$

$$\theta_{cI}(\omega) = -\frac{\pi}{2} + \arctan(\omega T_{I0}) \tag{5-3-3c}$$

其伯德图如图 5-3-1a 所示。

另外，PI 控制器可近似为滞后校正环节，即

$$K_I(s) = k_P \left(1 + \frac{1}{T_{I0} s} \right) \approx k_P \frac{1 + 1/(T_{I0} s)}{1 + 1/(\beta T_{I0} s)} = k_P \beta \frac{T_{I0} s + 1}{\beta T_{I0} s + 1} = k_P \beta G_{c2}(s) \tag{5-3-4}$$

式中，$G_{c2}(s)$ 是滞后校正环节；$\beta > 1$ 是积分增益，它越大，式（5-3-4）两端越接近。

比较式（5-3-4）和式（4-2-10b）可知，PI 控制器的功能相当于滞后校正的功能。进一步分析有：

1）PI 控制器引入了积分因子，无论参数 $k_P > 0$ 怎样选取，对于阶跃响应均可做到无静差，可以很好地改善系统的稳态性能。

2）事实上，PI 控制器的参数 k_P 应分为两部分，即 $k_P = k k_{P0}$，对应的 PI 控制器分为两部分，即 k 与 $K_{I0}(s)$：

$$K_I(s) = k K_{I0}(s) = k k_{P0} \left(1 + \frac{1}{T_{I0} s} \right), \quad K_{I0}(s) = k_{P0} \left(1 + \frac{1}{T_{I0} s} \right)$$

取 $k_{P0}\beta = 1$，由式（5-3-4）可得

$$K_{I0}(s) \approx k_{P0}\beta \frac{T_{I0}s+1}{\beta T_{I0}s+1} = \frac{T_{I0}s+1}{\beta T_{I0}s+1} = G_{c2}(s)$$

$$(5\text{-}3\text{-}5)$$

可见，$K_{I0}(s)$ 就是一个滞后校正环节。另外，当 $\omega T_{I0} \gg 1$ 时，由式（5-3-3b）有

$$L_{cI0}(\omega) = 20\lg|K_{I0}(j\omega)|$$
$$\approx 20\lg k_{P0} + 20\lg(\omega T_{I0}) - 20\lg(\omega T_{I0})$$
$$= 20\lg k_{P0} = -20\lg\beta \qquad (5\text{-}3\text{-}6)$$

与滞后校正环节中式（4-2-11b）的结论也是一致的。

3）PI 控制器作为滞后校正环节，其幅值衰减作用发生在频段 $\omega > 1/T_{I0}$ 上，因此，在 $\omega < 1/T_{I0}$ 频段上的滞后相位要设法克服。

总之，PI 控制器通过积分因子，可很好地改善系统的稳态性能；比例参数 $k_P = kk_{P0}$，既有静态增益 k 的作用，又有动态增益 k_{P0} 的作用。静态增益 k，可以向上平移伯德图中的对数幅频曲线，增大幅值穿越频率，改善系统的快速性；动态增益 k_{P0} 起动态衰减作用，将中频段幅值衰减，改善系统的平稳性；转折点 $1/T_{I0}$ 调节滞后衰减的区域，让 PI 控制器的滞后相位尽量不影响新的系统相位裕度。可见，PI 控制器既能改善系统稳态性能，也能改善系统瞬态性能，在实际工程中应用非常广泛。

2. PD 控制器的特性

PD 控制器的频率特性为

$$K_D(j\omega) = k_P(1+j\omega\tau_{D0}) \qquad (5\text{-}3\text{-}7a)$$
$$L_{cD}(\omega) = 20\lg k_P + 20\lg\sqrt{1+(\omega\tau_{D0})^2}$$
$$(5\text{-}3\text{-}7b)$$
$$\theta_{cD}(\omega) = \arctan(\omega\tau_{D0}) \qquad (5\text{-}3\text{-}7c)$$

其伯德图如图 5-3-1b 所示。

另外，PD 控制器可近似为超前校正环节，即

$$K_D(s) = k_P(1+\tau_{D0}s) \approx k_P \frac{1+\tau_{D0}s}{1+\tau_{D0}s/\alpha} = k_P G_{c1}(s)$$

$$(5\text{-}3\text{-}8)$$

式中，$G_{c1}(s)$ 是超前校正环节；$\alpha > 1$ 是微分增益，它越大，式（5-3-8）两端越接近。

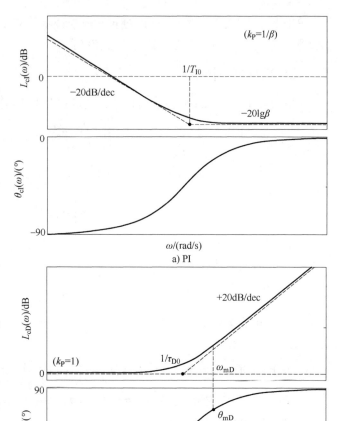

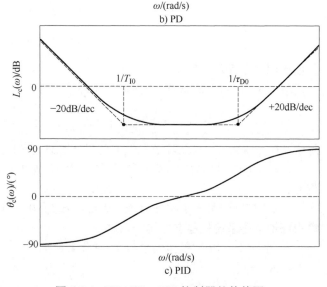

图 5-3-1　PI、PD、PID 控制器的伯德图

比较式(5-3-8)和式(4-2-10a)可知，PD 控制器的功能相当于超前校正的功能。进一步分析有：

1）由图 5-3-1b 可看出，PD 控制器的超前相位没有呈现极大值情况，而是随着频率的增大，超前相位从 0°单调增长到 90°。一般工程中，不希望微分时间常数 τ_{D0} 过大，这样会对高频噪声放大作用过强。因此，PD 控制器可使用的超前相位实际上是受限的。

2）由于 PD 控制器等效为超前校正，取 $k_P = kk_{P0}$，$k_{P0} = 1$，由式(5-3-8)知

$$K_D(s) = kK_{D0}(s) = kk_{P0}(1+\tau_{D0}s)$$

则

$$K_{D0}(s) = k_{P0}(1+\tau_{D0}s) = 1+\tau_{D0}s \approx G_{c1}(s) = \frac{1+\tau_{D0}s}{1+\tau_{D0}s/\alpha}$$

仿照超前校正的最大超前相位，参见式(4-2-12)，PD 控制器可使用的超前相位一般为

$$\theta_{cD}(\omega) = \arctan(\omega\tau_{D0}) \leqslant \theta_{mD} = \arcsin\frac{\alpha-1}{\alpha+1} \tag{5-3-9a}$$

则

$$\theta_{cD}(\omega)\Big|_{\omega=\omega_{mD}} = \arctan(\omega_{mD}\tau_{D0}) = \theta_{mD}$$

进而有

$$\omega_{mD} = \frac{\alpha-1}{2\sqrt{\alpha}}\frac{1}{\tau_D} \tag{5-3-9b}$$

$$L_{cD0}(\omega) = 20\lg\sqrt{1+(\omega\tau_{D0})^2} = 20\lg\frac{\alpha+1}{2\sqrt{\alpha}} \tag{5-3-9c}$$

可见，PD 控制器可以通过提供超前相位改善系统的快速性，但要注意对高频噪声的抑制，实际工程中，一般慎用 PD 控制器。

3. PID 控制器的特性

PID 控制器综合了 PI 控制器和 PD 控制器的性能，既可以改善系统的稳态性能，也可以提高系统的瞬态性能。在实际工程中微分作用不能太大，一般有 $\tau_D \ll T_I$，PID 控制器可近似为

$$K(s) = k_P\left(1+\frac{1}{T_{I0}s}+\tau_{D0}s\right) \approx k_P\frac{T_{I0}\tau_{D0}s^2+(T_{I0}+\tau_{D0})s+1}{T_{I0}s} = k_P\frac{(T_{I0}s+1)(\tau_{D0}s+1)}{T_{I0}s}$$

其频率特性为

$$K(j\omega) \approx k_P\frac{(j\omega T_{I0}+1)(j\omega\tau_{D0}+1)}{j\omega T_{I0}} \tag{5-3-10a}$$

$$L_c(\omega) \approx 20\lg k_P+20\lg\sqrt{1+(\omega T_{I0})^2}+20\lg\sqrt{1+(\omega\tau_{D0})^2}-20\lg(\omega T_{I0}) \tag{5-3-10b}$$

$$\theta_c(\omega) \approx -\frac{\pi}{2}+\arctan(\omega T_{I0})+\arctan(\omega\tau_{D0}) \tag{5-3-10c}$$

其伯德图如图 5-3-1c 所示。

另外，PID 控制器可近似为滞后-超前环节，即

$$K(s) = k_P\left(1+\frac{1}{T_{I0}s}+\tau_{D0}s\right) \approx k_P\frac{1+\frac{1}{T_{I0}s}+\tau_{D0}s}{1+\frac{1}{\beta T_{I0}s}+\frac{\tau_{D0}}{\alpha}s} \approx k_P\frac{\frac{(T_{I0}s+1)(\tau_{D0}s+1)}{T_{I0}s}}{\frac{(\beta T_{I0}s+1)\left(\frac{\tau_{D0}}{\alpha}s+1\right)}{\beta T_{I0}s}}$$

$$\approx kk_{P0}\beta\frac{T_{I0}s+1}{\beta T_{I0}s+1}\frac{\tau_{D0}s+1}{\frac{\tau_{D0}}{\alpha}s+1} = kG_{c2}(s)G_{c1}(s) \tag{5-3-11}$$

式中，$G_{c1}(s)$ 是超前环节，$G_{c2}(s)$ 是滞后环节，$k_P = kk_{P0}$，$k_{P0}\beta = 1$。可见，PID 控制器实际上就是"比例+滞后-超前校正"。

从前面的分析看出，PID 控制涵盖了比例控制、超前校正、滞后校正、滞后-超前校正，在结构上又引入了积分因子，既能改善系统瞬态性能，又能提升系统稳态性能，其频域特征与时域特征都十分直观，因而在工程实际中成为应用最广泛的控制器。

5.3.2 PID 参数设计

1. 仿串联校正

由于 PI、PD、PID 控制分别与滞后校正、超前校正、滞后-超前校正是等效的，因此，可以按照前面串联校正的各种方法设计出相应的控制器参数 $\{k, T_c, \tau_c\}$，然后等效得到 PID 的参数 $\{k_P, T_{I0}, \tau_{D0}\}$。

1）对于 PI 控制与滞后校正，依据式（5-3-4）有

$$K_I(s) = k_P\left(1 + \frac{1}{T_{I0}s}\right) \approx kk_{P0}\beta \frac{T_{I0}s+1}{\beta T_{I0}s+1} = kG_{c2}(s) = k\frac{\tau_c s+1}{T_c s+1} = k\frac{\tau_c s+1}{\beta\tau_c s+1}$$

滞后校正参数 $\{k, T_c, \tau_c\}$ 与 PI 参数 $\{k_P, T_{I0}\}$ 有如下关系：

$$\begin{cases} k_P = kk_{P0}, k_{P0} = 1/\beta \\ T_{I0} = T_c/\beta, \beta = T_c/\tau_c > 1 \end{cases} \tag{5-3-12}$$

2）对于 PD 控制与超前校正，依据式（5-3-8）有

$$K_D(s) = k_P(1 + \tau_{D0}s) \approx kk_{P0} \frac{\tau_{D0}s+1}{\tau_{D0}s/\alpha+1} = kG_{c1}(s) = k\frac{\tau_c s+1}{T_c s+1} = k\frac{\alpha T_c s+1}{T_c s+1}$$

超前校正参数 $\{k, T_c, \tau_c\}$ 与 PD 参数 $\{k_P, \tau_{D0}\}$ 有如下关系：

$$\begin{cases} k_P = kk_{P0}, k_{P0} = 1 \\ \tau_{D0} = \tau_c, \alpha = \tau_c/T_c > 1 \end{cases} \tag{5-3-13}$$

3）对于 PID 控制与滞后-超前校正，依据式（5-3-11）有

$$K(s) = k_P\left(1 + \frac{1}{T_{I0}s} + \tau_{D0}s\right) \approx kk_{P0}\beta \frac{T_{I0}s+1}{\beta T_{I0}s+1}\frac{\tau_{D0}s+1}{\tau_{D0}s/\alpha+1}$$

$$= kG_{c3}(s) = k\frac{\tau_{c2}s+1}{T_{c2}s+1}\frac{\tau_{c1}s+1}{T_{c1}s+1}$$

滞后-超前校正参数 $\{k, T_{ci}, \tau_{ci}\}$ 与 PID 参数 $\{k_P, T_{I0}, \tau_{D0}\}$ 有如下关系：

$$\begin{cases} k_P = kk_{P0}, k_{P0} = 1/\beta \\ T_{I0} = T_{c2}/\beta, \beta = T_{c2}/\tau_{c2} > 1 \\ \tau_{D0} = \tau_{c1}, \alpha = \tau_{c1}/T_{c1} > 1 \end{cases} \tag{5-3-14}$$

例 5-3-1 对例 5-2-4 的系统采用 PI 控制器进行重新设计。

1）由式（5-2-21）知，经滞后校正后的控制器与开环传递函数分别为

$$K(s) = k^* \frac{\tau_c s+1}{T_c s+1} = 17.51\frac{0.11s+1}{1.647s+1} \tag{5-3-15a}$$

$$Q(s) = K(s)G(s) = 17.51\frac{0.11s+1}{1.647s+1}\frac{1.142\times68.25^2}{s^2+2\times0.5\times68.25s+68.25^2} \tag{5-3-15b}$$

若采用 PI 控制器，由式（5-3-12）可得到 PI 参数 $\{k_P, T_{I0}\}$ 为

$$\beta = \frac{1.647}{0.11} = 14.92, \quad k_P = k^* \times \frac{1}{\beta} = \frac{17.51}{14.92} = 1.174, \quad T_{10} = \frac{T_c}{\beta} = \frac{1.647}{14.92} = 0.11s$$

那么，PI 控制器与开环传递函数分别为

$$K(s) = k_P\left(1 + \frac{1}{T_{10}s}\right) = 1.174\left(1 + \frac{1}{0.11s}\right) \tag{5-3-16a}$$

$$Q(s) = K(s)G(s) = 1.174\left(1 + \frac{1}{0.11s}\right)\frac{1.142 \times 68.25^2}{s^2 + 2 \times 0.5 \times 68.25s + 68.25^2} \tag{5-3-16b}$$

绘制式(5-3-15a)与式(5-3-16a)的伯德图，如图 5-3-2a 所示。从频率特性看，采用 PI 控制或滞后校正，在幅值穿越频率附近的中频段二者效果基本一致，但在零频附近 PI 控制增加了积分器，相当于静态增益无穷大，改善了系统稳态性。

2) 仿真研究：

分别建立采用 PI 控制和滞后校正的仿真模型，得到系统阶跃响应，如图 5-3-2b 所示。对于 PI 控制式(5-3-16b)，系统超调量 $\delta = 0$，瞬态过程时间 $t_s = 0.524s$，稳态误差 $e_s = 0$；对于滞后校正式(5-3-15b)，系统超调量 $\delta = 0$，瞬态过程时间 $t_s = 0.491s$，稳态误差 $e_s = 0.042$。可见，二者控制效果是接近的。

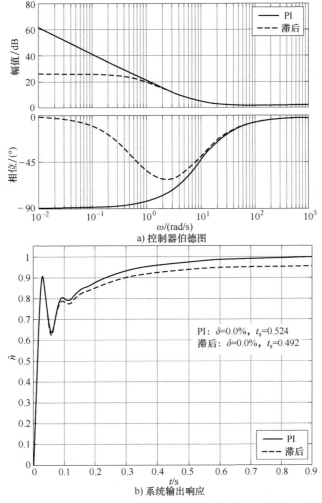

图 5-3-2 采用 PI 与滞后校正的控制器伯德图与系统输出响应

例 5-3-2 对例 5-2-5 的系统采用 PID 控制器进行重新设计。

1）由式（5-2-25）知，经滞后-超前校正后的控制器与开环传递函数分别为

$$K(s) = k^* \frac{\tau_{c2}s+1}{T_{c2}s+1} \frac{\tau_{c1}s+1}{T_{c1}s+1} = 100 \frac{30s+1}{525s+1} \frac{0.25s+1}{0.0143s+1} \tag{5-3-17a}$$

$$Q(s) = K(s)G(s) = 100 \frac{30s+1}{525s+1} \frac{0.25s+1}{0.0143s+1} \frac{1}{s(0.25s+1)(0.05s+1)} \tag{5-3-17b}$$

若采用 PID 控制器，由式（5-3-14）可得到 PID 参数 $\{k_P, T_{I0}, \tau_{D0}\}$ 为

$$\beta = \frac{T_{c2}}{\tau_{c2}} = \frac{525}{30} = 17.5, \quad k_P = k^* \times \frac{1}{\beta} = \frac{100}{17.5} = 5.714$$

$$T_{I0} = \frac{T_{c2}}{\beta} = \frac{525}{17.5} = 30s, \quad \tau_{D0} = \tau_{c1} = 0.25s, \quad \alpha = \frac{\tau_{c1}}{T_{c1}} = \frac{0.25}{0.0143} = 17.5$$

那么，PID 控制器与开环传递函数分别为

$$K(s) = k_P\left(1+\frac{1}{T_{I0}s}+\tau_{D0}s\right) = 5.714\left(1+\frac{1}{30s}+0.25s\right) \tag{5-3-18a}$$

$$Q(s) = K(s)G(s) = 5.714\left(1+\frac{1}{30s}+0.25s\right)\frac{1}{s(0.25s+1)(0.05s+1)} \tag{5-3-18b}$$

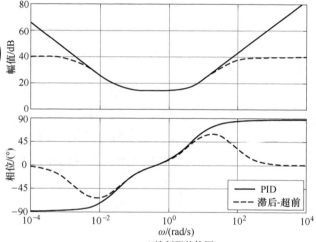

a) 控制器伯德图

绘制式（5-3-17a）与式（5-3-18a）的伯德图，如图 5-3-3a 所示。从频率特性看，采用 PID 控制或滞后-超前校正，同样在幅值穿越频率附近的中频段二者效果基本一致，但在零频附近 PID 控制增加了积分器，改变了零频段的斜率，改善了系统稳态性。

2）仿真研究：

分别建立采用 PID 控制和滞后-超前校正的仿真模型，得到系统阶跃响应，如图 5-3-3b 所示。对于 PID 控制式（5-3-18b），系统超调量 $\delta = 0.507\%$，瞬态过程时间 $t_s = 0.467s$，稳态误差 $e_s = 0$；对于滞后-超前校正式（5-3-17b），系统超调量 $\delta = 1.18\%$，瞬态过程时间 $t_s = 0.403s$，稳态误差 $e_s = 0$。可见，二者控制效果是接近的。

前面两个例子是先采用滞后或滞后-超前校正，然后再等效求取 PID 的

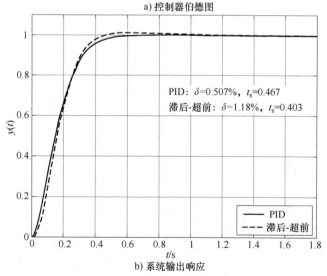

b) 系统输出响应

图 5-3-3　采用 PID 与滞后-超前校正的控制器
伯德图与系统输出响应

参数。实际上，可以直接以频域校正的方法设计 PID 的参数。

例 5-3-3 若被控对象 $G(s) = \dfrac{k_g}{(T_1 s+1)(T_2 s+1)(T_3 s+1)}$，其中 $k_g = 55.58$，$T_1 = 0.049\text{s}$，$T_2 = 0.026\text{s}$，$T_3 = 0.00167\text{s}$，要求设计 PI 控制器，使系统满足：

1）闭环系统稳定；

2）阶跃响应无静差；

3）期望相位裕度 $\gamma^* = 60°$。

下面直接以频域校正的方法设计 PI 的参数。

1）分析校正前系统的性能：

校正前开环系统的频率特性为

$$L(\omega) = 20\lg k_g - 20\lg\sqrt{1+(\omega T_1)^2} - 20\lg\sqrt{1+(\omega T_2)^2} - 20\lg\sqrt{1+(\omega T_3)^2} \qquad (5\text{-}3\text{-}19\text{a})$$

$$\theta(\omega) = -\arctan(\omega T_1) - \arctan(\omega T_2) - \arctan(\omega T_3) \qquad (5\text{-}3\text{-}19\text{b})$$

其伯德图如图 5-3-4a 中虚线所示，可得幅值穿越频率 $\omega_c = 201\text{rad/s}$，相位裕度 $\gamma = -1.93°$，表明校正前系统不稳定。另外，被控对象不含积分因子，所以阶跃响应不可能做到无静差。

因此，可引入 PI 控制器，一方面增加了积分因子，可提高阶跃响应的稳态精度到无静差；另一方面，PI 控制的滞后作用可减小幅值穿越频率，间接提升相位裕度，从而改善系统的平稳性。

2）PI 参数 $\{k_P, T_{I0}\}$ 的设计：

由式(5-3-3)得到 PI 控制器的频率特性为

$$L_{c1}(\omega) = 20\lg k + L_{c10}(\omega)$$

$$= 20\lg k + 20\lg k_{P0} + 20\lg\sqrt{1+(\omega T_{I0})^2} - 20\lg(\omega T_{I0}) \qquad (5\text{-}3\text{-}20\text{a})$$

$$\theta_{c1}(\omega) = -\pi/2 + \arctan(\omega T_{I0}) \qquad (5\text{-}3\text{-}20\text{b})$$

第一步，根据稳态精度要求，设计参数 $k_P = k k_{P0}$ 中的 k。

由于 PI 控制器引入了积分因子，所以只要 $k_P = k k_{P0} > 0$ 都可以做到阶跃响应无静差。因此，对比例参数 k 没有约束，取 $k = 1$。

第二步，确定新的幅值穿越频率 ω_c' 并叠加求参数 $\{k_P, T_{I0}\}$。

在新的幅值穿越频率 ω_c' 处应满足

$$L(\omega_c') + L_{c1}(\omega_c') = L(\omega_c') + 20\lg k + L_{c10}(\omega_c') = L(\omega_c') + 20\lg k_{P0} = 0 \qquad (5\text{-}3\text{-}21\text{a})$$

$$\gamma' = \pi + \theta(\omega_c') + \theta_{c1}(\omega_c') \geq \gamma^*, \quad \theta(\omega_c') = -\pi + \gamma^* + \Delta_\gamma \qquad (5\text{-}3\text{-}21\text{b})$$

式中用到式(5-3-6)，设计裕度 Δ_γ 为

$$\Delta_\gamma = (\gamma' - \gamma^*) - \theta_{c1}(\omega_c') = (\gamma' - \gamma^*) + \Delta_{\theta_{c1}}$$

$$\Delta_{\theta_{c1}} = -\theta_{c1}(\omega_c') = \pi/2 - \arctan(\omega_c' T_{I0}), \quad \tan\Delta_{\theta_{c1}} = 1/(\omega_c' T_{I0})$$

由于滞后环节本身有滞后相位，必须减小这个影响，若 $\omega_c' T_{I0} \geq 10$，一般有 $\tan\Delta_{\theta_{c1}} \leq 0.1$，所以常取 $T_{I0} = 10/\omega_c'$。

取 $\gamma^* = 60°$，$\Delta_\gamma = 6°$，由式(5-3-21)、式(5-3-20)可得，$\omega_c' = 37.5\text{rad/s}$，$k_{P0} = 0.052$，$T_{I0} = 10/\omega_c' = 0.267\text{s}$，$k_P = k k_{P0} = 0.052$。注意，若 $k \neq 1$，推导的结果不影响最后的 k_P。

经过设计后，PI 控制器与开环传递函数分别为

$$K_I(s) = k_P\left(1 + \frac{1}{T_{I0}s}\right) = 0.052\left(1 + \frac{1}{0.267s}\right)$$

$$Q(s) = K_I(s)G(s) = 0.052\left(1 + \frac{1}{0.267s}\right)\frac{k_g}{(T_1 s+1)(T_2 s+1)(T_3 s+1)}$$

其伯德图如图 5-3-4a 中实线所示。PI 控制器中的积分环节可以保证系统在阶跃输入下无静差；校

正后系统的相位裕度为 $\gamma' = 65°$，符合设计指标要求。校正后系统 $\omega'_c = 37.5\,\text{rad/s}$，与校正前 $\omega_c = 201\,\text{rad/s}$ 相比，幅值穿越频率显著减小，但系统的平稳性得到改善。

3）仿真研究：

校正后系统的阶跃响应如图 5-3-4b 所示。可见，校正后系统的稳态误差 $e_s = 0$，超调量 $\delta = 0$，系统的平稳性显著改善。

2. 工程整定法

PID 控制器由于结构简单、物理意义明晰、特性优异，得到了广泛应用。在多年的应用过程中，为了快速确定 PID 参数，工程师们总结了许多经验公式或工程整定方法，下面介绍其中的三种方法。

（1）衰减曲线法

衰减曲线法是一种闭环整定方法，依据闭环系统阶跃响应数据来整定 PID 控制器参数。

具体做法是：将 PID 控制器置于比例控制状态（即 $T_{I0} = \infty$，$\tau_{D0} = 0$），取比例增益 k_P 为较小值；在给定输入端施加一个阶跃信号，观察系统响应的振荡曲线；反复调整 k_P，使得系统响应呈现衰减比为 4：1 或 10：1 的衰减振荡曲线，如图 5-3-5a、b 所示。记录这时的比例增益 k_{Ps} 和振荡周期 T_s 或上升到峰值时间 T_r 的值，然后根据表 5-3-1 给出的经验公式，计算出满足衰减比的 PID 控制器参数 $\{k_P, T_{I0}, \tau_{D0}\}$。

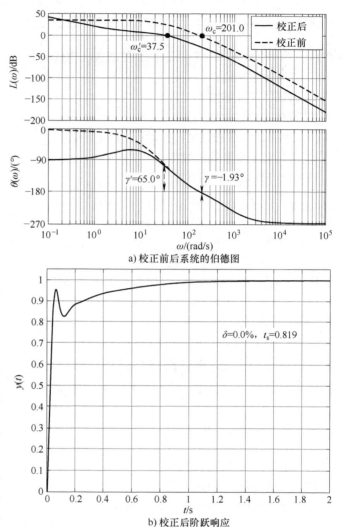

a) 校正前后系统的伯德图

b) 校正后阶跃响应

图 5-3-4　例 5-3-3 校正前后系统的伯德图与校正后阶跃响应

表 5-3-1　衰减曲线法控制器参数的整定计算公式

衰减比与控制器		参　　　数		
		k_P	T_{I0}	τ_{D0}
4：1	P	k_{Ps}		
	PI	$0.83k_{Ps}$	$0.5T_s$	
	PID	$1.25k_{Ps}$	$0.3T_s$	$0.1T_s$
10：1	P	k_{Ps}		
	PI	$0.83k_{Ps}$	$2T_r$	
	PID	$1.25k_{Ps}$	$1.2T_r$	$0.4T_r$

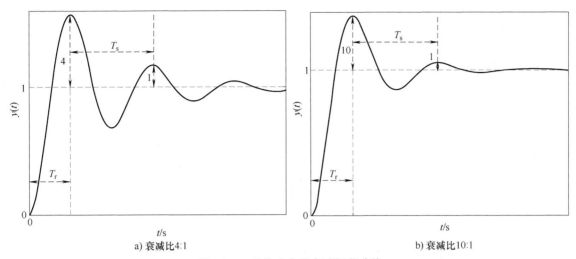

图 5-3-5　系统响应的衰减振荡曲线

（2）临界比例度法

临界比例度法也是一种闭环整定方法，依据闭环系统阶跃响应在临界稳定运行状态下的信息对 PID 参数进行整定。

其做法是：将 PID 控制器置于比例控制状态，将比例增益 k_P 由小逐渐增大至系统呈现临界稳定状态，即输出响应呈等幅振荡曲线，如图 5-3-6a 所示。记录这时的比例增益临界值 k_{Pcs} 和等幅振荡周期 T_{cs}，然后应用表 5-3-2 给出的经验公式，计算出满足衰减比为 4∶1 的 PID 控制器参数。

表 5-3-2　临界比例度法控制器参数的整定计算公式（衰减比为 4∶1）

控　制　器	参　数		
	k_P	T_{I0}	τ_{D0}
P	$0.5k_{Pcs}$		
PI	$0.45k_{Pcs}$	$0.85T_{cs}$	
PD	$0.5k_{Pcs}$		$0.1T_{cs}$
PID	$0.6k_{Pcs}$	$0.5T_{cs}$	$0.125T_{cs}$

（3）反应曲线法

反应曲线法是一种开环整定方法，以被控对象的阶跃响应曲线为依据，应用经验公式求取 PID 控制器参数。这种方法是由齐格勒（Ziegler）和尼科尔斯（Nichols）于 1942 年首先提出的。

在被控对象输入端施加一个阶跃信号，即 $u=I(t)$，记录被控对象输出端 $y(t)$ 的上升过程，即被控对象的反应曲线，如图 5-3-6b 所示。在反应曲线的拐点作一切线，与横轴和输出稳态值 $y(\infty)$ 的水平线分别交于 A 点和 B 点；再从 B 点作一垂线，与横轴交于 C 点。这样，从反应曲线上可求得三个参数：等效滞后时间 τ、等效时间常数 T 和被控系统的放大系数 k_g。于是，可将该反应过程近似为带有纯滞后的一阶惯性环节，其传递函数为

$$G(s)=\frac{k_g}{Ts+1}e^{-\tau s} \tag{5-3-22}$$

根据式（5-3-22）中的三个参数 k_g、T 和 τ，按表 5-3-3 给出的 Z-N 经验公式，可计算出 PID 控制器参数。

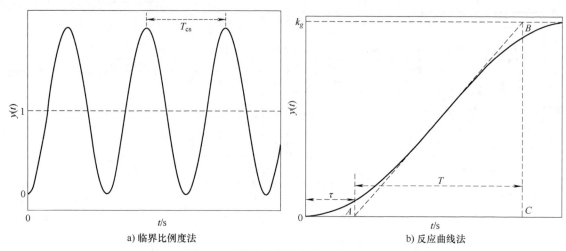

图 5-3-6　临界比例度法与反应曲线法

表 5-3-3　反应曲线法（Z-N 经验公式）

控　制　器	参　　数		
	k_P	T_{I0}	τ_{D0}
P	$k_g^{-1}(\tau/T)^{-1}$		
PI	$0.9k_g^{-1}(\tau/T)^{-1}$	3.3τ	
PID	$1.2k_g^{-1}(\tau/T)^{-1}$	2.0τ	0.5τ

　　后来对 Z-N 经验公式进行了不少改进，其中柯恩（Cohen）与库恩（Coon）修正的经验公式得到了更多应用，如表 5-3-4 所示。

表 5-3-4　反应曲线法（C-C 经验公式）

控　制　器	参　　数		
	k_P	T_{I0}	τ_{D0}
P	$k_g^{-1}[(\tau/T)^{-1}+0.33]$		
PI	$k_g^{-1}[0.9(\tau/T)^{-1}+0.082]$	$\dfrac{3.3(\tau/T)+0.3(\tau/T)^2}{1+2.2(\tau/T)}T$	
PID	$k_g^{-1}[1.35(\tau/T)^{-1}+0.27]$	$\dfrac{2.5(\tau/T)+0.5(\tau/T)^2}{1+0.6(\tau/T)}T$	$\dfrac{0.37(\tau/T)}{1+0.2(\tau/T)}T$

　　上述三种工程整定方法的共同特点是，通过实验获取被控系统的基本信息，然后按照经验公式对 PID 参数进行整定。工程整定方法不需要建立系统的精确模型，甚至不需要建模，因而在工程中得到了广泛应用。

　　工程整定法提供的并非控制器参数的最佳取值，只是一个较好的估算值。在能建立系统数学模型的情况下，还应结合理论分析方法，进行综合设计方可得到最佳的控制参数。

5.4　前馈补偿器

　　前面所有的讨论都是以反馈控制的形式展开的。对于外部扰动的抑制，主要靠反馈结构本身来实现。但要达到好的抑制效果，常常需要很大的开环增益（$k \gg 1$），这往往带来系统平稳性变差或者控制量过大而超限的后果。因此，如果外部扰动能够实时测量，据此设计扰动前馈补偿器，可以很好地在小的开环增益下抵消外部扰动的影响。

即使不考虑外部扰动，若对系统稳态精度要求高，系统的开环增益往往不能太小，同样会带来系统平稳性变差或者控制量过大而超限的后果。这种情况下，需要以小的开环增益设计反馈控制的校正环节，实现系统的平稳性与快速性；然后增加给定前馈补偿器，实现系统的稳态精度。

另外，当被控对象存在较大的纯滞后环节时，仅靠反馈控制效果也不好，也需要考虑增加纯滞后环节的预估补偿器。

5.4.1 扰动前馈补偿器

1. 扰动前馈补偿原理

图 5-4-1 是扰动前馈补偿的控制结构。y 是被控输出，u 是控制输入，r 是给定输入，d 是扰动输入。

不失一般性，可设被控对象 $G(s)$、扰动传递函数 $G_d(s)$ 为

$$G(s) = \frac{b_m s^m + b_{m-1} s^{m-1} + \cdots + b_1 s + b_0}{s^n + a_{n-1} s^{n-1} + \cdots + a_1 s + a_0} = \frac{b(s)}{a(s)} \quad (m \leq n)$$

$$G_d(s) = \frac{b_{dl} s^l + b_{d(l-1)} s^{l-1} + \cdots + b_{d1} s + b_{d0}}{s^n + a_{n-1} s^{n-1} + \cdots + a_1 s + a_0} = \frac{b_d(s)}{a(s)} \quad (l \leq n)$$

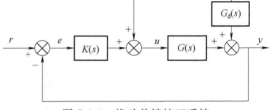

图 5-4-1 扰动前馈校正系统

则输出量为

$$y(s) = G(s) u(s) + G_d(s) d(s) = \frac{b(s)}{a(s)} u(s) + \frac{b_d(s)}{a(s)} d(s)$$

控制量为

$$u = K(s)(r - y) + K_d(s) d$$

式中，$K_d(s)$ 是扰动前馈补偿器。扰动输入 d 到输出 y 的扰动闭环传递函数为

$$\overline{\Phi}_d(s) = \frac{G_d(s) + K_d(s) G(s)}{1 + K(s) G(s)}$$

则

$$y_d = \overline{\Phi}_d(s) d$$

可见，若

$$G_d(s) + K_d(s) G(s) = 0 \tag{5-4-1a}$$

$$K_d(s) = -\frac{G_d(s)}{G(s)} = -\frac{b_d(s)}{b(s)} \tag{5-4-1b}$$

则 $\overline{\Phi}_d(s) = 0$，扰动输入的影响被完全抵消掉。

由前面的推导可得知：

1）若被控对象零点都是稳定的且 $m \geq l$，即 $b(s)$ 是稳定多项式，则式 (5-4-1b) 给出的 $K_d(s)$ 是物理可实现的。那么，可按式 (5-4-1b) 进行扰动前馈补偿器的设计，可完全补偿扰动的影响。

2）若被控对象零点都是稳定的但 $m < l$，则可取扰动前馈补偿器 $K_d(s)$ 为

$$K_d(s) = -\frac{b_d(s)}{b(s)}\frac{1}{\overline{b}(s)} \tag{5-4-2}$$

式中，$\deg(\overline{b}(s)) \geqslant l-m$。代入式（5-4-1a）有

$$G_d(s) + K_d(s)G(s) = G_d(s) - \frac{b_d(s)}{b(s)\overline{b}(s)}G(s) = G_d(s)\left(1 - \frac{1}{\overline{b}(s)}\right) \tag{5-4-3a}$$

若选择的 $\overline{b}(s)$ 满足

$$\left|\frac{1}{\overline{b}(j\omega)} - 1\right| \approx 0,\ \omega \in (\omega_0, \omega_1) \tag{5-4-3b}$$

式中，$\omega \in (\omega_0, \omega_1)$ 是所关心的扰动影响的频段。那么，由式（5-4-3a）可得

$$\left|G_d(j\omega) + K_d(j\omega)G(j\omega)\right| = \left|G_d(j\omega)\left(1 - \frac{1}{\overline{b}(j\omega)}\right)\right| \approx 0,\ \omega \in (\omega_0, \omega_1)$$

因此，在所关心的频段上，基本补偿了扰动的影响。

3）若被控对象存在不稳定的零点，一般希望控制器尽量本身是稳定的，这时需要对式（5-4-2）的设计进行修正。令

$$b(s) = b_0(s)b_1(s),\ \deg(b_0(s)) = m_0$$

式中，$b_0(s)$ 是稳定多项式，$b_1(s)$ 是不稳定多项式。取扰动前馈补偿器 $K_d(s)$ 为

$$K_d(s) = -\frac{b_d(s)}{b_0(s)}\frac{1}{\overline{b}(s)},\ \deg(\overline{b}(s)) \geqslant l-m_0 \tag{5-4-4}$$

代入式（5-4-1a）有

$$G_d(s) + K_d(s)G(s) = G_d(s) - \frac{b_d(s)}{b_0(s)\overline{b}(s)}G(s) = G_d(s)\left(1 - \frac{b_1(s)}{\overline{b}(s)}\right)$$

若选择的 $\overline{b}(s)$ 满足 $\left|\frac{b_1(j\omega)}{\overline{b}(j\omega)} - 1\right| \approx 0\,(\omega \in (\omega_0, \omega_1))$，可保证在所关心的频段 $\omega \in (\omega_0, \omega_1)$ 上，扰动的影响基本得到补偿。

2. 一个实例

例 5-4-1 若例 5-2-4 的负载扰动转矩 M_L 可测量，设计前馈校正 $K_d(s)$ 消除扰动的影响。

1）理想的扰动补偿器

扰动输入 d 到输出 y 的扰动闭环传递函数为

$$\overline{\Phi}_d(s) = \frac{G_d(S) + K_d(s)G(s)}{1 + G(s)K(s)}$$

根据式（5-4-1b），取

$$K_d^*(s) = -\frac{G_d(s)}{G(s)} = \frac{0.142(68.236s + 4658.228)}{1.142 \times 4658.228} = 0.1245(0.0146s + 1) \tag{5-4-5}$$

2）扰动补偿器的修正

从工程实现上，一般希望传递函数是真分式（物理可实现），否则会由于一阶拟微分环节的存在，导致高频噪声被放大。取 $\overline{b}(s) = Ts + 1$，有

$$K_d^*(s) = k_d(\tau s + 1),\ K_d(s) = k_d\frac{\tau s + 1}{Ts + 1}$$

系统的幅值穿越频率为 ω_c，转折频率 $\omega_1 = 1/\tau$，若取 $\omega_2 = 1/T = \max\{100\omega_1, \omega_c\}$，可推出

$$\left| K_d(\mathrm{j}\omega) \right| \approx \left| K_d^*(\mathrm{j}\omega) \right|, \quad 0 < \omega < \omega_c \tag{5-4-6}$$

由例 5-2-4 的设计结果知，新的幅值穿越频率 $\omega_c = 90.8\mathrm{rad/s}$；由式（5-4-5）知，$k_d = 0.1245$，$\tau = 0.0146\mathrm{s}$，取 $1/T = \max\{100/0.0146, 90.8\}$，$T = 0.000146\mathrm{s}$，有

$$K_d(s) = k_d \frac{\tau s + 1}{T s + 1} = 0.1245 \frac{0.0146 s + 1}{0.000146 s + 1} \tag{5-4-7}$$

绘制 $K_d(s)$ 与 $K_d^*(s)$ 的伯德图如图 5-4-2a 所示，可见，式（5-4-6）成立。

3）仿真研究

分别建立有和无扰动前馈补偿器的仿真模型，给定输入 $r = I(t)$，扰动输入取 $d = \sin100t$，得到图 5-4-2b 所示的有和无扰动前馈补偿器的系统输出响应。可见，增加扰动前馈补偿器后，扰动影响得到明显的抑制（实线）。

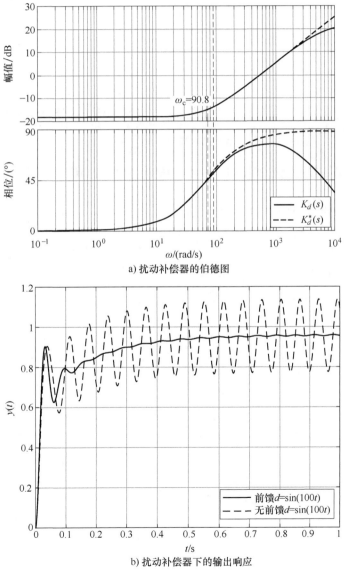

a) 扰动补偿器的伯德图

b) 扰动补偿器下的输出响应

图 5-4-2   扰动补偿器的伯德图与系统输出响应

5.4.2 给定前馈补偿器

1. 给定前馈补偿原理

图 5-4-3 是具有给定前馈校正的系统结构。不失一般性，令扰动 $d=0$，给定输入 r 作用下的系统输出为

$$y = \frac{K_r(s)G(s)+K(s)G(s)}{1+K(s)G(s)}r \qquad (5\text{-}4\text{-}8a)$$

则闭环传递函数为

$$\overline{\Phi}(s) = \frac{K_r(s)G(s)+K(s)G(s)}{1+K(s)G(s)} \qquad (5\text{-}4\text{-}8b)$$

式中，$K_r(s)$ 是给定前馈补偿器。

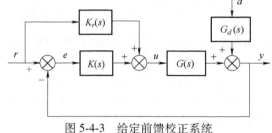

图 5-4-3 给定前馈校正系统

采用给定前馈补偿器，一般是由于开环增益 $K(s)G(s)$ 不能太大。这时，要使得 $\Phi(s) = \dfrac{K(s)G(s)}{1+K(s)G(s)} \to 1$ 变得困难，需要进行补偿。由式(5-4-8b) 看出，若

$$K_r(s)G(s) = 1 \qquad (5\text{-}4\text{-}9)$$

则一定有 $\overline{\Phi}(s)=1$，实现了对给定输入的完美控制。此时，给定前馈补偿器为

$$K_r(s) = G^{-1}(s) = \frac{a(s)}{b(s)} \qquad (5\text{-}4\text{-}10)$$

可看出，这实际上是被控对象的逆控制，在第 1 章的分析中曾指出逆控制是有局限的。从前面的推导进一步有：

1) 一般情况下，$a(s)$ 的阶数大于 $b(s)$ 的阶数，式(5-4-10)所示的 $K_r(s)$ 是物理不可实现的。

2) 由式(5-4-9)知，逆控制的本质是用外部构造的 $K_r(s)$ 的零极点去对消被控对象 $G(s)$ 内部的零极点，若 $K_r(s)$ 的实现有偏差或者 $G(s)$ 发生一些变化，这种对消就不会实现。因此，在实际工程中，用外部的零极点对消内部的零极点是难以保证的。

3) 若不能实现完全对消，令 $K_r(s) = \dfrac{\hat{a}(s)}{\hat{b}(s)}$，代入式(5-4-8b)有

$$\overline{\Phi}(s) = \frac{\dfrac{\hat{a}(s)}{\hat{b}(s)}\dfrac{b(s)}{a(s)}+\dfrac{b(s)}{a(s)}K(s)}{1+\dfrac{b(s)}{a(s)}K(s)} = \frac{b(s)\left[\hat{a}(s)+\hat{b}(s)K(s)\right]}{\hat{b}(s)\left[a(s)+b(s)K(s)\right]} \qquad (5\text{-}4\text{-}11)$$

若 $\hat{b}(s)$ 不能完全对消 $b(s)$，则它一定成为闭环系统的极点。若 $\hat{b}(s)$ 零点都是稳定的，不完全对消问题不大，对消的残留很快会消失掉；若 $\hat{b}(s)$ 零点中有不稳定的零点，则这种不稳定的零极点对消将产生致命的稳定性问题，因为不稳定的对消残留，哪怕一丁点也会随时间积累指数发散。这一点在《工程控制原理》(现代部分)的不能控分析中还会提及。

4) 尽管逆控制有局限，由于给定前馈补偿器是在反馈控制结构基础上进行附加校正的，只要做到不发生不稳定的零极点对消，是可以起到性能补偿作用的，在实际工程中也有广泛应用。

如何设计给定前馈补偿器，主要有两种做法：

1) 按 $\overline{\Phi}(0)=1$ 进行设计，提升系统稳态性能。

不失一般性，令 $G(s) = \dfrac{1}{s^v} G_0(s)(v \geq 0)$，由式(5-4-8)可得

$$e = r - y = (1 - \overline{\Phi}(s))r = \frac{1 - K_r(s)G(s)}{1 + K(s)G(s)}r = \frac{s^v - K_r(s)G_0(s)}{s^v + K(s)G_0(s)}r$$

若给定输入 $r(s) = 1/s^{v+1}$，取

$$K_r(s) = s^v K_{r0}(s), K_{r0}(s) = G_0^{-1}(0) \tag{5-4-12}$$

则

$$e_s = \lim_{s \to 0} s[r(s) - y(s)] = \lim_{s \to 0} s(1 - \overline{\Phi}(s))r(s) = \lim_{s \to 0} s\frac{s^v - K_r(s)G_0(s)}{s^v + K(s)G_0(s)}r(s)$$

$$= \lim_{s \to 0} \frac{1 - K_{r0}(s)G_0(s)}{s^v + K(s)G_0(s)} = 0 \tag{5-4-13}$$

若式(5-4-13)成立，一定有 $\overline{\Phi}(0) = 1$。

由式(3-2-11)知，对于给定输入 $r(s) = 1/s^{v+1}$，要做到稳态无静差，需要被控对象有 $(v+1)$ 个积分器；由式(5-4-13)知，采用给定前馈补偿器，被控对象只需有 v 个积分器便可做到稳态无静差。特别是 $v = 0$，被控对象中没有积分器，若按照式(5-4-12)取

$$K_r(s) = K_{r0}(s) = G^{-1}(0) = k_r \tag{5-4-14}$$

同样满足式(5-4-13)，即没有积分器也可使得阶跃响应无静差。

因此，在进行控制系统设计时，可先不考虑系统稳态精度的要求，设计合适的反馈控制器增益 k 使得系统平稳性与快速性达到期望要求，再采取式(5-4-14)所示的静态给定前馈补偿器提高系统的稳态精度。值得注意的是，式(5-4-14)所示的逆控制是常数比例控制，不会产生零极点对消带来的不利影响，所以，这种"反馈控制+静态给定前馈补偿"的方案在实际工程中被广泛采用。

2) 按 $|\overline{\Phi}(j\omega)| \approx 1(\omega \in (\omega_0, \omega_1))$ 进行设计，改善系统瞬态性能。

由式(5-4-8b)知，若要

$$|\overline{\Phi}(j\omega)| = \left|\frac{K_r(j\omega)G(j\omega) + K(j\omega)G(j\omega)}{1 + K(j\omega)G(j\omega)}\right| \approx 1, \quad \omega \in (\omega_0, \omega_1) \tag{5-4-15}$$

可按

$$|K_r(j\omega)G(j\omega)| \approx 1, \omega \in (\omega_0, \omega_1) \tag{5-4-16a}$$

或者

$$|K_r(j\omega)| \approx \frac{1}{|G(j\omega)|}, \quad \omega \in (\omega_0, \omega_1) \tag{5-4-16b}$$

进行给定前馈补偿器的设计，最终可近似达到式(5-4-15)的要求，式中常取 $\omega_0 = 0$。这样的话，不但能提升系统稳态性能，还能在一定的频段上改善系统瞬态性能。

由于式(5-4-16b)所示的动态给定前馈补偿本质上是逆控制，不稳定的零极点对消是不允许的。若被控对象是最小相位系统，采用 $K_r(s) = G^{-1}(s)$ 的逆控制，可保证前馈补偿器 $K_r(s)$ 本身是稳定的，但不一定是物理可实现的，这时需要增加分母多项式，参见式(5-4-2)的处理，可使其幅频特性满足式(5-4-16a)；若被控对象是非最小相位系统，要严加小心，可参照式(5-4-4)的处理方法；若被控对象含有非线性环节，要特别注意非线性环节带来的分析误差。由于动态给定前馈补偿涉及的限制因素较多，所以在实际工程中更多采用静态给定前馈补偿。

2. 一个实例

例 5-4-2 若单容水槽考虑进水管的纯延迟，其被控对象传递函数为 $G(s)=\dfrac{1}{10s+1}e^{-5s}$，输入为单位阶跃信号 $r(t)=I(t)$，设计控制器 $K(s)$ 和给定前馈补偿器 $K_r(s)$，使闭环系统满足以下要求：

1）闭环系统稳定；

2）单位阶跃输入下的稳态误差 $|e_s|\leqslant0.01$；

3）最大超调量 $\delta\leqslant20\%$。

由于被控对象存在纯滞后环节 $e^{-\tau s}$，先将其转化为线性环节，即取

$$e^{-\tau s}=\frac{1}{e^{\tau s}}=\frac{1}{1+\tau s+\dfrac{1}{2!}(\tau s)^2+\cdots}\approx\frac{1}{1+\tau s} \qquad (5\text{-}4\text{-}17)$$

此时，被控对象可化为

$$G(s)=\frac{1}{10s+1}e^{-5s}\approx\frac{1}{(10s+1)(5s+1)}=\frac{0.02}{s^2+0.3s+0.02}=G^*(s)$$

式中，$G^*(s)$ 是被控对象的标称传递函数。

1）按标称传递函数 $G^*(s)$ 设计控制器 $K(s)$

取 $K(s)=k$，此时，闭环传递函数为

$$\Phi^*(s)=\frac{kG^*(s)}{1+kG^*(s)}=\frac{0.02k}{s^2+0.3s+0.02(k+1)}=k_\phi\frac{\omega_n^2}{s^2+2\xi\omega_n s+\omega_n^2}$$

式中，$2\xi\omega_n=0.3$，$\omega_n^2=0.02(k+1)$，$k_\phi=k/(k+1)$。

由于是按标称传递函数 $G^*(s)$ 进行近似设计，对期望的超调量指标需要留下一点余地，取 $\delta=e^{-\frac{\xi\pi}{\sqrt{1-\xi^2}}}\leqslant20\%-5\%=0.15$，可得 $1>\xi\geqslant0.52$，从而有 $\omega_n=\dfrac{0.3}{2\xi}$，$0.2885\text{rad/s}\geqslant\omega_n>0.15\text{rad/s}$，$k=\dfrac{\omega_n^2}{0.02}-1$，$3.1605\geqslant k>0.125$。取

$$K(s)=k=1.2 \qquad (5\text{-}4\text{-}18)$$

此时，系统的稳态误差为

$$e_s=\lim_{s\to0}s(1-\Phi^*(s))r(s)=\lim_{s\to0}s\frac{1}{1+K(s)G^*(s)}r(s)=\frac{1}{1+kG^*(0)}=\frac{1}{1+1.2}=0.45>0.01$$

2）按 $\overline{\Phi}(0)=1$ 设计给定前馈补偿器 $K_r(s)$

由（5-4-14）可得给定前馈补偿器为

$$K_r(s)=k_r=G^{*-1}(0)=1 \qquad (5\text{-}4\text{-}19)$$

可验证

$$e_s=\lim_{s\to0}s(1-\overline{\Phi}(s))r(s)=\lim_{s\to0}s\frac{1-K_r(s)G^*(s)}{1+K(s)G^*(s)}r(s)=\frac{1-k_rG^*(0)}{1+kG^*(0)}=0$$

做到了系统的阶跃响应无静差。

3）仿真研究

建立图 5-4-4a 所示的仿真模型，注意被控对象要用 $G(s)=\dfrac{1}{10s+1}e^{-5s}$。控制器 $K(s)$ 按式（5-4-18）取，不考虑给定前馈补偿，系统的阶跃响应如图 5-4-4b 中虚线所示。可见，超调量 $\delta=15.26\%$，瞬态过程时间 $t_s=28.12\text{s}$，稳态误差 $e_s=0.45$。

控制器 $K(s)$ 仍按式(5-4-18)取，给定前馈补偿器按式(5-4-19)取，系统的阶跃响应如图5-4-4b 中实线所示。可见，对于静态的给定前馈补偿，系统超调量、瞬态过程时间与补偿前一样，但稳态误差 $e_s = 0$，做到了无静差。

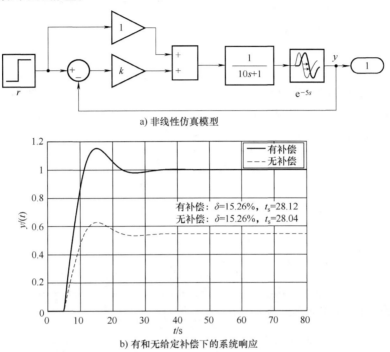

a) 非线性仿真模型

b) 有和无给定补偿下的系统响应

图 5-4-4　例 5-4-2 的仿真模型及有和无给定前馈补偿的系统响应

5.4.3　史密斯预估补偿器

对于许多过程控制系统，由于存在较长的传输管道、工作容器体积庞大或狭长等，都会在输出端产生纯延迟现象。输出端传感器获取的是 τ 时刻前的状态信息，若 τ 较大，以此信息再产生控制量施加到被控对象上，将起不到控制效果，使得在输出端呈现大幅波动。为此，需要进行预估补偿。

1. 史密斯预估补偿原理

令被控对象的传递函数 $G(s) = G_p(s)e^{-\tau s}$，$G_p(s)$ 是有理分式，不再含纯延迟环节。此时，闭环传递函数为

$$\Phi(s) = \frac{K(s)G(s)}{1+K(s)G(s)} = \frac{K(s)G_p(s)e^{-\tau s}}{1+K(s)G_p(s)e^{-\tau s}}$$

闭环极点方程为 $1+K(s)G_p(s)e^{-\tau s} = 0$。

由于在闭环极点方程中嵌入了纯滞后 $e^{-\tau s}$，使得闭环极点的位置严重依赖于纯延迟时间 τ（相位将严重滞后）。对 $e^{-\tau s}$ 可采取下面两种近似方法：

$$e^{-\tau s} \approx 1 - \tau s \tag{5-4-20a}$$

$$e^{-\tau s} = \frac{1}{e^{\tau s}} \approx \frac{1}{1+\tau s} \tag{5-4-20b}$$

当 τ 较小时，采取式(5-4-20)进行设计，幅值与相位的误差对闭环极点位置影响不大，参见图5-4-5a；当 τ 较大时，这个误差的影响将很大，甚至导致实际系统不稳定，参见图5-4-5b。这就是大延迟的滞

后系统难以控制的原因所在。

为此，史密斯（Q. J. M. Smith）于1957年提出了一种以模型为基础的预估补偿器控制方法，如图 5-4-6a 所示，试图使被延迟了 τ 的被控量超前反馈到控制器端，使控制器提前动作，相当于使得闭环极点方程不再含有纯延迟 $e^{-\tau s}$，以补偿纯延迟带来的不利影响。

采用史密斯预估补偿器后，反馈信号 $\tilde{y}$ 与控制输入 u 的传递函数为

$$\frac{\tilde{y}(s)}{u(s)} = G_p(s)e^{-\tau s} + \tilde{G}_p(s)$$

为了使控制输入 u 与反馈信号 $\tilde{y}$ 不存在延迟，必须要求

$$\frac{\tilde{y}(s)}{u(s)} = G_p(s)e^{-\tau s} + \tilde{G}_p(s) = G_p(s)$$

$$(5\text{-}4\text{-}21a)$$

所以，史密斯预估补偿器的传递函数为

$$\tilde{G}_p(s) = G_p(s)(1-e^{\tau s}) \qquad (5\text{-}4\text{-}21b)$$

如图 5-4-6b 所示。

加入史密斯预估补偿器后的闭环系统传递函数为

$$\tilde{\Phi}(s) = \frac{K(s)G_p(s)e^{-\tau s}}{1+K(s)G_p(s)e^{-\tau s}+K(s)\tilde{G}_p(s)}$$
$$= \frac{K(s)G_p(s)e^{-\tau s}}{1+K(s)G_p(s)}$$

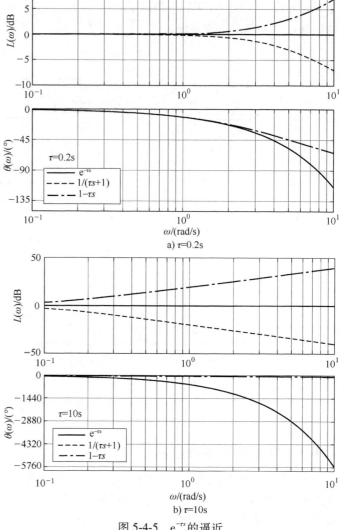

图 5-4-5　$e^{-\tau s}$ 的逼近

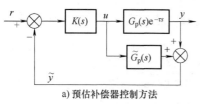

a) 预估补偿器控制方法

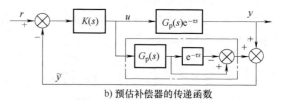

b) 预估补偿器的传递函数

图 5-4-6　史密斯预估补偿器

对应的闭环极点方程为 $1+K(s)G_p(s)=0$。可见，预估补偿后的闭环极点方程不再含有纯滞后 $e^{-\tau s}$，闭环极点可以得到较准确地设计，从而闭环系统的性能也能得到较好的控制。

2. 一个实例

例 5-4-3　对于式（2-3-30a）所示的过热器，$G(s) = \dfrac{k}{(Ts+1)^n}e^{-\tau s}$，取 $n=2$、$k=1$、$T=5s$、

$\tau=30s$，设计控制器 $K(s)$ 和史密斯预估补偿器 $\tilde{G}_p(s)$，使闭环系统满足以下要求：

1）闭环系统稳定；

2）单位阶跃输入下的稳态误差 $|e_s| \leqslant 0.01$；

3）最大超调量 $\delta \leqslant 20\%$。

由于被控对象存在较大纯延迟环节 $e^{-\tau s}$，需要考虑进行预估补偿。先设计史密斯预估补偿器 $\widetilde{G}_p(s)$，再设计控制器 $K(s)$。

1）史密斯预估补偿器

根据式（5-4-21b），取史密斯预估补偿器 $\widetilde{G}_p(s)$ 为

$$\widetilde{G}_p(s) = G_p(s)(1-e^{-\tau s}) = \frac{1}{(5s+1)^2}e^{-30s}$$

2）先考虑比例控制器

取控制器为 $K(s) = k_p$，加入史密斯预估补偿器后的闭环传递函数为

$$\widetilde{\Phi}(s) = \frac{K(s)G_p(s)e^{-\tau s}}{1+K(s)G_p(s)} = \frac{k_p\dfrac{1}{(Ts+1)^2}e^{-\tau s}}{1+k_p\dfrac{1}{(Ts+1)^2}} = \frac{k_p}{(Ts+1)^2+k_p}e^{-\tau s}$$

$$= k_\phi\frac{\omega_n^2}{s^2+2\xi\omega_n s+\omega_n^2}e^{-\tau s} \tag{5-4-22a}$$

式中，

$$\begin{cases} k_\phi = \dfrac{k_p}{(1+k_p)} \\[2mm] \omega_n = \dfrac{\sqrt{1+k_p}}{T} \\[2mm] \xi = \dfrac{1}{\sqrt{1+k_p}} \end{cases} \tag{5-4-22b}$$

若要稳态误差 $|e_s| \leqslant 0.01$，有

$$e_s = \lim_{s\to 0}s(1-\widetilde{\Phi}(s))r(s) = 1-\widetilde{\Phi}(0) = 1-k_\phi = \frac{1}{1+k_p} < 0.01$$

可得 $k_p > 99$。

根据式（5-4-22b），若 $k_p > 99$，可得 $0 < \xi < 0.1$；再根据 $\delta = e^{-\frac{\xi\pi}{\sqrt{1-\xi^2}}}$ 估算超调量有 $\delta > 73\%$，不能满足对超调量的要求。仅仅采用比例控制不行。

3）采用 PI 控制器

取控制器为 $K(s) = k_p + \dfrac{1}{T_1 s}$，加入史密斯预估补偿器后的闭环传递函数为

$$\widetilde{\Phi}(s) = \frac{K(s)G_p(s)e^{-\tau s}}{1+K(s)G_p(s)} = \frac{k_p T_1 s+1}{T_1 s(Ts+1)^2+k_p T_1 s+1}e^{-\tau s}$$

$$= k_\phi\frac{\omega_n^2(k_p T_1 s+1)}{(s+p)(s^2+2\xi\omega_n s+\omega_n^2)}e^{-\tau s} \tag{5-4-23a}$$

式中，

$$
\begin{cases}
k_\phi = p \\
p\omega_n^2 = \dfrac{1}{T^2 T_1} \\
\omega_n^2 + 2\xi\omega_n p = \dfrac{1+k_P}{T^2} \\
2\xi\omega_n + p = \dfrac{2}{T}
\end{cases}
\tag{5-4-23b}
$$

若取 $p = \eta\xi\omega_n\,(\eta \geqslant 5)$，式（5-4-23b）可化为

$$
\begin{cases}
k_\phi = \eta\xi\omega_n \\
\omega_n = \dfrac{2}{(2+\eta)T\xi} \\
k_P = \omega_n^2 T^2 + \dfrac{8\eta}{(2+\eta)^2} - 1 \\
T_1 = \dfrac{\eta+2}{2\eta T\omega_n^2}
\end{cases}
\tag{5-4-24}
$$

由于控制器中含有积分器，对阶跃响应可以做到无静差，即

$$
e_s = \lim_{s\to0} s\left(1 - \widetilde{\Phi}(s)\right) r(s) = 1 - \widetilde{\Phi}(0) = 1 - \dfrac{k_\phi}{p} = 0
$$

若要求超调量 $\delta = e^{-\frac{\xi\pi}{\sqrt{1-\xi^2}}} \leqslant 20\% - 5\% = 0.15$，可得 $1 > \xi \geqslant 0.52$。取 $\xi = 0.6$、$\eta = 5$ 代入式（5-4-24）可得，$k_\phi = 0.286$，$\omega_n = 0.095\mathrm{rad/s}$，$k_P = 0.043$，$T_1 = 15.435\mathrm{s}$。得到 PI 控制器为

$$
K(s) = k_P + \dfrac{1}{T_1 s} = 0.043 + \dfrac{1}{15.435s}
\tag{5-4-25}
$$

4）仿真研究

① 建立图 5-4-7a 所示的仿真模型，被控对象为 $G(s) = \dfrac{1}{(5s+1)^2}e^{-30s}$，增加史密斯预估补偿器，控制器 $K(s)$ 按式（5-4-25）取，系统的阶跃响应如图 5-4-7b 中实线所示。可见，超调量 $\delta = 8.8\%$，瞬态过程时间 $t_s = 95.63\mathrm{s}$。

若不加史密斯预估补偿器，控制器 $K(s)$ 取为 PID 控制器，整定到最佳参数 $\{k_P, T_1, \tau_D\} = \{0.5, 45, 0.2\}$，系统的阶跃响应如图 5-4-7b 中虚线所示。可见，超调量 $\delta = 14.1\%$，瞬态过程时间 $t_s = 191.6\mathrm{s}$，其效果不如增加史密斯预估补偿器的好。

② 若被控对象惯性时间常数 T 和纯延迟时间 τ 存在偏差，在 $T = 5(1\pm30\%)$、$\tau = 30(1\pm30\%)$ 上随机选取几组参数，增加史密斯预估补偿器，控制器 $K(s)$ 按式（5-4-25）取值，系统的阶跃响应分别如图 5-4-8a、b 所示；不加史密斯预估补偿器，控制器 $K(s)$ 按前面 PID 控制器取，系统的阶跃响应分别如图 5-4-8c、d 所示。

可见，采取史密斯预估补偿的方法，对惯性时间常数 T 和纯延迟时间 τ 的偏差都有好的效果；而采取 PID 控制，对惯性时间常数 T 的偏差有好的效果，但对纯延迟时间 τ 的偏差效果明显变差。

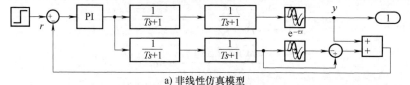

a) 非线性仿真模型

图 5-4-7　例 5-4-3 的仿真模型及有和无史密斯预估补偿器的系统响应

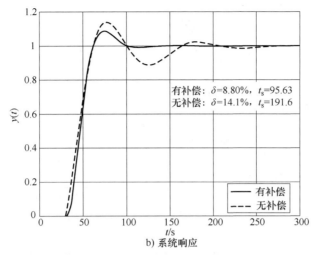

b) 系统响应

图 5-4-7　例 5-4-3 的仿真模型及有和无史密斯预估补偿器的系统响应(续)

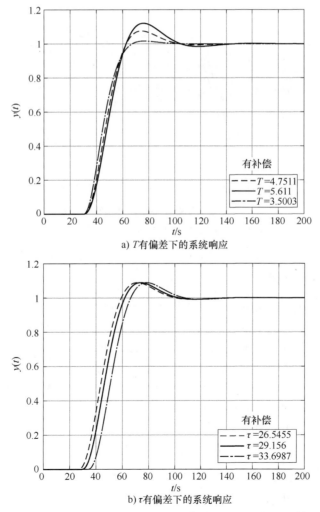

a) T 有偏差下的系统响应

b) τ 有偏差下的系统响应

图 5-4-8　存在建模误差时史密斯预估补偿与 PID 控制的效果

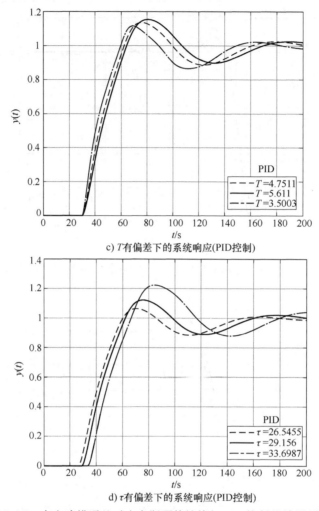

c) T有偏差下的系统响应(PID控制)

d) τ有偏差下的系统响应(PID控制)

图 5-4-8　存在建模误差时史密斯预估补偿与 PID 控制的效果（续）

5.5　双回路控制系统

前面的讨论都是单回路控制结构。理论上讲，单回路控制只直接关注给定输入与输出变量之间的控制性能改善，对于扰动输入带来的性能影响或系统中间变量的性能改善是没有直接给予照应的，是靠反馈调节机制与超限保护等措施间接保证的。

从反馈调节原理与前面的讨论可推知，若需要对其他输入的影响或中间变量的性能予以控制，可设法增加传感器对它们实施实时测量并进行反馈调节，形成一个（内）反馈回路。这样，就与对输出变量进行控制的（外）反馈回路一起形成双回路控制。在实际工程中，对于要求高性能的控制系统，往往都采用双回路控制结构。

本节先讨论双回路控制的基本原理，再给出两个实例。

5.5.1　双回路控制系统的组成与原理

1. 双回路控制系统的组成

对于图 5-1-1 所示的单回路控制结构，在前面有关控制器的设计讨论中，基本没有把抑制扰动作为设计指标，一是缘于大部分的实际系统都具有低通性，对高频噪声有自然的抑制能力；二是反馈调节结构也会自然地削弱扰动的影响；三是在扰动可实时测量时，还可增加扰动前馈补偿消除扰动的影响。然而，有不少的工程系统，如过程控制系统中的管式加热炉、隧道窑等，其扰动常常靠近输入端而远离输出端，扰动的影响在系统输出端的传感器上不能及时反映出来，这种情况下通过输出反馈产生的抑制效果变差。

如图 5-5-1a 所示，若扰动的输入点不在输出端而在被控对象中间，由于 $G_1(s)$ 的惯性时间或延迟时间长，采取单回路控制抑制扰动其效果不会令人满意。尽管可按照框图等效变换，将扰动输入转移到输出端上，但扰动传递函数仍然交联了被控对象内部的约束关系(含有传递函数 $G_1(s)$)，如图 5-5-1b 所示，还是不能处理好对扰动的抑制。为此，提出了图 5-5-1c 所示的双回路控制结构，也称为串级控制结构。

另外，也有不少的工程系统，如运动控制系统中的直流调速系统等，除了对转速提出控制要求外，还希望在某种工况下利用到最大的电磁转矩，这就需要对系统中间变量电枢电流提出控制要求。为了实现这一点，根据反馈调节原理，对需要控制的中间变量实施反馈可达此目的，这同样需要采用图 5-5-1c 所示的双回路控制结构。

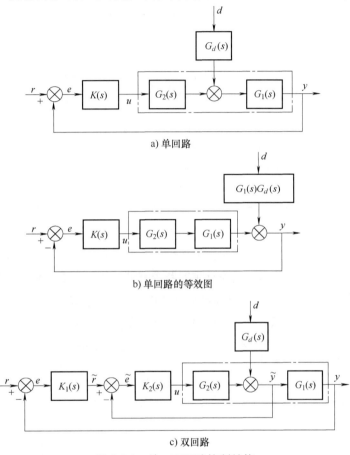

a) 单回路

b) 单回路的等效图

c) 双回路

图 5-5-1 单、双回路控制结构

采用双回路控制结构的前提是中间变量 $\tilde{y}$ 可实时测量，这样才能形成内反馈回路(内环)，也称为副回路，对应的传递函数 $G_2(s)$ 称为副对象，$K_2(s)$ 称为副控制器，中间变量 $\tilde{y}$ 称为副变量。与此对应，外反馈回路(外环)称为主回路，传递函数 $G_1(s)$ 称为主对象，$K_1(s)$ 称为主控制器，输出变量 y 称为主变量。

副回路是一个随动控制回路，它的给定输入是主控制器的输出，一般不是常值，主要克服外部扰动的影响，或者改善中间变量的特性，具有"粗调"的作用。主回路往往是一个常值调节控制回路，实现对期望输出量的精确逼近，具有"细调"的作用。

2. 双回路控制的基本原理

（1）抑制外部扰动

当扰动发生时，首先副变量 $\tilde{y}$ 受到影响，副控制器 $K_2(s)$ 立即工作，试图消除扰动的影响。当扰动经副回路抑制后再进入主回路，对主变量 y 的影响就有了较大的减弱。

由图 5-5-1c 可推出，双回路控制下扰动 d 到主变量 y 的传递函数 $\Phi_{2d}(s)$ 为

$$\Phi_{2d}(s) = \frac{G_d(s)G_1(s)}{1+G_2(s)K_2(s)+G_1(s)G_2(s)K_2(s)K_1(s)}$$

$$= \frac{\dfrac{G_d(s)}{1+G_2(s)K_2(s)}G_1(s)}{1+G_1(s)\dfrac{G_2(s)K_2(s)}{1+G_2(s)K_2(s)}K_1(s)} \tag{5-5-1}$$

若采用单回路控制，见图 5-5-1a，其扰动 d 到主变量 y 的传递函数 $\Phi_{1d}(s)$ 为

$$\Phi_{1d}(s) = \frac{G_d(s)G_1(s)}{1+G_1(s)G_2(s)K(s)} \tag{5-5-2}$$

比较式(5-5-1)与式(5-5-2)可见，采用双回路控制，若 $1+G_2(s)K_2(s) \gg 1$，扰动影响将被衰减许多，这是由副回路完成的。

（2）改善中间变量的特性

在系统运行过程中，有时需要中间变量在某个阶段具有某种特性，如直流调速系统在起动阶段，希望电枢电流维持在最大可用电流处，以获得最大且恒定的电磁转矩，加快转速上升到稳态值。另外，在整个运行过程中还希望电枢电流不超过限定值。

为了实现中间变量的期望特性，见图 5-5-1c，一方面设计副回路的给定输入 $\tilde{r}$，满足对中间变量的稳态要求。若设计主回路控制器 $K_1(s)$ 在这个阶段的输出为恒值，即 $\tilde{r}=C$，则中间变量 $\tilde{y} \to C$，对于直流调速系统实现了电枢电流的恒流控制。

另一方面，设计副回路的控制器 $K_2(s)$，满足对中间变量的瞬态要求，即尽快使得中间变量 $\tilde{y} \to \tilde{r}$，且超调量不要大，对于直流调速系统就可以实现快速进入恒流控制且确保不过电流。

（3）改善被控对象的品质

若不考虑外部扰动，即 $d=0$，副回路对中间变量的控制，相当于对被控对象中的 $G_2(s)$ 进行了改造，得到副回路的闭环传递函数为

$$\tilde{\Phi}(s) = \frac{G_2(s)K_2(s)}{1+G_2(s)K_2(s)} \tag{5-5-3a}$$

此时，主回路的等效被控对象为

$$\tilde{G}(s) = G_1(s)\tilde{\Phi}(s) = G_1(s)\frac{G_2(s)K_2(s)}{1+G_2(s)K_2(s)} \tag{5-5-3b}$$

闭环传递函数 $\Phi(s)$ 为

$$\Phi(s) = \frac{\tilde{G}(s)K_1(s)}{1+\tilde{G}(s)K_1(s)} = \frac{G_1(s)G_2(s)K_2(s)K_1(s)}{1+G_2(s)K_2(s)+G_1(s)G_2(s)K_2(s)K_1(s)} \tag{5-5-3c}$$

不失一般性，取

$$\begin{cases} G_1(s) = \dfrac{b_1}{T_1s+1} \\[2mm] G_2(s) = \dfrac{b_2}{T_2s+1} \\[2mm] K_1(s) = k_1 \\[1mm] K_2(s) = k_2 \end{cases} \tag{5-5-4}$$

将式(5-5-4)代入式(5-5-3a)，可得副回路的闭环传递函数为

$$\widetilde{\Phi}(s) = \frac{\dfrac{b_2}{T_2 s+1}k_2}{1+\dfrac{b_2}{T_2 s+1}k_2} = \frac{\dfrac{b_2 k_2}{1+b_2 k_2}}{\dfrac{T_2}{1+b_2 k_2}s+1} = \frac{\widetilde{k}_2}{\widetilde{T}_2 s+1} \qquad (5\text{-}5\text{-}5a)$$

式中，

$$\begin{cases} \widetilde{T}_2 = \dfrac{T_2}{1+b_2 k_2} \\[3mm] \widetilde{k}_2 = \dfrac{b_2 k_2}{1+b_2 k_2} \end{cases} \qquad (5\text{-}5\text{-}5b)$$

可见，副回路的时间常数 $\widetilde{T}_2$ 被减少到 T_2 的 $1/(1+b_2 k_2)$，从而副回路的快速性得到明显改善。

将式(5-5-4)和式(5-5-5a)代入式(5-5-3b)和式(5-5-3c)有

$$\widetilde{G}(s) = G_1(s)\widetilde{\Phi}(s) = \frac{b_1}{T_1 s+1}\frac{\widetilde{k}_2}{\widetilde{T}_2 s+1}$$

$$\Phi(s) = \frac{\widetilde{G}(s)K_1(s)}{1+\widetilde{G}(s)K_1(s)} = \frac{\dfrac{b_1}{T_1 s+1}\dfrac{\widetilde{k}_2}{\widetilde{T}_2 s+1}k_1}{1+\dfrac{b_1}{T_1 s+1}\dfrac{\widetilde{k}_2}{\widetilde{T}_2(s)+1}k_1} = k_\phi \frac{\omega_n^2}{s^2+2\xi\omega_n s+\omega_n^2}$$

式中，

$$\begin{cases} \omega_n = \sqrt{1+b_1 k_1 \widetilde{k}_2}\Big/\sqrt{T_1 \widetilde{T}_2} = \sqrt{1+b_2 k_2+b_1 b_2 k_1 k_2}\Big/\sqrt{T_1 T_2} \\[2mm] 2\xi\omega_n = (T_1+\widetilde{T}_2)/(T_1 \widetilde{T}_2) \\[2mm] k_\phi = b_1 k_1 \widetilde{k}_2/(1+b_1 k_1 \widetilde{k}_2) \end{cases} \qquad (5\text{-}5\text{-}6)$$

若对图 5-5-1a 所示的单回路控制结构，取 $K(s)=k_1 k_2$，其被控对象传递函数与闭环传递函数分别为

$$G(s) = G_1(s)G_2(s) = \frac{b_1}{T_1 s+1}\frac{b_2}{T_2 s+1}$$

$$\Phi_0(s) = \frac{G(s)K(s)}{1+G(s)K(s)} = \frac{k_1 k_2 \dfrac{b_1}{T_1 s+1}\dfrac{b_2}{T_2 s+1}}{1+k_1 k_2 \dfrac{b_1}{T_1 s+1}\dfrac{b_2}{T_2 s+1}} = k_{\phi 0}\frac{\omega_{n0}^2}{s^2+2\xi_0\omega_{n0}s+\omega_{n0}^2}$$

式中，

$$\begin{cases} \omega_{n0} = \sqrt{\dfrac{1+b_1 b_2 k_1 k_2}{T_1 T_2}} \\[3mm] 2\xi_0\omega_{n0} = \dfrac{T_1+T_2}{T_1 T_2} \\[3mm] k_{\phi 0} = \dfrac{b_1 b_2 k_1 k_2}{1+b_1 b_2 k_1 k_2} \end{cases} \qquad (5\text{-}5\text{-}7)$$

比较式（5-5-7）与式（5-5-6）可见，$\omega_n > \omega_{n0}$，双回路控制系统的自然振荡频率加大了，系统带宽增加了，整个闭环系统的快速性也得到了改善。

要注意的是，副回路的工作频率 $\tilde{\omega} = \dfrac{1}{\tilde{T}_2} = \dfrac{1+b_2 k_2}{T_2}$，应尽量与主回路的工作频率 ω_n（或 ω_c）拉开距离，以免发生谐振。一般情况下，副回路的工作频率要大过主回路的工作频率，可取

$$\tilde{\omega} > (3 \sim 10)\omega_n（或 \tilde{\omega} > (3 \sim 10)\omega_c） \tag{5-5-8}$$

（4）减弱非线性与不确定性的影响

被控对象建模过程中，常常忽视了系统的非线性（进行了线性化）或高阶未建模动态。如果在选择副回路时，将非线性与不确定性环节包含在其中，由于副回路的反馈，将大幅度减弱这些因素的影响，使得主回路的控制变得更确切和容易。

5.5.2 双回路控制的应用实例

下面分别讨论过程控制系统和运动控制系统各一个典型的应用实例。

1. 双回路锅炉汽温控制系统

锅炉汽温过高会引发安全问题，汽温大幅波动会影响后续生产的效率，因此，锅炉汽温的平稳性是锅炉最重要的技术指标。锅炉汽温控制系统示意图如图 5-5-2a 所示，汽包产生的蒸汽，通过过热器吸收烟道中烟气热量形成过热蒸汽，若出口汽温偏高，需要通过减温器喷淋冷水降温，达到汽温平稳控制的目的，其工艺原理可参见图 2-2-7。

图 5-5-2b 中的 $G_1(s)$ 是二级过热器的传递函数，反映二级过热器出口汽温（变化）$y = \Delta T$ 与减温器出口汽温（变化）$\tilde{y} = \Delta T_d$ 之间的关系，参见式（2-3-30a），即

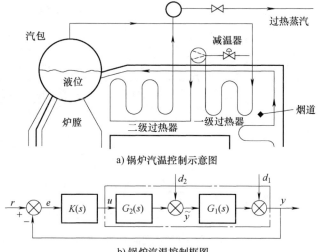

a）锅炉汽温控制示意图

b）锅炉汽温控制框图

图 5-5-2　锅炉汽温单回路控制

$$G_1(s) = \frac{k_{g1}}{(T_1 s + 1)^n} e^{-\tau s} \tag{5-5-9a}$$

$G_2(s)$ 是减温器的传递函数，反映减温器出口汽温（变化）与冷水调节阀门开度（变化）$u = \Delta\theta$ 之间的关系，可近似为一个惯性环节，即

$$G_2(s) = \frac{k_{g2}}{T_2 s + 1} \tag{5-5-9b}$$

烟气流量的变化、蒸汽流量的变化、一级过热器出口温度的变化、冷水流量的变化等，都会对减温器出口汽温（变化）$\tilde{y} = \Delta T_d$ 产生影响，这些干扰因素都包含在扰动 d_2 中；对于二级过热器，也会受到烟气流量变化、蒸汽流量变化的影响，这些干扰因素包含在扰动 d_1 中。显见，扰动 d_2 的影响远大于扰动 d_1 的影响。

由于二级过热器 $G_1(s)$ 的延迟时间 τ 大，若只采取图 5-5-2b 所示的单回路控制，扰动 d_2 带来的影响会在较长时间之后才在出口汽温（变化）$y = \Delta T$ 上得到反应，这时再进行反馈调节，扰动 d_2 可能又发生了新的变化，如此反复必导致出口汽温（变化）出现大幅波动。为此，需要采取双回

路控制方案，增加一个减温器出口汽温的传感器，迅速反应出扰动 d_2 的情况，并及时进行反馈调节修正，如图 5-5-3 所示。

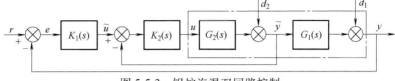

图 5-5-3　锅炉汽温双回路控制

（1）建立被控对象的数学模型

不失一般性，取 $k_{g1}=1$、$n=2$、$T_1=10\text{s}$、$\tau=20\text{s}$，$k_{g2}=8$、$T_2=15\text{s}$，有

$$G_1(s)=\frac{k_{g1}}{(T_1s+1)^n}e^{-\tau s}=\frac{1}{(10s+1)^2}e^{-20s},\quad G_2(s)=\frac{k_{g2}}{T_2s+1}=\frac{8}{15s+1}$$

（2）内环控制器设计

副回路控制主要解决对扰动 d_2 的快速反应，期望性能指标可考虑为副回路的瞬态响应时间 $\tilde{t}_s^*\leqslant 1.5\text{s}$。

副回路控制器取为比例 P 控制器，$K_2(s)=k_{P2}$，此时副回路的闭环传递函数 $\tilde{\Phi}(s)$ 为

$$\tilde{\Phi}(s)=\frac{k_{P2}G_2(s)}{1+k_{P2}G_2(s)}=\frac{k_{P2}k_{g2}}{T_2s+1+k_{P2}k_{g2}}=\frac{\tilde{k}}{\tilde{T}s+1},\quad \tilde{k}=\frac{k_{P2}k_{g2}}{1+k_{P2}k_{g2}},\quad \tilde{T}=\frac{T_2}{1+k_{P2}k_{g2}}$$

若要求 $\tilde{t}_s=4\tilde{T}=\frac{4T_2}{1+k_{P2}k_{g2}}\leqslant 1.5\text{s}$，可推出 $k_{P2}>4.875$。取副回路控制器为

$$K_2(s)=k_{P2}=6 \tag{5-5-10a}$$

并有

$$\begin{cases} \tilde{k}=\dfrac{k_{P2}k_{g2}}{1+k_{P2}k_{g2}}=0.98 \\[2mm] \tilde{T}=\dfrac{T_2}{1+k_{P2}k_{g2}}=0.31\text{s} \\[2mm] \tilde{\omega}=\dfrac{1}{\tilde{T}}=3.27\text{rad/s} \end{cases} \tag{5-5-10b}$$

（3）外环控制器设计

主回路的等效被控对象传递函数为

$$\tilde{G}(s)=\tilde{\Phi}(s)G_1(s)=\frac{\tilde{k}}{\tilde{T}s+1}\frac{k_{g1}}{(T_1s+1)^n}e^{-\tau s}=\frac{0.98}{0.31s+1}\frac{1}{(10s+1)^2}e^{-20s} \tag{5-5-11a}$$

其频率特性为

$$\begin{aligned} L(\omega)&=20\lg\tilde{k}k_{g1}-20\lg\sqrt{1+(\omega\tilde{T})^2}-20n\lg\sqrt{1+(\omega T_1)^2} \\ &=20\lg0.98-20\lg\sqrt{1+(0.31\omega)^2}-40\lg\sqrt{1+(10\omega)^2} \end{aligned} \tag{5-5-11b}$$

$$\begin{aligned} \theta(\omega)&=-\arctan(\omega\tilde{T})-n\times\arctan(\omega T_1)-\omega\tau \\ &=-\arctan(0.31\omega)-2\arctan(10\omega)-20\omega \end{aligned} \tag{5-5-11c}$$

其伯德图如图 5-5-4a 所示。

由图 5-5-4a 看出，主回路幅值穿越频率 ω_c 太低，严重影响整个系统的快速反应，需要提高 ω_c。主回路的工作频率（ω_c）与副回路的工作频率（$\tilde{\omega}$）不能接近，以免发生谐振，参照式（5-5-8），一般可取期望幅值穿越频率 $\omega_c^*\leqslant\tilde{\omega}/3$；另外，还需考虑稳态误差与相位裕度，可取期望稳态误差 $e_s^*=$

0.1 和期望相位裕度 $\gamma^* = 50°$。

取主回路控制器为 PI 控制器，$K_1(s) = k_P$ $\left(1+\dfrac{1}{T_{10}s}\right)$。由于 PI 控制器引入了积分因子，所以只要 $k_P = kk_{P0} > 0$ 都可以做到阶跃响应无静差。因此，可以通过比例参数 k_P 提高主回路幅值穿越频率，再配合积分常数 T_{10} 保证系统的相位裕度。

参见式（5-3-3）和式（5-5-11），在新的幅值穿越频率 ω_c' 处应满足

$$L_{c1}(\omega_c') + L(\omega_c') = 20\lg k_P + 20\lg\sqrt{1+(\omega_c' T_{10})^2} -$$
$$20\lg(\omega_c' T_{10}) + 20\lg 0.98 - 20\lg$$
$$\sqrt{1+(0.31\omega_c')^2} - 40\lg\sqrt{1+(10\omega_c')^2}$$
$$= 0 \qquad (5\text{-}5\text{-}12a)$$

$$\gamma' = \pi + \theta_{c1}(\omega_c') + \theta(\omega_c') = \pi - \pi/2 + \arctan(\omega_c' T_{10}) -$$
$$\arctan(0.31\omega_c') - 2\times\arctan(10\omega_c') - 20\omega_c'$$
$$= \gamma^* + \Delta_\gamma \qquad (5\text{-}5\text{-}12b)$$

取 $\gamma^* = 50°$、$\Delta_\gamma = 10°$，$\omega_c' = 0.0174\text{rad/s} \leqslant \dfrac{\tilde{\omega}}{3} = 1.09\text{rad/s}$，联立求解式（5-5-12）可得

$$T_{10} = 10\text{s}, \quad k_P = 0.18$$

经过设计后，PI 控制器与主回路开环传递函数分别为

$$K_1(s) = k_P\left(1+\frac{1}{T_{10}s}\right) = 0.18\left(1+\frac{1}{10s}\right) \qquad (5\text{-}5\text{-}13a)$$

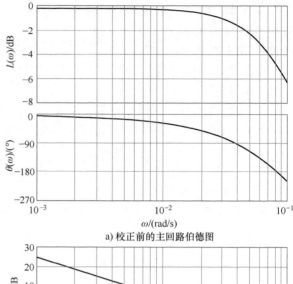

a) 校正前的主回路伯德图

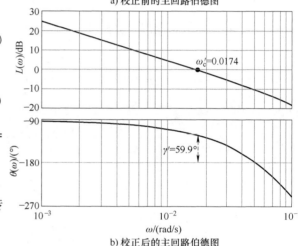

b) 校正后的主回路伯德图

图 5-5-4　校正前后的锅炉汽温主回路伯德图

$$Q(s) = K_1(s)\tilde{\Phi}(s)G_1(s) = 0.18\left(1+\frac{1}{10s}\right)\frac{0.98}{0.31s+1}\frac{1}{(10s+1)^2}e^{-20s} \qquad (5\text{-}5\text{-}13b)$$

其伯德图如图 5-5-4b 所示。

（4）仿真研究

建立图 5-5-5a 所示的双回路控制（非线性）仿真模型，取给定输入 $r(t) = \delta(t)$，扰动 $d_1(t) = 0$、$d_2(t) = \{0,5\delta(t),5\sin 5t\}$。双回路控制器采取式（5-5-10a）和式（5-5-13a），闭环系统响应如图 5-5-5b 所示。若单回路控制器采取 PI 控制器，其参数 $\{k_P, k_{10}\} = \{0.18,10\}$，闭环系统响应如图 5-5-5c 所示。

从图 5-5-5b 和图 5-5-5c 中的响应曲线可见，采用双回路控制可以很好地抑制副回路中扰动 $d_2(t)$ 的影响，同时也很好地改善了系统快速性和平稳性等扩展性能。

2. 双回路直流调速系统

直流调速系统中被控对象（直流电动机）的框图模型如图 2-3-5 所示，对其进行稍许等效变换，可得到图 5-5-6a 所示的框图模型，其中负载扰动由负载转矩 M_L 转为等效负载电流 $I_L = \dfrac{M_L}{c_\phi\Phi}$ 来反映。

仍以例 5-2-4 的直流调速系统来讨论，为了研究电枢电压、电枢电流的响应特性，建立如下的比值标准化模型：

$$\hat{I}_a = \frac{1}{Ls+r}\frac{U^*}{I_a^*}(\hat{U}+\Delta\hat{U}) + \frac{c_e\Phi}{Ls+r}\frac{n^*}{I_a^*}\hat{n},$$

$$\hat{n} = \frac{c_e\Phi}{J_n s}\frac{I_a^*}{n^*}(\hat{I}_a + \hat{I}_L)$$

$$G_2(s) = \frac{1}{Ls+r}\frac{U^*}{I_a^*} = \frac{k_2}{T_2 s+1} = \frac{8.0315}{0.0146s+1},$$

$$G_1(s) = \frac{c_\phi\Phi}{J_n s}\frac{I_a^*}{n^*} = \frac{k_1}{s} = \frac{9.7042}{s}$$

$$H_1(s) = \frac{c_e\Phi}{Ls+r}\frac{n^*}{I_a^*} = \frac{k_h}{T_2 s+1} = \frac{7.0315}{0.0146s+1}$$

式中，$\Delta\hat{U}$ 是电压波动带来的扰动。得到图 5-5-6b 所示的单回路控制模型。

（1）单回路控制存在的困难

直流调速系统的控制目标是转速 n 能快速平稳地达到期望值 n^*。对转速 n 的控制一般是通过对电枢电压 U 的控制来实现的，与电枢电压 U 共生的一个中间变量是电枢电流 I_a。在电动机的工作过程中，除了关心转速 n 的性能外，还需关心电枢电压不能过电压（$U<U_{max}$）、电枢电流不能过电流（$I_a<I_{amax}$）；另外，在重载情况下，希望电枢电流能维持在最大可用电流处，以充分利用最大电磁转矩，加速电动机的起动。

一般情况下，电动机在起动时都会产生很大的起动电流，参见图 5-2-10e，从而引起电枢电流过电流。因为 $t=0$ 时刻的速度 $n(0)=0$，控制误差 $e(0)=n^*-n(0)=n^*$ 很大，导致电枢电压 $U(0)=K(0)e(0)$ 很大。由于反电动势 $E(0)=c_e\Phi n(0)=0$，电阻 r 不大，此时的电枢电流 $I_a(0)=\dfrac{U(0)-E(0)}{r}=\dfrac{U(0)}{r}$——定是很大的值，常常超过允许的限流值。若在系统中设置了电枢电流的过电流保护，一旦合闸起动，将引发过电流保护动作。若电动机负载是重载，需要更大的电枢电流，更易引起过电流。为了克服这个困难，首先想到的是，在控制器 $K(s)$ 中增加限幅环节，通过限制电枢电压 U，达到对电枢电流的限制，以解决过电流问题。

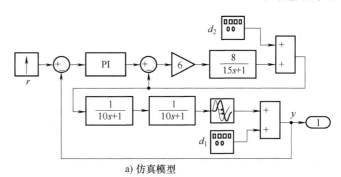

a）仿真模型

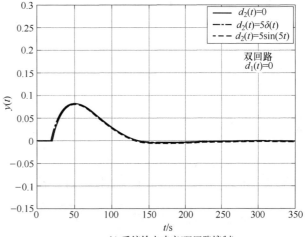

b）系统输出响应（双回路控制）

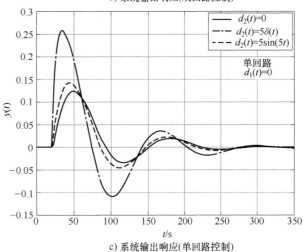

c）系统输出响应（单回路控制）

图 5-5-5　锅炉汽温控制的仿真

不失一般性，取单回路控制器为 PI 或 PID 控制器+限幅器，即

$$K(s) = k_P + \frac{1}{T_I s} + \tau_D s = k_P\left(1 + \frac{1}{T_{I0}s} + \tau_{D0}s\right) \tag{5-5-14a}$$

$$\hat{U}(t)=\begin{cases}k_{P}\hat{e}(t)+\dfrac{1}{T_{1}}\displaystyle\int_{0}^{t}\hat{e}(t)\,\mathrm{d}t+\tau_{D}\dfrac{\mathrm{d}\hat{e}(t)}{\mathrm{d}t} & |\hat{U}(t)|<\beta\\[2mm]\beta & |\hat{U}(t)|\geqslant\beta\end{cases}\qquad(5\text{-}5\text{-}14\mathrm{b})$$

式中，β 是限幅系数，即限制电枢电压 $U(t)\leqslant\beta U^{*}\leqslant U_{\max}$。

例 5-2-4 采用滞后校正得到式(5-2-21a)所示的控制器，按照式(5-3-12)转换后可得到等效 PI 控制器参数 $\{k_{P}, T_{1}\}=\{1.34, 0.11\}$。取 $\hat{n}^{*}=I(t)$，电枢电压波动 $\Delta\hat{U}=0$、负载电流 $\hat{I}_{L}=I(t)$，得到图 5-5-7 所示的转速 $\hat{n}$、电枢电压 $\hat{U}$ 与电枢电流 $\hat{I}_{a}$ 的响应曲线。

由图 5-5-7a、b 可见，采用 PI 控制器，转速平稳上升，电枢电压不

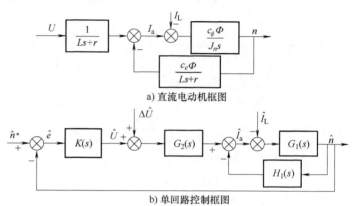

a) 直流电动机框图

b) 单回路控制框图

图 5-5-6　单回路直流调速系统

超其限幅值；但由图 5-5-7c 可见，电枢电流仍超出其标定值 5 倍多，严重过电流。这是由于单回路控制器的输出对电枢电压有直接限制作用，参见图 5-5-6b，但对电枢电流不能直接限制，因而限流效果不好。另外，由于不能直接控制电枢电流，电枢电流的起伏较大，在起动阶段不能恒定

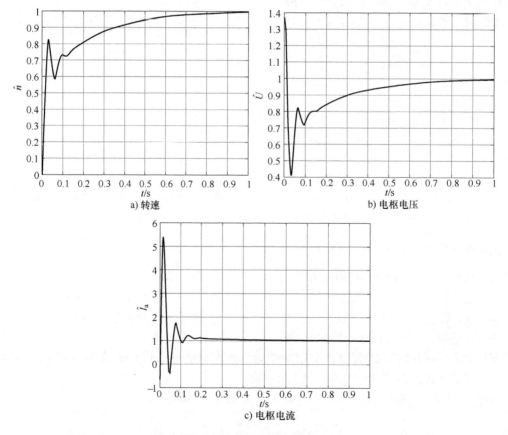

a) 转速

b) 电枢电压

c) 电枢电流

图 5-5-7　单回路直流调速系统响应

在最大可用电流值上，使得在重负载的情况下，由于未能充分利用最大的电枢电流来产生电磁转矩，从而会拖累系统的快速性。

为了解决单回路控制在起动时出现过电流的问题，可以采取缓慢起动的方式，即转速的给定输入采取缓慢斜坡信号至给定值，如图 5-5-8a 所示。按此方式，上述 PI 控制器对应的转速 $\hat{n}$、电枢电压 $\hat{U}_a$、电枢电流 $\hat{I}_a$ 的响应曲线如图 5-5-8b、c、d 所示。

由图 5-5-8b、c、d 可见，采取缓慢起动的方式（调节 t_{s0}），可以避免过电压与过电流，但又由图 5-5-8d 可见，一旦电枢电压有波动，又会引发过电流现象（超过 2 倍）。

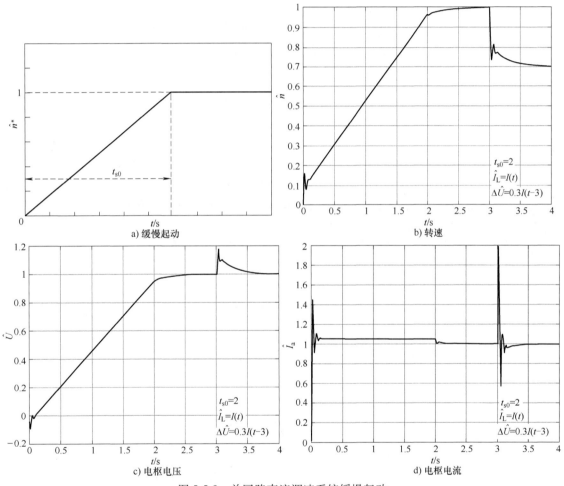

图 5-5-8　单回路直流调速系统缓慢起动

（2）双回路控制的解决思路

上述分析表明，对于一个优良的直流调速系统，既希望输出变量转速 n 的性能好，也要求中间变量电枢电流 I_a 的性能好。由反馈调节原理知，需要控制哪个变量，应实时测量该变量并实施反馈控制。对于转速 n，已有反馈控制回路；对于电枢电流 I_a，需要增加一个反馈控制回路。为此，采用图 5-5-9a 所示的双回路直流调速系统，通过副回路调节电枢电流 I_a 的性能，通过主回路调节转速 n 的性能。具体说，在转速的上升阶段，见图 5-5-9b 的第 I 阶段，让电枢电流处在恒流调节（$I_a \rightarrow \alpha I_a^* \leqslant I_{amax}$）；在转速上升阶段结束后，见图 5-5-9b 的第 II 阶段，让转速处在恒速调节（$n \rightarrow n^*$）。简言之，希望起动过程做到（分阶段）恒流或恒速。

为了实现(分阶段)恒流或恒速，主回路控制器 $K_1(s)$ 需要采用 P 或 PI 控制器+限幅器，也称为速度调节器，即

$$K_1(s) = k_{P1} + \frac{1}{T_{I1}s} = k_{P1}\left(1 + \frac{1}{T_{I01}s}\right) \tag{5-5-15a}$$

$$\hat{I}(t) = \begin{cases} k_{P1}\hat{e}_1(t) + \dfrac{1}{T_{I1}}\displaystyle\int_0^t \hat{e}_1(t)\,\mathrm{d}t & |\hat{I}(t)| < \alpha \\ \alpha & |\hat{I}(t)| \geqslant \alpha \end{cases} \tag{5-5-15b}$$

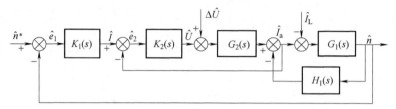

a) 双回路控制框图

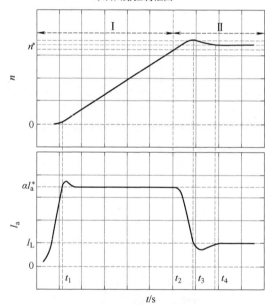

b) 分阶段控制方案

图 5-5-9　双回路直流调速系统

在转速的第 I 阶段，转速误差 $\hat{e}_1(t)$ 较大，速度调节器迅速进入限幅区，副回路的给定输入为速度调节器的限幅值，即 $\hat{I}(t) = \alpha$，α 是对电枢电流的限幅系数，系统将处在恒流调节阶段，$I_a \rightarrow \alpha I_a^* \leqslant I_{amax}$；在转速的第 II 阶段，转速误差 $\hat{e}_1(t)$ 较小，速度调节器退出限幅区，PI 控制器发挥作用，系统将处在恒速调节阶段。

副回路控制器 $K_2(s)$ 一般也采用 P 或 PI 控制器+限幅器，称为电流调节器，即

$$K_2(s) = k_{P2} + \frac{1}{T_{I2}s} = k_{P2}\left(1 + \frac{1}{T_{I02}s}\right) \tag{5-5-16a}$$

$$\hat{U}(t) = \begin{cases} k_{P2}\hat{e}_2(t) + \dfrac{1}{T_{I2}}\displaystyle\int_0^t \hat{e}_2(t)\,\mathrm{d}t & |\hat{U}(t)| < \beta \\ \beta & |\hat{U}(t)| \geqslant \beta \end{cases} \tag{5-5-16b}$$

式中，β 是对电枢电压的限幅系数，即 $U(t) \leqslant \beta U^* \leqslant U_{\max}$。电流调节器实现快速恒流并确保超调不大，不至于引起过电流。

可见，速度调节器巧妙地利用限幅非线性实现（分阶段）恒流或恒速。当速度调节器处在限幅饱和状态时，主回路相当于开环状况，此时副回路形成了一个恒流反馈调节系统，实现电枢电流恒定在最大可用之处，从而加快系统的起动过程；当速度调节器退出限幅饱和状态时，主回路恢复闭环状况，形成了一个恒速反馈调节系统。另外，速度调节器对电枢电流进行了限幅，电流调节器对电枢电压进行了限幅，从而可确保系统在整个运行过程中都不会发生过电流和过电压现象。

（3）副回路控制器设计

副回路的框图如图 5-5-10 所示，注意与图 5-5-1 有点不同，主回路传递函数与副回路传递函数有些交联。

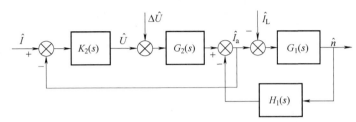

图 5-5-10　直流调速系统中的副回路控制结构

先不考虑限幅，取 $K_2(s) = k_{P2}\left(1 + \dfrac{1}{T_{I02}s}\right)$，令电枢电压波动 $\Delta\hat{U} = 0$、负载扰动电流 $\hat{I}_L = 0$，由图 5-5-10 有

$$\hat{I}_a = (\hat{I} - \hat{I}_a)K_2(s)G_2(s) - H_1(s)G_1(s)\hat{I}_a$$

进而有

$$\left[1 + G_2(s)K_2(s) + G_1(s)H_1(s)\right]\hat{I}_a = G_2(s)K_2(s)\hat{I}$$

副回路闭环传递函数为

$$\widetilde{\Phi}(s) = \frac{G_2(s)K_2(s)}{1 + G_2(s)K_2(s) + G_1(s)H_1(s)} = \frac{\left(k_{P2} + \dfrac{1}{T_{I02}s}\right)\dfrac{k_2}{T_2s+1}}{1 + \left(k_{P2} + \dfrac{1}{T_{I02}s}\right)\dfrac{k_2}{T_2s+1} + \dfrac{k_1}{s}\dfrac{k_h}{T_2s+1}}$$

$$= k_{\tilde{\phi}}\frac{\omega_{n2}^2(\tau_2s+1)}{s^2 + 2\xi_2\omega_{n2}s + \omega_{n2}^2} = k_{\tilde{\phi}}\frac{\tau_2s+1}{(\overline{T}_{12}s+1)(\overline{T}_{22}s+1)}$$

式中，$\omega_{n2} = \sqrt{\dfrac{k_2 + k_1k_hT_{I02}}{T_{I02}T_2}} = \sqrt{4658.23 + \dfrac{548.29}{T_{I02}}}$，$\xi_2 = \dfrac{1 + k_{P2}k_2}{2\omega_{n2}T_2} = \dfrac{1 + 8.0315k_{P2}}{0.0293\omega_{n2}}$，$k_{\tilde{\phi}} = \dfrac{k_2}{k_2 + k_1k_hT_{I02}} = \dfrac{8.0315}{8.0315 + 68.236T_{I02}}$，$\tau_2 = k_{P2}T_{I02}$。

可看出，副回路阻尼比 ξ_2 会大于 1，$\widetilde{\Phi}(s)$ 为有零点的二阶过阻尼系统。一般情况下，希望副回路有较好的快速性和平稳性（没有超调）。从式（3-3-55）~式（3-3-58）的讨论知，若能设计 $\eta_{\tau2} = \dfrac{\tau_2}{\overline{T}_{12}} \to 1$，既可消除超调现象又可缩短瞬态过程时间。

希望副回路期望瞬态过程时间 $\tilde{t}_{s2} \leqslant 0.003\mathrm{s}$，依据式（3-3-44）、式（3-3-50）、式（3-3-58）有

$$\eta_2 = \frac{\overline{T}_{12}}{\overline{T}_{22}}, \quad \overline{T}_{12} = \frac{\sqrt{\eta_2}}{\omega_{n2}}, \quad \xi_2 = \frac{\eta_2 + 1}{2\sqrt{\eta_2}}, \quad \eta_{\tau2} = \frac{\tau_2}{\overline{T}_{12}} = \frac{\omega_{n2}\tau_2}{\sqrt{\eta_2}} \approx 1$$

$$\tilde{t}_{s2} = \alpha_\tau \overline{T}_{12} \approx \frac{\ln \varepsilon^{-1}}{\eta_2} \overline{T}_{12} \approx \frac{4}{\eta_2} \overline{T}_{12} = 0.003$$

若取 $\eta_2 = 150$，则

$$\overline{T}_{12} = \frac{\eta_2}{4} \tilde{t}_{s2} = 0.1125\text{s}, \quad \omega_{n2} = \frac{\sqrt{\eta_2}}{\overline{T}_{12}} = 108.87\text{rad/s}, \quad \xi_2 = \frac{\eta_2 + 1}{2\sqrt{\eta_2}} = 6.165$$

进而有

$$T_{I02} = \frac{548.29}{\omega_{n2}^2 - 4658.23} = 0.076\text{s} \tag{5-5-17a}$$

$$k_{P2} = \frac{0.0293\xi_2\omega_{n2} - 1}{8.0315} = 2.324 \tag{5-5-17b}$$

$$\tau_2 = k_{P2}T_{I02} = 0.177\text{s} \tag{5-5-17c}$$

副回路的电枢电压限幅系数，根据 $U(t) \leqslant \beta U^* \leqslant U_{\max}$，取 $\beta \leqslant U_{\max}/U^* = 1.5$，即

$$\beta = 1.5 \tag{5-5-17d}$$

（4）主回路控制器设计

先不考虑限幅，主回路的等效被控传递函数为

$$\tilde{G}(s) = \frac{\hat{I}_a(s)}{\hat{I}(s)} \frac{\hat{n}(s)}{\hat{I}_a(s)} = \tilde{\Phi}(s) G_1(s) = k_{\tilde{\phi}} \frac{\omega_{n2}^2(\tau_2 s + 1)}{s^2 + 2\xi_2\omega_{n2}s + \omega_{n2}^2} \frac{k_1}{s}$$

其伯德图如图 5-5-11a 所示。其幅值穿越频率 $\omega_c = 7.48\text{rad/s}$，相位裕度 $\gamma = 103°$。

由于 ω_{n2} 离开幅值穿越频率 ω_c 较远，$\tilde{G}(s)$ 可近似为 $k_{\tilde{\phi}}G_1(s)$，即 $\tilde{G}(s) \approx k_{\tilde{\phi}}k_1/s$。若取 $K_1(s) = k_{P1}\left(1 + \frac{1}{T_{I01}s}\right)$，则开环传递函数可等效为

$$Q(s) = K_1(s)\tilde{G}(s) = k_{P1}\left(1 + \frac{1}{T_{I01}s}\right)\frac{k_{\tilde{\phi}}k_1}{s} \tag{5-5-18}$$

闭环传递函数为

$$\Phi(s) = \frac{Q(s)}{1 + Q(s)} = \frac{k_{P1}\left(1 + \dfrac{1}{T_{I01}s}\right)\dfrac{k_{\tilde{\phi}}k_1}{s}}{1 + k_{P1}\left(1 + \dfrac{1}{T_{I01}s}\right)\dfrac{k_{\tilde{\phi}}k_1}{s}} = \frac{\omega_{n1}^2(\tau_1 s + 1)}{s^2 + 2\xi_1\omega_{n1}s + \omega_{n1}^2}$$

式中，$\omega_{n1} = \sqrt{\dfrac{k_{P1}k_{\tilde{\phi}}k_1}{T_{I01}}}$，$\xi_1 = \dfrac{k_{P1}k_{\tilde{\phi}}k_1}{2\omega_{n1}}$，$\tau_1 = T_{I01}$。

可见，主回路也可以等效为一个二阶系统。由于采用 PI 控制器引入了积分因子，可以使系统阶跃响应做到无静差，提高了系统的稳态精度并使得机械特性更刚性。

参照图 4-3-21 的分析，尽管未加校正的主回路有较大的相位裕度，实际上是靠近了另一条临界线，因此，需要适当增加比例增益，提高幅值穿越频率，让相位裕度适当减小，从而使得系统的瞬态过程既稳也快。参照式（5-5-8），有

$$\omega_c \approx \omega_{n1} \leqslant \omega_{n2}/3 = (108.87/3)\text{rad/s} = 36.29\text{rad/s}$$

取期望幅值穿越频率 $\omega_c^* = 30\text{rad/s}$。另外，为了保证系统有较好的平稳性，取期望相位裕度 $\gamma^* = 60°$。

根据上述设计要求，由式（5-5-18）可推出，在新的幅值穿越频率 ω_c' 处有

$$20\lg k_{P1} + 20\lg\sqrt{1 + (\omega_c' T_{I01})^2} - 20\lg(\omega_c' T_{I01}) + 20\lg(k_{\tilde{\phi}}k_1) - 20\lg\omega_c' = 0 \tag{5-5-19a}$$

$$\gamma' = \pi + \arctan(\omega_c' T_{I01}) - \pi/2 - \pi/2 = \arctan(\omega_c' T_{I01}) \geqslant \gamma^* \qquad (5\text{-}5\text{-}19b)$$

取 $\omega_c' = \omega_c^* = 30\text{rad/s}$，$\gamma' = 70° > \gamma^*$，联立式（5-5-19）解之有

$$\begin{cases} k_{P1} = 3.072 \\ T_{I01} = 0.09\text{s} \end{cases} \qquad (5\text{-}5\text{-}20a)$$

经过校正后的系统伯德图如图 5-5-11b 所示。

主回路的电枢电流限幅系数，根据 $I_a(t) \leqslant \alpha I_a^* \leqslant I_{a\max}$，并考虑副回路没超调或超调极小，取 $\alpha \leqslant I_{a\max}/I_a^* = 1.5$，即

$$\alpha = 1.5 \qquad (5\text{-}5\text{-}20b)$$

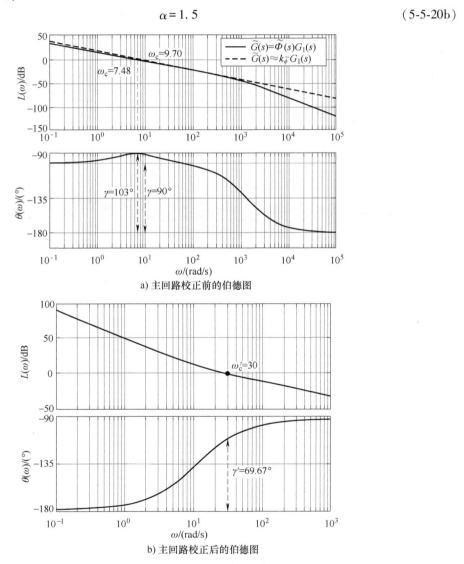

a) 主回路校正前的伯德图

b) 主回路校正后的伯德图

图 5-5-11　主回路校正前后的伯德图

由于主回路控制器含有积分控制，在转速上升的第 I 阶段，积分的累积作用容易使得限幅器陷入深度饱和，当转速上升到第 II 阶段必须产生超调，通过反向的误差积分退出饱和，才能使系统进入恒速调节阶段。若不能快速退出饱和，系统相当于处在"失控"状态，反而导致调速性能的恶化。为了克服深度饱和的影响，常根据转速误差来选择积分控制，在误差较大时（第 I 阶

段）只用（比例）P 控制，在误差较小时（第Ⅱ阶段）才用 PI 控制，即

$$\hat{I}(t) = \begin{cases} k_{\mathrm{P1}}\hat{e}_1(t) & |\hat{I}(t)| \le \alpha \cap |\hat{e}_1(t)| > \hat{e}_{1\min} \\ k_{\mathrm{P1}}\hat{e}_1(t) + \dfrac{1}{T_{\mathrm{I1}}}\displaystyle\int_0^t \hat{e}_1(t)\,\mathrm{d}t & |\hat{I}(t)| \le \alpha \cap |\hat{e}_1(t)| \le \hat{e}_{1\min} \\ \alpha & |\hat{I}(t)| > \alpha \end{cases} \qquad (5\text{-}5\text{-}20\mathrm{c})$$

阈值参数 $\hat{e}_{1\min}$ 一般通过（在线）仿真整定。

（5）仿真研究

1）建立图 5-5-12a 所示的双回路控制系统仿真模型，取速度调节器为式（5-5-20）和电流调节器为式（5-5-17）。取 $\hat{n}^* = I(t)$、$\Delta\hat{U} = 0.3I(t-1.5)$、$\hat{I}_{\mathrm{L}} = I(t)$，对应的转速 $\hat{n}(t)$、电枢电压 $\hat{U}(t)$、电枢电流 $\hat{I}_{\mathrm{a}}(t)$ 与电枢电流的给定 $\hat{I}(t)$ 的曲线如图 5-5-12b、c、d、e 所示。

可见，采取双回路控制方案，确保了电枢电压、电枢电流都不超限，在电枢电压有波动时也能如此；在起动阶段，最大可能地利用了电枢电流产生的电磁转矩，加快了系统的起动过程。

2）对不同的切换阈值 $\hat{e}_{1\min} = \{0.1, 0.5, 0.8, 0.9\}$，其转速的响应曲线如图 5-5-13a、b、c、d 所示。可见，切换阈值较大时，参见图 5-5-13c、d，速度调节器的积分控制较早进入工作，系统的超调量反而加大了。这是由于过早加入积分作用，速度调节器陷入深度饱和，使得在转速达到

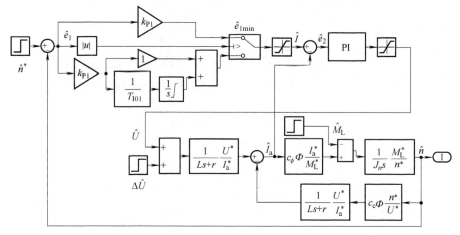

a) 双回路直流调速仿真模型

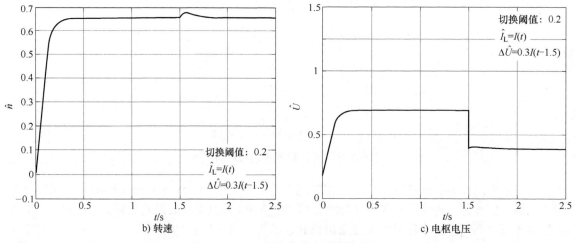

b) 转速

c) 电枢电压

图 5-5-12　双回路直流调速系统响应

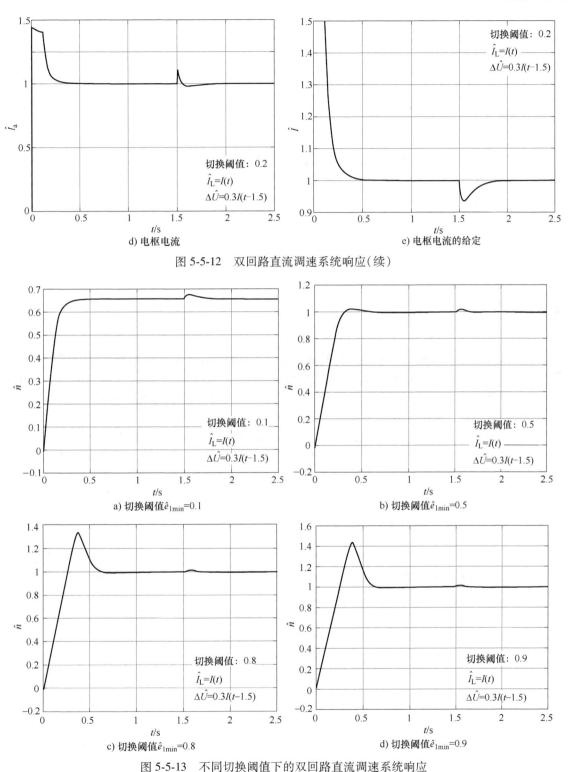

图 5-5-12　双回路直流调速系统响应(续)

a) 切换阈值 $\hat{e}_{1min}=0.1$

b) 切换阈值 $\hat{e}_{1min}=0.5$

c) 切换阈值 $\hat{e}_{1min}=0.8$

d) 切换阈值 $\hat{e}_{1min}=0.9$

图 5-5-13　不同切换阈值下的双回路直流调速系统响应

给定值时, 电流调节器还要继续以最大电流运行一段时间, 反而急速推高了转速, 使得系统的超调量增加更多。因此, 要选择合适的切换阈值, 使得速度调节器进入饱和但不陷入深度饱和, 在转速达到给定值时，能快速退出饱和，这样电流调节器不再以最大电流运行，而是二者处在协调控制状态，这样系统的快速性与平稳性都得到改善。

对于高性能的过程控制系统和运动控制系统常常采用双回路控制。从前面两个实例看出：

1）主回路控制器与副回路控制器担负不同功能的任务，因此，需要事先明确每个回路的期望性能要求。一般先设计副回路控制器，再设计主回路控制器，每个控制器都可分别采用时域法、频域法进行分析与设计。由于分成了两个回路，每个回路的数学模型常常可等效为一阶或二阶系统，使得每个控制器的设计变得简明。

2）一般情况下，副回路反应要快，其瞬态过程时间要比主回路更小，或带宽比主回路更宽。所以，副回路的时间常数要远远小于主回路的时间常数，或者副回路的工作频率要远远高过主回路的工作频率。这是在确定主回路、副回路期望性能时要高度重视的。

3）为了克服控制量超限，在主回路、副回路都会引入限幅器。当限幅器进入限幅时，控制量是常数不再变化，也就是按偏差的反馈调节失效了，相当于系统处在某种意义下的"失控"状态，特别是当限幅器处于深度饱和时，需要较长时间才能退出这种"失控"状态，会使系统性能恶化。这是双回路控制面临的一大挑战，常常需要进行在线的参数整定，避免系统出现深度饱和。

5.6　控制器设计的扩展问题

传感器是实现反馈调节原理的核心关键。前面所有的讨论，都隐含地假定输出端传感器的测量是完美的，不存在任何测量误差，动态响应时间为0。这在实际工程中是不现实的，不可能存在完美的传感器，因此，在控制系统的分析与设计中，需要考虑传感器的影响。

另外，非线性因素是实际工程客观存在的，是对系统性能影响较大的一个工程限制因素。前面的讨论均是借助计算机仿真手段来研判基于线性化模型的设计结果可能受到的影响，是一种被动的处理方式。若能对一些常见的典型非线性给予事先的理论分析，一定能更好地指导控制器的设计。

上述两方面的内容涉及范围较广，下面只做简要的讨论。

5.6.1　考虑传感器的控制系统设计

参见图 5-6-1a，在前面所有理论分析中，均假定了 $H_0(s) = 1$，意味着传感器的测量是完美的。实际上传感器的输出总会存在测量误差，也同样有一个动态建立过程，如图 5-6-1b 所示。这个测量误差和动态过程都有可能影响控制系统的性能，为此，一般在两个方面予以考虑：一是合理选择传感器尽量做到可忽略它的影响；二是进行合适的补偿以修补它的影响。

1. 传感器的性能指标

传感器一般由敏感元件、转换元件以及辅助电路等构成。传感器的工作原理都是基于物理、化学、生物学等各种效应的，有电阻式、电感式、电容式、光电式、磁敏式、压敏式、压电式、超声波、激光等各类传感器，每一类传感器也可测量多种物理量，如电阻式传感器可测量位移、温度、压力等，压力测量也可用压敏式、电容式、电感式等传感器。

在控制系统中使用传感器，更多关注它的外部特性，包括静态特性和动态特性。反映静态特性的主要性能指标有：

1）量程。量程是指测量上下极限之差的值，是传感器的测量范围。以 X_{FS} 记满量程值，以 Y_{FS} 记满量程输出值。在量程范围内，传感器的测量准确性才能得到保证。明晰被测量的变化范围，看似简单却是一个重要的工程素养。

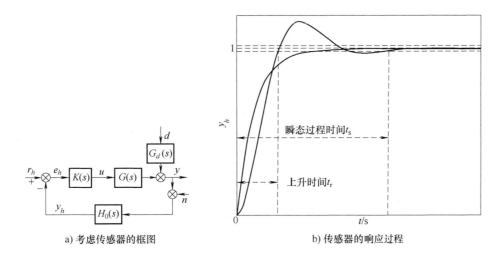

a) 考虑传感器的框图　　　　　　　　　　　b) 传感器的响应过程

图 5-6-1　考虑传感测量影响的闭环系统

2）分辨力与分辨率。分辨力是指传感器能够检测出的被测量的最小变化量；分辨率是分辨力与满量程值之比。分辨力反映了传感器的测量死区，决定了测量结果显示的最小位数。

3）线性度。传感器的线性度又称非线性误差 δ，如图 5-6-2a 所示，是指传感器的输出与输入之间的线性程度。理想的传感器输入-输出关系应该是线性的，这样使用起来才最为方便。

4）灵敏度。传感器的灵敏度是指其输出变化量与输入变化量的比值，如图 5-6-2b 所示。对于一个线性度非常高的传感器来说，灵敏度可认为等于其满量程输出值 Y_{FS} 与满量程值 X_{FS} 的比值。

5）重复性。一个传感器在工作条件不变的情况下，其输入量连续多次地按同一方向（从小到大或从大到小）做满量程变化，所得到的输出曲线是会有不同的，可以用重复性误差 γ_R 来表示，如图 5-6-2c 所示。重复性误差是一种随机误差，常用正行程或反行程中的最大偏差 Δ_{max} 的一半对其满量程输出值 Y_{FS} 的比值来表示，即 $\gamma_R = \pm \Delta_{max}/(2Y_{FS}) \times 100\%$。

6）精度。测量过程中不可避免存在误差。记 ΔA 为量程内最大允许误差（含测量中各种系统误差和随机误差），则精度为 $A = \Delta A/Y_{FS} \times 100\%$。一般情况下，精度 A 以等级标示，即以一系列的标准百分数 0.005%、0.02%、0.05%、0.1%、0.2%、0.35%、0.4%、0.5%、1.0%、1.5%、2.5%、4.0% 进行分档。

另外，传感器的动态特性是控制系统设计应该高度关注的，常以阶跃响应的时域指标或正弦响应的频域指标来反映。其主要有：

1）上升时间 t_r。与控制系统的上升时间定义是一致的，参见式（3-1-29c ~ 3-1-29d）。

2）反应时间 t_s。与控制系统的瞬态过程时间定义是一致的，参见式（3-1-29e）。

3）带宽 ω_b。与控制系统的带宽定义是一致的，参见式（4-4-4）。

实际上，上述传感器的动态特性指标都是反映测量快速性的指标，相互之间有着密切关联。

2. 传感器的数学模型

如果传感器有较好的线性度和重复性，从它的典型阶跃响应看，参见图 5-6-1b，传感器可等效为一阶环节或二阶环节，即

$$H_0(s) = \frac{k_h}{T_h s + 1} \tag{5-6-1a}$$

或者

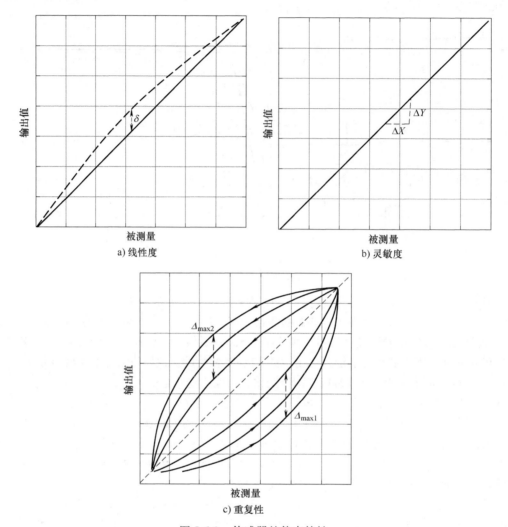

图 5-6-2　传感器的静态特性

$$H_0(s) = \frac{k_h \omega_{nh}^2}{s^2 + 2\xi_h \omega_{nh} s + \omega_{nh}^2} \tag{5-6-1b}$$

若传感器的输入 $y(t) = a$，由式（3-1-7）或式（3-1-13）知，传感器的稳态输出为

$$y_{hs}(t) = k_h \times a = \beta a \pm \varepsilon \Delta A \, (0 \leqslant \varepsilon \leqslant 1) \tag{5-6-2a}$$

进而有

$$k_h = \beta \pm \frac{\varepsilon \Delta A}{a} \, (0 \leqslant \varepsilon \leqslant 1) \tag{5-6-2b}$$

式中，β 是 k_h 的标称值，ΔA 是量程内最大允许误差。式（5-6-2b）表明由于传感器存在测量误差，使得传感器的静态增益 k_h 是一个可变的值。

还要注意的是，传感器的输入与输出一般不是同一量纲的物理量（如位移变成电压）或者取值范围不一样（如高电压测量），式（5-6-2）中的 β 也称为转换系数，参见式（1-3-1）、式（1-3-5）。

另外，传感器传递函数中的参数 T_h 或 $\{\xi_h, \omega_{nh}\}$ 可从动态指标 $\{t_r, t_s, \omega_b, f_s\}$ 换算过来（参照第3章、第4章时域、频域指标的有关内容）外，也可采用第3章基于响应曲线的建模方法来得到。

3. 传感器的选择与系统性能改善

不失一般性，参见图 5-6-1a，不考虑外部扰动和测量噪声，即 $d=0$、$n=0$，取给定输入 $r_h(t)=\beta_0 y^*(t)$，$y^*(t)=I(t)$，并取 $\beta_0=\beta$，则闭环系统阶跃响应的稳态误差为

$$
\begin{aligned}
e_s &= \lim_{s \to 0} s\left[y^*(s) - y(s) \right] = \lim_{s \to 0} s\left[y^*(s) - \frac{K(s)G(s)}{1+K(s)G(s)H_0(s)} r_h(s) \right] \\
&= \lim_{s \to 0} s\left[1 - \frac{K(s)G(s)}{1+K(s)G(s)H_0(s)} \beta \right] y^*(s) \\
&= 1 - \frac{K(0)G(0)\beta}{1+K(0)G(0)k_h} = \frac{1+K(0)G(0)(k_h-\beta)}{1+K(0)G(0)k_h}
\end{aligned}
\tag{5-6-3a}
$$

可见，即使被控对象或控制器含有积分因子，即 $G(0) \to \infty$ 或 $K(0) \to \infty$，理论上可做到系统阶跃响应是无静差的，但由于传感器存在测量误差，实际上系统的稳态误差为

$$
e_s = \frac{k_h-\beta}{k_h} \neq 0
$$

由式 (5-6-3a) 可进一步推出

$$
k_h = \frac{\beta}{1-e_s} - \frac{1}{K(0)G(0)}
$$

将式 (5-6-2b) 代入上式，有

$$
\beta \pm \frac{\varepsilon \Delta A}{a} = \frac{\beta}{1-e_s} - \frac{1}{K(0)G(0)}
$$

进而有

$$
\pm \varepsilon \frac{\Delta A}{\beta a} = \frac{e_s}{1-e_s} - \frac{1}{K(0)G(0)\beta}
$$

考虑出现最大误差时 $\pm\varepsilon=1$，$a \leqslant X_{FS}$，$K(0)G(0)\beta \gg 1$，$|e_s| \ll 1$，所以

$$
A = \frac{\Delta A}{Y_{FS}} = \frac{\Delta A}{\beta X_{FS}} \leqslant \frac{\Delta A}{\beta a} = \left| \frac{e_s}{1-e_s} - \frac{1}{K(0)G(0)\beta} \right| \approx \left| \frac{e_s}{1-e_s} \right| \approx |e_s|
\tag{5-6-3b}
$$

式 (5-6-3b) 表明，传感器的精度一定要高于闭环系统的期望稳态精度，一般要比期望稳态精度高一个等级。换句话说，实际上的闭环系统期望稳态精度受制于传感器的精度，尽管理论上可做到闭环系统稳态无静差，但在实际工程中是不可能的。

令 $K(j\omega)G(j\omega)$ 的幅值穿越频率为 ω_c，若式 (5-6-1) 所示一阶或二阶环节的转折频率 $\omega_h=1/T_h$ 或 $\omega_{nh} \in (10\omega_c, \infty)$，超过工作频段十倍程，参见式 (4-3-37) 的讨论，转折频率 ω_h 的影响可以忽略。

综上，如果选择传感器，使其静态精度高于闭环系统期望稳态精度一个等级以上，使其固有（转折）频率高过闭环系统工作频段十倍程以上，可以视同为理想传感器，在控制系统分析与设计中可以忽略传感器的影响。这是传感器选择的基本原则。

如果传感器的选择不能做到上述要求，或者希望进一步克服传感器的影响，那么，在控制系统分析与设计中需将传感器的传递函数考虑进去，这时的开环传递函数为 $Q(s)=K(s)G(s)H_0(s)$，以此进行理论分析与设计，可以弥补传感器带来的一些影响，改善系统的实际性能。

传感器的选择除了受制于静态与动态指标的要求外，常常会受到技术指标之外的约束。实际上，在选择传感器时往往首先要回答：何处可以安装传感器？安装何种传感器？运行环境可否确保传感器良好地工作？传感器的成本是否昂贵等？因此，传感器的选型一定要根据实际情况做出合适的选择，既不忽视它的存在也不偏执地追求它的极致。

5.6.2 考虑非线性环节的理论分析

任何实际的工程系统总会存在各种非线性因素。由于非线性因素的存在，使得叠加原理失效，理论上讲，将复杂的非线性系统分解成几个简单的子系统再叠加的研究路径不再成立，这就难以建立起非线性系统的一般性理论。然而，可否退一步，针对实际工程中一些常见的非线性环节，如限幅饱和、死区延滞等，建立有针对性的理论分析方法，为控制器的设计提供一些理论指导？下面给出简要的讨论。

1. 典型非线性环节

对于图 5-1-1 所示的基础控制结构，若不考虑外部扰动影响，将控制器与被控对象中的线性部分与非线性部分分离，形成图 5-6-3 所示的典型的非线性系统结构，其中典型的非线性环节有以下四种。

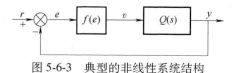

图 5-6-3　典型的非线性系统结构

（1）限幅饱和环节

实际工程系统中的变量间的关系常以线性比例关系描述，但受到能量、功率等限制不可能取值无限，呈现值域受限饱和的特性。另外，为了控制量不超限，常常在控制器中人为引入限幅器。所以，限幅饱和是实际工程中常见的非线性环节，如图 5-6-4a 所示。

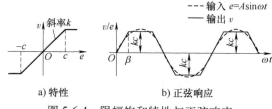

a) 特性　　　　b) 正弦响应

图 5-6-4　限幅饱和特性与正弦响应

若取 $e=A\sin\omega t$，则限幅饱和环节的输出为

$$v=\begin{cases} kA\sin\omega t & 0\leqslant\omega t<\beta \\ kA\sin\beta & \beta\leqslant\omega t\leqslant\pi-\beta \quad (A\sin\beta=c) \\ kA\sin\omega t & \pi-\beta<\omega t\leqslant\pi \end{cases} \tag{5-6-4a}$$

其输出曲线如图 5-6-4b 所示。

可见，若 $A>c$，经限幅饱和环节后输出波形被"削顶"，出现非线性现象；若 $A\leqslant c$，限幅饱和特性不起作用，意味着饱和非线性与输入的幅值密切相关。当饱和范围参数 c 较大或者输入量幅值 A 较小时，是可以忽略限幅饱和特性的。

（2）死区延滞环节

在实际工程系统中，某些测量元件会对小于某值的输入量不敏感，某些执行元件接收输入量大于一定值时才会有动作，这些都是死区延滞特性，如图 5-6-5a 所示。

若取 $e=A\sin\omega t$，则死区延滞环节的输出为

$$v=\begin{cases} 0 & 0\leqslant\omega t<\beta \\ kA(\sin\omega t-\sin\beta) & \beta\leqslant\omega t\leqslant\pi-\beta \quad (A\sin\beta=c) \\ 0 & \pi-\beta<\omega t\leqslant\pi \end{cases} \tag{5-6-4b}$$

其输出曲线如图 5-6-5b 所示。

可见，$(-c,c)$ 是死区区间，对此区间上的输入量不敏感，某种意义上出现"失控"。若 $A\leqslant c$，输出将完全为 0，将会导致系统真正"失控"。当然，若死区参数 c 较小，是可以忽略死区延滞特性的。

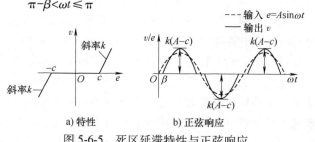

a) 特性　　　　b) 正弦响应

图 5-6-5　死区延滞特性与正弦响应

（3）间隙回滞环节

有机械传动的地方一般都存在间隙，如齿轮传动中的齿隙。间隙回滞特性的特点是，当输入量的变化方向改变时，输出量不立即改变，一直到输入量的变化超出一定值（间隙）后，输出量才跟着变化，如图 5-6-6a 所示。对于磁场回路也有类似的特性。

若取 $e = A\sin\omega t$，则间隙回滞环节的输出为

$$v = \begin{cases} k(A\sin\omega t - c) & 0 \leq \omega t < \pi/2 \\ k(A-c) & \pi/2 \leq \omega t \leq \pi-\beta \\ k(A\sin\omega t + c) & \pi-\beta < \omega t \leq \pi \end{cases} \quad (5\text{-}6\text{-}4c)$$

式中，$A\sin(\pi-\beta) + c = A-c$，$\sin\beta = 1 - 2\dfrac{c}{A}$。

其输出曲线如图 5-6-6b 所示。

a) 特性

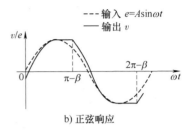
b) 正弦响应

图 5-6-6　间隙回滞特性与正弦响应

可见，间隙回滞呈现一个多值函数特性。当间隙宽度参数 c 较小时，是可以忽略间隙回滞特性的。

（4）继电环节

继电器是常见的电气控制元件，由于继电器吸合与释放时磁路的磁阻不一样，导致继电器吸合与释放电流不一样，因此，会出现如图 5-6-7a 所示的继电特性，即存在死区和滞环的特性，$m \in [-1,1]$。其他电子器件若充放电回路有差异，也会出现类似的继电特性。继电特性有两种特殊情形，$m = -1$ 为图 5-6-7c 所示的两位置（通、断，$v = \{B, -B\}$）继电特性，没有死区只有滞环；$m = 1$ 为图 5-6-7d 所示的三位置（通、死区、断，$v = \{B, 0, -B\}$）继电特性，没有滞环只有死区。

若取 $e = A\sin\omega t$，则继电环节的输出为

$$v = \begin{cases} 0 & 0 \leq \omega t < \alpha \\ B & \alpha \leq \omega t \leq \pi-\beta \\ 0 & \pi-\beta < \omega t \leq \pi \end{cases} \quad (A\sin\alpha = c, A\sin\beta = mc) \quad (5\text{-}6\text{-}4d)$$

其输出曲线如图 5-6-7b 所示。

可见，继电特性同时具有间隙回滞、死区延滞的特性。

总之，非线性环节还有许多，所介绍的四种是常见的。前两种是单值的，一个输入量对应一个确定的输出量；后两种出现多值情况，只给输入量不能确定输出量，还需知道输入量的变化情况。所以，以正弦信号作为输入量，可以很好地考查单值或多值的非线性情况。

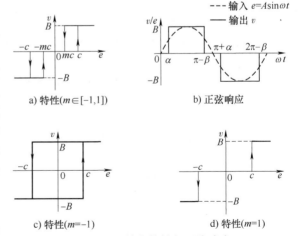
a) 特性（$m \in [-1,1]$）　　b) 正弦响应

c) 特性（$m=-1$）　　d) 特性（$m=1$）

图 5-6-7　继电特性与正弦响应

2. 描述函数法

当系统中出现非线性环节后，求解它的输出响应变得困难，从理论上建立系统参数与非线性系统性能的解析关系式更为困难。稳定性是系统的基本性能，若能寻找到非线性系统稳定性分析的一条新道，再结合线性化模型的理论分析，会为困难中的摸索放出一道霞光。描述函数法，也称为谐波线性化法，是一种工程近似方法，可以与线性系统的频域分析法紧密衔接，在工程上得到了广泛应用。

（1）谐波分析与描述函数

不失一般性，考虑图 5-6-3 所示的非线性系统，若非线性环节的输入 $e=A\sin\omega t$，它的输出 v 不会像线性环节一样是同频正弦，但可以展开为如下的傅里叶级数：

$$v=f(e)=A_0+A_1\sin(\omega t+\theta_1)+\cdots+A_n\sin(n\omega t+\theta_n)+\cdots \tag{5-6-5a}$$

式中，A_0 称为直流分量，是 $f(e)$ 在一个周期内的平均值；$v_1=A_1\sin(\omega t+\theta_1)$ 称为基波，与输入是同频正弦；$v_n=A_n\sin(n\omega t+\theta_n)(n\geqslant 2)$ 称为高次谐波。由于大部分非线性环节具有对称性，如前面讨论的四种典型非线性环节，所以

$$A_0=\int_{-\pi}^{\pi}f(e)\,\mathrm{d}t=0 \tag{5-6-5b}$$

另外，图 5-6-3 中开环传递函数的线性部分 $Q(s)$ 一般都是低通的，即超出工作频率 ω^* 后 $|Q(\mathrm{j}\omega)|\to 0(\omega\geqslant\omega^*)$。这样，可以认为式(5-6-5)中的高次谐波 $v_n(n\geqslant 2)$，经过 $Q(s)$ 后产生的输出接近为 0，非线性环节的作用可以用基波 v_1 进行近似描述。仿照第 4 章频率特性的定义，基波 v_1 的幅频、相频特性为

$$\begin{cases}|N(A)|=\dfrac{A_1}{A}\\ \angle N(A)=\theta_1-0=\theta_1\end{cases} \tag{5-6-6a}$$

则

$$N(A)=|N(A)|\angle N(A)=\frac{A_1}{A}\mathrm{e}^{\mathrm{j}\theta_1} \tag{5-6-6b}$$

式中，$N(A)$ 称为非线性环节的描述函数。

这时，图 5-6-3 所示的非线性系统可等效为图 5-6-8 所示的“线性”系统。

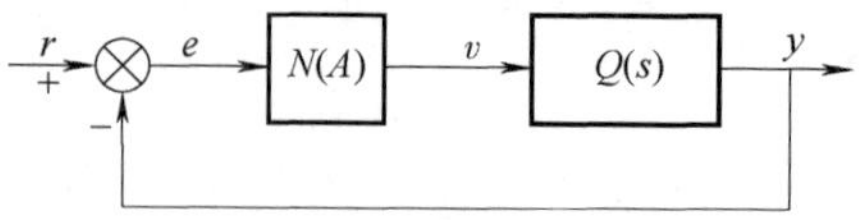

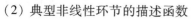

图 5-6-8　描述函数下的等效“线性”系统

（2）典型非线性环节的描述函数

对于限幅饱和环节，将式(5-6-4a)进行傅里叶级数展开，其系数：

$$\begin{aligned}a_1&=\frac{1}{\pi}\int_{-\pi}^{\pi}v(t)\cos\omega t\mathrm{d}t=\frac{2}{\pi}\int_{0}^{\pi}v(t)\cos\omega t\mathrm{d}t\\&=\frac{2}{\pi}\left[\int_0^{\beta}kA\sin\omega t\cos\omega t\mathrm{d}t+\int_{\beta}^{\pi-\beta}kA\sin\beta\cos\omega t\mathrm{d}t+\int_{\pi-\beta}^{\pi}kA\sin\omega t\cos\omega t\mathrm{d}t\right]\\&=0\end{aligned}$$

$$\begin{aligned}b_1&=\frac{1}{\pi}\int_{-\pi}^{\pi}v(t)\sin\omega t\mathrm{d}t=\frac{2}{\pi}\int_{0}^{\pi}v(t)\sin\omega t\mathrm{d}t\\&=\frac{2}{\pi}\left[\int_0^{\beta}kA\sin\omega t\sin\omega t\mathrm{d}t+\int_{\beta}^{\pi-\beta}kA\sin\beta\sin\omega t\mathrm{d}t+\int_{\pi-\beta}^{\pi}kA\sin\omega t\sin\omega t\mathrm{d}t\right]\\&=\frac{2kA}{\pi}(\beta+\sin\beta\cos\beta)=\frac{2kA}{\pi}\left(\arcsin\frac{c}{A}+\frac{c}{A}\sqrt{1-\left(\frac{c}{A}\right)^2}\right)\end{aligned}$$

则

$$A_1=\sqrt{a_1^2+b_1^2}=b_1,\quad \theta_1=\arctan(a_1/b_1)=0$$

所以，限幅饱和环节的描述函数为

$$N(A)=\frac{A_1}{A}\mathrm{e}^{\mathrm{j}\theta_1}=\frac{2k}{\pi}\left(\arcsin\frac{c}{A}+\frac{c}{A}\sqrt{1-\left(\frac{c}{A}\right)^2}\right)\quad (A>c) \tag{5-6-7a}$$

对于死区延滞环节，同样进行分区间积分，得到式(5-6-4b)的傅里叶级数，其系数：

$$a_1 = \frac{1}{\pi}\int_{-\pi}^{\pi} v(t)\cos\omega t\mathrm{d}t = 0$$

$$b_1 = \frac{1}{\pi}\int_{-\pi}^{\pi} v(t)\sin\omega t\mathrm{d}t = \frac{2kA}{\pi}\left(\frac{\pi}{2} - \arcsin\frac{c}{A} - \frac{c}{A}\sqrt{1-\left(\frac{c}{A}\right)^2}\right)$$

则

$$A_1 = \sqrt{a_1^2 + b_1^2} = b_1, \quad \theta_1 = \arctan(a_1/b_1) = 0$$

所以，死区延滞环节的描述函数为

$$N(A) = \frac{A_1}{A}\mathrm{e}^{\mathrm{j}\theta_1} = \frac{2k}{\pi}\left(\frac{\pi}{2} - \arcsin\frac{c}{A} - \frac{c}{A}\sqrt{1-\left(\frac{c}{A}\right)^2}\right) \quad (A>c) \tag{5-6-7b}$$

对间隙回滞环节，同样进行分区间积分，得到式(5-6-4c)的傅里叶级数，其系数：

$$a_1 = \frac{1}{\pi}\int_{-\pi}^{\pi} v(t)\cos\omega t\mathrm{d}t = \frac{4kc}{\pi}\left(\frac{c}{A}-1\right)$$

$$b_1 = \frac{1}{\pi}\int_{-\pi}^{\pi} v(t)\sin\omega t\mathrm{d}t = \frac{kA}{\pi}\left(\frac{\pi}{2} + \arcsin\left(1-\frac{2c}{A}\right) + 2\left(1-\frac{2c}{A}\right)\sqrt{\frac{c}{A}\left(1-\frac{c}{A}\right)}\right)$$

所以，间隙回滞环节的描述函数为

$$N(A) = \frac{A_1}{A}\mathrm{e}^{\mathrm{j}\theta_1} = \frac{b_1 + \mathrm{j}a_1}{A}$$

$$= \frac{k}{\pi}\left(\frac{\pi}{2} + \arcsin\left(1-\frac{2c}{A}\right) + 2\left(1-\frac{2c}{A}\right)\sqrt{\frac{c}{A}\left(1-\frac{c}{A}\right)}\right) + \mathrm{j}\frac{4kc}{\pi A}\left(\frac{c}{A}-1\right) \quad (A>c) \tag{5-6-7c}$$

对于继电环节，同样进行分区间积分，得到式(5-6-4d)的傅里叶级数，其系数：

$$a_1 = \frac{1}{\pi}\int_{-\pi}^{\pi} v(t)\cos\omega t\mathrm{d}t = \frac{2Bc}{\pi A}(m-1)$$

$$b_1 = \frac{1}{\pi}\int_{-\pi}^{\pi} v(t)\sin\omega t\mathrm{d}t = \frac{2B}{\pi}\left(\sqrt{1-\left(\frac{c}{A}\right)^2} + \sqrt{1-\left(\frac{mc}{A}\right)^2}\right)$$

所以，继电环节的描述函数为

$$N(A) = \frac{A_1}{A}\mathrm{e}^{\mathrm{j}\theta_1} = \frac{b_1 + \mathrm{j}a_1}{A}$$

$$= \frac{2B}{\pi A}\left(\sqrt{1-\left(\frac{c}{A}\right)^2} + \sqrt{1-\left(\frac{mc}{A}\right)^2}\right) + \mathrm{j}\frac{2Bc}{\pi A^2}(m-1) \quad (A>c) \tag{5-6-7d}$$

式中，$m \in [-1,1]$。

综上可见，非线性环节的作用与输入量的幅值 A 有关，也与非线性环节中的参数，如式(5-6-4)中的 c 有关；限幅饱和、死区延滞两个单值非线性环节，其描述函数只有实部；间隙回滞、继电两个多值非线性环节，其描述函数有实部也有虚部。若让 $A = c \to \infty$ 可在复平面上绘制式(5-6-7) $N(A)$ 的图形（幅相图），在实际工程中常以负倒描述函数 $\left(-\dfrac{1}{N(A)}\right)$ 图呈现，如图 5-6-9a、b、c、d 所示。

（3）基于描述函数的稳定性分析

图 5-6-8 给出了描述函数下的等效"线性"系统，若

$$1 + N(A)Q(\mathrm{j}\omega) = 0 \tag{5-6-8a}$$

或者

$$Q(\mathrm{j}\omega) = -\frac{1}{N(A)} \qquad\qquad (5\text{-}6\text{-}8\mathrm{b})$$

则闭环系统处在临界稳定状态，会出现等幅振荡现象。

根据式(5-6-8)可以得到临界稳定时系统的频率 ω_s 以及非线性环节输入幅值 A_s 与非线性部分的参数 c 以及线性部分的参数之间的关系。一般情况下，直接求解式(5-6-8)不一定方便。若在同一个复平面上，绘制线性部分的幅相图（奈奎斯特图）$Q(\mathrm{j}\omega)$ 和非线性部分的幅相图（负倒描述函数图）$-1/N(A)$，如图5-6-10所示。若两幅图有交点，则式(5-6-8)有解，交点处的频率 $\omega = \omega_s$ 和非线性环节输入幅值 $A = A_s$，将给出稳态时系统中的等幅振荡信号 $e = A_s \sin\omega_s t$。

要注意的是，在系统的运行过程中非线性环节输入信号 e 的幅值是变化的，那么奈奎斯特图 $Q(\mathrm{j}\omega)$ 和负倒描述函数图 $-1/N(A)$ 的交点能否始终维持住？若能始终维持，这个交点 $\{\omega_s, A_s\}$ 对应的等幅振荡称为自持振荡。下面对这一点再做进一步的分析。

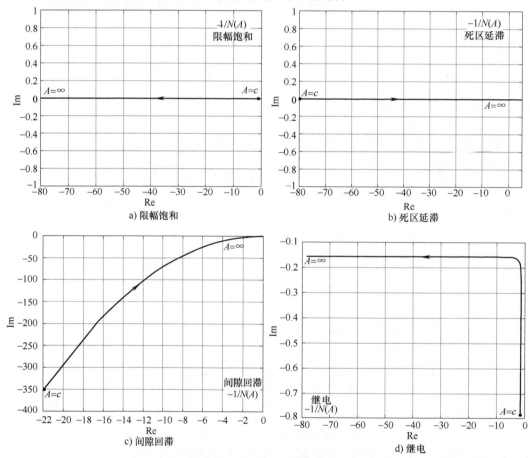

图 5-6-9 典型非线性环节的负倒描述函数幅相图

已知系统的频率特性，可以运用奈奎斯特稳定判据来分析系统的稳定性，前提是需要知道开环不稳定极点数 P_F。在图5-6-8中用描述函数近似非线性环节进行稳定性分析，是建立在系统线性部分 $Q(s)$ 具有低通性的前提之下的，这隐含要求 $Q(s)$ 的极点都是稳定的，即开环不稳定极点数 $P_F = 0$。

此时，令 $N(A) = |N(A)| \mathrm{e}^{\mathrm{j}\theta_1}$、$Q(\mathrm{j}\omega) = |Q(\mathrm{j}\omega)| \mathrm{e}^{\mathrm{j}\theta(\omega)}$，有

$$\overline{Q}(j\omega) = N(A)Q(j\omega)$$

$$= |N(A)| |Q(j\omega)| e^{j[\theta(\omega)+\theta_1]}$$

$$-\frac{1}{N(A)} = e^{-j\pi} \frac{1}{|N(A)| |e^{j\theta_1}|} = \frac{1}{|N(A)|} e^{-j(\pi+\theta_1)}$$

由奈奎斯特稳定判据知，只要含非线性环节的奈奎斯特图 $\overline{Q}(j\omega)$ 不包含点 $(-1,j0)$，闭环系统一定是稳定的，即需要同时满足

$$\theta(\omega) = -\pi - \theta_1 = \angle(-1/N(A)) \quad (5\text{-}6\text{-}9a)$$

$$|Q(j\omega)| < 1/|N(A)| \quad (5\text{-}6\text{-}9b)$$

否则，闭环系统一定是不稳定的。

在图 5-6-10 中从原点作放射线（虚线），放射线上奈奎斯特图 $Q(j\omega)$ 和负倒描述函数图 $-1/N(A)$ 的点的角度一定相等，从而满足相位条件式（5-6-9a）；若 $-1/N(A)$ 的轨迹点在奈奎斯特图 $Q(j\omega)$ 之外，则幅值条件式（5-6-9b）成立，否则不成立。

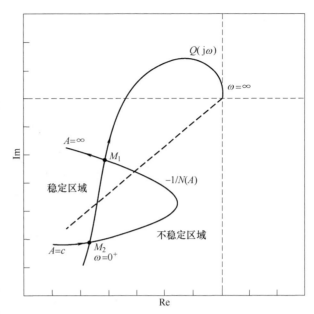

图 5-6-10　描述函数下的稳定性分析

因此，$Q(j\omega)$ 不包含 $-1/N(A)$ 的那部分区域为稳定区域，包含的那部分区域为不稳定区域；$Q(j\omega)$ 与 $-1/N(A)$ 相交处为临界稳定点。

有了前面的讨论，可以来分析图 5-6-10 中两个临界稳定点可否是自持振荡点。对于 $M_1 = \{\omega_{s1}, A_{s1}\}$，若某种原因使得此时的幅值 $A = A_{s1}$ 增大，按照 $-1/N(A)$ 的轨迹方向将进入稳定区域，而稳定区域的响应会使得幅值收敛减小，使其又回到 $A = A_{s1}$ 的位置上；若某种原因使得此时的幅值 $A = A_{s1}$ 减小，按照着 $-1/N(A)$ 的轨迹方向将进入不稳定区域，而不稳定区域的响应会使得幅值发散增大，使其又回到 $A = A_{s1}$ 的位置上。因此，临界稳定点 M_1 是一个自持振荡点，会产生一个等幅振荡 $e = A_{s1}\sin\omega_{s1}t$。

对于 $M_2 = \{\omega_{s2}, A_{s2}\}$，若某种原因使得此时的幅值 $A = A_{s2}$ 增大，按照 $-1/N(A)$ 的轨迹方向将进入不稳定区域，而不稳定区域的响应会使得幅值发散增大，使得幅值越来越大，无法回到 $A = A_{s2}$ 的位置上；若某种原因使得此时的幅值 $A = A_{s2}$ 减小，按照着 $-1/N(A)$ 的轨迹方向将进入稳定区域，而稳定区域的响应会使得幅值收敛减小，这样就使得幅值越来越小，也不能再回到 $A = A_{s2}$ 的位置上。因此，临界稳定点 M_2 不是一个自持振荡点，在扰动作用下，要么使得响应发散不稳定，要么使得响应收敛稳定。

例 5-6-1　对于图 5-6-11a 所示的自整角直流调速系统，其相敏放大器和运算放大器可视作具有限幅特性的放大环节，其等效框图如图 5-6-11b 所示，试分析系统的稳定性。

1）绘制 $Q(j\omega)$ 与 $-1/N(A)$ 的幅相图。由系统框图和式（5-6-7a）有

$$Q(j\omega) = \frac{k_c}{j\omega(0.5j\omega+1)(0.3j\omega+1)} \quad (5\text{-}6\text{-}10a)$$

$$-\frac{1}{N(A)} = -\frac{1}{\dfrac{2}{\pi}\left(\arcsin\dfrac{c}{A} + \dfrac{c}{A}\sqrt{1-\left(\dfrac{c}{A}\right)^2}\right)} \quad (c=10) \quad (5\text{-}6\text{-}10b)$$

按照式（5-6-10a）、式（5-6-10b）分别绘制奈奎斯特图 $Q(j\omega)$ 和负倒描述函数图 $-1/N(A)$，如

图 5-6-12a所示。

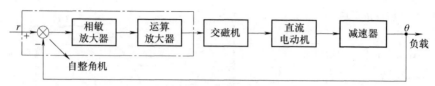

a) 自整角系统示意图

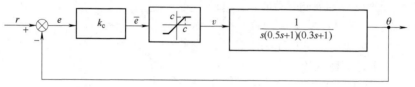

b) 自整角系统框图

图 5-6-11　自整角直流调速系统

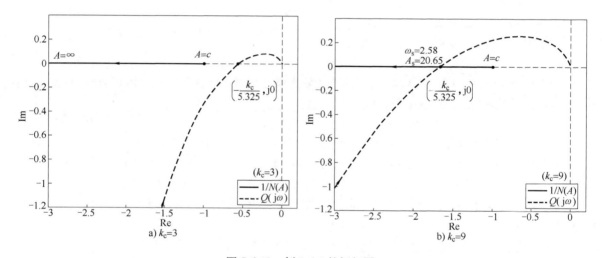

图 5-6-12　例 5-6-1 的幅相图

2）确定临界稳定点。由于

$$-\frac{1}{N(A)}\bigg|_{A=c}=-\frac{1}{\dfrac{2}{\pi}(\arcsin 1+0)}=-1$$

负倒描述函数图的起始点为$(-1,\mathrm{j}0)$。

再求 $Q(\mathrm{j}\omega)$ 与负实轴的交点，由

$$\angle Q(\mathrm{j}\omega)=-\frac{\pi}{2}-\arctan(0.5\omega)-\arctan(0.3\omega)=-\pi$$

可得 $\omega=2.58\mathrm{rad/s}$，则

$$|Q(\mathrm{j}\omega)|=\frac{k_\mathrm{c}}{\omega\sqrt{1+(0.5\omega)^2}\sqrt{1+(0.3\omega)^2}}=\frac{k_\mathrm{c}}{5.325}$$

所以，$Q(j\omega)$ 与负实轴的交点为 $\left(-\dfrac{k_c}{5.325}, j0\right)$。

可见，若 $|Q(j\omega)| = \dfrac{k_c}{5.325} > \left|-\dfrac{1}{N(A)}\right| = 1$，$k_c > 5.325$，奈奎斯特图 $Q(j\omega)$ 和负倒描述函数图 $-1/N(A)$ 存在交点，并满足

$$|Q(j\omega)| = \frac{k_c}{5.325} = 1 \left/ \frac{2}{\pi}\left(\arcsin\frac{c}{A} + \frac{c}{A}\sqrt{1-\left(\frac{c}{A}\right)^2}\right) \right. \quad (c=10) \qquad (5\text{-}6\text{-}11)$$

若取 $k_c = 9$，可得 $A = 20.65$，如图 5-6-12b 所示。其临界稳定点的频率与幅值为 $\{\omega_s, A_s\} = \{2.58, 20.65\}$。

进一步分析知，临界稳定点是一个自持振荡点，会在限幅器前产生一个等幅振荡信号 $A_s\sin\omega_s t = 20.65\sin 2.58t$。

3）仿真研究。建立图 5-6-13a 所示的仿真模型，若给定输入 $r=0$，初始输出角度 $\theta_0 = 5°$，其他初始值为 0，分别取 $k_c = \{3, 9\}$，系统输出响应 θ 分别如图 5-6-13b、c 所示。注意，系统输出与非线性环节输入之间相差 k_c 倍。

可见，尽管没有给定输入 $(r=0)$，若 $k_c = 9$，仍会激发一个等幅自持振荡；若 $k_c = 3$，等幅自持振荡会消失。因为，只要 $k_c < 5.325$，奈奎斯特图 $Q(j\omega)$ 不会包含整个负倒描述函数图 $-1/N(A)$，闭环系统一定是稳定的。

3. 相平面法

描述函数法利用非线性环节谐波线性化（基波）和被控对象的低通性，以一种与频域分析法自然衔接的方式分析非线性系统的稳定性。与此对应，相平面法是以时域响应为基础的分

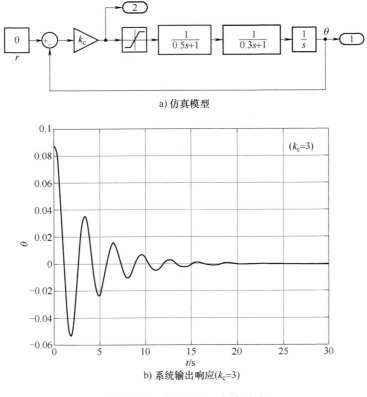

a) 仿真模型

b) 系统输出响应($k_c=3$)

图 5-6-13　例 5-6-1 的仿真响应

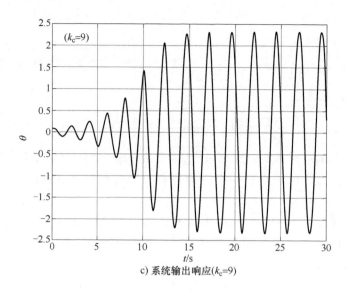

c) 系统输出响应(k_c=9)

图 5-6-13　例 5-6-1 的仿真响应（续）

析方法。对于一般 n 阶的非线性系统基本上难以给出输出响应一般性的求解方法，但对于一阶或二阶的非线性系统可以建立变通的求解方法，即相平面法。从第 3 章、第 4 章的讨论知，一般 n 阶的线性系统可以通过主导极点近似为一阶或二阶系统，因此，相平面法也会具有工程意义上的通用性。

不失一般性，假定图 5-6-3 中的线性部分为

$$Q(s)=\frac{k_q}{s(s+2\xi\omega_n)}=\frac{k_q}{s(s+a)} \tag{5-6-12}$$

写成微分方程，由 $(s^2+as)y=k_q v$，可得

$$\ddot{y}+a\dot{y}=k_q v$$

又由 $e=r-y$，$v=f(e)$，讨论系统稳定性时常取 $r=0$，有 $\dot{e}=-\dot{y}$，$\ddot{e}=-\ddot{y}$，则

$$\ddot{e}+a\dot{e}+k_q v=\ddot{e}+a\dot{e}+k_q f(e)=0 \tag{5-6-13a}$$

令

$$\ddot{e}=g(e,\dot{e}),g(e,\dot{e})=-a\dot{e}-k_q f(e) \tag{5-6-13b}$$

式（5-6-13）就是典型的二阶非线性系统。

（1）时域响应曲线

不失一般性，假定非线性环节是死区延滞环节，参见图 5-6-5，即

$$v=f(e)=\begin{cases}k(e+c) & e>c \\ 0 & -c\leq e\leq c \\ k(e-c) & e<-c\end{cases} \tag{5-6-14}$$

则式（5-6-13a）可分解为三个区域的微分方程：

Ⅰ区：

$$\ddot{e}+a\dot{e}+k_q k(e+c)=0 \quad (e>c) \tag{5-6-15a}$$

Ⅱ区：

$$\ddot{e}+a\dot{e}=0 \quad (-c\leq e\leq c) \tag{5-6-15b}$$

Ⅲ区：

$$\ddot{e} + a\dot{e} + k_q k(e-c) = 0 \quad (e < -c) \tag{5-6-15c}$$

每个区域的微分方程的解容易求出，分别为

$$e(t) = c_{11}e^{p_1 t} + c_{21}e^{p_2 t} - c \quad (e > c) \tag{5-6-16a}$$

$$e(t) = c_{12} + c_{22}e^{-at} \quad (-c \leqslant e \leqslant c) \tag{5-6-16b}$$

$$e(t) = c_{13}e^{p_1 t} + c_{23}e^{p_2 t} + c \quad (e < -c) \tag{5-6-16c}$$

式中，特征方程 $s^2 + as + k_q k = (s-p_1)(s-p_2)$。

从前面的推导看出，若将非线性环节分成不同区域，按区域列写微分方程，可转化为线性常微分方程，每个区域的微分方程的通式结构均能写出来。然而，如何确定每个区域的微分方程中的系数？这是一个问题。

假定初始值位于 Ⅰ 区，即 $e(t_0) = e_0 > c$，$\dot{e}(t_0) = \dot{e}_0$。根据初始值 $\{e(t_0), \dot{e}(t_0)\}$，可以确定 Ⅰ 区式 (5-6-16a) 中的系数，得到第 1 段的时域响应轨迹到 M_1 点，如图 5-6-14 所示；第 2 段轨迹将进入 Ⅱ 区，需要根据 M_1 点数据 $\{e(t_1), \dot{e}(t_1)\}$ 确定 Ⅱ 区式 (5-6-16b) 中的系数，得到第 2 段的时域响应轨迹到 M_2；第 3 段轨迹将进入Ⅲ区，需要根据 M_2 点数据 $\{e(t_2), \dot{e}(t_2)\}$ 确定Ⅲ区式 (5-6-16c) 中的系数，得到第 3 段的时域响应轨迹到 M_3；第 4 段轨迹将重新进入 Ⅱ 区，特别注意，这时需要根据 M_3 点数据 $\{e(t_3), \dot{e}(t_3)\}$ 重新修正 Ⅱ 区式 (5-6-16b) 中的系数，得到第 4 段的时域响应轨迹，以此类推，绘制出系统的输出响应。

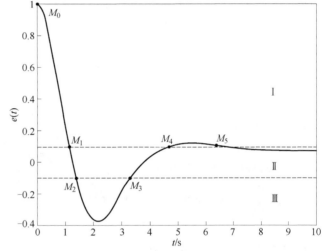

图 5-6-14 死区非线性系统的输出响应 $(c = 0.1)$

（2）相平面图的绘制

从前面非线性系统输出响应的求解过程知，尽管是二阶的非线性系统，直接求解它还是烦琐的，需要不断地进行区域切换，每次切换的微分方程系数要随之改变。由于二阶系统的特殊性，取 $x = e$、$z = \dot{e}$，可将微分方程式 (5-6-13b) 转化为

$$\frac{dz}{dx} = \frac{d\dot{e}}{de} = \frac{\dfrac{d\dot{e}}{dt}}{\dfrac{de}{dt}} = \frac{\ddot{e}}{\dot{e}} = \frac{g(e,\dot{e})}{\dot{e}} = \frac{-a\dot{e} - k_q f(e)}{\dot{e}} = -a - k_q \frac{f(e)}{\dot{e}} \tag{5-6-17a}$$

或者

$$\frac{dz}{dx} = \frac{g(x,z)}{z} = \frac{-az - k_q f(x)}{z} = -a - k_q \frac{f(x)}{z} \tag{5-6-17b}$$

求解上式可得到 z 与 x 的函数关系 $z = z(x)$，若以 $x = e$ 为横坐标、$z = \dot{e}$ 为纵坐标，可绘制出函数曲线 $z = z(x)$，函数曲线上每一点的斜率就是式 (5-6-17)。这条函数曲线实际上是 e 和 $\dot{e}$ 随时间变化的轨迹，称为相轨迹或相平面图，参见图 5-6-15。

仍以死区非线性系统为例，相平面图的斜率式 (5-6-17) 为

$$\frac{\mathrm{d}z}{\mathrm{d}x} = \frac{\mathrm{d}\dot{e}}{\mathrm{d}e} = -a - k_q \frac{f(e)}{\dot{e}} = \begin{cases} -a - k_q k \dfrac{e+c}{\dot{e}} & e > c \\ -a & -c \leqslant e \leqslant c \\ -a - k_q k \dfrac{e-c}{\dot{e}} & e < -c \end{cases} \qquad (5\text{-}6\text{-}18)$$

取 $a=1$、$k_q=1$、$c=0.1$、$k=10$，初始点 M_0 为 $\{x_0, z_0\} = \{e(t_0), \dot{e}_0(t_0)\} = \{1, 0.5\}$。

由于 $x_0 = e_0 > c$，位于 I 区，代入式(5-6-18)可得到点 M_0 处的斜率为

$$\frac{\mathrm{d}z}{\mathrm{d}x}\bigg|_{\substack{x=x_0 \\ z=z_0}} = -a - k_q k \frac{e+c}{\dot{e}}\bigg|_{\substack{e=1 \\ \dot{e}=0.5}} = -23$$

以此斜率往前一步到 $M_1 = \{x_1, z_1\} = \{e(t_1), \dot{e}_0(t_1)\}$ $(t_1 = t_0 + \tau)$，应满足

$$x_1 - x_0 = e(t_1) - e(t_0) = e(t_0 + \tau) - e(t_0) \approx \tau \dot{e}(t_0) = \tau z_0 \qquad (5\text{-}6\text{-}19\text{a})$$

$$\frac{z_1 - z_0}{x_1 - x_0} \approx \frac{\mathrm{d}z}{\mathrm{d}x}\bigg|_{\substack{x=x_0 \\ z=z_0}}, \quad z_1 - z_0 \approx (x_1 - x_0) \frac{\mathrm{d}z}{\mathrm{d}x}\bigg|_{M_0} \qquad (5\text{-}6\text{-}19\text{b})$$

式中，τ 是(时间)计算步长，只要 τ 足够小，式(5-6-19)的近似精度可以满足工程分析的要求。

若取 $\tau = 0.01\mathrm{s}$，有

$$x_1 = x_0 + \tau z_0 = 1 + 0.01 \times 0.5 = 1.005$$

$$z_1 = z_0 + \tau z_0 \frac{\mathrm{d}z}{\mathrm{d}x}\bigg|_{\substack{x=x_i \\ z=z_i}} = 0.5 + 0.01 \times 0.5 \times (-23)$$
$$= 0.385$$

这样得到点 $M_1 = \{1.005, 0.385\}$。再以点 M_1 为新的初始点，按照前面同样的推导便可得到 $M_i (i=2,3,\cdots)$，将这些点连接起来便是死区非线性系统的相平面图，如图 5-6-15a 所示(图 5-6-15b 是初始点附近的局部放大图)。

归纳前面的推导，可得到如下绘制相平面图的算法：

给定初始点 M_i 为 $\{x_i, z_i\} = \{e_i, \dot{e}_i\}$ $(i=0)$ 和计算步长 τ，则

For $i=0$ to N

$$x_{i+1} = x_i + \tau z_i \qquad (5\text{-}6\text{-}20\text{a})$$

$$\alpha_i = \frac{\mathrm{d}z}{\mathrm{d}x}\bigg|_{\substack{x=x_i \\ z=z_i}} \qquad (5\text{-}6\text{-}20\text{b})$$

$$z_{i+1} = z_i + (x_{i+1} - x_i)\alpha_i = z_i(1 + \tau\alpha_i) \qquad (5\text{-}6\text{-}20\text{c})$$

Next i

注意，式(5-6-20b)中的斜率 $\dfrac{\mathrm{d}z}{\mathrm{d}x} = \dfrac{\mathrm{d}\dot{e}}{\mathrm{d}e}$，

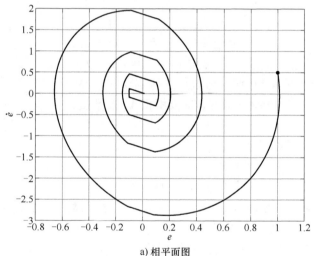

a) 相平面图

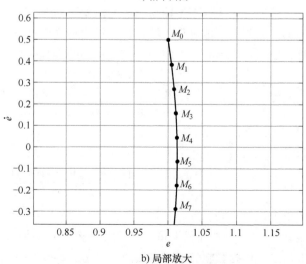

b) 局部放大

图 5-6-15 死区非线性系统的相平面图

要根据每一步的 $\{x_i, z_i\} = \{e_i, \dot{e}_i\}$，寻找对应区域的斜率公式。另外，由式(5-6-20a)看出，在第一、第二象限，由于 $z_i = \dot{e}_i > 0$，相轨迹总是使得 $x_{i+1} = e_{i+1}$ 增大；而在第三、第四象限，由于 $z_i = \dot{e}_i < 0$，相轨迹总是使得 $x_{i+1} = e_{i+1}$ 减小。换句话说，第一、第三象限的相轨迹向外膨胀，而第二、第四象限的相轨迹向内收缩。

（3）等倾线与切向量场

只要选择足够小的计算步长 τ，依据算法式(5-6-20)可以绘制出非线性系统的相平面图。当然，由于步长 τ 小，计算量大，需要借助计算机。为了快速手工绘制相平面图，可以借助等倾线与切向量场进行绘制。

等倾线就是等斜率线，令

$$\frac{\mathrm{d}z}{\mathrm{d}x} = \frac{\mathrm{d}\dot{e}}{\mathrm{d}e} = \frac{g(e, \dot{e})}{\dot{e}} = \alpha \tag{5-6-21}$$

$$F(e, \dot{e}) = \alpha\dot{e} - g(e, \dot{e}) = 0 \tag{5-6-22}$$

式(5-6-22)就是等倾线，在等倾线上的每一点的斜率都是 α。

等倾线可能是直线也可能是曲线。仍以死区非线性系统为例，有

$$F(e, \dot{e}) = \alpha\dot{e} - g(e, \dot{e}) = \alpha\dot{e} + a\dot{e} + k_q f(e) = \begin{cases} (\alpha + a)\dot{e} - k_q k(e + c) & e > c \\ (\alpha + a)\dot{e} & -c \leqslant e \leqslant c \\ (\alpha + a)\dot{e} - k_q k(e - c) & e < -c \end{cases}$$

得到每个区域的等倾线方程为

Ⅰ区：

$$\dot{e} = \frac{k_q k}{\alpha + a}(e + c) \quad (e > c) \tag{5-6-23a}$$

Ⅱ区：

$$\dot{e} = 0 \quad (-c \leqslant e \leqslant c) \tag{5-6-23b}$$

Ⅲ区：

$$\dot{e} = \frac{k_q k}{\alpha + a}(e - c) \quad (e < -c) \tag{5-6-23c}$$

取不同的 α，见图 5-6-16a 上的标注值，可得每个区域对应 α 的等倾线；若在每条等倾线上再标注短切线矢量(斜率为 α)，就形成了图 5-6-16b 所示的切向量场。

分别取初始点 $\{e_0, \dot{e}_0\} = \{1, 0.5\}$、$\{e_0, \dot{e}_0\} = \{-1, -0.5\}$，在图 5-6-16b 的切向量场上，按照切线方向从初始点出发依次绘制折线轨迹，便可得到图 5-6-16c、d 所示的相平面图。

（4）奇点与稳定性

从相平面图的绘制过程看出，只要得到斜率 $\dfrac{\mathrm{d}z}{\mathrm{d}x} = \dfrac{\mathrm{d}\dot{e}}{\mathrm{d}e}$ 的计算公式，便可容易地绘制出相平面图 $\{e, \dot{e}\}$，且同时观察到 $e(t)$ 和 $\dot{e}(t)$ 的响应，只是在相平面图上，时间 t 被隐含了。这样，就可以直接在相平面图上分析系统的时域性能。

稳定性是系统最重要的性能，它与平衡态有关。系统处于平衡态时，$\dot{e} = 0$、$\ddot{e} = 0$，即系统的"速度"为 0、"加速度"为 0，系统处在"静止"状态，此时相平面的斜率出现未定式，即 $\dfrac{\mathrm{d}z}{\mathrm{d}x} = \dfrac{\mathrm{d}\dot{e}}{\mathrm{d}e} = \dfrac{0}{0}$，此处的相轨迹走向不定，称之为奇点。因此，奇点处的相轨迹与系统的稳定性密切相关。

对式(5-6-13b)中非线性函数 $g(e, \dot{e})$ 在原点处进行泰勒展开，有

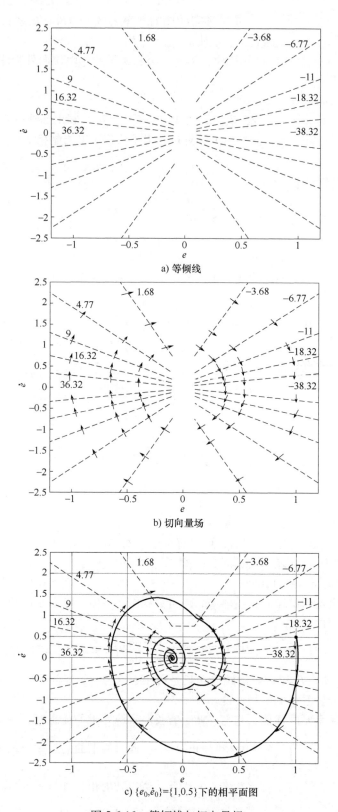

a) 等倾线

b) 切向量场

c) $\{e_0, \dot{e}_0\} = \{1, 0.5\}$下的相平面图

图 5-6-16　等倾线与切向量场

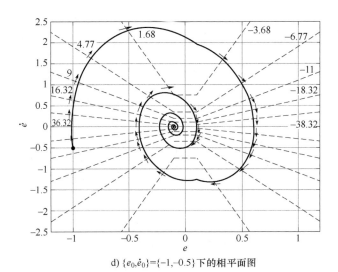

d) $\{e_0,\dot{e}_0\}=\{-1,-0.5\}$ 下的相平面图

图 5-6-16　等倾线与切向量场(续)

$$g(e,\dot{e})=g(0,0)+\frac{\partial g}{\partial e}\bigg|_{\substack{e=0\\\dot{e}=0}}(e-0)+\frac{\partial g}{\partial \dot{e}}\bigg|_{\substack{e=0\\\dot{e}=0}}(\dot{e}-0)+\cdots \tag{5-6-24a}$$

一般情况下，$f(0)=0$，有

$$g(0,0)=g(e,\dot{e})\bigg|_{\substack{e=0\\\dot{e}=0}}=-a\dot{e}-k_q f(e)\bigg|_{\substack{e=0\\\dot{e}=0}}=0 \tag{5-6-24b}$$

取式(5-6-24a)的线性部分，有

$$g(e,\dot{e})=-\alpha_0 e-\alpha_1\dot{e},\quad \alpha_0=-\frac{\partial g}{\partial e}\bigg|_{\substack{e=0\\\dot{e}=0}},\quad \alpha_1=-\frac{\partial g}{\partial \dot{e}}\bigg|_{\substack{e=0\\\dot{e}=0}}$$

代入式(5-6-13b)得到在原点附近的微分方程：

$$\ddot{e}+\alpha_1\dot{e}+\alpha_0 e=0 \tag{5-6-25a}$$

令 $\alpha_0=\omega_n^2$，$\alpha_1=2\xi\omega_n$，上式可写为

$$\ddot{e}+2\xi\omega_n\dot{e}+\omega_n^2 e=0 \tag{5-6-25b}$$

若 $0<\xi<1$，在原点处的相轨迹如图 5-6-17a 所示，称为稳定焦点；若 $-1<\xi<0$，在原点处的相轨迹如图 5-6-17b 所示，称为不稳定焦点；若 $\xi>1$，在原点处的相轨迹如图 5-6-17c 所示，称为稳定节点；若 $\xi<-1$，在原点处的相轨迹如图 5-6-17d 所示，称为不稳定节点；若 $\xi=0$，在原点处的相轨迹如图 5-6-17e 所示，称为中心点。若式(5-6-25a)中的 $\alpha_0<0$，在原点处的相轨迹如图 5-6-17f 所示，称为鞍点。

若式(5-6-24b)不成立，如存在间隙回滞、继电滞环等环节，这时相轨迹有可能不会达到原点，而是在原点附近形成极限环，如图 5-6-17g、h 所示。其中，图 5-6-17g 的极限环是稳定的，即系统产生自持振荡；图 5-6-17h 的极限环是不稳定的，不能保持等幅振荡。

例 5-6-2　在机械传动系统中，总是存在间隙回滞特性，如图 5-6-11a 中的减速器。若系统的线性部分等效为二阶系统，只考虑间隙回滞特性，有图 5-6-18 所示的非线性系统结构，试分析系统的稳定性。

由于

$$\theta_e=Q(s)(r-\theta)=\frac{k_q}{s(s+a)}(r-\theta) \tag{5-6-26}$$

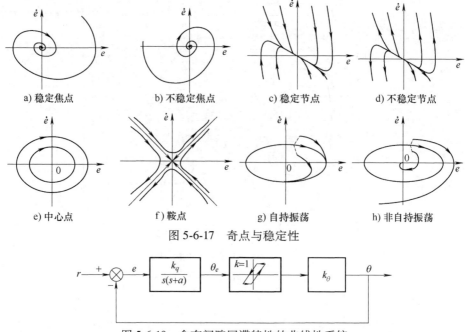

a) 稳定焦点　　b) 不稳定焦点　　c) 稳定节点　　d) 不稳定节点

e) 中心点　　f) 鞍点　　g) 自持振荡　　h) 非自持振荡

图 5-6-17　奇点与稳定性

图 5-6-18　含有间隙回滞特性的非线性系统

可得到如下微分方程：

$$\ddot{\theta}_e + a\dot{\theta}_e = k_q(r-\theta) = k_q r - k_q f(\theta_e) \tag{5-6-27a}$$

则

$$\ddot{\theta}_e = -a\dot{\theta}_e - k_q f(\theta_e) + k_q r$$

转化为相平面图的斜率，即

$$\frac{\mathrm{d}\dot{\theta}_e}{\mathrm{d}\theta_e} = \frac{-a\dot{\theta}_e - k_q f(\theta_e) + k_q r}{\dot{\theta}_e} \tag{5-6-27b}$$

式（5-6-27a）中 $\theta = f(\theta_e)$ 是间隙回滞特性关系式，参见图 5-6-6，有

$$\theta = f(\theta_e) = \begin{cases} k_\theta k(\theta_e - c) & \dot{\theta}_e \geq 0 \\ k_\theta k\theta_{eM} & \dot{\theta}_e < 0, \quad \theta_{eM} - 2c \leq \theta_e < \theta_{eM} \\ k_\theta k(\theta_e + c) & \dot{\theta}_e \leq 0 \\ k_\theta k(\theta_{em} + c) & \dot{\theta}_e > 0, \quad \theta_{em} \leq \theta_e < \theta_{em} + 2c \\ k_\theta k(\theta_e - c) & \dot{\theta}_e \geq 0 \end{cases} \tag{5-6-27c}$$

式中，θ_{eM}、θ_{em} 是 $\theta_e(t)$ 的峰、谷值，即 $\theta_e(t)$ 在此时会更改方向。注意，不同时段的峰、谷值 θ_{eM}、θ_{em} 是不一样的，如图 5-6-19 所示。

取 $a=1$、$k_q = \{5, 50\}$、$k_\theta = \dfrac{1}{5}$、$k=1$、$c=0.1$、$r=I(t)$，初始条件均为 0，按照式（5-6-20）所示的算法，斜率由式（5-6-27b）和式（5-6-27c）给出，可得图 5-6-20a、b 所示的相平面图。

可见，若 $k_q = 50$，系统会出现稳定的极限环，极限环的幅值为 0.15，如图 5-6-20b、d 所示；若 $k_q = 5$，系统不会出现极限环，相轨迹 $\{\theta_e, \dot{\theta}_e\}$ 收敛到稳定焦点 $(5,0)$，即 θ_e 能收敛到 $k_q r = 5 \times I(t)$ 上，如图 5-6-20a、c 所示。

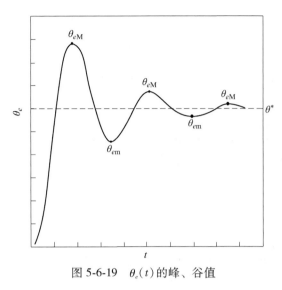

图 5-6-19 $\theta_e(t)$ 的峰、谷值

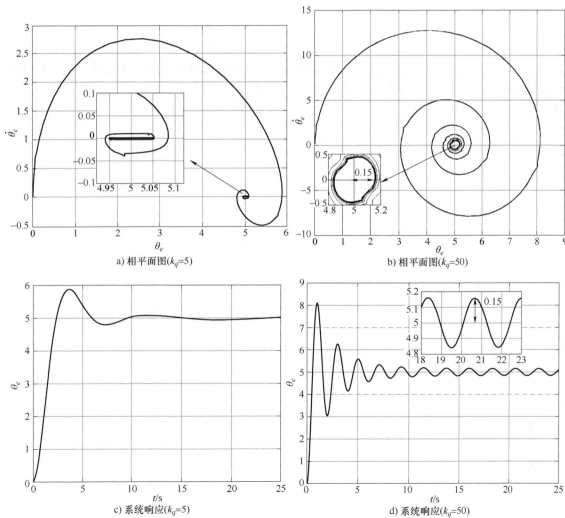

a) 相平面图($k_q=5$)

b) 相平面图($k_q=50$)

c) 系统响应($k_q=5$)

d) 系统响应($k_q=50$)

图 5-6-20 例 5-6-2 的相平面图与响应曲线

在前面的推导中，假定 $r=0$ 且非线性环节位于前部，由例 5-6-2 看出，实际上并不一定这样，只要能推导出类似式(5-6-27b)的斜率公式便可绘制出相平面图，再根据相平面图便可分析系统的性能。

综上所述，非线性因素是实际工程系统客观存在的，由于反馈调节原理允许模型存在一定的残差，所以采取线性化模型进行理论分析与设计，再辅之计算机仿真分析，是实际工程一条可行和通行的路径。但若非线性强或者对系统性能要求极高，应该对非线性因素的影响事先进行理论分析，那么，描述函数法和相平面法给出了有益的补充。当然，这两种方法都存在某种近似简化，对于更一般性的非线性系统理论还有待于进一步的研究。

本章小结

归纳本章的内容可见：

1）比例控制器是最简单且常用的控制器。采取稳态误差公式和劳斯(赫尔维茨)稳定判据进行稳态性和稳定性设计，再通过参数整定寻找更好的快速性和平稳性，是最基础也是最实用的控制器设计方法。

2）对比例控制器进行校正更适合在频域上进行，设计的关键是重新选取新的幅值穿越频率作为校正环节的叠加点，并保证足够的相位裕度。所以，开环幅值穿越频率附近中频段是频域分析关注的焦点，中频段频率特性的修正是频域设计的关键；而闭环主导极点的瞬态响应是时域分析关注的焦点，主导极点附近根轨迹的修正是时域设计的关键。对控制器进行设计，应综合运用时域、频域的分析优势。

3）PID 控制既包含了比例控制，也包含了超前、滞后、滞后-超前校正，所以广泛应用在实际工程中。熟练掌握 PID 控制器参数设计与整定的原理与方法，就可以很好地运用反馈控制于实际工程系统中。

4）控制器的设计不是一个单纯的理论求解。设计依据一般只考虑了主要性能指标，控制器的参数一般也是一个范围，在理论设计完成后，需要通过仿真进一步分析和优化其他性能。特别是要高度重视模型残差、变量值域等工程限制因素的影响，提高工程分析能力。

5）在单纯反馈控制难以达到控制效果时，可以考虑扰动前馈补偿、给定前馈补偿、史密斯预估补偿以及双回路控制。

6）上述控制器的设计方法，都存在某种程度的试探，如式(5-2-6a)、式(5-2-13b) 中的 Δ_γ，这些需要不断积淀工程设计经验。这也是经典控制理论设计方法需要进一步改善的地方。

7）在控制器的设计过程中，始终注意不是任意的期望性能都是能够达到的，不同性能之间也存在相互冲突，所以要培养以系统的观点分析和设计系统，这是控制领域工程师一种重要的工程素养。

8）传感器是控制系统的关键部件，它的性能某种程度决定了控制系统性能的上限，要高度重视传感器的选择和对传感器的补偿。另外，如果系统中的非线性环节不容忽视，可采取描述函数法和相平面法进行理论分析，为控制器结构选择和参数的优化提供依据。

习题

5.1　为某款电冰箱设计一个温控系统。

1）提出性能需求；

2）建立数学模型；

3）设计比例控制器，分析设计效果；

4）选择传感器，给出一个实现电路。

5.2 若单位反馈系统的开环传递函数为 $G(s) = \dfrac{2}{s(s+1)(0.5s+1)}$，为使系统具有 $45° \pm 5°$ 的相位裕度，试用超前、滞后、滞后-超前分别进行校正设计，并分析对应的时域性能，说明各种校正方式的特点。

5.3 若单位反馈系统的开环传递函数为 $G(s) = \dfrac{1}{s(s+1)(0.2s+1)}$，试设计 PID 控制器，使系统速度误差系数 $k_v \geq 10$、相位裕度 $\gamma \geq 50°$、幅值穿越频率 $\omega'_c \geq 4\text{rad/s}$。

5.4 若单位反馈系统的开环传递函数为 $G(s) = \dfrac{1}{s^2(0.02s+1)}$，为使系统加速度误差系数 $k_a \geq 100$、谐振峰值 $M_p \leq 1.3$、谐振频率 $\omega_p = 15(1 \pm 30\%)\text{rad/s}$，试设计校正控制器。

5.5 针对 Z4-132-2/15kW 直流电动机，其参数为 $r = 0.811\Omega$，$L = 0.0135\text{H}$，$c_e\Phi = 0.2702\text{V/}$ (r/min)，$c_\phi\Phi = \dfrac{30}{\pi}c_e\Phi = 2.5802\text{N·m/A}$，$GD^2 = 4\text{N·m}^2$，$n^* = 1510\text{r/min}$，$U^* = 440\text{V}$，$I_a^* = I_L^* = 39.5\text{A}$。试设计位置（角度）伺服控制器，满足：

1）位置（角度）伺服精度达到 0.001。

2）超调量 $\delta \leq 10\%$。

3）应选择什么样的传感器，并提出传感器的性能指标。

4）在满足前面的条件下，最短瞬态过程时间能到多少？

5）能否给出一个控制系统的实现方案？

6）根据实现方案，估计系统参数可能的变化，以及负载的波动情况，分析系统性能的变化。

5.6 以习题 2.5、习题 3.13、习题 4.5 为基础，设计磁悬浮球的控制系统，建立仿真模型，并全面分析系统的性能。

5.7 对于习题 5.5 的直流伺服系统，若将控制方式改为双回路控制方式，内环为速度环，外环为位置（角度）环，根据习题 5.5 的设计结果，提出新的期望性能指标，并设计内环和外环控制器。

5.8 对于图 2-2-6 所示的单容水槽，考虑进水管的纯延迟，令 $y = h - h^*$，$u = \theta - \theta^*$，证实系统的传递函数可写为 $G(s) = \dfrac{k_g}{Ts+1}\text{e}^{-\tau s}$。若 $k_g = 1$、$T = 10\text{s}$、$\tau = 20\text{s}$，设计控制器 $K(s)$ 和史密斯预估补偿器，使闭环系统满足以下要求：

1）单位阶跃输入下的稳态误差 $|e_s| \leq 0.01$；

2）闭环系统稳定；

3）没有超调量。

5.9 对于例 5-2-2 的倒立摆系统，若要求稳态时小车速度为 0，应怎样设计控制器？试给出可行或不可行的说明。

5.10 对于习题 5.10 图所示的非线性系统，为使系统不产生自持振荡，试利用描述函数法确定继电特性参数 $\{c, B\}$ 的值。

5.11 给定如下非线性系统，绘制它们的相平面图，并讨论奇点类型。

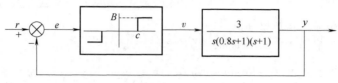

习题 5.10 图

1）$2\ddot{x}+\dot{x}^2+x=0$；

2）$\ddot{x}-(1-x^2)\dot{x}+x=0$。

5.12 对于习题 5.12 图所示的非线性系统，试用相平面法分析系统的稳定性与限幅饱和特性参数 $\{c,B\}$ 的关系。

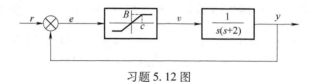

习题 5.12 图

5.13 依据习题 3.27、习题 4.15 的分析结果，提出（多种）系统期望性能，给出对应控制器的设计方案。

▶ 第 6 章

计算机控制与离散系统

前五章给出了建立系统数学模型、分析系统性能以及设计相应控制器的理论方法。对于设计好的控制器，如何实现？是工程上必须要回答的问题。某种意义上讲，设计控制器就是设计出一个控制律，控制器的实现就是控制律的运算。因此，用计算机作为控制器已成为当然的通用形式。这里所说的计算机，涵盖各种工控机、单片机以及各种可运算的板卡。

计算机控制方式是数字控制方式，只能对离散时刻上的数据进行运算。前面的理论方法都是基于连续时间的，得到的控制律也是在连续时间域上的，这就需要回答连续的控制律在离散的计算机控制方式下需要怎样的变化，才能保证经离散运算后再施加到被控对象上，继续与原来连续控制律的控制效果一样？另一方面，可否反其道而行之，将连续的被控对象离散化，直接设计计算机控制方式下的离散控制律？为了解决这两个方面的问题，需要建立离散形式下的控制理论方法。

6.1　离散信号基本理论

将计算机作为控制器的通用载体，需要先解决两个问题：一是将模拟量数字化，各种模拟/数字（A/D）转换芯片可完成这个任务，这个过程称为信号采样；二是将计算机的数字输出转化为模拟量，各种数字/模拟（D/A）转换芯片可完成这个任务，这个过程称为信号恢复。下面重点讨论在什么条件下的采样信号可以完全恢复。

6.1.1　信号采样与恢复

1. 基本的计算机控制结构

不失一般性，讨论图 5-1-1 所示连续控制结构的计算机实现，如图 6-1-1b 所示。计算机控制的过程如下：

1）将 t_k 时刻的被控量 $y(t_k)$、给定量 $r(t_k)$ 输入到计算机中；

2）运算控制律，$u(t_k)=f(y(t_k),r(t_k))$，如比例控制、PID 控制等；

3）将 $u(t_k)$ 变成模拟量 $u(t)$ 送至被控对象上，再跳转至 1），不断循环。

上述过程可用图 6-1-1c 来等效描述，其中：

1）A/D 的核心是一个采样开关，一般采取等间隔采样，以采样周期 τ 或采样频率 $f_s=1/\tau$ 来描述，采样时刻 $t_k=k\tau$。A/D 的作用是将模拟量 $e(t)$ 离散化，得到在采样时刻的数字量 $e^*(t_k)$。

2）D/A 的作用是将数字量 $u^*(t_k)$ 转换为模拟量 $\bar{u}(t)\rightarrow u(t)$，一般情况下，D/A 转换周期与 A/D 采样周期一致。ZOH 称为零阶保持器，是 D/A 的核心部分，将数字量 $u^*(t_k)$ 在整个节拍上保持不变。计算机控制的关键是转换后的模拟量 $\bar{u}(t)$ 应逼近到原连续的控制量 $u(t)$。

3）A/D 采样过程与 D/A 恢复过程中各节拍波形如图 6-1-2 所示。

2. 采样过程的数学描述

计算机控制最大的差异是出现了离散信号，那么，在什么条件下离散信号还能保持原来连

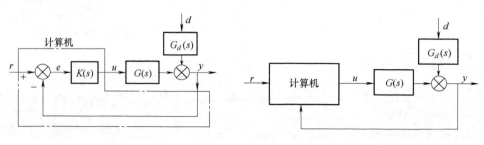

a) 控制系统框图　　　　　　　　　　　　b) 计算机实现示意图

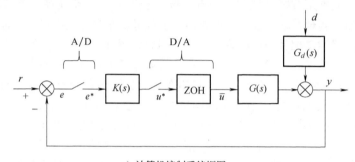

c) 计算机控制系统框图

图 6-1-1　基本的计算机控制结构

续信号的全部信息？为了回答这个问题，先建立采样过程的数学描述。

考虑一般信号 $x(t)$，不失一般性，令 $x(t)=0(t<0)$，它的采样信号为 $x^*(t)$，如图 6-1-3a、b 所示。下面建立两者的数学关系，再分析在何种条件下两者的信息不丢失。

对于实际系统的采样开关，给出精确的数学描述是困难的，需要采取作用

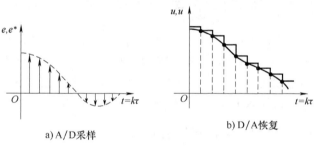

a) A/D 采样

图 6-1-2　A/D 采样与 D/A 恢复

等效的方法来处理。令采样频率 $f_s=1/\tau$，采样角频率 $\omega_s=2\pi f_s$；$\delta_\tau(t)$ 是脉冲函数，如图 6-1-3c 所示，$\tau\rightarrow0$ 时为理想脉冲函数 $\delta(t)$，满足

$$\delta_\tau(t)=\begin{cases}1/\tau & 0\leqslant t<\tau\\0 & \text{其他}\end{cases}，\quad \delta(t)=\begin{cases}\infty & t=0\\0 & t\neq0\end{cases}$$

$$\int_{-\infty}^{+\infty}\delta_\tau(t)\,\mathrm{d}t=\int_{-\infty}^{+\infty}\delta(t)\,\mathrm{d}t=\int_{0_-}^{0_+}\delta(t)\,\mathrm{d}t=1$$

依据采样信号施加后的作用等效原则，某时刻采样信号的数学描述为

$$x^*(t_k)=x(t)\delta(t-t_k)\quad(t_k=k\tau)，\int_{t_k}^{t_k+\tau}x^*(t_k)\,\mathrm{d}t=\int_{t_k}^{t_k+\tau}x(t)\delta(t-t_k)\,\mathrm{d}t=x(t_k)\ (\tau\rightarrow0)$$

式中，$x^*(t_k)$ 是（脉冲）采样信号，其脉冲强度与 $x(t_k)$ 一致，但 $x^*(t_k)\neq x(t_k)$（大约相差 τ 倍）。

将采样信号写成连续时间形式有

$$x^*(t)=x(t)\sum_{k=0}^{+\infty}\delta(t-k\tau)=x(t)\delta_\Sigma(t)\tag{6-1-1}$$

式中，$\delta_\Sigma(t)=\sum_{k=0}^{+\infty}\delta(t-k\tau)$。$\delta_\Sigma(t)$ 是周期为 τ 的周期函数，如图 6-1-3d 所示，可展开成傅里叶级

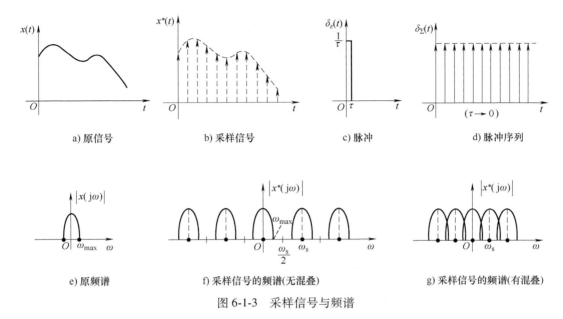

a) 原信号　　　　　b) 采样信号　　　　　c) 脉冲　　　　　d) 脉冲序列

e) 原频谱　　　f) 采样信号的频谱(无混叠)　　　g) 采样信号的频谱(有混叠)

图 6-1-3　采样信号与频谱

数，即 $\delta_\Sigma(t)=\displaystyle\sum_{n=-\infty}^{+\infty}c_n\mathrm{e}^{jn\omega_s t}$，其中系数 c_n 为

$$c_n=\frac{1}{\tau}\int_{-\tau/2}^{+\tau/2}\delta_\Sigma(t)\,\mathrm{e}^{-j\omega_s t}\mathrm{d}t=\frac{1}{\tau}\int_{-\tau/2}^{+\tau/2}\delta(t)\,\mathrm{e}^{-j\omega_s t}\mathrm{d}t=\frac{1}{\tau}$$

那么，$\delta_\Sigma(t)=\dfrac{1}{\tau}\displaystyle\sum_{n=-\infty}^{+\infty}\mathrm{e}^{jn\omega_s t}$，则采样信号 $x^*(t)$ 与原信号 $x(t)$ 有如下关系：

$$x^*(t)=x(t)\delta_\Sigma(t)=\frac{1}{\tau}\sum_{n=-\infty}^{+\infty}x(t)\mathrm{e}^{jn\omega_s t} \tag{6-1-2}$$

3. 香农采样定理

下面讨论采样信号 $x^*(t)$ 在什么条件下可以恢复为原信号 $x(t)$。先得到各自的频率特性，再比较两者之间的规律，推断出所需要的条件。

将式(6-1-2)两边取拉氏变换，考虑拉氏变换位移性质有 $x^*(s)=\dfrac{1}{\tau}\displaystyle\sum_{n=-\infty}^{+\infty}x(s+jn\omega_s)$，对应的频率特性为

$$x^*(j\omega)=\frac{1}{\tau}\sum_{n=-\infty}^{+\infty}x(j(\omega+n\omega_s)) \tag{6-1-3}$$

可见，$x^*(j\omega)$ 是以 ω_s 为周期的函数，单个周期上 $x^*(j\omega)$ 与 $x(j\omega)$ 的形状一致，但幅值大小成比例($1/\tau$)。

如果信号 $x(t)$ 是有限频宽，最高频率为 ω_{max}，它的幅频特性 $|x(j\omega)|$ 如图 6-1-3e 所示，那么由式(6-1-3)得到：

1）若 $\omega_s\geqslant 2\omega_{max}$，$x^*(t)$ 的幅频特性 $|x^*(j\omega)|$ 为图 6-1-3f，周期之间不出现混叠；

2）若 $\omega_s<2\omega_{max}$，$x^*(t)$ 的幅频特性 $|x^*(j\omega)|$ 为图 6-1-3g，周期之间出现混叠。

如果在 $x^*(j\omega)$ 之后增加一个图 6-1-4a 所示的理想滤波器 $F(j\omega)$：

$$F(j\omega)=\begin{cases}1 & -\omega_s/2\leqslant\omega\leqslant\omega_s/2\\0 & \text{其他}\end{cases}$$

可将 $|x^*(\mathrm{j}\omega)|$ 中 $n=0$ 这个周期的波形留下，其他周期（$n\neq0$）的波形都被滤掉，即

$$x^*(\mathrm{j}\omega)F(\mathrm{j}\omega)=\frac{1}{\tau}\sum_{n=-\infty}^{+\infty}x(\mathrm{j}(\omega+n\omega_s))F(\mathrm{j}\omega)=\frac{1}{\tau}x(\mathrm{j}\omega)\quad\left(-\frac{\omega_s}{2}\leqslant\omega\leqslant\frac{\omega_s}{2}\right)$$

上式表明，只要 $\omega_s\geqslant2\omega_{\max}$，即不存在混叠情况时，就有可能完全恢复 $x(\mathrm{j}\omega)$。

综上所述，有如下著名的香农（Shannon）采样定理：如果信号 $x(t)$ 是有限频宽，最高频率为 $\omega_{\max}$，采样频率满足 $\omega_s\geqslant2\omega_{\max}$，那么，式(6-1-1) 所示的采样信号 $x^*(t)$ 可以完全恢复到 $x(t)$。

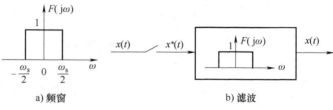

a) 频窗　　　　　　　　b) 滤波

图 6-1-4　理想滤波器

要注意的是，香农采样定理的结论是一个理想状况。一方面，一般信号常常都是无限频宽，最高频率 $\omega_{\max}$ 只能近似取为 $|x(\mathrm{j}\omega)|\leqslant\varepsilon$ 对应的频率，因此超出的高频成分实际上是混叠的不可能复原的；另一方面，图6-1-4所示的理想滤波器难以工程实现，只能近似实现理想滤波器的频率特性，因此会带入额外的幅频成分到复原信号中。这些内容可进一步参考信号与系统的相关书籍。

在实际应用中，信号 $x(t)$ 变化越平缓，其最高频率 $\omega_{\max}$ 就会越低，可以选取较低的采样频率，信号恢复相对容易实现。反之，信号 $x(t)$ 变化越剧烈，其最高频率 $\omega_{\max}$ 就会越高，需要选取很高的采样频率，信号恢复的难度会加大。

4. 保持器与信号恢复

再回到图 6-1-1c，零阶保持器 ZOH 相当于滤波器，将控制器输出的数字信号 $u^*(t)$ 还原到模拟信号 $\bar{u}(t)\approx u(t)$。由图 6-1-2b 知，零阶保持器是将采样信号 $u^*(t_k)=u(t_k)\delta_\varepsilon(t-t_k)$ 保持一个节拍，相当于用水平线段去逼近曲线段，即 $\bar{u}(t)=u(t_k)(t_k\leqslant t<t_{k+1})$，$u(t_k)$ 为采样信号 $u^*(t_k)$ 的脉冲强度。

将零阶保持器看成是一个环节（见图 6-1-5a），它的脉冲响应如图 6-1-5b 所示，即 $h(t)=I(t)-I(t-\tau)$。那么，零阶保持器 ZOH 的传递函数 $G_h(s)$ 为

$$G_h(s)=\mathscr{L}[h(t)]=\frac{1}{s}-\frac{1}{s}\mathrm{e}^{-\tau s}=\frac{1-\mathrm{e}^{-\tau s}}{s}\tag{6-1-4}$$

对应的频率特性为

$$G_h(\mathrm{j}\omega)=\frac{1-\mathrm{e}^{-\mathrm{j}\omega\tau}}{\mathrm{j}\omega}=\frac{\mathrm{e}^{-\mathrm{j}\omega\tau/2}(\mathrm{e}^{\mathrm{j}\omega\tau/2}-\mathrm{e}^{-\mathrm{j}\omega\tau/2})}{\mathrm{j}\omega}=\tau\frac{\sin(\omega\tau/2)}{\omega\tau/2}\mathrm{e}^{-\mathrm{j}\omega\tau/2}$$

$$=\frac{2\pi}{\omega_s}\frac{\sin\pi(\omega/\omega_s)}{\pi(\omega/\omega_s)}\mathrm{e}^{-\mathrm{j}\pi(\omega/\omega_s)}$$

它的幅频特性、相频特性如图 6-1-5c、d 所示。

由图 6-1-5c 知，在 $-\omega_s<\omega<\omega_s$ 频段，零阶保持器具有低通特性，可近似为理想滤波器。要注意的是，在 $\omega>\omega_s$ 或 $\omega<-\omega_s$ 频段，零阶保持器增益没有减到 0，而是出现"拖尾"现象，"拖尾"中的幅频信息会嵌入到复原信号 $\bar{u}(t)$ 之中，带来复原误差。另外，零阶保持器不是零相位，会给系统带来额外的滞后相位（与原来的连续系统比较），在离散系统稳定性分析时要给予重视。

除了零阶保持器，也可采用其他保持器，如一阶保持器，见图 6-1-6a，即

$$\bar{u}(t)=u(t_k)+\frac{u(t_k)-u(t_{k-1})}{t_k-t_{k-1}}(t-t_k)\quad(t_k\leqslant t<t_{k+1})$$

相当于用斜线段去逼近曲线段，用前一拍的斜率外推下一拍的值。它的传递函数 $G_h(s)$ 为

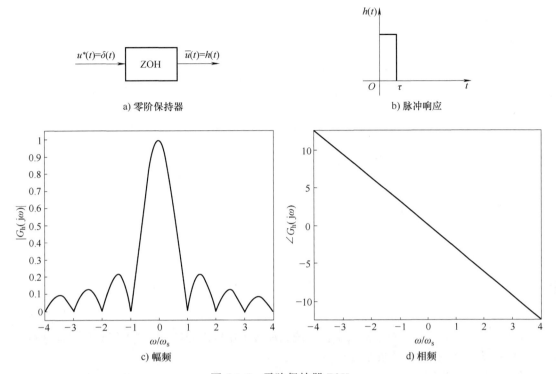

a) 零阶保持器

b) 脉冲响应

c) 幅频

d) 相频

图 6-1-5 零阶保持器 ZOH

$$G_h(s) = \tau(\tau s + 1)\left(\frac{1 - e^{-\tau s}}{\tau s}\right)^2$$

其幅频特性、相频特性如图 6-1-6b、c 所示。

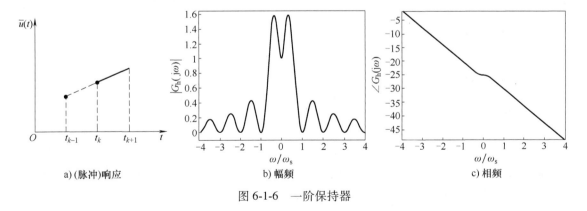

a) (脉冲)响应

b) 幅频

c) 相频

图 6-1-6 一阶保持器

6.1.2 z 变换理论

含有采样环节的系统，泛称为采样系统。拉氏变换是处理连续系统一个便利的数学工具，但对于采样系统若采取拉氏变换，参见式(6-1-2)、式(6-1-3)，其处理并不方便。由于采样系统更关注变量在离散时刻上的变化规律，因此需要对连续系统的拉氏变换进行等效处理，以适应采样系统的分析。

1. z 变换的定义

对于连续信号 $x(t)$，它的拉氏变换为 $x(s)$；$x^*(t)$ 是它的采样信号，$\{x(k\tau)\}$ 是采样时刻的值，由式(6-1-1)有

$$x^*(t)=x(t)\sum_{k=0}^{+\infty}\delta(t-k\tau)=\sum_{k=0}^{+\infty}x(k\tau)\delta(t-k\tau) \tag{6-1-5}$$

由于

$$\mathscr{L}[\delta(t)]=\int_0^\infty \delta(t)\mathrm{e}^{-st}\mathrm{d}t=1$$

根据拉氏变换位移性质有

$$\mathscr{L}[\delta(t-k\tau)]=\mathrm{e}^{-k\tau s}$$

对式(6-1-5)两边取拉氏变换有 $x^*(s)=\sum_{k=0}^{+\infty}x(k\tau)\mathrm{e}^{-k\tau s}$，令

$$z=\mathrm{e}^{\tau s} \tag{6-1-6}$$

记 $x(z)=x^*(s)$，有

$$x(z)=\sum_{k=0}^{+\infty}x(k\tau)z^{-k} \tag{6-1-7}$$

$x(z)$ 称为离散序列 $\{x(k\tau)\}$ 的 z 变换。

由于有了 z 变换 $x(z)$，对于离散采样系统，一般不用拉氏变换 $x^*(s)$ 进行分析，而使用便捷的 z 变换进行分析，两者的结果是一致的。

习惯上，将 z 变换 $x(z)$ 记为 $x(z)=Z[x^*(t)]=Z[x(t)]=Z[x(s)]$。但要注意的是，若采用 $Z[x(t)]$ 或 $Z[x(s)]$ 表述 z 变换，在求解 $x(z)$ 时需要先求 $x(t)=\mathscr{L}^{-1}[x(s)]$，再得到 $\{x(k\tau)\}$，再按照式(6-1-7)给出 $x(z)$。

例 6-1-1 求下列时间函数的 z 变换。

1) $\delta(t)$；　　2) $I(t)$；　　3) e^{-at}。

按照式(6-1-7)的定义有

1) $Z[\delta(t)]=\delta(0)+\delta(\tau)z^{-1}+\delta(2\tau)z^{-2}+\cdots=\delta(0)$；

2) $Z[I(t)]=I(0)+I(\tau)z^{-1}+I(2\tau)z^{-2}+\cdots=1+z^{-1}+z^{-2}+\cdots$

$$=\lim_{n\to\infty}\sum_{k=0}^n z^{-k}=\lim_{n\to\infty}\frac{1-z^{-n}}{1-z^{-1}}=\frac{1}{1-z^{-1}};$$

3) $Z[\mathrm{e}^{-at}]=1+\mathrm{e}^{-a\tau}z^{-1}+\mathrm{e}^{-2a\tau}z^{-2}+\cdots$

$$=\lim_{n\to\infty}\sum_{k=0}^n(\mathrm{e}^{ka\tau}z)^{-k}=\lim_{n\to\infty}\frac{1-(\mathrm{e}^{a\tau}z)^{-n}}{1-(\mathrm{e}^{a\tau}z)^{-1}}=\frac{1}{1-\mathrm{e}^{-a\tau}z^{-1}}\circ$$

根据式(6-1-7)和例 6-1-1 的方法，可以求出常用函数的 z 变换，如表 6-1-1 所示。注意，表中 τ 为采样周期；另外，采用 z^{-1} 的形式描述便于后续的分析。

表 6-1-1　常用 z 变换表

$x(s)$	$x(t)$	$x(z)$
1	$\delta(t)$	$\delta(0)\left(\tau\delta(0)\to1,\ \delta(0)\approx\dfrac{1}{\tau}\right)$
$\dfrac{1}{s}$	$I(t)$	$\dfrac{1}{1-z^{-1}}$

（续）

$x(s)$	$x(t)$	$x(z)$
$\dfrac{1}{s^2}$	t	$\dfrac{\tau z^{-1}}{(1-z^{-1})^2}$
$\dfrac{1}{s+a}$	e^{-at}	$\dfrac{1}{1-\mathrm{e}^{-a\tau}z^{-1}}$
$\dfrac{\omega}{s^2+\omega^2}$	$\sin\omega t$	$\dfrac{(\sin\omega\tau)z^{-1}}{1-2(\cos\omega\tau)z^{-1}+z^{-2}}$
$\dfrac{s}{s^2+\omega^2}$	$\cos\omega t$	$\dfrac{1-(\cos\omega\tau)z^{-1}}{1-2(\cos\omega\tau)z^{-1}+z^{-2}}$
$\dfrac{\omega}{(s+a)^2+\omega^2}$	$\mathrm{e}^{-at}\sin\omega t$	$\dfrac{\mathrm{e}^{-a\tau}(\sin\omega\tau)z^{-1}}{1-2\mathrm{e}^{-a\tau}(\cos\omega\tau)z^{-1}+\mathrm{e}^{-2a\tau}z^{-2}}$
$\dfrac{s+a}{(s+a)^2+\omega^2}$	$\mathrm{e}^{-at}\cos\omega t$	$\dfrac{1-\mathrm{e}^{-a\tau}(\cos\omega\tau)z^{-1}}{1-2\mathrm{e}^{-a\tau}(\cos\omega\tau)z^{-1}+\mathrm{e}^{-2a\tau}z^{-2}}$

2. z 变换的性质

z 变换是从拉氏变换而来的，拉氏变换的许多性质都可转移过来。

1）线性性质：

若 $x_1(z)=Z[x_1(t)]$、$x_2(z)=Z[x_2(t)]$，那么

$$\alpha_1 x_1(z)+\alpha_2 x_2(z)=Z[\alpha_1 x_1(t)+\alpha_2 x_2(t)] \tag{6-1-8a}$$

2）延迟性质：

若 $x(t)=0(t<0)$，则

$$Z[x(t-n\tau)]=z^{-n}x(z) \tag{6-1-8b}$$

3）超前性质：

$$Z[x(t+n\tau)]=z^n x(z)-z^n\sum_{k=0}^{n-1}x(k\tau)z^{-k} \tag{6-1-8c}$$

若初值 $x(0)=x(\tau)=\cdots=x((n-1)\tau)=0$，则 $Z[x(t+n\tau)]=z^n x(z)$。

4）初值性质：下述极限存在，则

$$x(0)=\lim_{z\to\infty}x(z) \tag{6-1-8d}$$

5）终值性质：

若 $(1-z^{-1})x(z)$ 在 z 平面以原点为圆心的单位圆上和圆外是解析的（没有极点），下述极限存在，则

$$\lim_{t\to\infty}x(t)=\lim_{n\to\infty}x(n\tau)=\lim_{z\to 1}(1-z^{-1})x(z) \tag{6-1-8e}$$

6）位移性质：

$$Z[x(t)\mathrm{e}^{-at}]=x(\mathrm{e}^{-a\tau}z) \tag{6-1-8f}$$

7）卷积性质：

若 $x_1(z)=Z[x_1(t)]$、$x_2(z)=Z[x_2(t)]$，$G(z)=Z[g(t)]$，$g(t)=0(t<0)$，则

$$x_2(z)=G(z)x_1(z)\Leftrightarrow x_2(k\tau)=\sum_{n=0}^{+\infty}g(k\tau-n\tau)x_1(n\tau) \tag{6-1-8g}$$

上式也称为卷积和。下面给出一个简要推证：

$$x_2(z) = \sum_{n=0}^{+\infty} x_2(k\tau)z^{-k} = \sum_{k=0}^{+\infty}\left[\sum_{n=0}^{+\infty} g(k\tau-n\tau)x_1(n\tau)\right]z^{-k}$$

$$= \sum_{n=0}^{+\infty} x_1(n\tau)\sum_{k=0}^{+\infty} g(k\tau-n\tau)z^{-k} = \sum_{n=0}^{+\infty} x_1(n\tau)\sum_{i=-n}^{+\infty} g(i\tau)z^{-(i+n)}$$

$$= \sum_{n=0}^{+\infty} x_1(n\tau)z^{-n}\sum_{i=-n}^{+\infty} g(i\tau)z^{-i} = \sum_{n=0}^{+\infty} x_1(n\tau)z^{-n}\sum_{i=0}^{+\infty} g(i\tau)z^{-i} = G(z)x_1(z)$$

上式用到 $i=k-n$，$g(i\tau)=0(i<0)$。

除卷积性质以外，其他性质也都可以通过 z 变换的定义式(6-1-7)进行推证。

3. z 反变换

与拉氏反变换相仿，z 反变换是将 z 变换式 $x(z)$ 还原出离散序列 $\{x(k\tau)\}$ 来，记为 $Z^{-1}[x(z)] = \{x(k\tau)\}$。

求 z 反变换的基本思路有两条：

1）将 $x(z)$ 化为 z^{-k} 的展开式，然后按式(6-1-7)抽出 $\{x(k\tau)\}$ 即可。

2）将 $x(z)$ 分解为多个常用函数 z 变换式之和，再查表 6-1-1 求出反变换式。

例 6-1-2 用长除法求 $x(z) = \dfrac{1}{1-\mathrm{e}^{-a\tau}z^{-1}}$ 的 z 反变换。

取 $\alpha = \mathrm{e}^{-a\tau}$，用长除法可得

$$
\begin{array}{r}
1+\alpha z^{-1}+\alpha^2 z^{-2}+\cdots \\[2pt]
1-\alpha z^{-1}\overline{\smash{\big)}\,1} \\[2pt]
\underline{1-\alpha z^{-1}} \\[2pt]
\alpha z^{-1} \\[2pt]
\underline{\alpha z^{-1}-\alpha^2 z^{-2}} \\[2pt]
\alpha^2 z^{-2} \\[2pt]
\underline{\alpha^2 z^{-2}-\alpha^3 z^{-3}} \\[2pt]
\alpha^3 z^{-3}
\end{array}
$$

即

$$x(z) = \frac{1}{1-\mathrm{e}^{-a\tau}z^{-1}} = \frac{1}{1-\alpha z^{-1}} = 1+\alpha z^{-1}+\alpha^2 z^{-2}+\cdots$$

对照式(6-1-7)有

$$x(0)=1,\quad x(\tau)=\alpha=\mathrm{e}^{-a\tau},\quad x(2\tau)=\alpha^2=\mathrm{e}^{-2a\tau},\quad\cdots$$

其一般通式为 $x(k\tau)=\alpha^k=\mathrm{e}^{-ak\tau}$。

例 6-1-3 用部分分式法求 $x(z) = \dfrac{kz}{(z-p_1)(z-p_2)}$ 的 z 反变换。

将 $x(z)$ 进行部分分式展开，有

$$x(z) = \frac{kz}{(z-p_1)(z-p_2)} = \frac{kz^{-1}}{(1-p_1 z^{-1})(1-p_2 z^{-1})} = \frac{c_1}{1-p_1 z^{-1}}+\frac{c_2}{1-p_2 z^{-1}} \tag{6-1-9}$$

式中系数为

$$c_1 = x(z)(1-p_1 z^{-1})\Big|_{z=p_1} = \frac{kp_1^{-1}}{1-p_2 p_1^{-1}},\quad c_2 = x(z)(1-p_2 z^{-1})\Big|_{z=p_2} = \frac{kp_2^{-1}}{1-p_1 p_2^{-1}}$$

取 $p_1 = \mathrm{e}^{-a_1\tau}$，$p_2 = \mathrm{e}^{-a_2\tau}$，对式(6-1-9)中两个分量分别查表 6-1-1 再相加，可得 z 反变换为

$$x(k\tau) = c_1\mathrm{e}^{-a_1k\tau} + c_2\mathrm{e}^{-a_2k\tau} = c_1 p_1^k + c_2 p_2^k$$

要注意的是，z 反变换只能还原出离散序列 $\{x(k\tau)\}$，采样时刻之间的函数值是不能保证得到的。当然，在采样频率足够高(采样周期 τ 足够小)的情况下，若能得到离散序列 $\{x(k\tau)\}$ 的通式，在 $x(k\tau)$ 中令 $t = k\tau$ 便可得到 $x(t)$，相当于是通过数据拟合得到了连续信号 $x(t)$。

综上所述，离散序列 $\{x(k\tau)\}$ 以及它的 z 变换 $x(z)$ 或拉氏变换 $x^*(s)$，与连续信号 $x(t)$ 以及拉氏变换 $x(s)$ 有密切关系，但不完全一致。它们之间有如下关系：

$$x(s) \Leftrightarrow x(t) \Rightarrow x(k\tau) \Leftrightarrow x(z) \Leftrightarrow x^*(s)$$

即 $x(z)$ 或 $x^*(s)$ 只能描述和分析离散时刻 $x(k\tau)$ 的情况，不能反推出 $x(t)$ 或 $x(s)$，但是 $x(t)$ 或 $x(s)$ 可以推出 $x(z)$ 或 $x^*(s)$。

4. z 变换的应用

z 变换是研究离散信号的一个便利工具。在计算机控制系统或离散控制系统的研究中，会遇到两种情况，如图 6-1-7a、b 所示。

(1) 输入是连续信号的情况

已在连续方式下，确定了输出与输入的关系，即 $y(s) = \Phi(s)r(s)$，见图 6-1-7a。试找到在离散时刻的输出与输入的关系，即 $y(z) = \tilde{\Phi}(z)r(z)$，使得离散化前后的输出在离散时刻的值 $y(k\tau)$ 一致。此时，$\tilde{\Phi}(z)$ 与 $\Phi(z) = Z[\Phi(s)]$ 一样否？

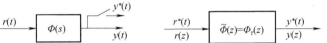

a) 输入是连续信号的离散化

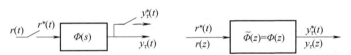

b) 输入是采样信号的离散化

图 6-1-7　两种离散化情况

令 $\phi(t) = \mathscr{L}^{-1}[\Phi(s)]$，根据拉氏变换的卷积性有

$$y(t) = \int_0^\infty \phi(t-\hat{\tau})r(\hat{\tau})\mathrm{d}\hat{\tau}$$

则

$$y(k\tau) = \int_0^\infty \phi(k\tau-\hat{\tau})r(\hat{\tau})\mathrm{d}\hat{\tau}$$

$$= \int_0^\tau \phi(k\tau-\hat{\tau})r(\hat{\tau})\mathrm{d}\hat{\tau} + \int_\tau^{2\tau} \phi(k\tau-\hat{\tau})r(\hat{\tau})\mathrm{d}\hat{\tau} + \cdots + \int_{n\tau}^{(n+1)\tau} \phi(k\tau-\hat{\tau})r(\hat{\tau})\mathrm{d}\hat{\tau} + \cdots$$

$$= \sum_{n=0}^\infty \int_{n\tau}^{(n+1)\tau} \phi(k\tau-\hat{\tau})r(\hat{\tau})\mathrm{d}\hat{\tau} \qquad (6\text{-}1\text{-}10)$$

注意，式中 $\hat{\tau}$ 是积分变量，τ 是采样周期。若取

$$\int_{n\tau}^{(n+1)\tau} \phi(k\tau-\hat{\tau})r(\hat{\tau})\mathrm{d}\hat{\tau} \approx \phi(k\tau-n\tau)r(n\tau)\tau \qquad (6\text{-}1\text{-}11)$$

即以微小矩形面积代替微小曲顶面积，那么

$$y(k\tau) \approx \tau\sum_{n=0}^\infty \phi(k\tau-n\tau)r(n\tau) \qquad (6\text{-}1\text{-}12)$$

令 $\Phi(z) = Z[\Phi(s)] = Z[\phi(t)]$，将式(6-1-12)与 z 变换卷积性式(6-1-8g)对比有

$$y(z) \approx \tau \times \Phi(z)r(z) = \Phi_\tau(z)r(z) \qquad (6\text{-}1\text{-}13a)$$

则

$$\Phi_\tau(z) = \tau \times \Phi(z) \tag{6-1-13b}$$

可见，$\widetilde{\Phi}(z) = \Phi_\tau(z) \neq Z[\Phi(s)]$。若采取式(6-1-11)进行离散化近似，两者正好相差一个采样周期 τ，这一点常容易忽视，以至于计算机实现时导致错误。另外，也可采取其他近似方法，两者之间可能不是相差一个 τ，这一点要注意。

（2）输入是采样信号的情况

将输入信号离散后的（脉冲）采样信号施加到连续对象上，这时的输出仍然会是连续信号，见图 6-1-7b，但它的输出与图 6-1-7a 的输出不会相等，即 $y_\tau(t) \neq y(t)$。试找到离散时刻的输出与输入的关系，即 $y(z) = \widetilde{\Phi}(z)r(z)$，并使得离散化前后的输出在离散时刻的值 $y_\tau(k\tau)$ 一致。此时，$\widetilde{\Phi}(z)$ 与 $\Phi(z) = Z[\Phi(s)]$ 一样否？

对于图 6-1-7b，若施加到传递函数 $\Phi(s)$ 的离散输入信号是（脉冲）采样信号 $r^*(t_k) = r(t_k)\delta_\varepsilon(t-t_k)$，由于传递函数是连续的，其输出信号 $y_\tau(t)$ 仍然会是连续的，试给出 $y_\tau(z)$ 与 $r(z)$ 之间的关系。

令 $y_\tau(s) = \mathscr{L}[y_\tau(t)]$，$r^*(s) = \mathscr{L}[r^*(t)]$，参照式(6-1-1)有

$$r^*(t) = r(t)\delta_\Sigma(t) \tag{6-1-14}$$

那么 $y_\tau(s) = \Phi(s)r^*(s)$。根据拉氏变换的卷积性有

$$y_\tau(t) = \int_0^\infty \phi(t-\hat{\tau})r^*(\hat{\tau})\mathrm{d}\hat{\tau}$$

则

$$y_\tau(k\tau) = \int_0^\infty \phi(k\tau-\hat{\tau})r^*(\hat{\tau})\mathrm{d}\hat{\tau} = \sum_{n=0}^\infty \int_{n\tau}^{(n+1)\tau} \phi(k\tau-\hat{\tau})r^*(\hat{\tau})\mathrm{d}\hat{\tau}$$

$$= \sum_{n=0}^\infty \int_{n\tau}^{(n+1)\tau} \phi(k\tau-\hat{\tau})r(\hat{\tau})\delta_\Sigma(\hat{\tau})\mathrm{d}\hat{\tau}$$

$$\approx \sum_{n=0}^\infty \phi(k\tau-n\tau)r(n\tau)\int_{n\tau}^{(n+1)\tau}\delta_\Sigma(\hat{\tau})\mathrm{d}\hat{\tau} \tag{6-1-15a}$$

$$y_\tau(k\tau) = \sum_{n=0}^\infty \phi(k\tau-n\tau)r(n\tau) \tag{6-1-15b}$$

式中，$\int_{n\tau}^{(n+1)\tau}\delta_\Sigma(\hat{\tau})\mathrm{d}\hat{\tau} = 1$。若 $\delta_\Sigma(\hat{\tau})$ 中的 $\delta(t)$ 是理想脉冲，式(6-1-15a)将是精确相等，否则是近似相等。将式(6-1-15b)与 z 变换卷积性式(6-1-8g)对比有

$$y_\tau(z) = \Phi(z)r(z) \tag{6-1-16}$$

可见，$\widetilde{\Phi}(z) = Z[\Phi(s)]$ 正好就是连续传递函数 $\Phi(s)$ 的 z 变换，与输入是连续信号的情况略有不同。

（3）两种情况的差异

两种情况的离散化都利用了卷积性，称之为卷积离散化，但两者的细微差别要仔细体会。对比这两种情况的推导可看出，若在 $\Phi(s)$ 前的输入信号是连续信号，离散化后的关系不是 $\Phi(z) = Z[\Phi(s)]$ 而是 $\Phi_\tau(z) = \tau\Phi(z)$；若在 $\Phi(s)$ 前的输入信号是离散信号，离散化后的关系就是 $\Phi(z) = Z[\Phi(s)]$。

输入是连续信号的情况适合于连续控制器的离散化，参见图 6-1-8a 的点画线框，相当于取图 6-1-7a 中的 $\Phi(s) = K(s)$。在连续方式下设计好了控制律，若用离散方式来实现，应该要确保离散控制器的输出与连续控制器的输出在离散时刻是一致的。这种情况强调离散前后"点画线框"输出端的"信号"要一致。

输入是采样信号的情况适合于连续被控对象的离散化,参见图 6-1-8b 的点画线框,相当于取图 6-1-7b 中的 $\Phi(s) = G_h(s)G(s)$,$G_h(s)$ 是零阶保持器 ZOH 的传递函数。被控对象传递函数描述的是系统本身,是客观存在的,不应该以输入信号形式(离散或连续)的改变而改变。这种情况强调离散前后"点画线框"中的"系统"要一致。

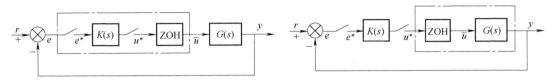

a) 控制器离散化 b) 被控对象离散化

图 6-1-8 控制器离散化与被控对象离散化

(4)离散传递函数与零极点

经过前面的讨论可见,z 变换可以很好地描述离散信号之间的关联关系。与连续传递函数一样,将离散输出信号的 z 变换与离散输入信号的 z 变换之比称为离散传递函数,即

$$\Phi(z) = \frac{y(z)}{r(z)} = \frac{\beta(z)}{\alpha(z)} \tag{6-1-17}$$

离散传递函数一般也是有理分式,其分母多项式的根是 $\Phi(z)$ 的极点,分子多项式的根是 $\Phi(z)$ 的零点。离散传递函数描述的是系统输出与输入在离散时刻的关系,离散传递函数 $\Phi(z)$ 的零极点与连续传递函数 $\Phi(s)$ 的零极点一定存在关系(实际上就是 $z = e^{s\tau}$),但数值互不相同。

(5)差分方程

将式(6-1-17)展开有

$$\alpha(z)y(z) = \beta(z)r(z) \tag{6-1-18}$$

式(6-1-18)就是系统的差分方程。

输出离散序列 $\{y(k\tau)\}$ 与输入离散序列 $\{r(k\tau)\}$ 之间的关系常用差分方程描述,与连续时间的微分方程作用相当。z 变换为求解差分方程提供了便利工具,下面给出一个实例。

例 6-1-4 求如下差分方程:

$$y((k+2)\tau) - 5y((k+1)\tau) + 6y(k\tau) = r(k\tau) \tag{6-1-19}$$

初始值 $y(0) = y(1) = 0$,$r(k\tau) = 1$。

令 $\{y(k\tau)\}$ 的 z 变换为 $y(z) = Z[y(t)]$,根据 z 变换超前性质,有

$$Z[y((k+1)\tau)] = Z[y(t+\tau)] = y(z)z - zy(0) = y(z)z$$
$$Z[y((k+2)\tau)] = Z[y(t+2\tau)] = y(z)z^2 - z^2(y(0) + y(1)z^{-1}) = y(z)z^2$$

对式(6-1-19)两边求 z 变换有

$$z^2 y(z) - 5zy(z) + 6y(z) = r(z)$$

进而有

$$(z^2 - 5z + 6)y(z) = r(z)$$

下面再用部分分式法求输出响应:

$$y(z) = \frac{z^{-2}}{1 - 5z^{-1} + 6z^{-2}} r(z) = \frac{z^{-2}}{1 - 5z^{-1} + 6z^{-2}} \frac{1}{1 - z^{-1}}$$

$$= \frac{z^{-2}}{(1 - 2z^{-1})(1 - 3z^{-1})(1 - z^{-1})}$$

$$= \frac{1/2}{1 - z^{-1}} - \frac{1}{1 - 2z^{-1}} + \frac{1/2}{1 - 3z^{-1}}$$

参照例 6-1-3 对 z^{-1} 前的系数做处理，再查表 6-1-1 便可得到 z 反变换为

$$y(k\tau) = \frac{1}{2} - 2^k + \frac{1}{2} \times 3^k$$

从前面讨论知，差分方程、离散传递函数与微分方程、连续传递函数有着密切的对应关系，后者是连续系统理论分析的重要工具，前者也将是离散系统理论分析的重要工具。

6.2　连续系统的计算机控制

本节主要介绍连续系统中的控制器如何用计算机实现。目前，大部分控制系统都是按照连续方式进行分析与设计，然后再用计算机等效实现连续方式下的控制器。下面先探讨计算机控制实现原理，再针对第 5 章给出的经典控制结构，讨论它们的计算机控制实现。

6.2.1　计算机控制实现原理

1. 问题提出

由图 6-1-1c 知，若要构造计算机控制算法，需要建立 $\{u(k\tau)\}$ 与 $\{e(k\tau)\}$ 之间的关系，或者具体说，希望图 6-2-1a 与图 6-2-1b 在离散时刻是一致的，令

$$u(s) = K(s)e(s) = k\frac{s^{m_k} + b_{m_k-1}s^{m_k-1} + \cdots + b_0}{s^{n_k} + a_{n_k-1}s^{n_k-1} + \cdots + a_0}e(s) \tag{6-2-1a}$$

转换为微分算子表示的微分方程为

$$(s^{n_k} + a_{n_k-1}s^{n_k-1} + \cdots + a_0)u(t) = k(s^{m_k} + b_{m_k-1}s^{m_k-1} + \cdots + b_0)e(t) \tag{6-2-1b}$$

根据拉氏变换的卷积性有

$$u(t) = K(t) * e(t) = \int_0^\infty K(t-\bar{\tau})e(\bar{\tau})\mathrm{d}\bar{\tau}, \quad K(t) = \mathscr{L}^{-1}[K(s)] \tag{6-2-1c}$$

计算机控制的实现问题可表述为：在已知 $\{e(k\tau)\}$ 情况下，建立 $\{u(k\tau)\}$ 与 $\{e(k\tau)\}$ 之间的离散传递函数 $K_\tau(z)$，保证与连续控制器 $K(s)$ 在离散时刻的输出值一致。关系式 $K_\tau(z)$ 就是计算机控制的算法。

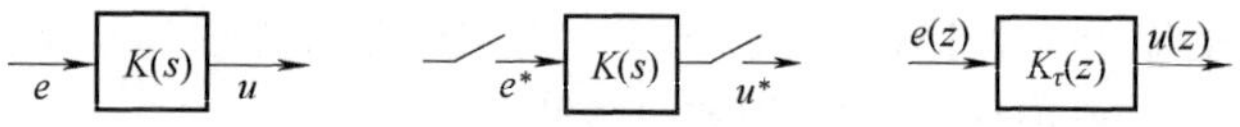

a) 连续控制器　　b) 控制器离散化　　c) 离散控制器

图 6-2-1　离散控制器与连续控制器的等效

2. 连续控制律的卷积离散化

对于连续控制器离散化问题，采用微分方程式(6-2-1b)给出 $u(t)$ 的计算公式是不方便的，而采用式(6-2-1c)的卷积形式更为方便，式(6-1-13)是它的一个解决方案，即

$$u(z) = K_\tau(z)e(z) \tag{6-2-2a}$$

$$K_\tau(z) = \tau \times K(z) = \tau Z[K(s)] \tag{6-2-2b}$$

一般情况下，得到的 $K(z)$ 会是一个有理分式，即

$$K(z) = Z[K(s)] = \frac{\bar{b}_{n_k} + \bar{b}_{n_k-1}z^{-1} + \cdots + \bar{b}_0 z^{-n_k}}{1 + \bar{a}_{n_k-1}z^{-1} + \cdots + \bar{a}_0 z^{-n_k}} \tag{6-2-3a}$$

根据式(6-2-2a)可写出控制器的差分方程，得到迭代形式的控制律算法：

$$(1 + \bar{a}_{n_k-1}z^{-1} + \cdots + \bar{a}_0 z^{-n_k})u(z) = \tau(\bar{b}_{n_k} + \bar{b}_{n_k-1}z^{-1} + \cdots + \bar{b}_0 z^{-n_k})e(z)$$

$$u(k\tau) + \bar{a}_{n_k-1}u((k-1)\tau) + \cdots + \bar{a}_0 u((k-n_k)\tau)$$

$$= \tau[\bar{b}_{n_k}e(k\tau) + \bar{b}_{n_k-1}e((k-1)\tau) + \cdots + \bar{b}_0 e((k-n_k)\tau)]$$

$$u(k\tau) = -\left[\overline{a}_{n_k-1}u((k-1)\tau) + \cdots + \overline{a}_0 u((k-n_k)\tau)\right] +$$
$$\tau\left[\overline{b}_{n_k}e(k\tau) + \overline{b}_{n_k-1}e((k-1)\tau) + \cdots + \overline{b}_0 e((k-n_k)\tau)\right] \quad \text{(6-2-3b)}$$

可见，连续控制器 $K(s)$ 的计算机实现步骤可归纳为：

1）求 $K(z) = Z[K(s)]$，化成式（6-2-3a）所示的规范形式；

2）将 $u(z) = K_\tau(z)e(z) = \tau K(z)e(z)$ 转化成式（6-2-3b）所示的迭代差分方程；

3）按式（6-2-3b）构造计算机控制算法，特别注意采样周期 τ 的选择。

例 6-2-1 设 $K(s) = k_P + \dfrac{1}{T_1 s}$，$u(t) = k_P e(t) + \dfrac{1}{T_1}\displaystyle\int_0^t e(t)\mathrm{d}t$，构造计算机控制算法。

1）求 $K_\tau(z)$。由

$$K(z) = Z\left[\mathscr{L}^{-1}[K(s)]\right] = Z\left[k_P\delta(t) + \frac{1}{T_1}I(t)\right] = k_P\delta(0) + \frac{1}{T_1}\frac{1}{1-z^{-1}}$$

可得

$$K_\tau(z) = \tau K(z) = k_P + \frac{\tau}{T_1}\frac{1}{1-z^{-1}}$$

注意，式中用到 $\tau\delta(0) = 1$。

2）写成差分方程。由

$$u(z) = K_\tau(z)e(z) = \left(k_P + \frac{\tau}{T_1}\frac{1}{1-z^{-1}}\right)e(z)$$

有

$$(1-z^{-1})u(z) = \left(k_P + \frac{\tau}{T_1} - k_P z^{-1}\right)e(z)$$

则

$$u(k\tau) - u((k-1)\tau) = \left(k_P + \frac{\tau}{T_1}\right)e(k\tau) - k_P e((k-1)\tau)$$
$$= k_P(e(k\tau) - e((k-1)\tau)) + \frac{\tau}{T_1}e(k\tau) \quad (k=1,2,\cdots) \quad \text{(6-2-4a)}$$

将式（6-2-4a）从 $k=1$ 开始列出有

$$\begin{cases} u(\tau) - u(0) = k_P(e(\tau) - e((0))) + \dfrac{\tau}{T_1}e(\tau) \\[2mm] u(2\tau) - u(\tau) = k_P(e(2\tau) - e((\tau))) + \dfrac{\tau}{T_1}e(2\tau) \\[2mm] \vdots \\[2mm] u(k\tau) - u((k-1)\tau) = k_P(e(k\tau) - e((k-1)\tau)) + \dfrac{\tau}{T_1}e(k\tau) \end{cases} \quad \text{(6-2-4b)}$$

将式（6-2-4b）全部相加有

$$u(k\tau) - u(0) = k_P(e(k\tau) - e(0)) + \frac{\tau}{T_1}\sum_{n=0}^{k}e(n\tau) \quad \text{(6-2-4c)}$$

与连续形式对比知，积分作用被累加和代替了。

特别注意，离散形式累加和前面的系数 τ/T_1 与连续形式积分前面的系数 $1/T_1$ 相差一个采样周期 τ。这个 τ 必须存在，否则，离散形式的控制量将与连续形式的控制量差之千里。

3）构造计算机控制算法。为了加快计算机运算速度，一般不采用式（6-2-4c）所示的累加和

形式，而采用由式(6-2-4a)给出的迭代公式，即

$$u(k\tau) = u((k-1)\tau) + \left(k_P + \frac{\tau}{T_I}\right)e(k\tau) - k_P e((k-1)\tau)$$

$$= u((k-1)\tau) + k_P(e(k\tau) - e((k-1)\tau)) + \frac{\tau}{T_I}e(k\tau) \tag{6-2-5a}$$

进而有

$$u(k\tau) = u((k-1)\tau) + k_P(e(k\tau) - e((k-1)\tau)) + \frac{1}{T_{In}}e(k\tau) \tag{6-2-5b}$$

式中，$T_{In} = T_I/\tau$。

可见，连续的 PI 控制律在计算机中实现时，由于是在 $u((k-1)\tau)$ 基础上的迭代，其比例作用是 $k_P e(k\tau)$，其积分作用实为 $1/T_{In}e(k\tau) + u((k-1)\tau) - k_P e((k-1)\tau)$。因此，要高度注意连续方式与离散方式的差异。

另外，若取积分常数 $T_{In} = T_I/\tau$，式(6-2-5b)常常略写采样周期 τ，即

$$u(k) = u(k-1) + k_P(e(k) - e(k-1)) + \frac{1}{T_{In}}e(k)$$

本书为了强调采样周期的重要性，尽量不略写采样周期 τ，也方便与连续情况进行比较。

3. 差分替代微分的离散化

由式(6-1-11)知，连续输入信号的卷积离散化实际上是一种近似。下面探讨其他形式的近似方法。

由式(6-2-1b)知，连续控制器 $u(t)$ 与 $e(t)$ 满足微分方程，在一个采样周期 τ 上，可将"微分"用"差分"近似代替，得到 $\{u(k\tau)\}$ 与 $\{e(k\tau)\}$ 之间的关系。

例 6-2-2 用"差分替代微分"的离散化方法再解例 6-2-1。

1）控制器的微分方程。由

$$u(s) = K(s)e(s) = \left(k_P + \frac{1}{T_I s}\right)e(s)$$

有

$$su(s) = \left(k_P s + \frac{1}{T_I}\right)e(s)$$

则

$$\dot{u} = k_P \dot{e} + \frac{1}{T_I}e \tag{6-2-6}$$

2）用后向差分替换微分，即

$$\dot{u}\mid_{t=k\tau} \approx \frac{u(k\tau) - u((k-1)\tau)}{\tau}, \quad \dot{e}\mid_{t=k\tau} \approx \frac{e(k\tau) - e((k-1)\tau)}{\tau}$$

代入式(6-2-6)有

$$\frac{u(k\tau) - u((k-1)\tau)}{\tau} = k_P \frac{e(k\tau) - e((k-1)\tau)}{\tau} + \frac{1}{T_I}e(k\tau)$$

进而有

$$u(k\tau) = u((k-1)\tau) + k_P(e(k\tau) - e((k-1)\tau)) + \frac{\tau}{T_I}e(k\tau) \tag{6-2-7}$$

与式(6-2-5a)一样。

3）用前向差分替换微分，即

$$\dot{u}\,\big|_{t=k\tau} \approx \frac{u((k+1)\tau)-u(k\tau)}{\tau}, \quad \dot{e}\,\big|_{t=k\tau} \approx \frac{e((k+1)\tau)-e(k\tau)}{\tau}$$

代入式(6-2-6)有

$$\frac{u((k+1)\tau)-u(k\tau)}{\tau} = k_{\mathrm{P}}\frac{e((k+1)\tau)-e(k\tau)}{\tau}+\frac{1}{T_{\mathrm{I}}}e(k\tau)$$

进而有

$$u((k+1)\tau) = u(k\tau)+k_{\mathrm{P}}(e((k+1)\tau)-e(k\tau))+\frac{\tau}{T_{\mathrm{I}}}e(k\tau)$$

或写成

$$u(k\tau) = u((k-1)\tau)+k_{\mathrm{P}}(e(k\tau)-e((k-1)\tau))+\frac{\tau}{T_{\mathrm{I}}}e((k-1)\tau) \tag{6-2-8}$$

比较式(6-2-8)与式(6-2-7)，可见两式相差部分只是 $\frac{\tau}{T_{\mathrm{I}}}e(k\tau)$ 与 $\frac{\tau}{T_{\mathrm{I}}}e((k-1)\tau)$，在实际工程中都是可用的。

差分替代微分的离散化方法可推广到一般情况，以后向差分来说明，有如下规律：

$$su(s)\Leftrightarrow\dot{u}(t)\Rightarrow\dot{u}(t)\,\big|_{t=k\tau}=\dot{u}(k\tau)\approx\frac{u(k\tau)-u((k-1)\tau)}{\tau}\Leftrightarrow\frac{1-z^{-1}}{\tau}u(z)$$

$$s^2u(s)\Leftrightarrow\ddot{u}(t)\Rightarrow\ddot{u}(t)\,\big|_{t=k\tau}=\ddot{u}(k\tau)\approx\frac{\dot{u}(k\tau)-\dot{u}((k-1)\tau)}{\tau}$$

$$=\left[\frac{u(k\tau)-u((k-1)\tau)}{\tau}-\frac{u((k-1)\tau)-u((k-)\tau)}{\tau}\right]\Big/\tau$$

$$\Leftrightarrow\left[\left(\frac{1-z^{-1}}{\tau}\right)u(z)-z^{-1}\left(\frac{1-z^{-1}}{\tau}\right)u(z)\right]\Big/\tau=\left(\frac{1-z^{-1}}{\tau}\right)^2u(z)$$

$$s^3u(s)\Leftrightarrow\dddot{u}(t)\Rightarrow\dddot{u}(t)\,\big|_{t=k\tau}=\dddot{u}(k\tau)\approx\frac{\ddot{u}(k\tau)-\ddot{u}((k-1)\tau)}{\tau}$$

$$\Leftrightarrow\left[\left(\frac{1-z^{-1}}{\tau}\right)^2u(z)-z^{-1}\left(\frac{1-z^{-1}}{\tau}\right)^2u(z)\right]\Big/\tau=\left(\frac{1-z^{-1}}{\tau}\right)^3u(z)$$

$$\vdots$$

$$s^nu(s)\Leftrightarrow u^{(n)}(t)\Rightarrow u^{(n)}(t)\,\big|_{t=k\tau}=u^{(n)}(k\tau)\approx\left[u^{(n-1)}(k\tau)-u^{(n-1)}((k-1)\tau)\right]/\tau$$

$$\Leftrightarrow\left[\left(\frac{1-z^{-1}}{\tau}\right)^{n-1}u(z)-z^{-1}\left(\frac{1-z^{-1}}{\tau}\right)^{n-1}u(z)\right]\Big/\tau=\left(\frac{1-z^{-1}}{\tau}\right)^nu(z) \tag{6-2-9}$$

将式(6-2-9)代入微分方程式(6-2-1b)，可推出

$$(s^{n_k}+a_{n_k-1}s^{n_k-1}+\cdots+a_0)u(s)\Rightarrow\left[\left(\frac{1-z^{-1}}{\tau}\right)^{n_k}+a_{n_k-1}\left(\frac{1-z^{-1}}{\tau}\right)^{n_k-1}+\cdots+a_0\right]u(z)$$

$$k(s^{m_k}+b_{m_k-1}s^{m_k-1}+\cdots+b_0)e(s)\Rightarrow k\left[\left(\frac{1-z^{-1}}{\tau}\right)^{m_k}+b_{m_k-1}\left(\frac{1-z^{-1}}{\tau}\right)^{m_k-1}+\cdots+b_0\right]e(z)$$

那么

$$\left[\left(\frac{1-z^{-1}}{\tau}\right)^{n_k}+a_{n_k-1}\left(\frac{1-z^{-1}}{\tau}\right)^{n_k-1}+\cdots+a_0\right]u(z)$$

$$=k\left[\left(\frac{1-z^{-1}}{\tau}\right)^{m_k}+b_{m_k-1}\left(\frac{1-z^{-1}}{\tau}\right)^{m_k-1}+\cdots+b_0\right]e(z)$$

则

$$u(z) = K_\tau(z)e(z) = \frac{k\left[\left(\dfrac{1-z^{-1}}{\tau}\right)^{m_k} + b_{m_{k-1}}\left(\dfrac{1-z^{-1}}{\tau}\right)^{m_k-1} + \cdots + b_0\right]}{\left[\left(\dfrac{1-z^{-1}}{\tau}\right)^{n_k} + a_{n_{k-1}}\left(\dfrac{1-z^{-1}}{\tau}\right)^{n_k-1} + \cdots + a_0\right]}e(z)$$

显见

$$K_\tau(z) = K(s)\Big|_{s=\frac{1-z^{-1}}{\tau}} \tag{6-2-10a}$$

若采取前向差分离散化，有

$$K_\tau(z) = K(s)\Big|_{s=\frac{z-1}{\tau}} \tag{6-2-10b}$$

式(6-2-10)给出了另一种连续控制器离散化方法，它的近似精度与采样周期 τ 有关，当 $\tau \to 0$ 时，与卷积离散化方法的结果是一致的。

4. 其他形式的离散化

从 z 变换算子与拉氏变换算子的关系式(6-1-6)可推知

$$z = \mathrm{e}^{\tau s} = 1 + \tau s + (\tau s)^2 + \cdots \approx 1 + \tau s \Rightarrow s = \frac{z-1}{\tau} \tag{6-2-11a}$$

$$z = \frac{1}{\mathrm{e}^{-\tau s}} = \frac{1}{1 - \tau s + (\tau s)^2 + \cdots} \approx \frac{1}{1-\tau s} \Rightarrow s = \frac{1-z^{-1}}{\tau} \tag{6-2-11b}$$

可见，式(6-2-11a)对应前向差分，式(6-2-11b)对应后向差分。因此，差分替代微分离散化实际上是对 $z = \mathrm{e}^{\tau s}$ 的近似离散化。由于式(6-2-11)只取了线性项进行近似，尽管简单但在采样周期 τ 较大时离散化精度会受影响。

$z = \mathrm{e}^{\tau s}$ 的近似还有多种，相对用得多一些、逼近精度高的，有塔斯汀(Tustin)提出的双线性近似，即

$$z = \mathrm{e}^{\tau s} = \frac{\mathrm{e}^{\frac{\tau s}{2}}}{\mathrm{e}^{-\frac{\tau s}{2}}} = \frac{1 + \dfrac{\tau s}{2} + \left(\dfrac{\tau s}{2}\right)^2 + \cdots}{1 - \dfrac{\tau s}{2} + \left(\dfrac{\tau s}{2}\right)^2 + \cdots} \approx \frac{1 + \dfrac{\tau s}{2}}{1 - \dfrac{\tau s}{2}} \tag{6-2-12a}$$

进而可推出

$$s = \frac{2}{\tau}\frac{z-1}{z+1} = \frac{2}{\tau}\frac{1-z^{-1}}{1+z^{-1}} \tag{6-2-12b}$$

式(6-2-12b)就是塔斯汀双线性变换。

根据塔斯汀双线性变换，可以得到如下的连续控制器离散化方法：

$$K_\tau(z) = K(s)\Big|_{s=\frac{2}{\tau}\frac{1-z^{-1}}{1+z^{-1}}} \tag{6-2-13}$$

它的离散化精度更高一些。

综上所述，式(6-2-2b)、式(6-2-10a)、式(6-2-10b)、式(6-2-13)都可对连续控制器进行离散化。要注意的是，每种离散化方法都是近似等效的，其离散化精度与采样周期 τ 有关。因此，采样周期 τ 的选择，既要考虑信号的最高频率，还要考虑传递函数的离散化方法。

5. 零阶保持器与控制律的恢复

采用计算机实现连续控制器，需考虑将计算机运算出来的离散控制量恢复为连续信号，这要附加零阶保持器(D/A)，见图6-1-1c。零阶保持器的节拍周期与前面的离散化节拍周期是一致的，统称为采样周期，它是连续控制律离散化与零阶保持器最重要的参数。前面的讨论表明，采样周期 τ 既要保证连续控制律离散化的精度，以便让连续方式与离散方式下的控制律在离散时刻一致；还要满足香农定理，以便可以将离散时刻的控制律信号恢复为原连续控制律信号。

为了复现连续控制律信号 $u(t)$，需要确定它的最高频率 ω_{max}。信号 $u(t)$ 与外部输入信号和系统传递函数有关。一般外部输入信号的有效频率成分都在系统的工作频宽之内。因此，最高频率 ω_{max} 可根据系统的幅值穿越频率 ω_c、相位穿越频率 ω_π、自然振荡频率 ω_n 或闭环系统带宽 ω_b 等进行估算，一般可取

$$\omega_{max} \geqslant 10\omega_c \quad \text{或} \quad \omega_{max} \geqslant 10\omega_\pi \quad \text{或} \quad \omega_{max} \geqslant 10\omega_n \quad \text{或} \quad \omega_{max} \geqslant 10\omega_b \qquad (6\text{-}2\text{-}14)$$

要注意的是，由于连续系统的实际频宽是无限的，式(6-2-14)的估算只能是一种近似。因此，在计算机控制系统设计时，要充分考虑采样周期 τ 的影响，进行多方案比较验证。

例 6-2-3 给定图 6-1-1 中的被控对象 $G(s) = \dfrac{1}{s(0.1s+1)}$，控制器 $K(s) = k_P + \dfrac{1}{T_1 s}$，试比较离散方式的计算机控制与连续方式的模拟控制的性能差异。

1）连续方式控制算法。由 $K(s) = k_P + \dfrac{1}{T_1 s}$ 有

$$u(t) = k_P e(t) + \frac{1}{T_1} \int_0^t e(t)\,\mathrm{d}t$$

不失一般性，取 $k_P = 2$，$T_1 = 0.2\text{s}$。

2）离散方式控制算法。由式(6-2-7)有

$$u(k\tau) = u((k-1)\tau) + k_P(e(k\tau) - e((k-1)\tau)) + \frac{\tau}{T_1}e(k\tau)$$

3）选取采样频率。由于开环频率特性为

$$Q(\mathrm{j}\omega) = G(\mathrm{j}\omega)K(\mathrm{j}\omega) = \left(2 + \frac{1}{\mathrm{j}0.2\omega}\right)\frac{1}{\mathrm{j}\omega(\mathrm{j}0.1\omega+1)}$$

其伯德图如图 6-2-2 所示。

由图 6-2-2 可得，幅值穿越频率 $\omega_c = 2.65\text{rad/s}$，系统最高频率可取为

$$\omega_{max} = 10\omega_c = 26.5\text{rad/s} \qquad (6\text{-}2\text{-}15a)$$

所以，采样频率应满足 $\omega_s = 2\pi/\tau > 2\omega_{max}$，则

$$\tau < \pi/\omega_{max} = (\pi/26.5)\text{s} = 0.118\text{s} \qquad (6\text{-}2\text{-}15b)$$

4）系统输出响应。取给定 $r = I(t)$，初始值均取为 0，分别取采样周期 $\tau = \{0.1\text{s}, 0.01\text{s}\}$，建立图 6-2-3a、b 所示的连续方式与离散方式控制的仿真模型，得到系统输出响应与控制器输出曲线如图 6-2-3c、d、e、f 所示。

当采样周期 $\tau = 0.1\text{s}$ 时，由图 6-2-3c 可见，尽管满足式(6-2-15)的估算，但离散方式的输出响应与连续方式的输出响应还是有较大误差，表明在离散方式下采样周期仅仅（近似）满足香农定理还不够，它只是保证了离散 $u(k\tau)$ 恢复到连续 $u(t)$ 的精度，未能保证产生 $u(kz)$ 的控制器 $K(s)$ 的离散化的精度。由图 6-2-3e 可见，此时离散方式下的控制量未能恢复到与连续方式下的控制量一致。

当采样周期 $\tau = 0.01\text{s}$ 时，由图 6-2-3d 可见，离散方式的输出响应与连续方式的输出响应十分接近，表明只要选取合适的采样周期，离散方式下的控制与连续方式下的控制几乎是一致的。由图 6-2-3f 可见，此时离散方式下的控制量较好地恢复了连续方式下的控制量。

6. 量化误差与量化效应

前面的讨论都隐含地假定数字量是无限位的。实际上，任何一个 A/D 转换、D/A 转换或者计算机，其转换位数或运算字长都只能是有限位数，如 8 位、12 位、16 位等，所以，用数字量代替模拟量还存在一个量化效应的问题。

（1）量化单位

不失一般性，以 A/D 转换为例，令其位数 $n=8$，将 $(0\sim5\mathrm{V})$ 的模拟量 x 转换为数字量 L，其范围是 $(0\sim2^n-1)$，即

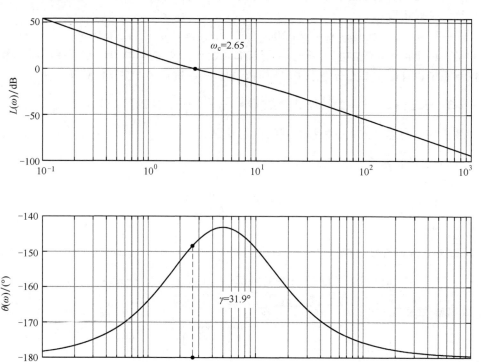

图 6-2-2　例 6-2-3 的伯德图

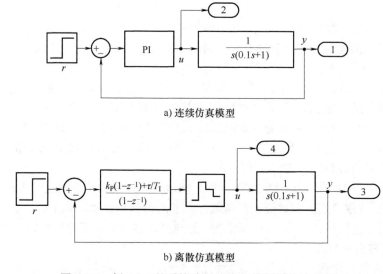

a) 连续仿真模型

b) 离散仿真模型

图 6-2-3　例 6-2-3 的系统阶跃响应与控制器输出曲线

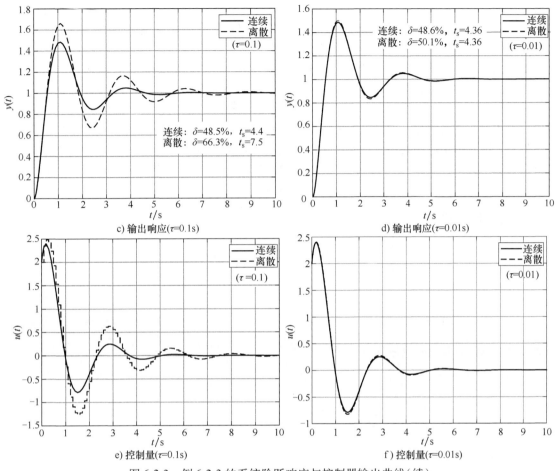

图 6-2-3　例 6-2-3 的系统阶跃响应与控制器输出曲线（续）

$$x = Lq + \varepsilon \tag{6-2-16a}$$

$$x = \begin{cases} 0 \\ 5 \end{cases} \Leftrightarrow L = \begin{cases} 0 \\ 2^n - 1 \end{cases} = \begin{cases} 0 \\ 2^8 - 1 \end{cases} = \begin{cases} 0 \\ 255 \end{cases} \tag{6-2-16b}$$

式中，

$$q = 5\text{V}/(2^n - 1) = 5\text{V}/(2^8 - 1) = 19.6078\text{mV} \tag{6-2-16c}$$

称为量化单位；余项 ε 通过截尾或舍入来处理，称为量化误差。

要注意的是，转换后的数字量 L 是整数，与模拟量 x 的数值不相等，成一个量化关系，即式（6-2-16a）。所以，在处理转换后进入计算机运算的数字量时，要特别关注这个量化单位 q。

（2）量化误差

数字化芯片内部的数值常常以整数呈现，参见式（6-2-16a），所以会存在量化误差 ε，且

$$|\varepsilon| < q \tag{6-2-17}$$

尽管量化单位 q 不大，但在计算机控制中由于每个采样周期都会产生一次量化误差，成千上万次的量化误差累积，有可能使得系统输出响应出现较大误差，甚至有可能导致原本稳定的系统出现输出响应发散。因此，对于计算机控制系统要高度重视量化误差带来的影响。

（3）量化效应

分析量化误差的累积效应是一件困难的事。参见图 6-1-1c，系统偏差 e 经 A/D 转换会有量化

误差，计算机运算输出 u^* 会有量化误差，u^* 经 D/A 转换为 $\bar{u}$ 也会有量化误差，这些量化误差经被控对象 $G(s)$ 的传递后被累积到下一采用周期的系统偏差 e 中，如此不断循环。可见，从理论上建立这样一个循环的数学模型进行分析不是一件容易的事。

如果把上述各项量化误差等效为控制律中参数的摄动，从时域分析法、频域分析法以及相应的控制器设计方法知，控制律中参数不是"唯一解"而是一个范围，也就是允许控制律中参数在某个范围内变化而不会影响系统的性能。从这个角度看，一般情况下，计算机控制系统的量化误差的累积效应是可以忍受的。这也再次说明了反馈调节原理的优势。

另外，随着数字芯片的迅速发展，16 位以及更高位的 A/D 转换、D/A 转换、微处理器等芯片日益普及。此时，式（6-2-16c）所示的量化单位将十分小，如 $q = 5\text{V}/(2^n-1) \leqslant 5\text{V}/(2^{16}-1) = 0.0763\text{mV}$，在这样的硬件支持下，也可忽略量化误差的累积效应。

6.2.2　经典计算机控制系统

第 5 章研究了多种经典的控制系统结构，若采用计算机来实现控制器，其计算机控制算法均可采用前面所述的连续传递函数离散化的方法。下面分别讨论。

1. 比例校正控制

控制系统的结构仍为图 6-1-1，令控制器为 $K(s) = k\dfrac{\tau_c s+1}{T_c s+1}$，下面以卷积离散化、差分替代微分离散化的方法对其进行离散化。

（1）卷积离散化

由

$$K(s) = k\frac{\tau_c s+1}{T_c s+1} = k\frac{\tau_c}{T_c}\left[\frac{s+1/\tau_c}{s+1/T_c}\right] = k\frac{\tau_c}{T_c}\left[1+\frac{1/\tau_c-1/T_c}{s+1/T_c}\right]$$

经拉氏反变换可得

$$K(t) = \frac{k\tau_c}{T_c}\left(\delta(t) + (1/\tau_c-1/T_c)\,e^{-\frac{1}{T_c}t}\right)$$

经 z 变换可得

$$K(z) = Z[K(t)] = \frac{k\tau_c}{T_c}\left(\delta(0) + (1/\tau_c-1/T_c)\frac{1}{1-e^{-\tau/T_c}z^{-1}}\right)$$

进而有

$$K_\tau(z) = \tau K(z) = \frac{k\tau_c}{T_c}\left(\tau\delta(0) + \tau\frac{1/\tau_c-1/T_c}{1-e^{-\tau/T_c}z^{-1}}\right)$$

$$= \frac{k\tau_c}{T_c}\left(1 + \tau\frac{(1/\tau_c-1/T_c)}{1-e^{-\tau/T_c}z^{-1}}\right) = \frac{k\tau_{cn}}{T_{cn}}\left(1 + \frac{1/\tau_{cn}-1/T_{cn}}{1-e^{-1/T_{cn}}z^{-1}}\right)$$

式中，$T_{cn} = T_c/\tau$，$\tau_{cn} = \tau_c/\tau$。

再将 $u(z) = K_\tau(z)e(z)$ 写成差分方程有

$$(1-e^{-1/T_{cn}}z^{-1})u(z) = k\tau_{cn}/T_{cn}[(1-e^{-1/T_{cn}}z^{-1}) + (1/\tau_{cn}-1/T_{cn})]e(z)$$

$$= k\tau_{cn}/T_{cn}[e^{-1/T_{cn}}(1-z^{-1}) + (1-e^{-1/T_{cn}}) + (1/\tau_{cn}-1/T_{cn})]e(z)$$

则

$$u(k\tau) = e^{-1/T_{cn}}u((k-1)\tau) + k\tau_{cn}/T_{cn}e^{-1/T_{cn}}[e(k\tau) - e((k-1)\tau)] +$$

$$k\tau_{cn}/T_{cn}(1-e^{-1/T_{cn}} + 1/\tau_{cn} - 1/T_{cn})e(k\tau) \tag{6-2-18}$$

（2）差分替代微分离散化

采用式（6-2-10a）的离散化，有

$$K_\tau(z) = K(s) \Big|_{s=\frac{1-z^{-1}}{\tau}} = k\frac{\tau_c s+1}{T_c s+1}\Big|_{s=\frac{1-z^{-1}}{\tau}} = k\frac{\tau_c(1-z^{-1})/\tau+1}{T_c(1-z^{-1})/\tau+1} = k\frac{\tau_{cn}(1-z^{-1})+1}{T_{cn}(1-z^{-1})+1}$$

再将 $u(z) = K_\tau(z)e(z)$ 写成差分方程有

$$[T_{cn}(1-z^{-1})+1]u(z) = k[\tau_{cn}(1-z^{-1})+1]e(z)$$

则

$$u(k\tau) = \frac{T_{cn}}{1+T_{cn}}u((k-1)\tau) + \frac{k\tau_{cn}}{1+T_{cn}}[e(k\tau)-e((k-1)\tau)] + \frac{k}{1+T_{cn}}e(k\tau) \quad (6-2-19)$$

比较式（6-2-18）与式（6-2-19）知，若 $e^{-1/T_{cn}} = \dfrac{1}{e^{1/T_{cn}}} \approx \dfrac{1}{1+1/T_{cn}} = \dfrac{T_{cn}}{1+T_{cn}}$，式（6-2-19）是式（6-2-18）的近似。从这个结果看，卷积离散化的精度要高一些。

2. 数字 PID 控制

控制系统的结构仍为图 6-1-1，令控制器为 $K(s) = k_P + \dfrac{1}{T_1 s} + \tau_D s$，采用差分替代微分离散化，有

$$K_\tau(z) = K(s)\Big|_{s=\frac{1-z^{-1}}{\tau}} = \left(k_P + \frac{1}{T_1 s} + \tau_D s\right)\Big|_{s=\frac{1-z^{-1}}{\tau}} = k_P + \frac{\tau}{T_1(1-z^{-1})} + \frac{\tau_D}{\tau}(1-z^{-1})$$

$$= k_P + \frac{1}{T_{1n}(1-z^{-1})} + \tau_{Dn}(1-z^{-1})$$

式中，$T_{1n} = T_1/\tau$，$\tau_{Dn} = \tau_D/\tau$。

再将 $u(z) = K_\tau(z)e(z)$ 写成差分方程有

$$(1-z^{-1})u(z) = [k_P(1-z^{-1})+1/T_{1n}+\tau_{Dn}(1-z^{-1})^2]e(z)$$

则

$$u(k\tau) = u((k-1)\tau) + k_P[e(k\tau)-e((k-1)\tau)] + 1/T_{1n}e(k\tau) +$$
$$\tau_{Dn}[e(k\tau)-2e((k-1)\tau)+e((k-2)\tau)] \quad (6-2-20)$$

3. 扰动前馈控制

对于图 5-4-1 所示的扰动前馈控制，若采用计算机实现控制器，如图 6-2-4 所示。

为了构造计算机控制算法，需要建立 $\{u(k\tau)\}$ 与 $\{e(k\tau)\}$ 和 $\{d(k\tau)\}$ 的关系。依据线性叠加性以及前面给出的差分替代微分离散化原理，同样由 $u(s) = K(s)e(s) + K_d(s)d(s)$，可推出

$$u(z) = K_\tau(z)e(z) + K_{d\tau}(z)d(z)$$
$$(6-2-21)$$

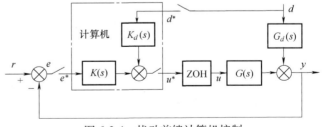

图 6-2-4　扰动前馈计算机控制

采用差分替代微分离散化，有

$$K_\tau(z) = K(s)\Big|_{s=\frac{1-z^{-1}}{\tau}}, \quad K_{d\tau}(z) = K_d(s)\Big|_{s=\frac{1-z^{-1}}{\tau}}$$

或者

$$K_\tau(z) = K(s)\Big|_{s=\frac{z-1}{\tau}}, \quad K_{d\tau}(z) = K_d(s)\Big|_{s=\frac{z-1}{\tau}}$$

当然，$K_\tau(z)$、$K_{d\tau}(z)$ 也可以采用卷积离散化求出。再将式（6-2-21）写成差分方程，便可构造出扰

动前馈计算机控制算法。

4. 给定前馈控制

与扰动前馈控制相仿，图 5-4-3 所示的给定前馈控制，若采用计算机实现控制器，如图 6-2-5 所示。

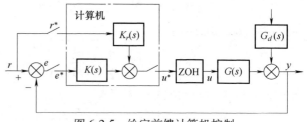

图 6-2-5　给定前馈计算机控制

同样的道理，由 $u(s)=K(s)e(s)+K_r(s)r(s)$，可推出

$$u(z)=K_\tau(z)e(z)+K_{r\tau}(z)r(z)$$

式中 $K_\tau(z)$、$K_{r\tau}(z)$ 的求取方法与式（6-2-21）中的一样。

5. 双回路控制

对于图 5-5-1c 所示的双回路控制，若采用计算机实现控制器，如图 6-2-6 所示。

由

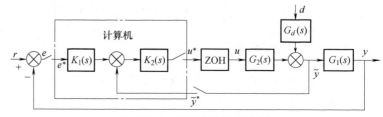

图 6-2-6　双回路计算机控制

$$u(s)=K_2(s)(K_1(s)e(s)-\tilde{y}(s))=K_2(s)K_1(s)e(s)-K_2(s)\tilde{y}(s)$$

离散化后为

$$u(z)=K_2K_{1\tau}(z)e(z)-K_{2\tau}(z)\tilde{y}(z)$$

若采用卷积离散化，有

$$\begin{cases} K_2K_{1\tau}(z)=\tau Z[K_2(s)K_1(s)] \\ K_{2\tau}(z)=\tau Z[K_2(s)] \end{cases}$$

要注意的是，求 $K_2K_{1\tau}(z)$ 时，需要先计算 $K(s)=K_2(s)K_1(s)$，再求 $Z[K(s)]$。因此，对于卷积离散化一般有

$$K_2K_{1\tau}(z)=\tau Z[K_2(s)K_1(s)]\neq\tau Z[K_2(s)]\times\tau Z[K_1(s)]=K_{2\tau}(z)K_{1\tau}(z) \tag{6-2-22a}$$

若采用差分替代微分离散化，有

$$\begin{cases} K_2K_{1\tau}(z)=K_2(s)K_1(s)\big|_{s=\frac{1-z^{-1}}{\tau}} \\ K_{2\tau}(z)=K_2(s)\big|_{s=\frac{1-z^{-1}}{\tau}} \end{cases}$$

或者

$$\begin{cases} K_2K_{1\tau}(z)=K_2(s)K_1(s)\big|_{s=\frac{z-1}{\tau}} \\ K_{2\tau}(z)=K_2(s)\big|_{s=\frac{z-1}{\tau}} \end{cases}$$

对于差分替代微分离散化一般有

$$K_2K_{1\tau}(z)=K_2(s)K_1(s)\big|_{s=\frac{1-z^{-1}}{\tau}}=K_2(s)\big|_{s=\frac{1-z^{-1}}{\tau}}\times K_1(s)\big|_{s=\frac{1-z^{-1}}{\tau}}=K_{2\tau}(z)K_{1\tau}(z) \tag{6-2-22b}$$

或者

$$K_2K_{1\tau}(z)=K_2(s)K_1(s)\big|_{s=\frac{z-1}{\tau}}=K_2(s)\big|_{s=\frac{z-1}{\tau}}\times K_1(s)\big|_{s=\frac{z-1}{\tau}}=K_{2\tau}(z)K_{1\tau}(z) \tag{6-2-22c}$$

比较式（6-2-22a）与式（6-2-22b）或者式（6-2-22c）可看出，它们之间是有差异的，但可验证，当 $\tau\to 0$ 时，$\tau Z[K_2(s)K_1(s)]\to K_{2\tau}(z)K_{1\tau}(z)$。

因此，下面两点需要注意：

1）用差分替代微分离散化与卷积离散化的结果不完全一致。一般情况下，前者的离散化误差要大，在工程应用时要特别注意。当然，为了减小差分替代微分离散化误差，除了采用卷积离散化外，也可以采用式(6-2-13)的塔斯汀双线性变换离散化。

2）无论采用哪种离散化方法，都要求采样周期 τ 不能太大。因此，对于计算机控制系统，采样周期（或采样频率）除了满足香农定理外，还必须满足传递函数离散化的精度要求。当然，采样周期越小，采样频率越高，A/D、D/A 芯片越贵，对计算机（一个周期）的计算能力要求越高，在设计时需要统筹考虑。

6.3 离散系统的分析与设计

上一节是以连续系统的分析与设计为基础，再将设计好的连续控制律用离散的计算机算法予以实现。由于计算机控制已成为通用的控制方式，可否直接以离散系统的形式进行分析与设计？这就需要建立离散系统的数学模型，给出离散形式的分析与设计方法。

6.3.1 离散系统的数学模型

以离散系统进行分析与设计，意味着可假定控制器是离散的，直接得到计算机可用的算法公式。这时，就需要将连续的被控对象离散化。

1. 单回路离散系统

图 6-3-1 是基础控制结构的离散系统。连续被控对象的离散化一般采取卷积离散化，当输入信号是（脉冲）采样信号时依据式(6-1-16)，否则，依据式(6-1-13)。需要注意的是，若传递函数之间没有采样开关，需要先求总的传递函数，再进行 z 变换。

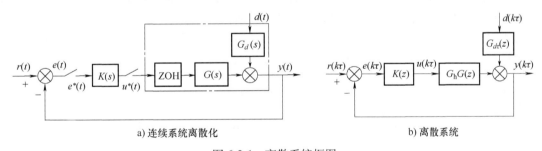

a) 连续系统离散化   b) 离散系统

图 6-3-1　离散系统框图

由式(6-1-4)知，零阶保持器的传递函数为 $G_{\mathrm{h}}(s)=\dfrac{1-\mathrm{e}^{-\tau s}}{s}$。对于连续的被控对象有

$$y(s)=G_{\mathrm{h}}(s)G(s)u^*(s)+G_d(s)d(s)$$

依据式(6-1-16)、式(6-1-13)的离散化原理，可推出

$$y(z)=G_{\mathrm{h}}G(z)u(z)+G_{d\tau}(z)d(z)$$

式中，$G_{\mathrm{h}}G(z)=Z[G_{\mathrm{h}}(s)G(s)]=Z\left[(1-\mathrm{e}^{-\tau s})\dfrac{G(s)}{s}\right]=(1-z^{-1})Z\left[\dfrac{G(s)}{s}\right]$，$G_{d\tau}(z)=\tau Z[G_d(s)]$。

同样的道理，可得到图 6-3-2 所示的扰动前馈控制的离散系统和图 6-3-3 所示的给定前馈控制的离散系统。

2. 双回路离散系统

对于双回路计算机控制系统，其连续被控对象离散化有些复杂，见图 6-3-4a。由于

$$y(s)=G_{\mathrm{h}}(s)G_2(s)G_1(s)u^*(s)+G_d(s)G_1(s)d(s)$$

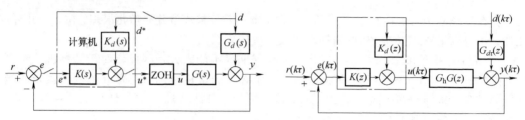

图 6-3-2　扰动前馈离散系统

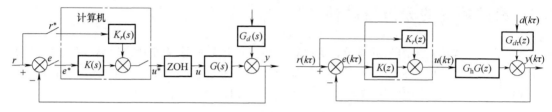

图 6-3-3　给定前馈离散系统

$$\tilde{y}(s) = G_h(s) G_2(s) u^*(s) + G_d(s) d(s)$$

若采用卷积离散化，同样可推出

$$y(z) = Z[G_h(s) G_2(s) G_1(s)] u(z) + \tau Z[G_d(s) G_1(s)] d(z)$$
$$= G_h G_2 G_1(z) u(z) + G_d G_{1\tau}(z) d(z) \tag{6-3-1}$$

$$\tilde{y}(z) = Z[G_h(s) G_2(s)] u(z) + \tau Z[G_d(s)] d(z) = G_h G_2(z) u(z) + G_{d\tau}(z) d(z)$$

由图 6-3-4a 和式（6-3-1）看出，由于 $G_1(s)$ 与 $G_2(s)$、$G_d(s)$ 之间无采样开关，无法将 $G_1(s)$ 剥离出来，其双回路离散系统的框图只能表示为图 6-3-4b。

由于用图 6-3-4b 不方便进行理论分析与设计，在采样频率足够高时，也可采取差分替代微分的离散化，参见式（6-2-10a）和式（6-2-2b）的做法，这时有

$$G_h G_2 G_1(z) = Z[G_h(s) G_2(s) G_1(s)] \approx \frac{1}{\tau} [G_h(s) G_2(s) G_1(s) \big|_{s=\frac{1-z^{-1}}{\tau}}]$$

$$= \frac{1}{\tau} [G_h(s) G_2(s) \big|_{s=\frac{1-z^{-1}}{\tau}}] \times [G_1(s) \big|_{s=\frac{1-z^{-1}}{\tau}}] \approx G_h G_2(z) \times G_{1\tau}(z)$$

式中，$G_{1\tau}(z) = \tau G_1(z) = G_1(s) \big|_{s=\frac{1-z^{-1}}{\tau}}$。

同理，有 $\tau Z[G_d(s) G_1(s)] \approx G_{d\tau} \times G_{1\tau}(z)$。那么

$$y(z) \approx G_h G_2(z) G_{1\tau}(z) u(z) + G_{d\tau}(z) G_{1\tau}(z) d(z) \tag{6-3-2a}$$

$$\tilde{y}(z) \approx G_h G_2(z) u(z) + G_{d\tau}(z) d(z) \tag{6-3-2b}$$

此时，式（6-3-2）可转化为图 6-3-4c 所示的离散系统，其结构与连续双回路控制系统一致。

3. 需要注意的问题

对于连续系统的离散化，由于存在多个环节串联或者更为复杂的联结，采用卷积离散化后的系统框图与连续系统不一定一致，有可能变得复杂了。需要注意的是：

1）要明确哪些量是可以或允许离散化的，可离散化的量意味着在其上可嵌入采样开关。一般情况，被控输出量、给定输入量、其他施加了传感器用于反馈或前馈的量（如内反馈）等，都是可离散化的量。

2）在离散信号之间可以直接将各自的传递函数进行卷积离散化，如图 6-3-5a 所示；对于图 6-3-5b，由于中间不是离散信号，需要先求总的传递函数再进行卷积离散化。

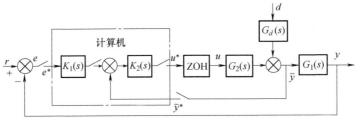

a) 连续双回路控制系统离散化

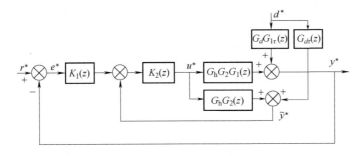

b) 卷积离散双回路控制系统

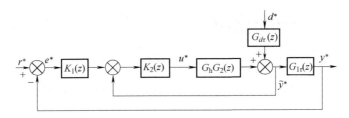

c) 差分离散双回路控制系统

图 6-3-4　双回路离散系统

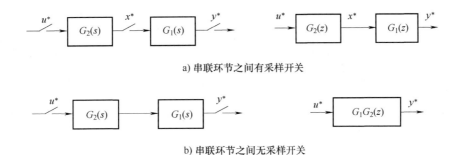

a) 串联环节之间有采样开关

b) 串联环节之间无采样开关

图 6-3-5　串联传递函数的卷积离散化

3）为了保证与连续系统框图一致，在采样频率较高的前提下，可采取差分替代微分的离散化方法或塔斯汀双线性变换的离散化方法，但要注意需满足式(6-2-2b)的转换关系，以及考虑它们之间可能存在的离散化误差。

例如，对于图 6-3-5b，若 $G_2(s) = \dfrac{1}{s}$、$G_1(s) = \dfrac{1}{s+1}$，则有

$$G_1 G_2(z) = Z\left[\frac{1}{s(s+1)}\right] = Z\left[\frac{1}{s} - \frac{1}{s+1}\right] = \frac{1}{1-z^{-1}} - \frac{1}{1-e^{-\tau}z^{-1}}$$

$$= \frac{(1-e^{-\tau})z^{-1}}{(1-z^{-1})(1-e^{-\tau}z^{-1})} \tag{6-3-3a}$$

若采用差分替代微分的离散化方法，则为

$$G_1 G_2(z) = Z[G_2(s)G_1(s)] = \frac{1}{\tau}\left[G_2(s)G_1(s)\mid_{s=\frac{1-z^{-1}}{\tau}}\right] = \frac{1}{\tau}G_2(s)\mid_{s=\frac{1-z^{-1}}{\tau}} \times G_1(s)\mid_{s=\frac{1-z^{-1}}{\tau}}$$

$$= \frac{1}{\tau}\frac{1}{(1-z^{-1})/\tau} \times \frac{1}{(1-z^{-1})/\tau+1} = \frac{1}{1-z^{-1}} \times \frac{\tau/(1+\tau)}{1-1/(1+\tau)z^{-1}} \tag{6-3-3b}$$

若 τ 较小，$e^{-\tau} = \dfrac{1}{e^{\tau}} \approx \dfrac{1}{1+\tau}$，式(6-3-3a)可近似为

$$G_1 G_2(z) = \frac{(1-e^{-\tau})z^{-1}}{(1-z^{-1})(1-e^{-\tau}z^{-1})} \approx \frac{(1-1/(1+\tau))z^{-1}}{(1-z^{-1})(1-1/(1+\tau)z^{-1})}$$

$$= \frac{1}{1-z^{-1}} \times \frac{\tau/(1+\tau)z^{-1}}{1-1/(1+\tau)z^{-1}} \tag{6-3-3c}$$

比较式(6-3-3b)与式(6-3-3c)，它们的极点一样，只是零点不一样。式(6-3-3)对应的差分方程分别为

$$y(k\tau) - (1+e^{-\tau})y((k-1)\tau) + e^{-\tau}y((k-2)\tau) = (1-e^{-\tau})u((k-1)\tau) \tag{6-3-4a}$$

$$y(k\tau) - \left(1+\frac{1}{1+\tau}\right)y((k-1)\tau) + \frac{1}{1+\tau}y((k-2)\tau) = \frac{\tau}{1+\tau}u(k\tau) \tag{6-3-4b}$$

$$y(k\tau) - \left(1+\frac{1}{1+\tau}\right)y((k-1)\tau) + \frac{1}{1+\tau}y((k-2)\tau) = \frac{\tau}{1+\tau}u((k-1)\tau) \tag{6-3-4c}$$

取初始条件均为 0，$u(k\tau)=1(k>0)$，$\tau=\{0.5\mathrm{s},0.05\mathrm{s}\}$，得到它们的响应如图 6-3-6 所示。可见，在采样周期 τ 较小时，三者响应曲线基本一致。

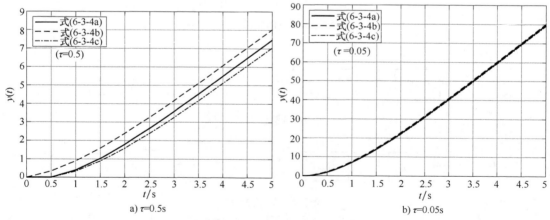

图 6-3-6　式(6-3-4)的响应曲线

要注意的是，对于三个以上的传递函数串联，也可用差分替代微分的离散化方法进行分解，即

$$G_3 G_2 G_1(z) \approx G_3 G_2(z) \times G_{1\tau}(z) \approx G_3(z) \times G_{2\tau}(z) \times G_{1\tau}(z)$$

$$= \frac{1}{\tau}\left[G_3(s)\mid_{s=\frac{1-z^{-1}}{\tau}}\right] \times \left[G_2(s)\mid_{s=\frac{1-z^{-1}}{\tau}}\right] \times \left[G_1(s)\mid_{s=\frac{1-z^{-1}}{\tau}}\right]$$

但可能会带来较大的累积误差，要小心使用。

6.3.2 离散系统的性能分析

离散系统的分析与连续系统的分析基本思路是一致的。离散传递函数、差分方程是离散系统的基本数学模型。差分方程实际上就是迭代方程，它的求解是简单的，差分方程的解就是离散系统响应。离散系统响应也可以通过离散传递函数，经部分分式与 z 反变换得到。有了离散系统响应，便可分析离散系统的性能。

进一步，与连续系统一样，离散系统的性能只与系统内部的参数有关，可以不求解离散系统响应，通过分析离散传递函数的零极点来判断系统的稳定性、稳态性、快速性、平稳性等。

1. 离散闭环传递函数与离散闭环零极点

不失一般性，研究图 6-3-1b 所示的离散系统。与连续系统的推导类似，有

$$y(z) = G_h G(z) u(z) + G_{d\tau}(z) d(z) \tag{6-3-5a}$$

$$u(z) = K(z) e(z) \tag{6-3-5b}$$

$$e(z) = r(z) - y(z) \tag{6-3-5c}$$

联立式(6-3-5)可推出

$$y(z) = \frac{G_h G(z) K(z)}{1 + G_h G(z) K(z)} r(z) + \frac{G_{d\tau}(z)}{1 + G_h G(z) K(z)} d(z)$$

$$= \frac{Q(z)}{1 + Q(z)} r(z) + \frac{G_{d\tau}(z)}{1 + Q(z)} d(z) = \Phi(z) r(z) + \Phi_d(z) d(z) \tag{6-3-6}$$

式中离散开环传递函数 $Q(z)$、离散闭环传递函数 $\Phi(z)$、离散扰动闭环传递函数 $\Phi_d(z)$ 分别为

$$Q(z) = K(z) G_h G(z) = \frac{b_m z^m + b_{m-1} z^{m-1} + \cdots + b_0}{z^n + a_{n-1} z^{n-1} + \cdots + a_0} = k_{qz} \frac{\prod_{i=1}^{m} (z - z_i^*)}{\prod_{i=1}^{n} (z - p_i^*)} = k_{qz} \frac{(z^{-1})^{n-m} \prod_{i=1}^{m} (1 - z_i^* z^{-1})}{\prod_{i=1}^{n} (1 - p_i^* z^{-1})}$$

$$\tag{6-3-7a}$$

$$\Phi(z) = \frac{Q(z)}{1 + Q(z)} = \frac{\beta_m z^m + \beta_{m-1} z^{m-1} + \cdots + \beta_0}{z^n + \alpha_{n-1} z^{n-1} + \cdots + \alpha_0} = k_{\phi z} \frac{\prod_{i=1}^{m} (z - \bar{z}_i^*)}{\prod_{i=1}^{n} (z - \bar{p}_i^*)} = k_{\phi z} \frac{(z^{-1})^{n-m} \prod_{i=1}^{m} (1 - \bar{z}_i^* z^{-1})}{\prod_{i=1}^{n} (1 - \bar{p}_i^* z^{-1})} \tag{6-3-7b}$$

$$\Phi_d(z) = \frac{G_{d\tau}(z)}{1 + Q(z)} = \frac{d_{m_d} z^{m_d} + d_{m_d-1} z^{m_d-1} + \cdots + d_0}{z^n + \alpha_{n-1} z^{n-1} + \cdots + \alpha_0} \tag{6-3-7c}$$

离散闭环极点方程为

$$1 + Q(z) = 0 \tag{6-3-8a}$$

或者

$$1 + \alpha_{n-1} z^{-1} + \cdots + \alpha_0 z^{-n} = 0 \tag{6-3-8b}$$

与连续系统一样，$\{z_i^*\}$、$\{p_i^*\}$ 称为离散开环传递函数的(有限)零点、极点，$\{\bar{z}_i^*\}$、$\{\bar{p}_i^*\}$ 称为离散闭环传递函数的(有限)零点、极点。另外，还有 $n-m$ 个无限零点。

2. 离散系统的输出响应

可以想见，离散系统的输出响应与离散闭环极点密切相关。离散闭环极点有两种类型：实数极点与共轭复数极点。下面分别讨论一阶实数极点系统、二阶共轭复数极点系统以及一般系统的响应。

不失一般性，令系统阶数 $n>m$；给定输入 $r=I(t)$，$r(z)=1/(1-z^{-1})$；不考虑扰动输入，$d=0$。

1）一阶实数极点系统，离散闭环极点 $\bar{p}^{*}=\rho+\mathrm{j}\eta=\rho$，离散闭环传递函数为

$$\Phi(z)=\frac{\beta_0 z^{-1}}{1-\bar{p}^{*}z^{-1}}=\frac{\beta_0 z^{-1}}{1-\rho z^{-1}}$$

采用部分分式法有

$$y(z)=\Phi(z)r(z)=\frac{\beta_0 z^{-1}}{1-\rho z^{-1}}\frac{1}{1-z^{-1}}=\frac{c_1}{1-\rho z^{-1}}+\frac{c_0}{1-z^{-1}}$$

式中系数为

$$c_1=\Phi(z)r(z)(1-\rho z^{-1})\mid_{z=\rho}=\beta_0\rho^{-1}/(1-\rho^{-1})=-\beta_0/(1-\rho)$$
$$c_0=\Phi(z)r(z)(1-z^{-1})\mid_{z=1}=\beta_0/(1-\rho)$$

不失一般性，取

$$\bar{p}^{*}=\rho=\mathrm{e}^{\sigma\tau}>0 \tag{6-3-9}$$

将离散闭环极点参数 ρ 转换为 σ，有

$$y(z)=\Phi(z)r(z)=-\frac{\beta_0}{1-\mathrm{e}^{\sigma\tau}}\frac{1}{1-\mathrm{e}^{\sigma\tau}z^{-1}}+\frac{\beta_0}{1-\mathrm{e}^{\sigma\tau}}\frac{1}{1-z^{-1}} \tag{6-3-10a}$$

查表 6-1-1 求 z 反变换有

$$y(k\tau)=c_1\mathrm{e}^{\sigma k\tau}+c_0 I(k\tau)=\frac{\beta_0}{1-\mathrm{e}^{\sigma\tau}}(1-\mathrm{e}^{\sigma k\tau}) \tag{6-3-10b}$$

与式（3-3-2）比较知，与连续一阶系统阶跃响应形式是一致的。

2）二阶共轭复数极点系统，离散闭环极点 $\bar{p}^{*}=\rho\pm\mathrm{j}\eta$，离散闭环传递函数为

$$\Phi(z)=\frac{\beta_1 z^{-1}+\beta_0 z^{-2}}{[1-(\rho+\mathrm{j}\eta)z^{-1}][1-(\rho-\mathrm{j}\eta)z^{-1}]}=\frac{\beta_1 z^{-1}+\beta_0 z^{-2}}{1-2\rho z^{-1}+(\rho^2+\eta^2)z^{-2}}$$

采用部分分式法有

$$y(z)=\Phi(z)r(z)=\frac{\beta_1 z^{-1}+\beta_0 z^{-2}}{[1-(\rho+\mathrm{j}\eta)z^{-1}][1-(\rho-\mathrm{j}\eta)z^{-1}]}\frac{1}{1-z^{-1}}$$
$$=\frac{c_{21}+\mathrm{j}c_{22}}{1-(\rho+\mathrm{j}\eta)z^{-1}}+\frac{c_{21}-\mathrm{j}c_{22}}{1-(\rho-\mathrm{j}\eta)z^{-1}}+\frac{c_0}{1-z^{-1}}$$

式中系数为

$$c_{21}+\mathrm{j}c_{22}=\Phi(z)r(z)[1-(\rho+\mathrm{j}\eta)z^{-1}]\mid_{z=\rho+\mathrm{j}\eta}=\mid c_2\mid\mathrm{e}^{\mathrm{j}\varphi}$$
$$\mid c_2\mid=\sqrt{c_{21}^2+c_{22}^2},\ \tan\varphi=c_{22}/c_{21},\ c_{21}=\mid c_2\mid\cos\varphi,\ c_{22}=\mid c_2\mid\sin\varphi$$
$$c_0=\Phi(z)r(z)(1-z^{-1})\mid_{z=1}=\frac{\beta_1+\beta_0}{(1-\rho)^2+\eta^2}$$

同理，将离散闭环极点参数做如下转换：

$$\bar{p}^{*}=\rho\pm\mathrm{j}\eta=\mathrm{e}^{(\sigma_\mathrm{d}\pm\mathrm{j}\omega_\mathrm{d})\tau} \tag{6-3-11a}$$

有

$$\begin{cases}\rho=\mathrm{e}^{\sigma_\mathrm{d}\tau}\cos\omega_\mathrm{d}\tau\\ \eta=\mathrm{e}^{\sigma_\mathrm{d}\tau}\sin\omega_\mathrm{d}\tau\end{cases} \tag{6-3-11b}$$

进而有

$$y(z)=\frac{2c_{21}-2(c_{21}\rho+c_{22}\eta)z^{-1}}{[1-(\rho+\mathrm{j}\eta)z^{-1}][1-(\rho-\mathrm{j}\eta)z^{-1}]}+\frac{c_0}{1-z^{-1}}$$

$$
= \frac{2c_{21} - 2(c_{21}\rho + c_{22}\eta)z^{-1}}{1 - 2\rho z^{-1} + (\rho^2 + \eta^2)z^{-2}} + \frac{c_0}{1 - z^{-1}}
$$

$$
= \frac{2c_{21}(1 - \rho z^{-1})}{1 - 2\rho z^{-1} + (\rho^2 + \eta^2)z^{-2}} - \frac{2c_{22}\eta z^{-1}}{1 - 2\rho z^{-1} + (\rho^2 + \eta^2)z^{-2}} + \frac{c_0}{1 - z^{-1}}
$$

$$
= 2c_{21}\frac{1 - e^{\sigma_d\tau}(\cos\omega_d\tau)z^{-1}}{1 - 2e^{\sigma_d\tau}(\cos\omega_d\tau)z^{-1} + e^{2\sigma_d\tau}z^{-2}} -
$$

$$
2c_{22}\frac{e^{\sigma_d\tau}(\sin\omega_d\tau)z^{-1}}{1 - 2e^{\sigma_d\tau}(\cos\omega_d\tau)z^{-1} + e^{2\sigma_d\tau}z^{-2}} + \frac{c_0}{1 - z^{-1}} \tag{6-3-12a}
$$

查表 6-1-1 求 z 反变换有

$$
\begin{aligned}
y(k\tau) &= 2c_{21}e^{\sigma_d k\tau}\cos\omega_d k\tau - 2c_{22}e^{\sigma_d k\tau}\sin\omega_d k\tau + c_0 I(k\tau) \\
&= 2\,|\,c_2\,|\,e^{\sigma_d k\tau}(\cos\varphi\cos\omega_d k\tau - \sin\varphi\sin\omega_d k\tau) + c_0 I(k\tau) \\
&= 2\,|\,c_2\,|\,e^{\sigma_d k\tau}\cos(\omega_d k\tau + \varphi) + c_0 I(k\tau) \\
&= 2\,|\,c_2\,|\,e^{\sigma_d k\tau}\sin(\omega_d k\tau + \theta) + c_0 I(k\tau) \tag{6-3-12b}
\end{aligned}
$$

式中，$\theta = \pi/2 + \varphi$。与式（3-3-12）比较知，极点参数经过式（6-3-11）的转换，离散二阶系统阶跃响应与连续二阶系统阶跃响应的形式也是一致的。

3）对于一般离散系统，若离散闭环极点 $\bar{p}_i^* = \rho_i \pm j\eta_i$ 互不相同，总可以分成两组：实数极点组（$\eta_i = 0$）与共轭复数极点组（$\eta_i \neq 0$），离散闭环传递函数可写为

$$
\Phi(z) = \prod \frac{\beta_{i0}z^{-1}}{1 - \rho_i z^{-1}} \prod \frac{\beta_{i1}z^{-1} + \beta_{i0}z^{-2}}{[1 - (\rho_i + j\eta_i)z^{-1}][1 - (\rho_i - j\eta_i)z^{-1}]}
$$

则采用部分分式法有

$$
\begin{aligned}
y(z) &= \Phi(z)r(z) = \prod_i \frac{\beta_{i0}z^{-1}}{1 - \rho_i z^{-1}} \prod_j \frac{\beta_{j1}z^{-1} + \beta_{j0}z^{-2}}{[1 - (\rho_j + j\eta_j)z^{-1}][1 - (\rho_j - j\eta_j)z^{-1}]}\frac{1}{1 - z^{-1}} \\
&= \frac{c_0}{1 - z^{-1}} + \sum_i \frac{c_{i1}}{1 - e^{\sigma_d\tau}z^{-1}} + \\
&\quad \sum_j \left[2c_{j21}\frac{1 - e^{\sigma_{dj}\tau}(\cos\omega_{dj}\tau)z^{-1}}{1 - 2e^{\sigma_{dj}\tau}(\cos\omega_{dj}\tau)z^{-1} + e^{2\sigma_{dj}\tau}z^{-2}} - 2c_{j22}\frac{e^{\sigma_{dj}\tau}(\sin\omega_{dj}\tau)z^{-1}}{1 - 2e^{\sigma_{dj}\tau}(\cos\omega_{dj}\tau)z^{-1} + e^{2\sigma_{dj}\tau}z^{-2}} \right]
\end{aligned}
$$

式中，

$$
\rho_i = e^{\sigma_d\tau} \tag{6-3-13a}
$$

$$
\begin{cases}
\rho_j = e^{\sigma_{dj}\tau}\cos\omega_{dj}\tau \\
\eta_j = e^{\sigma_{dj}\tau}\sin\omega_{dj}\tau
\end{cases} \tag{6-3-13b}
$$

查表 6-1-1 求 z 反变换有

$$
\begin{aligned}
y(k\tau) &= y_0(k\tau) + y_s(k\tau) \\
&= \sum_i c_{i1}e^{k\sigma_d\tau} + \sum_j 2\,|\,c_{j2}\,|\,e^{\sigma_{dj}k\tau}\sin(\omega_{dj}k\tau + \theta_j) + c_0 I(k\tau) \tag{6-3-14a}
\end{aligned}
$$

对应的瞬态响应 $y_0(k\tau)$ 和稳态响应 $y_s(k\tau)$ 分别为

$$
y_0(k\tau) = \sum_i c_{i1}e^{k\sigma_d\tau} + \sum_j 2\,|\,c_{j2}\,|\,e^{\sigma_{dj}k\tau}\sin(\omega_{dj}k\tau + \theta_j) \tag{6-3-14b}
$$

$$
y_s(k\tau) = c_0 I(k\tau) \tag{6-3-14c}
$$

式中，$\theta_j = \pi/2 + \varphi_j$，$\varphi_j = \arctan(c_{j22}/c_{j21})$。

可见，极点参数经过式（6-3-13）的参数转换，离散闭环系统输出响应 $y(k\tau)$ 与连续闭环系统

输出响应的形式是一致的，而且也同样可分为瞬态响应 $y_0(k\tau)$ 与稳态响应 $y_s(k\tau)$ 两个部分。

从前面推导知，若给定输入 $r=I(t)$，$r(z)=1/(1-z^{-1})$，稳态响应的系数均为

$$c_0 = \Phi(z)r(z)(1-z^{-1})\big|_{z=1} = \Phi(z)\big|_{z=1} = k_{\phi z}\frac{\prod\limits_{i=1}^{m}(1-\bar{z}_i^*)}{\prod\limits_{i=1}^{n}(1-\bar{p}_i^*)} = k_\phi$$

实际上就是闭环系统的静态增益。从式(6-1-8e)的 z 变换终值性质可知，$z\to1\Leftrightarrow t\to\infty\Leftrightarrow s\to0$，与连续系统的静态增益是一致的。

从前面推导看出，一般离散系统的响应与一般连续系统的响应有着天然的对应关系，只需注意离散系统极点参数与连续系统极点参数的转换即可，参见式(6-3-9)、式(6-3-11)或式(6-3-13)，可以统一归为

$$z=\rho\pm\mathrm{j}\eta = \mathrm{e}^{s\tau}\big|_{s=\sigma\pm\mathrm{j}\omega} = \mathrm{e}^{(\sigma\pm\mathrm{j}\omega)\tau} \tag{6-3-15a}$$

$$\begin{cases}\rho = \mathrm{e}^{\sigma\tau}\cos\omega\tau \\ \eta = \mathrm{e}^{\sigma\tau}\sin\omega\tau\end{cases} \tag{6-3-15b}$$

式中，$\eta=0$ 对应实数极点，$\eta\neq0$ 对应共轭复数极点。

例 6-3-1 对于图 6-3-7 所示的系统，$G(s)=1/(Ts)$，试给出它的离散系统传递函数以及离散输出的阶跃响应，并与连续系统的阶跃响应做比较。

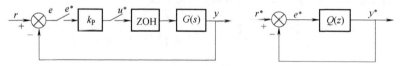

图 6-3-7 例 6-3-1 的离散系统框图

1）开环与闭环离散传递函数分别为

$$Q(z) = k_\mathrm{P}\times G_\mathrm{h}G(z) = k_\mathrm{P}\times Z\left[\frac{1-\mathrm{e}^{-\tau s}}{s}\frac{1}{Ts}\right] = \frac{k_\mathrm{P}}{T}(1-z^{-1})Z\left[\frac{1}{s^2}\right] = \frac{k_\mathrm{P}}{T}\frac{\tau z^{-1}}{1-z^{-1}}$$

$$\Phi(z) = \frac{Q(z)}{1+Q(z)} = \frac{k_\mathrm{P}\tau z^{-1}}{T(1-z^{-1})+k_\mathrm{P}\tau z^{-1}} = \frac{(1-\rho)z^{-1}}{1-\rho z^{-1}} = \frac{\beta_0 z^{-1}}{1-\rho z^{-1}} \tag{6-3-16a}$$

式中，

$$\rho = 1-k_\mathrm{P}\tau/T = \mathrm{e}^{\sigma\tau}, \quad \sigma = (1/\tau)\ln\rho, \quad \beta_0 = 1-\rho \tag{6-3-16b}$$

2）按照式(6-3-10)，可得离散系统的输出阶跃响应为

$$y(k\tau) = \frac{\beta_0}{1-\mathrm{e}^{\sigma\tau}}(1-\mathrm{e}^{\sigma k\tau}) = 1-\mathrm{e}^{\sigma k\tau} \tag{6-3-17}$$

若取 $k_\mathrm{P}=1$，$T=20\mathrm{s}$，$\tau=\{12\mathrm{s},1.2\mathrm{s},0.2\mathrm{s}\}$，其阶跃响应如图 6-3-8 所示。

3）离散闭环极点与连续闭环极点。若不考虑图 6-3-7 中的采样开关和零阶保持器，参照例 3-1-1，连续闭环传递函数与输出阶跃响应为

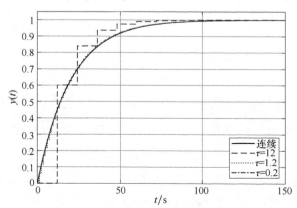

图 6-3-8 例 6-3-1 的离散输出响应

$$\Phi(s)=\frac{k_{\mathrm{p}}/(Ts)}{1+k_{\mathrm{p}}/(Ts)}=\frac{k_{\mathrm{p}}}{Ts+k_{\mathrm{p}}}=\frac{1}{(T/k_{\mathrm{p}})s+1} \tag{6-3-18a}$$

$$y(t)=1-\mathrm{e}^{-\frac{k_{\mathrm{p}}}{T}t} \tag{6-3-18b}$$

连续闭环极点为 $\bar{p}_1=\bar{\sigma}=-k_{\mathrm{p}}/T$。

由式(6-3-16)知，离散闭环极点为 $\bar{p}_1^*=\rho=\mathrm{e}^{\sigma\tau}$，正是这种指数关系，当 $\sigma=\bar{\sigma}$ 时，使得离散系统与连续系统在时域的表现是一致的。当 $\sigma\neq\bar{\sigma}$ 时，两者之间的响应有误差，下面讨论其与采样周期的关系。

由式(6-3-16b)有

$$\sigma=\frac{1}{\tau}\ln\left(1-\frac{k_{\mathrm{p}}\tau}{T}\right)=\frac{1}{\tau}\ln(1+\bar{\sigma}\tau)=\frac{1}{\tau}\left[\bar{\sigma}\tau-\frac{1}{2}(\bar{\sigma}\tau)^2+\cdots\right]\approx\bar{\sigma}-\frac{1}{2}(\bar{\sigma})^2\tau \tag{6-3-19}$$

由于

$$\left|\frac{\bar{\sigma}-\sigma}{\bar{\sigma}}\right|\approx\frac{1}{2}\mid\bar{\sigma}\mid\tau\leqslant\mu_\sigma$$

则

$$\tau\leqslant\frac{2}{\mid\bar{\sigma}\mid}\mu_\sigma \tag{6-3-20}$$

式中，μ_σ 是极点实部的相对精度。

由式(4-3-26a)知，一阶系统的幅值穿越频率为 $\omega_{\mathrm{c}}=k_{\mathrm{p}}/T=\mid\bar{\sigma}\mid$。参见式(6-2-14)，希望采样频率满足

$$\omega_{\mathrm{s}}=2\pi f_{\mathrm{s}}=\frac{2\pi}{\tau}\geqslant10\omega_{\mathrm{c}}$$

则

$$\tau\leqslant\frac{\pi}{5\omega_{\mathrm{c}}}=\frac{\pi}{5\mid\bar{\sigma}\mid} \tag{6-3-21}$$

所以，采样周期应取为

$$\tau\leqslant\min\left\{\frac{\pi}{5\mid\bar{\sigma}\mid},\frac{2\mu_\sigma}{\mid\bar{\sigma}\mid}\right\} \tag{6-3-22}$$

若取 $k_{\mathrm{p}}=1$，$T=20\mathrm{s}$，$\bar{\sigma}=\frac{k_{\mathrm{p}}}{T}=-0.05$，$\mu_\sigma=0.01$，由式(6-3-22)可得，$\tau\leqslant\min\{12.5\mathrm{s},0.4\mathrm{s}\}\leqslant0.4\mathrm{s}$。

取 $\tau=12\mathrm{s}<12.5\mathrm{s}$，满足式(6-3-21)对最高频率的估算，由图6-3-8可见，其离散系统响应的轮廓与连续系统响应趋势基本一致，但二者在瞬态过程还是存在较大差异；取 $\tau=0.2\mathrm{s}$，既满足式(6-3-21)对最高频率的估算，也满足式(6-3-20)对离散化精度的要求，由图6-3-8可见，其离散系统的响应与连续系统的响应几乎重叠。

例6-3-2 对于图6-3-7所示的系统，$G(s)=\dfrac{1}{s(s+a)}$，试给出它的离散系统传递函数以及离散输出的阶跃响应，并与连续系统的阶跃响应做比较。

1）开环与闭环离散传递函数分别为

$$Q(z)=k_{\mathrm{p}}\times G_{\mathrm{h}}G(z)=k_{\mathrm{p}}\times Z\left[\frac{1-\mathrm{e}^{-\tau s}}{s}\frac{1}{s(s+a)}\right]$$

$$=k_{\mathrm{p}}(1-z^{-1})Z\left[\frac{1}{s^2(s+a)}\right]=k_{\mathrm{p}}(1-z^{-1})Z\left[\frac{1}{a}\frac{1}{s^2}-\frac{1}{a^2}\frac{1}{s}+\frac{1}{a^2}\frac{1}{s+a}\right]$$

$$= k_P (1 - z^{-1}) \left[\frac{1}{a} \frac{\tau z^{-1}}{(1 - z^{-1})^2} - \frac{1}{a^2} \frac{1}{1 - z^{-1}} + \frac{1}{a^2} \frac{1}{1 - e^{-a\tau} z^{-1}} \right]$$

$$= k_{P\tau} \frac{b_1 z^{-1} + b_0 z^{-2}}{(1 - z^{-1})(1 - \rho_0 z^{-1})} \tag{6-3-23}$$

式中，$k_{P\tau} = k_P a^{-2}$，$\rho_0 = e^{-a\tau}$，$b_1 = a\tau + e^{-a\tau} - 1$，$b_0 = 1 - a\tau e^{-a\tau} - e^{-a\tau}$。

$$\Phi(z) = \frac{Q(z)}{1 + Q(z)} = \frac{k_{P\tau}(b_1 z^{-1} + b_0 z^{-2})}{(1 - z^{-1})(1 - \rho_0 z^{-1}) + k_{P\tau}(b_1 z^{-1} + b_0 z^{-2})}$$

$$= \frac{k_{P\tau}(b_1 + b_0 z^{-1}) z^{-1}}{1 - (1 + \rho_0 - k_{P\tau} b_1) z^{-1} + (\rho_0 + k_{P\tau} b_0) z^{-2}} = \frac{\beta_1 z^{-1} + \beta_0 z^{-2}}{1 - 2\rho z^{-1} + (\rho^2 + \eta^2) z^{-2}}$$

式中

$$\begin{cases} \beta_1 = k_{P\tau} b_1 \\ \beta_0 = k_{P\tau} b_0 \end{cases} \tag{6-3-24a}$$

$$\rho = (1 + \rho_0 - k_{P\tau} b_1)/2, \quad \rho^2 + \eta^2 = \rho_0 + k_{P\tau} b_0 \tag{6-3-24b}$$

2）按照式（6-3-12），可得离散系统的输出阶跃响应为

$$y(k\tau) = 2 |c_2| e^{\sigma_d k\tau} \sin(\omega_d k\tau + \theta) + c_0 I(k\tau) \tag{6-3-25a}$$

式中

$$\begin{cases} e^{\sigma_d \tau} = \sqrt{\rho^2 + \eta^2} \\ \omega_d = 1/\tau \arctan(\eta/\rho) \end{cases} \tag{6-3-25b}$$

取 $k_P = 100$，$a = 6$，$\tau = \{0.06s, 0.01s, 0.001s\}$，其阶跃响应如图 6-3-9 所示。

3）离散闭环极点与连续闭环极点。若不考虑图 6-3-7 中的采样开关和零阶保持器，参照例 3-1-2，连续闭环传递函数为

$$\Phi(s) = \frac{k_P}{s(s+a) + k_P} = \frac{k_P}{s^2 + as + k_P} = \frac{\omega_n^2}{s^2 + 2\xi\omega_n s + \omega_n^2}$$

令 $0 < \xi = a/(2\sqrt{k_P}) < 1$，其输出阶跃响应为

$$y(t) = -c e^{\bar{\sigma}_d t} \sin(\bar{\omega}_d t + \theta) + 1 \tag{6-3-26}$$

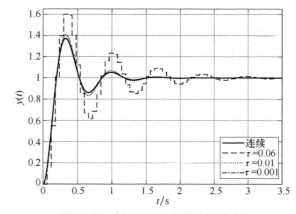

图 6-3-9　例 6-3-2 的离散输出响应

式中，$\bar{\sigma}_d = -\xi\omega_n = -\dfrac{a}{2}$，$\bar{\omega}_d = \omega_n\sqrt{1 - \xi^2} = \sqrt{k_P - (a/2)^2}$。

由 $\Phi(s)$ 知，连续闭环极点为 $\bar{p}_{1,2} = \bar{\sigma}_d \pm j\bar{\omega}_d = -a/2 \pm j\sqrt{k_P - (a/2)^2}$；由 $\Phi(z)$ 知，离散闭环极点为 $\bar{p}_{1,2}^* = \rho \pm j\eta$。与一阶系统一样，由式（6-3-25a）与式（6-3-26）知，当 $\sigma_d = \bar{\sigma}_d$、$\omega_d = \bar{\omega}_d$ 时，离散系统与连续系统在时域的表现是一致的。

下面分析 $\{\sigma_d, \omega_d\}$ 与 $\{\bar{\sigma}_d, \bar{\omega}_d\}$ 之间的关系。取

$$g(\tau) = \rho_0 + k_{P\tau} b_0 = e^{-a\tau} + k_P a^{-2}(1 - a\tau e^{-a\tau} - e^{-a\tau}), \quad g(0) = 1 \tag{6-3-27}$$

由式（6-3-25b）、式（6-3-24b）可得

$$e^{2\sigma_d \tau} = \rho^2 + \eta^2 = \rho_0 + k_{P\tau} b_0 = g(\tau)$$

$$\sigma_d = \sigma_d(\tau) = \frac{1}{2\tau} \ln g(\tau), \quad \sigma_d'(\tau) = \frac{\tau g'(\tau)/g(\tau) - \ln g(\tau)}{2\tau^2}$$

$$\sigma_d(0) = \lim_{\tau \to 0} \frac{1}{2\tau} \ln g(\tau) = \lim_{\tau \to 0} \frac{1}{2} \frac{g'(\tau)}{g(\tau)} = -\frac{a}{2} = \bar{\sigma}_d$$

$$\sigma'_\mathrm{d}(0) = \lim_{\tau \to 0} \frac{\tau g'(\tau) - g(\tau)\ln g(\tau)}{2\tau^2 g(\tau)} = \lim_{\tau \to 0} \frac{\tau g''(\tau) - g'(z)\ln g(z)}{4\tau g(z) + 2\tau^2 g'(z)} = \frac{k_\mathrm{P}}{4}$$

将 $\sigma_\mathrm{d}(\tau)$ 在 $\tau = 0$ 处展开有

$$\sigma_\mathrm{d}(\tau) = \sigma_\mathrm{d}(0) + \sigma'_\mathrm{d}(0)\tau + o(\tau) \approx \overline{\sigma}_\mathrm{d} + k_\mathrm{P}\tau/4$$

由于

$$\left| \frac{\overline{\sigma}_\mathrm{d} - \sigma_\mathrm{d}}{\overline{\sigma}_\mathrm{d}} \right| \approx \left| \frac{k_\mathrm{P}}{4\overline{\sigma}_\mathrm{d}}\tau \right| = \frac{k_\mathrm{P}}{4\,|\,\overline{\sigma}_\mathrm{d}\,|}\tau \leqslant \mu_\sigma$$

则

$$\tau \leqslant \frac{4\,|\,\overline{\sigma}_\mathrm{d}\,|}{k_\mathrm{P}}\mu_\sigma \qquad\qquad (6\text{-}3\text{-}28)$$

同理，取

$$\rho = \rho(\tau) = (1 + \rho_0 - k_{\mathrm{P}_\tau}b_1)/2 = \left[1 + \mathrm{e}^{-a\tau} - k_\mathrm{P}a^{-2}(a\tau + \mathrm{e}^{-a\tau} - 1)\right]/2$$

$$h(\tau) = \sqrt{\rho_0 + k_{\mathrm{P}_\tau}b_0 - \rho^2}/\rho = \sqrt{g(\tau) - \rho^2(\tau)}/\rho, \quad h(0) = 0$$

由式(6-3-25b)、式(6-3-24b)可得

$$\omega_\mathrm{d} = \omega_\mathrm{d}(\tau) = \frac{1}{\tau}\arctan\frac{\eta}{\rho} = \frac{1}{\tau}\arctan\frac{\sqrt{\rho_0 + k_{\mathrm{P}_\tau}b_0 - \rho^2}}{\rho} = \frac{1}{\tau}\arctan h(\tau)$$

$$\omega_\mathrm{d}(0) = \lim_{\tau \to 0} = \frac{\arctan h(\tau)}{\tau} = \lim_{\tau \to 0}\frac{h'(\tau)}{1 + h^2(\tau)} = \sqrt{k_\mathrm{P} - \left(\frac{a}{2}\right)^2} = \overline{\omega}_\mathrm{d}$$

$$\omega'_\mathrm{d}(0) = \lim_{\tau \to 0}\omega'_\mathrm{d}(\tau) = \lim_{\tau \to 0}\frac{\tau\dfrac{h'(\tau)}{1 + h^2(\tau)} - \arctan h(\tau)}{\tau^2}$$

$$= \lim_{\tau \to 0}\frac{\tau h'(\tau) - (1 + h^2(\tau))\arctan h(\tau)}{\tau^2(1 + h^2(\tau))} = k_\mathrm{P} - \left(\frac{a}{2}\right)^2 = \overline{\omega}_\mathrm{d}^2$$

将 $\omega_\mathrm{d}(\tau)$ 在 $\tau = 0$ 处展开有

$$\omega_\mathrm{d}(\tau) = \omega_\mathrm{d}(0) + \omega'_\mathrm{d}(0)\tau + o(\tau) \approx \overline{\omega}_\mathrm{d} - \overline{\omega}_\mathrm{d}^2\tau$$

由于

$$\left| \frac{\overline{\omega}_\mathrm{d} - \omega_\mathrm{d}}{\overline{\omega}_\mathrm{d}} \right| \approx \overline{\omega}_\mathrm{d}\tau \leqslant \mu_\omega$$

则

$$\tau \leqslant \frac{1}{\overline{\omega}_\mathrm{d}}\mu_\omega \qquad\qquad (6\text{-}3\text{-}29)$$

式中，μ_ω 是极点虚部的相对精度。

二阶连续系统的阻尼振荡频率为 $\overline{\omega}_\mathrm{d}$，参见式(6-2-14)，希望采样频率满足

$$\omega_\mathrm{s} = 2\pi f_\mathrm{s} = \frac{2\pi}{\tau} \geqslant 10\overline{\omega}_\mathrm{d}$$

则

$$\tau \leqslant \frac{\pi}{5\overline{\omega}_\mathrm{d}} \qquad\qquad (6\text{-}3\text{-}30)$$

所以，采样周期应取为

$$\tau \leqslant \min\left\{\frac{\pi}{5\overline{\omega}_d}, \frac{4|\overline{\sigma}_d|}{k_P}\mu_\sigma, \frac{1}{\overline{\omega}_d}\mu_\omega\right\} \tag{6-3-31}$$

注意，前面极限的推导需要多次运用洛必达法则。

若取 $k_P = 100$，$a = 6$，$\overline{\sigma}_d = -a/2 = -3$，$\overline{\omega}_d = \sqrt{k_P - (a/2)^2} = 9.54\mathrm{rad/s}$，$\mu_\sigma = 0.01$，$\mu_\omega = 0.02$，由式（6-3-31）可得

$$\tau \leqslant \min\left\{\frac{\pi}{5\overline{\omega}_d}, \frac{4|\overline{\sigma}_d|}{k_P}\mu_\sigma, \frac{1}{\overline{\omega}_d}\mu_\omega\right\} = \min\{0.066\mathrm{s}, 0.0012\mathrm{s}, 0.002\mathrm{s}\} = 0.0012\mathrm{s}$$

本例再次表明，采样周期 τ 是离散系统一个重要参数。由图 6-3-9 可见，尽管取 $\tau = 0.06\mathrm{s} < 0.066\mathrm{s}$，可以满足式（6-3-30）对最高频率的估算，但其离散系统的响应与连续系统的响应还是存在较大误差；取 $\tau = 0.001\mathrm{s}$，既满足式（6-3-30）对最高频率的估算，也满足式（6-3-28）、式（6-3-29）对离散化精度的要求，其离散系统的响应与连续系统的响应几乎重叠。

3. 离散系统的性能

从前面离散系统输出响应的推导可看出，只要将离散闭环极点按照式（6-3-15）进行参数转换，$\{\rho_i, \eta_i\} \Rightarrow \{\sigma_{di}, \omega_{di}\}$，离散系统的输出响应与连续系统的输出响应在形式上十分类似。因此，连续系统的性能分析与性能指标的计算公式，都可对应地移植过来。

（1）离散瞬态响应的收敛性

由式（6-3-14）知，对于实数极点 $\overline{p}_i^* = \rho_i$，有

$$\mathrm{e}^{k\sigma_{di}\tau} \to 0 \Leftrightarrow \sigma_{di} < 0 \Leftrightarrow \rho_i = \mathrm{e}^{\sigma_{di}\tau} < 1 \Leftrightarrow |\overline{p}_i^*| < 1$$

对于共轭复数极点 $\overline{p}_i^* = \rho_i \pm \mathrm{j}\eta_i$，有

$$\mathrm{e}^{k\sigma_{di}\tau}\sin(k\omega_{di}\tau + \theta_i) \to 0 \Leftrightarrow \sigma_{di} < 0 \Leftrightarrow \rho_i^2 + \eta_i^2 = \mathrm{e}^{2\sigma_{di}\tau} < 1 \Leftrightarrow |\overline{p}_i^*| < 1$$

综合两种情况有

$$y_0(k\tau) \to 0 \Leftrightarrow \forall |\overline{p}_i^*| < 1 \tag{6-3-32}$$

可见，离散瞬态响应 $y_0(k\tau)$ 与离散闭环极点 $\overline{p}_i^*$ 密切相关。如果每一个离散闭环极点的幅值小于 1，即 $|\overline{p}_i^*| < 1$，离散瞬态响应将收敛，意味着输出响应是稳定的。

而且 σ_{di} 越负，意味着 $|\overline{p}_i^*| \to 0$，即离散闭环极点的幅值越接近 0，离散瞬态响应 $y_0(k\tau)$ 衰减越快；离散闭环极点的幅值越接近 1，离散瞬态响应 $y_0(k\tau)$ 衰减越慢。

在连续系统，实部越接近于 0（越靠近 s 平面的虚轴）的闭环极点 $\overline{p}_i$ 越是主导极点；在离散系统，幅值越接近 1（越靠近 z 平面的单位圆边界）的闭环极点 $\overline{p}_i^*$ 越是主导极点。

（2）离散瞬态响应的快速性

由式（6-3-14）知，离散瞬态响应 $y_0(k\tau)$ 的衰减取决于 $\mathrm{e}^{\sigma_{di}\tau}$。因此，离散瞬态响应的快速性与 σ_{di} 密切相关。

若系统是一阶离散系统或主导极点是实数极点（$\overline{p}_i^* = \rho$），对比式（6-3-10b）与式（3-3-2），参照式（3-3-4），可推出离散系统的瞬态过程时间为

$$t_s \approx \begin{cases} 4/|\sigma_d| & \varepsilon = 0.02 \\ 3/|\sigma_d| & \varepsilon = 0.05 \end{cases}, \quad \rho = \mathrm{e}^{\sigma_d\tau} \tag{6-3-33}$$

（3）离散瞬态响应的超调量

若离散闭环极点出现共轭复数极点，离散瞬态响应 $y_0(k\tau)$ 将会出现振荡波形，与连续系统一样会引起系统输出响应出现超调。

若系统是二阶离散系统或主导极点是共轭复数极点（$\overline{p}_i^* = \rho \pm \mathrm{j}\eta$），对比式（6-3-12b）与式（3-3-12），

参照式（3-3-17），可推出离散系统的超调量为

$$\delta = \mathrm{e}^{\frac{\sigma_{\mathrm{d}}}{\omega_{\mathrm{d}}}\pi}, \quad \mathrm{e}^{\sigma_{\mathrm{d}}\tau} = \sqrt{\rho^2 + \eta^2}, \quad \omega_{\mathrm{d}} = 1/\tau \arctan(\eta/\rho) \tag{6-3-34}$$

二阶离散系统的瞬态过程时间 t_{s} 与式（6-3-33）是一致的。

（4）稳态精度

若期望输出为 $y^*(k\tau)$，离散系统的稳态误差定义为

$$e_{\mathrm{s}} = \lim_{k\to\infty}\left[y^*(k\tau) - y(k\tau) \right] \tag{6-3-35a}$$

不失一般性，假定 $r(k\tau) = y^*(k\tau)$，则

$$e_{\mathrm{s}} = \lim_{k\to\infty}\left[y^*(k\tau) - y(k\tau) \right] = \lim_{k\to\infty}\left[r(k\tau) - y(k\tau) \right]$$

对于单位反馈系统，根据 z 变换终值性质有

$$e_{\mathrm{s}} = \lim_{z\to1}\left[(1-z^{-1})\left[r(z) - y(z) \right] \right] = \lim_{z\to1}\left[(1-z^{-1})(1-\varPhi(z))r(z) \right]$$
$$= \lim_{z\to1}\left[(1-z^{-1})\frac{1}{1+Q(z)}r(z) \right] \tag{6-3-35b}$$

综上所述，与连续系统一样，离散系统的瞬态性能与离散闭环极点密切相关。若将离散闭环极点按式（6-3-15）进行转换，则离散系统的瞬态性能指标公式与连续系统的瞬态性能指标公式是一致的。另外，离散系统的积分器与稳态性能的关系也可对应地从连续系统中移植过来，只是连续系统中的积分器 $\dfrac{1}{s}$，在离散系统对应的是 $\dfrac{1}{1-z^{-1}}$，离散开环传递函数 $Q(z)$ 中含有积分因子 $\dfrac{1}{1-z^{-1}}$ 的个数决定系统稳态性能的无差度。

4. 离散系统的稳定性分析

稳定性是控制系统最基础最重要的性能。式（6-3-32）表明，离散闭环系统的稳定性取决于离散闭环极点的幅值是否小于1。这一点从离散、连续零极点变换式（6-3-15）也可看出。

（1）稳定极点的区域

令连续系统的极点 $s=\sigma+\mathrm{j}\omega$，根据式（6-3-15），对应在 z 平面上的极点为

$$z = \rho + \mathrm{j}\eta = \mathrm{e}^{\tau s} = \mathrm{e}^{\tau(\sigma+\mathrm{j}\omega)} = \mathrm{e}^{\sigma\tau}\mathrm{e}^{\mathrm{j}\omega\tau} \tag{6-3-36a}$$

$$\begin{cases} |z| = \sqrt{\rho^2+\eta^2} = \mathrm{e}^{\sigma\tau} \\ \angle z = \arctan(\eta/\rho) = \omega\tau \end{cases} \tag{6-3-36b}$$

$$\begin{cases} \rho = \mathrm{e}^{\sigma\tau}\cos\omega\tau \\ \eta = \mathrm{e}^{\sigma\tau}\sin\omega\tau \end{cases} \tag{6-3-36c}$$

因此，一定有

$$\text{连续系统稳定} \Leftrightarrow \sigma < 0 \Leftrightarrow |z| = \sqrt{\rho^2+\eta^2} = \mathrm{e}^{\sigma\tau} < 1 \Leftrightarrow \text{离散系统稳定} \tag{6-3-37}$$

对于稳定的连续系统，极点要在 s 平面的左半平面上；对于稳定的离散系统，极点要在 z 平面上的以原点为圆心的单位圆内，如图 6-3-10 所示。

如果有一个离散闭环极点位于单位圆上，离散闭环系统处于临界稳定；如果有一个离散闭环极点位于单位圆外，离散闭环系统将不稳定，输出响应将发散。

对于稳定的离散闭环系统，其离散闭环极点都位于单位圆内，其相对稳定性取决于离单位圆边界最近的那个极点，因此，将该极点称为离散闭环系统的主导极点，它与单位圆边界的距离

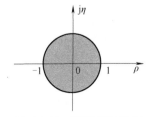

图 6-3-10　离散系统稳定极点的区域

成为离散系统相对稳定性的度量。

（2）w 变换与劳斯稳定判据

由离散闭环极点方程式(6-3-8)求出极点，再判断其幅值是否小于 1，还是一件麻烦的事。可否像连续系统一样，采用劳斯稳定判据进行判断？

参照式(6-2-12b)所示的塔斯汀双线性变换，引入 w 变换，也称其为双线性变换，即

$$z=\frac{1+w}{1-w},\quad w=\frac{z-1}{z+1} \tag{6-3-38a}$$

令 $z=\rho+j\eta$，$w=\mu+j\nu$，代入上式，可推出

$$w=\mu+j\nu=\frac{(\rho^2+\eta^2)-1}{(\rho+1)^2+\eta^2}+j\frac{2\eta}{(\rho+1)^2+\eta^2} \tag{6-3-38b}$$

由上式知：

$\rho^2+\eta^2=1\Leftrightarrow\mu=0$，$z$ 平面上的单位圆边界映射到了 w 平面上的虚轴；

$\rho^2+\eta^2<1\Leftrightarrow\mu<0$，$z$ 平面上的单位圆内部映射到了 w 平面上的左半平面；

$\rho^2+\eta^2>1\Leftrightarrow\mu>0$，$z$ 平面上的单位圆外部映射到了 w 平面上的右半平面。

z 平面与 w 平面的映射关系如图 6-3-11 所示。

将 w 变换式(6-3-38a)代入式(6-3-8)，有 $1+Q(z)\big|_{z=\frac{1+w}{1-w}}=0$，整理后为

$$w^n+\overline{\alpha}_{n-1}w^{n-1}+\cdots+\overline{\alpha}_0=0 \tag{6-3-39}$$

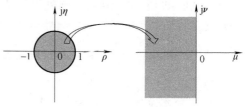

图 6-3-11　w 变换与映射

这样，就可以运用劳斯稳定判据对式(6-3-39)进行判断。若式(6-3-39)在 w 平面上稳定，那么式(6-3-8)在 z 平面上稳定。

例 6-3-3　若离散开环传递函数 $Q(z)=\dfrac{z^{-3}}{16-20z^{-1}+12z^{-2}-3z^{-3}}$，试判断离散闭环系统的稳定性。

1）离散闭环极点方程为

$$1+Q(z)=1+\frac{z^{-3}}{16-20z^{-1}+12z^{-2}-3z^{-3}}=0$$

则

$$16-20z^{-1}+12z^{-2}-2z^{-3}=0$$

进而有

$$1-5/4z^{-1}+3/4z^{-2}-1/8z^{-3}=0 \tag{6-3-40a}$$

或者

$$z^3+\alpha_2 z^2+\alpha_1 z+\alpha_0=0 \tag{6-3-40b}$$

式中，$\alpha_2=-5/4$，$\alpha_1=3/4$，$\alpha_0=-1/8$。

2）转换到 w 平面上。将式(6-3-38a)所示的双线性变换代入式(6-3-40b)有

$$\left(\frac{1+w}{1-w}\right)^3+\alpha_2\left(\frac{1+w}{1-w}\right)^2+\alpha_1\left(\frac{1+w}{1-w}\right)+\alpha_0=0 \tag{6-3-41a}$$

上式等号两边同乘以 $(1-w)^3$ 有

$$(1+w)^3+\alpha_2(1+w)^2(1-w)+\alpha_1(1+w)(1-w)^2+\alpha_0(1-w)^3=0$$

可推导出

$$w^3+\gamma_2 w^2+\gamma_1 w+\gamma_0=0 \tag{6-3-41b}$$

式中系数分别为

$$\gamma_2 = \frac{3 - \alpha_2 - \alpha_1 + 3\alpha_0}{1 - \alpha_2 + \alpha_1 - \alpha_0} = 1 \tag{6-3-42a}$$

$$\gamma_1 = \frac{3 + \alpha_2 - \alpha_1 - 3\alpha_0}{1 - \alpha_2 + \alpha_1 - \alpha_0} = 0.6822 \tag{6-3-42b}$$

$$\gamma_0 = \frac{1 + \alpha_2 + \alpha_1 + \alpha_0}{1 - \alpha_2 + \alpha_1 - \alpha_0} = 0.2150 \tag{6-3-42c}$$

列出劳斯阵列：

$$
\begin{array}{cccc}
w^3: & 1 & \gamma_1 & \\
w^2: & \gamma_2 & \gamma_0 & \\
w^1: & \dfrac{\gamma_2 \gamma_1 - \gamma_0}{\gamma_2} & 0 & \\
w^0: & \gamma_0 & &
\end{array}
\tag{6-3-43}
$$

显见，$\gamma_2 > 0$、$\gamma_2 \gamma_1 > \gamma_0$、$\gamma_0 > 0$，根据劳斯稳定判据，式(6-3-41b)在 w 平面上稳定，从而式(6-3-40a)一定在 z 平面上稳定，即离散闭环系统是稳定的。

3）若将式(6-3-40a)进行因式分解有

$$1 - \frac{5}{4} z^{-1} + \frac{3}{4} z^{-2} - \frac{1}{8} z^{-3} = \left[1 - \left(\frac{1}{2} + j\frac{1}{2} \right) z^{-1} \right] \left[1 - \left(\frac{1}{2} - j\frac{1}{2} \right) z^{-1} \right] \left(1 - \frac{1}{4} z^{-1} \right) = 0$$

可见，三个离散闭环极点都在 z 平面上的单位圆内。

例 6-3-4 对于图 6-3-7 所示的系统，$G(s) = \dfrac{5}{s(s+1)(s+5)}$，试分析保证离散闭环系统稳定的比例控制器参数 k_P 的取值范围。

1）建立离散系统的数学模型。不难得知

$$
\begin{aligned}
G_h G(z) &= (1 - z^{-1}) \times Z\left[\frac{5}{s^2(s+1)(s+5)} \right] \\
&= (1 - z^{-1}) \times Z\left[\frac{1}{s^2} - \frac{24/20}{s} + \frac{25/20}{s+1} - \frac{1/20}{s+5} \right] \\
&= (1 - z^{-1}) \left[\frac{\tau z^{-1}}{(1 - z^{-1})^2} - \frac{6}{5} \frac{1}{1 - z^{-1}} + \frac{5}{4} \frac{1}{1 - e^{-\tau} z^{-1}} - \frac{1}{20} \frac{1}{1 - e^{-5\tau} z^{-1}} \right] \\
&= \frac{b_2 z^{-1} + b_1 z^{-2} + b_0 z^{-3}}{(1 - z^{-1})(1 - e^{-\tau} z^{-1})(1 - e^{-5\tau} z^{-1})} = \frac{b_2 z^{-1} + b_1 z^{-2} + b_0 z^{-3}}{1 + a_2 z^{-1} + a_1 z^{-2} + a_0 z^{-3}}
\end{aligned}
\tag{6-3-44}
$$

式中各项系数为

$$
\begin{cases}
b_2 = \left[20\tau - 24 + 25 e^{-\tau} - e^{-5\tau} \right]/20 \\
b_1 = \left[24 - (20\tau + 26) e^{-\tau} - (20\tau - 26) e^{-5\tau} - 24 e^{-6\tau} \right]/20 \\
b_0 = \left[e^{-\tau} - 25 e^{-5\tau} + (20\tau + 24) e^{-6\tau} \right]/20
\end{cases}
\tag{6-3-45a}
$$

$$
\begin{cases}
a_2 = -1 - e^{-\tau} - e^{-5\tau} \\
a_1 = e^{-\tau} + e^{-5\tau} + e^{-6\tau} \\
a_0 = -e^{-6\tau}
\end{cases}
\tag{6-3-45b}
$$

若离散控制器取为 $K(z) = k_P$，则离散开环传递函数与离散闭环传递函数分别为

$$Q(z) = k_{\mathrm{P}} \frac{b_2 z^{-1} + b_1 z^{-2} + b_0 z^{-3}}{1 + a_2 z^{-1} + a_1 z^{-2} + a_0 z^{-3}} \tag{6-3-46}$$

$$\Phi(z) = \frac{Q(z)}{1+Q(z)} = \frac{k_{\mathrm{P}}(b_2 z^{-1} + b_1 z^{-2} + b_0 z^{-3})}{(1 + a_2 z^{-1} + a_1 z^{-2} + a_0 z^{-3}) + k_{\mathrm{P}}(b_2 z^{-1} + b_1 z^{-2} + b_0 z^{-3})}$$

$$= \frac{k_{\mathrm{P}}(b_2 z^{-1} + b_1 z^{-2} + b_0 z^{-3})}{1 + \alpha_2 z^{-1} + \alpha_1 z^{-2} + \alpha_0 z^{-3}} \tag{6-3-47}$$

式中分母系数分别为

$$\alpha_2 = a_2 + k_{\mathrm{P}} b_2 \tag{6-3-48a}$$
$$\alpha_1 = a_1 + k_{\mathrm{P}} b_1 \tag{6-3-48b}$$
$$\alpha_0 = a_0 + k_{\mathrm{P}} b_0 \tag{6-3-48c}$$

2）建立离散闭环极点方程，并转换到 w 平面上进行稳定性分析。由式（6-3-47）可得离散闭环极点方程为

$$1 + \alpha_2 z^{-1} + \alpha_1 z^{-2} + \alpha_0 z^{-3} = 0$$

或者

$$z^3 + \alpha_2 z^2 + \alpha_1 z + \alpha_0 = 0 \tag{6-3-49}$$

与例 6-3-3 的推导一样，参见式（6-3-41）、式（6-3-42）以及劳斯阵列式（6-3-43），若要式（6-3-49）在 w 平面稳定，一定有 $\gamma_2 \gamma_1 > \gamma_0$，即

$$(3 - \alpha_2 - \alpha_1 + 3\alpha_0)(3 + \alpha_2 - \alpha_1 - 3\alpha_0) > (1 - \alpha_2 + \alpha_1 - \alpha_0)(1 + \alpha_2 + \alpha_1 + \alpha_0) \tag{6-3-50}$$

将式（6-3-48）代入式（6-3-50），再经泰勒展开有

$$\tau[(24 - 72\tau + o(\tau)) + k_{\mathrm{P}} o(\tau)][(10 - 30\tau + o(\tau)) + k_{\mathrm{P}}(15\tau + o(\tau))]\tau^2$$
$$> [(8 - 24\tau + o(\tau)) + k_{\mathrm{P}} o(\tau)][0 + k_{\mathrm{P}}(5 - 23.3\tau + o(\tau))]\tau^3$$

考虑采样周期 τ 较小，忽略高阶无穷小 $o(\tau)$，上式可化简为

$$0 < k_{\mathrm{P}} < \frac{6 - 36\tau + 54\tau^2}{1 - 16.67\tau + 41.01\tau^2} = 6 + \frac{64.02\tau(1 - 3\tau)}{1 - 16.67\tau + 41.01\tau^2} \tag{6-3-51}$$

式（6-3-51）给出了保证离散闭环系统稳定的比例参数取值范围。可见，与采样周期 τ 有关，当 $\tau \to 0$，取值范围 $0 < k_{\mathrm{P}} < 6$，与连续系统一致，参见例 5-1-1。

5. 离散系统的根轨迹

与连续系统一样，根据离散开环传递函数的零极点，可以确定离散闭环系统的极点。不失一般性，令离散开环传递函数 $Q(z)$ 为式（6-3-7a），离散闭环极点 z_k 一定要满足 $1 + Q(z_k) = 0$，即

$$\frac{\prod\limits_{i=1}^{m}(z_k - z_i^*)}{\prod\limits_{i=1}^{n}(z_k - p_i^*)} = -\frac{1}{k_{qz}} = \frac{1}{k_{qz}} e^{j(2l+1)\pi} \quad (l = 0, \pm 1, \pm 2, \cdots) \tag{6-3-52a}$$

其中，幅值条件为

$$\frac{\prod\limits_{i=1}^{m}|z_k - z_i^*|}{\prod\limits_{i=1}^{n}|z_k - p_i^*|} = \frac{1}{k_{qz}} \tag{6-3-52b}$$

相角条件为

$$\sum_{j=1}^{m} \angle(z_k - z_i^*) - \sum_{i=1}^{n} \angle(z_k - p_i^*) = (2l+1)\pi \quad (l = 0, \pm 1, \pm 2, \cdots) \tag{6-3-52c}$$

与式(3-4-2)比较是类似的，因此，连续系统根轨迹的绘制方法完全可以移植过来。下面通过实例来说明离散系统根轨迹的绘制。

例 6-3-5 绘制例 6-3-4 的根轨迹。

1）取 $\tau = 0.01\mathrm{s}$，由式(6-3-46)、式(6-3-45)可得离散开环传递函数为

$$Q(z) = k_\mathrm{p} \frac{b_2 z^{-1} + b_1 z^{-2} + b_0 z^{-3}}{1 + a_2 z^{-1} + a_1 z^{-2} + a_0 z^{-3}} = k_\mathrm{p} \frac{(z - z_1^*)(z - z_2^*)}{(z - p_1^*)(z - p_2^*)(z - p_3^*)} \tag{6-3-53a}$$

式中，

$$\begin{cases} p_1^* = 1 \\ p_2^* = \mathrm{e}^{-\tau} = 0.990045 \\ p_3^* = \mathrm{e}^{-5\tau} = 0.951229 \end{cases} \tag{6-3-53b}$$

$$\begin{cases} z_1^* = -0.263908 \\ z_2^* = -3.702411 \end{cases} \tag{6-3-53c}$$

2）在 z 平面上标注离散开环零极点，并确定实轴上的根轨迹，如图 6-3-12a 中的实线所示（图 6-3-12b 是局部放大图）。

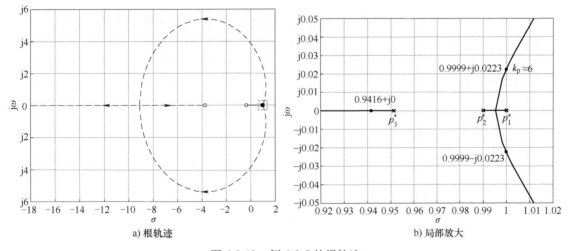

a) 根轨迹   b) 局部放大

图 6-3-12 例 6-3-5 的根轨迹

3）确定分离点与汇合点。参见式(3-4-4)，分离点与汇合点 z_k 满足

$$\sum_{i=1}^{3} \frac{1}{z_k - p_i^*} = \sum_{j=1}^{2} \frac{1}{z_k - z_j^*} \tag{6-3-54}$$

将式(6-3-53b)、式(6-3-53c)代入式(6-3-54)解之，有

$$z_k = 0.995(k_\mathrm{p} = 0.225), \quad z_k = -9.15(k_\mathrm{p} = 2.63 \times 10^7)$$

4）补画分离点到汇合点的根轨迹，如图 6-3-12a 中的虚线所示。

5）从图 6-3-12b 对图 6-3-12a 中小方框的放大图可看出，在 $0 < k_\mathrm{p} < 6$，离散闭环系统是稳定的。

由例 6-3-5 可看出，离散系统根轨迹的绘制过程与连续系统是一致的，目前 MATLAB 等计算机辅助工具都能快速绘制出根轨迹。但是，对于离散系统，有几点需要高度注意：

1）连续系统的开环传递函数一般可分解为多个典型环节之串联，可以很直观地确定出开环

的零极点。若典型环节之间不存在采样开关，转为离散系统时，其对应的离散传递函数就不是简单的相乘关系，因此，离散开环零极点有时不能直观得到。

2）更为重要的是，离散开环零极点与采样周期 τ 有关。为了保证离散化的精度，一般采样周期 τ 都很小，这将导致 s 平面上的连续开环零极点映射到 z 平面上时，其离散开环零极点将被压缩到一个很小范围里。因此，离散开环零极点必须保证有足够多的有效位，参见式（6-3-53b）、式（6-3-53c）。

令连续情况下开环零极点为 $s=\sigma+\mathrm{j}\omega$（$\omega=0$，为实数零极点），由式（6-3-15）知，映射到离散情况时，其离散开环零极点为

$$z=\mathrm{e}^{s\tau}=\mathrm{e}^{(\sigma+\mathrm{j}\omega)\tau}=\mathrm{e}^{\sigma\tau}\mathrm{e}^{\mathrm{j}\omega\tau}=\rho+\mathrm{j}\eta$$

若连续情况的开环零极点是有限零极点，在 $\tau\to0$ 时，$\mathrm{e}^{\sigma\tau}\to1$、$\omega\tau\to0$，其离散开环零极点将被压缩到 z 平面上（1，j0）附近。其中，$\sigma<0$，对应图 6-3-13 中的 A 框；$\sigma>0$，对应图 6-3-13 中的 B 框。式（6-3-53b）也反映了这个结果。

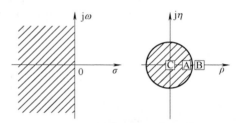

图 6-3-13　离散零极点的压缩

若连续情况的开环零极点是无限零极点，在 $\tau\to0$、$\sigma\to\pm\infty$ 时，$\mathrm{e}^{\sigma\tau}$ 处于未定，其离散开环零极点可以是有限零极点或无限零极点，前者常常会被压缩到 z 平面上的原点（0，j0）附近，对应图 6-3-13 中的 C 框。

由于 z 变换（$z=\mathrm{e}^{s\tau}$）是一个压缩变换，在采样周期 τ 较小时，离散零极点被挤压到了一块，使得精细绘制离散系统的根轨迹变得困难。在对离散开环传递函数中的 $\mathrm{e}^{\sigma\tau}$ 做近似处理时，必须保证足够多的有效位；否则，在后续推导中有可能导致闭环零极点有相当大的误差，这样的离散化分析与设计可能会失败。

6. 离散系统的频率特性

频域分析是连续系统一个重要的分析方法，下面讨论离散系统的频率特性。不失一般性，见图 6-3-1b，取离散闭环传递函数为 $\Phi(z)=\dfrac{\beta_{i0}z^{-1}}{1-\rho_i z^{-1}}$，给定输入为

$$r(k\tau)=\sin(\omega k\tau) \tag{6-3-55a}$$

则

$$r(z)=\frac{(\sin\omega\tau)z^{-1}}{1-2(\cos\omega\tau)z^{-1}+z^{-2}}=\frac{\eta_0 z^{-1}}{[1-(\rho_0+\mathrm{j}\eta_0)z^{-1}][1-(\rho_0-\mathrm{j}\eta_0)z^{-1}]} \tag{6-3-55b}$$

式中，$\rho_0=\cos\omega\tau$，$\eta_0=\sin\omega\tau$。对应的输出为

$$y(z)=\Phi(z)r(z)=\Phi(z)\frac{\eta_0 z^{-1}}{[1-(\rho_0+\mathrm{j}\eta_0)z^{-1}][1-(\rho_0-\mathrm{j}\eta_0)z^{-1}]}$$

$$=\frac{c_{i1}}{1-\rho_i z^{-1}}+\frac{c_{01}+\mathrm{j}c_{02}}{1-(\rho_0+\mathrm{j}\eta_0)z^{-1}}+\frac{c_{01}-\mathrm{j}c_{02}}{1-(\rho_0-\mathrm{j}\eta_0)z^{-1}}$$

式中，$c_{01}+\mathrm{j}c_{02}=|c_0|\mathrm{e}^{\mathrm{j}\varphi_0}=\Phi(z)r(z)[1-(\rho_0+\mathrm{j}\eta_0)z^{-1}]\big|_{z=\rho_0+\mathrm{j}\eta_0}=\Phi(\rho_0+\mathrm{j}\eta_0)\dfrac{\eta_0}{[(\rho_0+\mathrm{j}\eta_0)-(\rho_0-\mathrm{j}\eta_0)]}=\dfrac{1}{2\mathrm{j}}\Phi(\mathrm{e}^{\mathrm{j}\omega\tau})$，$|c_0|=|\Phi(\mathrm{e}^{\mathrm{j}\omega\tau})|/2$，$\varphi_0=-\pi/2+\angle\Phi(\mathrm{e}^{\mathrm{j}\omega\tau})$，$c_{01}=|c_0|\cos\varphi_0$，$c_{02}=|c_0|\sin\varphi_0$。参照式（6-3-12a）的推导有

$$y(z) = \frac{c_{i1}}{1-\rho_i z^{-1}} + \frac{2c_{01} - 2(c_{01}\rho_0 + c_{02}\eta_0)z^{-1}}{1 - 2\rho_0 z^{-1} + (\rho_0^2 + \eta_0^2)z^{-2}}$$

$$= \frac{c_{i1}}{1-\rho_i z^{-1}} + \frac{2c_{01}(1-\rho_0 z^{-1})}{1 - 2\rho_0 z^{-1} + (\rho_0^2 + \eta_0^2)z^{-2}} - \frac{2c_{02}\eta_0 z^{-1}}{1 - 2\rho_0 z^{-1} + (\rho_0^2 + \eta_0^2)z^{-2}}$$

$$= \frac{c_{i1}}{1-\rho_i z^{-1}} + 2c_{01}\frac{1-(\cos\omega\tau)z^{-1}}{1 - 2(\cos\omega\tau)z^{-1} + z^{-2}} - 2c_{02}\frac{(\sin\omega\tau)z^{-1}}{1 - 2(\cos\omega\tau)z^{-1} + z^{-2}}$$

取 $\rho_i = e^{\sigma_i\tau}$，查表6-1-1求 z 反变换有

$$y(k\tau) = c_{i1}e^{\sigma_i k\tau} + 2c_{01}\cos\omega k\tau - 2c_{02}\sin\omega k\tau$$

$$= c_{i1}e^{\sigma_i k\tau} + 2\mid c_0 \mid(\cos\varphi_0\cos\omega k\tau - \sin\varphi_0\sin\omega k\tau)$$

$$= c_{i1}e^{\sigma_i k\tau} + 2\mid c_0 \mid\cos(\omega k\tau + \varphi_0)$$

$$= c_{i1}e^{\sigma_i k\tau} + \mid \Phi(e^{j\omega\tau}) \mid\cos\left(\omega k\tau - \frac{\pi}{2} + \angle\Phi(e^{j\omega\tau})\right)$$

$$= c_{i1}e^{\sigma_i k\tau} + \mid \Phi(e^{j\omega\tau}) \mid\sin(\omega k\tau + \angle\Phi(e^{j\omega\tau})) \tag{6-3-56a}$$

其中瞬态输出与稳态输出分别为

$$y_0(k\tau) = c_{i1}e^{\sigma_i k\tau} \tag{6-3-56b}$$

$$y_s(k\tau) = \mid \Phi(e^{j\omega\tau}) \mid\sin(\omega k\tau + \angle\Phi(e^{j\omega\tau})) \tag{6-3-56c}$$

从前面的推导可知：

1）与连续系统一样，若离散系统输入是正弦序列，其稳态输出还是同频的正弦序列，只是幅值与相位发生变化。

2）前面的推导是以一阶系统进行的，从推导过程看，对于高阶系统，式(6-3-56b)所示的瞬态响应会不一样，但在闭环系统稳定的前提下，瞬态响应最终会衰减到0，不影响稳态输出的结果，因此高阶系统的稳态输出同样有式(6-3-56c)所示的结果。

3）仿照连续系统，同样可给出离散系统的频率特性定义，即幅频特性为稳态输出的幅值与输入幅值之比，相频特性为稳态输出相位与输入相位之差。由式(6-3-56c)、式(6-3-55a)知，频率特性正好满足

$$\begin{cases} \dfrac{\mid y_s \mid}{\mid r \mid} = \mid \Phi(e^{j\omega\tau}) \mid \\ \angle y_s - \angle r = \angle\Phi(e^{j\omega\tau}) \end{cases} \tag{6-3-57a}$$

$$\Phi(e^{j\omega\tau}) = \Phi(z)\mid_{z=\rho_0+j\eta_0} = \Phi(z)\mid_{z=e^{j\omega\tau}} \tag{6-3-57b}$$

4）前面的推导尽管是以离散闭环系统进行的，由于式(6-3-57)的存在，对于离散开环系统 $Q(z)$ 或其他离散环节 $G(z)$，同样可以给出对应的离散频率特性，即

$$Q(e^{j\omega\tau}) = Q(z)\mid_{z=\rho_0+j\eta_0} = Q(z)\mid_{z=e^{j\omega\tau}} \tag{6-3-58a}$$

$$G(e^{j\omega\tau}) = G(z)\mid_{z=\rho_0+j\eta_0} = G(z)\mid_{z=e^{j\omega\tau}} \tag{6-3-58b}$$

有了离散频率特性，连续系统中的频域分析法都可以对应地移植过来。但是，由于 $e^{j\omega\tau}$ 是超越函数，离散频率特性 $\Phi(e^{j\omega\tau})$ 将不再是有理分式，这给离散频域分析带来不便。下面通过式(6-3-38a)所示的双线性变换，给出离散频率特性一个近似分析。

在式(6-3-38a)中，取 $z = e^{j\omega\tau}$，有

$$w = \frac{z-1}{z+1}\bigg|_{z=e^{j\omega\tau}} = \frac{e^{j\omega\tau}-1}{e^{j\omega\tau}+1} = \frac{\cos\omega\tau + j\sin\omega\tau - 1}{\cos\omega\tau + j\sin\omega\tau + 1}$$

$$= \frac{(\cos\omega\tau - 1 + j\sin\omega\tau)(\cos\omega\tau + 1 - j\sin\omega\tau)}{(\cos\omega\tau + 1 + j\sin\omega\tau)(\cos\omega\tau + 1 - j\sin\omega\tau)}$$

$$= \frac{j\sin\omega\tau}{1 + \cos\omega\tau} = j\tan\frac{\omega\tau}{2} = jw^* \tag{6-3-59}$$

式中，$w^* = \tan\dfrac{\omega\tau}{2}$，称为虚拟频率。将 $w^* = \tan\dfrac{\omega\tau}{2}$ 进行泰勒展开有

$$w^* = \tan\frac{\omega\tau}{2} = \frac{\omega\tau}{2} + o\left(\frac{\omega\tau}{2}\right) \approx \frac{\omega\tau}{2} \tag{6-3-60a}$$

当 $\dfrac{\omega\tau}{2} \leqslant 0.35$ 时，上式误差 $o\left(\dfrac{\omega\tau}{2}\right) \leqslant 0.015$，参见图 6-3-14。

那么，有如下近似双线性变换：

$$e^{j\omega\tau} = \frac{1 + jw^*}{1 - jw^*} \approx \frac{1 + j\dfrac{\tau}{2}\omega}{1 - j\dfrac{\tau}{2}\omega} \tag{6-3-60b}$$

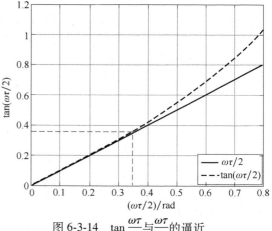

图 6-3-14　$\tan\dfrac{\omega\tau}{2}$ 与 $\dfrac{\omega\tau}{2}$ 的逼近

从而离散频率特性 $\Phi(e^{j\omega\tau})$ 可近似为真实频率 ω 的一个有理分式：

$$\Phi(e^{j\omega\tau}) = \Phi(z)\,\big|_{z = e^{j\omega\tau}} = \Phi(z)\,\big|_{z = \frac{1 + jw^*}{1 - jw^*}} \approx \Phi(z)\,\big|_{z = \frac{1 + j\frac{\tau}{2}\omega}{1 - j\frac{\tau}{2}\omega}} \tag{6-3-60c}$$

采取式（6-3-60b）所示的近似双线性变换，使得离散频率特性具有了有理分式的形式，更便于将连续频率特性分析方法引入进来。但是，要注意式（6-3-60a）的近似误差。若要 $\omega\tau/2 \leqslant 0.35$，则 $\omega \leqslant 0.7/\tau = (0.7/2\pi)\omega_s = 0.11\omega_s$，即在频率区间 $\omega \in (0, 0.11\omega_s)$ 上近似离散频率特性有较好的近似精度。若取采样频率 $\omega_s \geqslant \omega_{max}/0.11 = 8.98\omega_{max}$（$\omega_{max}$ 是系统最高有效工作频率），则可保证在整个工作频率区间 $\omega \in (0, \omega_{max})$ 上都有较好的近似精度。这个分析再次说明，离散系统采样频率的选择至关重要。

例 6-3-6　绘制例 6-3-2 的离散开环频率特性。

1）以真实频率表示的离散开环频率特性，由式（6-3-23）可得

$$Q(e^{j\omega\tau}) = Q(z)\,\big|_{z = e^{j\omega\tau}} = k_{P\tau}\frac{b_1(e^{j\omega\tau})^{-1} + b_0(e^{j\omega\tau})^{-2}}{[1 - (e^{j\omega\tau})^{-1}][1 - \rho_0(e^{j\omega\tau})^{-1}]}$$

$$= k_{P\tau}\frac{b_1(\cos\omega\tau + j\sin\omega\tau) + b_0}{[(\cos\omega\tau + j\sin\omega\tau) - 1][(\cos\omega\tau + j\sin\omega\tau) - \rho_0]}$$

$$= k_{P\tau}\frac{(b_1\cos\omega\tau + b_0) + jb_1\sin\omega\tau}{[(\cos\omega\tau - 1) + j\sin\omega\tau][(\cos\omega\tau - \rho_0) + j\sin\omega\tau]} \tag{6-3-61}$$

2）以虚拟频率表示的离散开环频率特性，即

$$Q(e^{j\omega\tau}) = Q(z)\,\big|_{z = \frac{1 + jw^*}{1 - jw^*}} = k_{P\tau}\frac{b_1\left(\dfrac{1 + jw^*}{1 - jw^*}\right)^{-1} + b_0\left(\dfrac{1 + jw^*}{1 - jw^*}\right)^{-2}}{\left[1 - \left(\dfrac{1 + jw^*}{1 - jw^*}\right)^{-1}\right]\left[1 - \rho_0\left(\dfrac{1 + jw^*}{1 - jw^*}\right)^{-1}\right]}$$

$$= k_{P\tau}\frac{(1 - jw^*)[(b_1 + b_0) + j(b_1 - b_0)w^*]}{j2w^*[(1 - \rho_0) + j(1 + \rho_0)w^*]} \tag{6-3-62}$$

3）以真实频率近似表示的离散开环频率特性，即

$$Q(\mathrm{e}^{\mathrm{j}\omega\tau}) \approx Q(z)\ |_{z=\frac{1+\mathrm{j}\frac{\tau}{2}\omega}{1-\mathrm{j}\frac{\tau}{2}\omega}} = k_{\mathrm{P}\tau} \frac{b_1\left(\dfrac{1+\mathrm{j}\frac{\tau}{2}\omega}{1-\mathrm{j}\frac{\tau}{2}\omega}\right)^{-1} + b_0\left(\dfrac{1+\mathrm{j}\frac{\tau}{2}\omega}{1-\mathrm{j}\frac{\tau}{2}\omega}\right)^{-2}}{\left[1-\left(\dfrac{1+\mathrm{j}\frac{\tau}{2}\omega}{1-\mathrm{j}\frac{\tau}{2}\omega}\right)^{-1}\right]\left[1-\rho_0\left(\dfrac{1+\mathrm{j}\frac{\tau}{2}\omega}{1-\mathrm{j}\frac{\tau}{2}\omega}\right)^{-1}\right]}$$

$$= k_{\mathrm{P}\tau} \frac{\left(1-\mathrm{j}\frac{\omega\tau}{2}\right)\left[(b_1+b_0)+\mathrm{j}(b_1-b_0)\frac{\omega\tau}{2}\right]}{\mathrm{j}\omega\tau\left[(1-\rho_0)+\mathrm{j}(1+\rho_0)\frac{\omega\tau}{2}\right]} \tag{6-3-63}$$

4）连续系统的开环频率特性，由

$$Q(s) = \frac{k_{\mathrm{P}}}{s(s+a)}$$

可得

$$Q(\mathrm{j}\omega) = k_{\mathrm{P}}\frac{1}{\mathrm{j}\omega(a+\mathrm{j}\omega)} \tag{6-3-64}$$

5）取 $a=1$，$k_{\mathrm{P}}=6$，$\tau=\{0.01\mathrm{s},1\mathrm{s}\}$，绘制各种开环频率特性如图 6-3-15 所示。

由图 6-3-15a 可见，采取式（6-3-60b）所示的双线性变换，式（6-3-63）近似有理分式的伯德图与式（6-3-61）真实频率的伯德图和式（6-3-64）连续方式的伯德图是接近的。另外，也可看出接近程度与采样周期 τ 密切相关，采样周期变大，近似有理分式频率特性的误差也变大。

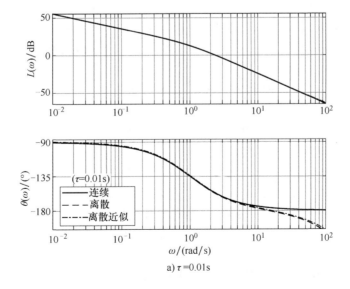

a) $\tau=0.01\mathrm{s}$

图 6-3-15　式（6-3-61）、式（6-3-63）和式（6-3-64）的对数幅频与相频特性

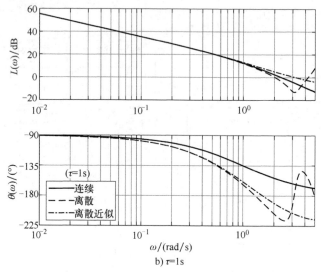

图 6-3-15 式(6-3-61)、式(6-3-63)和式(6-3-64)的对数幅频与相频特性(续)

例 6-3-7 若连续控制器 $K(s)=k_c\dfrac{\tau_c s+1}{T_c s+1}$，试分析其离散频率特性。

1）以前向差分对连续"比例+校正"控制器进行离散化，有

$$K(z)=K(s)\Big|_{s=\frac{1-z^{-1}}{\tau}}=k_c\frac{\tau_c\left(\dfrac{1-z^{-1}}{\tau}\right)+1}{T_c\left(\dfrac{1-z^{-1}}{\tau}\right)+1}=k_{cn}\frac{1-\dfrac{\tau_{cn}}{1+\tau_{cn}}z^{-1}}{1-\dfrac{T_{cn}}{1+T_{cn}}z^{-1}} \tag{6-3-65}$$

式中，$\tau_{cn}=\tau_c/\tau$，$T_{cn}=T_c/\tau$，$k_{cn}=k_c(1+\tau_{cn})/(1+T_{cn})$。

2）式(6-3-65)就是离散"比例+校正"控制器，它的离散频率特性为

$$K(e^{j\omega\tau})\approx K(z)\Big|_{z=\frac{1+\frac{\tau}{2}\omega}{1-j\frac{\tau}{2}\omega}}=k_c\frac{(1+\tau_{cn})\left(1+j\dfrac{\omega\tau}{2}\right)-\tau_{cn}\left(1-j\dfrac{\omega\tau}{2}\right)}{(1+T_{cn})\left(1+j\dfrac{\omega\tau}{2}\right)-T_{cn}\left(1-j\dfrac{\omega\tau}{2}\right)}$$

$$=k_c\frac{1+j\dfrac{\omega\tau}{2}(1+2\tau_{cn})}{1+j\dfrac{\omega\tau}{2}(1+2T_{cn})}=k_c\frac{1+j\omega\left(\tau_c+\dfrac{\tau}{2}\right)}{1+j\omega\left(T_c+\dfrac{\tau}{2}\right)} \tag{6-3-66a}$$

3）连续"比例+校正"控制器的频率特性为

$$K(j\omega)=K(s)\Big|_{s=j\omega}=k_c\frac{1+j\omega\tau_c}{1+j\omega T_c} \tag{6-3-66b}$$

比较式(6-3-66a)与式(6-3-66b)可见，二者的频率特性是基本一致的。若要求

$$\frac{(\tau_c+\tau/2)-\tau_c}{\tau_c}\leqslant\mu_\tau，\quad\frac{(T_c+\tau/2)-T_c}{T_c}\leqslant\mu_\tau$$

式中，μ_τ 是时间常数的相对精度。那么，采样周期 τ 应满足

$$\tau\leqslant\min\{2\tau_c\mu_\tau,2T_c\mu_\tau\} \tag{6-3-67}$$

前面两个实例表明：

1）只要选择合适的采样周期，离散系统的频率特性 $Q(e^{j\omega\tau})=Q(z)\big|_{z=e^{j\omega\tau}}$ 与对应的连续系统频率特性 $Q(j\omega)=Q(s)\big|_{s=j\omega}$ 是接近的，而且离散系统的频率特性可用 $Q(z)\big|_{z=\frac{1+j\frac{\tau}{2}\omega}{1-j\frac{\tau}{2}\omega}}$ 近似。

2）由于连续与离散的"比例+校正"控制器的频率特性是基本一致的，因此，连续情况下的超前或滞后校正的设计思路与计算公式都可以对应移植过来，为离散系统的频域设计带来便利。

3）对比式（6-2-12b）、式（6-3-38a）、式（6-3-60b），其形式都是用"双线性"替代超越函数（$z=e^{s\tau}$），其本质都是将压缩到 z 平面上的量扩张到 w 平面上或频域 ω 平面上。因而，利用 w 平面分析系统稳定性、利用频域 ω 平面分析系统性能，就会减弱对有效位数的敏感性。

6.3.3 离散系统的设计

若被控对象采用离散传递函数 $G(z)$ 描述，可直接设计离散控制器 $K(z)$，直接用计算机实现，如图 6-3-16 所示。

从前面的分析看出，若采样频率取得合适，离散系统的响应与连续系统的响应形式是一样的，只需将离散系统极点按照式（6-3-15）做一个参数转换便可。因此，在连续系统中的各种设计方法都可对应地移植过来。

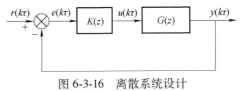

图 6-3-16　离散系统设计

1. 离散比例控制的设计

与连续系统一样，尽量选择结构简单的控制器，首先保证闭环系统的基本性能（稳定性与稳态性）达到期望要求。下面通过实例来说明。

例 6-3-8　参照例 5-1-1，对于图 6-3-7 所示的系统，$G(s)=\dfrac{5}{s(s+1)(s+5)}$，设计离散比例控制器满足：

1）离散闭环系统稳定；

2）单位阶跃输入下的离散系统稳态误差不大于 1%。

为了按照离散系统方式进行设计，需要先建立离散系统的数学模型，为此，需要确定采样频率。

1）采样频率的选择：

采样频率的选择是离散系统设计一个特殊且必不可少的设计步骤。一方面，要估算系统的最高频率 ω_{max}，保证满足香农定理；另一方面，还要保证连续系统离散化的精度，可参照式（6-3-22）或式（6-3-31）进行估算。

如果已知被控对象在连续情况下的传递函数 $G(s)$，可以通过它的频率特性 $G(j\omega)$ 得到相位穿越频率 ω_π 或者幅值穿越频率 ω_c，再按式（6-2-14）估算系统的最高频率。

由于 $G(j\omega)=\dfrac{1}{j\omega(1+j\omega)\left(1+j\dfrac{\omega}{5}\right)}$，相位穿越频率 ω_π 满足

$$\angle G(j\omega)=-\frac{\pi}{2}-\arctan\omega-\arctan\frac{\omega}{5}=-\pi$$

解之得 $\omega_\pi=2.236\text{rad/s}$，则采样周期应满足 $\tau<\pi/\omega_{max}\approx\pi/(10\omega_\pi)=0.14\text{s}$。

另外，采样周期还应保证连续系统离散化的精度。由图 5-1-3b 知，当 $0<k\leqslant0.2$ 时，闭环极点为三个负实根，主导极点为 $\bar{p}=\bar{\sigma}$，根据图 5-1-3b 的数据，取 $\bar{\sigma}=-0.47$，$\mu_\sigma=0.01$ 进行估算，由式（6-3-22）有 $\tau\leqslant\min\left\{\dfrac{\pi}{5|\bar{\sigma}|},\dfrac{2\mu_\sigma}{|\bar{\sigma}|}\right\}=\min\{1.33\text{s},0.04\text{s}\}=0.04\text{s}$。

当 $6>k>0.2$ 时，闭环极点为一对共轭复根和一个负实根，主导极点为 $\bar{p}=\bar{\sigma}_d\pm j\bar{\omega}_d$，根据图 5-1-3b 的

数据，取 $k_P=0.5$，$\overline{\sigma}_d=-0.44$，$\overline{\omega}_d=0.54\mathrm{rad/s}$，$\mu_\sigma=0.01$，$\mu_\omega=0.02$ 进行估算，由式（6-3-31）有

$$\tau\le\min\left\{\frac{\pi}{5\overline{\omega}_d},\frac{4\mid\overline{\sigma}_d\mid}{k_P}\mu_\sigma,\frac{1}{\overline{\omega}_d}\mu_\omega\right\}=\min\{1.2\mathrm{s},0.0352\mathrm{s},0.037\mathrm{s}\}=0.0352\mathrm{s}$$

综上，取 $\tau=0.01\mathrm{s}$。

2）设计比例参数，满足稳态性要求：

由例6-3-4知，离散被控对象传递函数、离散开环传递函数与离散闭环传递函数分别为式（6-3-44）、式（6-3-46）和式（6-3-47）。将式（6-3-46）代入式（6-3-35b）有

$$e_s=\lim_{z\to1}\left[(1-z^{-1})\frac{1}{1+Q(z)}r(z)\right]=0$$

由于在离散被控对象传递函数 $G_hG(z)$ 中含有积分因子 $\dfrac{1}{1-z^{-1}}$，所以对阶跃输入可以做到无静差。因此，对比例参数 k_P 没有约束，k_P 可以在 $(0,\infty)$ 内任意取值。

3）设计比例参数，满足稳定性要求：

由式（6-3-51）知，保证离散闭环系统稳定的比例参数取值范围为

$$0<k_P<6+\frac{64.02\tau(1-3\tau)}{1-16.67\tau+41.01\tau^2}=6.74\quad(6\text{-}3\text{-}68)$$

4）仿真研究：

建立仿真模型，在 $0<k_P<6.74$ 范围内取不同 k_P 值，得到图6-3-17所示的单位阶跃响应。从仿真曲线看出，与例5-1-1连续系统的结果是类似的。同样的道理，尽管只是依据离散系统的稳态性与稳定性进行设计，但在得到的比例参数取值范围内，还可以通过在线整定优化参数，使系统快速性、平稳性等扩展性能也得到改善。从仿真结果看，取 $k_P=0.5$ 最为合适。

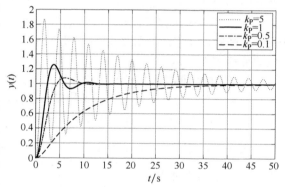

图6-3-17　例6-3-8的仿真曲线

2. 离散比例控制的校正

与连续系统一样，离散比例控制器结构简单，但由于可设计的参数只有一个，使得离散闭环控制性能会受到制约。因此，常需要对它进行适当的校正。下面通过实例来说明。

例6-3-9　对于图6-3-7所示的系统，$G(s)=\dfrac{5(s+4)}{s(s+1)(s+5)}$，设计控制器满足：

1）闭环系统稳定；

2）单位阶跃输入下的系统稳态误差不大于1%；

3）瞬态过程时间 $t_s\le5\mathrm{s}$；

4）超调量 $\delta\le15\%$。

先考虑比例控制，若不能达到期望要求再增加校正环节。

1）采样频率的选择：

对于离散系统设计，需要事先确定采样频率。采样频率可以像例6-3-8一样，根据连续被控对象的特性进行估算，实际上也可以根据期望的瞬态性能指标进行估算。

参见式（5-2-5），时域期望指标对应的频域期望指标为：期望幅值穿越频率 $\omega_c^*=1.187\mathrm{rad/s}$，期望相位裕度 $\gamma^*=53.41°$。取校正后幅值穿越频率 $\omega_c=1.25\mathrm{rad/s}>\omega_c^*$，$\omega_{\max}=10\omega_c$，考虑离散信号恢复（$\omega_s\ge2\omega_{\max}$）、频率特性分析精度（$\omega_s\ge8.98\omega_{\max}$）以及系统离散化的精度，采样周期 τ 可按

下式进行估算：

$$\omega_s \geqslant 10\omega_{max} , \quad \tau < 2\pi/(10\omega_{max}) \approx \pi/(50\omega_c) = 0.0502s$$

取 $\tau = 0.01s$。

2）给出离散被控对象传递函数：

$$G_h G(z) = (1-z^{-1}) \times Z\left[\frac{5(s+4)}{s^2(s+1)(s+5)}\right]$$

$$= (1-z^{-1}) \times Z\left[\frac{4}{s^2} - \frac{3.8}{s} + \frac{3.75}{s+1} + \frac{0.05}{s+5}\right]$$

$$= (1-z^{-1})\left[\frac{4\tau z^{-1}}{(1-z^{-1})^2} - \frac{3.8}{1-z^{-1}} + \frac{3.75}{1-e^{-\tau}z^{-1}} + \frac{0.05}{1-e^{-5\tau}z^{-1}}\right]$$

$$= \frac{k_g z^{-1}(1-z_2^* z^{-1})(1-z_3^* z^{-1})}{(1-p_1^* z^{-1})(1-p_2^* z^{-1})(1-p_3^* z^{-1})} \qquad (6\text{-}3\text{-}69a)$$

式中，

$$\begin{cases} p_1^* = 1 \\ p_2^* = e^{-\tau} \approx 0.99 \\ p_3^* = e^{-5\tau} \approx 0.95 \end{cases} \qquad (6\text{-}3\text{-}69b)$$

$$\begin{cases} k_g = 2.4835 \times 10^{-4} \\ z_2^* = -0.99 \\ z_3^* = 0.96 \end{cases} \qquad (6\text{-}3\text{-}69c)$$

3）设计比例环节：

依据系统稳态性能的要求，设计比例环节 $K(z) = k_c$。由于离散被控对象传递函数 $G_h G(z)$ 含有积分因子 $\frac{1}{1-z^{-1}}$，对于阶跃响应的稳态精度可以达到无静差，参数 k_c 的取值范围是 $k_c > 0$。

由于稳态性没有对参数 k_c 做出实质性约束，还可再设计参数 k_c 满足其他瞬态性能。离散开环传递函数和离散开环频率特性分别为

$$Q(z) = k_c \frac{k_g z^{-1}(1-z_2^* z^{-1})(1-z_3^* z^{-1})}{(1-p_1^* z^{-1})(1-p_2^* z^{-1})(1-p_3^* z^{-1})}$$

$$Q(e^{j\omega\tau}) = Q(z)\bigg|_{z=\frac{1+j\frac{\tau}{2}\omega}{1-j\frac{\tau}{2}\omega}} = k_c \frac{k_g\left(\dfrac{1+j\dfrac{\tau}{2}\omega}{1-j\dfrac{\tau}{2}\omega} - z_2^*\right)\left(\dfrac{1+j\dfrac{\tau}{2}\omega}{1-j\dfrac{\tau}{2}\omega} - z_3^*\right)}{\left(\dfrac{1+j\dfrac{\tau}{2}\omega}{1-j\dfrac{\tau}{2}\omega} - p_1^*\right)\left(\dfrac{1+j\dfrac{\tau}{2}\omega}{1-j\dfrac{\tau}{2}\omega} - p_2^*\right)\left(\dfrac{1+j\dfrac{\tau}{2}\omega}{1-j\dfrac{\tau}{2}\omega} - p_3^*\right)}$$

$$= k_c \frac{k_g\left(1-j\dfrac{\tau}{2}\omega\right)\left[1-z_2^* + j\dfrac{\tau}{2}\omega(1+z_2^*)\right]\left[1-z_3^* + j\dfrac{\tau}{2}\omega(1+z_3^*)\right]}{\left[1-p_1^* + j\dfrac{\tau}{2}\omega(1+p_1^*)\right]\left[1-p_2^* + j\dfrac{\tau}{2}\omega(1+p_2^*)\right]\left[1-p_3^* + j\dfrac{\tau}{2}\omega(1+p_3^*)\right]} \qquad (6\text{-}3\text{-}70a)$$

则

$$\begin{cases} L(\omega) = 20\lg \left| Q(e^{j\omega\tau}) \right| \\ \theta(\omega) = \angle Q(e^{j\omega\tau}) \end{cases} \tag{6-3-70b}$$

若取 $\omega_c = 1.25\text{rad/s}$，则 $\left| Q(e^{j\omega,\tau}) \right| = 1$，可推出 $k_c = 0.4921 \approx 0.5$，绘制伯德图如图 6-3-18a 中虚线所示。

由图 6-3-18a 中虚线所示的伯德图或用式（6-3-70）可求出此时的相位裕度为

$$\gamma(\omega_c) = \pi + \theta(\omega_c) = \pi - \arctan \frac{\omega_c \tau}{2} + \arctan \frac{\omega_c \tau}{2} \frac{1+z_2^*}{1-z_2^*} + \arctan \frac{\omega_c \tau}{2} \frac{1+z_3^*}{1-z_3^*} -$$

$$\arctan \frac{\omega_c \tau}{2} \frac{1+p_2^*}{1-p_2^*} - \arctan \frac{\omega_c \tau}{2} \frac{1+p_3^*}{1-p_3^*} - \arctan \frac{\omega_c \tau}{2} \frac{1+p_1^*}{1-p_1^*} = 41.41° \leqslant 53.41°$$

可见，只用比例环节可保证幅值穿越频率（快速性）满足要求，但相位裕度（平稳性）无法满足要求，需要引入校正环节。

4）选择校正环节并设计校正环节中的参量：

取离散"比例+校正"控制器为式（6-3-65）。由于相位裕度不够，因此需要引入超前校正环节，以增加合适的正相位，使系统的相位裕度达到期望性能指标的要求。

参见式（6-3-66a），离散"比例+校正"控制器的频率特性与连续的形式一致，完全可参照式（5-2-6）进行离散超前校正环节参数的设计。

参照式（5-2-6a），取 $\Delta_\gamma = 8°$，有

$$\theta_m = \gamma^* - \gamma + \Delta_\gamma = 53.41° - 41.41° + 8° = 20°$$

$$\theta_m = \arcsin \frac{\alpha-1}{\alpha+1} = 20°, \quad \alpha = \frac{1+\sin\theta_m}{1-\sin\theta_m} = 2$$

再参照式（5-2-6b）得到参数 $\{\tau_c, T_c\}$：

$$L(\omega_m) + 10\lg\alpha = 0, \quad \omega_c' = \omega_m = 1.562\text{rad/s} \tag{6-3-71a}$$

$$\begin{cases} \tau_c = \dfrac{\sqrt{\alpha}}{\omega_m} - \dfrac{\tau}{2} = 0.9048\text{s} \\ T_c = \dfrac{\tau_c}{\alpha} - \dfrac{\tau}{2} = 0.4524\text{s} \end{cases} \tag{6-3-71b}$$

将式（6-3-71b）代入（6-3-65）有

$$K(z) = k_{cn} \frac{1 - \dfrac{\tau_{cn}}{1+\tau_{cn}}z^{-1}}{1 - \dfrac{T_{cn}}{1+T_{cn}}z^{-1}} = 0.9892 \frac{1 - 0.9891z^{-1}}{1 - 0.9784z^{-1}} \tag{6-3-72}$$

式中，$\tau_{cn} = \dfrac{\tau_c}{\tau} = 90.48$，$T_{cn} = \dfrac{T_c}{\tau} = 45.24$，$k_{cn} = k_c \dfrac{1+\tau_{cn}}{1+T_{cn}} = 0.9892$。

校正后的离散开环传递函数为

$$Q(z) = 0.9892 \frac{1 - 0.9891z^{-1}}{1 - 0.9784z^{-1}} \frac{k_g z^{-1}(1 - z_2^* z^{-1})(1 - z_3^* z^{-1})}{(1 - p_1^* z^{-1})(1 - p_2^* z^{-1})(1 - p_3^* z^{-1})} \tag{6-3-73}$$

其伯德图如图 6-3-18a 中实线所示。由图可知，校正后系统实际的幅值穿越频率 $\omega_c' = 1.562\text{rad/s}$，相位裕度 $\gamma(\omega_c') = 55.5°$，满足频域设计指标的要求。

5）仿真研究：

建立仿真模型，得到离散闭环系统的单位阶跃响应曲线如图 6-3-18b 所示。可见，校正后的

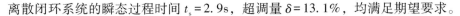

离散闭环系统的瞬态过程时间 $t_s = 2.9\text{s}$，超调量 $\delta = 13.1\%$，均满足期望要求。

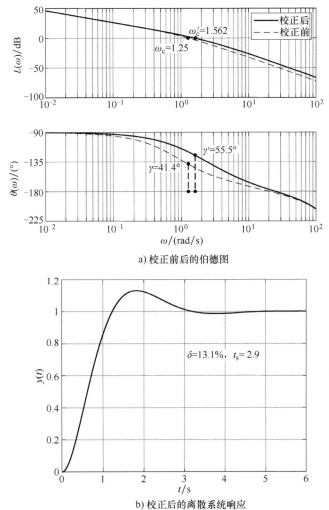

a) 校正前后的伯德图

b) 校正后的离散系统响应

图 6-3-18　校正前后的伯德图与离散闭环系统的阶跃响应

3. 基于期望传递函数的校正

由式(6-3-7b)知，离散控制器与离散闭环传递函数有如下关系：

$$\Phi(z) = \frac{Q(z)}{1+Q(z)} = \frac{K(z)G_\text{h}G(z)}{1+K(z)G_\text{h}G(z)}$$

则

$$K(z) = \frac{\Phi(z)}{1-\Phi(z)}G_\text{h}G^{-1}(z) \tag{6-3-74}$$

可见，如果能给出期望的离散闭环传递函数 $\Phi^*(z)$，便可根据式(6-3-74)得到离散控制器 $K(z)$。要做到这一点，需要解决两个问题：如何选取期望的离散闭环传递函数 $\Phi^*(z)$；若被控对象 $G_\text{h}G(z)$ 有不稳定的零极点，如何避开？

令离散被控对象传递函数为 $G_\text{h}G(z) = \dfrac{\bar{b}(z)}{\bar{a}(z)}\dfrac{\tilde{b}(z)}{\tilde{a}(z)}$，$\bar{b}(z)$、$\tilde{b}(z)$ 分别包含离散被控对象的稳

定零点、不稳定零点，$\bar{a}(z)$、$\tilde{a}(z)$ 分别包含离散被控对象的稳定极点、不稳定极点。对应的离散闭环传递函数为

$$\Phi(z) = \frac{K(z)\,G_h G(z)}{1+K(z)\,G_h G(z)} = \frac{K(z)\,\bar{b}(z)\,\tilde{b}(z)}{\bar{a}(z)\,\tilde{a}(z)+K(z)\,\bar{b}(z)\,\tilde{b}(z)}$$

由式(6-3-74)看出，实现期望传递函数的离散控制器 $K(z)$ 含有被控对象的逆。由于希望离散控制器 $K(z)$ 本身是稳定的，且不发生离散控制器与离散被控对象之间的不稳定零极点对消，可选择

$$K(z) = \frac{\bar{a}(z)}{\bar{b}(z)} \frac{\hat{a}(z)}{\hat{b}(z)} \tag{6-3-75}$$

式中，$\hat{a}(z)$、$\hat{b}(z)$ 是可以自由设计的部分，但需保证 $\deg(\bar{a}(z)\hat{a}(z)) \leqslant \deg(\bar{b}(z)\hat{b}(z))$。

在式(6-3-75)所示的控制器作用下，离散闭环传递函数为

$$\Phi(z) = \frac{\bar{a}(z)\hat{a}(z)\bar{b}(z)\tilde{b}(z)}{\bar{a}(z)\tilde{a}(z)\bar{b}(z)\hat{b}(z)+\bar{a}(z)\hat{a}(z)\bar{b}(z)\tilde{b}(z)} = \frac{\hat{a}(z)\tilde{b}(z)}{\tilde{a}(z)\hat{b}(z)+\hat{a}(z)\tilde{b}(z)} = \frac{\beta(z)}{\alpha(z)}$$

上式给出了期望离散闭环传递函数 $\Phi^*(z) = \dfrac{\beta^*(z)}{\alpha^*(z)}$ 的设计约束，即

$$\begin{cases} \beta^*(z) = \hat{a}(z)\,\tilde{b}(z) \\ \alpha^*(z) = \tilde{a}(z)\hat{b}(z)+\hat{a}(z)\,\tilde{b}(z) \end{cases} \tag{6-3-76a}$$

若离散被控对象传递函数中没有不稳定的零极点，即 $\tilde{b}(z)=1$、$\tilde{a}(z)=1$，则

$$\begin{cases} \beta^*(z) = \hat{a}(z) \\ \alpha^*(z) = \hat{b}(z)+\hat{a}(z) \end{cases} \tag{6-3-76b}$$

式(6-3-76)给出了期望离散闭环传递函数 $\Phi^*(z)$ 以及对应离散控制器 $K(z)$ 的设计依据：

1) 期望离散闭环传递函数 $\Phi^*(z)$ 需包含离散被控对象的不稳定零点 $\tilde{b}(z)$，否则会发生不稳定的零极点对消；离散被控对象的不稳定极点 $\tilde{a}(z)$，可以通过离散控制器转移到稳定的闭环极点 $\alpha^*(z)$ 上，但 $\alpha^*(z)$ 的设计不是任意的。$\alpha^*(z)$、$\beta^*(z)$ 的设计需满足式(6-3-76a)。

2) 按照期望离散闭环传递函数 $\Phi^*(z)$ 设计的离散控制器 $K(z)$，见式(6-3-75)，其阶数一般较高。若要降低控制器的阶数，需要

$$\hat{b}(z) = \bar{a}(z)\,\widehat{b}(z)，\quad \hat{a}(z) = \bar{b}(z)\,\widehat{a}(z)，\quad K(z) = \frac{\widehat{a}(z)}{\widehat{b}(z)}$$

式中，$\widehat{a}(z)$、$\widehat{b}(z)$ 是低阶多项式，且 $\deg(\widehat{a}(z)) \leqslant \deg(\widehat{b}(z))$。此时，式(6-3-76a)为

$$\begin{cases} \beta^*(z) = \widehat{a}(z)b(z) \\ \alpha^*(z) = a(z)\,\widehat{b}(z)+\widehat{a}(z)b(z) \end{cases} \tag{6-3-77}$$

期望离散闭环传递函数 $\Phi^*(z)$ 受到更严的约束。

可见，离散控制器 $K(z)$ 阶数越高，设计的自由度越大，期望离散闭环传递函数 $\Phi^*(z)$ 的选择空间越大。因此，需要在离散控制器的阶数与可实现的期望离散闭环传递函数之间做出合理选择。下面通过实例给出两种基于期望离散闭环传递函数的设计方法：

1) 将期望性能指标转化为期望的闭环零极点，并考虑式(6-3-76)所示的约束，形成期望的离散闭环传递函数 $\Phi^*(z)$。

2）最小拍系统设计。从理论上讲，任何系统都需要无限拍（$t_k=k\tau\to\infty$）才能达到稳态。若系统能在有限拍达到稳态，称之为最小拍系统。

取期望的离散闭环传递函数 $\Phi^*(z)$ 为

$$\Phi^*(z)=\beta_q+\beta_{q-1}z^{-1}+\cdots+\beta_0z^{-q}=\frac{\beta_qz^q+\beta_{q-1}z^{q-1}+\cdots+\beta_0}{z^q} \tag{6-3-78a}$$

其输出为

$$y(z)=\Phi^*(z)r(z)=(\beta_q+\beta_{q-1}z^{-1}+\cdots+\beta_0z^{-q})r(z)$$

则

$$y(k\tau)=\beta_qr(k\tau)+\beta_{q-1}r((k-1)\tau)+\cdots+\beta_0r((k-q)\tau) \tag{6-3-78b}$$

若取 $r(t)=I(t)$ 或 $r(k\tau)=I(k\tau)$，经过 q 拍后，由式（6-3-78b）可得

$$y(k\tau)=\beta_q+\beta_{q-1}+\cdots+\beta_0 \quad (k>q)$$

表明经过 q 拍后，系统输出就是常数，处于稳态状态。

因此，若离散闭环传递函数满足式（6-3-78a）所示的形式，一定是最小拍系统，其中拍数 q 反映了系统的快速性，$e_s=\sum\limits_{i=0}^{q}\beta_i-1$ 反映了系统的稳态误差。

例 6-3-10　以基于期望离散闭环传递函数的方法重新设计例 6-3-9 的控制器。

1）采样周期的选择。与例 6-3-9 一样，取 $\tau=0.01\text{s}$。

2）离散被控对象传递函数为式（6-3-69）。被控对象是一个三阶系统，若采用"比例+校正"一阶控制器，闭环系统将为四阶系统，可设主导极点为一对共轭复数极点，离散闭环传递函数的分母可设为

$$\alpha^*(z)=(1-(\bar{\rho}_1^*+\text{j}\bar{\eta}_1^*)z^{-1})(1-(\bar{\rho}_1^*-\text{j}\bar{\eta}_1^*)z^{-1})(1-\bar{\rho}_3^*z^{-1})(1-\bar{\rho}_4^*z^{-1}) \tag{6-3-79a}$$

式中，

$$\begin{cases}\bar{\rho}_1^*=\text{e}^{\sigma_d\tau}\cos\omega_d\tau \\ \bar{\eta}_1^*=\text{e}^{\sigma_d\tau}\sin\omega_d\tau\end{cases} \tag{6-3-79b}$$

$$\begin{cases}\bar{\rho}_3^*=\text{e}^{\sigma_3\tau} \\ \bar{\rho}_4^*=\text{e}^{\sigma_4\tau}\end{cases} \tag{6-3-79c}$$

依据期望性能指标式（6-3-33）、式（6-3-34）有

$$\delta=\text{e}^{\frac{\sigma_d}{\omega_d}\pi}<0.15,\ 4/|\sigma_d|<5,\ \sigma_d<-0.8\text{s}^{-1},\ \omega_d>1.3248\text{rad/s}$$

取 $\sigma_d=-1\text{s}^{-1}$、$\omega_d=1.4\text{rad/s}$、$\sigma_3=-4\text{s}^{-1}$，$\sigma_4=-6\text{s}^{-1}$，代入式（6-3-79）有

$$\bar{\rho}_1^*=0.99,\ \bar{\eta}_1^*=0.0139,\ \bar{\rho}_3^*=0.9608,\ \bar{\rho}_4^*=0.9418$$

若保留所有离散被控对象传递函数的零点，根据式（6-3-77），离散闭环传递函数的分子可设为 $\beta^*(z)=k_\phi b(z)=k_\phi k_g z^{-1}(1-z_2^*z^{-1})(1-z_3^*z^{-1})$。这样，期望离散闭环传递函数为

$$\Phi^*(z)=\frac{\beta^*(z)}{\alpha^*(z)}=\frac{k_\phi k_g z^{-1}(1-z_2^*z^{-1})(1-z_3^*z^{-1})}{(1-(\bar{\rho}_1^*+\text{j}\bar{\eta}_1^*)z^{-1})(1-(\bar{\rho}_1^*-\text{j}\bar{\eta}_1^*)z^{-1})(1-\bar{\rho}_3^*z^{-1})(1-\bar{\rho}_4^*z^{-1})} \tag{6-3-80}$$

为了实现对阶跃响应无静差，即

$$e_s=\lim_{z\to1}\left[(1-z^{-1})(1-\Phi^*(z))r(z)\right]=\lim_{z\to1}(1-\Phi^*(z))=0$$

所以，参数 k_ϕ 应满足

$$\Phi^*(z)\big|_{z=1}=\frac{k_\phi k_g(1-z_2^*)(1-z_3^*)}{[1-(\bar{\rho}_1^*+\text{j}\bar{\eta}_1^*)][1-(\bar{\rho}_1^*-\text{j}\bar{\eta}_1^*)](1-\bar{\rho}_3^*)(1-\bar{\rho}_4^*)}=1$$

可得 $k_\phi=0.0345$。

3）设计离散控制器，实现期望的离散闭环传递函数。根据式（6-3-74）、式（6-3-69）有

$$K(z) = \frac{\Phi^*(z)}{1-\Phi^*(z)} G_h G^{-1}(z) = \frac{\beta^*(z)}{\alpha^*(z) - \beta^*(z)} \frac{a(z)}{b(z)}$$

$$= \frac{k_\phi a(z)}{\alpha^*(z) - \beta^*(z)} = \frac{0.03447 - 0.1014z^{-1} + 0.0994z^{-2} - 0.0325z^{-3}}{1 - 3.882z^{-1} + 5.652z^{-2} - 3.656z^{-3} + 0.8869z^{-4}} \tag{6-3-81}$$

可见，式（6-3-81）是一个四阶控制器，不是前面预设的一阶控制器。这表明，按照式（6-3-80）设计的期望离散闭环传递函数，实际上找不到一阶控制器 $K(z)$ 让式（6-3-77）有解。

4）对控制器进行降阶等效处理。如果希望采用低阶的控制器，需要对式（6-3-81）进行降阶等效处理。对式（6-3-81）进行因式分解，将相近的零极点成对取消，有

$$K(z) = \frac{0.03447(1-z^{-1})(1-0.99z^{-1})(1-0.9512z^{-1})}{(1-z^{-1})(1-0.97064z^{-1})(1-0.96079z^{-1})(1-0.95105z^{-1})}$$

$$\approx \frac{0.03447(1-0.99z^{-1})}{(1-0.97064z^{-1})(1-0.96079z^{-1})} \tag{6-3-82}$$

可验证，式（6-3-82）与式（6-3-81）的频率特性是接近的，如图6-3-19a所示。

5）仿真研究。建立仿真模型，控制器分别取为式（6-3-81）与式（6-3-82），得到闭环系统阶跃响应如图6-3-19b所示。可见，两个控制器的效果是十分接近的，期望性能指标都可满足。

例 6-3-11　对于图6-3-7所示的系统，$G(s) = \dfrac{5}{s(s+5)}$，以最小拍系统的方法设计控制器。

1）离散被控对象传递函数为

$$G_h G(z) = (1-z^{-1}) \times Z\left[\frac{5}{s^2(s+5)}\right] = (1-z^{-1}) \times Z\left[\frac{1}{s^2} - \frac{1/5}{s} + \frac{1/5}{s+5}\right]$$

$$= (1-z^{-1})\left[\frac{\tau z^{-1}}{(1-z^{-1})^2} - \frac{1}{5}\frac{1}{1-z^{-1}} + \frac{1}{5}\frac{1}{1-e^{-5\tau}z^{-1}}\right]$$

$$= \frac{b_1 z^{-1} + b_0 z^{-2}}{(1-z^{-1})(1-e^{-5\tau}z^{-1})} \tag{6-3-83}$$

式中，$b_1 = 5\tau + e^{-5\tau} + 1$，$b_0 = 1 - 5\tau e^{-5\tau} - e^{-5\tau}$。

2）最小拍系统的期望离散闭环传递函数取为

$$\Phi^*(z) = \beta_q + \beta_{q-1}z^{-1} + \cdots + \beta_0 z^{-q} = 2z^{-1} - z^{-2} \quad (q=2) \tag{6-3-84}$$

系统的稳态误差 $e_s = \sum_{i=0}^{q} \beta_i - 1 = \beta_1 + \beta_0 - 1 = 2 - 1 - 1 = 0$。

3）离散控制器的设计。将式（6-3-84）和式（6-3-83）代入式（6-3-74）有

$$K(z) = \frac{\widehat{a}(z)}{\widehat{b}(z)} = \frac{\Phi^*(z)}{1-\Phi^*(z)} G_h G^{-1}(z) = \frac{\beta^*(z)}{\alpha^*(z) - \beta^*(z)} \frac{a(z)}{b(z)}$$

$$= \frac{\beta_q + \beta_{q-1}z^{-1} + \cdots + \beta_0 z^{-q}}{1 - (\beta_q + \beta_{q-1}z^{-1} + \cdots + \beta_0 z^{-q})} \frac{(1-z^{-1})(1-e^{-5\tau}z^{-1})}{b_1 z^{-1} + b_0 z^{-2}}$$

$$= \frac{z^{-1}(2-z^{-1})}{(1-z^{-1})^2} \frac{(1-z^{-1})(1-e^{-5\tau}z^{-1})}{z^{-1}(b_1 + b_0 z^{-1})} = \frac{(2-z^{-1})(1-e^{-5\tau}z^{-1})}{(1-z^{-1})(b_1 + b_0 z^{-1})} \tag{6-3-85}$$

4）仿真研究：

① 建立图6-3-20a、b所示离散方式下的仿真模型，前者是离散控制器与连续被控对象，后

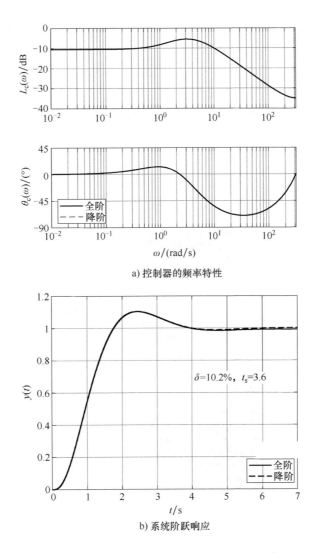

a) 控制器的频率特性

b) 系统阶跃响应

图 6-3-19　控制器的频率特性与系统阶跃响应

者是离散控制器与离散被控对象。分别取采样周期 $\tau=\{0.01\mathrm{s},0.1\mathrm{s},1\mathrm{s}\}$，其闭环系统输出阶跃响应与控制器输出曲线分别如图 6-3-20c、d、e、f、g、h 所示。

由图 6-3-20c、e、g 看出，离散对象的输出响应与连续对象的输出响应在第 2 拍 (2τ) 后均有 $y(k\tau)=r=I(k\tau)(k\geqslant2)$。但在节拍之间连续对象的输出响应均呈现幅度较大的振动，而且在采样周期较小 $(\tau=\{0.01\mathrm{s},0.1\mathrm{s}\})$ 时其产生的控制量也巨大。

② 再建立图 6-3-21a 所示连续方式下的仿真模型，被控对象与控制器均为连续的传递函数，选择比例参数 $k_\mathrm{p}=2.3$，闭环系统输出阶跃响应与控制器输出曲线分别如图 6-3-21b、c 所示。可见，输出响应的超调量不大，瞬态过程时间也不长。

③ 表 6-3-1 给出了最小拍系统在不同采样周期下的瞬态过程时间与连续方式下的瞬态过程时间，可见，采取最小拍系统设计实际上并没有加快系统的瞬态过程时间。

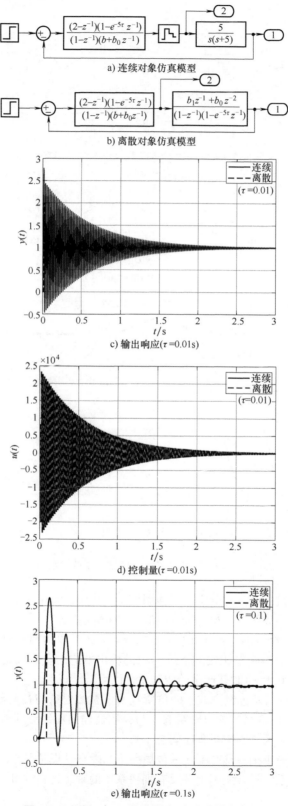

图 6-3-20　例 6-3-11 在离散方式下的仿真曲线

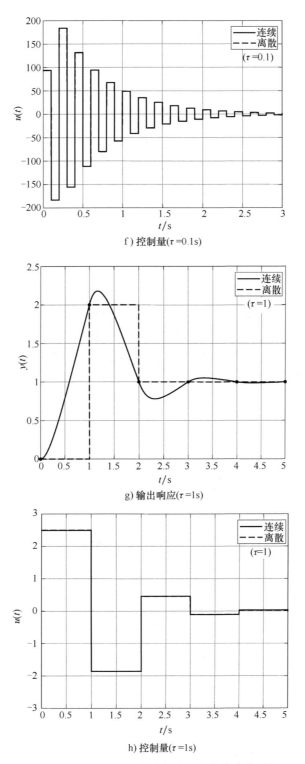

f) 控制量(τ =0.1s)

g) 输出响应(τ =1s)

h) 控制量(τ =1s)

图 6-3-20　例 6-3-11 在离散方式下的仿真曲线(续)

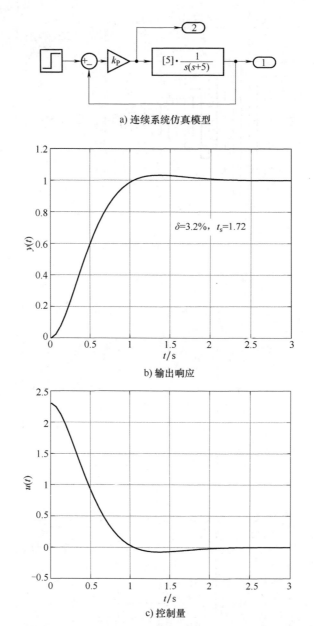

a) 连续系统仿真模型

b) 输出响应

c) 控制量

图 6-3-21　例 6-3-11 在连续方式下的仿真曲线

表 6-3-1　最小拍系统在不同采样周期下的瞬态过程时间

采样周期 τ/s	瞬态过程时间 t_s/s
（连续控制器）0	1.72
0.01	2.595
0.1	2.66
1	3.804

　　下面分析出现上述结果的原因。从第 5 章控制器的设计过程知，一个系统能达到的期望性能

实际上受到被控对象制约。当被控对象传递函数确定后，可能达到的瞬态过程时间基本就被确定了。从图6-3-21b连续方式下的仿真曲线看，本例的瞬态过程时间 t_s 在 $1.72s$ 左右。

若采样周期 $\tau = \{0.01s, 0.1s\}$，要在2拍内完成瞬态过程，即要求 $t_s = 2\tau = \{0.02s, 0.2s\}$，远远小于 $1.72s$，有些强人所难。一定要如此，必然带来巨大的控制量，尽管在2拍之后的所有离散时刻上都取稳态值，但离散时刻之间的输出响应会呈巨幅振荡，反而拖延瞬态过程。

若采样周期 $\tau = 1s$，要在2拍内完成瞬态过程，即要求 $t_s = 2\tau = 2s$，与实际要求基本相符。但是，过大的采样周期难以满足香农采样定理和保证离散化的精度。以图6-3-21连续方式进行估算，闭环极点方程为

$$1 + 2.3 \times \frac{5}{s(s+5)} = 0$$

则

$$s^2 + 5s + 11.5 = (s + 2.5 - j2.3)(s + 2.5 + j2.3) = 0$$

即 $\overline{\sigma}_d = -2.5 s^{-1}$，$\overline{\omega}_d = 2.3 \text{rad/s}$。取 $\mu_\sigma = 0.01$，$\mu_\omega = 0.02$，由式(6-3-31)可得

$$\tau \leqslant \min\left\{\frac{\pi}{5\overline{\omega}_d}, \frac{4|\overline{\sigma}_d|}{k_P}\mu_\sigma, \frac{1}{\overline{\omega}_d}\mu_\omega\right\} = \min\{0.27s, 0.043s, 0.009s\} = 0.009s$$

可见，以 $\tau = 1s$ 得到的离散化模型一定有较大的误差，以此模型得到的最小拍控制器再用回到原系统，其性能必然与期望值大相径庭。

采用最小拍控制，理论上很简明，实际应用还是存在较大局限。由式(6-3-78a)知，最小拍系统的 q 个闭环极点都在 z 平面原点 $z = 0$ 处，相当于在 s 平面的 $s = -\infty$ 处；要将开环极点通过控制器都转移到"绝对稳定"处，对控制器的要求一定是极高的，往往需要产生巨大的控制量。

另外，为了满足香农采样定理和保证离散化的精度，一般采样周期 τ 不能大，要达到实际期望的瞬态过程时间 t_s，需要的拍数 $q \approx t_s/\tau \gg 2$。若按此拍数设计最小拍系统，其控制器的阶数很高，工程实现是困难的。

总之，与连续系统设计一样，离散系统的期望性能也受着被控对象的制约，不是人为地拔高期望性能就一定能找到相应的控制器。在实际工程系统中，尽管采取离散系统的方式进行分析、设计与实现，但系统变量的实际运行轨迹都是连续的，所以，不能仅仅只盯住离散时刻值，还应高度关注离散时刻之间的值，与连续系统进行对照研究。

本章小结

归纳本章的内容可见：

1）对于离散系统，采样频率是一个非常重要的参数，需要保证信号恢复而应满足采样定理，同时又要保证连续控制器或连续被控对象离散化有足够的精度。

2）对连续控制器或连续被控对象进行离散化，基本准则都是尽量保证在离散时刻的一致性。有卷积离散化、后向（前向）差分离散化、双线性离散化等多种离散化方法，其离散化精度各有差异，都与采样频率有关。

3）离散系统的零极点与连续系统的零极点有着明确的对应关系，即 $z = e^{\tau s}$。这是对离散系统进行理论分析的一个重要桥梁。按照这个对应关系，可以很好地将连续系统中各种系统响应、性能指标的求解方法以及根轨迹、频率特性等各种分析方法移植过来。

总之，计算机控制已成为目前最广泛的控制系统实现方式，因此，熟练掌握离散系统与连续系统理论方法的异同至关重要，其中采样周期 τ 的分析与选择，是离散控制相对于连续控制一个

特殊且关键的一步。在此基础上，以 $z = e^{\tau s}$ 为桥梁，可将连续系统的各种理论方法——对应到离散系统中。另外，与连续系统一样，除了理论分析以外，同样要重视模型残差、变量值域、量化效应等工程限制因素对系统性能的影响。

习题

6.1 对于微分方程 $\ddot{y} + \dot{y} + y = \sin 10t$，初始条件均为 0，取采样周期 $\tau = 0.01\text{s}$，建立它的差分方程，用 z 反变换求离散响应，并与微分方程响应对比；分别取采样周期 $\tau = \{10\text{s}, 1\text{s}, 0.1\text{s}\}$，讨论差分方程离散响应与微分方程连续响应（在离散时刻）的误差与采样周期 τ 的关系。

6.2 对于单位反馈系统，其被控对象为 $G(s) = \dfrac{100}{s(s+100)}$，要求系统超调量 $\delta \leqslant 5\%$：

1）设计连续系统下的控制器 $K(s)$；

2）设计采样周期 τ，采取计算机控制实现 $K(s)$，给出实现方案；

3）给出离散控制方式下的系统响应，并与连续控制方式的系统响应比较。

6.3 将习题 5.3 的连续控制器，以计算机控制方式实现，并与连续控制方式的系统响应比较，说明采样周期 τ 的选择依据。

6.4 将习题 5.5 的连续控制器，以计算机控制方式实现，并与连续控制方式的系统响应比较，说明采样周期 τ 的选择依据。

6.5 对于习题 6.2 的系统，采取计算机控制实现，仍要求系统超调量 $\delta \leqslant 5\%$：

1）将被控对象离散化；

2）以离散系统方式设计离散控制器；

3）与习题 6.2 的结果做比较分析。

6.6 对于单位反馈系统，其被控对象为 $G(s) = \dfrac{4}{(4s+1)(10s+1)(s+1)}$，要求超调量 $\delta \leqslant 10\%$、瞬态过程时间 $t_s \leqslant 15\text{s}$、单位斜坡输入跟踪误差 $e_s \leqslant 1$，采取计算机控制实现：

1）建立被控对象离散化模型；

2）设计采样周期 τ，以频域方式设计离散控制器；

3）建立仿真模型，全面分析系统的离散响应性能。

6.7 对于图 6-3-7 所示的系统，$G(s) = \dfrac{0.5s+1}{s(0.2s+1)(s+1)}$，选取不同采用周期：

1）试给出离散系统传递函数以及离散输出的阶跃响应，并与连续系统的阶跃响应做比较；

2）试分析保证离散闭环系统稳定的比例参数 k_p 的取值范围；

3）试绘制离散系统的频率特性，并与连续系统的频率特性做比较。

6.8 在例 6-2-1 中，取 $k_p = 1$、$T_I = 2$，$e(t) = \sin t$：

1）求 $u(t) = k_p e(t) + \dfrac{1}{T_I} \displaystyle\int_0^t e(t)\,\mathrm{d}t$ 的响应轨迹；

2）分别取 $\tau = \{0.05\text{s}, 0.5\text{s}\}$，按式（6-2-7）求 $u(k\tau)$ 的响应轨迹，并与前面的做比较；

3）若取 $K_\tau(z) = K(z)$，试推导对应的计算机算法公式，并取 $\tau = \{0.05\text{s}, 0.5\text{s}\}$ 求 $u(k\tau)$ 的响应轨迹，且与前面的做比较。

6.9 对习题 5.13 的控制器给出计算机实现方案。

前六章是《工程控制原理》的经典部分，试图建立"数学模型—时域与频域分析—控制器设计—计算机实现"一个完整的反馈控制系统分析与设计框架。

面对一个实际系统时，首先要明确系统中有哪些变量？能否在合理假设下建立起变量间的关系？若变量间的关系需要满足的恒定条件不成立，可采取时间微分和空间微分的思想进行处理；若存在非线性因素，可在标定工况下线性化。基于此，可得到最常用的微分方程、传递函数以及框图模型。同时要记住，一个系统可以有多个模型，取决于合理假设；任何模型都是对实际系统的一种逼近，要高度关注模型残差以及变量值域的影响。

有了闭环传递函数，可以得到闭环极点，它决定了系统响应的模态，其中实数极点对应单调模态，共轭复数极点对应振荡模态；依据劳斯(赫尔维茨)稳定判据以及拉氏变换终值性可快速分析系统的基本性能(稳定性和稳态性)；依据两种基本模态的时域性能指标可快速分析一、二、三阶典型系统的扩展性能(快速性和平稳性)；通过根轨迹可快速确定闭环系统的主导极点，实施闭环传递函数的降阶等效，形成无需求解响应的时域分析框架。

基于开环传递函数，可以得到开环频率特性，进而依据零频信息和奈奎斯特(伯德)稳定判据分析系统基本性能，依据稳定裕度等频域指标来分析系统扩展性能，从而形成基于伯德图的以开环稳态信息分析闭环瞬态性能的频域分析框架。另外，从闭环传递函数的降阶等效出发，导出了开环传递函数降阶等效的原则，即确保稳态增益和穿越频率处的频域指标不变，从而贯通了频域分析与时域分析的桥梁。

在时域分析和频域分析的基础上，可进行系统的综合。系统综合体现在设计控制器实现多种期望性能以及对多种工程限制因素进行分析。比例控制以及对它的校正是最经典的控制器设计，核心在于配置好闭环主导极点或校正好开环穿越频率处的频域指标，要注意的是不可追求极致的期望性能，还要同时考虑模型残差、变量值域的影响；PID 控制器是比例加校正设计的典范控制器，PID 参数的设计与整定需要综合运用上述分析与设计方法；对于高性能的控制系统，还可选择扰动前馈补偿、给定前馈补偿、延迟预估补偿、双回路控制等方案。此外，对于实际的控制系统，还要高度重视传感器的选择与补偿；对于存在本质非线性的系统，还可通过描述函数法、相平面法进行分析与设计。

控制器的本质是控制律的运算，所以计算机成为控制器实现的通用载体。离散方式相较于模拟方式，其关键是设计合理的采样周期 τ，既要保证离散信号不丢失连续信号的信息又要保证连续模型离散化的精度；在采样周期确定后，依据连续形式与离散形式的桥梁 $z = e^{\tau s}$，可将连续系统各种方法对应地映射到离散系统中，形成离散方式下的各种实现方案。

总之，以基于线性化模型的理论分析为核心，借助计算机仿真手段延伸考虑模型残差、变量值域等限制因素的影响，强化"建模、分析、设计、实现"工程逻辑链的训练，在此基础上，在面临实际工程系统时就能够快速切入，在理论遵循下综合分析问题，最后形成可实施的控制方案。

参 考 文 献

［1］ STUART B. A Brief History of Automatic Control［J］. IEEE Control Systems，1996，16(3)：17-25.

［2］ SAMAD T A. Survey on Industry Impact and Challenges Thereof［J］. IEEE Control Systems Magazine，2017，37(1)：17-18.

［3］ 维纳. 控制论——关于在动物和机器中控制和通讯的科学［M］. 郝季仁，译. 北京：科学出版社，1985.

［4］ 钱学森. 工程控制论［M］. 戴汝为，何善堉，译. 上海：上海交通大学出版社，2017.

［5］ THOMAS KAILATH. Linear Systems［M］. Upper Saddle River：Prentice-Hall，1980.

［6］ XIE L，GUO L. How Much Uncertainty can be Dealt with by Feedback［J］. IEEE Trans. Automatic Control，2000，45(12)：2203-2217.

［7］ 斯科格斯特德，波斯尔思韦特. 多变量反馈控制分析与设计［M］. 韩崇昭，张爱民，刘晓凤，等译. 西安：西安交通大学出版社，2011.

［8］ 周其节，李培豪，高国燊. 自动控制原理［M］. 广州：华南理工大学出版社，1989.

［9］ MORRIS D. 线性控制系统工程［M］. 北京：清华大学出版社，2007.

［10］ 彭永进，章云. 线性系统［M］. 长沙：湖南科学技术出版社，1992.

［11］ 郭雷，程代展，冯德兴. 控制理论导论——从基本概念到研究前沿［M］. 北京：科学出版社，2005.

［12］ 吴敏，何勇，佘锦华. 鲁棒控制理论［M］. 北京：高等教育出版社，2010.

［13］ 柴天佑，岳恒. 自适应控制［M］. 北京：清华大学出版社，2016.